W0256309

Berichte des German Chapter of the ACM

Band 1: **Wippermann, PASCAL** 2. Tagung in Kaiserslautern
Tagung I/1979 am 16./17. 2. 1979 in Kaiserslautern. 204 Seiten, DM 34,–

Band 2: **Niedereichholz, Datenbanktechnologie**
        Einsatz großer, verteilter und intelligenter Datenbanken
Tagung II/1979 am 21./22. 9. 1979 in Bad Nauheim. 240 Seiten, DM 38,–

Band 3: **Remmele/Schecher, Microcomputing**
Tagung III/1979 am 24./25. 10. 1979 in München. 280 Seiten, DM 44,–

Band 4: **Schneider, Portable Software**
Tagung I/1980 am 18. 1. 1980 in Erlangen. 176 Seiten, DM 36,–

Band 5: **Floyd/Kopetz, Software Engineering – Entwurf und Spezifikation**   vergriffen

Band 6: **Hauer/Seeger, Hardware für Software**
Tagung III/1980 am 10./11. 10. 1980 in Konstanz. 303 Seiten, DM 54,–

Band 7: **Nehmer, Implementierungssprachen für nichtsequentielle Programmsysteme**
Tagung I/1981 am 20. 2. 1981 in Kaiserslautern. 208 Seiten, DM 38,–

Band 8: **Schiler, Personal Computing**
Tagung II/1981 am 12. 10. 1981 in Freiburg i. Br. 195 Seiten, DM 40,–

Band 9: **Sneed/Wiehle, Software-Qualitätssicherung**   vergriffen

Band 10: **Kulisch/Ullrich, Wissenschaftliches Rechnen und Programmiersprachen**
Fachseminar am 2./3. 4. 1982 in Karlsruhe. 231 Seiten, DM 52,–

Band 11: **Langmaack/Schlender/Schmidt, Implementierung PASCAL-artiger**
         Programmiersprachen
Tagung II/1982 am 12. 7. 1982 in Kiel. 221 Seiten, DM 46,–

Band 12: **Kreifelts/Schnupp, UNIX** Konzepte und Anwendungen   vergriffen

Band 13: **Schneider, Proceedings of the International Computing Symposium 1983**
         on Application Systems Development
March 22–24, 1983 Nürnberg. 528 Seiten, DM 90,–

Band 14: **Balzert, Software-Ergonomie**   vergriffen

Band 15: **Stoyan/Wedekind, Objektorientierte Software- und Hardwarearchitekturen**
Tagung II/1983 am 5./6. Mai 1983 in Berlin. 386 Seiten, DM 68,–

Band 16: **Giloi/Schulze-Vorberg jr., Intelligenztechnologie**
         Konzepte, Sprachen, Praktische Anwendungsmöglichkeiten
Fachseminar am 3./4. 5. 1983 in Berlin. 184 Seiten, DM 42,–

Band 17: **Remmele/Schecher, Microcomputing II**
Tagung III/1983 vom 25. bis 27. 10. 1983 in München. 358 Seiten, DM 64,–

Fortsetzung 3. Umschlagseite

 B. G. Teubner Stuttgart

**Berichte des German Chapter
of the ACM   29**

**W. Schönpflug/M. Wittstock (Hrsg.)
Software-Ergonomie '87
Nützen Informationssysteme
dem Benutzer?**

Berichte des German Chapter of the ACM

Im Auftrag des German Chapter
of the ACM herausgegeben durch den Vorstand

Chairman
Dr. Klaus Pasedach, Vogt-Kölln-Str. 30, 2000 Hamburg 54

Vice Chairman
Prof. Dr. Gerhard Barth, Herdweg 104 a, 7000 Stuttgart 1

Treasurer
Prof. Dr. Wolfgang Riesenkönig, Feldmannstr. 83, 6600 Saarbrücken

Secretary
Dr.-Ing. Helmut Hotes, Oehleckerring 40, 2000 Hamburg 62

Band 29

Die Reihe dient der schnellen und weiten Verbreitung neuer, für die Praxis relevanter Entwicklungen in der Informatik. Hierbei sollen alle Gebiete der Informatik sowie ihre Anwendungen angemessen berücksichtigt werden.

Bevorzugt werden in dieser Reihe die Tagungsberichte der vom German Chapter allein oder gemeinsam mit anderen Gesellschaften veranstalteten Tagungen veröffentlicht. Darüber hinaus sollen wichtige Forschungs- und Übersichtsberichte in dieser Reihe aufgenommen werden.

Aktualität und Qualität sind entscheidend für die Veröffentlichung. Die Herausgeber nehmen Manuskripte in deutscher und englischer Sprache entgegen.

Software-Ergonomie '87
Nützen Informationssysteme dem Benutzer?

Herausgegeben von

Prof. Dr. W. Schönpflug, Freie Universität Berlin
Dipl.-Psych. M. Wittstock, Arbeitswissenschaftliches
Forschungsinstitut Berlin

 B. G. Teubner Stuttgart 1987

CIP-Kurztitelaufnahme der Deutschen Bibliothek

<u>Software-Ergonomie</u> '87 (siebenundachtzig), nützen
<u>Informationssysteme dem Benutzer?</u> : (vom 27. - 29. April 1987
in Berlin) / hrsg. von W. Schönpflug ; M. Wittstock.
Stuttgart : Teubner, 1987
   (Tagung ... des German Chapter of the ACM ;
   1987,2)
   (Berichte des German Chapter of the ACM ; Bd. 29)
   ISBN-13:978-3-519-02670-9   e-ISBN-13:978-3-322-82971-9
   DOI:10.1007/978-3-322-82971-9

   ISSN 0724-9764

NE: Schönpflug, Wolfgang (Hrsg.); Association for
Computing Machinery / German Chapter : Tagung ... des
...; Association for Computing Machinery / German
Chapter : Berichte des German ...

Das Werk einschließlich aller seiner Teile ist urheberrecht-
lich geschützt. Jede Verwertung außerhalb der engen Grenzen
des Urheberrechtsgesetzes ist ohne Zustimmung des Verlages
unzulässig und strafbar. Das gilt besonders für Vervielfäl-
tigungen, Übersetzungen, Mikroverfilmungen und Einspeiche-
rung und Verarbeitung in elektronischen Systemen.

© B. G. Teubner Stuttgart 1987

Gesamtherstellung : J. Illig Offsetdruck, Göppingen
Umschlaggestaltung: M. Koch, Reutlingen

PROGRAMMKOMITEE

Dr. H. Balzert, TA Triumph-Adler AG, Nürnberg
Dr. Dr. H. v. Benda, Staatsministerium Baden-Württemberg
Stabsst.f. Information u. Kommunikation, Stuttgart
Dr.-Ing. C. Benz, Siemens AG, Erlangen
Dr. D. G. Bouwhuis, Inst. f. Perception Research, IPO,
Eindhoven
Dr. W. Dzida, Ges.f.Mathematik u. Datenverarbeitung GMD
St. Augustin
Dipl.-Math. K.-P. Fähnrich, Fraunhofer Inst.f. Arbeits-
wirtschaft u. Organisation, IAO, Stuttgart
Prof. Dr. Ch. Floyd, Techn. Univ. Berlin
Dipl.-Ing. K. Focke, Nixdorf Computer AG, Berlin
Prof. Dr. P. Gorny, Univ. Oldenburg
Prof. Dr. S. Greif, Univ. Osnabrück
Prof. Dr. W. Hacker, Techn. Univ. Dresden
Prof. Dr. H. Krüger, Eidgenös. Techn. Hochschule Zürich
Dr. E. Nullmeier, Inst. f. Sozialforschung, Frankfurt
Prof. Dr. H. Oberquelle, Univ. Hamburg; Univ. Aarhus
Dr. G. Rohr, IBM Deutschland GmbH, Heidelberg
Dr. L. Schardt, Gem.-Wirt. Datenverarb. Ges. Frankfurt
Prof. Dr. A. Schulz, Johannes Kepler Univ. Linz
Dipl.-Math. W. Simonsmeier, PSI, Berlin
Dr. Dr. N. Streitz, Rh.-Westf. Techn. Hochschule Aachen
Prof. Dr. M. Tauber, Univ. Paderborn; Univ. Pittsburgh
Dipl.-Psych. M. Wittstock, Arbeitsw.Forsch.Inst. Berlin

Vorsitzender des Programmkomitees:
Prof. Dr. W. **Schönpflug,** Freie Universität Berlin

Aller guten Dinge - heißt es - seien drei. So halten wir es für ein gutes Vorzeichen, daß die Tagung "Software-Ergonomie '87" in Berlin, deren Beiträge wir hiermit gedruckt vorlegen, die dritte in einer Reihe geworden ist, die 1983 in Nürnberg begonnen hat und 1985 in Stuttgart fortgeführt wurde. Wenn Dinge gut sind, dürfen es auch mehr als drei sein. Darum hoffen wir, die in Nürnberg und Stuttgart begründete Tradition in Berlin stärken zu können, um dem jungen, interdisziplinären und für unser modernes Leben so bedeutsamen Forschungsgebiet der Software-Ergonomie weitere regelmäßige Zusammenkünfte zu sichern. Die Qualität der ausgewählten Beiträge und die steigende Zahl von Teilnehmern bestärken uns in dieser Hoffnung.

War es bei der von Helmut Balzert initiierten ersten Tagung das hervorragende Anliegen, einen Überblick über die technischen Möglichkeiten für Benutzerschnittstellen zu gewinnen, so war die von Hans-Jörg Bullinger geleitete zweite Tagung von der Hinwendung zur Modellierung von Systemen bestimmt. Unsere Berliner Tagung steht nun unter dem Titel: "Nützen Informationssysteme dem Benutzer?". Damit soll die Aufmerksamkeit noch stärker auf den Menschen am Computer gelenkt werden, auf seine Aufgaben, seine Schwierigkeiten, seine Bedürfnisse - sowohl bei der Anwendung industriell produzierter Systeme als auch im Prozeß ihrer Entwicklung. Dem Wissenschaftler, Entwickler und Produzenten stellt sich damit die Frage der Systemkonstruktion und -evaluation.

Aus dieser Zielsetzung ergibt sich eine thematische Einteilung der eingereichten Vorträge in vier Gruppen:
- Benutzergruppen und ihre Aufgabe
- Benutzerschnittstellen als Planungs- und Gestaltungsgegenstand
- Methodische Probleme bei Konstruktion und Evaluation
- Systemeinführung und Benutzerbeteiligung.

Ergänzt werden die angemeldeten Vorträge um Diskussionsgruppen zu den Themen: STEPS - eine Orientierung der Softwaretechnik auf sozialverträgliche Technikgestaltung; Formale Modelle des Benutzerwissens als Mittel der Spezifikation und Bewertung von Benutzerschnittstellen: Stand und Perspektiven; Software-Ergonomie und "Cognitive Science": Die Bedeutung von Experimenten und Modellen; Qualifizierung von Software-Anwendern. Damit soll auf einer Software-Ergonomie-Tagung erstmals innerhalb des Tagungsprogramms die Gelegenheit geschaffen werden, Thesen und Vorhaben bereits zu Beginn ihrer wissenschaftlichen Absicherung gemeinschaftlich zu erörtern, wenn dies ihre praktische und theoretische Aktualität verlangt.

Am Anfang unseres Bandes stehen drei Vorträge, welche bei der Tagung Schwerpunkte setzen und die Teilnehmer als Plenum zusammenführen sollen. H.-J. Bullinger, Fraunhofer-Institut für Arbeitswirtschaft und Organisation, Stuttgart, hat es dankenswerterweise übernommen, durch einen Bericht über jüngste Fortschritte auf dem Gebiet der Software-Ergonomie die Brücke von der vorangegangenen Tagung zu der unseren zu schlagen. W. Hacker, Wissenschaftsbereich Psychologie, Sektion Arbeitswissenschaften, Technische Universität Dresden, stellt die Software-Ergonomie in den Zusammenhang der Arbeitsgestaltung. Brian R. Gaines, Department of Computer Science, University of Calgary, analysiert internationale Trends, die Ausblicke auf zukünftige Entwicklungen eröffnen.

In dem vorliegenden Band spiegelt sich die Konzeption, wie sie das Programmkomitee entworfen hat. Auf S. 5 sind seine Mitglieder aufgeführt; sie teilen sowohl die Verdienste als auch die Verantwortung für diese Konzeption.

Wir hoffen, daß unsere Bemühungen um ein einheitliches Erscheinungsbild dem Tagungsband zu einer leichteren Lesbarkeit verholfen haben und danken allen Autoren, welche den Kampf mit unseren Richtlinien beherzt aufgenommen und erfolgreich zu Ende geführt haben. Frau Carola Storm-Knirsch hat Herausgebern und Autoren in allen Fährnissen beigestanden und insbesondere uns Herausgebern alle technischen Arbeiten des Edierens abgenommen. Dafür sei ihr herzlich gedankt. Dem Verlag Teubner und hier insbesondere Herrn Dr. Peter Spuhler haben wir zu danken, daß er sich unseres Tagungsbandes in bereits bewährter Weise angenommen hat.

Berlin, im Februar 1987   Wolfgang Schönpflug
                                           Marion Wittstock

Inhaltsverzeichnis

GRUPPE II   BENUTZERSCHNITTSTELLE ALS PLANUNGS- UND
GESTALTUNGSGEGENSTAND

GRUPPE V   PRINZIPIEN DER SCHNITTSTELLENGESTALTUNG

DISKUSSIONSGRUPPEN

PLENUMSVORTRÄGE

SOFTWARE-ERGONOMIE: STAND UND ENTWICKLUNGSTENDENZEN

H.-J. Bullinger, K.-P. Fähnrich, J. Ziegler, Stuttgart

Historische Entwicklung der Software-Ergonomie

Software-Ergonomie als ein interdisziplinäres Gebiet beschäftigt sich mit der Analyse, Gestaltung und Evaluation interaktiver Rechnersysteme. Durch die enge Kopplung der Software-Ergonomie (SWE) an den Bereich der technischen Entwicklung von Rechnersystemen und Softwareprodukten interagiert sie auf zwei Weisen mit der technischen Gestaltung:

- Zum einen greift sie neue technische Entwicklungen auf, um damit neue Lösungsmöglichkeiten für die Fragen der Rechnerbenutzung zu erarbeiten,
- zum anderen kann sie von einem benutzerorientierten Standpunkt aus Anstöße und Richtlinien für Entwicklungen liefern.

Eine lange Phase in der Verwendung von Rechnersystemen war sicherlich dadurch gekennzeichnet, daß die treibende Kraft in der Technikentwicklung lag und Benutzbarkeitsaspekte nur implizit mitentwickelt wurden. Selbst in den frühesten Zeiten der Computerentwicklung gab es allerdings schon vereinzelt Stimmen, die darauf hinwiesen, daß die Verwendung von Computersystemen nicht ausschließlich als technisches Problem zu sehen sei, wie das folgende Zitat belegt:

- "Any machine coding system should be judged quite largely from the point of view of how easy it is for the operator to obtain results" (Mauchley, 1947, zit. nach Gaines, 1986)

Solche Aussagen, die allerdings seltene Einzelfälle darstellten, mußten im Computerbenutzer den professionellen Spezialisten, den Computeroperator, sehen. Es bedurfte der Entwicklung interaktiver Time-Sharing-Systeme in den frühen 60er Jahren (z.B. das MIT MAC System von 1963, das RAND/JOSS System oder das BASIC System des Dartmouth College, siehe Gaines, 1986), um langsam den Aufmerksamkeit auch auf andere Benutzergruppen als den spezialisierten Programmierer zu richten. Schon damals wurde vereinzelt die zukünftige Bedeutung weiterer Benutzergruppen vorausgesehen, wie es sich in dem folgenden Zitat ausdrückt:

- "The future is rapidly approaching when professional programmers will be among the least numerous and least significant system users."(Mills, 1967, zit nach Gaines, 1986)

Auf der wissenschaftlichen Seite markiert wohl die Arbeit von Shackel (1959) zur Gestaltung von Rechnerkonsolen den Beginn der Beschäftigung mit ergonomischen Fragen des Rechnereinsatzes. Die erste multidisziplinäre Konferenz in diesem Bereich dürfte das IBM Scientific Computing Symposium on Man-Machine-Communication in Yorktown Heights im Jahre 1965 gewesen sein (vgl. Gaines, 1986). Schon die Zusammensetzung dieser Konferenz deutete auf die starke Interdisziplinarität des Fachgebietes hin. 1969 erschien die erste Fachzeitschrift in diesem Bereich, das International Journal of Man-Machine-Systems. Anfang der 70er Jahre erschienen die ersten wichtigen Buchveröffentlichungen, die sich mit software-ergonomischen Fragen auseinandersetzten (Martin: Design of Man-Computer-Dialogues, 1973; Weinberg: Psychology of Computer Programming, 1971; Sackman: Man - Computer Problem Solving, 1970). Seit 1981 wird in den USA die CHI (Computer-Human Interaction - offizielle Konferenz der ACM) abgehalten. In den letzten beiden Jahren hat sich massiv das internationale und nationale Normungswesen dieser Fragestellungen angenommen (z.B. ISO TC 159/SC4/WG5).

Für den europäischen Bereich zeichnet sich erstmalig mit dem HUFIT-Vorhaben (HUFIT: Human Factors Laboratories in Information Technology) (vgl. Fähnrich & Ziegler, 1987) im Rahmen des ESPRIT Programmes eine breite Zusammenarbeit auch insbesondere mit der Industrie ab.

In Deutschland sind, abgesehen von einigen Vorläuferarbeiten (oder Arbeiten in verwandten Gebieten wie der Anthropotechnik), seit Beginn der 80er Jahre ein verstärktes Interesse und zunehmende Aktivitäten im Bereich der Software-Ergonomie zu beobachten. Seit 1980 findet regelmäßig jährlich die Tagung Mensch-Maschine-Kommunikation statt, in der sich ein Kreis von interessierten Wissenschaftlern und Praktikern zusammengefunden hat. Für eine breitere Öffentlichkeit stellte sich das Fachgebiet erstmals mit der ersten ACM-Tagung zur Software-Ergonomie 1983 in Nürnberg (Balzert, 1983) dar. Die Fortsetzung dieser Tagungsreihe 1985 in Stuttgart (Bullinger, 1985), sowie jetzt 1987 in Berlin reflektiert ein steigendes Bewußtsein sowie eine konsolidiertere wissenschaftliche Auseinandersetzung mit dem Problemkreis ergonomischer Softwaregestaltung. Diese Tagungen haben weit über den deutschen Raum hinaus Beachtung gefunden. Eine vermehrte internationale Beachtung der Arbeiten im deutschsprachigen Raum wird sicherlich auch durch das Abhalten der zweiten internationalen IFIP-Konferenz in Stuttgart im September dieses Jahres gefördert werden.

Für eine weitere vertiefte Diskussion der historischen Entwicklung des Gebietes Software-Ergonomie vergleiche auch (Gaines, 1986), sowie Shackel (1985).

<u>Arbeitsgebiete der Software-Ergonomie</u>
Forschung im Bereich der Software-Ergonomie ist angewandte Forschung. Es könne viele Parallelen zu klassischen ergonomischen Themenstellungen gezogen werden: Die drei Hauptforschungsgebiete beziehen sich auf die Analyse, die

Gestaltung und die Evaluation von interaktiven Rechnersystemen im weitesten Sinne und den darauf implementierten Softwareprodukten. Shackel formuliert dazu:

- ...the study of, and the application of human factors knowledge to all aspects of the relation between the human, the machine and the environment which directly influence the safe, efficient, acceptable and satisfying usage of IT systems."

Im Bezug auf die in der ISO anstehenden Normierungsarbeiten wird momentan ein Referenzmodell für software-ergonomische Aktivitäten diskutiert, das den Rahmen für den Bereich der Software-Ergonomie absteckt:

- Software-ergonomische Gestaltungsarbeiten sollten immer von einer umfassenden Betrachtung und Analyse des zugrundeliegenden Arbeitssystems ausgehen. Dabei sind zum einen die im Arbeitssystem zu verrichtenden Aufgaben (Aufgabenanalysen, Repräsentation von Arbeitsaufgaben, Aufgaben- und Tätigkeitsinhalte, spezifische Anwendungsbereiche etc.) von Interesse. Zum anderen werden verschiedene Benutzer bzw. Benutzergruppen (anatomische, physiologische und psychologische Fähigkeiten und Fertigkeiten, kommunikatives Verhalten, Benutzermodelle) betrachtet. Die Fortentwicklung der Technologie (Systemleistungen bzw. -limitationen wie Kapazitäten, Geschwindigkeiten, Antwortszeiten, Verläßlichkeit, neue qualitative Entwicklungen) sind zu beachten.

- Im gestalterischen Bereich erstrecken sich die Arbeiten über die Spezifikation der im Arbeitssystem zu verwendenden Werkzeuge, der Funktionalität, der Auslegung bzw. Realisierung unterschiedlicher Dialogformen und Dialogtechniken sowie letztendlich der Gestaltung der Schnittstelle des Systems mit dem Benutzer an der Oberfläche (Informationsdarstellung, Gruppierung und Codierung etc.). Peripher zu beachten sind hierbei Fragen der Gestaltung der entsprechenden Arbeitsmittel (Tastaturen, Bildschirm etc.) sowie der verwendeten Anpaßmittel (Stuhl, Tisch etc.). Durchaus Einfluß auf die direkte Mensch-Maschine-Schnittstelle hat außerdem die Arbeitsumgebung (Licht, Lärm, Klima etc.).

- Auf einer Metaebene wird im Bereich der Methoden- und Werkzeugentwicklung für die Implementation von Benutzerschnittstellen gearbeitet. Stichworte in diesem Bereich sind Rapid-Prototyping, User-Interface-Management-Systeme, Daten- und Methodenbanken für den Entwickler. In diesem Kontext wird auch verstärkt der tatsächliche und mögliche Einfluß der Software-Ergonomie auf den Entwicklungsprozeß (Design-Cycle-Model) von informationstheoretischen Produkten untersucht. Besonders stark diskutiert werden dabei momentan sogenannte benutzerpartizipative Vorgehensweisen.

Gegenwärtiger Stand

Die enorm gestiegene Leistungsfähigkeit von Informations- und Kommunikationstechnologien bei gleichzeitig stark gesunkenen Preisen hat sowohl zu neuen Lösungsmöglichkeiten wie auch zu neuen Problemstellungen durch die zunehmende Durchdringung der Arbeitswelt, des öffentlichen und privaten Bereiches mit Rechnerprodukten geführt. Neue und zahlenmäßig starke Benutzergruppen sind erstmalig in Kontakt mit Hard- und Softwaresystemen gekommen. Dementsprechend muß sich die Software-Ergonomie mit vielfältigen Benutzermerkmalen, -voraussetzungen und -einstellungen auseinandersetzen, wenn die zunehmenden Probleme einer benutzergerechten Gestaltung gelöst werden sollen.

Im kommerziellen Bereich stellen massendaten-orientierte Anwendungen mit ihren für den Benutzer relativ inflexiblen und stark vorstrukturierten Interaktionsmöglichkeiten nach wie vor den Schwerpunkt dar. Hier liegt das zahlenmäßig größte Potential für software-ergonomische Verbesserungen. Software-ergonomische Lösungen sind hier nicht ohne eine Änderung der Aufgabenstruktur selbst möglich.

Zum anderen gewinnen multifunktionale Anwendungen eine immer stärkere Bedeutung. Multifunktionale Arbeitsstationen unterstützen ein breites Spektrum an Aufgaben in einem integrierten System. Für die Software-Ergonomie erwachsen hieraus mehr Anforderungen bezüglich der Konsistenz von Benutzerschnittstellen, der durchsichtigen Strukturierung der vielfältigen Informationen, die auf einem solchen System verfügbar sind, sowie eine verbesserte Unterstützung beim Auffinden und Nutzen der für eine Aufgabe erforderlichen Funktionalität.

Die Entwicklung von leistungsfähigen, dezentralen Arbeitsplatzrechnern mit entsprechenden Hardwarevoraussetzungen wie graphikfähige Bildschirme, Maus etc. hat auch die Entwicklung neuer Benutzerschnittstellen in einem entscheidenden Maße gefördert. Beispielgebend sind hier die langjährigen, benutzerorientierten Forschungsarbeiten am XEROX PARC Forschungszentrum, die zu graphik-orientierten Benutzerschnittstellen nach dem Prinzip der direkten Manipulation geführt haben.

Die Entwicklung des Xerox Star Systems hatte weitreichende Auswirkungen für die Entwicklung nachfolgender Bürosystemprodukte und die generelle Sichtweise auf Benutzerschnittstellen. Kennzeichnend ist dabei, daß dem Benutzer auf graphische Weise vertraute Objekte der Büroumgebung am Bildschirm präsentiert werden, die auf einfache und konsistente Weise unter Zuhilfenahme eines Zeigeinstrumentes manipuliert werden können (siehe Shneiderman, 1982). Entscheidend ist die objektorientierte Vorgehensweise: Der Benutzer hat in direkter Weise Zugriff auf Informationsobjekte, die in seiner Aufgabe bedeutungsvoll sind und muß nicht erst zwischen rechnerspezifischen Objekten und seinen eigentlichen Arbeitsgegenständen übersetzen. Die Sprachebene, auf der die Kommunikation zwischen Mensch und System stattfindet, ist näher an die Ebene der eigentlichen Aufgaben herangerückt (Hutchins u.a., 1986). Dieses Prinzip findet sich z.B. auch bei Tabellenkalkulationsprogrammen.

Die bisherigen Anwendungen direkter Manipulation beziehen sich im wesentlichen auf universelle horizontale Rechnerwerkzeuge wie z.B. Textverarbeitung, Graphikerstellung, Kalkulation u.a. In diesen Bereichen scheinen die weiteren Entwicklungsmöglichkeiten beschränkt zu sein. Ein weitaus größeres Potential ist hier in vertikalen, problemspezifischen Anwendungen zu sehen, für die bisher nur wenige Arbeiten bezüglich des potentiellen Einsatzes direkt manipulativer Techniken durchgeführt wurden. Es wird ganz entscheidend darauf ankommen, geeignete konzeptuelle Modelle zu entwickeln, die für den Benutzer sichtbar und zugänglich gemacht werden können und manipulatives Operieren auf den Aufgabenobjekten erlauben.

Techniken der Mensch-Rechner-Interaktion

Bereits 1973 stellte Martin eine Auflistung 23 unterschiedlicher Interaktionstechniken zusammen und teilte diese in rechner- und benutzerinitiierte Techniken ein. Einsatzfelder und Benutzungseigenschaften wurden dabei lediglich auf informelle Weise diskutiert (kennzeichnend ist das Fehlen von Literaturhinweisen auf empirische Studien in Martin's Buch). Seitdem ist eine Vielzahl von Studien veröffentlicht worden, die sich auf die Gestaltung von Interaktionstechniken und empirische Ergebnisse zu ihrer Benutzbarkeit beziehen (ein guter Überblick findet sich in Shneiderman, 1987). Eine systematische Einteilung verfügbarer Interaktionstechniken mit einer Zuordnung ihrer jeweiligen Benutzbarkeitscharakteristika (usability criteria) fehlt allerdings bislang, obwohl diese Frage als ein zentraler Gegenstand des Software-Ergonomie angesehen werden kann (vgl. Ziegler, 1987).

Von vielen Seiten wurde das Prinzip der direkten Manipulation als entscheidender Fortschritt in der Mensch-Rechner-Interaktion aufgenommen und dieser Form in häufig unkritischer Weise positive Benutzungseigenschaften zugeschrieben. Einige Vorteile dieser Form dürften unbestritten sein, aber auch hier fehlen bisher klare Aussagen über Aufgabentypen und Benutzergruppen, für die diese Interaktionsform besonders geeignet ist. Es kann vermutet werden, daß Interaktionstechniken aus der gesamten Spannweite zwischen formalen Techniken (z.B. Kommando- und Programmiersprachen), direkter Manipulation bis hin zu natürlichsprachlichen Schnittstellen jeweils Vor- und Nachteile in spezifischen Aufgaben- und Benutzergruppenkontexten haben, die unter Umständen sogar komplementär oder einander entgegengerichtet sein können (Trade-off Problematik).

These: Direkte Manipulation ist in vielen Diskussionen als die Lösungsmöglichkeit zur Benutzerschnittstellengestaltung bezeichnet worden. Zu einer Bewertung von Interaktionsformen ist jedoch zunächst eine geeignete Klassifikation und systematische Zuordnung von Benutzungseigenschaften in Abhängigkeit von Aufgabe und Benutzer dringend erforderlich. Dies ist ein zentrales Thema für die Software-Ergonomie.

Integrierte multimodale Mensch-Rechner-Kommunikation

Die vergangenen 10 Jahre haben wesentliche Fortschritte bei einigen Interaktionsformen gebracht. Besonders zu nennen sind hier natürlich-sprachliche Systeme wie direkt graphisch manipulative Systeme. Es wird z. Zt. diskutiert unter welchen Randbedingungen welche Interaktionsformen zu bevorzugen ist. Bezeichnet man einmal an formale Sprachen angelehnte Interaktionsformen (z.B. Kommandosprachen) natürlich-sprachliche Systeme sowie direkte graphische Manipulation als drei basale (generische) Interaktionsformen (vgl. Bullinger & Fähnrich, 1984), so ist primäres Ziel für zukünftige Generationen von Benutzer-Interfaces, aufgaben- und benutzeradäquate Integrationen dieser basalen Interaktionsformen zu finden. Dieser Gedanke findet sich auch an anderer Stelle in der Literatur wieder (vgl. Hayes, 1986). Auf diesem momentan noch eher spekulativen Gebiet wird weltweit momentan vielleicht von 10 Forschungsgruppen ernsthaft gearbeitet. Erste Prototypen befinden sich in der Entwicklung (Wetzel u.a., 1987). Diese Systeme beschäftigen sich momentan vorwiegend mit der Integration von direkt manipulativen Benutzerschnittstellen und natürlich-sprachlichen Systemen. Ein anderer Ansatz ist die Integration von Gestik-Input in direkt manipulative Systeme (Koller u.a., 1986). Diese neuen multimodalen integrierten Interaktionsformen werden an der Benutzschnittstelle Redundanz anbieten. Sie werden damit neue Wahlmöglichkeiten eröffnen. Damit diese neuen Wahlmöglichkeiten den Benutzer nicht unnötig belasten, wird gleichzeitig an wissensbasierten Komponenten gearbeitet, die eine Dialogsteuerung oder Unterstützung bei der Dialogsteuerung offerieren. An dieser Stelle sind jedoch verstärkte Forschungs- und Entwicklungsanstrengungen notwendig.

These: Benutzerschnittstellen der Zukunft werden die bisher gängigen basalen Interaktionsformen in integrierter Form an der Benutzerschnittstelle anbieten (integrierte multimodale Benutzerschnittstellen). Dazu werden adaptierende (wissensbasierte) Ablaufsteuerungskomponenten benötigt werden. Diese werden auch unter dem Begriff Benutzerassistent oder Benutzeragent diskutiert.

Flexibilisierung von Rechnerwerkzeugen

Viele existierende Anwendungen, insbesondere im Bereich der Groß-EDV, sind durch weitgehend vordefinierte und starre Dialogabläufe gekennzeichnet. Solche Lösungen entsprechen den verständlichen Anforderungen an Datenqualität und Datensicherheit sowie der starken ablauforganisatorischen Standardisierung der Vorgangsbearbeitung in den Unternehmen. Bei dem zu beobachtenden organisatorischen Trend hin zu einem erweiterten Tätigkeitsspektrum z.B. in der Sachbearbeitung und den bei einer kundenorientierten Bearbeitung zunehmenden Anforderungen an die Behandlung von Sonderfällen und die Erarbeitung von individuellen Lösungen (Bullinger, 1984) können solche Systeme allerdings auf Dauer keine ausreichende Unterstützung bieten. Notwendig sind hier Softwarewerkzeuge, die sowohl flexiblere Aufgabenerledigung als auch flexiblere Möglichkeiten der Dialogführung erlauben. Beispiele für solche flexiblen Werkzeuge sind z.B. in den bereits erwähnten Spreadsheets zu sehen. Allerdings dürfen dabei die Anforderungen an die Verfügbarkeit von aktuellen Datenbeständen sowie die Einbeziehung standardisierter Teile der Aufgabenerledigung nicht unberücksichtigt bleiben. Bislang mangelt es hier noch an überzeugenden Lösungen etwa in Verbindung von Groß-EDV und dezentralen Arbeitsplatzrechnern, die eine entsprechende Flexibilität für den Benutzer vor Ort zur Verfügung stellen könnten. Abhilfe erwartet man von einer Klasse von Systemen, die als "verteilte Systeme" bezeichnet werden können (Ness & Reim, 1987).

Benutzerseitig bedeutet die Entwicklung flexiblerer Systemlösungen einen erhöhten kognitiven Planungsaufwand bei der Aufgabenerledigung, der aus ergonomischer Sicht aber durchaus als förderlich und wünschenswert im Sinne einer Aufgabenerweiterung angesehen werden kann, sofern er nicht zu Überforderungen führt. Gleichzeitig müssen in flexiblen Systemen besondere Anforderungen an die Benutzbarkeit der unterschiedlichen Funktionen hinsichtlich der Konsistenz und der einfachen Handhabbarkeit im syntaktischen und Ein-/Ausgabebereich gestellt werden. Eine erhöhte Komplexität bei der Planung der Aufgabe und Bestimmung der erforderlichen Systemfunktionen, die dabei zu nutzen ist, und eine hohe Komplexität bei der Durchführung der Aufgabe, d.h. bei der Nutzung der Funktionalität, kann den Benutzer insgesamt leicht überfordern und führt zu unangemessen hohem Lernaufwand und Fehlermöglichkeiten.

These: Im arbeitsorganisatorischen Bereich existiert ein starker Trend weg von tayloristischen (stark arbeitsteiligen) Arbeitssystemen und hin zu mehr ganzheitlichen Tätigkeiten mit entsprechender Funktionsintegration zu beobachten. Dies bedeutet auch stärker funktionsintegrierte technische Unterstützungssysteme. An der Benutzerschnittstelle wird dies zwangsläufig zu einer

Flexibilisierung der Anwendung entsprechender Software-Werkzeuge führen. Im Sinne der Arbeitspsychologie und Ergonomie ist diese Entwicklung hin zu einer Aufgabenerweiterung durchaus positiv zu betrachten, sofern sie belastungs- und beanspruchungsseitig im wünschenswerten Rahmen bleibt. Daher sind bei diesen Systemen besonders hohe Anforderungen an die software-ergonomische Gestaltungsqualität zu stellen.

<u>Wissensbasierte Unterstützung der Mensch-Rechner-Interaktion</u>

Auch bei einer zunehmenden Verbesserung von Benutzerschnittstellen mit Hinblick auf die Benutzbarkeit der angebotenen Software-Funktionalität ist es absehbar, daß traditionelle Ansätze zur Gestaltung von Benutzerschnittstellen nur ein beschränktes Potential für eine erweiterte Nützlichkeit und Benutzbarkeit von interaktiven Systemen bieten. Das traditionelle Vorgehen ist dabei gekennzeichnet durch die Gestaltung des expliziten Kommunikationskanals, wie z.B. der Informationsdarstellung, der Art des Funktionsaufrufs etc. Der implizite Kommunikationskanal, d.h. die Verwendung von gemeinsamen Wissen als Kommunikationsbasis wird dabei nicht ausgenutzt (Fischer & Gunzenhäuser, 1986).

Das im System implementierte Wissen kann sich auf unterschiedliche Aspekte und Ebenen der Mensch-Rechner-Interaktion beziehen. Zum einen kann es Wissen über die Interaktionsmöglichkeiten selbst sein und z.B. für adaptive Systeme oder aktive, intelligente Hilfekomponenten herangezogen werden. Zum zweiten kann Wissen über das Anwendungsgebiet und die Aufgaben des Benutzers dazu verwendet werden, um z.B. innerhalb der Anwendung sinnvolle Vorschläge zu entwickeln, Erklärungen zu liefern oder Pläne für die Aufgabendurchführung aufzubauen. Der Bereich des aufgabenbezogenen Wissens bietet ein erhebliches Potential für einer verbesserte Unterstützung des Benutzers (vgl. Ball & Hayes, 1980). Zukünftige Systeme werden deshalb in weitaus stärkerem Maße als heute nicht nur das "Wie" einer Aufgabenerledigung, sondern auch das "Was" unterstützen müssen.

Hierzu müssen im System Informationen auf dem entsprechenden Abstraktionsniveau zur Verfügung stehen. Dies erfordert bei der Realisierung zumeist die Verwendung wissensbasierter Techniken bei der Systemimplementation.

Der Bedarf nach einer wissensbasierten Unterstützung ist um so stärker einzuschätzen, je mehr die Anwendung auf eine problemspezifische Fragestellung ausgerichtet ist oder mehrere Anwendungsbereiche in einem multifunktionalen System zusammenkommen. Bei horizontalen Werkzeugen ohne einen spezifischen Anwendungsbezug (z.B. Textverarbeitung) sowie für reine Hilfestellungen bezüglich der syntaktischen Benutzung von Funktionen, wird dagegen der Einfluß wissensbasierter Techniken vermutlich relativ gering bleiben.

Die vieldiskutierten Benutzermodelle werden deshalb weniger Modelle unterschiedlicher Benutzer oder Benutzergruppen in Bezug auf geeignete Interaktionsmöglichkeiten sein, sondern eher Modelle des Benutzerwissens im Bereich der jeweiligen Anwendung bzw. Modelle zu Zielen und Handlungsstrategien der jeweiligen Aufgabe des Benutzers.

<u>These</u>: Die Gestaltung der Interaktionsmöglichkeiten allein führt nur zu einer beschränkten Verbesserung der Nützlichkeit und Benutzbarkeit eines Systems. Ein erhebliches Potential liegt deshalb in der Bereitstellung von Anwendungs- und Aufgabenwissen unter Verwendung wissensbasierter Techniken.

<u>Theoretische Ansätze zur Untersuchung kognitiver Aufgaben</u>

Es kann nicht erwartet werden, daß für das Gebiet der Software-Ergonomie in absehbarer Zeit eine geschlossene theoretische Basis zur Verfügung stehen wird. Dies liegt zum einen darin begründet, daß die Software-Ergonomie ein junges Gebiet ist. Zum zweiten ist sie ein interdisziplinäres Gebiet und muß deshalb Rückgriff auf den theoretischen Stand in den beteiligten Fachdisziplinen nehmen, der - wie z.B. in der kognitiven Psychologie - ebensowenig als abgeschlossen betrachtet werden kann.

Dennoch sind in den vergangenen Jahren eine Reihe von Entwicklungen deutlich geworden, die zumindest für Teilbereiche des komplexen Gebietes der Software-Ergonomie eine bessere theoretische Fundierung versprechen. Ausgehend von der Benutzerseite sind dies zum eine verschiedene Kommunikations- und Handlungsmodelle, zum anderen konkrete, formale und quantifizierbare Ansätze zur Modellierung der kognitiven Aufgaben des Benutzers. Das Ziel der letztgenannten Ansätze ist eine Prädiktion quantitativer Größen des Benutzerverhaltens, wie Performanz, Lernzeiten oder Fehler des Benutzers.

Als Ausgangspunkt solcher Methoden muß sicherlich das GOMS-Modell von Card, Moran und Newell (1983) betrachtet werden, in dem die Aufgabe des Benutzers durch kognitive Ziele, Operatoren, Methoden als größere Handlungseinheiten und entsprechende Kontrollmechanismen in einer hierarchischen Weise modelliert wird. Experimentelle Untersuchungen haben befriedigende Übereinstimmung zwischen theoretischen Vorhersagen und den beobachteten Leistungsgrößen geliefert. Aufbauend auf diesem Ansatz sind die Arbeiten von Polson und Kieras (1985) zu sehen, in denen das für eine Aufgabenausführung erforderliche Benutzerwissen durch die Regeln eines Produktionssystemes ausgedrückt wird. Durch die starke Formalisierung eines solchen Modelles kann es implementiert und für Simulationszwecke herangezogen werden. Aus dem modellierten Wissen wird eine kognitive Komplexität der Aufgabe abgeleitet, die den Zeitbedarf für das Erlernen einer Aufgabe in linearer Weise bestimmt. Großangelegte experimentelle

Untersuchungen von Aufgaben aus dem Bereich des Editierens von Text und Graphik sowie einigen anderen Bereichen haben die theoretischen Vorhersagen der jeweiligen Modellierungen in außergewöhnlich guter Weise bestätigt. (Polson u.a. 1986, Ziegler u.a. 1986).

Ein zweiter Ansatz geht davon aus, die vom Benutzer durchgeführten Eingabeaktionen zur Steuerung des Systems als Sprache zu betrachten und diese grammatikalisch zu beschreiben. Der am weitesten entwickelte Vertreter dieser Richtung ist die sogenannte "Task Action Grammar" von Green und Payne (Green u.a. im Druck). Auch diese können anhand der Zahl grammatikalischer Regeln Vorhersagen über Lernen und Fehler machen. Da sie das erforderliche Benutzerwissen auf maximal verdichtete Weise darstellen, sind sie besonders geeignet, um die Konsistenz einer Benutzerschnittstelle zu überprüfen.

Ein entscheidender Vorteil solch theoriegeleiteter formaler Methoden besteht darin, daß sie eine Erklärung empirischer Ergebnisse liefern und damit eine stärkere Generalisierbarkeit von Aussagen ermöglichen. Ein Mangel vieler herkömmlicher Studien zur Benutzbarkeit von Systemen ist sicherlich darin zu sehen, daß die erhobenen Befunde nur in einem engen Aufgaben- und Systemkontext, in dem sie erhoben wurden, als gültig betrachtet werden können.

These: Verstärkte Aktivitäten im Bereich theoretischer und methodischer Entwicklungen sind notwendig, um die Software-Ergonomie weg vom Einzelfall-Empirismus hin zu verallgemeinerbaren Richtlinien und Gestaltungsmethoden zu führen. Vergleichende Untersuchungen zur Benutzbarkeit von Rechnersystemen werden allerdings auch in Zukunft weiterhin ihren Stellenwert behalten.

Evaluation von Benutzerschnittstellen

Die Bewertung der Gestaltung einer Benutzerschnittstelle ist in traditioneller Sicht ein Schritt, der sich an die Gestaltungsphase anschließt. Dieses Vorgehen ist in verschiedener Hinsicht unbefriedigend, wenn die Software-Ergonomie nicht einer rein korrektive Funktion haben soll. Wünschenswert ist eine möglichst frühe Einschaltung software-ergonomischer Bewertungen im Designprozeß (Shackel, 1985). Erste Evaluationsmöglichkeiten sollten schon im Stadium des konzeptionellen Entwurfs und der Spezifikation möglich sein. Prädiktive Methoden, wie im vorausgegangenen Kapitel dargestellt, können hierbei hilfreich sein. Die Vorgehensweise des "rapid prototyping" erlaubt eine frühzeitige empirische Bewertung in einem iterativen Designprozeß (Good u.a., 1984).

Eine grundlegende Kontroverse im Bereich der Evaluation sowie in der Software-Ergonomie allgemein bezieht sich auf die Verwendung "harter" oder "weicher" Untersuchungsmethoden (vgl. hierzu Newell & Card, 1985, die für die

Notwendigkeit harter wissenschaftlicher Methodik in diesem Bereich plädieren, sowie die Gegenposition von Carroll & Campbell, 1986). Für die Systemevaluation bedeutet die Verwendung harter Methoden die Erhebung quantitativer, statistisch abgesicherter Daten, wie z.B. Ausführungs- und Lernzeiten, Fehlerraten u.a. unter genau kontrollierten Bedingungen. Um eine Bewertung der erhobenen Daten zu ermöglichen, ist hier meist ein Vergleich mit anderen Systemen oder Gestaltungsalternativen erforderlich. Eine bessere Vergleichbarkeit könnte durch die Entwicklung und Verwendung standardisierter Benchmark-Aufgaben für bestimmte Aufgabenbereiche erreicht werden, die Referenzpunkte für die Systembewertung liefern können.

Auf der Seite der "weichen" Methoden stehen explorative und subjektive Vorgehensweisen, wie z.B. Beobachtung des Benutzers, Benutzerbefragungen oder auch die Anwendung einer Checkliste durch den Experten. Weiche Methoden können ganz besonders wertvoll für das Entdecken und lokalisieren von Systemmängeln sein. In vielen Fällen führen sie mit einem weitaus geringerem Aufwand zu wesentlichen Aussagen für die Systembewertung.

Das grundlegende Kriterium bei der Methodenwahl für die Evaluation von Benutzerschnittstellen ist die Frage nach der Zielsetzung: harte Methoden erscheinen geeigneter für die Frage "Wie gut ist ein System?", weiche Methoden für die Frage "Was ist schlecht an einem System und warum?" (die Unterscheidung "how good" und "why bad" stammt von C. Lewis, pers. Mitt.).

Vor der Auswahl einer geeigneten Methodik steht die Frage nach den zu verwendenden Kriterien für eine Systembewertung. Hier ist eine klare Trennung zu machen zwischen Eigenschaften, die in der Systemgestaltung direkt beobachtbar sind, und Benutzungseigenschaften, die nur indirekt über den Umgang des Benutzers mit dem System zu erfassen sind. Checklisten z.B. sollten möglichst objektiv Systemeigenschaften abprüfen, wobei dem Merkmal eine entsprechende Bewertung bezüglich der Benutzbarkeit zuzuordnen ist.

Die Kriterien des DIN-Entwurfs 66234, Teil 8 zur Dialoggestaltung scheinen hier eine problematische Zwischenstellung einzunehmen, da zu ihrer Operationalisierung auf System- und Benutzungseigenschaften zurückgegriffen werden muß. Es gibt aber durchaus hilfreiche Ansätze, um diese Kriterien in einer Bewertungsmethodik umzusetzen (Paetau & Oppermann in diesem Band).

Shackel (1985) gibt vier Kriterienklassen an, durch die Benutzbarkeit (usability) definiert wird und die hier in verkürzter Form dargestellt werden.

- Effektivität (Effectiveness): Der erforderliche Bereich von Aufgaben muß mit einer Leistung erfüllbar sein, die über einer bestimmten Schwelle liegt (von einem bestimmten Anteil der jeweiligen Benutzergruppen in einem bestimmten Bereich von Nutzungsmöglichkeiten),

- Erlernbarkeit (Learnability): innerhalb eines bestimmten Zeitraums und mit einem bestimmten Trainings- und Unterstützungsaufwand,
- Flexibilität (Flexibility): Möglichkeiten der Anpassung des Systems an eine bestimmte Variabilität der Aufgaben und der Umgebung in Bezug auf die ursprünglich spezifizierten Aufgaben.
- Benutzereinstellungen (Attitude): innerhalb annehmbarer Bereiche von Beanspruchung und bei anhaltenden Arbeitszufriedenheit.

Obwohl auch diese Kriterien sicherlich noch nicht vollständig operationalisiert werden können, scheinen sie den Bereich der Benutzbarkeit gut abzudecken und sind prinzipiell geeignet, um die Anforderungen an die Benutzbarkeit eines Systems sowohl spezifizierbar als auch überprüfbar zu machen.

- These: Bei der Evaluation von Benutzerschnittstellen müssen sich "harte" und "weiche" Methoden ergänzen. Die dabei verwendeten Kriterien müssen sich eindeutig auf die Benutzbarkeit beziehen und sollten nicht überlappend sein.

Literaturverzeichnis

Ball, E. & Hayes, P. (1980): Representation of Task-Specific Knowledge in a Gracefully Interacting User Interface Technical Report, Carnegie Mellon University, CMU-CS-80-123.

Balzert, H. (Hrsg.) (1983): Software-Ergonomie. Tagung 1/1983 des German Chapter of the ACM am 28.-29.4.1983 in Nürnberg, Stuttgart: Teubner.

Bullinger, H.-J. (Hrsg.) (1985): Software-Ergonomie '85. Mensch-Computer-Interaktion. Tagung 3/1985 des German Chapter of the ACM am 24. und 25.9.1985 in Stuttgart; Stuttgart: Teubner.

Bullinger, H.-J. (1984): Die Durchdringung der Unternehmen mit integrierten Bürosystemen - Die Phasen der Bürorationalisierung; In: Warnecke, H.J. & Bullinger, H.-J. (Hrsg.), Integrierte Bürosysteme - Zukunftsichere Strategien und erfolgreiche Anwendungen, 3. IAO Arbeitstagung, Berlin u.a.: Springer, 1984.

Bullinger, H.-J. & Fähnrich, K.-P. (1984): Symbiotic Man-Computer Interfaces and the User Assistant Concept. In: Salvendy, G. (Ed.): Human-Computer Interaction, Amsterdam: Elsevier.

Card, S. u.a. (1983): The Psychology of Human-Computer Interaction, Lawrence Erlbaum, Hillsdale N.J.

Carroll, J.M. & Campbell, R.L. (1986): Softening up hard science: Reply to Newell and Card. User Interface Inst., IBM Watson Research Center, Yorktown Heights, New York.

Fischer, G. & Gunzenhäuser, R. (Hrsg.) (1986): Methoden und Werkzeuge zur Gestaltung benutzergerechter Computersysteme. Berlin - New York: de Gruyter.

Gaines, B.R. (1986): From Timesharing to the sixth Generation: The Development of Human-Computer Interaction. Part I, Int. Journal Man-Machine-Studies, 24, 1-27.

Good, M.D. u.a. (1984): Building a user-derived interface. Communications of the ACM, 27, 1984, pp. 1032-1043.

Green, T.R.G. u.a. (im Druck): Formalizable Models of User Knowledge in Human-Computer Interaction. In: Green, Hoc, Murray & Veer (eds.): Theory and Outcomes in Human-Computer Interaction. London: Academic Press.

Hayes, P. J. (1986): Steps toward Integrating Natural Language and Graphical Interaction for Knowledge-based Systems. In: Proc. of the 7th European Conference on Artifical Intelligence 21-25 July 1986, Brighton, pp. 456-465.

Hutchins, E.L. u.a. (1986): Direct Manipulation Interfaces. In: Norman, D. & Draper, S. (Hrsg.): User Centered System Design, 1986.

Koller, F. u.a. (1986): Integration verschiedener Eingabetechniken am Beispiel eines Graphikeditors. WISDOM Report FB-IAO-86-30, Stuttgart.

Martin, J. (1973): Design of Man-Computer Dialogues. Prentice-Hall, Englewood Cliffs N.J., 1986.

Newell, A. & Card, S.K.: The Prospects for Psychological Science in Human-Computer Interaction. Human-Computer Interaction, 1, pp 209-242.

Ness, A.J. & Reim, F. (1987): Gestaltung und Betrieb von verteilten Systemen im Büro: Dimensionen der Integration; In: Fähnrich, K.-P. (Hrsg.), Fortschritte der neuen Informations- und Kommunikationstechniken, Online'87, 10. Europäische Kongreßmesse für Technische Kommunikation, Kongreß 7, Hamburg, 1987.

Paetau & Oppermann (1987): In diesem Band.

Polson, P. & Kieras, D. (1985): An approach to the formal analysis of user complexity. Int. Journal Man-Machine Studies, Vol. 22, pp. 365-394.

Polson, P. u.a. (1986): A Test of a Common Elements Theory of Transfer. In: Proc. CHI'86, Boston, April 13-17.

Sackman, H. (1970); Man-Computer Problem Solving; Princeton, Auerbach.

Shackel, B. (1959): Ergonomics for a Computer, Design, 120, pp.36-39.

Shackel, B. (1985): Human Factors and Usability - Whence and Whither? In: Bullinger (1985).

Shneiderman, B. (1982): The Future of Interactive Systems and the Emergence of Direct Manipulation. In: Behaviour and Information Technology, Vol. 1, 3, pp. 237-256.

Shneiderman, B. (1987): Designing the User Interface - Strategies for Effective Human-Computer Interaction. Addison Wesley, Reading (Mass.).

Weinberg, G.M. (1971); The Psychology of Computer Programming; van Nostrand Reinhold, New York.

Wetzel, R.P. u.a. (1987): A Logic Oriented Approach to Knowledge and Databases

Supporting Natural User Interaction. Deictic Interaction System - Query Environment; LOKI Report KR-GR 5.3/KR-NL 5, Stuttgart.

Ziegler, J. u.a. (1986): On Using Production Systems for Cognitive Task Analysis and Prediction of Transfer of Cognitive Skill. 3rd European Conf. On Cognitive Ergonomics, Paris.

Prof. Dr.-Ing. habil. H.-J. Bullinger
Fraunhofer Gesellschaft
Institut für Arbeitswirtschaft
und Organisation
Silberburgstraße 119 a
7000 Stuttgart 1

<u>SOFTWARE-ERGONOMIE: GESTALTEN RECHNERGESTÜTZTER</u>
<u>GEISTIGER ARBEIT?!</u>

Winfried Hacker, Dresden/DDR

Das Gestalten von Anwendersoftware ist ein abhängiger Bestandteil des Gestaltens rechnergestützter geistiger Arbeit. Die hierarchische Struktur von Tätigkeiten bedingt eine Hierarchie der Gegenstände der Arbeitsgestaltung. Die Gestaltung der Gesamtaufgabe - orientierbar am Vier-Stufen-System einschließlich des Konzepts der zyklisch und hierarchisch vollständigen Tätigkeiten - bestimmt und begrenzt die Gestaltung von Teilaufgaben und Aufgabendetail: Identische Detaillösungen (z. B. Dialoge) können gegensätzliche Wirkungen auf den Menschen haben in Abhängigkeit von übergeordneten Lösungen (z. B. der Aufgabenkomplexität). Mit einem begrenzten Satz objektiver Tätigkeitsmerkmale eines Gestaltungsinstruments wird es möglich, erwünschte geistige Anforderungen sowie soziale Auswirkungen rechnergestützter Arbeit mit akzeptabler Sicherheit zu projektieren.

Im Mittelpunkt der Plenarvorträge der Software-Ergonomie '85 stand die einfache Nutzbarkeit von Software. Im Hintergrund blieben noch die Wechselbeziehungen zu den Arbeitstätigkeiten, die durch einfache Werkzeuge unterstützt werden sollen (Shackel, 1985). Dieser Aspekt sei hier aufgegriffen:

<u>1. Der zu gestaltende Gegenstand: Tätigkeiten oder</u>
<u>Schnittstellen?</u>

Auch beim Automatisieren geistiger Arbeit ist eine weite Spanne von arbeitsgestalterischen Ansätzen möglich. Sie reichen vom Computerisieren aller recht und schlecht formalisierbaren Arbeitsgänge am einen Pol bis zur nutzerzentrierten Gestaltung beeinträchtigungsfreier und förderlicher rechnergestützter Arbeit am anderen. Drastische Unterschiede in den Arbeitsanforderungen können erzeugt werden durch unterschiedliche Automatisierungs- und Organisationskonzepte, die sich teilweise in der Hard- bzw. in der Software vergegenständlichen. Aber sogar bei gleicher Hard- bzw. Software gibt es große Anforderungsunterschiede.

Vergleichen wir zur Illustration zwei Varianten der Arbeitsteilung bei rechnergestützter Textverarbeitung an identischen Geräten: Eine Gruppe von Setzern (A) setzt nur belletristische muttersprachliche Texte, die andere Gruppe (B) auch wissenschaftliche und fremdsprachliche Texte sowie Tabellen und Formulare. Des weiteren führt sie alle Korrekturen aus, auch für die Gruppe A. Welche Anforderungsunterschiede entstehen?

Die Tätigkeit der Gruppe B beinhaltet eine größere Vielfalt von Teilaufgaben mit unterschiedlichen Anforderungen, sie umfaßt das Vorbereiten, Prüfen, Organisieren und Korrigieren. Der Anteil der reinen Dateneingabe und der Wiederholungsgrad gleicher Verrichtungen sind signifikant geringer als für Gruppe A. Es gibt breitere Möglichkeiten zur selbständigen Zielsetzung, zu echten Entscheidungen über Vorgehensweisen und Abfolgen und zu längerfristigem Planen. Die Aufgabe B erfordert die Verantwortung für ein vollständiges Produkt. Die Anforderungen aus der Kooperation sind ebenfalls höher. Die resultierenden kognitiven Anforderungen sind anspruchsvoller in Hinblick auf mehr Kenntnisrekonstruktion und Abstraktion, und sie schließen intellektuelle, problemlösende Anforderungen - im Gegensatz zu A - ein.

Die Setzer beider Gruppen besitzen die gleiche Qualifikation; diese wird in Gruppe B stärker genutzt und bietet bleibende Lernpotentiale.

Insgesamt erwarten wir unerwünschte Auswirkungen bei Gruppe A mit dem weniger anspruchsvollen Arbeitsinhalt. Tatsächlich ist die Zufriedenheit mit der Aufgabe und dem Qualifikationseinsatz signifikant geringer bei dem niedrigen Arbeitsinhalt. Die erlebte Autonomie, die erlebte Variabilität der Anforderungen und die wahrgenommene Durchschaubarkeit der Arbeitssituation unterscheiden sich signifikant zu Lasten der Gruppe mit dem engen Arbeitsinhalt. Die erlebte Ermüdung und die Sättigung sind bei dieser Gruppe (A) stärker ausgeprägt, ebenso die mittlere Anzahl psychophysischer Beschwerden (Hacker & Schönfelder, 1986).

Die Unterschiede in diesen Varianten rechnergestützter geistiger Arbeit sind nicht verursacht allein durch die Software. Gestalten rechnergestützter geistiger Arbeit ist mehr als Softwaregestaltung. Wenigstens ebenso wirkungsvoll sind die verwirklichten Leitvorstellungen über das Automatisieren geistiger Leistungen und über die Arbeitsorganisation. Die Schäden aus einer technozentrischen Funktionsteilung zwischen Mensch und Computer und aus einer tayloristischen Arbeitsteilung zwischen verschiedenen Menschen sind auch durch die beste Software nicht zu heilen.

Um rechnergestützte geistige Arbeit zu gestalten, sind zunächst erforderlich
- zutreffende Vorstellungen über Arbeitstätigkeiten,
- Gestaltungsziele und Bewertungsmerkmale für Arbeitstätigkeiten.

Das sogenannte <u>Tätigkeitskonzept</u> macht die Hauptmerkmale menschlicher Arbeitstätigkeiten zu den Gestaltungsgrundlagen. Das sind ihre Ausrichtung auf die vom Arbeitenden als Ziel übernommene Aufgabe ("concept-driven user"), das Aufstellen von Plänen zur Zielerreichung, der hierarchische Aufbau von Arbeitstätigkeiten, ihre aufgaben- und bedingungsabhängige Flexibilität und ihre individuelle Modifikation im Falle von Freiheitsgraden (vgl. Hacker, 1986 a).

Rechnergestützte Arbeitsprozesse werden im Sinne dieses Konzepts ausgehend von den erwünschten Merkmalen der Tätigkeit der Arbeitenden gestaltet. Die arbeitsgestalterische Grundfrage lautet daher: Was soll dem Menschen vorbehalten bleiben, und was soll automatisiert werden? An die anthropozentrische Funktionsteilung zwischen Mensch und Rechner schließt sich eine Arbeitsteilung bzw. -kombination zwischen verschiedenen Menschen an, die anregungsreiche Arbeitsinhalte anstrebt.

Für geistige Arbeit muß dieses Tätigkeitskonzept noch differenziert werden: Der grobe Begriff "geistige Arbeit" ist für die Anforderungsbeschreibung ungeeignet. Geistige Arbeit kann nicht mit Denken oder Problemlösen gleichgesetzt werden. Sie umfaßt vielmehr
- Vorgänge, die lediglich Information übertragen, also Wahrnehmen und Behalten ohne jedes Denken,
- informationsverarbeitende Vorgänge, also Klassifizieren und Schlußfolgern nach gegebenen Regeln,
- nach Algorithmen ablaufendes Denken sowie
- informationserzeugende Vorgänge, also Problemfindung und Problemlösung auch schöpferischer Art.

Zur klaren Kennzeichnung der Anforderungen aus geistiger Arbeit müssen daher die jeweils erforderlichen Vorgänge und deren Anteile angegeben werden. Das Einführen von Informationssy-

stemen kann nämlich zu äußerst unterschiedlichen Anforderungsge-
mischen und dadurch zu sehr verschiedenen, teilweise zu gegensätz-
lichen Wirkungen auf den arbeitenden Menschen führen.

Das Konzept der <u>Nutzerfreundlichkeit von Software</u> verfolgt ein engeres Vorgehen. Hier geht es darum, Schnittstellen
zwischen dem Arbeitsmittel und dem Menschen dem letzteren anzupassen. Die Schnittstellen sind vorgegeben; nicht hinterfragt
wird die Art der Funktionsteilung zwischen Mensch und Rechner als
wichtigste Grundsatzentscheidung. Auch die Arbeitsteilung bleibt
außer Betracht. Die Nutzerfreundlichkeit läuft damit Gefahr, sich
zu reduzieren auf einen Ansatz im Sinne des herkömmlichen Anpas-
sens der Maschinenoberfläche an den Menschen. Dieses Anpassen ist
notwendig, es sichert aber allein noch keine beeinträchtigungs-
freien und persönlichkeitsförderlichen Arbeitstätigkeiten. Dazu
muß die Arbeitsgestaltung hinausgehen nicht nur über das ergonomische Gestalten von Arbeitsplätzen und Ausführungsbedingungen,
sondern auch über eine Software-Ergonomie, die sich auf die
Schnittstellengestaltung beschränkt, und muß vordringen auch zur
Inhaltsgestaltung der rechnergestützten Arbeit insgesamt. Nur so
wird der bestehende zentrale Widerspruch lösbar: Die Mensch-Rechner-Interaktion soll einfach (nicht zusätzlich beanspruchend
/DIN 66234/<u>8</u>7) sein, die Arbeit insgesamt jedoch anregend. Eine
Lösung ist nur auf der übergeordneten Ebene der Gesamtaufgabe
möglich: Die Güte der Software ist zwar wesentlich bestimmt durch
das Ausmaß der Unterstützung, die sie für das Erfüllen der Ge-
samtarbeitsaufgabe bietet. Aber nur eine anregungsreiche Gesamtaufgabe verlangt und erträgt einen einfachen, d. h. anforderungsarmen Dialog.

Nach alledem sind Gestaltungsziele und Bewertungsmaßstäbe
für die Arbeit insgesamt, nicht nur für Schnittstellen, erforderlich.

<u>2. Die Gestaltungsziele und Bewertungsmerkmale rechnerge-
stützter geistiger Arbeit</u>

Die Gestaltungsziele und die Bewertungsmaßstäbe müssen
für die rechnergestützte Arbeit insgesamt gelten; Merkmale nur
für nutzerfreundliche Software allein reichen nicht aus. Beispielsweise macht ein fehlerrobuster, sich selbst erklärender,
verläßlicher Dialog eine monotone Gesamtaufgabe noch nicht anre-
gender.

Die herkömmlichen Forderungen einer Bewertungshierarchie können auch für die rechnergestützte geistige Arbeit mit Nutzen herangezogen werden.

Das Bewerten der Güte arbeitsgestalterischer Lösungen muß stets das Zieltripel Effektivität, Beanspruchungsoptimierung und Gesundheits- bzw. Persönlichkeitsförderlichkeit einbeziehen. Das wird möglich durch eine Hierarchie von Bewertungsmerkmalen: Tätigkeiten müssen vom Menschen überhaupt ausführbar sein, dürfen ihn weder schädigen noch beeinträchtigen, sie sollten vielmehr zur Stabilisierung seiner Gesundheit auch gegen Alternsvorgänge beitragen und darüber hinaus Möglichkeiten für ein Weiterentwikkeln von Fähigkeiten anbieten (Hacker, 1984). Im einzelnen:

Die Bewertungsebene der Ausführbarkeit wird bei geistiger Arbeit nicht selten unterschätzt. Die kognitive Ausführbarkeit wird jedoch durch jedes Überfordern menschlicher Informationsvorbereitungsvorgänge in Frage gestellt. Drei Typen von Mängeln in Informationsangeboten führen zu Überforderungen: Menschen sind erstens überfordert, wenn eine psychisch wirksame Information über ein erforderliches Handeln fehlt. Nicht jede physikalisch gegebene Information ist nämlich auch psychisch wirksam. Zwei Beispiele: Unterscheidbar sind etwa 1800 reine Töne, sicher identifizierbar nur 4 bis 5. Rückmeldungen, die um mehr als 100 bis 200 Millisekunden verzögert sind bzw. die nicht rechtzeitig vor dem nächsten Handlungsschritt vorliegen, beeinträchtigen die Handlungsregulation. Menschen sind zweitens überfordert, wenn eine Information zwar psychisch wirksam ist, aber in der Handlungsregulation nicht genutzt werden kann. Beispielsweise übersteigt die Spanne für das kurzfristige Behalten in seriellen Aufgaben nicht 3 bis 4 Informationseinheiten. Menschen sind drittens überfordert, wenn das Informationsangebot selbst verführt zur falschen Nutzung handlungsleitender Information. Ein Beispiel für das gestaltungsbedingte Verführen zur Fehlinterpretation ist eine mit den Interpretationsgewohnheiten unvereinbare Kodierung, etwa für Heißdampf mit Blau und für Kühlwasser mit Rot.

Zumindest die zweite und die dritte Überforderungsform sind bei Arbeit in Informationssystemen möglich und dürfen daher beim ergonomischen Bewerten nicht übergangen werden.

Auch die Ebene der Schädigungslosigkeit darf beim Bewerten rechnergestützter geistiger Arbeit nicht ausgelassen werden.

Zeigen doch Untersuchungen bei Dateneingabetätigkeiten, bei der
sogenannten Bildschirmarbeit, etwa bei der Hälfte der Beschäftigten Sehbeschwerden und Beschwerden im Schulter-Arm-Bereich auf
Grund unzulänglicher Arbeitsplatzgestaltung. Längerfristig dürften Schädigungen dadurch kaum auszuschließen sein. Für die Softwaregestaltung als Arbeitsgestaltung noch wichtiger ist die Abhängigkeit des Krankenstands vom Arbeitsinhalt. Der Anteil von
Tätigkeiten mit einer überdurchschnittlichen Anzahl von gesundheitlichen Beschwerden und einem überdurchschnittlichen Krankenstand steigt im Ausmaß der Vereinseitigung, der sogenannten Ent-
mischung, geistiger Arbeit. Ein Maßstab dafür ist der Grad der
Vollständigkeit einer Tätigkeit; wir kommen auf ihn zurück.

<u>Beeinträchtigungen des Befindens</u> durch psychonervale Be-
schwerden, unzumutbare Ermüdungsgrade oder das Erleben von Monotonie, Sättigung und Streß stehen gleichfalls nachweislich im Zusammenhang mit einer unzureichenden Gestaltung des Inhalts und
der Ausführungsbedingungen rechnergestützter geistiger Arbeit.
Mit dem Einschränken der Freiheitsgrade für eigenständiges Entscheiden oder mit dem Abnehmen der Vollständigkeit, ausgedrückt
in der Zahl anforderungsverschiedener Teiltätigkeiten, steigt der
Anteil geistiger Arbeitstätigkeiten, die überdurchschnittliche
Ermüdungs-, Monotonie- und Sättigungsgrade aufweisen.

Auf der Ebene der Stabilisierung der psychischen Gesundheit und der <u>Förderung</u> und Entwicklung der Persönlichkeit kommt
auch bei rechnergestützter geistiger Arbeit den bleibenden Möglichkeiten zum Hinzulernen in der Arbeit eine ausschlaggebende
Bedeutung zu. Sie haben enge Beziehungen zu den potentiellen An-
satzstellen einer intrinsischen Arbeitsmotivation. Ein Beispiel
zum Gegenpol erwünschter Arbeitsmotivation, zur psychischen Sättigung durch Arbeit: Je weniger ausgeprägt die längerfristig vorliegenden Lernanforderungen bei geistiger Arbeit sind, desto größer ist der Anteil von Tätigkeiten mit überdurchschnittlichen
Werten psychischer Sättigung.

3. Zur Hierarchie der Gestaltungsmaßnahmen

Aufträge und die Tätigkeiten, welche sie verwirklichen,
sind hierarchisch aufgebaut. Die Gesamttätigkeit kann demzufolge
unterteilt werden in einzelne Tätigkeiten, diese wiederum in
Teiltätigkeiten oder Handlungen und letztere abermals in weitestgehend routinisiert ablaufende Operationen. Das Vorliegen mehre-

rer Ebenen innerhalb der Tätigkeit hat zur Folge, daß auch mehrere Ebenen für die Gestaltung von Tätigkeiten existieren und zu
beachten sind. Sie bilden eine Hierarchie.

Bezogen auf das Gestalten rechnergestützter geistiger
Arbeitsaufgaben liegt folgende Hierarchie von Gestaltungsebenen
vor (Abb. 1):

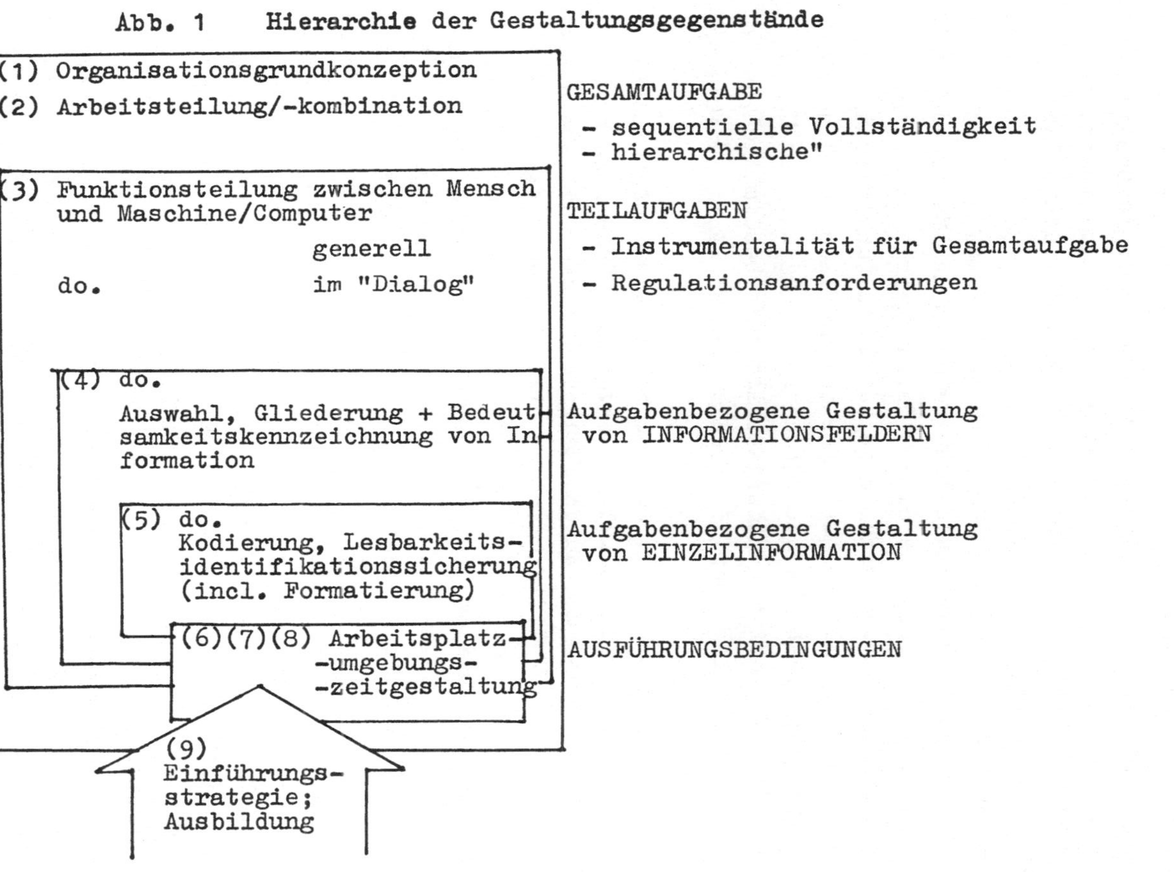

Abb. 1   Hierarchie der Gestaltungsgegenstände

o Die <u>Gesamt</u>aufgabe eines Werktätigen mit ihrem körperlichen und geistigen Anforderungsspektrum wird festgelegt durch die organisatorische Grundkonzeption (beispielsweise durch den Grad der Zentralisierung von Entscheidungen oder durch die Anzahl der vorgesehenen Leitungsebenen) und durch die Arbeitsteilung bzw. -kombination zwischen den beteiligten Werktätigen einschließlich der Führungskräfte (Rödinger, 1985). Richtlinien und Bewertungsmaßstäbe für das Gestalten der Gesamtaufgaben in Hinblick auf wünschenswerte Arbeitsinhalte und Arbeitsanforderungen gibt das Prinzip der vollständigen Tätigkeiten. Dazu im nächsten Abschnitt.

o Die einzelnen <u>Teil</u>aufgaben und ihre Anforderungen werden festgelegt durch die Funktionsteilung zwischen den Menschen und der Hard- sowie Software. Eine dieser Teilaufgaben ist der Dialog. Ein ausschlaggebendes Kennzeichen der Gestaltungsgüte der Teilaufgaben ist ihre Nützlichkeit für das Erfüllen der Gesamtaufgabe. Die Teilaufgabe "Mensch-Rechner-Dialog" als ein Mittel für das Erfüllen der Gesamtaufgabe ist aufgabendienlich, wenn sie wirkungsvoll ist aber dennoch möglichst wenig mentale Kapazität beansprucht.

Raum (1986 a) konnte zeigen: Sofern eine anspruchsvolle Hauptaufgabe zu erfüllen ist, so bevorzugen Ungeübte und Experten vereinfachte und durchschaubare Dialoge, die ihnen aber das individuelle Modifizieren der eigentlichen Aufgabenbearbeitung ermöglichen, gegenüber anspruchsvollen und schwieriger durchschaubaren Dialogen, die für die Hauptaufgabe wenig geistige Kapazität belassen. Der Grund dieser Bevorzugung ist die eingehendere Auseinandersetzungsmöglichkeit mit der eigentlichen Aufgabe. Es sei wiederholt: Das setzt eine anspruchsvolle Hauptaufgabe voraus. Anders: Ein Dialog kann streng rechnergeführt und ohne Freiheitsgrade sein, wenn die Hauptaufgabe ausreichend Freiheitsgrade beläßt. Nicht die Teiltätigkeit Dialog, sondern die Gesamttätigkeit bestimmt die Wirkung.

Ein weiteres Kennzeichen von Teilaufgaben sind ihre einzelnen Anforderungen. Im Falle der Teilaufgabe "Dialog" ergeben sie sich aus dem Übersetzungsaufwand zwischen den eigentlich angestrebten Bearbeitungsschritten der Hauptaufgabe und den dafür erforderlichen Operationen am Rechner ("internal-external task mapping"; Moran, 1983) sowie aus dem Typ und der Struktur des Dialogs. Das Bewerten und Gestalten dieser Einzelanforderungen ist allerdings wiederum sinnvoll nur bei Einordnung in die Gesamtaufgabe!

o Der Gestaltung der Teilaufgaben nachgeordnet ist die <u>aufgabenbezogene Gestaltung kompletter Informationsfelder</u>. Dabei geht es hauptsächlich um die Auswahl der aufgabenbedeutsamen Information unter Berücksichtigung des verschiedenen Informationsbedarfs unterschiedlicher Nutzergruppen, um die aufgabenbezogene Gruppierung und Gliederung der Information sowie um die Kennzeichnung ihrer Bedeutsamkeit.

Zwei Beispiele: Beim Übertragen von Information durch den Menschen hilft das Gliedern des Informationsangebots Zeit einzusparen. Das gilt um so mehr, je komplexer das Angebot, je schwieriger also die Aufgabe ist.

Auch das Vermitteln von Einsicht in die Struktur eines Informationsangebots, der Aufbau eines sogenannten mentalen Modells der Aufgabenstruktur, kann den Zeitbedarf reduzieren. Das gilt wiederum um so mehr, je komplexer das Informationsangebot ist. Jedoch führt nur eine doppelte, nämlich bildhaft-anschaulich <u>und</u> begrifflich kodierte Darstellung zu Verkürzungen, nicht aber die rein begriffliche (Abb. 2).

Die Beispiele belegen das hierarchische Prinzip: Allgemeingültige Gesetzmäßigkeiten, hier also Gestaltprinzipien und das Prinzip der Doppelkodierung, wirken stets gebrochen an der jeweiligen Aufgabe, im einfachsten Falle an ihrer Komplexität. Informationsgestaltung ohne Berücksichtigung der Aufgabenmerkmale ist nutzlos.

o Der Gestaltung der Informationsfelder nachgeordnet ist die aufgabenbezogene Gestaltung der <u>Einzelinformation</u>. Dabei geht es insbesondere um die gedächtnisfreundliche Kodierung sowie das Sichern der Lesbarkeit und des zutreffenden Identifizierens angebotener Information.

o Schließlich sind in Abhängigkeit von allen Gesamt- und Einzelaspekten der Aufgabe die <u>Ausführungsbedingungen</u> zu gestalten. Dabei geht es um das Gewährleisten aufgabenangemessener Arbeitsplätze, aufgabenangemessener Arbeitsumgebungen und um ein aufgabenangemessenes Arbeitszeitregime.

Abb. 2: Nutzen begrifflicher versus doppelter (bildhafter und begrifflicher) Kodierung beim Übertragen von Information in Abhängigkeit von der Aufgabenschwierigkeit

Hacker & Meinel, TUD ´78

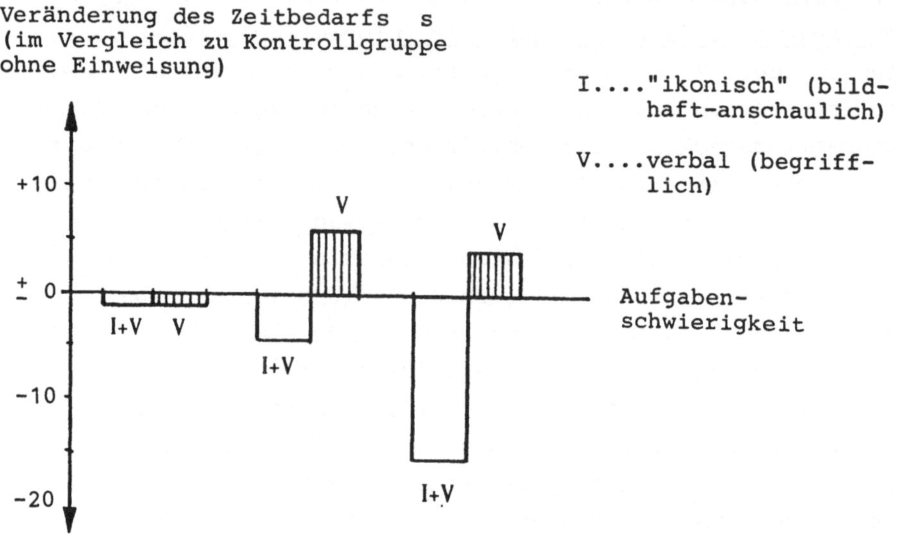

Die Gestaltung der Inhalte und Formen der <u>Einführungsstrategie</u> neuer Aufgaben und der <u>Ausbildung</u> für sie muß alle voranstehenden Merkmale berücksichtigen.

Diese Hierarchie von Gestaltungsebenen hat zwei entscheidende Folgen:

a) Die verschiedenen Ebenen der Aufgabengestaltung unterscheiden sich in ihrer <u>Wirkungsbreite</u>. Die Gestaltung auf übergeordneten Ebenen hat umfassendere Wirkungen auf die Effektivität und das Wohlbefinden der Werktätigen als die Gestaltung auf untergeordneten. Beispielsweise wird durch das Optimieren von einzelnen Kommandos oder Datenformaten bei einigen Operationen der Arbeitsinhalt einer anforderungsarmen und monotonen Gesamtaufgabe nicht angereichert.

b) Darüber hinaus <u>bestimmen</u> die Gestaltungslösungen auf übergeordneten Ebenen die Wirkungen von Gestaltungslösungen auf untergeordneten. Demzufolge haben gleiche Gestaltungsmaßnahmen unterschiedliche Wirkungen in Abhängigkeit von verschiedenen Gestaltungslösungen auf übergeordneten Gestaltungsebenen. Ausschlaggebend ist die bestimmende Wirkung der Gesamtaufgabe.

Beispielsweise ist die "Aufgabenangemessenheit" der sprachlichen Form einer Aufgabenstellung - also ein Kodierungsproblem - abhängig vom Komplexitätsgrad der Aufgabe - also von einem Problem der Gestaltung der Gesamt- oder Teilaufgabe. Bei niedriger Aufgabenkomplexität bevorzugt der arbeitende Mensch grammatisch anspruchsvollere Beschreibungen von handlungsbestimmenden Zusammenhängen; bei hoher Aufgabenkomplexität werden grammatisch einfache Beschreibungen der Abfolge der Handlungsschritte bevorzugt (Scholz, 1986).

Allgemeiner: Das Gestalten der übergeordneten Aufgabenmerkmale bestimmt den möglichen Gestaltungsspielraum für die Einzelmerkmale der Aufgabe. Das gilt in doppeltem Sinne: Übergeordnete Aufgabenmerkmale schränken einerseits die Gestaltungsmöglichkeiten von Einzelheiten ein und machen andererseits Angebote dafür. Daher gibt es nicht _die_ optimale "nutzerfreundliche" Dialogform, Gruppierung von Informationen oder Kommandoform _an sich_, sondern nur unterschiedlich "nutzerfreundliche" Lösungen _für Klassen von Aufgaben und von Nutzern_!

Aber was ist zu tun im Falle _unbekannter oder öfter wechselnder Aufgaben und Nutzer_? In diesem Falle ist schwerlich eine Vorgabe der jeweils günstigsten Form eines Dialogs, eines Informationsfelds auf dem Bildschirm oder einer einzelnen Information zu erreichen. Ein Ausweg ist hier das Prinzip des wählbaren Informationsangebots (Raum, 1986 b): Es werden verschiedene, wählbare Varianten von Dialogen, Hilfen, Bildaufbauformen oder Kodierungen von Angaben oder Kommandos vorgesehen. Die überwiegende Mehrheit der Nutzer nutzt diese Wahlmöglichkeiten sowie Anpassungsmöglichkeiten der Benutzerschnittstellen und trifft rasche und zweckmäßige, den individuellen Leistungsmöglichkeiten und der jeweiligen Aufgabe angemessene Wahlen.

Dieses Prinzip des wählbaren Informationsangebots untersetzt das wichtigste Hauptprinzip der modernen Arbeitsgestaltung, nämlich das Prinzip des Einräumens von Tätigkeitsspielraum. Es ist also ein Ausweg, der mehr ist als ein Notbehelf und der wichtige Vorteile einbringt.

<u>4. Wünschenswerte objektive Tätigkeitsmerkmale: Vollständige Tätigkeiten</u>

Technologische Systeme sollten projektiert werden ausgehend von den erwünschten Arbeitsaufgaben der Menschen, aber nicht am Ende einige Arbeitsaufgaben als beim Menschen mehr oder weniger zufällig verbleibende Restfunktionen erzeugen. Daher ist ein überschaubarer Satz von wünschenswerten objektiven Tätigkeitsmerkmalen erforderlich. Sie müssen mit technologischen Mitteln gestaltbar sein. Die mittel- und langfristigen Auswirkungen von Aufgaben und die geistigen Anforderungen sollten aus diesen gestaltbaren wünschenswerten Tätigkeitsmerkmalen vorhersagbar sein. Die Vorhersage sollte insbesondere die Leistung, das Erleben und Bewerten der Arbeitsinhalte durch den Werktätigen, das körperliche und geistige Wohlbefinden sowie Möglichkeiten zum Hinzulernen betreffen.

Zum Beschreiben und Projektieren dieser wünschenswerten Tätigkeitsmerkmale in Informationssystemen reicht das Beschränken auf die unterste Ebene der Tätigkeit, also auf die motorischen und geistigen Operationen als Tastenbewegungen und "mental motions" im Sinne von Card, Moran & Newell (1983) nicht aus. Wir sahen eingangs: Auch bei der Arbeit mit dem Werkzeug "Rechner" versucht der Mensch Ziele zu verfolgen und Pläne zu verwirklichen. Zielgerichtete Tätigkeiten sind jedoch nicht auf Handlungen und Handlungen nicht auf Operationen reduzierbar. Mit diesem Denkmodell scheiterte das Taylor-System; eine Wiederbelebung lohnt nicht (Volpert, 1985).

Darüber hinaus ist effektives Handeln mehr als schnelles und fehlerfreies Reagieren. Effektives Handeln hat darüber hinaus längerfristig keine negativen, sondern förderliche Rückwirkungen auf den Handelnden: Es übermüdet, langweilt, ängstigt und dequalifiziert nicht, sondern es regt an, motiviert und bietet Lernmöglichkeiten. Was hülfen Gewinne im Millisekundenbereich durch die Reduktion der kognitiven Komplexität von Aufgaben, wenn sie mit Verlusten im Minutenbereich durch Nebenwirkungen wie Monotonie erkauft würden oder zu dequalifizierten, inflexiblen Bearbeitern führten (Greif & Holling, 1986)?

Eine zutreffende Modellvorstellung für das Beschreiben und Projektieren der Arbeit in Informationssystemen ist die von der vollständigen Tätigkeit. Die wünschenswerten objektiven Tätigkeitsmerkmale können als die Merkmale vollständiger Tätigkeiten bezeichnet werden. Eine vollständige Tätigkeit ist zum ersten in sequentieller Hinsicht vollständig: Neben bloßen Ausführungsfunktionen umfaßt sie

- Vorbereitungsfunktionen (das Aufstellen von Zielen, das Entwickeln von Vorgehensweisen, das Auswählen zweckmäßiger Vorgehensvarianten),

- Organisationsfunktionen (das Abstimmen der Aufgaben mit anderen Menschen) und

- Kontrollfunktionen, durch die der Arbeitende Rückmeldungen über das Erreichen seiner Ziele sich zu verschaffen in der Lage ist.

Zum zweiten sind vollständige Tätigkeiten in <u>hierarchischer</u> Hinsicht vollständig, indem sie Anforderungen auf verschiedenen, einander abwechselnden Ebenen der Tätigkeitsregulation stellen. Zu denken ist beispielsweise an das Abwechseln von routinisierten Operationen der Zuordnung von Bedingungen zu Maßnahmen mit algorithmisch vorgegebenen Denkvorgängen und mit Problemfindungs- und -lösungsprozessen. Eine Mindestforderung scheinen Mischanforderungen zu sein, die etwa zur Hälfte der Arbeitszeit intellektuelle Verarbeitungsoperationen einschließen.

Zu der Frage nach der wünschenswerten Beschaffenheit der Anforderungsgemische bei geistiger Arbeit für Menschen verschiedener Qualifikation ist vieles noch offen. Bisher ist nahegelegt, daß einige geistige Vorgänge dem Menschen vorrangig abgenommen werden müßten, da sie besonders stark belasten, während einige andere bei ihm verbleiben sollten, da sie eher anregen. Dazu zeichnen sich auf der Grundlage experimenteller Zerlegungen von simulierten geistigen Routinetätigkeiten die folgenden Befunde ab:

1. Mit zunehmender Belastung des Arbeitsgedächtnisses verschlechtern sich die Leistungsmenge und die Qualität sowie die Ermüdung und die Anstrengungsbereitschaft. Demgegenüber führt eine zunehmende Komplexität intellektueller

Verarbeitungsoperationen nicht zu derartigen Verschlechterungen, sofern dabei die Gedächtnisbelastung konstant bleibt.

2. Im Falle der Benutzbarkeit abrufbarer Gedächtnishilfen finden sich keine wesentlichen Verschlechterungen in Leistung und Befinden. Die Gedächtnishilfen werden mit zunehmender Beanspruchung des Menschen und wachsender Aufgabenkomplexität häufiger abgerufen (Schönpflug, 1985; Hacker, 1986 b).

3. Unterschiedliche Arten von geistigen Verarbeitungsoperationen haben unterschiedliche Wirkungen auf Leistung und Befinden. Beispielsweise verschlechtern sich bei geistigen Routinetätigkeiten die Leistungsmenge und die Qualität sowie die Anstrengungsbereitschaft und die Ermüdung im Maße des Absinkens des Anteils von Verarbeitungsoperationen. Praktisch bedeutet das, daß geistige Aufgaben mit ausreichenden nichtarithmetischen Verarbeitungsanforderungen den Menschen weniger belasten und zu höherer Leistung führen als Aufgaben ohne ausreichende Verarbeitungsanforderungen und Vorherrschen von reiner Datenübertragung (Hacker, 1986 c).

Wie kommt es zu unvollständigen Tätigkeiten? Sequentiell und hierarchisch unvollständige, gleichsam zerstückelte Tätigkeiten können erzeugt werden durch eine unzureichende Arbeitsgestaltung (Volpert, 1983). Das ist möglich durch eine unangemessene Funktionsteilung zwischen Mensch und Rechner oder durch eine unangemessene Arbeitsteilung zwischen verschiedenen Menschen. Beispielsweise werden häufig datenverarbeitende Operationen durch Rechner ausgeübt, während die anforderungsarmen und monotonen Dateneingabeoperationen, die nur das Wahrnehmen und Behalten fordern, nicht aber das Denken, beim Menschen verbleiben. Man denke an die neuen Routineanforderungen bei CAD. Oder: Oft sind noch Arbeiten auszuführen, die bis in das letzte Detail vorbereitet und organisiert sind und von anderen kontrolliert werden. Das Durchdenken, Planen, Abstimmen und Entscheiden ist dem ausführenden Werktätigen "abgenommen".

Bei unvollständigen Tätigkeiten fehlen weitestgehend Möglichkeiten für ein eigenständiges Zielsetzen und Entscheiden, für das Entwickeln individueller Arbeitsweisen oder für ausreichend genaue Rückmeldungen. Im einzel-

nen können unzweckmäßig gestaltete Arbeitstätigkeiten unvollständig sein unter einem oder mehreren der folgenden Aspekte:

1. Fehlen ausreichender Aktivität

Die Möglichkeiten für ein ausreichend häufiges und
selbst veranlaßtes Eingreifen in den technologischen Prozeß
sind zu gering. Ein Beispiel sind Tätigkeiten, in denen passives Überwachen vorherrscht.

2. Fehlen von Zielsetzungs- und Entscheidungsmöglich-
keiten und damit von Verantwortungsübernahme

Hierbei fehlen Möglichkeiten für ein eigenständiges
und dadurch motivierendes Aufstellen von Zielen und für Entscheidungen über die eigenen Vorgehensweisen. Wenn-Dann-Ver-
knüpfungen sind keine echten Entscheidungen im Erleben des
Menschen. In dem Maße, in dem Möglichkeiten zu eigenständigen
Zielsetzungen und Entscheidungen fehlen, ist das Erleben der
Verantwortlichkeit eingeschränkt: Was nicht beeinflußt werden
kann, kann kaum verantwortet werden. Verschiedene Programmiersprachen und Formen der Nutzerführung unterscheiden sich
im Angebot dieser Freiheitsgrade. Auch die Softwaregestaltung
muß - abgestimmt auf die Gesamttätigkeit - im Bedarfsfalle
Freiheitsgrade belassen.

Eine wesentliche Voraussetzung für das sachgerechte
Zielsetzen und Entscheiden sind differenzierte Rückmeldungen
über den eigenen Arbeitsprozeß.

3. Fehlen von Denkanforderungen

Tätigkeiten können unvollständig in der Hinsicht
sein, daß keine oder nur ungenügende Denkanforderungen insbesondere beim Vorbereiten vorliegen. Die erforderlichen Denkanforderungen müssen auch nichtalgorithmischer und gelegentlich sogar schöpferischer Art sein.

4. Fehlen von Kooperationsmöglichkeiten

Kooperation ist mehr als Gedankenaustausch und Kommunikation. Unvollständige Tätigkeiten bieten ungenügende Möglichkeiten für das Zusammenarbeiten als einer Grundlage der
sozialen Unterstützung und der sozial bestimmten Entwicklung
wichtiger Persönlichkeitsmerkmale.

5. Fehlen von Disponibilitäts- und Lernanforderungen

Unvollständige Tätigkeiten bieten ungenügende Mög-

lichkeiten für das Ausnutzen und dadurch für das Erhalten der
vorhandenen Qualifikationen sowie für das wenigstens gelegentliche Hinzulernen. Das Hinzulernen sollte auch Fähigkeiten
und Einstellungen – also nicht nur Kenntnisse und Routinen –
betreffen, und diese sollten übertragbar sein auf wechselnde
Aufgaben innerhalb und außerhalb der arbeitsvertraglich vereinbarten Funktionen.

Zusammenfassend gilt, daß unvollständige Tätigkeiten
als ein Ergebnis unzulänglicher Arbeitsgestaltung die Motiva-
tions- und Lernangebote des Arbeitsprozesses beeinträchtigen.
Der Grad und die Art der Unvollständigkeit von Arbeitstätigkeiten ermöglichen grobe Abschätzungen der Auswirkungen der
Tätigkeiten auf das Wohlbefinden und die psychische Gesundheit, auf die Arbeitszufriedenheit, auf die (intrinsische)
Motivation sowie auf die Weiterentwicklung insbesondere geistiger Fähigkeiten. Im Ausmaße des Fehlens der Merkmale sequentiell und hierarchisch vollständiger Tätigkeiten wächst
die Wahrscheinlichkeit von Beeinträchtigungen der Effektivität und der arbeitenden Persönlichkeit. Daher bietet die Konzeption der vollständigen Tätigkeit Hinweise für das Gestalten der erwünschten Merkmale von Arbeitstätigkeiten mit nütz-
lichen ökonomischen und sozialen Auswirkungen.

Zum beispielsweisen Beleg sei an den Zusammenhang
zwischen der sequentiellen Vollständigkeit und dem Krankenstand erinnert: Mit abnehmender sequentieller Vollständigkeit
steigt der Anteil geistiger Arbeitstätigkeiten mit überdurchschnittlichen gesundheitlichen Beschwerden und überdurch-
schnittlichem Krankenstand.

<u>5. Technologisch gestaltbare Merkmale geistiger Tä-
tigkeiten</u>

Wir sahen: Softwaregestaltung ist Bestandteil der Arbeitsgestaltung. Gestalter von Anwendersoftware als Arbeitsgestalter benötigen
a) die Beteiligung bereits an der Problemanalyse, wegen der
Hierarchie der Gestaltungsgegenstände;
b) zutreffende Vorstellungen von den Erwartungen der Nutzer
an ihre Arbeit; Nutzer erwarten wegen der sozialen Vorzüge
vollständige Tätigkeiten und diesen angemessene Software;

c) Instrumente für die Analyse und Gestaltung von Aufgaben
(Floyd & Keil, 1983).

Zum letztgenannten Bedarf im folgenden:

Zum Gestalten der erwünschten vollständigen geistigen
Arbeitstätigkeiten muß man an ihren technologisch gestaltbaren Grundlagen ansetzen. Es ist nicht möglich, unmittelbar
das Urteilen oder Problemlösen zu gestalten.

Wir suchten daher nach einem begrenzten Satz von
technologisch gestaltbaren, objektiven Tätigkeitsmerkmalen,
welche die Möglichkeiten zu geistigen Leistungen bestimmen
(Rudolph u. a., 1987). Das sind hauptsächlich
- die Wiederholungshäufigkeit gleichförmig wiederkehrender
  mentaler Verrichtungen,
- die zeitlichen und inhaltlichen Freiheitsgrade, Entschei-
  dungs- und Planungserfordernisse (der sogenannte Handlungsspielraum) und damit
- der Typ der Dialogführung sowie zusammenfassend
- die sequentielle Vollständigkeit.

Diese Merkmale bilden eine Konfiguration; sie korrelieren also eng miteinander, z. B. die Dialogführung mit den
inhaltlichen Freiheitsgraden mit $r = 0.78$; $p < 0.01$.

Entscheidend für das Gestalten ist, daß diese technologisch gestaltbaren Tätigkeitsmerkmale auch eng korrelieren
mit den Denkanforderungen. So korreliert die Dialogart mit
den Denkanforderungen mit 0.84 ($p < 0.01$) (Abb. 3), die Wiederholungshäufigkeit gleichförmig wiederkehrender Verrichtungen mit den Denkanforderungen mit 0.82 ($p < 0.01$) usw.

Ein weiteres Beispiel für die Abhängigkeit und damit
die Vorhersagbarkeit der geistigen Anforderungen einer Tätigkeit aus technologisch gestaltbaren objektiven Tätigkeitsmerkmalen gibt die Abbildung 4. Sie stellt die geistigen Anforderungen dar als eine Funktion des vom Arbeitsgestalter
festlegbaren Handlungsspielraums einer Tätigkeit, d. h. als
Funktion der Art und des Ausmaßes der Möglichkeiten zu Zielsetzungen und Entscheidungen über das eigene Vorgehen.

6. Zum Gestalten künftiger Arbeitstätigkeiten mit erwünschten Merkmalen

Aus mehreren Gründen ist es dringlich, die Gestaltung

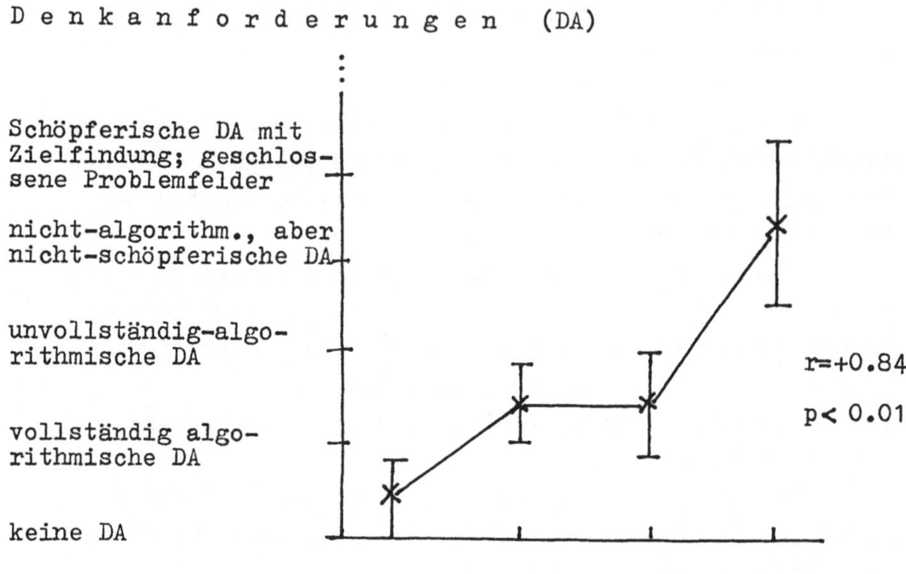

Abb. 3: Intellektuelle Anforderungen als Funktion des Typs
der Mensch-Rechner-Interaktion
(n = 32 Arbeitstätigkeiten)

E. Rudolph, TUD 1986

<u>künftiger</u> Arbeitstätigkeiten in den Mittelpunkt zu rücken.
Derzeit beschränkt sich die Mehrzahl der Arbeitsgestaltungsmaßnahmen auf das Korrigieren unzulänglicher Gestaltungslösungen, die bereits realisiert wurden. Eine derartige Korrektur dauert länger, sie geht mit der Gefahr einher, daß sich
unerwünschte arbeitsgestalterische Lösungen verfestigen und
nicht mehr verändert werden können, und die Umgestaltungsko-
sten werden um so höher, je später die Umgestaltung innerhalb

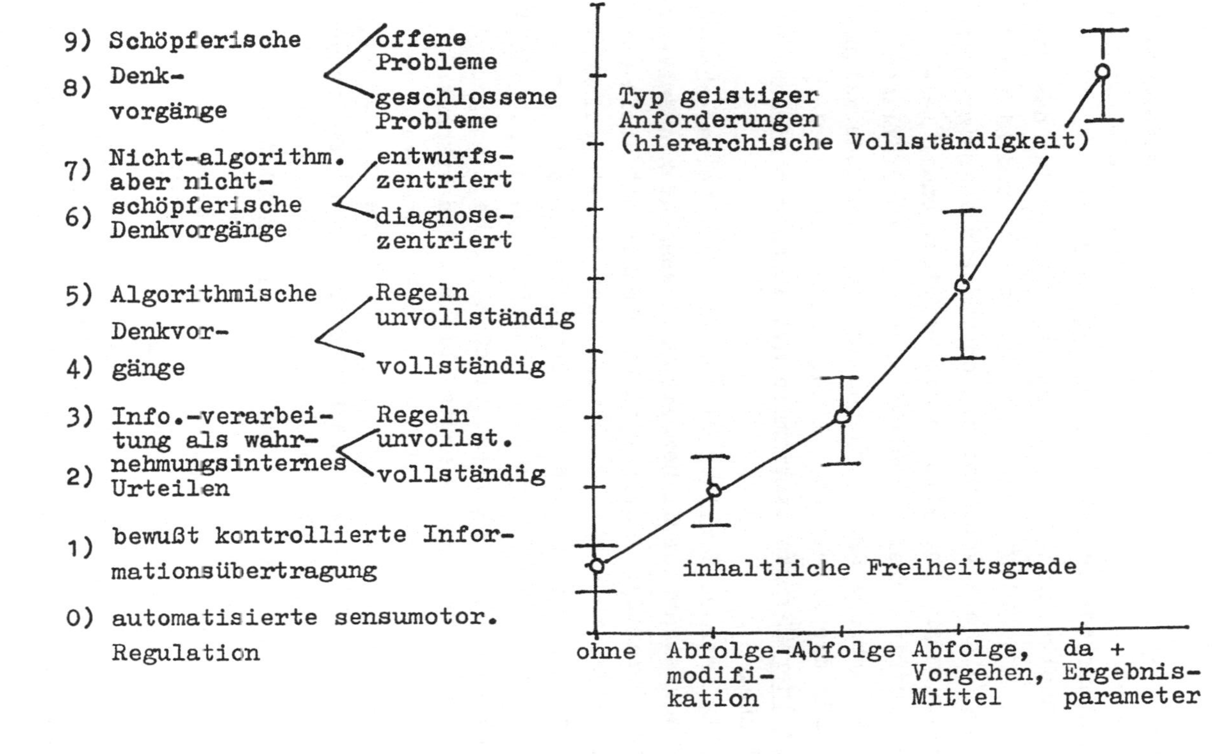

Abb. 4: Typ geistiger Anforderungen als Funktion der inhaltlichen Freiheitsgrade ("Handlungsspielraum")
n = 64 Tätigkeiten (Rudolph, TUD 1986)

der Realisierung eines Projekts erfolgt.

Die entscheidende Frage der projektierenden Gestaltung künftiger Arbeitstätigkeiten ist: Gibt es Konfigurationen gestaltbarer objektiver Tätigkeitsmerkmale, die mit ausreichender Sicherheit bei der Mehrzahl der Werktätigen zu erwünschten sozialen und ökonomischen Auswirkungen führen?

Für Einzelmerkmale von Arbeitstätigkeiten ist das gesichert. Es ist gut belegt, daß die sequentielle und hierarchische Vollständigkeit von Tätigkeiten und ein ausreichender Handlungsspielraum eng korrelieren mit befriedigender Leistung, Arbeitszufriedenheit, Wohlbefinden und unauffälligen Werten hinsichtlich des Krankenstands und der psychonervalen Beschwerden. Für die Arbeitsgestaltung reichen solche Korrelationen einzelner Tätigkeitsmerkmale mit Arbeitsauswirkungen jedoch nicht aus.

Benötigt werden Konfigurationen von Tätigkeitsmerkmalen, die mit ausreichender Sicherheit zu erwünschten Auswirkungen führen. Derartige Konfigurationen können mit Hilfe der Diskriminanzanalyse nachgewiesen werden, und es ist gesichert, daß sie zu wünschenswerten Auswirkungen führen. Das folgende Beispiel entstammt einer Untersuchung von Rudolph u. a. (1987) an ca. 60 Angestelltentätigkeiten bei etwa 300 Werktätigen, deren Verallgemeinerbarkeit zu prüfen bleibt. Man erkennt: Die Ermüdung, Monotonie, Sättigung sowie die Beschwerden und der Krankenstand können mit vertretbaren Fehlerraten aus einem Satz von jeweils 3 bis 9 gestaltbaren Tätigkeitsmerkmalen vorhergesagt werden (Tabelle 1).

Ein Beispiel: Mit einem Fehleranteil von 20 % kann aus den 3 Tätigkeitsmerkmalen
- Anzahl verschiedener Teiltätigkeiten,
- Wiederholung gleichartiger Aufträge und
- zeitliche Freiheitsgrade
das Entstehen von Monotonieerleben vorhergesagt werden. Das Risiko von Monotonie entsteht, wenn höchstens 2 bis 3 anforderungsverschiedene Teiltätigkeiten zu bearbeiten sind, gleiche Aufträge sich an einem Tage mehrfach wiederholen und zeitliche Dispositionsmöglichkeiten (Freiheitsgrade) nur über

Vorausgeschätzte Auswirkungen	Fehler- anteil /%_7	Benutzte ingenieurmäßig gestaltbare Tätigkeitsmerkmale	
		Anzahl	Beispiele
Erlebte Ermüdung/Frische	13	5	– zeitliche Freiheitsgrade – sequentielle Vollständigkeit
" Monotonie/Anregung	18	3	– Veränderlichkeit der Aufgaben – Kooperationserfordernisse
" Sättigung/Arbeitsfreude	7	5	– sequentielle Vollständigkeit – Kommunikationsmöglichkeit – erforderliche Information über Arbeitsorganisation
" Arbeitsmotivation	7	5	– sequentielle Vollständigkeit
" Beschwerden (im Befinden)	14	9	– zeitliche Freiheitsgrade – Kooperationserfordernisse
Krankenstand: Dauer	18	8	– inhaltliche Freiheitsgrade – Rückmeldungen – Vorhersehbarkeit von Anfordg.
" : Häufigkeit	20	6	– Wissensanforderungen – Verantwortlichkeiten

Tab. 1: Abschätzungsmöglichkeiten von Arbeitsauswirkungen aus gestaltbaren Tätigkeitsmerkmalen (Diskriminanzanalysen)   E. Rudolph, TUD 1986

Teile eines Arbeitstags eingeräumt sind.

Das Umsetzen dieser Ergebnisse in einem <u>interativen</u> und <u>gleichermaßen</u> auf soziale <u>und</u> technologische Ziele orientierten, <u>partizipativen</u> Gestaltungsprozeß bietet Möglichkeiten für das vorausschauende Projektieren erwünschter Tätigkeiten mit erwünschten sozialen und ökonomischen Auswirkungen auch bei der Gestaltung von rechnergestützter geistiger Arbeit. Softwaregestaltung sollte als ein Bestandteil dieser Art von Tätigkeitsgestaltung betrieben werden.

<u>Literaturverzeichnis</u>

Card, S. K., Moran, T. P. & Newell, A. (1983): The Psychology of Human-Computer Interaction. Hillsdale: Erlbaum.

Floyd, C. and Keil, R. (1983): Adapting Software Development for Systems Design with Users. IN: Briefs, U., Ciborra, C., Schneider, L. (Eds.): Systems Design For, With and By the Users. Amsterdam: Elsevier.

Greif, S. & H. Holling (1986): Neue Technologien. IN: Frey, D. & Greif, S. (Hrsg.): Sozialpsychologie. 2. Auflage. München: Urban & Schwarzenberg.

Hacker, W. (1984): Psychologische Bewertung von Arbeitsgestaltungsmaßnahmen. 2. Auflage. Berlin-West: Springer. = Spezielle Arbeits- und Ingenieurpsychologie in Einzeldarstellungen, Bd. 1.

Hacker, W. (1986 a): Arbeitspsychologie. Bern: Huber.

Hacker, W. (1986 b): Memory for its own sake? Coping with optional memory demands. IN: F. Klix and H. Hagendorf (Eds.): Human Memory and Cognitive Capabilities. Amsterdam: Elsevier, pp. 1057 - 1070.

Hacker, W. (1986 c): What should be computerized? Cognitive demands of mental routine tasks and mental load. IN: F. Klix and H. Wandtke (Eds.): Man-Computer Interaction Research I. Amsterdam: Elsevier, pp. 445 - 461.

Hacker, W. & Meinel, M. (1978): Kognitive Komponenten beim Erlernen interner Repräsentationen: Sind behaltensökonomische Repräsentationen stets regulativ zweckmäßig? IN: Clauß, G., Guthke, J. & Lehwald, G. (Hrsg.): Psychologie und Psychodiagnostik lernaktiven Verhaltens: Tagungsbericht. Berlin: Gesellschaft für Psychologie der DDR. S. 54 - 61.

Hacker, W. and E. Schönfelder (1986): Job Organization and Allocation of Functions between Man and Computer: Analysis and Assessment. IN: Klix, F. and H. Wandtke (Eds.): Man-Computer Interaction Research I. Amsterdam: Elsevier, pp. 403 - 419.

Moran, T. P. (1983): Getting into a system: External - internal task mapping analysis. IN: Proceedings CHI '83 Human Factors in Computing Systems. New York: ACM, pp. 45 - 49.

Raum, H. (1986 a): Aufgabenbezogene Dialoggestaltung bei Bildschirmarbeit. IN: Raum, H. & W. Hacker (Hrsg.): Optimierung geistiger Arbeitstätigkeiten. = Referate des V. Dresdener Symposiums zur Arbeits- und Ingenieurpsychologie 1986. Dresden: Eigenverlag Technische Universität Dresden. Bd. 1, S. 52 - 57.

Raum, H. (1986 b): Alternative Information Presentation as a Contribution to User Related Dialogue Design. IN: F. Klix and H. Wandtke (Eds.): Man-Computer Interaction Research I. Amsterdam: Elsevier, pp. 339 - 348.

Rödinger, K. H. (1985): Beiträge der Software-Ergonomie zu frühen Phasen der Software-Entwicklung. IN: Bullinger, H.-J. (Hrsg.): Software-Ergonomie '85. Stuttgart: Teubner, S. 455 - 464.

Rudolph, E. (1986): Neue Erfahrungen zur Analyse, Bewertung und Gestaltung rechnergestützter geistiger Arbeit. Sozialistische Arbeitswissenschaft 1986, no. 6.

Rudolph, E., Schönfelder, E., Hacker, W. (1987): Verfahren zur objektiven Analyse, Bewertung und Gestaltung geistiger Arbeitstätigkeiten mit und ohne Rechnerunterstützung (TBS-GA). Berlin: Psychodiagnostisches Zentrum an der Humboldt-Universität / Hogrefe-Vertrieb Göttingen.

Schönpflug, W. (1985): The trade off between internal and external information storage. Paper submitted for publication.

Scholz, G. (1986): Zur sprachlichen Darstellung von Aufgabentext. Informationen der TU Dresden 1986. Dresden: Eigenverlag der Technischen Universität Dresden.

Shackel, B. (1985): Human Factors and Usability - Whence and Whither. IN: Bullinger, H.-J. (Hrsg.): Software-Ergonomie '85: Mensch-Computer-Interaction. Stuttgart: Teubner, S. 13 - 31.

Volpert, W. (1983): Handlungsstrukturanalyse als Beitrag zur Qualifikationsforschung. Köln: Pahl-Rugenstein.

Volpert, W. (1985): Zauberlehrlinge. Die gefährliche Liebe zum Computer. Weinheim: Beltz.

DIN 66234 Teil 8: Bildschirmarbeitsplätze. Grundsätze der Dialoggestaltung. Entwurf. Berlin-West: Beuth-Verlag 1984.

Winfried Hacker, Prof. Dr.
Technische Universität Dresden
Sektion Arbeitswissenschaften
Wissenschaftsbereich Psychologie
Mommsenstraße 13
Dresden
DDR - 8 0 2 7

A METHODOLOGICAL FRAMEWORK FOR THE DESIGN AND EVALUATION OF SOFTWARE IN SYSTEMS INVOLVING COMPLEX HUMAN-COMPUTER INTERACTION

Brian R. Gaines, Calgary

We are now in the fifth generation computing era with its emphasis on complex, knowledge-based systems involving close human-computer interaction. If we were able to use today's technology to instrument, model and understand the human-computer interfaces of yesterday software engineering for complex systems would be very much easier. However, the system designer is always one step ahead. The multi-task, multi-user, multi-modal systems of the fourth and fifth generations go beyond knowledge based on the technology of yesterday. If we continue to rely on empirical knowledge based on studies of the past we shall never be equipped to deal with the systems of the present let alone those of the future. This is the dilemma of current software ergonomics research. It can be resolved only through the development of foundational models of computers, people and human-computer interaction that can be projected to novel situations. This address reviews the state of the art in software engineering for complex systems involving computers, people and their interaction. It presents recent developments in methodological frameworks for designing and evaluating complex systems.

1   Introduction—Fifth Generation Objectives

The Japanese initiative in 1981 of scheduling a development program for a fifth generation of computers (Moto-oka 1982, Gaines 1984b) led to widespread realization that computer technology had reached a new maturity. Fifth generation computing systems would integrate advances in very large scale integration, database systems, artificial intelligence, and human computer interaction into a new range of computers that were closer to people in their communication and knowledge processing capabilities. It may be difficult to recapture the shock of this announcement: it was unforeseen, from an unexpected source, gave a status to human-computer interaction and artificial intelligence research that was yet unrecognized in the West, and proposed an integration of technologies that were still seen as distinct. Since then the fifth generation objectives have become accepted worldwide and led to many comparable research and development programs by other nations.

Human factors considerations were stated to be fundamental to the fifth generatiuon objectives. Moto-oka (1982) notes:

"intelligence will be greatly improved to match that of a human being, and, when compared with conventional systems, man-machine interface will become closer to the human system."

The fifth generation computer systems proposal may be seen as a natural response to advances in computer technology that have given us massive power in hardware and software at low cost

(Gaines 1984a). The technology which limited many aspects of human-computer interaction has now outstripped our demands and a shift may be expected from technology-push economics in computer systems to those of market-pull. Human-computer interaction is what the customer sees and is where the market requirements are being expressed. The fifth generation proposal as originally expressed is consistent with expectations that we will increasingly build systems top-down from user needs rather than bottom-up from technology availability.

However, the development of computing systems has generally been pragmatic with attempts to engineer systems whose activities go well beyond the science of their time. Our creative imaginations are usually well in advance of our scientific knowledge and skills. This applies with force to the fifth generation computer systems development program. Hardware and software are emphasized in the research program, but the ICOT research program has no human factors activities. Fuchi recognizes this problem in his reply to the interview question (Fuchi, Sato & Miller 1984):

"Are you saying that the design of the fifth-generation may be modeled by learning more about the human thinking process?"

answering:

"Yes, we should have more research on human thinking processes, but we already have some basic structures. For more than 2000 years man has tried to find the basic operation of thinking and has established logic. The result is not necessarily sufficent; it's just the one that mankind found. At present we have only one solution - a system like predicate calculus. It is rather similar to the way man thinks. But we need more research. What, really, is going on in our brain? It's a rather difficult problem."

These problems are beginning to be addressed in the sixth generation development program which calls for collaboration between neurologists, psychologists, linguists and logicians (STA 1985, Gaines 1986a).

2 The Infrastructure of the Generations of Information Technology

The fifth generation proposals gave a tremendous boost to artificial intelligence research in the West and had some spin-off for human factors research. Human-computer interaction research in the West has a long history of multidisciplinary interaction with brain science, cognitive science, psycho-linguistics philosophy, an systems theory. However, this diversity of relationships has tended to give it a peripheral position in computer science. For the development of future generation computing sytems human-computer interaction must assume a more central role and become a core component of computing science curricula and research.

The role of human-computer interaction in fifth generation computing, and its implications for research and product development, can be analysed through analogy with other components of the infrastructure of computing. Like other basic technologies (Marchetti 1981), the growth of computing has an infrastructure comprised of the envelope of learning curves in successive underlying technologies (Ayres 1968). Figure 1 shows this structure through the zeroth through fifth generations projected to the sixth and seventh. Each technology has a learning curve in which a *breakthrough* leads to a phase of: *replication* in which the results are duplicated; *empiricism* in which rules for design are derived from experience; *theory* in which

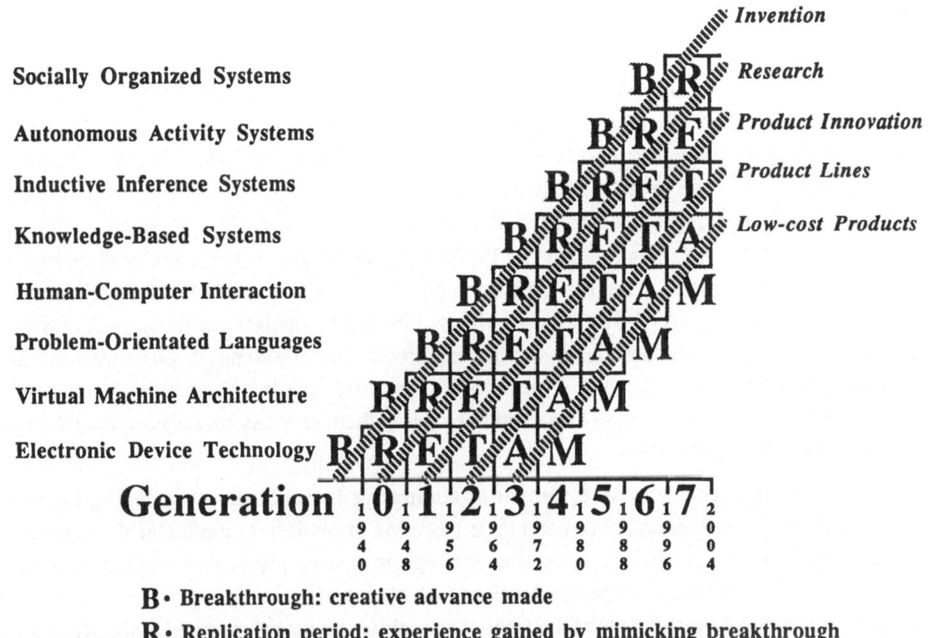

Figure 1 The infrastructure of information technology
through eight generations of computing

generative principles are derived; *automation* in which the theory is made operational; and *maturity* when the knowledge becomes proven, widely available and widely used. In the development of computing each phase corresponds to a generation of about eight years linked in timing to the medium term business cycle (Gaines 1986b).

At the base is the learning curve for different electronic device technologies: 1940 zeroth generation using relays; 1948 first using vacuum tubes; 1956 second using transistors; 1964 third generation using using integrated circuits; 1972 fourth using large-scale integration; 1980 fifth using VLSI; 1988 sixth projected to use ultra large-scale integration with some 10 million transistors on a chip; 1996 seventh projected to use grand-scale integration with 1,000 million on a chip. The definition of generations in terms of EDT captures some important aspects of computing such as cost decreases, size decreases, power increases, and so on. However, it fails to account for the qualitative changes that have given computing its distinct character in each generation. These appear through the tiered succession of learning curves of higher level technologies based on the lower level developments.

The first generation breakthrough was the introduction of stored program and subroutine concepts around 1947 which detached computing as a separate discipline from electronics by substituting software for hardware in a *virtual machine architecture*. The second generation breakthrough was to bridge the gap between machine and task through the development of *problem-oriented languages* such as FORTRAN in 1956. The third generation breakthrough was to bridge the gap between the computer and the person with the development of interactive time-shared computers in 1964 allowing close *human-computer interaction*. The fourth generation breakthrough was in the early 1970s with developments in expert systems based on *knowledge-based systems*. The fifth generation breakthrough was in 1980 with developments in machine learning and *inductive inference systems*. One may speculate that the growth of robotics will provide the next breakthroughs in which goal-directed, mobile computational systems will act as *autonomous activity systems* to achieve their objectives, and that interaction between these systems will become increasingly important in enabling them to act as *socially organized systems* and cooperate to achieve goals.

This model of the development of computing is important in analysing the role of human-computer interaction studies and their changing priorities. In particular the emphasis of workers in a particular activity changes as the learning curve progresses so that: *invention* is focused at the **BR** interface where new breakthrough attempts are being made based on experience with the replicated breakthroughs of the technology below; *research* is focused at the **RE** interface where new recognized breakthroughs are being investigated using the empirical design rules of the technology below; *product innovation* is focused at the **ET** interface where new products are being developed based on the empirical design rules of one technology and the theoretical foundations of the technology below; *product lines* are focused at the **TA** interface where established products can rest on the solid theoretical foundations of one technology and the automation of the technology below; *low-cost products* are focused at the **AM** interface where cost reduction can be based on the the automated mass production of one technology and the mature technologies below.

For example, in the fourth generation (1972-79):

- **BR**: recognition of the knowledge acquisition possibilities of knowledge-based systems led to the breakthrough to inductive-infererence systems;
- **RE**: research focused on the natural representation of knowledge through the development of human-computer interaction, e.g. the Xerox Star direct manipulation of objects;
- **ET**: experience with the human-computer interaction using the problem-oriented language BASIC led to the innovative product of the Apple II personal computer;
- **TA**: the simplicity of the problem-oriented language RPG II led to the design of the IBM System/3 product line of small business computers;
- **AM**: the design of special-purpose chips allowed the mass-production of low-cost, high-quality calculators.

In the current fifth generation (1980-87):

- **BR**: recognition of the goal-seeking possibilities of inductive inference systems is leading to the breakthrough to automomous-activity systems in robotics;

- **RE**: research is focused on learning in knowledge-based systems;
- **ET**: the advantages of the non-procedural representation of knowledge for human-computer interaction led to the innovative designs of the Visicalc spread-sheet business product and the Lisp-machine scientific product;
- **TA**: the ease of human-computer interaction through a direct manipulation problem-oriented language led to the Apple Lisa/Macintosh product line of personal computers;
- **AM**: the design of highly-integrated language systems has allowed the mass-production of low-cost, high-quality software such as Turbo Pascal.

3   Software Ergonomics in the Information Technology Infrastructure

The horizontal **BRETAM** sequence for human-computer interaction has the *breakthrough* in 1963-64 with the development of systems such as MIT MAC (Fano 1965). In the *replication* period such systems came into widespread use well before the human factors principles underlying their design were understood. Hansen's (1971) tabulation of some user engineering principles for the design of interactive systems marks the transition to the *empirical* period. The transition to *theory* at the beginning of the 1980s was marked by studies of human-computer interaction developing theoretical foundations based on cognitive science. A reasonable expectation in the theory phase of fifth generation human-computer interaction is a set of principles that systematically generates rules for dialog engineering grounded in system theory, computer science and cognitive psychology. The principles should be applicable to the entire range of possible dialog styles and technologies, now and in the future, and operational so that they can be embedded in standard dialog shells applicable to all interactive systems (Gaines & Shaw 1984).

The vertical **BRETAM** sequence for the current fifth generation era shows the interplay between human-computer interaction and the other strata of computing. Fifth generation product lines are built upon the solid foundations of electronics, machine architecture and problem-orientated languages. The most recent developments to impact them are in human-computer interaction and these are the most critical to product differentiation. Fifth generation product innovation is based on the same technologies with the critical one being that of knowledge-based systems supporting intelligent user interfaces. Fifth generation research concentrates on the inductive aspects of knowledge acquisition, systems learning from people and from experience.

In 1988 we move into the sixth generation and the final phase of the learning curve for human-computer interaction. For any discipline in this phase research becomes harder, standards of refereeing become harsh and many researchers drop out (Crane 1972). Obtaining results in the final 10% of the curve requires a thorough understanding of the known 90%. It requires careful experimental design, precise theoretical formulations, meticulous engineering practice in system development. In short, it is a phase of professionalism.

4   A Knowledge-Based Approach to Software Ergonomics

The overall model of the infrastructure of information technology given above predicts that we are now moving into a phase of theoretical developments to underpin the empirical design of human-computer interaction. It also highlights the this fifth generation era as being one of innovation in knowledge-based systems. This suggests that advances in software ergonomics will come from the application of knowledge engineering to the development of theoretically well-founded conceptual frameworks for the relationships between people and computers. It is important that we look at the variety of relationships possible—not just the user at a computer terminal. Problems of system analysis, programming, maintenance, operational techniques, training, and upgradability, are all very significant to the viability and effectiveness of complex human-computer systems. Software ergonomics has to encompass a wide variety of technical and human factors relations, design considerations, opportunities and problems.

Modality
• physical characteristics of interface

Form
• structure of message

Connectivity
• links between different segments of message

Control
• responsibility for initiating and directing dialog

Knowledge representation/inferencing
• use of knowledge to generate dialog

Models
• knowledge of each party in dialog

Knowledge acquisition
• procedures for updating knowledge

Information sources
• access to external knowledge

Aspects of Dialog

	System	
	Structure	**Behavior**
Logical	Elegance *Efficient design*	Functionality *Potential capability*
Psychological	Understandability *Comprehensible design*	Suitability *Usable capability*

Observer is shown between Logical and Psychological rows.

Dimensions within Aspects

Fig.2 Synopsis of dialog system evaluation scheme

Edwards and Mason (1987) have recently proposed an evaluation methodology for complex human-computer systems, and illustrated its application to a variety of decision-support systems involving multiple tasks, multiple users, and multiple modalities. Figure 2 is a synopsis of their methodology. They analyze an intelligent dialog system in terms of the eight aspects shown at the top of Figure 2, and then evaluate it in terms of the four dimensions shown at the bottom of the figure: *elegance*, capturing the notion of efficient design; *understandability* capturing the notion of comprehensible design; *functionality* capturing the notion of potential capability; and *suitability* capturing the notion of usable capability. They apply to each aspect of an intelligent dialog system as evaluative criteria, and thus each may be regarded as mapping into a basic order relation of preference, that one system on a given dimension in a given aspect is better than another, the *worse—better* distinction. For practical purposes, as is common in psychological scaling, Edwards and Mason assume that the preference order can be approximated by a well-ordered structure and hence expressed numerically. This generates an evaluative scheme based on ratings of the eight aspects on each of the four dimensions.

This approach is successful in practice but phenomenological in its foundations. The following sections show how a knowledge-based systemic analysis can regenerate the methodology in such a way that the underlying theoretical principles are fully exposed. These can then be used as the foundations for deeper analysis and design principles.

5   Principles of Systemic Analysis

Systemic analysis is based on the observation that there are common patterns in the way in which we model the world, explain phenomena, anticipate events and communicate knowledge. These patterns are part of the process of human understanding and may be termed general systems principles. Their significance is that, since they underly physical laws and social conventions, their identification in particular modeling schema enables us to analyze those schema in a universal framework. The extraction of these systemic principles is straightforward if we examine the systems of *distinctions* being used in the evaluation and protocol methodologies. By analysing the distinctions made in any discipline:

"we can begin to reconstruct, with an accuracy and coverage that appear almost uncanny, the basic forms underlying linguistic, mathematical, physical and biological science, and can begin to see how the familiar laws of our own experience follow inexorably from the original act of severance." Brown (1969)

In terms of cognitive psychology, such distinctions are the *constructs* underlying our modeling of the world Kelly (1955).

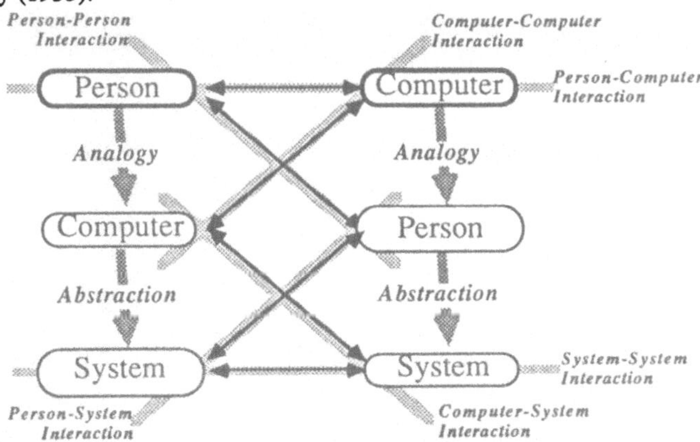

Fig.3 Processes of analogy and abstraction in the analysis of person-computer interaction

Distinctions arising from processes of abstraction and analogy are significant reasoning techniques in human modeling of experience and have important roles to play in the study of human-computer interaction. There are analogies between computers and people, and both may be regarded as systems in abstract terms. Figure 3 illustrates the way in which five additional forms of interaction arise when possible when abstraction and analogy are applied to the analysis of person-computer interaction. We draw on experience of these other five when developing models and guidelines for person-computer interaction. For example, Edwards and Mason draw on the *computer is-similar-to-a person* analogy in their use of concepts such as *knowledge* in a computer context, and on the *person is-a system* and *computer is-a system* abstractions in their use of concepts such as *control* in a dialog context.

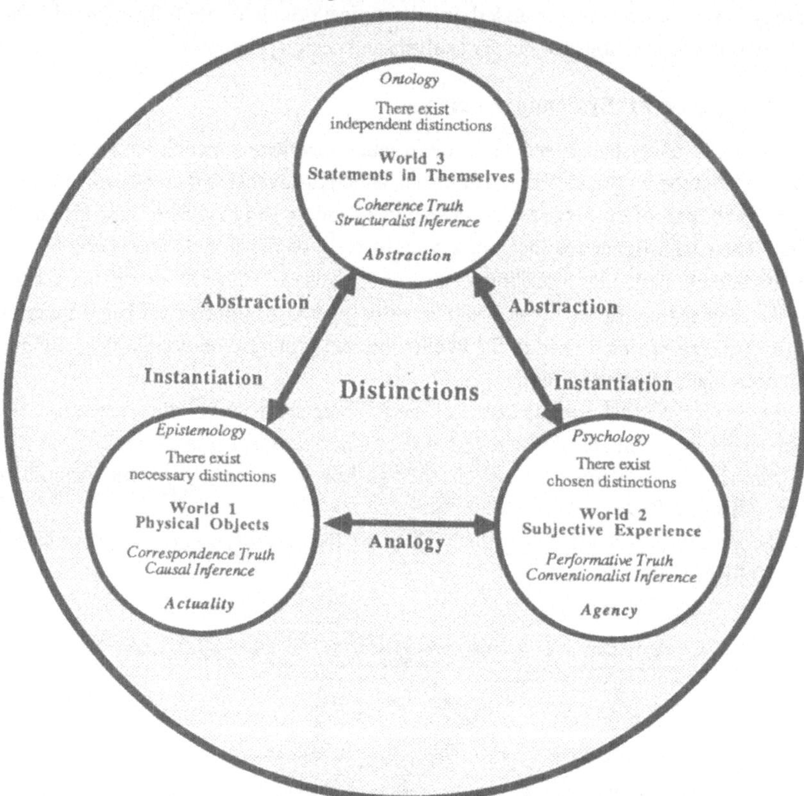

Fig.4 Actuality, agency and abstraction as basic distinctions among distinctions

The basic systemic distinctions underlying the abstractions and analogies shown in Figure 3 can be analyzed in terms of Popper's (1968) *3 worlds theory*. He bases his theory on Bolzano's notion of "truths in themselves" in contradistinction to "those thought processes by which a man may...grasp truths." Figure 4 shows the existential hypotheses underlying Popper's 3 worlds as very general distinctions made about distinctions:

• World 1 arises from the hypothesis that there exist *necessary* distinctions

    —the conceptual framework involved is that of *epistemology*, and a key concept is that of
      actuality

—truth in this world relates to *correspondence* between distinctions made and the properties of physical objects, and hence inference is *causal*.

- World 2 arises from the hypothesis that there exist *chosen* distinctions
  —the conceptual framework involved is that of *psychology*, and a key concept is that of *agency*
  —truth in this world relates to the ongoing consistency of subjective choices of distinctions to make and is *performative* in nature, and hence inference is *conventionalist*.
- World 3 arises from the hypothesis that there exist distinctions *independent* of their source in actuality or agency
  —the conceptual framework involved is that of *ontology*, and a key concept is that of *abstraction*
  —truth in this world relates to the internal *coherence* of the systems of distinctions made, and hence inference is *structuralist*.

These basic distinctions give rise to the notions of abstraction and instantiation as relations between world 3 and worlds 1 and 2 as shown, and also to that of analogy between worlds 1 and 2 when we attribute to agency to the causal dynamics of physical objects or necessity to the social conventions of human activity.

In the analysis of system dynamics a fundamental distinction is that between the activity and the origins of a system, between its behavior and its structure. In abstract terms the behavior of a system provides a description of what the system does, and the structure of a system provides a description of what the system is. One of the most important problems of system theory is the analysis of the relations between behavior and structure—in one direction, given the structure of a system, to derive its behavior—in the other direction, given the behavior of a system, to derive its structure. In the study of physical systems, mathematical techniques have been developed for moving in both directions with causal models (Klir 1985), that is interrelating the necessities of world 1 behavior and structure. However, intelligent dialog systems are not purely physical systems since they involve the choice behavior of people and hence show phenomena of the life-world (Schutz & Luckman 1973) which are essentially different from those of the physical world and cannot be encompassed by causal models (Ulrich 1983).

The dynamics of human behavior are best modelled as those of an *anticipatory system* (Rosen 1985), enhancing its survival by modeling the world, both passively and actively, in order to better anticipate the future. This corresponds to the choice component of world 2 phenomena, that agents are not bound by rigid necessity but can plan and chose certain aspects of their behavior. Figure 5 shows an analysis of the relations between a system, its origins and its activities, when the *actuality—agency* distinction of Figure 4 is also taken into account. The origins of a system have two components: its *causal structure* relating to how it was created; and its *anticipatory structure* relating to why it was created. The activities of a system also have two components: its *causal behavior* relating to how it carries out its activity; and its *anticipatory behavior* relating to why it carries out its activity.

Figure 5 provides the systemic basis for the detailed analysis of human-computer interaction, and in the following sections it will be used to develop models of software ergonomics.

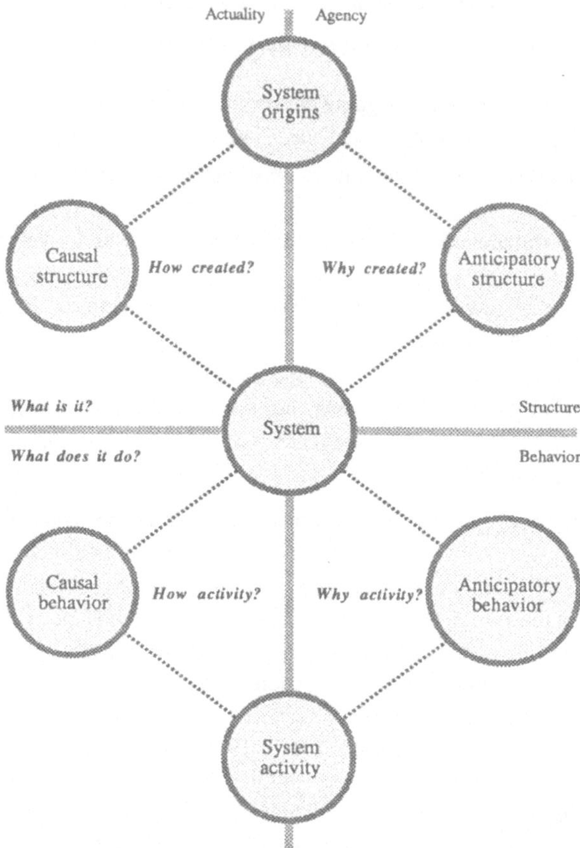

Fig.5 System structure and behavior related to actuality and agency

6   Distinctions in Evaluating Human-Computer Interaction

Each distinction made generates a *system* (Gaines 1980) and the evaluative sub-dimensions correspond to relations between these systems. The evaluative methodology is concerned not only about system use but also about system implemention, and hence about the relations between the computing system used in implementation and the virtual machine for intelligent dialog implemented upon it. Nelson (1980) and Smith (1983) have emphasized that the user sees the virtual machine not the underlying one, and it is this virtual "reality" that underlies the user inteface in machines such as the Star and Macintosh. However, the computing system itself may be regarded as a further virtual machine implemented in lower level hardware and software facilities, and the relation of implementors users and tasks to these levels of virtual machines is an important basis for a formal human factors analysis of the overall system (Gaines 1975, 1979).

Figure 6 fills in Figure 5 to show how the levels of virtual machine arise from the basic distinctions of structure and behavior, and how the evaluative dimensions arise from the basic

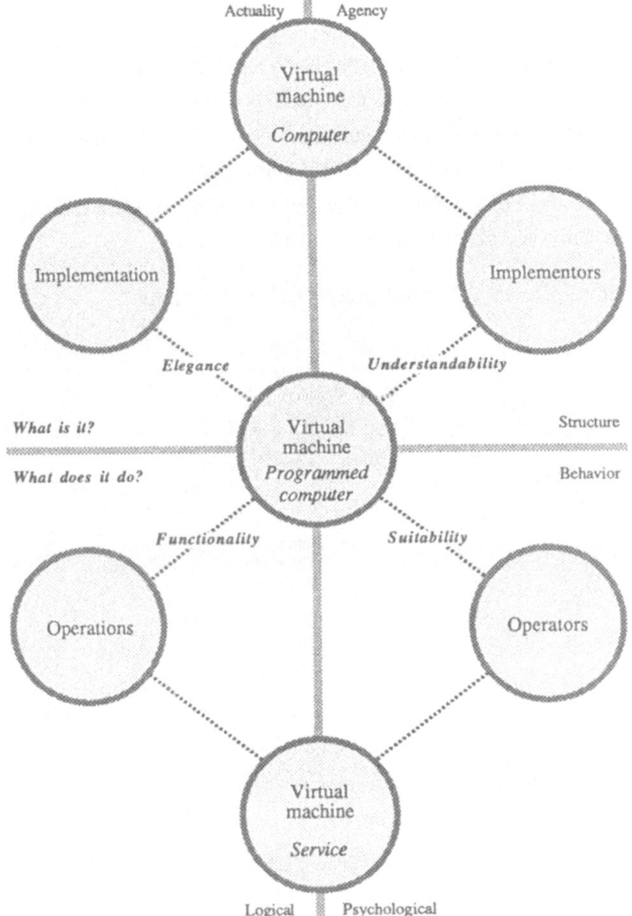

Fig.6 Dimensions of evaluation of an intelligent dialog system

distinctions of actuality and agency. The origins of the intelligent dialog system are that a *virtual machine*, a computing system, has been programmed by agents, the *implementors*, to create an actuality, the *implementation*. This results in a second virtual machine, the intelligent dialog system as a programmed computing system. The activities of the intelligent dialog system are that a *virtual machine*, a programmed computing system, is being operated by agents, the *operators*, to create an actuality, the *operations*. This results in a third virtual machine, the intelligent dialog system being used to provide a service. The dimensions in the lower part of Figure 2 may now be analyzed as relations between the central virtual machine and its structural and behavioral components:

• The *elegance* considerations logically and internally concern the relation between the system virtual machine and the underlying resource with which it is implemented. This is another virtual machine capturing the characteristics of the high-level language, operating system, and so on, used in implementation.

• The *understandability* considerations psychologically and internally concern the relation between the system virtual machine and the implementors responsible for creating it.

• The *functionality* considerations logically and externally concern the relation between the system virtual machine and the tasks for with which it is being implemented.

• The *suitability* considerations psychologically and externally concern the relation between the system virtual machine and the operators who use it.

7   Knowledge Flows in Intelligent Dialog Systems

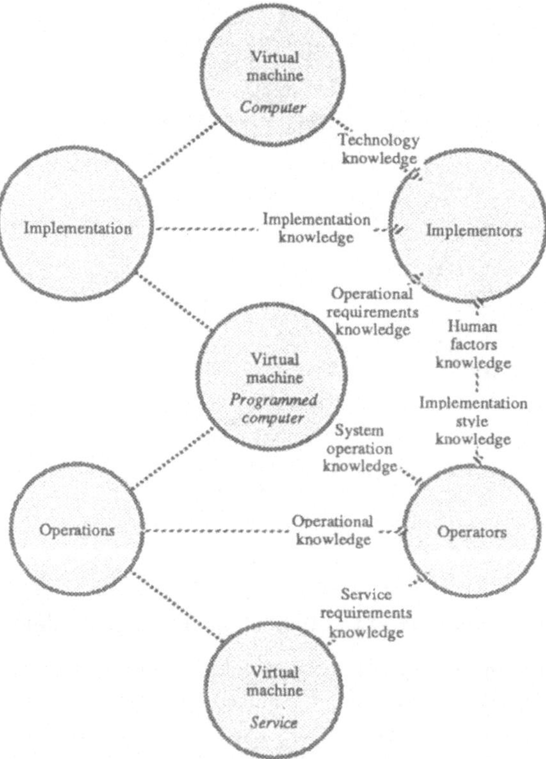

Fig.7 Knowledge flows in an intelligent dialog system

This derivation of the systems and relations underlying Edwards and Mason's evaluative distinctions enables other aspects of the system implementation and operation to be analysed. For example, Figure 7 shows the knowledge flows necessary to the implementation and operation of an intelligent dialog system:

- The implementors need:
  - —*technology knowledge* about the capabilities of the virtual machine being used as the implementation resource;
  - —*implementation knowledge* about how to create the virtual machine being used as an intelligent dialog system;
  - —*operational requirements knowledge* about the operations which the implemented system has to be able to carry out;
  - —*human factors knowledge* about the operators who will use the system.
- The operators need:
  - —*implementation style knowledge* about the way in which the system is intended to be used;
  - —*system operation knowledge* about the facilities available on the implemented system;
  - —*operational knowledge* about how to use the facilities available on the implemented system to provide a service;
  - —*service requirements knowledge* about the service which the implemented system has to be able to provide.

These eight forms of knowledge are each important to the overall system performance. If the implementor lacks one or more of the four sources of knowledge listed then the implementation is likely to have corresponding faults. It will be inefficient in its use of resources, inelegant in its implementation, disfunctional with regard to the requirements, or unsuited to the operators. Similarly, if the operator lacks one or more of the four sources of knowledge listed then the operation is likely to have corresponding faults. It will be inappropriate in its mode of operation, inefficient in its use of resources, inelegant in its operation, or inappropriate to the service required.

8   Maintainability, Upgadability and Flexibility

There is a continuity between implemenation and operation that is not apparent in Figure 6, yet implicit in its derivation from the analysis of Figure 5. Implementors and operators may both be seen as agents within the system, distinguished by being not part, or part, of its continuing activity, respectively. The *implementor—operator* distinction allows for a continuity of sub-distinctions which are in themselves very significant. For example, consider the extension of Figure 6 to the case where a number of distinctions are made between roles of implementors and operators: that some are system implementors; others system maintainers; others system enhancers; others system appliers; and others system operators. As shown in Figure 8, these new distinctions generate the possibility of many new relations.

Each of these forms of agency has a corresponding form of actuality with its own relation to the intelligent dialog system:

- The *implementors* are concerned with the *naturality* of the top level virtual machine as a resource for implementing the dialog system, and this is a major factor in the *elegance* of the implementation;
- The *maintainers* are concerned with the *understandability* of the implementation, and this is a major factor in the *maintainability* of the system, its improved implementation;

• The *enhancers* are concerned with the *enhancability* of the implementation in order to provide new features, and this is a major factor in the *upgradability* of the system,which may involve both new system implementation and new operational procedures;

• The *appliers* are concerned with the *applicability* of the system to new situations, and this is a major factor in the *flexibility* of the system in providing extended operations beyond those foreseen;

• The *operators* are concerned with the *usability* of the system, and this is a major factor in harnessing the *functionality* of the system to provide a service.

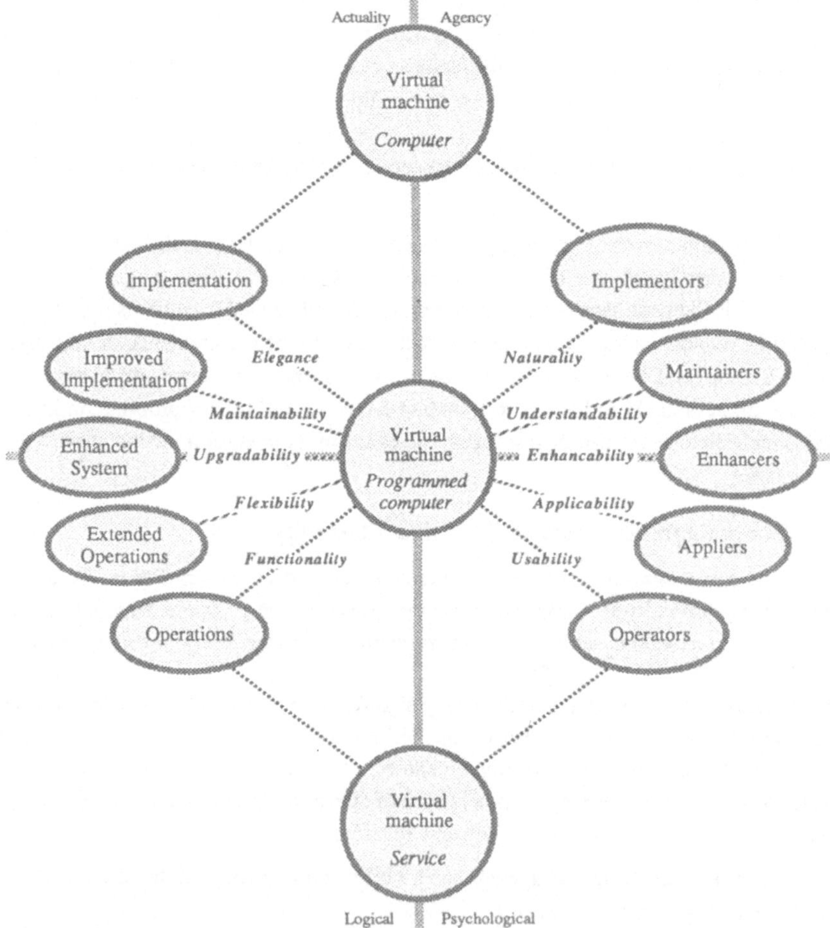

Fig.8 Extended dimensions of evaluation of an intelligent dialog system

These additional distinctions are all of great significance to the application of an intelligent dialog system. Maintainability, upgradability and flexibility are important characteristics of complex and powerful systems. The analysis above shows that the evaluative framework can be extended to encompass other aspects of evaluation, and that the relation between these can be itself analyzed in terms of basic systemic distinctions.

9   A Hierarchy of Layers in Intelligent Dialog Systems

The analysis of the previous sections has concentrated on the evaluation of intelligent dialog systems in terms of the relationships of the computational and human components. However, the central virtual machine that forms the intelligent dialog system as shown in Figure 8 is itself a complex structure with many internal sub-systems, relations and behavior. It is these that are analysed in terms of eight *aspects* shown in the upper part of Figure 2.

Figure 9 shows a top-down analysis of the structure of an intelligent dialog system based on a four-fold iteration of the systemic analysis of Figure 6:-

• At the top level the overall intelligent dialog system originates in terms of purpose and structure, and this results in activity in the form of anticipation with knowledge acquisition leading to the formation of models. This is termed the *intentionality* layer since it primarily concerned with the goals of the dialog system. Note that 'acquisition' is used here in an anticipatory systems sense to encompass both perception and action, and hence to encompass planning.

• At the next level knowledge originates from the modeling process, and this results in activity in the form of dialog with control of interaction based on the knowledge representation. This is termed the *knowledge* layer since it primarily concerned with the use of knowledge to guide the dialog system.

• At the next level the actual dialog originates from the control and knowledge, and this has form and connectivity. This is termed the *protocol* layer since it primarily concerned with the internal structure of the dialog.

• At the next level the messages which constitute the dialog originate from the form and connectivity, and this results in activity at the level of physivcal modalities and psychological acts. This is termed the *message* layer since it primarily concerned with the actual message structure.

Two additional layers are shown to complete Figure 9:-

• At the top the *cultural* layer captures the social infrastructure which which the dialog is taking place and where overall cultural pressures influence individual agents' intentions.

• At the bottom the *physical* layer captures the actual transmission medium along which messages pass.

Seven of the aspects of dialog listed in Figure 2 are represented in Figure 9. The eighth is *access to information sources* , and this may be represented by considering the communication paths from the dialog system to other systems. Figure 10 shows the layered structure in three different types of communicating entity: an information source; an intelligent dialog system; and a person. The information source is possibly another dialog system or person. However, it may also be some form of data or knowledge base in which the intentionality layer is virtually non-existent. The intelligent dialog system may itself be weaker at the intentionality layer than a person, but will be expected to have some activity at this level to justify the term "intelligent." In conversation-theoretic terms (1980), Figure 10 may be seen as representing the process whereby

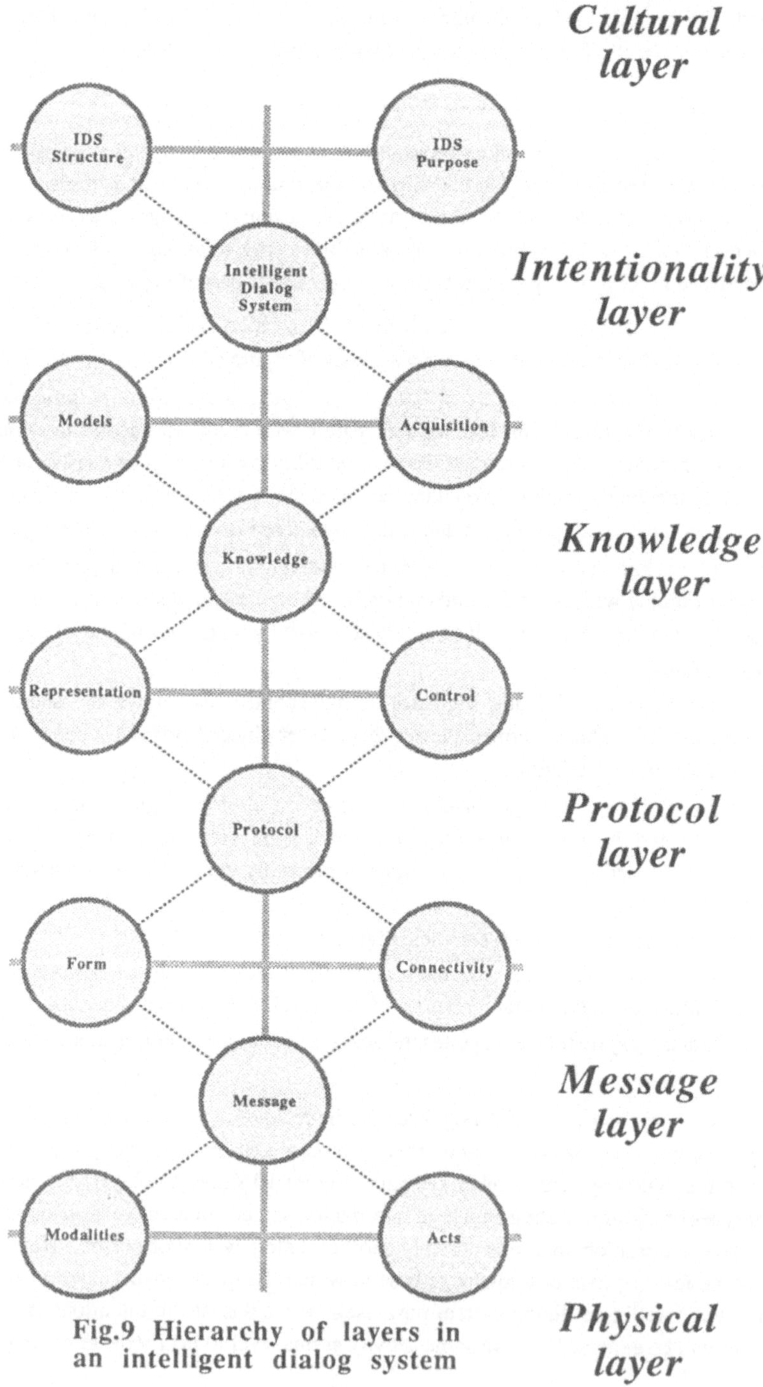

Fig.9 Hierarchy of layers in an intelligent dialog system

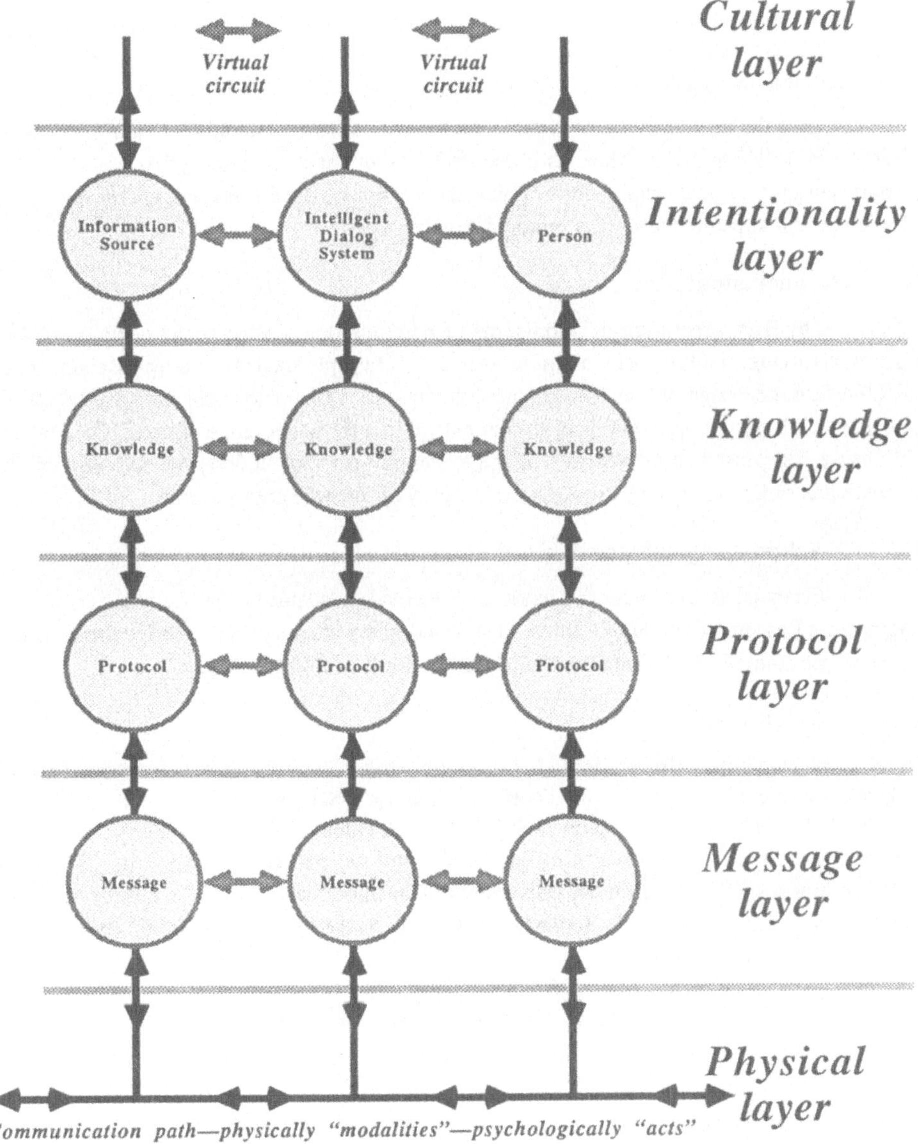

Fig.10 Layers and virtual circuits in the interaction of an intelligent dialog system with people and information sources

agents use a shared communications medium to establish relations between their otherwise unshared intentionality and knowledge systems. In communication-theoretic terms, the *virtual circuits* shown represent the conceptual paths through which communication of messages, interaction of protocols, exchange of knowledge, interaction of intentions, and formation of culture, appear to take place.

Thus the aspects of dialog singled out for evaluation fit naturally into a layered model (Taylor 1987). Dialog takes place as a manifestation of the actions of agents based on their intentions leading to goals, plans and communicative actions. The actions are generated based on knowledge, and structured through a protocol into messages.

10   Conclusions

The fifth generation developments of complex, knowledge-based decision-support systems involving multiple tasks, multiple users, and multiple modalities over-extends current guidelines for the design of human-computer interaction. We need to begin to replace empirical guidelines with deeper systemic theories that extend to a far wider range of complex syustems. This paper has presented an analysis of the systemic princples underlying human-computer interaction in order to provide a deep, systemic theory of software ergonomics.

11   Acknowledgements

Financial assistance for this work has been made available by the National Sciences and Engineering Research Council of Canada. The work on a systemic model described in this paper has benefited from detailed discussions with Jack Edwards and Martin Taylor.

12   References

Ayres, R.U. (1968). Envelope Curve Forecasting. **Technological Forecasting for Industry and Government.** pp. 77-94. New Jersey: Prentice Hall.

Brown, G.S. (1969). **Laws of Form.** London: George Allen & Unwin.

Crane, D. (1972). **Invisible Colleges: Diffusion of Knowledge in Scientific Communities.** Chicago, Illinois: University of Chicago Press.

Davis, R. & Lenat, D.B. (1982). **Knowledge-Based Systems in Artificial Intelligence.** New York: McGraw-Hill.

Edwards, J.L. & Mason, J.A. (1987). Evaluating the intelligence in dialogue systems. **International Journal of Man-Machine Studies, 27**(1), to appear.

Fano, R.M. (1965). The MAC system: a progress report. Sass, M.A. & Wilkinson, W.D., Eds. **Computer Augmentation of Human Reasoning.** pp. 131-150. Washington D.C., USA: Spartan Books.

Fuchi, K., Sato, S. & Miller, E. (1984). Japanese approaches to high-technology R&D. **Computer, 17**(3), 14-18 (March).

Gaines, B.R. (1975). Analogy categories, virtual machines and structured programming. Goos, G. & Hartmanis, J., Eds. **GI—5.Jahrestagung. Lecture Notes in Computer Science, 34,** 691-699. Berlin: Springer Verlag.

Gaines, B.R. (1979). The role of the behavioural sciences in programming. **Structured Software Development Vol.2.** pp. 57-68. Maidenhead, UK: Infotech International.

Gaines, B.R. (1980). General systems research: quo vadis ?. Gaines, B.R., Ed. **General Systems 1979.** Vol. 24, pp. 1-9. Kentucky: Society for General Systems Research.

Gaines, B.R. (1984a). A framework for the fifth generation. **Proceedings of National Computer Conference,** 53, 453-459. Arlington, Virginia: AFIPS Press.

Gaines, B.R. (1984b). Perspectives on fifth generation computing. **Oxford Surveys in Information Technology,** 1, 1-53.

Gaines, B.R. (1986a). Sixth generation computing: a conspectus of the Japanese proposals. **ACM SIGART Newsletter,** No.95, 39-44 (January).

Gaines, B.R. (1986b). Socio-economic foundations of knowledge science. **Proceedings of 1986 International Conference on Systems, Man and Cybernetics.** Vol. IEEE 86CH2364-8, pp. 1035-1039. Atlanta (October).

Hansen, W.J. (1971). User engineering principles for interactive systems. **Proceedings of the Fall Joint Computer Conference,** 39, 523-532. New Jersey: AFIPS Press.

Kelly, G.A. (1955). **The Psychology of Personal Constructs.** New York: Norton.

Klir, G.J. (1985). **Architecture of Systems Problem Solving,** New York: Plenum Press.

Nelson, T. (1980). Interactive systems and the design of virtuality. **Creative Computing,** 6(11), 56-62 (November).

Marchetti, C. (1981). Society as a learning system: discovery, invention and innovation cycles revisited. Report RR-81-29 (November). Laxenburg, Austria: International Institute for Applied Systems Analysis.

Moto-oka, T. (1982). **Fifth Generation Computer Systems..** Amsterdam: North-Holland.

Pask, G. (1980). Developments in conversation theory—Part I. **International Journal of Man-Machine Studies,** 13(4), 357-411 (November).

Popper, K.R. (1968). Epistemology without a knowing subject. Van Rootselaar, B., Ed. **Logic, Methodology and Philosophy of Science III.** pp. 333-373. Amsterdam: North-Holland.

Rosen, R. (1985). **Anticipatory Systems.** Oxford: Pergamon.

Schutz, A. & Luckmann, T. (1973). **The Structures of the Life-World.** London: Heinemann.

Smith, D.C. (1983). Visibility in the Star user interface. **Proceedings of Graphics Interface '83,** 181. Ottawa: National Research Council of Canada.

STA (1985). Promotion of Research and Development on Electronics and Information Systems That May Complement or Substitute for Human Intelligence. Tokyo: Science and Technology Agency.

Taylor, M.M. (1987). Layered protocols for computer-human dialogue: I Principles. **International Journal of Man-Machine Studies,** 27(1), this issue (July).

Ulrich, W. (1983). **Critical Heuristics of Social Planning.** Bern: Haupt.

Address of Author

Professor Dr Brian R. Gaines, Killam Memorial Research Professor
Department of Computer Science, University of Calgary, Alberta, Canada T2N 1N4

I   BENUTZERGRUPPEN UND IHRE AUFGABE

EXPERTENSYSTEME: WEM KÖNNEN SIE WOBEI IN PSYCHIATRIE
UND KLINISCHER PSYCHOLOGIE NÜTZEN?

Erhebung und Analyse von Benutzermeinungen

Josef Krems, Regensburg

Zusammenfassung: Der Entwicklung und Anwendung von Expertensystemen für Aufgabenstellungen der Psychiatrie und Klinischen Psychologie wurden bislang nur wenige Forschungsarbeiten
gewidmet. In der vorliegenden Studie wird die Meinung möglicher
Benutzer zu Einsatzfeldern, Effekterwartungen und Anforderungsprofil dieser neuen Informationssysteme untersucht. Neben der
standardisierten Befragung einer Stichprobe von Ärtzen und Psychologen (n=51) wurde eine Expertengruppe (n=9), die an der
simulierten Anwendung eines regelbasierten Testsystems (Prototyp) teilgenommen hatte, um Stellungnahme gebeten.

Einleitung und Problemstellung
Bemerkungen zum Stand der Expertensystemverwertung.

Expertensysteme werden als prominentestes Teilgebiet der
'Künstlichen Intelligenz' augenblicklich weithin beachtet. Von
industriellen Vertriebsabteilungen vielversprechend angekündigt,
von Softwarebüros vorsichtig in Aussicht gestellt, von wissenschaftlichen Forschungslabors in Grundzügen skizziert und gelegentlich tatsächlich in der Praxis eingesetzt, gelten sie als
die Informationssysteme der Zukunft. Gegenwärtigen Schätzungen
zufolge dürfte sich die Anzahl bislang entwickelter Expertensysteme in einer Größenordnung von ca. 300 bewegen. Davon befinden sich nach Goodall (1985) 20, nach Buchanan (1986) bereits
ca. 60 im kommerziellen, routinemäßigen Einsatz (z. B. XCON,
PUFF). Von diesen stammen die meisten aus den Gebieten Informatik, Ingenieurwissenschaft und Medizin. Bis auf 1 System -
PROSPECTOR entdeckte ein Mineralvorkommen - sind die Berichte
über Nutzen und Erfolge eher verhalten. Obwohl Expertensysteme sowohl in der Projektierung zukünftiger Rechnergenerationen
(z. B. im 5th Generation Project), in der Einschätzung der kommerziellen Möglichkeiten durch die Industrie als auch in der

Schwerpunktbildung der AI-Forschung einen gewichtigen Rang einnehmen, liegen bislang kaum Erfahrungen aus der Praxis vor. Von wenigen Ausnahmen (MYCIN, INTERNIST) abgesehen stehen nennenswerte Evaluationsstudien ebenso aus wie softwareergonomische Analysen und Bewertungen. Näher besehen ist es somit nicht präziser Validierung oder psychologischer bzw. informationstechnischer Bewertung zuzuschreiben, daß die Expertensysteme in vielen Bereichen als zukunftsbeherrschende Software-Technologie eingeschätzt werden.

Ihrem Konzept nach jedenfalls sind Expertensysteme die Informationssysteme mit dem weitreichendsten Anspruch in der 'intelligenten' Unterstützung von Benutzern: Ihr Leistungsprofil soll besonders bei komplexen Problemstellungen, in denen die Berücksichtigung bereichsspezifischen Wissens unumgänglich ist, hoch ausgeprägt sein (vgl. Hayes-Roth u.a., 1983). Expertensysteme sollen außerdem in der Lage sein, Aufgaben zu lösen, deren Bewältigung bislang dem Spezialisten vorbehalten ist. Es ist zu diskutieren, inwieweit damit auch neue Anforderungen und Aufgaben für die Softwareergonomie, insbesondere im Bereich der 'Kognitiven Ergonomie' (Streitz, 1985), entstehen. In der ergonomischen Bewertung von Software jedenfalls dürften komplexe Kriterien wie Abstraktionsniveau der Interaktion mit dem Benutzer, Übereinstimmung der Systeminferenzen mit den Schlußfolgerungen von Experten usw. in den Vordergrund treten. Auch sind Lösungen der Probleme des 'Wissensmanagements', insbesondere im Bereich der Akquisition, erst zu entwickeln. Wegen ihres spezifischen Anspruchs wird besonders in der Entwicklung dieser neuen Informationssysteme ein top-down orientiertes Entwurfsvorgehen (Tauber, 1985) unumgänglich sein, das benutzerrelevante Parameter bereits in frühen Entwicklungsphasen berücksichtigt.

<u>Expertensysteme in Psychologie und Psychiatrie</u>
Obwohl die Medizin zu einem der bedeutendsten Test- und Anwendungsgebiete für Expertensysteme wurde, ist im psychologisch/psychiatrischen Bereich neben wenigen, kommerziell vertriebenen Systemen (DIAGNOSTICS) auch die Anzahl von Forschungssystemen (HEADMED, SHRINK) vergleichsweise gering (vgl. Hand, 1985). Dies ist schon deshalb verwunderlich, da besonders für komplexe, schwer algorithmisierbare Anwendungsbereiche, in

denen zudem eher 'vage' Daten zur Verfügung stehen, Expertensysteme als besonders geeignet eingestuft werden (vgl. HORN,
1983, 13). Bei den wenigen für psychiatrische Fragestellungen
ansatzweise entwickelten wissensbasierten Systemen spielen Kriterien der Performanzoptimierung keine Rolle. Vielmehr dienen
sie in erster Linie der Simulation kognitiver Theorien. Auch das
in der vorliegenden Studie eingesetzte System PROTO (Krems u.a.,
1987) ist ein Testsystem, das zur Simulation von Prozessen der
Hypothesengenerierung, -evaluierung und -veränderung entwickelt
wird.

Forschungsziel und Fragen:

In dieser Studie sollen anhand eines Testsystems mögliche Einsatzfelder und die ungefähre Gestalt des Leistungspro-
fils eines Expertensystems für Psychiatrie und Klinische Psychologie ermittelt werden. Daraus sollten sich auch spezifische Anforderungen an die Software-Ergonomie, die sich aus der Konstruktion und dem Einsatz von Expertensystemen ergeben, ableiten lassen.

Im Detail werden erste Antworten auf die folgenden Fragen gesucht:

a) Welche Aufgaben innerhalb der psychiatrisch/psychologischen
   Diagnostik sind hinreichend routinisierbar und so weit an
   spezialisiertes Detailwissen gebunden, daß der Einsatz von
   Expertensystemen möglich und sinnvoll erscheint?

b) Welcher Stellenwert ist einem Expertensystem im genannten Anwendungsfall zuzuschreiben (Unterstützung, Benutzerführung,
   Funktionsersatz o.ä.) ?

c) Welcher Personenkreis der psychologisch/psychiatrischen Ver-
   sorgungsinstitutionen kommt als Benutzergruppe in Frage?

d) Welche Konsequenzen und Effekte sind nach Meinung möglicher
   Benutzer durch den Einsatz von Expertensystemen zu erwarten ?

e) Welche Systemeigenschaften fördern die Einsatzbereitschaft
   bei den genannten Aufgaben (z.B. Erklärungsfähigkeit, natürlich-sprachliche Schnittstelle) ?

Vorgehen und Methode

Zur Beantwortung der genannten Fragen wurden zwei Untersuchungen (Expertenbefragung; Prototypenbeurteilung) durchge-

führt. Ihr Ziel war es, ein Meinungsbild von gegenwärtig in der Praxis tätigen Experten als möglichen zukünftigen Benutzern zu erheben und im Hinblick auf potentielle Anwendungsfelder und Konstruktionseigenschaften auszuwerten.

Pilotstudie I - Expertenbefragung

Instrument: Zur Erhebung der Meinung möglicher Benutzer von Expertensystemen in der Psychiatrie und Klinischen Psychologie wurde eine übersetzte und überarbeitete Fassung des von Teach & Shortliffe (1984) entwickelten Fragebogens verwendet. Er besteht aus 47 Fragen zur Akzeptanz, zu Anforderungen und zu Effekterwartungen, die an den Einsatz von Expertensystemen gebunden sind. In den 10 Fragen zur Akzeptanz werden Gebiete genannt, für die von den Befragten anzugeben ist, ob sie ihrer Meinung nach als Einsatzfelder in Frage kommen. Die 15 Fragen zu Anforderungen und die 22 Fragen zur Effekterwartung sind als einfache Behauptungen formuliert und sollen von den Personen gemäß der Likert-Technik auf einer 5-stufigen Rating-Skala als 'vollständig falsch', 'ziemlich falsch', 'unentschieden', 'ziemlich richtig' oder 'völlig richtig' beurteilt werden.

Stichprobe: Die Befragung wurde unter Ärzten und Psychologen der Bezirkskrankenhäuser für Psychiatrie und Neurologie Regensburg und Gabersee und unter niedergelassenen Psychologen aus dem Raum Regensburg durchgeführt. Dankenswerterweise nahmen 51 Personen (40 Ärzte, 11 Diplom-Psychologen) die Beantwortung der Fragen auf sich. (Durchschnittsalter: 38.9 Jahre, Berufserfahrung: 9.9 Jahre).

In einem Kurzvortrag und in einer knappen schriftlichen Darstellung wurden die Teilnehmer vor der Befragung über Anspruch, Architektur und bislang untersuchte Anwendungsfelder von Expertensystemen in der Medizin in Kenntnis gesetzt.

Ergebnisse: Da in der vorliegenden Studie in erster Linie eine Skizzierung des Anforderungs-Leistungsprofils und die Analyse möglicher Einsatzfelder von Expertensystemen im Vordergrund steht, erübrigen sich inferenzstatistische Auswertungen.

Einsatzfelder: In Tabelle 1 sind die Prozentanteile befürwortender Antworten für die einzelnen Einsatzfelder angegeben. Die meisten der befragten Personen (96 %) sehen in der 'wissenschaftlichen Auswertung der Daten' ein Gebiet für den Einsatz von Expertensystemen. Die 'körperliche Untersuchung' hingegen scheint den wenigsten Befragten (39.5 %) ein mögliches Anwendungsgebiet. Bemerkenswert ist, daß für die anderen acht Bereiche mehr als 60 % die Verwendung von Expertensystemen für geeignet halten.

Tab. 1 Einsatzfelder von Expertensystemen (prozentualer Anteil befürwortender Anworten in der Gesamtmenge der Befragten)

Wissenschaftliche Auswertung der Daten	96.0
Beratung während der Diagnostik	85.7
Unterstützung in der Gutachtenerstellung	79.0
Ausbildung von Medizinern/Psychologen	77.0
Verwaltung der Patientendaten	72.3
Beratung während der Therapie	69.5
Examen von Medizinern/Psychologen	69.0
Überwachung der Behandlung	60.0
Körperliche Untersuchung	39.5

Für die Items der Skalen 'Anforderungen' und 'Effekterwartungen' wurden die Einschätzungen der Befragten jeweils gemittelt und die Items anhand dieser Kennzahlen ranggeordnet. Im folgenden werden jeweils die 5 Behauptungen mit der vergleichsweise höchsten Zustimmungsrate angegeben, und jene fünf Items, die den Befragten am ehesten als unrichtig erschienen (der jeweilige Rangplatz ist in Klammern hinzugesetzt).

<u>Anforderungen:</u> Als bedeutsamste Anforderung an ein Expertensystem wurde die leichte Erlernbarkeit durch den Benutzer (1) genannt. Die Befragten stuften die Fähigkeit des Systems, die eigenen Schlußfolgerungen und Behandlungsvorschläge selbst erklären zu können (2), als nächst wichtige Eigenschaft ein. Annähernd gleichbedeutend ist die Forderung, die Kosteneffektivität von Tests und Behandlungsverfahren verbessern zu können (3). Richtig erschien den Befragten auch die Behauptung, der Bedarf an Spezialisten sollte nicht vermindert werden (4). Als nächst wichtige Eigenschaft wurde die Forderung beurteilt, ein Expertensystem sollte automatisch aus der Interaktion mit dem Benutzer neue Fakten lernen können (5).

Am wenigsten richtig erachteten die Befragten die Behauptung, durch den Einsatz von Expertensystemen den Umfang an technischem Wissen, das von Ärzten/Psychologen gelernt werden muß, erheblich reduzieren zu können (15). Auch die Forderung, Expertensysteme sollten zum Standard der ärztlichen/psychologischen Praxis werden (14) wurde als unrichtig betrachtet. An der drittletzten Position der geordneten Anforderungsitems befindet sich der Vorschlag, Expertensysteme mit Alltagswissen ('common sense knowledge') auszustatten (13). Im Vergleich zu den restlichen Items als relativ unwichtig eingestuft wurde auch die Forderung, durch gesprochene Sprache steuerbar zu sein (12) und in der Therapieplanung nie einen Fehler zu machen (11).

    <u>Effekterwartung:</u> Von den 22 Fragen zu möglichen Konsequenzen, die ein Einsatz von Expertensystemen nach sich ziehen würde, stimmten die Befragten am meisten der Behauptung zu, Spezialisten würden nicht ersetzt, sondern in ihrer Tätigkeit unterstützt werden (1). Darauf folgte die Aussage, Expertensysteme würden dazu führen, wissenschaftliche Erkenntnisse schneller in der Praxis umsetzen zu können (2). Als weitgehend richtig wurde auch die Auffassung betrachtet, die neue Softwaretechnologie könnte dazu führen, daß dem Arzt/Psychologen mehr Zeit für das Gespräch mit dem Patienten zur Verfügung stehen wird (3). An der vierten Stelle folgt die Behauptung, durch den Einsatz von Expertensystemen den Arzt/Psychologen von Routinetätigkeiten entlasten zu können (4). Für richtig hielten die Befragten allerdings auch die Aussage, ein Expertensystem werde die Kontrolle des Praktikers durch Staat und Verwaltung verstärken (5).

    Mit der vergleichsweise höchsten Ablehnungsrate wurde die Aussage versehen, Expertensysteme werden dazu führen, daß die Zeit des Benutzers weniger effektiv genutzt wird (22). Die Befragten gingen ebenso nicht davon aus, daß der Umgang mit einem Expertensystem schwer zu erlernen sein würde (21). Der routinemäßige Einsatz wird vom Arzt/Psychologen auch nicht verlangen, 'wie Computer' zu denken (20). Als eher falsch beurteilten die Befragten die Aussage, Expertensysteme in der Psychiatrie/Klinischen Psychologie würden das Selbstbild des Arztes/Psychologen beeinträchtigen (19). Ähnlich wurde die Formulierung eingestuft, Expertensysteme würden wegen möglicher Störfunktionen von Computern unzuverlässig sein (18).

Pilotstudie II - Begutachtung eines Prototypen

Über eine standardisierte Erhebung hinaus sollte einer Expertengruppe die Meinungsbildung zu Einsatzmöglichkeit und Anforderungsprofil von Expertensystemen anhand eines implementierten Prototypen ermöglicht werden. Das Vorgehen scheint insgesamt angebracht, da aufgrund der subjektiven Erfahrungen aus der Interaktion mit einem lauffähigen System ein differenzierteres Bild über Architektur und Leistungsprofil aktueller Expertensysteme erwartet werden kann. 9 Experten (6 Diplom-Psychologen und 3 Ärzte) wurde ein Testsystem zur Begutachtung vorgeführt. Dabei wurden Anwendungsfälle simuliert und die Experten aufgrund ihrer Erfahrungen mit dem System in einem halbstandardisierten Interview um Stellungnahme zu den oben genannten Fragen gebeten.

Kurze Darstellung des Expertensystems PROTO

PROTO ist ein regelbasiertes System, dessen Konstruktion weitgehend an das MYCIN-Paradigma (Buchanan & Shortliffe, 1984) angelehnt ist. Die allgemeine Architektur des Systems ist andernorts (Krems u.a., 1987) ausführlich dargestellt. Im vorliegenden Zusammenhang wird auf drei Komponenten von PROTO hingewiesen:

a) Die Regelbasis: Sie besteht derzeit aus ca. 100 Produktionsregeln, die Lehrbuchwissen ('prototypisch') aus den Bereichen Organische Psychosen (ICD-9, 290-294), Schizophrenien (ICD-9, 295) und Affektive Psychosen (296) enthalten.

b) Die Referenzwelt: Sie enthält die inferierten und die von der Umgebung dem System mitgeteilten Daten. Die Repräsentationssprache ist an die Prädikatenlogik angelehnt und wird zur Notation von dynamischem Wissen verwendet.

c) Der Interpreter: Er wendet die Regelbasis auf die Referenzwelt an und versucht, für vom Benutzer mitgeteilte Daten Diagnosevorschläge zu erstellen, wobei die Aufgabe erfüllt ist, wenn eine der ICD-Kategorien erreicht ist. Die Komponente verfügt über einen Pattern-Matcher und als Reasoningverfahren sowohl backward- wie forward-chaining.

PROTO ist in INTERLISP-D auf XEROX-1108 (SIEMENS 5815) implementiert.

<u>Ergebnisse:</u>

<u>Einsatzfelder:</u> Als wichtigster Anwendungsbereich wurde die 'intelligente' Verwaltung, Interpretation und wissenschaftliche Auswertung von Patientendaten genannt. Von einem Expertensystem würden die Befragten eine verbesserte Dokumentation von Prozeßdaten, eine bessere Kontrolle der Erfolgsparameter und damit auch eine differenziertere Rückmeldung über die Effektivität des eigenen Tuns erwarten. Dazu gehört auch die Erstellung von verlaufskennzeichnenden Statistiken (Struktur des Klientels, Kostenträger usw.).

Die befragten Experten waren auch der Meinung, daß ein Expertenssystem bei in der 'Standarddiagnostik' anfallenden Aufgaben eingesetzt werden könnte. Beispielsweise Wäre eine Unterstützung wünschenswert in der Anwendung gängiger Diagnosesysteme und -schlüssel (ICD, DSM-III) und in der automatischen Erstellung von Gutachtentexten, die an Zielschemata, wie sie etwa von Kostenträgern vorgegeben werden, anpassbar sein sollten.

Ein weiteres Einsatzfeld ist nach Meinung der Experten die Erstellung differentieller Therapiekonzepte. Die befragten Personen sehen sich nach eigenem Bekunden angesichts der Breite der Forschungsaktivitäten in Psychiatrie, Neurologie, Klinischer Psychologie, Psychopharmakologie nicht in der Lage, einen annähernd vollständigen Überblick über verfügbare Therapieverfahren zu besitzen. Eine Hilfestellung läge insbesondere in der Entwicklung von Interventionsvorschlägen, in denen situative und persönlichkeitscharakteristische Moderatorgrößen (z. B. Therapeutische Ansprechbarkeit in Abhängigkeit von Vorbehandlung, Alter, Schichtzugehörigkeit etc., Risikofaktoren, Nebenwirkungen, Wechselwirkung von Medikamenten usw.), die Abweichungen von Standardfällen bedingen, Berücksichtigung finden.

<u>Stellenwert:</u> Die mit Abstand wichtigste Funktion ist die Unterstützung in Entscheidungssituationen als 'decision support system'. Die Befragten waren ausnahmslos der Meinung, daß sie sich von einem Expertensystem auf Gebieten, in denen sie sich ohnehin Kompetenz zuschreiben, keine Hilfestellung erwarten. Unter Entscheidungsdruck (Auswahl von Medikamenten, Zuweisung zu Behandlungsgruppen, Zulassung zu Rehabilitationsmaßnahmen u. v. m.) in Gebieten hingegen, in denen der Experte dem eigenen Wissen nicht völlig vertraut, wird der Einsatz von Expertensystemen

befürwortet.

Übereinstimmend wurde auch der 'Anregungswert', der in der Interaktion mit einem intelligenten Softwarewerkzeug liegt, betont. Dadurch erhoffen die Befragten besonders die Vermeidung von Fehlern in der Datenerhebung durch 'Vergessen', 'Übersehen', 'Nichtbeachten' usw. Das breite Standardwissen des jeweiligen Fachgebietes wäre in der aufbereiteten Form leichter zugänglich und in konkreten Anwendungsfällen zügiger umsetzbar.

Benutzergruppen: Als Anwender kommt für die Befragten ausschließlich der ausgebildete Fachmann in Frage. Dazu gehören zunächst die im jeweiligen Gebiet tätigen Spezialisten und nur in Ausnahmefällen geschultes Hilfspersonal (z. B. Technische Assistenten).

Ergebniszusammenfassung:

Die Frage, wem Expertensysteme wobei in Psychiatrie und Klinischer Psychologie nutzen können, ist Thema der vorliegenden Studie. Die Analyse der in den Fragebogenantworten und der Expertenexploration dokumentierten Meinung 'natürlicher' Experten legt folgende Antworten, die Gegenstand von Nachfolgeuntersuchungen sein sollten, nahe:

(1) Der Einsatz von Expertensystemen wird besonders im Bereich der 'intelligenten' Datenhaltung und Datenauswertung als sinnvoll erachtet. Dazu gehören auch Aufgaben, die im weiteren Sinne als Verwaltungstätigkeit einzustufen sind.

(2) Die wichtigste Aufgabe, die von einem Expertensystem erwartet wird, ist die Unterstützung und Benutzerführung in Entscheidungssituationen (sowohl im diagnostischen wie im therapeutischen Bereich). Dies gilt besonders für Gebiete, die am Rande der Expertenschaft des Anwenders liegen.

(3) Als Benutzer kommt ausschließlich der bereits ausgebildete Fachmann in Betracht.

(4) Neben globalen Anforderungen (leichte Erlernbarkeit, Portabilität usw.) wurden als einsatzfördernde Eigenschaften die Fähigkeit, eigene Schlußfolgerungen und Vorschläge begründen und erklären zu können, automatisch aus der Interaktion mit dem Benutzer neue Fakten lernen zu können und ohne beträchtlichen Aufwand auf dem aktuellen wissenschaftlichen Stand gehalten werden zu können, genannt.

Literatur

Buchanan, B.G.(1986): Expert Systems: Working Systems and the Research Literature. Expert Systems, 3, (1986), S. 32-51.

Buchanan, B.G. & Shortliffe, E.H. (eds) (1984): Rule-Based expert systems. Reading: Addison-Wesley.

Goodall, A. (1985): The Guide to Expert Systems. Oxford: Learned Information.

Hand, D.J. (1985): Artificial intelligence and psychiatry. Cambridge: University Press.

Hayes-Roth, F., Waterman, D.A. & Lenat, D. B. (1983): Building Expert Systems. Reading: Addison-Wesley.

Horn, W. (1983): Ein Artificial Intelligence-System zur ärztlichen Entscheidungsunterstützung. Berichte der Österreichischen Studiengesellschaft für Kybernetik. Wien.

Krems, J., Krischker, S., Mehmanesh, H., Pfeiffer, T., Prechtl, Ch. & Raith, E. (1987): PROTO - ein wissensbasiertes System zur Diagnostik psychiatrischer Krankheitsbilder. Forschungsberichte zur Kommunikationspsychologie, Nr.12, Regensburg.

Streitz, N.A. (1985): Cognitive Ergonomics. In: F.Klix (ed), Man-Computer Interaction. Amsterdam: North-Holland.

Tauber, M.J. (1985): Mentale Modelle als zentrale Fragestellung der kognitiven Ergonomie. In: H.-J.Bullinger (ed): Software-Ergonomie '85. Stuttgart: Teubner, S. 293-302.

Teach, R.L. & Shortliffe, E.H. (1984): An Analysis of Physicians Attitudes. In: B.G.Buchanan & E.H.Shortliffe (eds.): Rule-Based expert systems. Reading: Addison-Wesley, 1984, S. 635-652.

Dr. Josef Krems
Institut für Psychologie
Universität Regensburg
8400 Regensburg

DER 'ARBEITSKONTEXT' ALS KOMPONENTE DER
BENUTZERSCHNITTSTELLE

W.Dzida; C.Hoffmann; W.Valder

Zusammenfassung: Für Benutzerschnittstellen an komplexen Anwendungssystemen wird eine Komponente entwickelt, die einen ausreichenden Transfer von Wissen über die Anwendung des komplexen Systems sicherstellt. Es gilt, das Wissen von erfahrenen Benutzern so aufzubereiten and anzubieten, daß weniger erfahrene Benutzer das reiche Funktionsangebot ebenfalls nutzen können. Andernfalls bleibt die Gefahr bestehen, daß das Funktionsangebot eines Systems nicht genutzt wird und das System nicht wirtschaftlich eingesetzt werden kann. Das hier vorgestellte Konzept kann auf komplexe Konstruktionsarbeitsplätze beim CAD und in der Software-Entwicklung angewandt werden, soweit diese Arbeitsplätze auf der Basis von Unix entwickelt worden sind.

Entwurfskonzepte und ihre Auswirkungen

Abstraktion und Konkretion von Datentypen haben auf die Benutzung eines komplexen Anwendungssystems einen großen Einfluß. Dies kann man sich an einer relativ einfachen Handlung klar machen, der "Briefwahl" (vgl.Abb.1).

Stimmzettel markieren	Wahlschein signieren	Stimmzettel kuvertieren	Umschlag und Wahlschein kuvertieren
Schritt 1	Schritt 2	Schritt 3	Schritt 4

Abb.1: Drei Datentypen bei der Darstellung der Handlung "Briefwahl"

Es ist ohne weiteres möglich, die in Abb.1 dargestellten drei Datentypen (nämlich "Stimmzettel", "Wahlschein" und "Umschlag") auf zwei zu reduzieren, und zwar auf "Papier" und "Umschlag" (vgl.Abb.2).

Papier beschriften	Papier beschriften	Umschlag schließen	Umschlag schließen, beschriften
Schritt 1	Schritt 2	Schritt 3	Schritt 4

Abb.2: Die Handlung "Briefwahl" auf zwei Datentypen reduziert

Die in Abb.2 dargestellte Reduktion von 3 auf 2 Datentypen entspricht einer Abstraktion. Hierdurch bleibt der Vorgang der "Briefwahl" jedoch nicht mehr klar verständlich. Diesem Nachteil steht jedoch ein Vorteil gegenüber. Die Datentypen

sind nicht mehr spezialisiert und somit auch in anderen Anwendungssituationen verwendbar. Man verliert durch Abstraktion
zwar die Nähe zum ursprünglichen spezifischen Problem, aber man
gewinnt eine gewisse Anwendungsunabhängigkeit. Diese Erkenntnis
wird bei den meisten software-technischen Implementierungen ausgenutzt. So sind z.B. beim UNIX-System sämtliche konkreten Anwendungen eines Benutzers auf einen Datentyp reduziert, nämlich
auf "Zeichenfolgen".

Die am Beispiel "Briefwahl" demonstrierten Vor- und Nachteile von Abstraktion und Konkretion der Datentypen haben auf
die Benutzung eines Software-Systems Einfluß. In einem Anwendungsfall, in dem sowohl Ausgangs- und Zielsituation als auch
die Zwischenschritte dem Benutzer bekannt sind, braucht er nicht
von den konkreten Datentypen zu abstrahieren, das heißt er kann
so planen und ausführen wie z.B. in dem in Abb.1 vorgezeichneten
Verfahren. Ein solcher Anwendungsfall wird in der Psychologie
des problemlösenden Denkens als "Interpolationsproblem" (Dörner,
1978) bezeichnet. Der Benutzer eines Software-Systems kann in
dieser Problemsituation am besten unterstützt werden, wenn ihm
Daten und Werkzeuge konkret und anwendungsspezifisch angeboten
werden. Systeme, die nach dem Entwurfsprinzip des "objektorientierten" Programmierens entwickelt werden, bieten den Benutzern
diese Vorteile (siehe z.B. XEROX-Star, Apple-Macintosh).

Nicht in allen Arbeitsbereichen kann man zwischen Aus-
gangs- und Zielsituation in der Weise interpolieren, daß die
Zwischenschritte nur noch in die richtige Ordnung gebracht zu
werden brauchen. Die meisten Konstruktionsprobleme, z.B. beim
CAD oder in der Software-Entwicklung, bergen das Risiko in sich,
daß kein allgemein bekanntes Lösungsverfahren existiert. Das
Inventar der Werkzeuge, das zur Lösung des Problems benötigt
wird, wird also in der Regel unvollständig sein.

In solchen Situationen muß ein benötigtes Werkzeug erst
noch entwickelt oder ein vorhandenes angepaßt werden. Dörner
(1978) spricht in solchen Fällen von Problemsituationen mit
"Synthese-Barriere". Der Benutzer eines Software-Systems kann
in dieser Problemsituation am besten unterstützt werden, wenn
ihm Daten und Werkzeuge auf einem Abstraktionsniveau zur Verfügung stehen, das eine gewisse Anwendungs-Neutralität mit sich

bringt. Somit wird er in die Lage versetzt, eingetretene Lösungspfade leichter verlassen zu können, weil durch die relativ unspezifischen Datentypen die Werkzeuge auf die jeweils spezifische Problemsituation leichter angepaßt werden können. Die Lösung besteht dann in der Entwicklung von etwas Neuem, das als Synthese aus dem vorgefundenen, unspezifischen Werkzeug und der eigentlich erforderlichen, spezifischen Funktionalität entsteht. Wir vermuten, daß die weltweite Verbreitung des UNIX-Systems unter anderem auf diesen Umständen beruht.

Stellt man die Entwicklungskonzepte des XEROX-Star (mehrere Datentypen) und des UNIX-Systems (ein Datentyp) gegenüber, so kann man im Hinblick auf die System-Benutzung folgende verallgemeinernde Aussagen treffen (vgl.Abb.3):

Entwurfskonzept	Vorteile für die Benutzung	Nachteile für die Benutzung
System-Entwurf auf der Basis mehrerer Datentypen	klar strukturierte Aufgaben; selbsterklärende Anwendungssituationen	beschränkt auf vorweg definierte Anwendungen; Integration v.Anwendungen schwierig
System-Entwurf auf der Basis eines Datentyps	relative neutral gegenüber spezifischen Anwendungsverfahren; gute Kobinierbarkeit der Werkzeuge	schlechte Übersicht über die Anwendungsmöglichkeiten; zunehmende Komplexität

Abb.3: Vor- und Nachteile für die Benutzung eines Systems je nach Entwurfs-Konzept

Wir haben versucht, die Vorteile beider Entwurfskonzepte an einer Programmier-Umgebung des UNIX-Systems zu kombinieren, indem wir die Benutzerschnittstelle nach dem Entwurfskonzept des "objektorientierten" Programmierens (mehrere Datentypen) gestaltet haben. Auf diese Weise ist eine Planungs- und Erklärungskomponente des UNIX-Systems entstanden, die die Nachteile des UNIX-Systems ausräumen hilft, nämlich schlechte Übersicht über die Anwendungsmöglichkeiten und mangelnde Beherrschung der Komplexität. Die sonst bestehenden Benutzungs-Vorteile des UNIX-Systems bleiben von dieser Benutzerschnittstelle unberührt.

Das Konzept "Arbeitskontext"

In der arbeitspsychologischen Literatur werden u.a. zwei Arbeitstile unterschieden: (1) der Arbeitende arbeitet "drauf

los", plant meist nur den nächsten Schritt, bedenkt die Spät-
folgen nicht, holt nicht genug Information ein; (2) der Arbeitende trifft sorgfältige Vorbereitungen; er legt sich die Werkzeuge zurecht, überlegt in welcher Reihenfolge vorzugehen ist,
deckt Schwachstellen auf, holt Information ein bevor er mit der
Ausführung beginnt (vgl. Hacker, 1978).

Wer ein komplexes Funktionsangebot einsetzen will, wird
vermutlich keine Routineaufgaben erledigen, sondern Problemlösungen anstreben. Für solche Arbeitssituationen ist der zuerst
geschilderte Arbeitsstil sicher ungeeignet. Eine planerische
Vorgehensweise wird zweckmäßig sein. Dazu gehört z.B. auch das
umsichtige Einholen der Erklärungen anderer Kollegen.

Diese Form der Arbeitsvorbereitung ist meist mühsam, weil
z.B. kein kooperatives Arbeitsklima herrscht oder weil die Erfahrungen anderer gar nicht in brauchbarer Form aufbereitet sind.
Folglich dauert der Einarbeitungsprozeß an einem System mit kom-
plexem Funktionsangebot viel zu lange. Meist liegt das Angebot
ungenutzt brach.

Mit dem Konzept "Arbeitskontext" sollen diese Schwierigkeiten überwunden werden. "Arbeitskontext" repäsentiert eine
bereits von anderen getroffene Arbeitsvorbereitung für ein bestimmtes Problem. Man muß von vornherein betonen, daß nicht die
Absicht besteht, mit dem Angebot eines "Arbeitskontext" zu einer
schematischen, voreingestellten Problemlösung zu verleiten. Vielmehr soll das mittels "Arbeitskontext" aufbereitete Wissen als
Anregung dienen, das Funktionsangebot des komplexen Systems
in dieser oder ähnlicher Weise "auszubeuten". Ein an der Benutzerschnittstelle angebotener "Arbeitskontext" ist somit der Vorschlag für einen Plan, den man ganz oder teilweise übernehmen
kann.

Der Dialog mit dem "Arbeitskontext"

Eine Benutzerschnittstelle kann unter mindestens zwei Aspekten gestaltet werden:

a) "Werkzeugschnittstelle": Welche Werkzeuge eines Anwendungssystems und welche Werkzeuginformationen stehen dem Benutzer
   zur Verfügung?

b) "Dialogschnittstelle": Wie kann der Benutzer im Dialog auf
   Teile des Anwendungssystems zugreifen?

Der "Arbeitskontext" ist eine Komponente der Werkzeugschnittstelle. Er repräsentiert die Menge aller im System vorhandenen
Werkzeuge, die zur Bearbeitung einer Aufgabe notwendig und relevant sind. Wählt der Benutzer den Zugang zum Anwendungssystem
über den "Arbeitskontext", so greift er nicht unmittelbar auf
die Anwendungsprogramme zu, sondern mittels der im "Arbeitskontext" vorausgewählten Programme. Diese Form des vermittelten Zugriffs bedeutet keine Einschränkung, sondern dient lediglich der
besseren Orientierung bei der Auswahl von Anwendungsprogrammen.
Diese Form des Zugriffs erfordert jedoch eine besondere Dialog-
technik (vgl.Abb.4). In Abb.4 bedeutet "Arbeitskontext" =
'context' = Werkzeugschnittstelle.

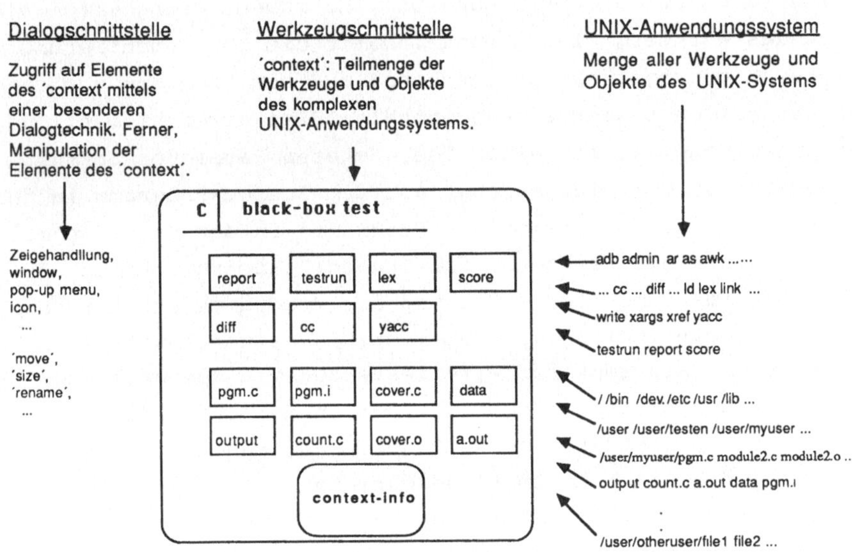

Abb.4: Zugriff auf den 'context' und Vorauswahl von Werkzeugen.

In Abb.4 wird ein Arbeitskontext zur Lösung eines Teilpro-
blems im Rahmen des Testens von Software beschrieben:der "black-box"-
Test als eine Form der "dynamischen Analyse". Bei der dynamischen
Analyse wird ein Programm mit Testdaten ausgeführt; dabei werden
die tatsächlichen Ausgaben mit den erwarteten Ausgaben verglichen.

Um Aussagen über die Qualität der Testdaten machen zu können,
werden Abdeckungsmaße definiert, die beschreiben, bis zu welchem Grade bestimmte syntaktische Elemente eines Programms
beim Testlauf ausgeführt wurden. Ein Beispiel für ein Abdeckungs-
maß ist die Entscheidungsabdeckung, die beschreibt, welcher
Prozentsatz aller Entscheidungen eines Programms durchlaufen
wurde. Ein Test gilt dann als erfolgreich, wenn ein bestimmter, vorher festgesetzter Abdeckungsgrad erreicht ist.

Im Kontext "black-box test" sind Werkzeuge zusammengestellt, die helfen sollen, eine Entscheidungsabdeckung für ein
gegebenes Programm zu finden. Dazu wird das Programm geeignet
instrumentiert: nach jeder Entscheidung wird im source-Text ein
Zählstatement eingefügt, das zählt, wie oft die entsprechende
Entscheidung ausgeführt wurde. Die Instrumentierung erfolgt
durch das Werkzeug "instrument". Damit die Instrumentierung erfolgreich durchgeführt werden kann, muß ein Programm vorliegen,
das nur reinen c-source Text enthält. Dies erreicht man, indem
man den c-Compiler mit einem geeigneteten Parameter aufruft
("cc -p"). Der Compiler erzeugt aus dem Source-Programm in der
Datei "pgm.c" eine Version des Programms in der Datei "pgm.i",
die mit Hilfe des Werkzeugs "instrument" instrumentiert werden
kann. Die instrumentierte Fassung des Programms steht in der
Datei "cover.c". Diese wird übersetzt zu einem lauffähigen Programm "pgm". Ein Testlauf wird gestartet mit dem Werkzeug "testrun", das das Programm "pgm" mit den in der Datei "testdata"
enthaltenenen Testdaten aufruft. Die Ausgaben des Programms
werden in die Datei "output" geschrieben und können mit Hilfe
des UNIX-Werkzeugs "diff" mit den erwarteten Ausgaben in
der Datei "expected-output" verglichen werden. Die Information
über die Entscheidungsabdeckung wird mit dem Werkzeug "testrun"
durch den Parameter "-e" erzeugt und die Datei "auswertung" geschrieben. Diese Information kann mit dem Werkzeug "report" aufbereitet dem Benutzer zur Verfügung gestellt werden.

Das Werkzeug "instrument" ist vom Entwickler des Kontext
selbst entworfen worden. Es kann nur benutzt werden, um c-Pro-
gramme zu instrumentieren. Die Erfahrung, die bei seiner Konstruktion gesammelt wurde, kann jedoch verwendet werden, um
Werkzeuge zur Instrumentierung von Programmen in anderen

Programmiersprachen zu entwickeln. Diese Erfahrungen sind im
"context-info" gesammelt und können bei Bedarf benutzt werden.
Aus diesem Grunde sind auch Werkzeuge wie "yacc" und "lex", zwei
UNIX-Werkzeuge zur Entwicklung von Programmen zur lexikalischen
Analyse und zur Entwicklung von parsern, in den Kontext aufgenommen. Diese Werkzeuge sind verwendet worden zur Implamenta-
tion des Werkzeugs "instrument".

Für ein komplexes Anwendungssystem ist eine auf der
Fenstertechnik aufbauende Dialogschnittstelle von Vorteil, da
sie das Arbeiten an zusammenhängenden Teilaufgaben erleichtert.
Fenster-orientierte Benutzerschnittstellen können nach den
Prinzipien des objektorientierten Entwurfs realisiert werden.
Das bedeutet, es existieren einige verallgemeinerte Dialogfunktionen (z.B. 'move','size','rename'), die auf alle Objekte der
Benutzerschnittstelle (z.B. 'windows',icons') eine gleichartige
Wirkung haben. Dies erreicht man, indem festgelegt wird, auf
welchen Objekten der Schnittstelle mit welchen Funktionen gearbeitet werden darf. Die Objekte können nur mit Hilfe der vorher
zugeordneten Werkzeuge manipuliert werden. Der Designer einer
solchen Dialogschnittstelle ist dafür verantwortlich, daß Operationen, die einen ähnlichen oder gleichen Namen haben, ähnlich
oder gleich auf die zugeordneten Objekte wirken.

Obwohl sich das Konzept des objektorientierten Entwurfs
für die Gestaltung des Dialogs bewährt hat, steht es im Widerspruch zu dem Konzept, das der Benutzung der UNIX-Funktionen
zugrunde liegt. Denn ein wesentlicher Grundsatz von UNIX ist,
soweit wie möglich <u>keine</u> Annahmen darüber zu machen, auf welchen
Objekten mit einem Werkzeug gearbeitet werden soll. Den Entwicklern von UNIX erschien es nicht sinnvoll, die für jeden Ob-
jekttyp gültigen Operationen zu definieren. Nimmt man dem Benutzer die Möglichkeit, Werkzeuge nach kreativem Einfall auf
Objekte seiner Wahl anzuwenden, so geht eine Eigenschaft von
UNIX verloren, die von erfahrenen Benutzern sehr geschätzt wird.
Das Prinzip des objektorientierten Entwurfs steht also im Widerspruch zur UNIX-Philosophie.

Trotzdem soll auf die Vorteile des Dialogkonzepts, das
dem Prinzip des objektorientierten Entwurfs entspricht, nicht
verzichtet werden, wenn es dem Ziel dient, die Komplexität des

UNIX-Systems besser beherrschbar zu machen.

Das Dialogkonzept erlaubt eine Arbeitsvorbereitung, so daß der Zugriff auf ausgewählte Teile des UNIX-Systems voreingestellt werden kann. Diese Voreinstellung kann der Benutzer selbst vornehmen, indem er geeignete Zugriffsfunktionen benennt und in einer "box" zur Verfügung stellt; dies können aber auch andere Benutzer besorgen, um auf diese Weise Spuren ihrer Benutzungserfahrung zu hinterlassen.

Wenn der Benutzer auf die Benutzerschnittstelle schaut, so sieht er z.B. "Menus","icons","windows". Jedes "icon" repräsentiert ein Objekt, das der Benutzer "box" nennt. Der Begriff "box" ist passend, weil eine "box" zunächst nichts über den konkreten Inhalt verrät, solange sie geschlossen ist. Das wahrnehmbare "icon" ist somit lediglich eine graphish geschickt gestaltete Repräsentation einer geschlossenen "box".

Eine Benutzerschnittstelle bietet mindestens zwei Typen von "box" an: (1) eine "box" repräsentiert ein Element des UNIX-Systems (z.B. ein bestimmtes "file"); (2) eine "box" repräsentiert einen "context". Der Zugriff auf die verschiedenen Typen von "box" und das Arbeiten am Inhalt einer "box" sollen jedoch in einer einheitlichen Weise gestaltet werden. Das Gestaltungsprinzip hierfür ist die voreingestellte Auswahl von UNIX-Elementen.

Die "box" vom Typ "Element des UNIX-Systems":
Ist die "box" ein UNIX-file, so erscheint diese "box" auf dem Bildschirm als "icon", das noch durch den Namen des "file" besonders gekennzeichnet ist. Der Benutzer kann die "box" mittels Zeigehandlung (d.h. Positionierung eines "cursor" mittels Maus) öffnen. Auf dem Bildschirm erscheinen dann die für dies "file" vorausgewählten Zugriffs- und Manipulationsmöglichkeiten, etwa ein Editor oder ein Drucker oder ein Papierkorp. Die voreingestellten Zugriffsmöglichkeiten sind ebenfalls als "icon" symbolisiert, so daß der Benutzer wiederum mittels Zeigehandlung zugreifen kann. Wählt der Benutzer das "icon" Editor, so steht ihm auf den Bildschirm sofort der Inhalt des UNIX-files zur Verfügung, um darin zu editieren.

Die "box" vom Typ "context" wird vom Benutzer in gleicher Weise behandelt: Ist die "box" ein "context", so erscheint auf dem Bildschirm ebenfalls ein "icon", das durch den Namen des

"context" besonders gekennzeichnet ist. Mittels Zeigehandlung
kann der Benutzer die "box" (d.h. den "context") öffnen. Auf
dem Bildschirm erscheinen dann die für diesen "context" vorausgewählten UNIX-Elemente, z.B. files, Werkzeuge. Zusätzlich erscheint ein "icon", das den Zugriff auf besondere Erklärungen
zu diesem "Arbeitskontext" ermöglicht. Der Zugriff auf Elemente
des "context" wird wiederum mittels Zeigehandlung verwirklicht.
Der Benutzer arbeitet dann im "context" an bestimmten Objekten
des "context". Selbstverständlich stehen dem Benutzer Dialogfunktionen und ein Editor zur Verfügung, um den "context" seinen
Bedürfnissen entsprechend anpassen zu können.

Entwicklungsprobleme

Erste Erfahrungen in der Realisierung der Benutzerschnittstelle haben gezeigt, das eine Reihe von Hindernissen zu über-
winden ist.

Wir haben beobachtet, daß Software-Entwickler viel Zeit
damit verbringen, sich neben den verfügbaren UNIX-Werkzeugen
eigene Werkzeuge herzustellen, weil das Repertoire der Werkzeuge nicht ausreicht. Niemand hat jedoch einen Überblick darüber,
welche Eigenentwicklungen entstehen und wie man vermeiden kann,
daß solche Eigenentwicklungen immer wieder von Neuem gemacht
werden.

Das Konzept "Arbeitskontext" soll sicherstellen, daß
solche Mehrfachentwicklungen unterbleiben. Man kann jedoch das
Benutzerschnittstellen-Konzept nur realisieren, wenn auch be-
gleitende organisatorische Maßnahmen getroffen werden. Es muß
in der Software-Entwicklungsabteilung einer der Ingenieure dafür gewonnen werden, sich um die Eigenentwicklungen anderer Benutzer zu bemühen. Seine Aufgabe besteht darin, die Eigenentwicklungen seiner Kollegen zu ausgereiften Werkzeugen weiterzuentwickeln. Die Kollegen selbst haben meist kein Interesse oder
keine Zeit, ein selbsteintwickeltes Werkzeug professionell zu
Ende zu entwickeln; denn sie begnügen sich meist mit einer
pragmatischen, halbfertigen Lösung, die ihnen erst einmal wei-
terhilft. In solchen Entwicklungen stecken aber oft gute Ideen,
die aufgearbeitet werden müßten und die auch andere zur Verwertung übernehmen könnten. Ein "Arbeitskontext" setzt sich somit
in der Regel aus einer Mischung zusammen: UNIX-Werkzeuge,

Anpassungen solcher Werkzeuge und Eigenentwicklungen. Insgesamt
aber entsteht ein ganzheitlicher Ansatz zur Lösungen eines komplexen Problems.

Ein weiteres Hindernis ist die Wissensakquisistion selbst,
da eine mögliche Konkurrenzsituation im Betrieb daran hindert,
die Erfahrungen der Experten aufzuarbeiten und anderen verfügbar
zu machen. Dieses Hindernis kann nicht mit einer auch noch so
gut gestalteten Benutzerschnittstelle überwunden werden. Hier
helfen nur moderne Grundsätze einer kooperative Führung, die
die Kollegen dazu bringt, im Team zusammenzuarbeiten, statt gegeneinander zu konkurrieren.

Außerdem hat es sich gezeigt, daß es außerordentlich
mühsam ist, das für einen komplexen "Arbeitskontext" notwendige
Wissen zusammenzutragen und die Information über das Arbeiten in
einem solchen "context" aufzubereiten. Wenn es aber so schwierig
ist, Expertenwissen über komplexe Problemlösungen aufzuarbeiten,
dann ist es um so mehr wert, dies zu tun, weil das anschließend
verfügbare Wissen einen multiplikativen Verbreitungseffekt hat.
In der Software-Entwicklung existiert zur Zeit kein Mangel an
Methoden, sondern Mangel an Wissen darüber, wie man diese Methoden mit verfügbaren oder zusätzlich entwickelten Werkzeugen anwenden kann. Wo immer dieses Anwendungswissen einmal erarbeitet
worden ist, sollte man die Spuren sichern und zur Nachahmung
anbieten.

Gespräche mit Entwicklern, die die Situation in der Soft-
ware-Industrie kennen, haben gezeigt, daß ein Konzept, wie wir
es mit "Kontext" vorschlagen, heute in der Industrie nicht eingesetzt wird. Das Management wählt _eine_ Methode aus, mit der sich
das Problem unter den gegebenen Bedingungen bearbeiten läßt.
Diese Methode wird dann soweit wie möglich instrumentiert und
die Mitarbeiter werden für die Arbeit mit der instrumentierten
Methode geschult. Diese Art der Problemlösung wird gewählt, weil
das Management leichter Kontrolle über den Stand der Arbeit bekommen will. Man kann mittels "Arbeitskontext" zusätzlich erreichen, daß die einmal ausgewählte Instrumentierung einer Methode
weiterentwickelt wird; allen Mitarbeitern kann dieser Fortschritt
an der Benutzerschnittstelle zugänglich gemacht werden.

<u>Literaturverzeichnis</u>

Dörner,D.(1979): Problemlösen als Informationsverarbeitung.
   Stuttgart: Kohlhammer, 2.Auflage.

Hacker,W.(1978): Allgemeine Arbeits- und Ingenieurpsychologie.
   Bern: Huber, 2.Auflage.

Wolfgang Dzida
Claus Hoffmann
Wilhelm Valder
GMD-F2.G2
Postfach 1240
D-5205 Sankt Augustin 1

MENTALE MODELLE BEI EXPERTEN

Eine empirische Untersuchung zur elektronischen Ablage eines
Bürosystems.

Jutta Lang, München

Zusammenfassung:
Ziel dieser Untersuchung ist es zu überprüfen wie mentale Modelle zum Einsatz kommen und welche Auswirkungen sie auf Leistung haben. Die gewonnenen Ergebnisse zeigen auf, daß es Zusammenhänge gibt zwischen der Ausprägung des mentalen Modells und der Leistung. Daraus lassen sich konkrete Verbesserungsvorschläge für das untersuchte Bürosystem 5800 ableiten.

Erklärung des Begriffs "Modell"

Es ist ein wissenschaftlich anerkanntes Verständnis, daß sich der Mensch in der Auseinandersetzung mit Systemen Modelle bildet (Gentner & Stevens, 1983, Carroll, 1984). Das Modell beinhaltet jeweils spezifische Aspekte der dargestellten Realität. Ausschlaggebend in der "mental-model" -Forschung sind die Wirkung und die Konstituenten des mentalen Modells.

Mit dem Begriff Modell zu operieren bedeutet, zu enge Konstrukte wie "Vorstellung" abzulösen, um auch das dynamische der menschlichen Natur erfassen zu können (Tergan, 1986). Modelle werden gebildet, um komplexe Sachverhalte eines umgrenzten Gebietes anschaulich darstellen zu können.

Mentale Modelle initiieren Denkprozesse, die als mentale Simulation von realen Prozessen aufgefaßt werden können. Der Benutzer kann mit Hilfe seiner Modelle Vorhersagen machen und Kausalitäten auffinden. Ein funktionierendes mentales Modell enthält daher die erfahrungsmäßig gegebenen Komponenten der Realität (Tergan, 1986), und sie sind nicht die zeitüberdauernd stabil (Norman, 1984).

Mentale Modelle in der Forschung

Die kognitive Psychologie untersucht die sich im Modell abbildenden Kausalitäten und zugrundeliegenden Konzepte der sich präsentierenden Welt.

Die methodische Auseindersetzung erbrachte (Gentner & Stevens, 1983, Carroll, 1984) Modelle, welche das Wissen wie etwas funktioniert und warum es so funktioniert enthalten. Das Wissen selbst resultiert aus den Erfahrungen mit einer ähnlichen Materie und den direkt gemachten Erfahrungen.

Mentale Modelle können nicht nur unter dem Aspekt des Systemverständnisses aufgezeigt werden, sondern auch in ihren handlungsleitenden und -regulierenden Funktionen. Die Handlungstheorie (Hacker, 1978) betont diese Seite psychischer Regulation und zugrundeliegender psychischer Strukturen. Mentale Modelle sind hier operative Abbildsysteme. Die wichtigste Leistung des operativen Abbildsystems besteht darin, Handlungen zu regulieren mit Hilfe vorher getätigter Antizipationen. Die individuelle Handlungsplanung umfaßt folgende psychischen Leistungen des operativen Abbildsystems: Eine intellektuelle Analyse der eigentlichen Aufgabe und der mit der Aufgabe zusammenhängenden Bedingungen. Diese führt zur Verfahrensauswahl und zur Verfahrensbewertung hinsichtlich des angestrebten Zieles. Pläne werden auf das Ziel hin entwickelt.

In der Untersuchung der Ausprägungen des operativen Abbildsystems lassen sich Unterschiede bei der tatsächlichen Handlungsausführung auffinden (Hacker, 1978, Volpert, 1984).

Leistung

Der Mensch versucht mit Hilfe seiner Handlungen spezifische Aufgaben zu einem für ihn angestrebten Zielzustand zu führen (Schönpflug, 1985). Effizienz ist ein Gütekriterium zur Klassifikation von Leistung. Handeln ist dann effizient, wenn es sein Ziel erreicht. Entscheidend ist die Beanspruchung von zeitlichen und ökonomischen Erreichungsbedingungen (Volpert, 1984). Leistung in Abhängigkeit kognitiver Regularien zu betrachten bedeutet, Ineffizienz über ein Wirtschaftsvokabular hinaus auf seine psychischen Seiten hin zu untersuchen. Ineffizienz führt zur Steigerung der zu investierenden psychischen Kosten, und zu einer Vergrößerung der Anzahl motorischer Operationen. Ineffizienz beinhaltet also sowohl eine quantifizierbare Seite, aber auch eine qualitative Steigerung von psychischem Aufwand (Frese & Greif, 1978). Nicht das blinde Reagieren, sondern die

differenzierte Planung und die flexible Handhabung der aufgestellten Pläne in der aktuellen Handlungsausführung bedingen
effizientes Handeln (Volpert, 1984).

Hypothese

Aus den Studien zur Handlungstheorie nach Hacker (1978)
ergibt sich ein Entscheidungsinventar zur Bestimmung von
leistungsstarken und leistungsschwachen Arbeitern. Am Beispiel
von Webern im Produktionsprozeß (Hacker, 1978) wurde gezeigt,
daß sich Leistungsunterschiede auf die Güte der operativen Abbildsysteme zurückführen läßt. Leistungsstarke Weber zeichnen
sich durch bessere Arbeitsergebnisse, durch differenziertere
Handlungsplanung (Antizipation), durch weniger motorische Operationen, durch weniger Fehler und durch ein besseres Zeitverständnis aus. Diese Kennzeichen von Bestarbeitern im
Produktionsprozeß soll auf Gültigkeit in der Mensch-Computer
Interaktion überprüft werden.

Tab 1: Gegenüberstellung der physischen Leistungsituation mit
der Leistung im Mensch-Computer-Bereich:

Im physischen Bereich nach Hacker:	im Mensch-Computer-Bereich:
	Im Umgang mit 5 Teilaufgaben zur Ablage
bessere Arbeitsergebnisse	kommen in der praktischen Durchführung ohne Intervention der V1 aus.
differenzierte Planung	planen genauer wie sie vorgehen würden (Beschreiben mehr Kärtchen)
weniger motorische Operationen	brauchen weniger Schritte in der praktischen Durchführung
besseres Zeitverständnis	verschätzen sich weniger in angenommener Zeit. Es wird in Beziehung gesetzt: geschätzte Zeit-tatsächlich gebrauchte Zeit
weniger Fehler	machen weniger Fehler in der praktischen Durchführung

Das Bürosystem 5800 von Siemens

Das Bürosystem 5800 von Siemens wurde nach den Prämissen
des "papierenen" Büros entwickelt. Es ist eine vernetzte
Arbeitsplatzstation.

Die elektronische Ablage beinhaltet die Möglichkeit der
lokalen Speicherung in Mappen und Dokumenten, der Speicherung in
Aktenschränken, die sich auf einem Server befinden, und der externen Speicherung auf Diskette.

Die Versuchspersonen

Untersuchungen zu Unterschieden zwischen Novizen und Experten zeigten, daß gerade Experten sich dadurch auszeichnen,
daß sie mentale Modelle gebildet haben (Chi u.a., 1984). Novizen
dagegen sind geleitet von den gerade ins Auge fallenden Kausalitäten.

Es nahmen 25 Mitarbeiter der Siemens AG, München an der
Studie teil. Sie arbeiten seit mindestens einem Jahr mit dem
Bürosystem 5800, nutzen die elektronische Ablage intensiv und
sind somit zur Gruppe der Experten zu rechnen.

Design

Mit Hilfe von Szenarien, die sich aus Vorinterviews (n=6)
zum Büroalltag ergaben, wurde in dieser Studie gearbeitet.

Das mentale Modell in seiner antizipativ planenden Funktion wurde folgendermaßen erhoben: Es lagen 5 Teilaufgaben vor,
die Routineaufgaben zur Ablage am System entsprechen. Es sollte
theoretisch überlegt werden, wie man am System vorgehen würde.
Die aufgezählten Operationen wurden auf Kärtchen geschrieben.

Das Zeitverständnis im Modell wurde folgendermaßen erhoben: Vor der tatsächlichen Erledigung der 5 Teilaufgaben zur
Ablage wurde geschätzt, wie lange man brauchen würde. Die tatsächlich gebrauchte Zeit wurde gestoppt.

Weitere Leistungen, die in Abhängigkeit vom mentalen
Modell resultieren, wurden folgendermaßen erfaßt: Bei der tat-
sächlichen Durchführung der 5 Teilaufgaben zur Ablage wurden die
Gesamtzahl der Schritte, die Anzahl der Fehler und die Güte des
Arbeitsergebnisses erhoben. Es wurde darauf geachtet, daß alle
Versuchspersonen zum gleichen Arbeitsergebnis kamen, wenn

notwendig wies die Versuchsleiterin daraufhin, daß die Aufgabe
noch nicht richtig gelöst ist. Mit Hilfe von 7 Photos wurde der
Umgang mit handlungsleitenden und -regulierenden Signalen getestet. Die Güte des Erkennens zeigte sich in der Anzahl ent-
deckter Informationsträger, die den, auf dem jeweiligen Photo
dargestellten Systemzustand, richtig beschreiben können. Die
Anzahl der richtig vorhergesagten Informationsträger, die sich
nach einer bestimmten Funktionsauswahl am System am Bildschirm
ergeben, kennzeichnet die Fähigkeit des mentalen Modells antizipativ auf das Signalinventar einzugehen.

In der Darstellung von 7 nicht alltäglichen Aufgaben am
Bürosystem 5800 wurde überprüft, wie gut der Benutzer mit seinem
mentalen Modell auch in Nicht-Routineaufgaben zurecht kommt.

Ergebnisse

Es ergab sich in der Beurteilung der Güte der Arbeitsergebnisse bei den 5 Teilaufgaben zur Ablage folgende Konstellation: Von insgesamt 25 Versuchspersonen gelang nur 3 Versuchspersonen das vollständige Lösen der 5 Teilaufgaben des Ablage-
szenariums. 22 Versuchspersonen erreichten dies nur durch Intervention der Vl. Diese Intervention bestand darin, die Versuchsperson, wenn sie glaubte eine Aufgabe gelöst zu haben, darauf hinzuweisen, daß dies nicht der eigentlich zu erreichende
Zielzustand ist. 3 Benutzer wurden somit dem wichtigsten Kriterium der "Bestarbeiterhypothese" gerecht, nur sie konnten ohne
Intervention ein gutes Arbeitsergebnis erzielen.

Aus diesem Ergebnis ergibt sich die Aufteilung in 2
Gruppen. Gruppe 1 enthält die 3 Versuchspersonen mit gutem Arbeitsergebnis. Gruppe 2 wird aus den 22 Versuchspersonen mit Intervention gebildet. Diese zwei Gruppen wurden nun entsprechend
der aufgestellten Hypothese auf Mittelwertsunterschiede (ein-
seitiger t-Test) untersucht.

Es zeigte sich, daß in der Überprüfung der Teilannahmen
zur "Bestarbeiter" Hypothese sowohl Übereinstimmungen als auch
gegenläufige Ergebnisse auftraten. Bestarbeiter am Bürosystem
5800 zeichneten sich, wie die leistungsstarken Weber, in der
Tendenz durch differenziertere Antizipationen und weniger Fehler

aus. Sie hatten ein signifikant besseres Zeitverständnis und erreichten gute Arbeitsergebnisse.

Ein signifikant umgekehrter Effekt trat in der Anzahl
motorischer Operationen auf. Die Versuchspersonen, die gut arbeiteten, differenzierter antizipierten, ein gutes Zeitverständnis hatten und weniger Fehler machten, setzten in der Erledigung
der 5 Teilaufgaben zur Ablage mehr motorische Operationen ein.

Tab. 2: Mittelwerte und Signifikanzen zur Bestarbeiter –
Hypothese

	Gruppe 1 "Bestarbeiter" (n=3) $\bar{x}$	Gruppe 2 (n=22) $\bar{x}$	
Differenzierte Anti-zipation	16.66	8.68	T=-2.02 p= .09
Anzahl der Schritte (zu den 5 Teilaufgaben der Ablage)	118.00	99.77	T=-2.06 p= .02
Anzahl der Fehler	.66	1.9	T= 1.42 p= .08
Verschätzung in der Bear-beitungszeit	1.66min	5.63min	T= 3.80 p= .001

Tab. 3: Mittelwerte zu den zusätzlichen Leistungsvariablen

	Gruppe 1 "Bestarbeiter" (n=3) $\bar{x}$	Gruppe 2 (n=22) $\bar{x}$	
tatsächlich gebrauchte Zeit, zu den 5 Teil-aufgaben der Ablage	12.00min	11.27min	nicht sign.
Anzahl richtig gelöster Problemstellungen	4.33	4.54	n.s.
Systemzustandserkennung (7 Photos)	18.66	20.40	n.s.
Systemzustandsvorhersage (7 Funktionen zu den Photos)	12.66	11.81	n.s.

Auf den anderen Leistungsparametern des mentalen Modells ergaben
sich keine signifikanten Mittelwertsunterschiede. Sowohl im tatsächlichen Zeitverbrauch, wie in der Anzahl der richtig er-

kannten Informationsträger zur Systemzustandserkennung, der Anzahl der richtig vorhergesagten Informationsträger nach einer bestimmten Funktionsauswahl in einem bestimmten Systemzustand, und in der Anzahl richtig gelöster nicht alltäglicher Problemstellungen am System, wiesen beide Gruppen ähnliche Mittelwerte auf.

Diskussion

Die erhaltenen Ergebnisse zeigen 2 Ansatzpunkte zur Interpretation auf.

Von 25 Experten konnten nur 3 von ihnen in 5 sehr alltäglichen und einfachen Aufgabenstellungen zur Ablage ohne Intervention ein gutes Arbeitsergebnis erreichen. Gerade diese 3 brauchten aber mehr motorische Operationen. Wenn man also nur die Annahmen zur "Bestarbeiterhypothese" ansieht, kommt man zu dem Schluß, daß sich am Bürosystem 5800 die "Bestarbeiterhypothese" nur tendenziell aufzeigen läßt und sich in den Ergebnissen zur Annahme "weniger motorische Operationen" eine gegenläufige Richtung ergab.

Um zu einer differenzierteren Erklärung der Ergebnisse zur "Bestarbeiterhypothese" zu kommen, werden die in Tabelle 3 aufgeführten Ergebnisse interessant. Die differenzierteren Antizipationen wirkten sich nicht positiv auf die anderen Leistungen aus. Trotz der höheren Anzahl von motorischen Operationen der "Bestarbeiter" brauchten beide Gruppen etwa gleich lang für die 5 Aufgaben und waren gleich gut in der Signalerkennung, Signalvorhersage und im Problemlöseverhalten. Geht man von den Annahmen zu "Bestarbeitern" aus, ergaben sich Vorteile an diesem System für die differenzierter Planenden nur im Arbeitsergebnis und im Zeitverständnis.

Das untersuchte Bürosystem 5800 bietet in seiner Funktionsweise, nicht nur was die elektronische Ablage betrifft, eine vielseitige Bedienbarkeit an. Der Grad der Komplexität dieses Systems ist dadurch sehr hoch und erschwert dem Benutzer die mentale Auseinandersetzung. Dies zeigte sich darin, daß nur 3 Versuchspersonen deutlich differenzierter alle Eventualitäten in ihre Handlungsplanung mit einbeziehen konnten.

Die differenziert planende Strategie war ein wichtiges Charakteristikum für die "leistungsstarken" Weber (Hacker, 1978). Am Bürosystem 5800 wirkte sie sich nicht unbedingt vorteilhaft aus, und wurde von nur 3 Benutzern eingesetzt.

Die überwiegende Mehrheit der Benutzer in dieser Studie, plante weniger differenziert, und versuchte direkt in der aktuellen Handlungsausführung sich mit den eintretenden Systemzuständen auseinanderzusetzen. Dafür spricht die qualitative Beobachtung und es zeigte sich quantitativ in der tatsächlich benötigten Arbeitszeit, die trotz weniger motorischer Operationen ungefähr gleich lang war. Das, was sich die weniger differenziert planende Gruppe durch die geringere Anzahl an motorischen Operationen an Zeit sparte, wurde für die momentane Handlungsplanung (Hacker, 1978, Volpert, 1984) eingesetzt.

Die momentane Handlungsplanung führte jedoch nicht zu besseren Arbeitsergebnissen, wie die mehr planende Strategie der "Bestarbeiter". Die momentane Strategie braucht, um sie erfolgreich anwenden zu können, ein wirksames Signalinventar des Systems, in dem gehandelt wird. Untersucht man nun die Situationen, in denen die Versuchsleiterin mit ihrer Intervention eingriff, zeigte sich, daß in diesen Situationen zuwenig oder gar keine Informationen vom System vorlagen.

Die momentane Strategie ist eine adäquate Weise mit dem untersuchten System umzugehen, da die Komplexität des Systems eine mentale Vorwegnahme erschwert und sich die differenziertere Planung nicht entscheidend positiv auf den Umgang mit dem System auswirkt.

Die Arbeitsweise der momentanen Strategie kann jedoch dann nicht zu optimalen Arbeitsergebnissen führen, wenn das System diese Strategie nicht genügend unterstützt.

Aus diesen Erkenntnissen ergeben sich nun konkrete Vorschläge zum untersuchten Bürosystem 5800, wie eine bessere Unterstützung der momentanen Strategie geleistet werden könnte.

Vorschläge zur Verbesserung der elektronischen Ablage

Es zeigte sich, daß die gewählte Metapher "Mappe" als Ablageort, nicht in das konzeptuelle Modell (im deutschen Verständnis) des Benutzers paßt. Fehler in diesem Bereich traten

auf, da "Mappen" im "papierenen Büro" nicht die Implikation
"Mappe in Mappe in Mappe etc." aufweisen.

Die Verwendung des Symbols "Aktenordner" würde in Analogie zur tatsächlichen Verwendung von Aktenordnern, eine hierarchische Gliederung beinhalten und damit das Verständnis und den
Umgang mit diesem Werkzeug erleichtern.

Es zeigte sich auch, daß die momentane Strategie zu wenig
Informationen vom System zur Verfügung gestellt bekam, um erkennen zu können, wieviel Hierarchiestufen ein gewählter Ablageort
aufweist. Dem "Mappenicon" auf dem Schreibtisch, ist nicht anzusehen, daß es "Mappe in Mappe" strukturiert ist. Dies ließe
sich z.B. durch eine räumliche Darstellung am Bildschirm verdeutlichen.

Auch die im "Aktenschrank" befindlichen "Mappen" geben
keinen Hinweis auf die "Mappe in Mappe" Struktur, sondern nur
global auf die Anzahl der darin befindlichen Objekte. Dies könnten jedoch auch "Dokumente" sein. Auch hier wäre es möglich die
Hierarchiestufen der "Mappe" kenntlich zu machen.

Zusammenfassung

Menschen arbeiten mit mentalen Modellen, und entwickeln
in diesen bestimmte Strategien. Die Modelle stehen in direktem
Zusammenhang mit dem System. Die Analyse der Modelle und deren
Einfluß auf Leistung stellt ein geeignetes Instrumentarium zur
Beurteilung von Computersystemen dar. Es resultieren konkrete
Vorschläge zur Systemverbesserung. Auch im Training solcher Sys-
teme kann man mit Hilfe der erhaltenen Ausprägungen zu mentalen
Modelle konkret auf die Prämissen des Systems eingehen und dem
zukünftigen Benutzer korrekte Umgangsformen mit auf den Weg
geben.

Carroll, J. M. (1984): Mental Models and Software Human Factors:
    An Overview. Computer Science/ Cognition, RC 10616 (#47016)
    5/1/84.
Chi, M. T. M., Feltovich, P. J. & Glaser, R. (1981): Catego-
    rization and Representation of Physics Problems by Experts
    and Novices. Cognitive Science, 5 (1981), S.121-152.

Frese, M. & Greif, S. (1978): Humanisierung der Arbeit und
    Stresskontrolle. In: Frese, M., Greif, S. & Semmer, N.
    (Eds.): Industrielle Psychopathologie. Bern, Stuttgart, Wien:
    Huber. =Schriften zur Arbeitspsychologie, Bd.23.

Gentner, D. & Stevens, A. L. (Eds.) (1983): Mental Models.
    Hillsdale: Erlbaum

Hacker, W. (1978): Allgemeine Arbeits- und Ingenieurpsychologie.
    2.Auflage. Bern: Huber.

Johnson-Laird, P. (1983): Mental Models. Cambridge, MA: Harvard
    University Press.

Norman, D. A. (1983): Some Observation on Mental Models. in:
    Gentner, D. & Stevens, A. L. (Eds.): Mental Models.
    Hillsdale: Erlbaum.

Schönpflug, W. (1985): Source of Stress: Psychological Origins
    and Consequences of Inefficiency. In: Frese, M. & Sabini, J.
    (Eds.): Goal Directed Behaviour: The Concept of Action in
    Psychology. Hillsdale: Erlbaum.

Tergan, S. O. (1986): Modelle der Wissensrepräsentation als
    Grundlage qualitativer Wissensdiagnostik. Opladen: West-
    deutscher Verlag. =Beiträge zur psychologischen Forschung,
    Bd. 7.

Volpert, W. (1984): Handlungsstrukturanalyse als Beitrag zur
    Qualifikationsforschung. 2. Auflage. Köln: Pahl-Rugenstein. =
    Sport, Arbeit, Gesellschaft; Bd. 5.

Ich danke den Herren Dr. R. Helmreich und Dipl. rer. soc. A.
Vohl von der Siemens AG München, die mir diese Studie er-
möglichten, für ihre Unterstützung.
Ich danke Herrn Prof. Dr. M. Frese vom Institut für Psychologie,
Organisations- und Wirtschaftspsychologie, Arbeitsgruppe: Arbeitspsychologie an der Ludwig-Maximilians-Universität München
für die Betreuung meiner Diplomarbeit, aus der diese Veröffentlichung entstand.

Jutta Lang
Ludwig-Maximilian Universität
Institut für Psychologie
Bereich Arbeitspsychologie, Prof. Dr. M. Frese
Leopoldstr. 13
8000 München 40

II BENUTZERSCHNITTSTELLE ALS PLANUNGS- UND GESTALTUNGSGEGENSTAND

BENUTZERMODELLIERUNG FÜR WISSENSBASIERTE
MENSCH-COMPUTER-SCHNITTSTELLEN

Holger Möller & Elke Rosenow, Nürnberg

Zusammenfassung: Durch den Einsatz von wissensbasierten Systemen wird die Entwicklung ergonomischer Mensch-Computer-Schnittstellen unterstützt, die sich nach den Bedürfnissen verschiedener Benutzer(-gruppen) gestalten lassen. Das dazu notwendige Wissen über die Benutzer und ihre unterschiedlichen Anforderungen ist in einer Wissensbasis "Benutzermodell" festgehalten. In diesem Beitrag wird ein Benutzermodell vorgeschlagen, das Konventionen, Kompetenz und Intentionen eines Benutzers bezüglich der Schnittstelle berücksichtigt. Je nach Anwendung werden diese drei Aspekte mit unterschiedlicher Gewichtung zur Schnittstellengestaltung herangezogen.

Problemstellung

Zur Unterstützung inhomogener Benutzergruppen an komplexen Büroarbeitsplätzen spielen insbesondere wissensbasierte Systeme mit adaptiven Schnittstellen, die nach ergonomischen Gesichtspunkten gestaltet sind (Balzert 1986), eine wichtige Rolle. Sie können sich einerseits auf eine Vielzahl unterschiedlicher Benutzer einstellen, andererseits aber auch der dynamischen Entwicklung eines Benutzers vom Anfänger zum Experten mit den jeweils veränderten Bedürfnissen gerecht werden (Herczeg 1985). Für den einzelnen Benutzer soll sich zudem die Schnittstelle zum Benutzer einheitlich bei verschiedenen Anwendungen des Systems verhalten (Hein u.a. 1985). Dies ist insbesondere wichtig, wenn es sich um ein multifunktionales Büroarbeitsplatzsystem handelt, das viele verschiedene Anwendungen mit z.T. komplexer Funktionalität beinhaltet (z.B. Textverarbeitung, Graphischer Editor, Tabellenkalkulation, Desk Publishing, Elektronic Mail).

Um diesen Ansprüchen gerecht werden zu können, müssen die Systeme auf Wissen über die jeweils individuellen Benutzeranforderungen sowie über die vorhandenen Möglichkeiten zur Anpassung der Schnittstelle zugreifen können. Das System verfügt über mehrere Wissensbasen, wobei die Informationen über den Benutzer in einer Wissensbasis "Benutzermodell" des Systems enthalten sind (Balzert 1987).

Eine Voraussetzung für die Adaption der Schnittstelle an individuelle Benutzerwünsche und -bedürfnisse ist die Existenz von Freiheitsgraden für die Schnittstellengestaltung. Es können z.B. Alternativen durch unterschiedliche Interaktionsformen (Menü- vs. Kommandoschnittstelle) oder in Umfang und Inhalt differenzierte System-, Fehler- und Hilfemeldungen vorhanden sein (Bauer, Herczeg 1985). Je komplexer ein Bürosystem ist, desto mehr Freiheitsgrade stehen zur Verfügung.

Adaptivität der Schnittstelle bedeutet nicht, daß Anpassungen unerwartet automatisch durch das System vorgenommen werden. Ein solches Systemverhalten wäre unvereinbar mit der ergonomischen Forderung nach konsistentem Systemverhalten (vgl. Balzert 1986). Soll eine Adaption an den Benutzer erfolgen, muß dieser vorher informiert und um Zustimmung gebeten werden.

Definition und Komponenten des Benutzermodells

Unter einem Benutzermodell für eine wissensbasierte Mensch-Computer-Schnittstelle verstehen wir diejenigen Informationen über einen individuellen Benutzer, die es erlauben, ihn von anderen Benutzern zu unterscheiden. Aufgaben- und kontextspezifische Informationen werden im Benutzermodell nicht berücksichtigt. Es handelt sich hierbei ausschließlich um benutzerspezifische Informationen.

Dieses Wissen über den Benutzer ist explizit in einer Wissensbasis im System gespeichert. Das Benutzermodell stellt Informationen über den Benutzer zur Verfügung, die für eine individuelle Schnittstellengestaltung erforderlich sind.

In diesem Beitrag wird ein Benutzermodell vorgeschlagen, das sich auf diejenigen Beschreibungsgrößen eines Benutzers beschränkt, die einen direkten Einfluß auf seine Arbeit mit dem System haben. Daneben existiert noch eine große Anzahl weiterer Kriterien wie z.B. persönliche Eigenschaften (z.B. Alter) oder Einstellungen des Benutzers, die sich indirekt auf die Mensch-Computer-Interaktion auswirken können. Diese sollen jedoch in dem hier beschriebenen Modell nicht berücksichtigt werden. Unser

Konzept eines Benutzermodells sieht die folgenden drei Beschreibungsgrößen eines Benutzers vor (vgl. Rosenow 1986):
- Konventionen für die Schnittstellengestaltung,
- Kompetenz im Umgang mit der Schnittstelle,
- Intentionen bei der Benutzung des Systems.

<u>Abb. 1</u> Die Komponenten des Benutzermodells

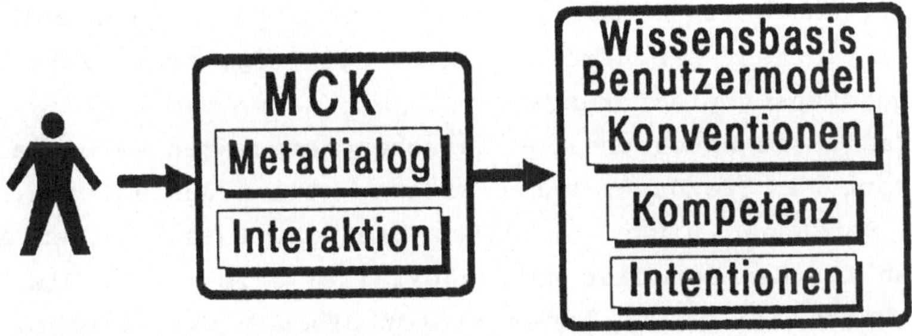

Die drei Komponenten unterscheiden sich hinsichtlich ihrer Funktion bei der Schnittstellengestaltung. Nicht in jedem Fall müssen alle drei Komponenten herangezogen werden. Es hängt von den im aktuellen System verfügbaren Freiheitsgraden ab, welche Komponente eingesetzt wird. Im folgenden werden die drei Komponenten und ihre Einsatzmöglichkeiten jeweils erläutert.

<u>Benutzerkonventionen</u>
Benutzerkonventionen sind Vereinbarungen, die ein Benutzer zu Anpassung der Schnittstelle an seine individuellen Bedürfnisse und Anforderungen vornimmt. Diese Eigenschaft des Systems, die den Benutzer an der Gestaltung beteiligt, bezeichnen wir als Adaptierbarkeit. In dieser Komponente des Benutzermodells werden jeweils die aktuell gültigen Konventionen des Benutzers für die Systemgestaltung festgehalten.

Statische Benutzerkonventionen zur Schnittstellengestaltung wurden nicht erst durch den Einsatz wissensbasierter Systeme ermöglicht. Bereits in vielen herkömmlichen Systemen zur Bürokommunikation können Benutzer bestimmte Parameter nach ihren Wünschen einstellen, wobei den Gestaltungsmöglichkeiten jedoch häufig enge Grenzen gesetzt sind. Login-Files, die vom Benutzer mit bestimmten Werten ausgestattet werden können, sind ein Beispiel dafür.

Wissensbasierte Systeme ermöglichen neben statischen Festlegungen auch die dynamische Vereinbarung und Änderung von Konventionen durch den Benutzer während der Interaktion. Das System kann dem Benutzer z.B. die Vereinbarung eines Makros vorschlagen, wenn er bestimmte Befehlskombinationen häufiger eingegeben hat. Eine andere Möglichkeit für Benutzerkonventionen besteht in der Gestaltung des Bildschirms. Der Benutzer vereinbart, in welcher Weise er bestimmte Funktionen auf dem Bildschirm plaziert haben möchte (z.B. desk top, freie Formulargestaltung, Fensterplazierung).

Es ist zu unterscheiden zwischen temporären Vereinbarungen, die nur für die Dauer einer Sitzung gelten und solchen, die über die Sitzungen hinweg erhalten bleiben. Diese beiden Möglichkeiten für den Benutzer müssen parallel existieren. Dies ist beispielsweise bei QUIZ, einem prototypischen natürlichsprachlichen Anfragesystem für Wissensbasen (Rupietta 1987) der Fall.

Die Konventionen, die ein Benutzer vereinbart hat, nehmen bei der Systemgestaltung die höchste Priorität gegenüber den anderen Komponenten ein. Bevor das System dem Benutzer aufgrund der anderen Parameter im Benutzermodell u.U. Vorschläge für die Schnittstellengestaltung unterbreitet, wird überprüft, ob der Benutzer für diese Interaktionssituation nicht bereits eine Konvention vereinbart hat.

Benutzerkompetenz

Die Kompetenz des Benutzers umfaßt Ausschnitte seiner kognitiven und sensumotorischen Fähigkeiten, Fertigkeiten und Kenntnisse, soweit diese für die Interaktion mit dem System von Bedeutung sind (Möller, Rosenow 1986). Das Sachwissen des Benutzers (Morik 1984) soll hier nicht betrachtet werden.

In Abhängigkeit von der Vorerfahrung des Benutzers mit Computersystemen ergeben sich unterschiedliche Anforderungen an die Schnittstelle. Ein unerfahrener Benutzer bevorzugt u.U. stärker vom System geführte und unterstützte Interaktionsformen, während ein erfahrener Benutzer z.B. benutzerinitiierte Interaktionsformen vorzieht.

In den bisher veröffentlichten Arbeiten zur Benutzerforschung ist ein deutlicher Trend zur Klassifikation von Benutzern festzustellen (z.B. EDV-Profi - Anfänger, regelmäßiger

- sporadischer Benutzer (vgl. Wittstock, Schiele 1984 und Benz et.al. 1983)). Sofern überhaupt unterschiedliche Benutzerklassen vorgesehen sind, erfolgt meist eine Einteilung der Benutzer in feste Kategorien.

Ein solcher Ansatz ist für die Konzeption eines Modells der Benutzerkompetenz nicht angemessen, da sie dem kontinuierlichen Lernfortschritt des Benutzers im Umgang mit dem System (Bösser, Rohr 1985) nicht gerecht werden. Wir schlagen daher ein dynamisches Kompetenzmodell ohne feste Kategorien vor. Die Kompetenz eines Benutzers wird dabei auf ein Kontinuum mit den Endpunkten "niedrige Kompetenz" und "hohe Kompetenz" abgebildet. Es wird ein aktueller Kompetenzwert K zum Zeitpunkt $t(j)$ gebildet, der als ein Punkt (=Ausprägungsgrad) auf dem Kompetenz-Kontinuum dargestellt wird (vgl. Abb.2).

Abb. 2 Kontinuum der Benutzerkompetenz

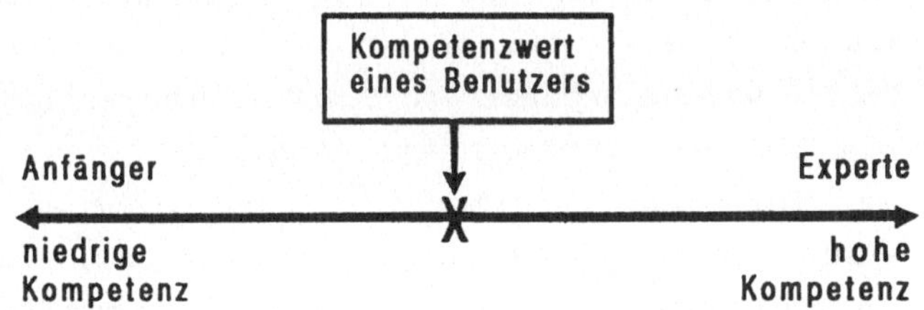

Stehen im System zum Zeitpunkt $t(j)$ genau n Freiheitsgrade (z.B. n verschieden ausführliche Stufen von Systemmeldungen) zur Verfügung, die vom Benutzermodell beeinflußt werden können, erfolgt eine Projektion dieser n Alternativen auf das Kontinuum und damit eine temporäre Unterteilung in n Benutzerklassen. In Abb.3 ist dieses Verfahren am Beispiel von 5 Freiheitsgraden dargestellt. Der aktuelle Kompetenzwert des Benutzers fällt in die dritte Kategorie. Dies führt zur Realisierung der zur dritten Kategorie gehörenden Alternative. Die Projektion auf gleich große Intervalle erfolgt hier aus Gründen der Vereinfachung, auch eine gewichtete Abbildung ist möglich.

Der Kompetenzwert wird während der Interaktion aufgrund der relevanten Benutzermerkmale aktualisiert, die auf zwei Arten ermittelt werden können:

Abb. 3 Projektion von 5 Kategorien auf das Kontinuum

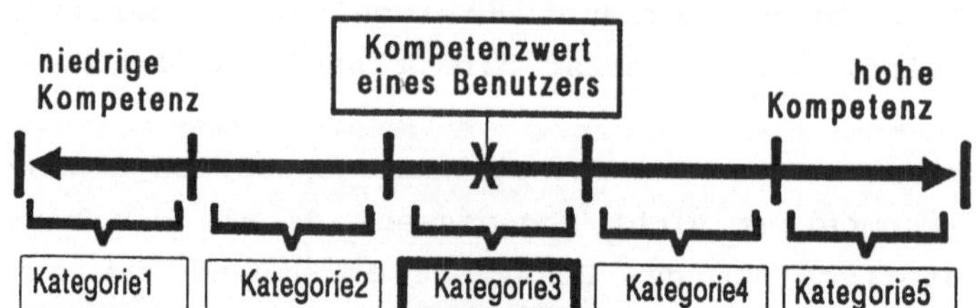

- durch Metakommunikation mit dem Benutzer und
- durch Protokollierung des Benutzerverhaltens.

Zur Operationalisierung des Konstrukts "Benutzerkompetenz" können Indikatoren wie EDV-Ausbildung und -Erfahrung des Benutzers, Benutzungshäufigkeit von Systemkomponenten, Zeit seit der letzten Benutzung oder auch fehlerhafte Benutzung von Systemkomponenten herangezogen werden. Dabei werden solche Beschreibungsgrößen eines Benutzers, die nicht aus dem Interaktionsverhalten ermittelt werden können (z.B. Vorerfahrung), durch Metadialog mit dem Benutzer erfragt (vgl. Abb.1).

Bildet man für jeden Benutzer nur einen globalen Kompetenzwert, so wird man der Tatsache nicht gerecht, daß ein Benutzer für verschiedene Systemkomponenten unterschiedliche Kompetenz besitzt. Ein Experte im Umgang mit der Maus muß nicht in der Lage sein, die Kommandos des Systems korrekt einzusetzen. Es ist deshalb erforderlich, dem Benutzer für die Systemkomponenten, bei denen Gestaltungsalternativen der Schnittstelle existieren, separate Kompetenzwerte zuzuordnen.

Der hier vorgestellte Ansatz zur Kompetenzmodellierung ermöglicht eine stufenlose Abbildung der Benutzerkompetenz sowie eine flexible Unterteilung entsprechend den jeweiligen Erfordernissen im Interaktionsverlauf. Jedem Benutzer wird ein individuelles Kompetenzprofil zugeordnet, das zu einem definierten Interaktionszeitpunkt seine Kompetenzwerte für jede relevante Systemkomponente enthält. Damit werden die Probleme einer Typisierung der Benutzer aufgrund einer a-priori festgelegten Anzahl von Kategorien vermieden.

Dieser Ansatz zur Kompetenzmodellierung kann besonders zur Individualisierung von Hilfe-, Beratungs- und Fehlermeldungen herangezogen werden (Gunzenhäuser, Knopik 1985). Damit läßt sich z.B. erreichen, daß ein Benutzer Unterstützung erhält, die in Umfang und Inhalt seiner Systemerfahrung angemessen ist.

Benutzerintentionen

Benutzerintentionen beschreiben die Ziele des Benutzers beim Einsatz des Systems (bzw. einer Anwendung oder Funktionen davon). Der Benutzer entwickelt Pläne zur Erreichung der jeweiligen Ziele. Die Ziele und Pläne des Benutzers können sich während der Interaktion mit dem System verändern. Will man ein Computersystem entwickeln, das den Benutzer bei der Erreichung seiner Ziele unterstützt, müssen diese zunächst erkannt und gespeichert werden.

Man kann nicht von einem einzigen festen Ziel sprechen, das ein Benutzer bei der Durchführung einer bestimmten Interaktion mit dem System hat. Es lassen sich vielmehr Klassen von Benutzerintentionen unterscheiden:
- kurzfristige Intentionen (z.B. ein Zeichen erzeugen)
- mittelfristige Intentionen (z.B. einen Textabschnitt löschen)
- langfristige Intentionen (z.B. einen Bericht erstellen).

Kurzfristige Intentionen eines Benutzers sind solche, für die es eine 1:1-Entsprechung zu Operationen des Systems gibt. Solche atomaren Operationen bestehen z.B. aus einem einzelnen Tastendruck (auch Funktionstasten). Kurzfristige Intentionen sind von einem Computersystem in der Regel nicht im Voraus zu erkennen.

Mittelfristige Benutzerintentionen lassen sich mit bestimmten Teilaktionen innerhalb einer größeren Aufgabe verbinden. Sie sind aus mehreren kurzfristigen Intentionen zusammengesetzt, es kann eine 1:n-Abbildung zu atomaren Systemoperationen geben. Ein Beispiel für ein mittelfristiges Benutzerziel ist "Formatieren eines Textabschnitts", das sich aus mehreren Einzeloperationen wie "Font wählen", "linken und rechten Seitenrand einstellen" und "Satzformat bestimmen" zusammensetzt. Wenn aus dem Benutzerverhalten in der Interaktion mit dem System eine Intention identifiziert werden kann, so wird dies im Benutzermodell festgehalten, um dem Benutzer bei seiner weiteren Arbeit die angemessene Unterstützung geben zu können.

Meist verfolgt der Benutzer nicht nur kurz- und mittelfristige Ziele beim Computereinsatz, sondern er arbeitet über einen längeren Zeitabschnitt, möglicherweise über mehrere Sitzungen, an einer bestimmten Aufgabe. Er hat langfristige Intentionen, wie z.B. einen Bericht schreiben, die sich nicht so rasch ändern wie kurz- und mittelfristige Ziele.

Die automatische Erkennung langfristiger Ziele stellt eine schwierige Aufgabe dar, da langfristige Intentionen keine direkte Entsprechung zu Systemoperationen besitzen. Sie können daher auch nicht direkt aus dem Interaktionsverhalten des Benutzers erkannt werden. Nur für einfache Beispiele dürfte dies möglich sein (z.B. Adresse am Textanfang, dann Ziel "Brief schreiben"). Es besteht aber die Möglichkeit, daß der Benutzer dem System langfristige Intentionen über Metadialog mitteilt.

Auswirkungen der Komponenten

Die Komponenten des Benutzermodells sind nicht isoliert voneinander zu betrachten, sie weisen z.T. Abhängigkeiten untereinander auf (vgl. Abb.1). Die vom System identifizierten Intentionen des Benutzers führen beispielsweise zu der Entscheidung, ob der Benutzer den Vorschlag zur Vereinbarung eines Makros erhält. Im Anschluß daran kann auf der Grundlage der im System repräsentierten Kompetenzwerte des Benutzers die Art des Vorschlags bestimmt werden.

Wie Abb. 4 zeigt, nehmen die beiden Komponenten "Intentionen" und "Kompetenz" nur indirekt über andere Systemkomponenten (Fehlerhandling, Hilfe/Beratung etc.) Einfluß auf die Interaktion und die Metakommunikation mit dem Benutzer. Die Komponente "Benutzerkonventionen" unterscheidet sich von den beiden anderen dadurch, daß sie die Interaktion direkt beeinflussen kann, z.B. durch die unmittelbare Ausführung einer in der Interaktion vom Benutzer vereinbarten Konvention.

Einsatz von Benutzermodellen

Durch den Einsatz von individuellen Benutzermodellen kann die Benutzerfreundlichkeit von Bürokommunikationssystemen mit komplexer Funktionalität verbessert werden. Die Transparenz des Systems wird dadurch erhöht, daß eine benutzergerechte Gestaltung der Schnittstelle erfolgt.

Abb.4 Beziehungen und Auswirkungen der Komponenten

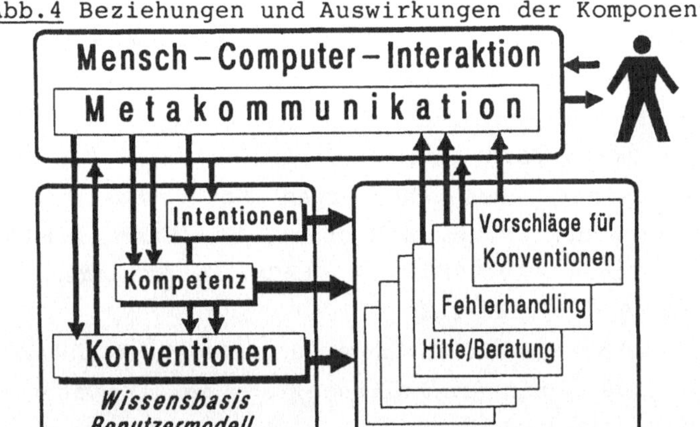

Individuelle Benutzermodelle sind auch insbesondere geeignet, durch spezifische Ansteuerung von Hilfe- und Beratungsleistungen Lernprozesse des Benutzers bei der Arbeit mit dem System zu unterstützen. Vornehmlich Tutorielle Systeme bieten sich für den Einsatz adaptiver Systeme an. Für die tägliche Arbeit mit dem System ist zu berücksichtigen, daß die Vorteile von adaptiven Systemen vor dem Hintergrund der Datenschutzproblematik zu relativieren sind.

Literaturverzeichnis

Balzert, H. (1986): Gestaltungsziele der Software-Ergonomie. FB-TA-86-38, TA TRIUMPH-ADLER AG, Nürnberg, 1986.

Balzert, H. (1987): Eine "blackboard"-Architektur zur Realisierung software-ergonomischer Anforderungen. FB-TA-87-01, TA TRIUMPH-ADLER AG, Nürnberg, 1987.

Bauer, J. & Herczeg, M. (1985): Software - Ergonomie durch wissensbasierte Systeme. In: (Bullinger 85), S. 108-118.

Benz, C. & Haubner, P. & Zwerina, H. (1983): Kommunikations-Ergonomie. Siemens AG, Bereich Datentechnik, 1983.

Bösser, T. & Rohr, G. (1985): Selbsterklärungsfähigkeit und Lernanforderungen von komplexen technischen Systemen. In: Proc. 34.Kongr. der Dt. Gesellschaft für Psychologie. Hogrefe Verlag für Psychologie, Göttigen, 1985, S. 778-780.

Bullinger, H.-J. (Hrsg.) (1985): Software-Ergonomie `85. Mensch-Computer-Interaktion. Tagung III/1985 des GCACM in Stuttgart. Teubner, Stuttgart, 1985.

Gunzenhäuser, R. & Knopik, T. (1985): Wissensbasierte Mensch-Computer-Schnittstellen in der Software-Ergonomie. In: Handbuch der modernen Datenverarbeitung. Heft 126 - Nov.85, 22.Jg., Forkel-Verlag, 1985, S. 119-128.

Hein, H.-W. & Smith, S.R. & Thomas, C.G. (1985): Konzeptionelle Grundlagen einer wissensbasierten Mensch-Maschine-Schnittstelle. In: Wedekind, H. & Kratzer, K. (Hrsg.): Büroautomation `85. Tagung IV/1985 des GCACM in Erlangen. Teubner, Stuttgart, 1985, S.260-268.

Herczeg, M. (1985): Anforderungen und Konstruktionsprinzipien für zukünftige Benutzerschnittstellen. In: Computer Magazin, Nr. 10, 1985, S. 51-55.

Möller, H. & Rosenow, E. (1986): Benutzermodellierung für ein wissensbasiertes MCS-AS-Architekturmodell. FB-TA-86-14, TA TRIUMPH-ADLER AG, Nürnberg, 1986.

Morik, K. (1984): Partnermodellierung und Interessenprofile bei Dialogsystemen der künstlichen Intelligenz. In: Rollinger, C.-R.: Probleme des (Text-)Verstehens. Ansätze der künstlichen Intelligenz. Niemeyer Verlag, Tübingen, 1984.

Rosenow, E. (1986): Adaption der Dialogführung durch Benutzermodelle. FB-TA-86-42, TA TRIUMPH-ADLER AG, Nürnberg, 1986.

Rupietta, W. (1987): Benutzerunterstützung bei der natürlich-sprachlichen Abfrage von Wissensbasen. Nürnberg, 1987. Hier im Tagungsband.

Wittstock, M. & Schiele, F. (1984): Konzeptionelle Überlegungen zu Kriterien für die Gestaltung von Mensch-Maschine-Schnittstellen in Texteditiersystemen. Einführungsreferat zur 4. MMK-Tagung, Villa Borsig, Berlin, 1984

Dieser Beitrag entstand im Rahmen des vom BMFT geförderten Verbundprojekts WISDOM (Wissensbasierte Systeme zur Bürokommunikation: Dokumentenverarbeitung, Organisation, Mensch-Computer-Kommunikation)

Holger Möller

Elke Rosenow

TA TRIUMPH-ADLER AG

-Basisentwicklung-

Fürther Str. 212

8500 Nürnberg 80

ADAPTIERBARE BENUTZERSCHNITTSTELLEN

Christian Rathke, Boulder

Zusammenfassung

Die Benutzerschnittstelle zu Informationssystemen ist von entscheidender Bedeutung. Für den Benutzer ist sie das System selbst. Die Benutzerschnittstelle der meisten Informationssysteme bietet sich den Benutzern in immer derselben Weise dar. Benutzerschnittstellen sind kaum an Aufgabe und Benutzer anzupassen. Diese Tatsache reduziert den Nutzen eines solchen Systems beträchtlich. Informationssysteme werden daher oft als umständlich, ineffektiv und für das jeweilige Problem als nicht so ganz geeignet erfahren. Einen Ausweg aus dem Dilemma bieten adaptierbare Benutzerschnittstellen.

Adaptierbare Benutzerschnittstellen werden an Hand eines wissensbasierten Tabellenkalkulationssystems konkretisiert, das dem Benutzer Gestaltungsmöglichkeiten auf verschiedenen Ebenen bietet. Mit FINANZ kann eine *formularbasierte* Benutzerschnittstelle an Aufgabe und Benutzer angepaßt werden. Sowohl *Aussehen* wie *Struktur* der Formulare werden *interaktiv* gestaltet. Die so gestaltete Benutzerschnittstelle vermag den Benutzer bei seiner Aufgabe wirkungsvoll zu unterstützen.

1. Einleitung

Die Frage nach dem Nutzen von Informationssystemen für den Benutzer muß umformuliert werden in: "Welche Art von Informationssysteme nützen dem Benutzer?". Wir geben eine Antwort auf diese Frage, indem wir Anforderungen an Benutzerschnittstellen formulieren und ein konkretes, prototypisches System vorstellen, das versucht, den Anforderungen gerecht zu werden.

Indem wir uns auf die Benutzerschnittstelle konzentrieren, klammern wir bewußt Fragen nach dem *Nutzen von Informationssystemen überhaupt* aus. Wir beschäftigen uns nicht damit, ob ein System zum Auffinden von Literatur, Kaufhauskataloge, Fahrplanauskunftssysteme, Personalinformationssysteme, Polizeikarteien, usw. grundsätzlich von Nutzen oder Schaden sind. Wir wollen auch offen lassen, wer im einzelnen die Nutznießer dieser Informationen sind und zu wessen Vor- und Nachteil sie verwendet werden. Wir sind uns aber bewußt, daß diese Fragen im Vorfeld geklärt werden müssen, bevor von Schaden und Nutzen eines computerbasierten Informationssystems für den einzelnen Benutzer gesprochen werden kann.

Die Benutzerschnittstelle zu Informationssystemen ist von entscheidender Bedeutung. Für die Benutzer ist sie das System selbst. Durch sie erfahren sie von seinen Eigenschaften. Mittels der Benutzerschnittstelle machen sie ihre Wünsche dem System bekannt. Der Nutzen für den Benutzer wird daher in erster Linie durch die Gestaltung der Benutzerschnittstelle bestimmt.

Die Benutzerschnittstelle der meisten Informationssysteme bietet sich den Benutzern in immer derselben Weise dar. Die Suche nach Information wird unhabhängig von Aufgabe oder Benutzer formuliert. Antworten des System sind ebenfalls an einem "Durchschnittsbenutzer" ausgerichtet. Benutzerschnittstellen sind kaum an Aufgabe und Benutzer anzupassen. Diese Tatsache reduziert den Nutzen eines solchen Systems beträchtlich. Auf dem Benutzer lastet die Aufgabe, seine Anfragen so zu formulieren, daß sie vom Informationssystem in seinem Sinne verstanden werden. Dem Benutzer bleibt es überlassen, Systemäußerungen zu interpretieren und die für sein Problem relevanten Informationen zu filtern.

Informationssysteme werden daher oft als umständlich, ineffektiv und für das jeweilige Problem als nicht so ganz geeignet erfahren. Einen Ausweg aus dem Dilemma bieten adaptierbare Benutzerschnittstellen. Ihre Notwendigkeit wird mit den folgenden Thesen begründet:

1. Es gibt für ein gegebenes Informationssystem keine "beste" Benutzerschnittstelle. Diese hängt in starkem Maße von der konkreten Aufgabe und dem jeweiligen Benutzer ab.

2. Aufgaben und Benutzer können vom Systemdesigner unmöglich in allen Einzelheiten vorhergesehen und in das Systemdesign mit einbezogen werden. Es stellt sich weniger das Problem einer optimalen Benutzeschnittstelle, sondern ob eine vorhandene leicht an wechselnde Rahmenbedingungen angepaßt werden kann.

3. Benutzerschnittstellen müssen durch den Endbenutzer angepaßt werden können, d.h. die Anpassung des Systems muß sich in der terminologischen Welt des Benutzers, seiner Aufgabe, seines Kenntnisstandes vollziehen lassen.

4. In anpaßbaren Systemen wird die Benutzerschnittstelle selbst zum Gegenstand der Betrachtung. Daher müssen Eigenschaften der Benutzerschnittstelle explizit repräsentiert werden.

5. Die Herausforderung "intelligenter Systeme" besteht in der Nutzbarmachung der Intelligenz für die Kommunikation mit dem Benutzer und erst in zweiter Linie für das Lösen "schwieriger" Aufgaben.

In den folgenden Abschnitten werden diese Thesen an Hand eines wissensbasierten Tabellenkalkulationssystems konkretisiert, das dem Benutzer Gestaltungsmöglichkeiten auf verschiedenen Ebenen bietet. Unterstützt werden diese Möglichkeiten durch Verwendung von ObjTalk (Rathke, 1986), einer objektorientierten Wissensrepräsentationssprache, die vom Autor über einen längeren Zeitraum entwickelt wurde und in einer Vielzahl von Systemen eingesetzt wird (Fischer, Gunzenhaeuser, 1986).

2. FINANZ

FINANZ ist ein System, mit dem *formularorientierte* Anwendungen erstellt und modifiziert werden können (Rathke, 1983). Sowohl Aussehen wie Struktur der Formulare werden *interaktiv* gestaltet. Das entstehende System ist in der Lage, den Benutzer bei seiner Aufgabe wirkungsvoll zu unterstützen. Abbildung 2-1 zeigt eine typische Bildschirmsituation beim Ausfüllen von Finanzierungsplänen für ein Projekt.

Abbildung 2-1: Finanzierungspläne für ein Projekt

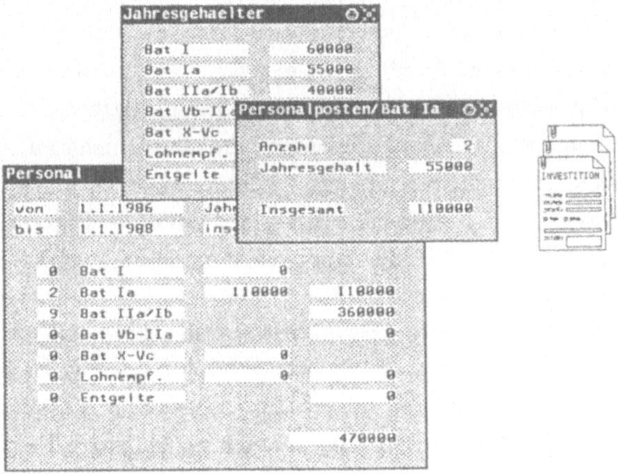

Ein mit FINANZ erstelltes System zum Ausfüllen von Finanzierungsplänen für einen Projektantrag beim Bundesministerium für Forschung und Technologie.

Die Verwendung von Formularen als die grundlegende Form der Kommunikation mit FINANZ hat Vorteile für die Benutzer und das System.

Bildschirmformulare orientieren sich an Formularen der Alltagswelt. Formulare sind eine der wichtigsten, standardisierten Formen zum Austausch von Informationen. Sie klassifizieren und strukturieren Informationen. Aufgrund dieser Eigenschaften eignen sich Formulare auch für die Interaktion mit Computersystemen. Im Gegensatz zur Kommunikation in natürlicher Sprache ist durch das Formular eine

Strukturierung vorgegeben. Dies befreit Benutzer und System von Spezifizieren und Erkennen des Kontextes, in dem eine Äußerung gemacht wird. Einige Nachteile herkömmlicher Formulare können durch Verwendung des elektronischen Mediums ausgeglichen oder in Vorteile umgekehrt werden. Papierformulare sind oft verwirrend und schwer verständlich. Zum richtigen Ausfüllen *fehlen* häufig wichtige Informationen. Demgegenüber enthalten Formulare oft Felder und Texte, die für den Ausfüllenden *nicht relevant* sind. Ein Computersystem kann in mancher Beziehung flexibler als Papier und Bleistift sein.

Bildschirmformulare können der jeweiligen Aufgabe angepaßt werden. Die Flexibilität eines Computersystems macht es unnötig, Informationen für verschiedene Zwecke *gleichzeitig* in einem Formular darzustellen. In den verschiedenen Bearbeitungsstufen - vom Ausfüllen bis zur Verwendung des Formulars - werden unterschiedliche Anforderungen an Aufbau und Inhalt gestellt.

Berechnungen werden vom System ausgeführt. Feldinhalte, die von anderen Formularfeldern abhängen, können automatisch berechnet werden. In Formularen gibt es überlicherweise Teilsummen, Produkte, Überträge und prozentuale Abhängigkeiten zwischen Feldern. In wissensbasierten Systemen kann "Berechnung" komplexe Entscheidungsprozesse beinhalten. Abhängigkeiten sind dann nicht auf arithmetische Beziehungen beschränkt. In einem Forschungsprojekt stehen z.B. die Anzahl und Qualifikation von Mitarbeitern, die Aufgabenstruktur, der effektive Einsatz von Mitteln und die Gesamtlaufzeit des Projekts in einer komplexen Beziehung zueinander.

Lokale Überprüfungen der Feldinhalte werden unmittelbar nach oder schon während der Eingabe vorgenommen. Mehrdeutige oder ungenaue Eingaben können auf Grund des Wissens über die Funktion des Systems verstanden werden (Abb. 2-2). Darüberhinaus können unvollständige Angaben ergänzt und kleinere Fehler korrigiert werden.

Systeme mit einer großen Funktionalität wie FINANZ können von den Benutzern oft nicht beeinflußt und an ihre Bedürfnisse angepaßt werden. Die Modifizierbarkeit des Anwendungssystems durch den Benutzer ist aber von grundlegender Bedeutung:

1. Verschiedene, formularorientierte Anwendungen unterscheiden sich in wesentlichen Punkten, so daß Standardisierungen nur selten möglich sind. Systeme müssen daher den Wünschen der Anwender angepaßt werden. Ist die Anpassung nur auf der Ebene der Programmierung möglich, dann ist dazu ein Programmier-Experte erforderlich.

2. Aufgaben und damit Systemanforderungen sind einem ständigem Wechsel unterworfen. In relativ kurzen Abständen müssen Änderungen aufgenommen und

---

Abbildung 2-2: Interpretation und Ergänzung von Benutzereingaben

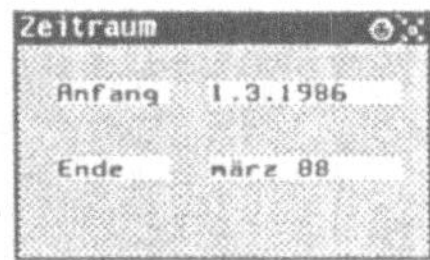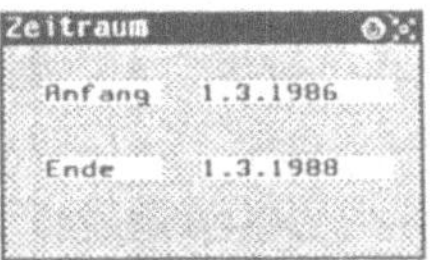

Beim Ausfüllen eines Datumfeldes wird die Eingabe als Datum analysiert und mit plausiblen Werten ergänzt. Auf Grund des Wissens über die Funktion eines Feldes kann entschieden werden, welche Eingaben möglich und sinnvoll sind. Erwartungen über Benutzereingaben erleichtern die Analyse.

---

durch das System reflektiert werden. Die wechselnden Anforderungen können nicht vom Sysemdesigner vorausgedacht werden. Deshalb ist die Modifizierbarkeit des Systems durch den Anwender selbst notwendig.

3. Die Expertise zur Anpassung des Systems liegt auf der Seite des Anwenders. Die Möglichkeit, eigenständig Veränderungen vornehmen zu können, vermeidet auch Kommunikationsprobleme mit Systemherstellern.

Die Möglichkeit, Systeme zu gestalten und sie an veränderte Bedingungen anzupassen, macht sie zu Werkzeugen in den Händen der Anwender. Sie sind keine festgefügten Blöcke, die, so wie sie sind, akzeptiert werden müssen. Ihre Funktion und ihre Einsatzweise werden vom Anwender bestimmt. Dazu sind keine speziellen Kenntnisse über die Implementationssprache erforderlich. Die Kontrolle liegt damit beim Anwender des Systems. In den folgenden Abschnitten soll dies an Hand eines Beispiels verdeutlicht werden.

3. Benutzermodifikationen in FINANZ

Im Finanzierungsplan für ein Projekt werden die beantragten Personalkosten in einem vorgegebenen Formular dargestellt (Abb. 3-1). In der ersten Spalte werden die Anzahl der Personen einer bestimmten Gehaltsklasse aufgeführt. Zusammen mit der Jahrespauschale ergeben sich die Gesamtausgaben bezogen auf Gehaltsklassen. Die Endsumme weist die gesamten, beantragten Personalmittel aus. Die Jahrespauschalen der einzelnen Gehaltsstufen befinden sich auf einem zweiten Formular.

Mit Hilfe dieser beiden Formulare kann ein weiteres Formular erzeugt werden, das einen einzelnen Personalposten aus einer anderen Sicht darstellt. Im Vergleich zum Papierformular stellt das Bildschirmformular von Abbildung 3-1 nur einen Ausschnitt dar. Dieser Ausschnitt zeigt die für das augenblickliche Bearbeitungsstadium relevanten Informationen. Es konzentriert sich auf die Personalkosten der Projekt-

Abbildung 3-1:   Die Personalkosten in einem Finanzierungsplan

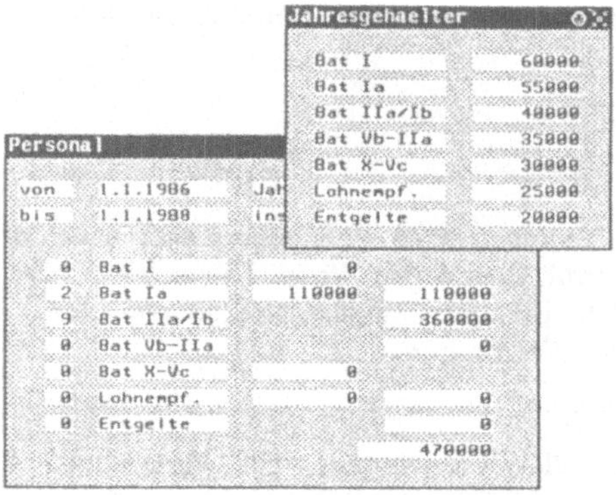

finanzierung. In einem anderen Bearbeitungsstadium können weitere Informationen relevant werden. Mit FINANZ ist es daher möglich, neue Formulare zu erzeugen, die Daten unter einer anderen Perspektive zeigen.

Allgemein beschreiben Formulare in FINANZ *Sichten auf Datenstrukturen*. Diese Datenstrukturen bilden die *interne Repräsentation* des Systems. Sie enthalten Daten über Projekte, Laufzeiten, Zeitpunkte, Personen, Qualifikationen und Aufgaben. Die *externe Repräsentation* besteht aus Formularen, Texten, Feldern, Fenstern, Menüs und Icons. Zwischen externer und interner Repräsentation bestehen Beziehungen, die festlegen, wie ein Element der internen Repräsentation extern dargestellt oder angesprochen wird. Umgekehrt ist festgelegt, wie sich Veränderungen der externen Repräsentation intern auswirken. Aufgrund dieser Organisation können verschiedene Sichten auf dieselbe interne Struktur existieren. *Interne Strukturen werden über externe Sichten dargestellt und manipuliert.* Das Erzeugen eines neues Formulars bedeutet also für FINANZ die Erzeugung einer neuen Sicht auf interne Datenstrukturen.

Der Benutzer erzeugt ein neues Formular, indem er ein vorhandenes kopiert (Abb. 3-2). Das Erzeugen eines neuen Formulars durch Kopieren eines vorhandenen vermeidet die Probleme, die bei einer formalen Spezifikation der Formulareigenschaften auftreten würden: Der Benutzer muß keine Spezifikationssprache lernen und das System benötigt keine Komponente zur Interpretation der Benutzeräußerung. Die Kopieroperation macht dem Benutzer keine Schwierigkeiten, weil die Interaktionsweise und die Semantik von anderen Anwendungssystemen auf das Formularsystem übertragen werden kann.

Abbildung 3-2:   Das Erzeugen eines Formulars

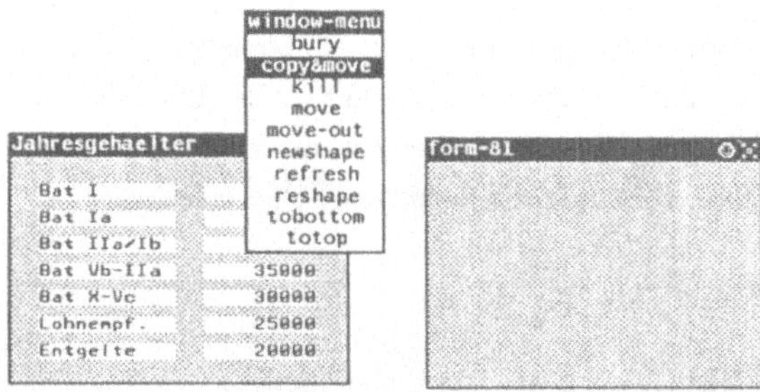

Neue Objekte werden durch Kopieren vorhandener Objekte und anschließendes Editieren erzeugt.

Auf dieselbe grundlegende Weise werden neue Formularfelder kreiert. Der Benutzer erzeugt Zahlen-, Text- oder Datumsfelder, indem er Kopieroperationen auf entsprechende Felder anwendet. Neben den Feldinhalten werden die spezifischen Eigenschaften der Felder übernommen, d.h. die Kopie eines Datumsfelds ist wiederum ein Datumsfeld. Die Darstellung des Datums und die Interpretation der Benutzereingabe als Datum gelten für das kopierte Feld wie für das Original.

Durch verschiedene Darstellungs-Operationen werden die Felder an ihren Platz gerückt (Abb. 3-3). Formularfelder sind Bildschirmobjekte, die Fenstern ähnlich sind: Sie können wie diese bewegt und in ihrer Größe verändert werden.

Abbildung 3-3:   Das Editieren eines Formulars

Mittels Darstellungs-Kommandos werden die Felder an ihren Platz bewegt. Beim Festlegen der Größe und Position wird vom System eine Rasterung vorgesehen, so daß sich Felder entlang senkrechter und waagrechter Linien ausrichten.

Durch Auswahl aus einem Menü werden die Felder des neuen Formulars inhaltlich mit Feldern der beiden anderen Formulare gleichgesetzt (Abb. 3-4). Mit dieser Aktion etabliert der Benutzer die *Gleichheitsbeziehung* zwischen Feldern. Veränderungen in einem dieser Felder wirken sich auf alle Felder aus, die mit dem modifizierten Feld in der Gleichheitsbeziehung stehen. Im Unterschied zu reinen Darstellungsoperationen wird mit der Spezifikation der Gleichheitsbeziehung die *interne Repräsentation* modifiziert. Der Benutzer *programmiert* das Verhalten des Systems, indem er *deklarativ* eine Abhängigkeit zwischen Feldern festlegt.

Abbildung 3-4: Das Gleichsetzen von Feldern

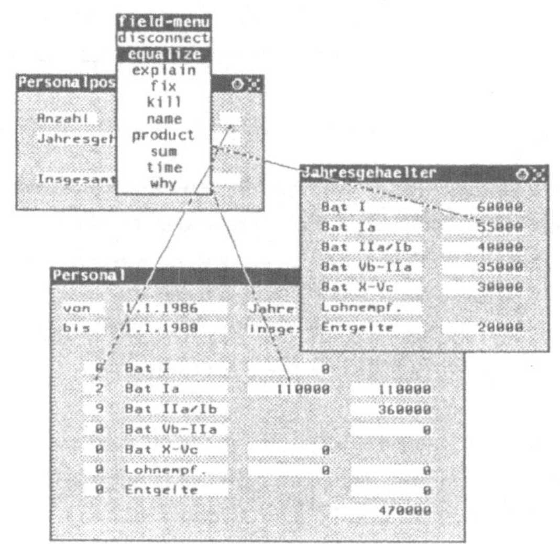

Zwei Felder werden als Felder gleichen Inhalts spezifiziert, indem aus dem Operationsmenü für Felder der **equalize**-Eintrag ausgewählt wird. Durch zeigen mit der Maus werden die Felder indentifiziert. Das System visualisiert die Beziehung durch eine Linie.

Mit dem Einrichten von Beziehungen zwischen Feldern bewirkt der Benutzer intern die Kreation von Strukturen der Implemenationssprache ObjTalk, die diese Beziehungen realisieren. Ihre prozeduralen Komponenten sorgen für die Anpassung gleichgesetzter Felder. Erklärungskomponenten nutzen die neue Datenstruktur zur Generierung von Hilfetexten. Insgesamt werden durch die an der Benutzerschnittstelle einfach auszuführende Operation des Gleichsetzens von Feldern reichhaltige ObjTalk-Strukturen erzeugt, die das Systemverhalten insgesamt modifizieren.

Durch Menüauswahl und Identifkation von Formularfeldern mit der Maus etabliert der Benutzer eine Produktbeziehung zwischen drei Feldern des Formulars. In dem Formular wird dadurch festgelegt, wie sich das Jahresgehalt auf die 12 Monate eines Jahres verteilt (Abb. 3-5). Wie bei der Definition der Gleichheitsbeziehung hat der Benutzer durch die deklarative Angabe einer Beziehung neues Systemverhalten programmiert. Diese Beziehung wird zwischen Werten der internen Repräsentation etabliert. Elemente der externen Repräsentation bleiben davon unberührt.

Abbildung 3-5: Die Spezifikation der Produktbeziehung

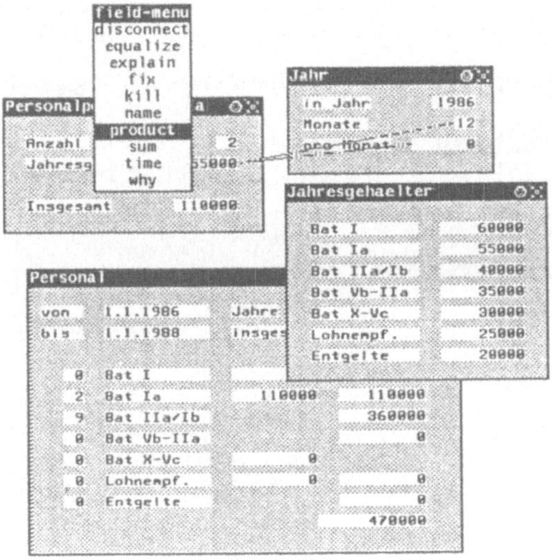

Interaktiv werd die gewünschte Abhängigkeiten zwischen den Formularfeldern bestimmt.

Im Gegensatz zu herkömmlichen Tabellenkalkulationssystemen wie VISICALC oder MULTIPLAN wird nicht nur eine *Rechenvorschrift*, sondern eine *Beziehung* definiert, die Berechnungen in jeder Richtung zuläßt. Es ist z.B. möglich, das Produkt und einen der Faktoren anzugeben, um den zweiten Faktor berechnen zu lassen.

Mit der Einführung einer neuen Beziehung zwischen Objekten der internen Repräsentation werden auch die *Eigenschaften dieser Beziehung* etabliert: So kann z.B. dynamische Hilfe generiert werden, in der die neuen Abhängigkeiten sichtbar werden (Abb. 4-3).

4. Auswirkungen der Modifikationen

Die vom Anwender neu geschaffene Funktionalität steht gleichberechtigt neben den bereits existierenden, d.h. sie kann zum Ausgangspunkt weiterer Manipulationen der internen und externen Repräsentation verwendet werden.

Der Benutzer editiert die Summe der Ausgaben für zwei Personalposten (Abb. 4-1). Ohne zusätzliches Wissen kann weder FINANZ noch eine Person entscheiden, welcher der beiden Summanden und, abhängig davon, welcher der beiden Faktoren des neu eingeführten Produkts angepaßt werden müssen. Die Veränderung der Summe führt das System in einen unentscheidbaren Konflikt, der vom Benutzer aufgelöst werden muß.

Abbildung 4-1:   Das Verändern eines abhängigen Feldes

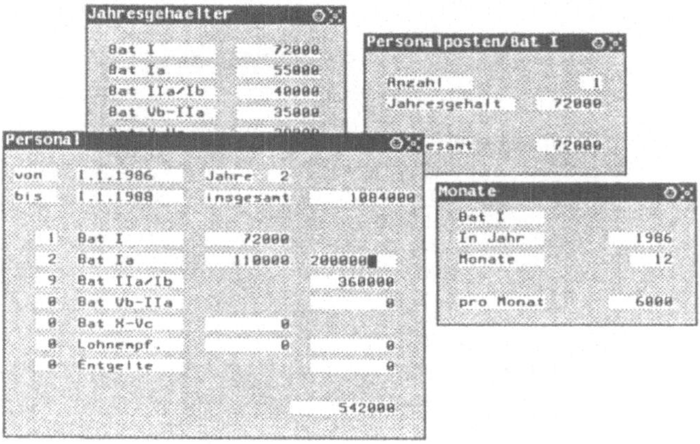

Die Summe der Ausgaben für zwei Personalpostens wird verändert.

Durch Inversdarstellung werden die ursächlich am Konflikt beteiligten Felder angezeigt. Der Benutzer wird aufgefordert, einen der Werte zurückzunehmen (Abb. 4-2). Die für einen Konflikt ursächlich verantwortlichen Benutzereingaben sind nicht in jedem Fall die unmittelbar an der Produktbeziehung beteiligten Felder. Oft sind, wie in diesem Fall, Feldinhalte als Folge der Modifikation anderer Felder in anderen Formularen entstanden, die über benutzerdefinierte Beziehungen miteinander verbunden sind.

Mit der Einführungen von Beziehungen zwischen Felder werden also nicht nur Interferenzprozesse etabliert, sondern auch die Möglichkeit geschaffen, Berechnungen auf

Abbildung 4-2: Die Anzeige eines Konflikts

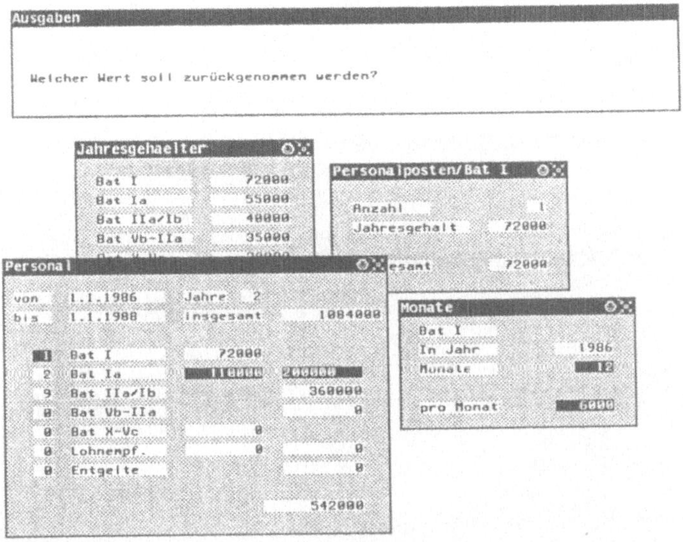

Ein vom System nicht auflösbarer Konflikt wird dem Benutzer angezeigt. Der Benutzer hat in eines der Felder einen Betrag eingegeben, der im Widerspruch zu früheren Eingaben und zum Wissen des Systems über die Projektfinanzierung steht. Widersprüche sind oft nicht lokaler Natur: Ihre Ursachen können an entfernter Stelle, z.B. in einem anderen als dem gerade bearbeitenden Formlar liegen. Die ursächlich am Konflikt beteiligten Felder werden durch Inversdarstellung hervorgehoben.

---

ihre Ursachen zurückzuverfolgen. Das System hat Wissen darüber, welche Feldinhalte selbst Ergebnis von Berechnung sind und wo der Benutzer Veränderungen vorgenommen hat. Dieses Wissen wird abhängig vom Dialog modifiziert. Da nicht *Rechenvorschriften* sondern *Feldabhängigkeiten* definiert werden, ist die Richtung der Berechnungen nicht statisch festgelegt.

Der Benutzer hinterfragt das Zustandekommen einzelner Feldinhalte (Abb. 4-3). In dieser Situation wird das *symbiotische* Verhalten (McCracken, 1979; Fischer, 1983) zwischen System und Benutzer deutlich: FINANZ ist zwar in der Lage, komplexe Abhängigkeitsstrukturen zu durchsuchen und Ergebnisse auf ihre Ursache zurückzuverfolgen. Ohne Wissen darüber, daß Personen üblicherweise 12 Monate im Jahr arbeiten, kann FINANZ diesen Konflikt jedoch nicht auflösen. Der Benutzer erhält daher die Kontrolle über das System zurück. FINANZ steht im wieder als Werkzeug zur Verfügung, dessen interne Abhängigkeitsstrukturen sichtbar gemacht werden können.

Abbildung 4-3: Das Hinterfragen von Feldinhalten

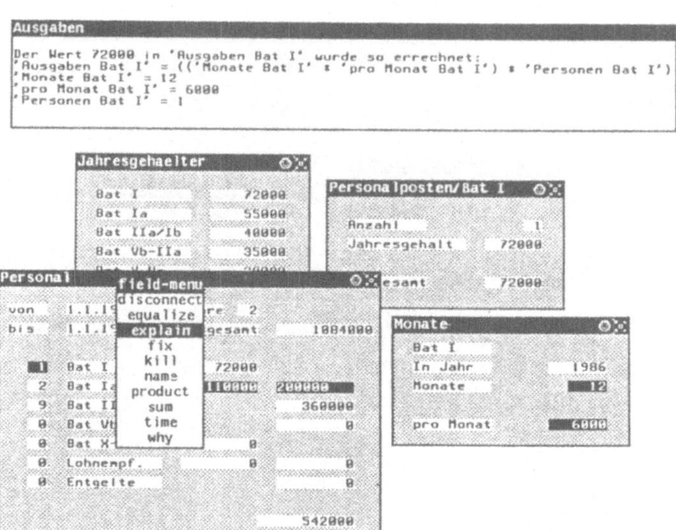

Der Benutzer hinterfragt das Zustandekommen von Feldinhalten. Er kann dazu für jedes Feld den **explain**-Eintrag aus dem Feldmenü selektieren. In dieser Situation, in
der das System einen Konflikt nicht lösen kann, steht es dem Benutzer zu verschiedenen Hilfeleistungen zur Verfügung.

Im Anschluß an den Klärungsdialog nimmt der Benutzer den Monatsbetrag
für den Personalposten der Gehaltsklasse **Bat I** durch Anzeige mit der Maus zurück.
Dadurch kann das System den Konflikt auflösen und die von der Veränderung betroffenen Felder modifizieren.

*Nach Auflösen des Konfliktes verankert der Benutzer die Zahl 12 als Anzahl
der Monate pro Jahr (Abb. 4-4).* Das Wissen des Benutzers, auf Grund dessen er den
Konflikt auflösen konnte, wird FINANZ dadurch bekannt gemacht, daß die Anzahl der
Monate pro Jahr als konstant deklariert wird. Mit dieser Information ist FINANZ zukünftig in der Lage, ähnlich Konfliktfälle automatisch zu lösen.

Mit der Festlegung des Monatsfeldes hat der Benutzer Kontrolle an das System abgegeben. Letztendlich wird dadurch seine Entscheidungsfreiheit nicht eingeschränkt. Diese Form der Aufgabendelegation kann jederzeit wieder zurückgenommen
werden. In den erklärenden Texten über das Zustandekommen von Feldinhalten wird

Abbildung 4-4: Das Festlegen eines Feldes

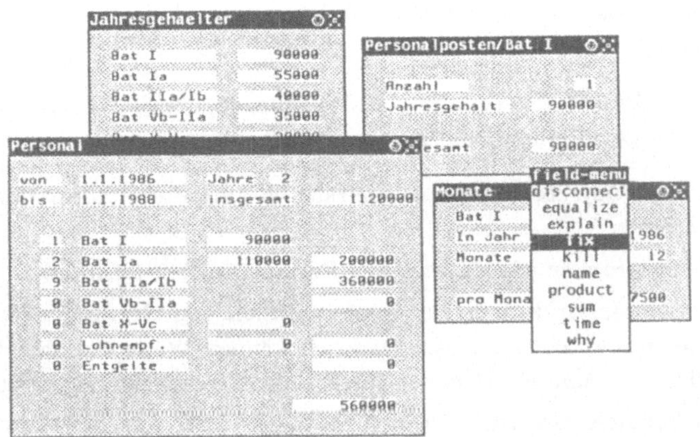

die zusätzliche Systemleistung reflektiert.

5. Schlußbemerkungen

Das bespielhafte Erstellen eines Formulars, die Definition einer neuen Sicht auf interne Strukturen und die Definition neuer Beziehungen zwischen Feldern machen die Prinzipien ObjTalk-basierter Anwendungen deutlich:

1. Durch Trennung von interner und externer Repräsentation können mehrere Sichten auf dieselben, internen Strukturen erzeugt werden.

2. Interne und externe Repräsentation sind über delarativ beschriebene Beziehungen verbunden. Änderungen der internen Repräsentation kann an der Systemoberfläche unterschiedlich dargestellt werden. Änderungen an verschiedenen Teilen der Benutzerschnittstelle kann sich auf dieselben internen Strukturen auswirken.

3. Kreieren von Formularen und Formularfeldern wird duch *Kopieren und Editieren* (Lenat, Prakash, Shepherd, 1986) realisiert. Dies hat eine Reihe von Vorteilen:

   • Komplexe Eigenschaften der internen und externen Repräsentation werden übernommen, ohne daß sie explizit vom Benutzer spezifiziert werden müßten.

   • Für das Erstellen von Feldern und Formularen ist die Kenntnis einer Spezifikationssprache nicht erfolderlich. Die Definition erfolgt interaktiv und durch direkte Manipulation (Hutchins, Hollan, Norman, 1986) von Objekten des Bildschirms.

- Die Konsistenz der Interaktionsform und der Objekteigenschaften wird aufrechterhalten.

- Der Prozeß des Kopierens und Editierens wird durch ObjTalk-Strukturen unterstützt.

4. Durch Auswahl und Anwendung von Beziehungen zwischen Formularfeldern werden reichhaltige, interne Strukturen aufgebaut:

- ObjTalk-Objekte mit einer Vielzahl von ererbter Information werden instantiiert.

- Inferenzprozesse werden zwischen Formularfeldern etabliert.

- Informationsstrukturen zur Repräsentation von Begründungen für Feldinhalte werden eingerichtet. Dadurch können Werte auf ihre Ursachen zurückgeführt und Erklärungen für den Benutzer dynamisch erzeugt werden.

- Der Benutzer beschreibt nicht mehr das *Wie* der vom System zur Verfügung gestellten Funktionalität, sondern nur noch das *Was*. Dies vollzieht sich auf einer höheren Abstraktionsebene und ist näher an den Problemen des Benutzers.

5. Die Aufteilung der Aufgaben und der Kontrolle liegt beim Benutzer. Er entscheidet, welche Arbeiten vom System übernommen werden sollen.

Mit FINANZ kann also eine *formularbasierte* Benutzerschnittstelle an Aufgabe und Benutzer angepaßt werden. Sowohl *Aussehen* wie *Struktur* der Formulare werden *interaktiv* gestaltet. Die so gestaltete Benutzerschnittstelle vermag den Benutzer bei seiner Aufgabe wirkungsvoll zu unterstützen.

FINANZ erlaubt die prototypische Entwicklung eines wissensbasierten Systems, das z.B. einen Fachmann im Bereich der Projektfinanzierung oder der Steuergesetzgebung bei der Konzeption und der Bearbeitung von Formularen unterstützt. FINANZ dient dabei als Bindeglied zwischen den Konzepten der Repräsentationssprache - also ObjTalk - und den Konzepten des Anwendungsgebiets. Die Beschränkung auf formularorientierte Anwendungen erlaubt eine wirkungsvolle Unterstützung des Benutzers während der Entwurfsphase, so daß FINANZ von Personen benutzt werden kann, die keine Experten im Bezug auf die ObjTalk-Programmierung sind.

6. Literatur

G. Fischer: *"Symbiotic, Knowledge-Based Computer Support Systems"*. *Automatica* 19(6), pp 627-637, November, 1983.

G. Fischer, R. Gunzenhaeuser (editors): *"Methoden und Werkzeuge zur Realisierung menschengerechter Computersysteme"*. Walter de Gruyter, Berlin - New York, 1986.

E.L. Hutchins, J.D. Hollan, D.A. Norman: *"Direct Manipulation Interfaces"*. *User Centered System Design, New Perspectives on Human-Computer Interaction*. Lawrence Erlbaum Associates, Inc., Hillsdale, NJ, 1986, pp 87-124, chapter 5

D. Lenat, M. Prakash, M. Shepherd: *"CYC: Using Commons Sense Knowledge to Overcome Brittleness and Knowledge Acquisition Bottlenecks"*. *AI Magazine* 6(4), pp 65-85, Winter, 1986.

D. McCracken: *"Man + Computer: A new Symbiosis"*. *Communications of the ACM* 22(11), pp 587-588, 1979.

C. Rathke: *"Wissensbasierte Systeme: Mehr als eine attraktive Bildschirmgestaltung"*. *Computer Magazin* 12(3), pp 40-41, March, 1983.

C. Rathke: *"Objektorientierte Wissenspraesentation (Object-Oriented Knowledge Representation)"*. In G. Fischer, R. Gunzenhaeuser (editor), *Methoden und Werkzeuge zur Gestaltung benutzergerechter Computersysteme*. Verlag Walter de Gruyter & Co., Berlin - New York, 1986. Chapter 3.

Dr. Christian Rathke
Department of Computer Science und Institute of Cognitive Science
University of Colorado, Campus Box 430
Boulder, CO 80309, USA
CS-Net: chr@boulder, Tel.: (303) 492-7135

BENUTZERUNTERSTÜTZUNG BEI DER NATÜRLICHSPRACHLICHEN ABFRAGE VON WISSENSBASEN

Walter Rupietta, Nürnberg

Zusammenfassung: In diesem Beitrag wird anhand einer natürlichsprachlichen Anfragekomponente untersucht, wieweit bei der Formulierung von Anfragen eine Unterstützung des Benutzers durch Einbeziehung anderer Interaktionsformen wie Menüs und direkte Manipulation möglich ist. Das betrachtete System ist ein Prototyp einer Anfragekomponente für Wissensbasen. Sprachumfang, Grammatik und Wortschatz für die natürlichsprachliche Anfrage sind vorgegeben, die Problematik der Verarbeitung natürlicher Sprache ist nicht Thema dieser Untersuchung.

Problemstellung

Wissensbasen beinhalten eine Repräsentation von Wissen aus einem vorgegebenen Objektbereich. Die Objektbereiche, von denen dieser Beitrag handelt, sind in der Bürowelt angesiedelt. Dort können Wissensbasen zur Automatisierung von Bürovorgängen herangezogen werden. Sie können aber auch direkt als Informationsquellen dem Benutzer zur Verfügung gestellt werden. Der Benutzer braucht dann ein Werkzeug, mit dem er seine Anfragen bezgl. des Inhalts formulieren kann.

In diesem Beitrag wird ein System vorgestellt, mit dem Fragen zum Inhalt einer Wissensbasis im LUDWIG System (vgl. Barth et al. (1986)) gestellt werden können. Anfragen können in natürlicher deutscher Sprache über eine Tastatur eingegeben werden. Das vorgestellte System QUIZ ist ein Prototyp, mit dem der Benutzer Auskunft aus einer Wissensbasis über eine Firmenorganisation erhalten kann. Unabhängig davon, für welche Anwendungen (z.B. ein System zur Vorgangsbearbeitung) diese Wissensbasis eingerichtet wurde, bietet die Anfragekomponente QUIZ einen direkten Zugang zum Inhalt der Wissensbasis.

Problematik der natürlichsprachlichen Eingabe

Die natürlichsprachliche Eingabe von Fragen bietet den Vorteil, daß der Benutzer sich einer Sprache bedienen kann, die er beherrscht und nicht eine spezielle Abfragesprache lernen muß. Eine solche Abfragekomponente erscheint deshalb besonders gut geeignet für Benutzergruppen, die nur sporadisch Informationen direkt aus Wissensbasen gewinnen wollen. Wenn unterschiedliche Wissensbasen im Rahmen eines Gesamtsystems vorhanden und nutzbar sind, kann die Anfragekomponente zu einem universellen Auskunftssystem werden, mit dem alle Wissensbasen konsultiert werden können.

Die natürlichsprachliche Eingabe bringt jedoch neben diesem Vorteil prinzipiell folgende Probleme mit sich:

- Der Begriff "natürlichsprachlich" trifft nur insofern zu, als eine Teilmenge der natürlichen (deutschen) Sprache als Eingabesprache dient.
- Der Benutzer muß sowohl die Restriktionen bezüglich der Grammatik als auch bezüglich des Wortschatzes kennen, um mit der Fragekomponente arbeiten zu können.

Diese Überlegungen zeigen, daß der Benutzer umso mehr Hilfestellungen benötigt, je weniger "natürlich" die vom Parser erkannte Sprache ist. Deshalb wird in diesem Beitrag untersucht, wieweit eine Unterstützung des Benutzers durch Einbeziehung anderer Interaktionsformen wie Menüs und direkte Manipulation zur Formulierung von Anfragen möglich ist.

Randbedingungen und Voraussetzungen

Als wichtigste Randbedingung bei der Entwicklung des beschriebenen Prototypen war zu beachten, daß Sprachumfang, Grammatik und Wortschatz vorgegeben sind. Zur Syntaxanalyse stand ein Parser für eine Lexical Function Grammar (LFG, vgl. Heyer, Kese (1986)) zur Verfügung. Der Parser wird mit der gesamten zu analysierenden Frage aufgerufen und liefert als Ergebnis entweder einen Strukturbaum oder eine nicht näher spezifizierte Fehlermeldung.

Der Sprachumfang ist auf wenige Typen von Fragen beschränkt (vgl. Heyer, Kese (1986)): Satzfragen (Bergmann produziert Computer?), Inversionsfragen (Produziert Bergmann Computer?) und Wortfragen (Wer produziert Computer? oder Warum produziert Bergmann Computer?).

Der Strukturbaum wird von einer weiteren Komponente in die verwendete semantische Repräsentation transformiert. Als

<u>semantische Repräsentation</u> ist die Prädikatenlogik erster Stufe vorgegeben, erweitert um eine Notation für die Repräsentation von Fragen (EPL, vgl. Heyer, Kese (1986)). Zur Interpretation der semantischen Repräsentation wird eine Beweiskomponente implementiert, die anhand dieser Repräsentation die Beantwortung der Frage aus der Wissensbasis vornimmt.

Vorgegeben sind mit diesen Komponenten auch der Wortschatz (festgelegt durch die verwendete Wissensbasis bzw. das daraus abgeleitete Lexikon des Parsers) und der mögliche Inhalt von Fragen (festgelegt durch den Inhalt der Wissensbasis bzw. die Fähigkeiten der Beweiskomponente).

<u>Lösungsansatz</u>

Die Fragekomponente wird im Rahmen einer modularen Softwarearchitektur realisiert, die die Trennung der eigentlichen Anwendung von den reinen Interaktionsaspekten vorsieht (vgl. Balzert (1987), Rupietta (1985)). Innerhalb der Fragekomponente gibt es noch eine anwendungsspezifische Dialogkomponente, so daß insgesamt folgende Teile vorhanden sind (vgl. Abb. 1):

- Die <u>Dialogkomponente</u> nimmt die natürlichsprachliche Eingabe entgegen und bietet Funktionen zum Editieren der Eingabe, zur Anforderung von Hilfen, zeigt Menüs, Ausgaben und Fehlermeldungen an.

- Die <u>anwendungsspezifische Dialogkomponente</u> ruft nacheinander die Routinen auf, die die lexikalische Prüfung der einzelnen Wörter, die syntaktische Prüfung der eingegebenen Fragen und die Umsetzung in die semantische Repräsentation durchführen. Die Ergebnisse der Prüfungen werden im Fehlerfall dem Benutzer angezeigt, um Korrekturen zu ermöglichen, sonst an die nächste Routine weitergereicht. Hilfeanforderungen des Benutzers werden ebenfalls durch diese Komponente bearbeitet.

- Die eigentliche Anwendung besteht aus der Beweiskomponente, die die semantische Repräsentation interpretiert und die betrachtete Wissensbasis durchsucht, um aus den dort repräsentierten Objektbeschreibungen und Relationen eine Antwort zu generieren.

Abb. 1: Systemarchitektur

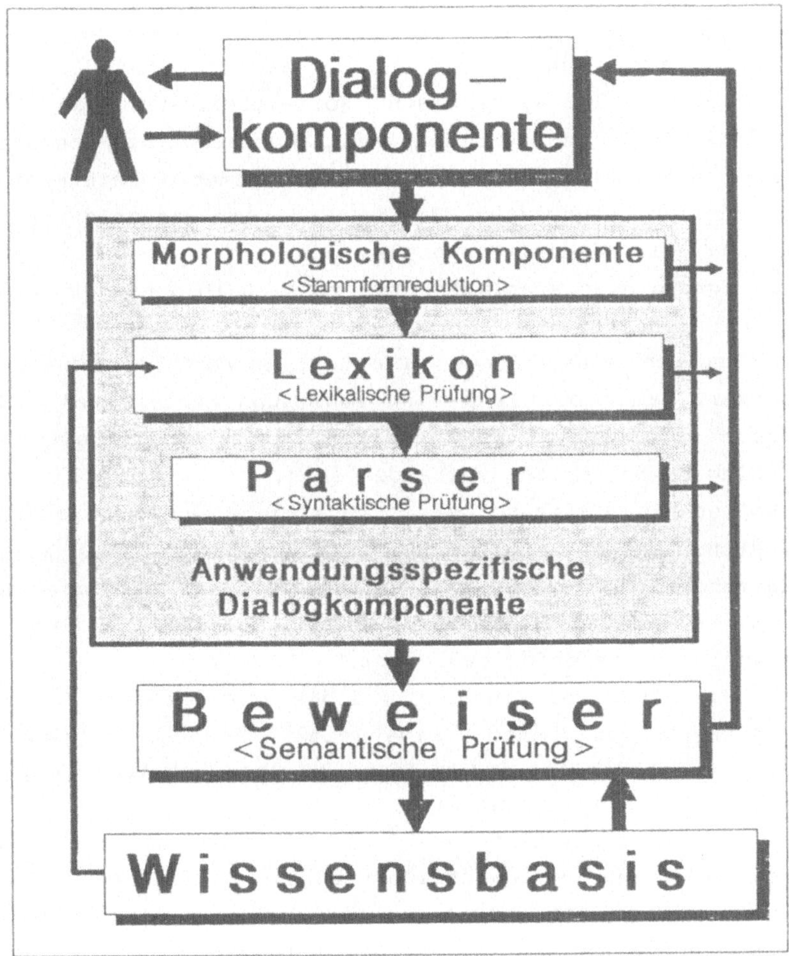

Die Unterstützung des Benutzers wird durch die anwendungsspezifische Dialogkomponente vorgenommen. Aufgrund der gegebenen Randbedingungen ist klar, daß eine Benutzerunterstützung nur in sehr engem Rahmen möglich ist. Ein Ziel der Arbeit war daher auch, <u>Anforderungen an die Rahmenbedingungen</u> zu spezifizieren, die eine bessere Unterstützung des Benutzers erlauben. Diese Anforderungen werden im 3. Abschnitt erläutert.

Anforderungen an die Benutzerschnittstelle

Die Benutzung der Anfragekomponente läuft etwa wie folgt ab: Nachdem der Benutzer eine Frage eingetippt hat, wird diese zunächst daraufhin überprüft, ob alle darin vorkommenden Wörter auch im Lexikon enthalten sind (lexikalische Prüfung). Anschließend wird die syntaktische Korrektheit der Frage überprüft und die Frage in die semantische Repräsentation übersetzt. Diese wird schließlich von der Beweiskomponente interpretiert und wenn möglich beantwortet. Die Antwort wird angezeigt und der Benutzer kann die nächste Frage eingeben.

Aufgrund dieses Ablaufs ergeben sich folgende grundsätzliche Anforderungen:

- Das Eingeben einer Frage erfordert einige Tipparbeit vom Benutzer. Damit bei Tipp- und sonstigen Fehlern keine Neueingabe erforderlich ist, sollten Editiermöglichkeiten bei der Eingabe der Fragen vorhanden sein.

- Im Rahmen einer Sitzung werden im allgemeinen mehrere Fragen gestellt, die oft miteinander zusammenhängen. Die zuletzt eingegebenen Fragen einschließlich der dazu erfolgten Antworten sollten am Bildschirm sichtbar bleiben, solange der vorhandene Platz dafür ausreicht.

- Die Überprüfung der Eingaben und die anschließende Suche in der Wissensbasis können einige Zeit in Anspruch nehmen. Der Benutzer sollte eine Rückmeldung darüber erhalten, die ihm zeigt, daß das System arbeitet.

Den hier geschilderten Anforderungen und den vorher aufgeführten Problemen der natürlichsprachlichen Eingabe sind nun bei der Gestaltung der Benutzerschnittstelle geeignete Designmaßnahmen gegenüberzustellen, um den Benutzer zu unterstützen. Unterstützung bedeutet dabei, daß die Anforderungen in geeigneter Weise erfüllt werden und die Restriktionen dem Benutzer durch geeignete Hilfen verdeutlicht werden.

Gestaltung der Benutzerschnittstelle

Bei der Gestaltung der Benutzerschnittstelle wurden die Anforderungen wie folgt umgesetzt:

Die eingegebenen Fragen können beliebig editiert werden. Erst nach Auslösung der Return- oder Ende-Taste werden die eingegebenen Fragen verarbeitet. Treten dabei Fehler auf, kann der

Benutzer die Frage erneut editieren und korrigieren. Wenn ein
Fehler - z.B. ein unzulässiges Wort - lokalisiert werden kann,
wird der Cursor zur Korrektur automatisch auf die Fehlerstelle
gesetzt. Der Benutzer hat auch die Möglichkeit, die zuletzt eingegebenen Fragen in den Eingabepuffer zurückzuholen und erneut
zu editieren.

Die <u>Bildschirmaufteilung</u> wird so vorgenommen, daß ein
bestimmter Bereich für die Eingabe der Fragen, ein Bereich für
die Ausgabe der Antworten und eine Status- und Arbeitsanzeige
vorhanden sind. Zusätzlich gibt es ein Menü mit den implementierten Funktionen. Der Ausgabebereich ist so dimensioniert, daß
im allgemeinen mehrere Fragen und zugehörige Antworten sichtbar
bleiben.

In der <u>Statusanzeige</u> kann der Benutzer erkennen, ob er
gerade eine Frage eingeben kann, oder ob die zuletzt eingegebene
Frage noch in Bearbeitung ist. Während der Bearbeitung wird
angezeigt, in welcher Phase der Bearbeitung das System sich
befindet.

Ein weiteres Merkmal der Benutzerschnittstelle ist die
Möglichkeit, <u>Erläuterungstexte</u> zu bestimmten Punkten aufzurufen.
In diesen Texten werden neben allgemeinen Informationen über das
Programm Erläuterungen zum Wortschatz und über mögliche Frage-
formen angeboten.

<u>Benutzerunterstützung bei Problemen mit dem Wortschatz</u>

Eine wesentliche Restriktion ist die Einschränkung des
Wortschatzes auf diejenigen Wörter, die im Lexikon des Parsers
enthalten sind. Der Benutzer kann jedoch in dieser Beziehung
durch die Möglichkeit, jederzeit das Lexikon der erlaubten
Wörter aufzurufen, leicht und effektiv unterstützt werden.

Zur Zeit ist eine <u>Selektion</u> nach der grammatischen Wort-
kategorie
größer wird, ist eine zusätzliche Selektionsmöglichkeit etwa
nach Anfangsbuchstaben erforderlich. Der Benutzer kann jedes
Wort aus der Lexikonanzeige durch Anklicken mit einer Maus in
die aktuelle Eingabezeile übernehmen und so die Arbeit des Eintippens sparen. Auf diese Weise können ganze Fragen durch Selektion der einzelnen Wörter aus dem Lexikon zusammengestellt
werden.

Die Anzeige des Wortschatzes erfolgt automatisch bei Verwendung unzulässiger Wörter. Sie könnte auch ständig erfolgen, jedoch soll der Charakter der natürlichsprachlichen Eingabe erhalten bleiben und nicht eine geführte Menüeingabe das Ergebnis sein. Das bedeutet, daß Fragen prinzipiell in freier Eingabe von Sätzen formuliert werden. Eine Unterstützung des Benutzers durch andere Eingabeformen erfolgt nur, wenn dieser die Hilfe ausdrücklich anfordert oder ein unzulässiges Wort verwendet wird. Der Benutzer kann die automatische Anzeige des Wortschatzes durch Einstellung einer entsprechenden Benutzerkonvention (vgl. Möller, Rosenow (1987)) unterdrücken.

Abb. 2: Anzeige des Wortschatzes als Hilfestellung

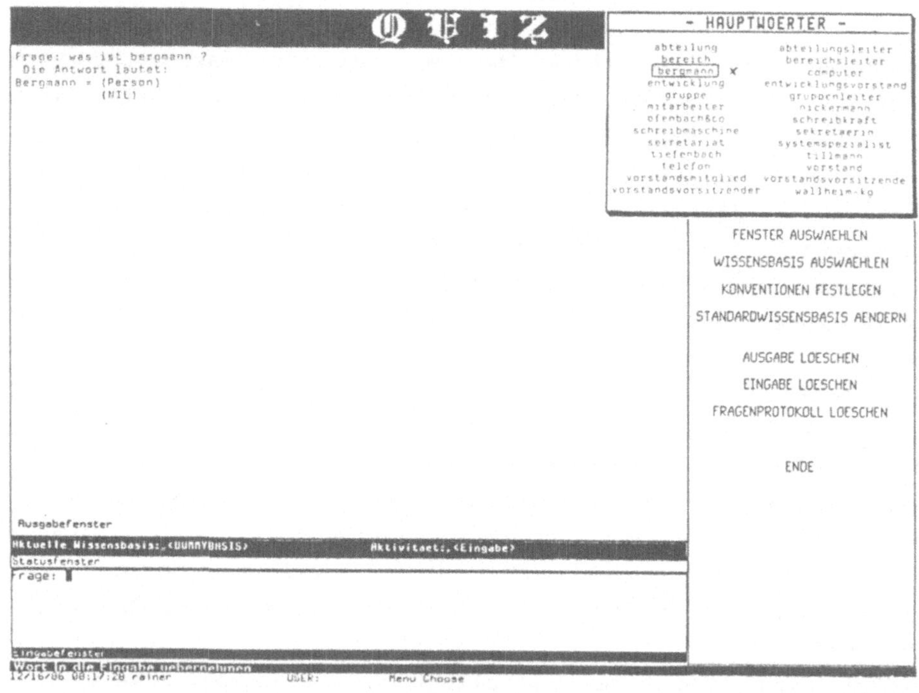

Die Anzeige des Wortschatzes ist für den Benutzer gleichzeitig eine Hilfestellung in Bezug auf den möglichen Inhalt von Fragen: aus dem Verzeichnis des zugelassenen Wortschatzes kann der Benutzer (mit Einschränkungen) auch erkennen, welche Begriffe (z.B. Substantive) und welche Beziehungen (z.B.

Verben) zwischen diesen Begriffen in der Wissensbasis repräsentiert sind.

Benutzerunterstützung bei Syntaxproblemen

Probleme mit der Syntax können mit den vorhandenen Komponenten nicht befriedigend gelöst werden, da der zur Verfügung stehende Parser keine geeigneten Rückmeldungen liefert. Zur Unterstützung des Benutzers bleibt nur die Möglichkeit, Erläuterungen zur Syntax anzubieten.

Prinzipiell könnte natürlich auch die verwendete Grammatik als Hilfestellung angezeigt werden, aber es ist nicht vorauszusetzen, daß die vorgesehenen Benutzer die zur Beschreibung einer Grammatik verwendete Terminologie beherrschen. Da jedoch nur wenige einfache Frageformen zugelassen sind, bietet sich eine Erläuterung anhand von Satzmustern und Beispielsätzen an.

Benutzte Formen der Wissensrepräsentation

Die Repräsentation von Wissen tritt bei der Implementierung der Anfragekomponente in verschiedenen Formen und auf verschiedenen Ebenen auf:
- Das spezifische Wissen des Anwendungsbereichs ist in der abgefragten Wissensbasis repräsentiert.
- In der anwendungsspezifischen Dialogkomponente ist anwendungsspezifisches Wissen in Form des Lexikons der erlaubten Wörter enthalten. Zusätzlich ist dort Wissen über die Syntax in deklarativer Form - die Grammatik - und in prozeduraler Form - der Parser - dargestellt. Die Repräsentation ist nicht dieselbe wie im Anwendungsbereich.
- In der Dialogkomponente liegt Wissen über die Interaktion im wesentlichen in prozeduraler Form vor.

Ergebnisse

Um den Benutzer in Bezug auf die Syntax der Fragen besser unterstützen zu können, haben sich folgende Anforderungen an den Parser ergeben:
- Der Parser muß in der Lage sein, auch unvollständige Fragen zu analysieren und mitzuteilen, an welcher Stelle ein Fehler aufgetreten ist.

- Zusätzlich muß bei einem Fehler oder einer unvollständigen Frage vom Parser die Menge der als Fortsetzung erlaubten Wortkategorien angegeben werden.

Wenn diese Anforderungen erfüllt sind, kann der Benutzer gezielt unterstützt werden, indem der jeweils anwendbare Ausschnitt des Lexikons (evtl. automatisch) präsentiert wird (vgl. auch Wahlster (1986), Beschreibung des NLMenu Systems). Auf diese Weise kann der Benutzer Fragen durch Selektion aus dem Lexikon syntaxgesteuert zusammenstellen.

Die in Christaller (1984) vertretene Forderung, daß der Parser stets ein integraler Bestandteil eines Sprachverarbeitungssystems sein sollte, scheint für das hier vorgestellte einfache System zu scharf. Die oben aufgestellten Anforderungen reichen - auch vom Zeitverhalten des Systems - aus, um zu angemessenem Komfort für den Benutzer zu kommen.

Eine weitere Anforderung ist die nach einem Spell-Check für die eingegebenen Fragen auf der Basis des benutzten Lexikons. Bei einfachen Tippfehlern sollte das System dadurch zu einer weitgehend selbsttätigen Korrektur fähig sein, die vom Benutzer nur noch bestätigt werden muß.

Mit den beschriebenen Funktionen wird eine große Flexibilität bei der Eingabe von Fragen erreicht. Neben der Tastatureingabe wird dem Benutzer die Möglichkeit eröffnet, seine Fragen aus einzelnen Wörtern zusammenzusetzen, die er direkt dem Lexikon entnehmen kann. Diese menüorientierte Komposition von Fragen kann syntaxgesteuert vorgenommen werden, so daß sowohl lexikalische als auch syntaktische Fehler weitgehend ausgeschlossen sind und gleichzeitig die Restriktionen des Systems auf einleuchtende Weise deutlich werden.

Literaturverzeichnis

Balzert, H. (1987): Eine "blackboard"-Architektur zur Realisierung software-ergonomischer Anforderungen. Forschungsbericht FB-TA-87.01, TA TRIUMPH-ADLER AG, Januar 1987.

Barth, Krätzschmar, Möller, Schiffer, Umlauf (1986): Benutzerhandbuch der LUDWIG Wissensrepräsentation. Arbeitsbericht AB-TA-86-2, TA TRIUMPH-ADLER AG, September 1986.

Christaller, T. (1984): Parser als integraler Bestandteil von Sprachverarbeitungssystemen. Eine Materialsammlung. In:

Habel, C. (Hrsg.): Künstliche Intelligenz. Repräsentation von Wissen und natürlichsprachliche Systeme. Frühjahrsschule, Dassel (Solling), März 1984. Springer Verlag, Berlin, Heidelberg, New York, Tokyo, 1984, S. 159-183.

Guenthner, F., Lehmann, H. (1986): Verarbeitung natürlicher Sprache - ein Überblick. Informatik-Spektrum 9(3) 1986, S. 162-173.

Heyer, G. (1985): Studie zu W-Fragen. Forschungsbericht FB-TA-85-30, TA TRIUMPH-ADLER AG, April 1986.

Heyer,G., Kese, R. (1986): Zur Syntax und Semantik von Fragen. Forschungsbericht. TA TRIUMPH-ADLER AG, November 1986.

Möller, H., Rosenow, E. (1987): Benutzermodellierung für wissensbasierte Mensch-Computer-Schnittstellen. Hier im Tagungsband.

Rupietta, W. (1985): Funktionalität und Struktur einer wissensbasierten Dialogschnittstelle. Arbeitsbericht AB-TA-85-1, TA TRIUMPH-ADLER AG, August 1985.

Wahlster, W. (1986): The Role of Natural Language in Advanced Knowledge-Based Systems.

Zoeppritz, M. (1983): Endbenutzersysteme mit ´natürlicher Sprache´ und ihre Human Factors. In Balzert, H. (Hrsg.): Software-Ergonomie. Berichte des German Chapter of the ACM Bd. 14. Teubner Verlag, Stuttgart 1983.

Dieser Beitrag entstand im Rahmen des vom BMFT geförderten Verbundprojekts WISDOM (Wissensbasierte Bürokommunikation: Dokumentenbearbeitung, Organisation, Mensch-Computer Kommunikation).

Walter Rupietta
TA TRIUMPH-ADLER AG
-Basisentwicklung-
Fürther Straße 212
8500 Nürnberg 80

DIREKTE MANIPULATION DURCH BERÜHREINGABE BEI EINEM
ANÄSTHESIE-INFORMATIONS- UND ENTSCHEIDUNGSUNTERSTÜTZUNGS-SYSTEM

Heiner Klocke, Günter Rau & Thomas Schecke, Aachen

Zusammenfassung: Die Benutzerschnittstelle des Anästhesie-Informationssystems AIS basiert auf direkter Manipulation. Auf einem berührempfindlichen Farbmonitor werden Patientenvariablen wie Blutdruck sowie Bedienelemente zur Eingabe von Daten graphisch dargestellt. Alle während der Anästhesie benötigten Informationen sind auf mehrere Bildseiten verteilt, deren Inhalt der Benutzer selbst festlegen und damit an seine persönliche Arbeitsweise anpassen kann. In das AIS integriert ist das Anästhesie-Entscheidungsunterstützungs-System AES, das während der Operation Diagnosehinweise und Therapieempfehlungen liefert. Die Systeme werden in einem kardiochirurgischen OP erprobt.

Einführung

Beim Einsatz von Computersystemen in der Anästhesie werden hohe Anforderungen an die Mensch-Rechner Schnittstelle gestellt. Die Kommunikation mit einem computergestützten Informationssystem darf den Anästhesisten nicht von seiner eigentlichen Tätigkeit ablenken. Diese besteht während der Operation darin, den Zustand des Patienten so zu steuern, daß der Chirurg unter möglichst optimalen Bedingungen arbeiten kann und der Patient so wenig wie nötig durch die Anästhesie belastet wird.

Gravenstein (1982) vergleicht die Tätigkeiten des Anästhesisten mit denen eines Piloten: "Both must respond <u>quickly</u> to changing conditions in order to avoid disaster; both work in a <u>confined area</u> where the interpretation of signals calls for small mechanical actions that can produce large changes. The biggest difference is that the pilot suffers graver consequences if he errs than does the anesthesiologist."

Das Anästhesie-Informationssystem AIS soll den Anästhesisten bei der Überwachung und Dokumentation des Anästhesieverlaufs unterstützen und ihm dadurch mehr Freiraum für die Beschäftigung mit dem Patienten geben. Durch adäquate Darstellungen der während der Anästhesie relevanten medizinischen

Parameter soll das AIS bei der Diagnose- und Therapiefindung behilflich sein. Direkte Entscheidungshilfen erhält der Anästhesist von dem Anästhesie-Entscheidungsunterstützungs-System AES (Klocke u.a. 1987), dessen Benutzerschnittstelle in das AIS integriert ist (siehe Abschnitt 4).

Bei der heute üblichen Anästhesie-Dokumentation werden die relevanten Daten von Hand in mehrere Formulare eingetragen. Informationen über den Patientenzustand erhält der Anästhesist von verschiedenen Quellen wie medizin-technische Geräte, Blutgasanalysen, direkte Beobachtung des Patienten etc.

Die Entwicklung eines computergestützten Informationssystems für einen intensivmedizinischen Anwendungsbereich wie die Anästhesie erfordert die Gestaltung einer an die Arbeitsumgebung und die ärztlichen Tätigkeiten angepaßten Mensch-Rechner Schnittstelle. Diese darf dem Benutzer keine Kommunikationsbarriere (Oberquelle 1983) entgegenstellen, sondern sie muß die gewünschten Informationen über den Patientenzustand und die für den Dialog benötigten Interaktionsfunktionen in geeigneter Weise präsentieren. Zur Konstruktion ergonomisch gestalteter Mensch-Rechner Schnittstellen ist eine intensive Zusammenarbeit zwischen Systementwicklern und zukünftigen Benutzern notwendig (Bernotat und Rau 1980). Das Anästhesie-Informationssystem AIS sowie das Anästhesie-Entscheidungsunterstützungs-System AES entstanden daher in Zusammenarbeit zwischen dem Helmholtz-Institut für Biomedizinische Technik und der Abteilung für Anästhesiologie am Klinikum in Aachen.

Die Dialog-Schnittstelle des AIS

Die Interaktion zwischen Anästhesist und AIS erfolgt ausschließlich über einen berührempfindlichen Farbmonitor (Rau 1979). Vitalparameter des Patienten wie Blutdruck, Puls etc. werden in einem Fenster auf dem Monitor angezeigt. Die für die Eingabe von Daten erforderlichen Bedienelemente wie Tasten und Werteschieber stellt das System auf demselben Monitor graphisch dar. Die Betätigung dieser sogenannten virtuellen Bedienelemente geschieht durch Berühren der Bildschirmoberfläche, d.h. durch Zeigen mit dem Finger auf die gewünschte Information. Die Interaktionstechnik der direkten Manipulation (Shneiderman 1982) durch Berühreingabe (Rau und Trispel 1982) ermöglicht die Inte-

Bild 1: Integration von Informationseingabe und -darstellung
durch Verwendung einer Touch Input Dialogschnittstelle
(nach Klocke u.a. 1984)

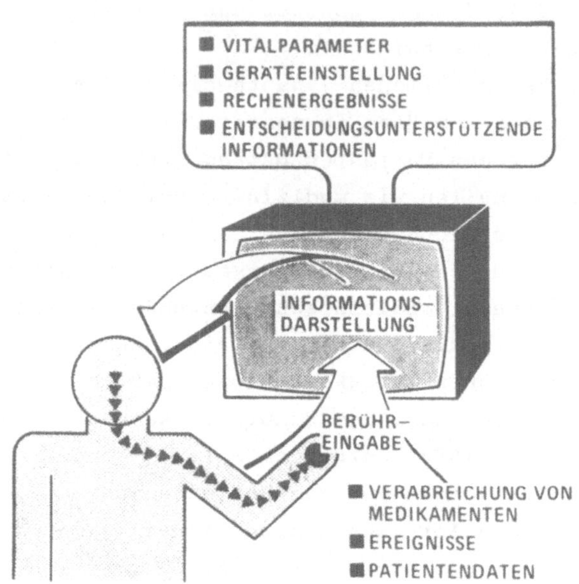

gration von Informationseingabe und -darstellung (Bild 1). Untersuchungen über Handlungs- und Entscheidungsabläufe des Anästhesisten (Redecker 1985) haben u.a. gezeigt, daß direkte Manipulation durch Berühreingabe (Touch Input) für die Anforderungen der Anästhesieüberwachung eine geeignete Interaktionsform ist.

Bei der Gestaltung einer Touch Input Schnittstelle muß die Syntax und die Semantik der Interaktions- und Informationsdarstellungsfunktionen in Einklang mit der Technik "Berühreingabe" gebracht werden, um ihre Eigenschaften vorteilhaft zu nutzen. Am Beispiel der AIS-Dialogschnittstelle werden einige Gestaltungsprinzipien für die Interaktion und Informationsdarstellung bei direkter Manipulation vorgestellt.

Für die Darstellung wird beim AIS ein Farb-Raster-Graphiksystem mit einer Auflösung von 512 * 512 Bildpunkten und 8 Bit Speichertiefe verwendet. Der Farbmonitor hat eine Größe von 19 inch, die Auflösung der Berühreingabe beträgt 2 mm.

Die während der Operation vom Anästhesisten benötigten

Informationen sind auf mehrere Bildseiten verteilt, wobei alle
Seiten dasselbe Layout besitzen. Dies bewirkt beim Seitenwechsel
eine "optische Beruhigung" und gibt dem Benutzer ein Sicher-
heitsgefühl, da er vor dem "Umblättern" bereits weiß, wo sich
die gesuchten Informationen oder Bedienelemente auf der neuen
Seite befinden. Dies entspricht einer Codierung durch den "Ort"
(allocation). Die Struktur der Bildseiten ist planar (d.h., es
gibt keine Hierachiestufen wie bei menügesteuerten Schnittstellen), wobei von einer übergeordneten Verteilerseite jede
Seite in einem Schritt erreicht werden kann. Ebenso kann die
Verteilerseite von jeder Seite aus aufgeschlagen werden.
Bestimmte Seiten können auch direkt von anderen erreicht werden.
Für den Wechsel zu einer beliebig ausgewählten anderen Bildseite
werden somit maximal zwei Schritte benötigt. Ein "Verirren" in
tiefgeschachtelten Menüs ist nicht möglich, da die Verteilerseite immer direkt erreichbar ist.

Jede Seite des AIS hat die in Bild 2 dargestellte Struktur. Zentrale Komponente ist das "Patientenzustandsfenster".
Links neben dem Fenster befinden sich 9 Tasten, denen medizinische Parameter zugeordnet sind. Unterhalb des Fensters und der
Parametertasten sind digital und analog arbeitende, virtuelle
Bedienelemente zur Dateneingabe sowie Verzweigungstasten zu
anderen Seiten angeordnet. Alle Interaktionsseiten, d.h. Seiten, die für die Anästhesiedokumentation benötigt werden, sind
nach diesem Schema aufgebaut. Beim Seitenwechsel werden lediglich den 9 Funktionstasten andere Parameter zugeordnet.

Informationsdarstellung

Das Patientenfenster zeigt von links nach rechts den
zeitlichen Ablauf der Anästhesie. Der Verlauf der Vitalparameter (die Vektoren im oberen Teil des Fensters repräsentieren
systolische und diastolische Blutdruckwerte) wird während der
Operation automatisch aufgezeichnet. Die aktuelle Zeit wird
durch die Position der Zeitlinie (Bild 2: Hand 2) repräsentiert.

Ebenfalls im Patientenfenster dargestellt werden die Therapiemaßnahmen des Anästhesisten. Die zu einem Parameter einge-
tragenen Daten sind als Fähnchen mit Digitalwert in dem Fenster
zu sehen. Die Fähnchenstange repräsentiert den Zeitpunkt der
Maßnahme. Der logische Zusammenhang zwischen Patientenvariablen

und   Therapiemaßnahmen   wird   durch   diese   Overlaydarstellung
graphisch verdeutlicht,   so ist erkennbar,   daß die Gabe von 0.1
mg Fentanyl um etwa 8.30 Uhr einen Blutdruckabfall bewirkte.

Bild 2: Beispiel eines Touch Input Dialogzyklus:
        Hand 1: Auswahl des Parameters Fentanyl
        Hand 2: Verschieben der Zeitlinie auf 11.10 Uhr
        Hand 3: Einstellen des Werteschiebers auf 0.2 mg
        Hand 4: Abschluß des Dialogzyklus durch die FERTIG-Taste
        (nach Klocke u.a. 1986)

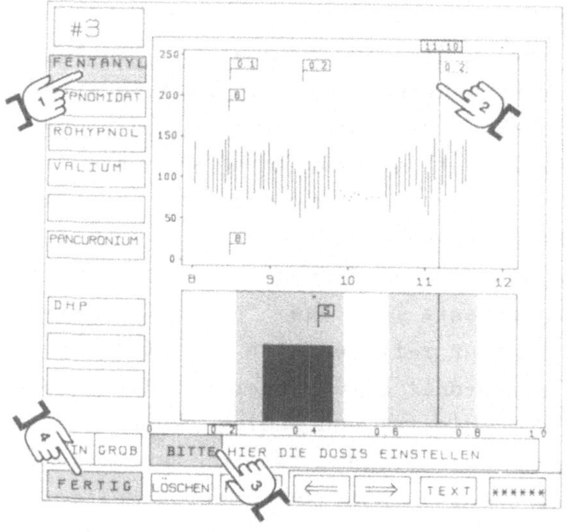

Interaktion

        Die   Protokollierung   einer   Therapiemaßnahme,   wie   "das
Medikament Fentanyl wurde dem Patienten um 11.10 Uhr mit der
Dosis 0.2 mg gegeben", erfolgt nach dem in Bild 2 dargestellten
Schema. Das Patientenfenster dient, wie das Beispiel zeigt,
nicht nur der Informationsdarstellung, vielmehr beinhaltet es
mit der Zeitlinie auch ein analogbewegliches Bedienelement zum
Einstellen der Zeit. Die Zeit läßt sich praktisch stufenlos
einstellen durch Verschieben der Zeitlinie auf dem Bildschirm.
Die Position der Zeitlinie ist der aktuelle Bezugspunkt des
Systems. Die Aufmerksamkeit des Benutzers soll in diese Region
des Patientenfensters gelenkt werden, da hier der aktuelle
Patientenzustand repräsentiert ist. Eine wichtige Eigenschaft
der Zeitlinie besteht darin, daß sich der Anästhesist bei der

Zeiteinstellung sowohl an dem Digitalwert der Zeitlinie als auch am Verlauf der Vitalparameter orientieren kann, d.h.: um 11.10 Uhr wurde Fentanyl verabreicht, oder beim vorletzten Blutdruckabfall wurde Fentanyl verabreicht. Die Orientierung am Verlaufsmuster wird von Anästhesisten bevorzugt, da bei nachträglichen Eintragungen der genaue Zeitpunkt meist nicht mehr bekannt ist, wohl aber das Muster der Vitalparameterdarstellung, denn hierauf war u.a. die Therapieentscheidung begründet. Die direkte Manipulationsmöglichkeit der Zeitlinie unterstützt damit diese Vorgehensweise.

Alle Interaktionsfunktionen des AIS basieren auf dem in Bild 2 gezeigten einfachen Interaktionsschema. Der Benutzer muß sich keine Syntaxstrukturen wie bei einer Kommandosprache einprägen. Er lernt die Interaktion durch "spielerischen" Umgang mit dem System. Dabei unterstützt das AIS den Benutzer durch Verwendung von Farbintensitätscodes für verschiedene Zustände von Bedienelementen (<u>Benutzerführung</u>); es gilt: dunkle Farbintensität = Taste ist <u>nicht aktivierbar</u>, mittlere Farbintensität = Taste ist <u>aktivierbar</u>, helle Farbintensität = Taste ist <u>aktiviert</u>. Beim Berühren eines aktivierbaren Bedienelementes ändert sich spontan seine Farbintensität; ein leiser Ton gibt dem Benutzer zusätzlich eine akustische Rückmeldung. Das Berühren einer nicht aktivierbaren Taste wird vom System ignoriert. In Abhängigkeit vom momentanen Dialogzustand gibt das System durch Veränderung der Farbcodes Gruppen von Bedienelementen für die Eingabe frei oder sperrt sie. Der Benutzer sieht somit vor dem Dialog, welche Tasten aktivierbar bzw. nicht aktivierbar sind.

Ein Fehlermanagement, wie es bei Kommandosprachen zur Kontrolle der Eingabesyntax erforderlich ist, entfällt beim AIS. Syntaktisch falsche Eingaben sind aufgrund der Benutzerführung von vornherein ausgeschlossen. Realisiert ist die Benutzerführung durch endliche deterministische Automaten, wobei das Berühren einer (nicht) aktivierbaren Taste einem in der Überführungsfunktion (nicht) definierten Zustandsübergang entspricht.

Konfigurierung der Informationsstruktur

Das AIS bietet dem Benutzer die Möglichkeit, eine persönliche Informationsstruktur an der Dialogschnittstelle selbst aufzubauen (<u>Konfigurierung</u>) und diese bei jeder Benutzung

des Systems wieder zu verwenden. Ziel der Konfigurierung ist es,
die Inhalte der Interaktionsseiten, d.h. die Zuordnung von
Parametern zu Seiten und Funktionstasten, so festzulegen, wie es
der persönlichen Arbeitsweise entspricht. Auf diese Weise können
Parameter zu für bestimmte Operationstypen sinnvollen Gruppen
auf einer Bildseite zusammengefaßt werden.

Bild 3: Konfigurierung des Parameters "Valium":
        Hand 1: Auswahl des Parameters
        Hand 2: Zuordnung des Parameters zu einer Taste

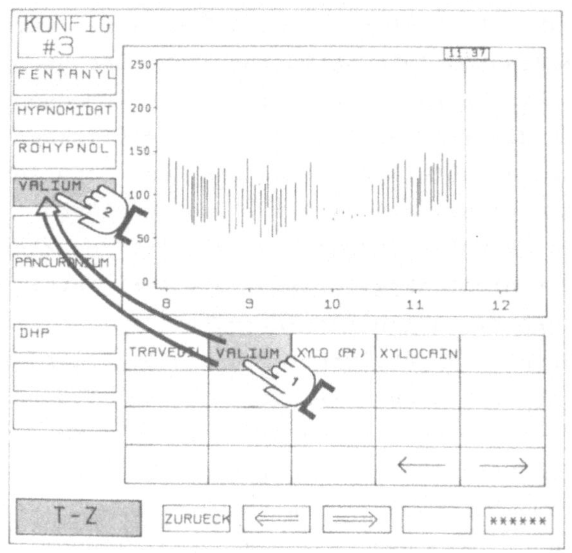

Eine bereits konfigurierte Struktur läßt sich während der
Arbeit mit dem System jederzeit verändern, z.B. um zur Erhöhung
der Übersichtlichkeit nicht benötigte Parameter von Bildseiten
zu entfernen. Nach der Verzweigung zur Konfigurationsseite
werden alle dem System bekannten und zu einer vorher spezifizierten Buchstabengruppe (in Bild 3: "T-Z") gehörenden Parameter
eingebelendet. Die Auswahl erfolgt, wie in Bild 3 schematisch
dargestellt, durch Zeigen mit dem Finger. Nach Beendigung der
Konfigurierung wird mit der Taste "ZURUECK" zur entsprechende
Interaktionsseite verzweigt. Das Vitalparameterfenster bleibt
während der Konfiguration erhalten. Eine ständige Sicht auf den
Patientenzustand ist damit gewährleistet.

Der Dialog mit dem Expertensystem AES

Das AIS kann mit einem Anästhesie-Entscheidungsunterstüt-zungs-System "AES" (Klocke u.a. 1987) gekoppelt werden. Das AES hat die Aufgabe, den Anästhesieverlauf zu "beobachten" und im Fall einer erkannten Störung des Patientenzustandes dem Anästhesisten einen Diagnosehinweis oder eine Therapieempfehlung zu liefern. Alle Informationen, die das AES für Schlußfolgerungen benötigt, erhält es aus der Datenbasis des AIS (intern wird hieraus ein aktueller Zustandsraum aufgebaut) und aus einer regelbasierten medizinischen Wissensbasis.

Bild 4: Erklärungsseite des Expertensystems AES

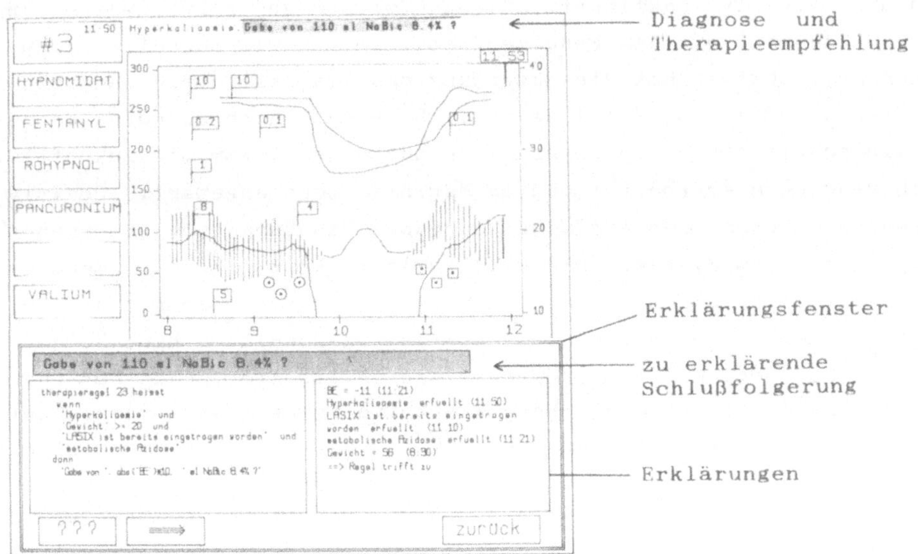

Kommt das AES zu einer Schlußfolgerung, so wird diese als Text über dem Patientenfenster des AIS dargestellt (Bild 4). Wünscht der Anästhesist die Erklärung eines Diagnose- oder Therapiehinweises, so kann er von jeder AIS-Interaktionsseite aus das Erklärungsfenster öffnen und dort direkt mit der Erklärungskomponente des AES kommunizieren. Nach Auswahl der zu erklärenden Schlußfolgerung (Bild 4) wird die "???"-Taste betätigt, worauf das AES im linken Fenster die in der Schlußfolgerungskette zuletzt gefeuerte Regel darstellt (Bild 4: Therapieregel 23). Im rechten Fenster wird der für die Schlußfolgerung relevante Ausschnitt des AES-Zustandsraumes dargestellt. Über die Taste ZURUECK wird das Erklärungsfenster geschlossen.

Ergebnisse und Diskussion der Erprobung

AIS und AES werden in einem kariochirurgischen OP im Aachener Neuen Klinikum bei Herzoperation parallel zur herkömmlichen Anästhesiedokumentation (Papier-Bleistift) eingesetzt. Durch die hierbei gewonnenen Erfahrungen können Erweiterungen und Modifikationen der Systemfunktionen und der Dialogschnittstelle mit dem AIS-Laborsystem schnell realisiert und kurze Zeit später in realer OP-Umgebung erneut getestet werden. Ungünstige Informationsdarstellungen oder nicht gut handhabbare Interaktionsfunktionen werden so schrittweise in Zusammenarbeit mit den Benutzern optimiert. Die schnelle Adaptionsmöglichkeit hat die Akzeptanz des Systems durch Anästhesisten und Pflegepersonal wesentlich erhöht, denn es wurde keine Dialogschnittstelle vorgegeben, sondern gemeinsam mit zukünftigen Benutzern erarbeitet und an deren Wünsche angepaßt. Positiv bewertet wurde der einfache und ohne Handbuch zu erlernende Dialog mit dem System. Die Konfigurierbarkeit gibt dem Benutzer das Gefühl: "Das ist meine ganz persönliche Dialogschnittstelle, die ich selbst auf meine Arbeitsweise zugeschnitten habe.".

Zu Beginn der Erprobungsphase zeigte sich, daß auf die ursprünglich nicht vorgesehene Klartexteingabe nicht verzichtet werden kann. Es wurde daher eine virtuelle Tastatur entworfen, die von jeder Interaktionsseite aus direkt aufgerufen werden kann (siehe Bild 2: Taste TEXT). Der Anästhesist kann mit Hilfe dieser Tastatur bereits vor Beginn der Operation u.a. Patientendaten wie Name, Alter etc. in das System eingeben.

Die begonnene Überprüfung des beschriebenen Ansatzes hat bereits jetzt gezeigt, daß die medizinischen Benutzer des AIS als "Computerlaien" in bestem Sinne die Möglichkeiten des Systems sehr rasch beherrschen und auch benutzen. Die Benutzung durch die Anästhesisten im OP ist ein Maß für die Akzeptanz, die heuristisch weiter entwickelt werden soll. Das bisher erreichte Ergebnis bestätigt die Notwendigkeit einer sorgfältigen und umfassenden ergonomischen Bearbeitung für die Gestaltung eines so komplexen Mensch-Maschine Systems.

Literatur

Bernotat, R., Rau, G. (1980): Ergonomics in Medicine. In: Reul, H., Ghista, D.N., and Rau, G., eds. Perspectives in Biomechanics. New York: Harwood Academic Publishers, 381-398

Gravenstein, J.S. (1982): As for pilots, instrument important. Engineering in Medicine & Biology 1(1), 23-25

Klocke, H., Trispel, S., Rau, G. (1984): Entwicklung einer Mensch-Rechner Schnittstelle für ein Anästhesie-Informationssystem unter Berücksichtigung ergonomischer Gesichtspunkte. Angewandte Informatik 5, 197-206

Klocke, H., Trispel, S., Rau, G., Hatzky, U., Daub, D. (1986): An Anesthesia Information System for Monitoring and Record Keeping during Surgical Anesthesia. Journal of Clinical Monitoring 2(4), 246-261

Klocke, H., Schecke, Th., Jeusfeld, M. et al. (1987): Wissensbasierte Entscheidungsunterstützung mit dem AES. Proceedings Fachtagung Expertensysteme: Konzepte und Werkzeuge, Erlangen 7.-8. April 1987, Teubner-Verlag

Oberquelle, H., Maass, S., Kupka, I. (1983): Schnittstellen als Kommunikationsbarrieren. Office Management April 83, 10-12

Rau, G. (1979): Ergonomische Überlegungen bei der Gestaltung komplexer medizinischer Instrumentierung unter Einsatz von Mikroprozessoren. Biomedizinische Technik 24, 10-15

Rau, G., Trispel, S. (1982): Ergonomic design aspects in interaction between man and technical systems in medicine. Medical Progress through Technology 9, 153-159

Redecker, Th. (1985): Untersuchung von Handlungs- und Entscheidungsabläufen zur Strukturierung eines Informationssystems unter Berücksichtigung ergonomischer Aspekte. Pfaffenweiler: Centaurus-Verlagsgesellschaft

Shneiderman, B. (1982): The future of interactive systems and the emergence of direct manipulation. Behavior and Information in Technology 1(3), 237-256

Heiner Klocke
Helmholtz-Institut für Biomedizinische Technik
Pauwelsstraße
D-5100 Aachen

NEUENTWICKLUNG EINER MENUETABLETTVORLAGE

Ekkehart Frieling und
Jürgen Pfitzmann, Kassel

Die Hersteller schenken der Gestaltung von Menuetablettvorlagen (MTV) wenig Zuwendung. Dies führt zu erschwerter Kommunikation mit dem System. Mit einer systematisch aufgebauten und
unter wahrnehmungspsychologischen und grafischen Gesichtspunkten
gestaltete MTV ist eine bessere Kommunikation mit dem System
möglich, und es erleichtert eine gedächtnismäßige Abspeicherung
der Darstellungen. Die mit dem Experiment gewonnenen Erkenntnisse sowie eine Farbcodierung zeigen, wie durch geeignete Funk-
tionsdarstellung und eine entsprechende Standardisierung MTV erheblich verbessert werden können.

Einleitung

Die Mensch-Maschine-Schnittsstelle wird beim computerun-
terstützten Konstruieren in unterschiedlichster Form ausgestaltet. Es finden sich: Menuetabletts, Funktionstastaturen, Maus,
Rollkugel, Wertgeber (Dials), Tastaturen, Electric Pen, Joystick
etc.. Je nach CAD-System werden die verschiedensten Dateneinga-
begeräte miteinander kombiniert. Untersuchungen zur Ermittlung
der optimalen Eingabegeräte für Konstruktionsarbeitsplätze gibt
es nach unserer Kenntnis zur Zeit nicht. Das liegt daran, daß je
nach Hersteller unterschiedliche Eingabegeräte verwendet werden,
die mit entsprechenden Softwaresystemen gekoppelt sind. Solange
es nicht möglich ist, mit einem Standardsatz von Eingabemedien
die Bedienbarkeit unterschiedlicher Systeme zu testen, solange
wird es bei Herstellern, Anwendern und Wissenschaftlern unterschiedliche Meinungen über die Tauglichkeit von Eingabegeräten
geben.

In der Bewertung der Dialogführung bestehen derzeit
große Unterschiede. Vertreter bildschirmgeführter Menues (z. B.
IBM), bei denen die Funktionen und Befehle am rechten und unte-
ren Bildschirmrand aufgelistet sind, glauben, daß der relativ
geringe Blickwechsel zwischen Schirm, Tastatur und Eingabegeräten in geringerem Maße zu Belastungen führt als bei CAD-Syste-

men, die mit einer MTV arbeiten (z. B. Contraves), da hier ständig von der Vorlage auf den Bildschirm gewechselt wird.

Da die Bildschirmmenues über Tastaturen, Funktionstasten und Dials angesteuert werden, wirkt dieses Argument nicht sehr einleuchtend, obgleich es häufig wiederholt wird. Berücksichtigt man darüber hinaus, daß Augenbewegungen und Änderungen der Sehentfernung physiologisch nicht schädlich sind, sondern einen Trainingseffekt ausüben und dazu beitragen, stärker beanspruchende statische Muskelarbeit zu vermeiden (Krueger & Müller-Limmroth, 1979), so ist dies eher ein Argument für MTV. Ohne auf das Für und Wider zwischen Bildschirm- und Tablett-Menue einzugehen, halten wir es für gerechtfertigt, sich gründlicher, als dies bis jetzt der Fall ist, mit der Gestaltung von Tablettvorlagen zu befassen. Folgende Argumente sprechen nach u. M. unter Berücksichtigung der speziellen Systeme für ein solches Eingabemedium:

- Der Funktionsvorrat wird im Überblick dargeboten
- Die einzelnen Funktionen können je nach Anwendungs- und Einsatzart gruppiert werden
- Das Erlernen der Funktionen in Verbindung mit den Symbolen wird durch permanente Vorlagen gefördert
- Die Einarbeitungszeit nach längeren Pausen wird erleichtert, da die Symbole/Funktionen erinnert und nicht aktiv reproduziert werden müssen

Nach einigen allgemeinen Erläuterungen zu MTV werden wir konkret auf die Möglichkeiten eingehen, die sich bei der Modifikation vorhandener Systeme bzw. bei deren Neugestaltung ergeben. Anhand des Systems von Concad 2 von Contraves werden die Probleme bei der Neugestaltung diskutiert. Die Arbeit wurde durch den Hersteller selbst gefördert.

Darstellung vorhandener Menuetablettvorlagen und ihre Probleme

Im Gegensatz zur konventionellen Zeichnung, bei der der Konstrukteur über eindeutig definierte Hilfsmittel (z. B. Lineal, Zirkel, Schablonen etc.) verfügt, wird ihm durch das CAD-System ein Arbeitsmittel zur Verfügung gestellt, das in der Regel mehrere hundert Funktionen bzw. Kommandos beinhaltet.

Die Kommandos zur Erzeugung von Linien, Kreisen und anderen Elementen werden entsprechend ihren Rahmenbedingungen in unterschiedliche Funktionen unterteilt, die zu einzelnen Funktionsgruppen zusammengefaßt werden. Die Aufgabe des Anwenders besteht darin, die Funktionen bzw. Funktionsgruppen und deren Anwendungszweck eindeutig zu erkennen. Eine systematisch aufgebaute, unter wahrnehmungspsychologischen und grafischen Gesichtspunkten gut gestaltete MTV erleichtert den Überblick und fördert vor allem in der Schulungsphase die Akzeptanz des Systems.

Je nach Anwendungszweck und Hersteller werden die MTV unterschiedlich gestaltet, obgleich der Funktionsvorrat innerhalb bestimmter Grenzen sehr ähnlich ist. Die Unterschiede zwischen MTV beziehen sich auf die Funktionsbezeichnungen und -darstellungen, auf die Funktionsanordnungen und deren farbiger Codierung und auf die Größe des Feldes. Im allgemeinen können die Funktionsbezeichnungen und -darstellungen in drei Kategorien unterteilt werden:

Verbale Funktionsauflistung

Alle Funktionen werden durch Wörter bzw. Abkürzungen kenntlich gemacht. Da die Abkürzungen sowohl in Englisch als auch Deutsch erfolgen, z. T. auch in gemischter Form, ist ohne erklärendes Handbuch und häufiges Nachschlagen das Erlernen der Funktionsbedeutung erschwert.

Abb. 1   Beispiele für verbale Auflistung der Funktionen

a) Punkte-Menue der MTV des Systems Datavision
b) Linien-Menue der MTV des Systems Anvil 4000

X	HORIZ	NUM	PKT_AEND
Y	VERTI	BEZUG	PKT_LOE
Z	ORTHO	POLAR	PKT_EINF

a)

LINE POSITION	LINE KEY-IN	LINE JOIN	LINE TANGENT TO	LINE HORIZ	LINE VERT
LINE HORIZ AXIS	LINE VERT AXIS	LINE HORIZ/ VERT AXIS	LINE POLAR	LINE PARALLEL THRU POINT	LINE PARALLEL AT DISTANCE
LINE PERPTO LINE	LINE CHAMFER	LINE INTERSECT OF TWO PLANES	LINE TANTO ARC AT ANGLE	LINE N SEGMENTS	LINE INFINITE STATUS

b)

Verbale Auflistung und symbolische Gestaltung der Funktionen

Aus Gründen leichterer Einprägbarkeit und größerer Prägnanz werden verbale Abkürzungen bzw. Kurzbeschreibungen mit grafischen Symbolen kombiniert. Auf diese Weise ergibt sich eine gewisse Auflockerung des Tabletts und eine Redundanz der Informationsdarbietung, die die Zuordnung von Bezeichnung und Bedeutung erleichtert. Leider ist bei diesen so gestalteten MTV nicht ersichtlich, warum die vorliegende Kodierungsform gewählt wurde.

Abb. 2   Beispiel für verbale und symbolische Gestaltung der Funktionen
Ausschnitt aus dem Linienelemente-Menue des Systems Procad 2D

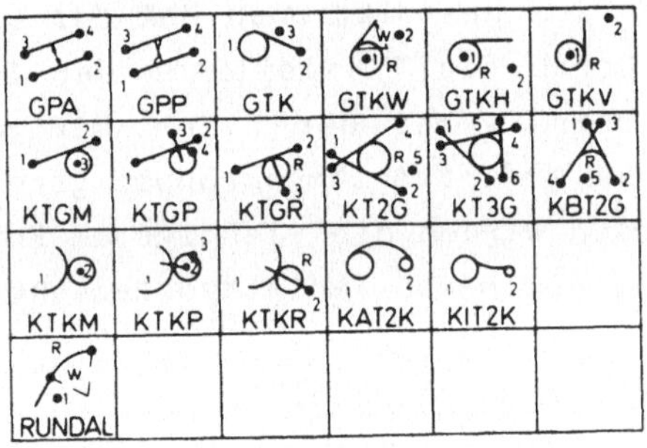

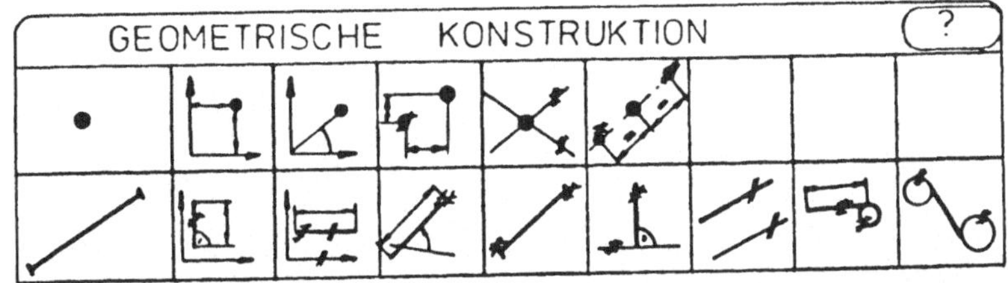

Überwiegend symbolische Gestaltung der Funktionen

Bei diesen MTV wird der größte Teil der Funktionen durch grafische Symbole veranschaulicht.

Abb. 3   Beispiel für symbolische Gestaltung der Funktionen
Menuetablettausschnitt "Geometrische Konstruktion" des Systems Concad 2 von Contraves

Bei nahezu allen MTV läßt die Zusammenfassung bzw. Anordnung der Funktionen keinen Rückschluß auf eine wie auch immer geartete Systematik zu. Die häufig verwendete Codierungshilfe "Farbe", durch die bestimmte Funktionen unterlegt werden, erschweren z. T. die Lesbarkeit der MTV mehr, als daß sie dem Nutzer bei der Kommandosuche helfen.

Die unterschiedliche Bezeichnung und grafische Darstellung gleicher oder ähnlicher Funktionen/Operationen auf MTV verschiedener Hersteller behindert den Lerntrasfer zwischen diesen Systemen.

Konzeption einer neuen Menue-Tablett-Vorlage - Concad 2

Durch die Größe der aktiven Digitalisierfläche (700 x 1280 cm) bestehen kaum Restriktionen bei der Dimensionierung der Tablettvorlagen. Durch die Flexibilität der Software sind ausreichende Freiheitsgrade bei der flächenmäßigen Aufteilung der einzelnen Funktionen bzw. Funktionsgruppen gegeben.

Im folgenden werden die wichtigsten Entwicklungsschritte bei der Entwicklung der neuen Tablettvorlage skizziert.

Ermittlung der Schwachstellen

Anhand von Arbeitsplatzbeobachtungen und Gesprächen mit dem Hersteller wurden folgende Schwachstellen bei MTV, die sich im Einsatz befinden, ermittelt:

- Schlechte Befestigungsmöglichkeiten der Tablettvorlage
- Schlechte Lesbarkeit häufig angetippter Funktionen
- Verwendung von stärker gesättigten Farben
- Gleichmäßige Farbkennzeichnung verschiedener Funktionsgruppen
- Verwendete Schriftart (Großschrift), (Textanordnung senkrecht)
- Teilweise zu kleine Menuefelder
- Keine einheitliche Symboldarstellung bei gleicher Funktionsart
- Keine benutzerfreundliche Funktionsgruppenanordnung

Erstellen von Symbolen

Ausgehend von einer von uns entwickelten Symbolbibliothek wurden auf der Basis des Concad 2 - Funktionsvorrates

neue Symbole bzw. Symbolalternativen generiert. Insgesamt wurden
ca. 500 z. T. alternative Symbole entwickelt. Bei der Erstellung
dieser Symbole bzw. deren Modifikation sind folgende Vereinbarungen getroffen worden:

- Ein Kreis (o) symbolisiert einen vorhandenen Punkt
  oder einen Pickpunkt (mit Fadenkreuz)
- Ein Vollkreis (●) markiert einen zu erzeugenden Punkt
- Eine Strichlinie (---) kennzeichnet eine vorhandene
  Linie (Element)
- Eine dicke Vollinie (━) markiert eine zu erzeugende
  Linie (Element)
- Eine dünne Vollinie (──) kennzeichnet eine Hilfs-
  linie, z. B. zum Bemaßen, für Abstände, ...
- Eine strich-punktierte Linie (−·−·−) kennzeichnet eine
  Fluchtlinie oder eine Mittellinie

Durch diese Vereinbarungen ist der Anwender in der Lage,
die bereits vorhandenen Elemente sowie die Randbedingungen, die
zur Erzeugung eines anderen Elementes notwendig sind, schnell zu
erkennen.

Da wir eine Menuetablettvorlage mit möglichst vielen,
eindeutig zu identifizierenden Symbolen anstrebten, wurden bei
problematischen Funktionen mehrere Alternativen entwickelt.

Durchführung eines wahrnehmungspsychologischen Experimentes zur Auswahl geeigneter Symbole

Von den mehr als 400 Funktionen wurden 55 ausgesucht,
die sich durch Symbole relativ schwierig darstellen lassen. Für
diese 55 Funktionen wurden 149 Varianten generiert, so daß für
eine Funktion zwischen 2 und maximal 6 Varianten bei der Auswahl
zur Verfügung standen. Die 55 Funktionen werden in zwei Diarei-
hen dargeboten. Diareihe A besteht aus 27 Funktionen und 77 Aus-
wahlalternativen für die Bereiche: Punkt-, Linie-, Kreis- und
Kreisbogengenerierung.

Diareihe B enthält 28 Funktionen mit 72 Alternativen für
die Operationen Trimmen, Zerlegen, Gruppenbildung und Zeich-
nungsverwaltung.

Jede Diavorlage besteht aus 9 Symbolen, von denen ein
Symbol der vorgelesenen und erklärten Funktionsbeschreibung zugeordnet werden soll. Diese Symbole werden nach dem Zufallsprin-

zip auf dem Dia angeordnet. Dies gilt für die inhaltliche und flächenmäßige Kombination, um Einstufungstendenzen zu vermeiden. Identische Funktionen werden jedoch immer auf derselben Position angeordnet und mit dem gleichen Kontext versehen, um Suchzeitdifferenzen auszuschließen. Die Diareihe A wurde 20, die Reihe B 10 Versuchspersonen (Maschinenbaustudenten ohne spezielle CAD-Kenntnisse) dargeboten. Die Versuchszeit dauerte zwischen 35 und 40 Minuten einschließlich der Einführung und mehrerer Vorversuche.

Während der Versuchsdurchführung wurden folgende Parameter erfaßt:

- Reaktionszeit zwischen Darstellung und Symbolidentifizierung
- Richtigkeit der Symbolauswahl
- Die Zuordnung bei falscher Auswahl
- Das Nichterkennen einer Funktion, bzw. das Unvermögen, die Funktion einem Symbol zuzuordnen

Aus der folgenden Abb. ist zu ersehen, welches Symbol besonders schnell bzw. spät erkannt wird. Das Symbol für die zugehörige Funktionsbeschreibung ist mit einem "x" gekennzeichnet.

Abb. 4   Vergleich einfach bzw. schwierig zu erkennender symbolischer Funktionsdarstellungen am Beispiel der Funktionsgruppe "Gruppenbildung"

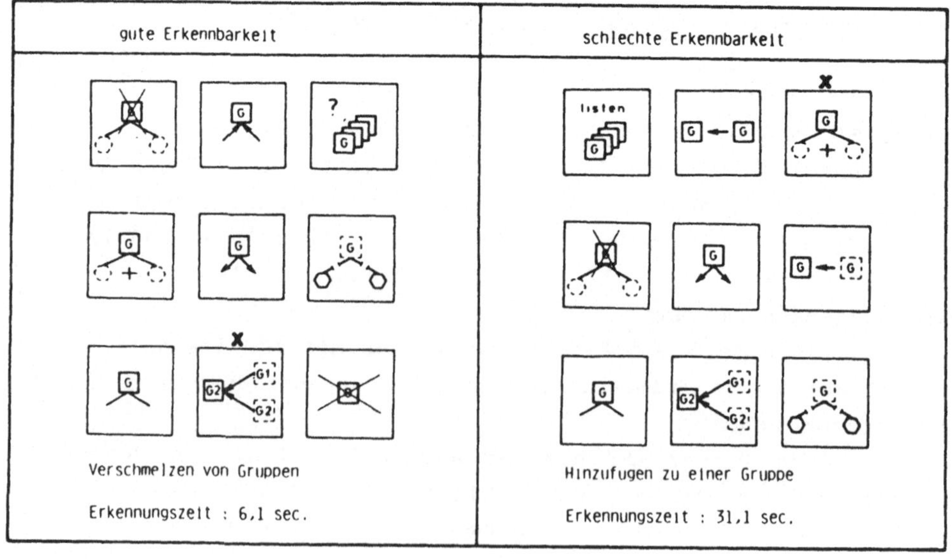

Aus der Länge der Reaktionszeit wird auf die Schwierigkeit der Funktionszuordnung geschlossen. Bezogen auf die Erkennungszeit pro Symbol schwanken die Werte im Durchschnitt zwischen 3,8 und 31 sec..

Analysiert man die durchschnittliche Erkennungszeit pro Funktionsgruppe, so erhält man folgende Werte:

Punkte	10,3 sec.	Zerlegen	14,8 sec.
Kreisbogen	8,5 sec.	Gruppenbildung	14,1 sec.
Linie	8,2 sec.	Trennen	13,9 sec.
Kreis	6,5 sec.	Zeichnungsverwaltung	11,5 sec.

Statistische Auswertung, Farb-Aspekte des Experimentes und weitere Vorgehensweise

Die Meßdaten wurden mit Hilfe eines parameterfreien Prüfverfahrens, Friedmanns Zwei-Weg-Rang-Varianzanalyse, analysiert. Für die Auswahl zur Symbolfeldgestaltung wurden diejenigen Funktionen hinzugezogen, deren Signifikanzniveau mit G = 0.10 bewertet wurde. Mit diesen Ergebnissen und aufgrund der Reaktionszeiten, der falschen bzw. nicht erfolgten Zuordnungen und der Vertauschungen wurden die geeigneten, d. h. die am eindeutigsten zu identifizierenden Symbole ausgewählt.

Die mit dem Experiment gewonnenen Erkenntnisse sind für die Neugestaltung der Funktionen von großer Wichtigkeit, um die Verwechslungsmöglichkeit auf der MTV so gering wie möglich zu halten und eine klare Abgrenzung zu anderen Funktionsdarstellungen zu bekommen. Durch die eindeutigeren Darstellungen wird die 'Kommunikation' mit dem System verbessert und die gedächtnismäßige Abspeicherung der Darstellungen erleichtert.

In einem nächsten Schritt war es erforderlich, die Symbole nach Funktionsgruppen so auf der Menuetablettvorlage anzuordnen, daß sich der CAD-Anwender möglichst schnell zurechtfindet, d. h. die Funktionsgruppen werden nach Zugehörigkeit sowie Benutzungsvielfalt auf der MTV angeordnet. Jeder Funktionsgruppe aus der Symbolbibliothek wurde eine typische Farbe zugeordnet. Diese Standardisierung hat den Vorteil, die Entwicklung spezieller Anwendertablettvorlagen zu erleichtern und die Identifikation von Symbolen zu spezifischen Funktionsgruppen zu beschleunigen.

Bei der Farbauswahl wurden folgende Aspekte beachtet:
- Reflexionsgrad der Farbe muß möglichst groß sein
- Ausreichender Kontrast zum Symbol bzw. zur Schrift
- Harmonischer Gesamteindruck, Vermeidung von Buntheit
- Anordnung der Farbfelder unter Vermeidung zu starker Simultan-Kontraste
- Berücksichtigung der Farbenblindheit (speziell die Rot-Grün-Blindheit), die bei männlichen Mitarbeitern mit ca. 2,6 % auftreten kann.

Mehrere MT-Alternativen wurden entwickelt, bei denen die flächenmäßige Anordnung, die Schriftgröße, die Feldgrößen der Symbole, die Linienführung etc. variiert wurden. Die alternativen Vorlagen wurden einigen mit CAD vertrauten Fachleuten und dem Hersteller zur Beurteilung vorgelegt.

Abb. 5   Vergleich der MTV Concad 2 - alt (a) und neu (b) am Beispiel der Funktionsgruppe "Bewegen/Kopieren"

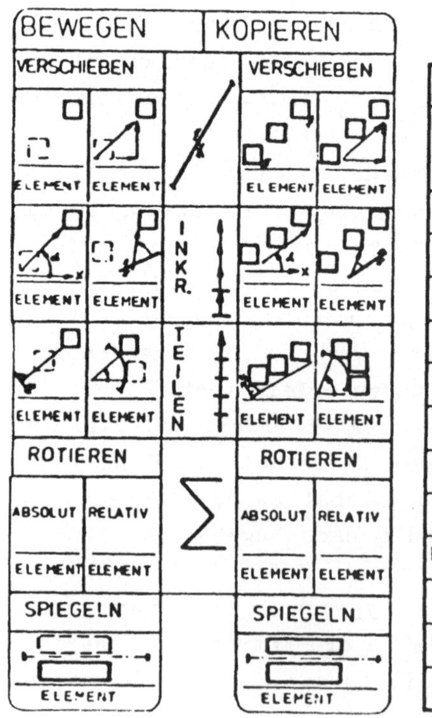
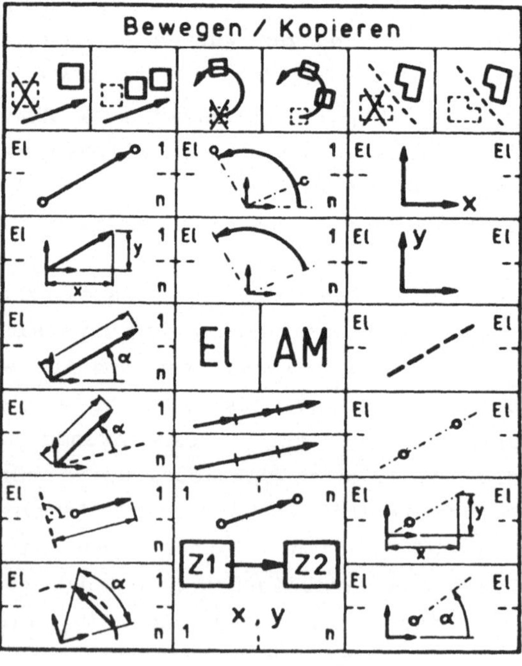

Schlußfolgerungen

Die Mensch-Maschine-Schnittstelle Menuetablett als letztes Glied in der Entwicklung eines CAD-Systems erfährt in der Regel wenig gestalterische Zuwendung. Obgleich die Tablettvorlage das Eingabemedium ist und damit neben dem Bildschirm als zentrales Arbeitsmittel aufzufassen ist, wird es vielfach den Anwenderfirmen überlassen, sich brauchbare Vorlagen selbst zu entwickeln.

Das dargestellte Vorgehen bei der Modifikation bzw. Neugestaltung einer Menuetablettvorlage zeigt die einzelnen Arbeitsschritte und macht deutlich, daß wahrnehmungs- und arbeitspsychologisches Grundlagenwissen gezielt für das Design von Arbeitsmitteln eingesetzt werden kann. Geeignete Nutzermodelle und die Berücksichtigung ergonomischer Gestaltungserfordernisse werden bei relativ teuren CAD-Systemen die Kaufentscheidung zunehmend beeinflussen. Für Arbeitspsychologen ergeben sich somit Einfußmöglichkeiten auf die Auslegung von Arbeitsmitteln, wenn sie bereit sind, konkrete Gestaltungsvorschläge zu unterbreiten. Die wissenschaftliche Analyse vorhandener Unzulänglichkeiten im Bereich der Arbeitstätigkeit, die eine Domäne der Arbeitspsychologie ist, reicht nicht aus, Ingenieure von der Notwendigkeit arbeitspsychologischen Tuns zu überzeugen. Dies gelingt in der Regel erst dann, wenn in Kooperation mit Ingenieuren konkrete Alternativen gestaltet und erprobt werden.

Literaturverzeichnis

Encarnacao, J. & Strasser, W. (1986): Computer Graphics. München, Wien: Oldenbourg.
Frieling, H. (1968): Gesetz der Farbe. Göttingen: Musterschmidt.
Krüger, M. & Müller-Limmroth, W. (1979): Arbeiten mit dem Bildschirm aber richtig. Hrsg. Bayerisches Staatsministerium für Arbeit und Sozialordnung. München.

Prof. Dr. Ekkehart Frieling
Dipl.-Ing. Jürgen Pfitzmann
Fachgebiet Arbeitswissenschaft
Gesamthochschule Kassel
Heinrich-Plett-Str. 40
3500 Kassel

MENUHANDLER – EIN ANWENDUNGSUNABHÄNGIGES MENÜ-INTERFACE

C. Hoffmann,   W. Valder,   St. Augustin

Zusammenfassung: Menüs erlauben dem Benutzer eines Software-Systems, aus einer vorgegebenen Menge von Alternativen eine Wahl zu treffen. In diesem Aufsatz wird eine flexible, anwendungsunabhängige Menü-Schnittstelle vorgestellt, die es erlaubt, viele Aspekte von Menüs während der Laufzeit der Anwendung anzupassen. Die Möglichkeit zur Anpassung umfaßt nicht nur die Repräsentation der Menüs, sondern auch ihre Struktur, die Mechanismen zur Selektion und die Information, die die Anwendung im Falle einer Selektion erwartet. Für komplexe Bereiche ist die Flexibilität des Systems Voraussetzung für den Einsatz an der Benutzerschnittstelle. Das Papier beschreibt die technische Konzeption für ein derartiges System.

Einleitung

Bei der Benutzung von UNIX™ treten viele Probleme auf, die ihre Ursache in der Komplexität des Systems haben. Nicht nur die große Anzahl der zur Verfügung stehenden Werkzeuge und Objekte macht es für den Benutzer in der Regel schwer, für eine konkrete Aufgabe eine geeignete Auswahl zu treffen, sondern auch die Tatsache, daß es keine problemorientierte Struktur auf der Menge der Werkzeuge gibt (vgl. Draper, 1984). Eine Möglichkeit, die Komplexität des Systems beherrschbar zu machen, besteht darin, dem Benutzer die Werkzeuge des Systems problemorientiert in sogenannten Arbeitskontexten zu präsentieren (vgl. Hoffmann und Valder, 1986). In einem Arbeitskontext können die Erfahrungen hochgeübter Benutzer bei der Nutzung eines Systems anderen Benutzern verfügbar gemacht werden. Dazu werden die Werkzeuge und Objekte, die sich für ein Arbeitsverfahren als nützlich herausgestellt haben, den Benutzern präsentiert zusammen mit der für das Arbeitsverfahren relevanten Information. Eine geeignete Interaktionstechnik, die es dem Benutzer erleichtern kann, aus den zur Verfügung stehenden Alternativen eine geeignete Wahl zu treffen, ist die gezielte Verwendung von Menüs. Mit Hilfe von Menüs können in strukturierten Arbeitsbereichen die relevanten Werkzeuge und Objekte aufgabenorientiert präsentiert werden.

In diesem Aufsatz wird die technische Konzeption für ein System vorgestellt, das sowohl den Benutzern als auch den Entwicklern komplexer Anwendungssysteme den Umgang mit Menüs erleichtern soll. Dieses System, das wir MenuHandler nennen, gestattet die flexible Anpassung von Menüs an die sich ändernde Arbeitssituation des Benutzers. Diese Anpassung kann durch den Benutzer selbst durchgeführt werden. Er kann z.B. aus einer Menge unterschiedlicher Repräsentationen von Menüs die geeignete auswählen. Ebenso kann der Benutzer auf die Interaktion mit dem Menü-System Einfluß nehmen, z.B. ob er mit Maus oder Cursor-Tasten oder durch Angabe von Schlüsselwörtern aus den Menüs auswählen will. Insbesondere hat er jedoch die Möglichkeit, neue Menüs zu definieren, Menüs umzustrukturieren, und festzulegen, welche Information eine Anwendung als Ergebnis einer Selektion erhalten soll.

In komplexen Problembereichen ist der Gesichtspunkt der Flexibilität besonders wichtig, weil gerade hier vom Entwickler eines Anwendungssystems eine Zuordnung von definierten Aufgaben zu Werkzeugen nicht a-priori festgelegt werden kann. Häufig treten neue Probleme auf, für die dann kreativ neue Lösungen gefunden werden. Bei der Instrumentierung der Lösung müssen den spezifizierten Teilaufgaben geeignete Werkzeuge zugeordnet werden. Dieser Vorgang, bei dem das Werkzeuginventar während der Problemlösung dynamisch neu strukturiert wird, kann durch die Flexibilität des MenuHandlers unterstützt werden.

Damit der große Aufwand für die Entwicklung einer qualitativ hochwertigen Benutzerschnittstelle zu rechtfertigen ist, sollten die Komponenten der Benutzerschnittstelle möglichst anwendungsunabhängig entwickelt werden. Beispielsweise hat ein anwendungsunabhängiger MenuHandler den Vorteil, daß er in die Benutzerschnittstelle vieler Anwendungssysteme integriert werden kann.

Die Forderung, Komponenten der Benutzerschnittstelle möglichst anwendungsunabhängig zu entwickeln, wird erhoben, seit interaktive Systeme immer mehr an Bedeutung gewinnen und die Programmierung des Dialogs zwischen dem Benutzer und dem Computer sich immer mehr als eines der kritischen Probleme herausstellt. So haben Untersuchungen interaktiver Systeme gezeigt, daß bis zu 60% des Codes der Kommunikation zwischen dem Benutzer und dem System dienten (vgl. Benbesat & Wund, 1984).

Menüs

Ein Menü definiert eine Abbildung von einer Menge von Begriffen aus dem Anwendungsgebiet eines Systems (anwendungsspezifische Begriffe) in eine Menge von Begriffen der Systementwickler (systemspezifische Begriffe): die Elemente eines Menüs (die Menü-Items) sollen dem Benutzer die Auswahl von geeigneten Elementen des Systems erleichtern. Die Items beschreiben oft Tätigkeiten aus einem Anwendungsgebiet, denen eine Funktion (ein Kommando) des zugrundeliegenden Systems zugeordnet ist.

Beispiel: Bei einem System zur Unterstützung der Arbeit einer Sekretärin kann die Tätigkeit 'Briefe zeigen' im Menü abgebildet werden auf die systemspezifische Funktion
'ls /usr/sekr/letters'.

Die Anwendbarkeit von Menü-Systemen kann erweitert werden, wenn man die Benutzerselektion nicht nur auf Funktionen eines Systems beschränkt, sondern beliebige Objekte aus einem Anwendungsgebiet zuläßt.

Beispiel: Will die Sekretärin im o. a. Beispiel einen vorhandenen Brief weiterbearbeiten, so kann ihr, nachdem sie aus einem Menü die Tätigkeit 'Brief bearbeiten' ausgewählt hat, in einem Menü eine Liste aller relevanten Briefe angeboten werden, aus der sie eine Auswahl treffen kann.

Im folgenden werden verschiedene Arten von Menüs besprochen, für die eine Unterstützung durch das Menü-System vorgesehen ist. Weiterhin wird erläutert, welche Mechanismen zur Selektion dem Benutzer zur Verfügung gestellt werden sollen.

Verschiedene Arten von Menüs

Menüs lassen sich in drei Klassen einordnen (vgl. auch Shneiderman, 1987):

- Einzel-Menüs,
- hierarchische Menüs,
- eingebettete Menüs.

Einzel-Menüs

Einzel-Menüs erlauben dem Benutzer aus zwei oder mehr Items eine Wahl zu treffen. Menüs mit zwei Alternativen, binäre

Menüs, werden häufig benutzt, um eine Bestätigung vom Benutzer zu erhalten, z.B.:

'Wollen Sie die Änderungen abspeichern (J/N)?'
Die Zahl der Items in einem Menü ist jedoch nicht beschränkt; sogar Menüs, die über mehrere Bildschirmseiten gehen, sind vorstellbar. Auch die Zahl der Alternativen, die ein Benutzer aus einem Menü auswählen darf, ist nicht auf eine Selektion beschränkt. Es existieren Anwendungen, in denen es durchaus sinnvoll ist, mehrere Alternativen auszuwählen, die dann z.B. als Belegungen für die Parameter eines Kommandos interpretiert werden.

Eine wichtige Frage ist, ob ein Menü permanent auf dem Bildschirm zu sehen ist (permanente Menüs) oder ob ein Menü erst nach Anfrage des Benutzers auf dem Bildschirm dargestellt und nach einer Selektion wieder gelöscht wird (pop-up Menüs). Pop-up Menüs werden häufig verwendet, weil permanente Menüs viel Platz verbrauchen. Eine Kombination von permanenten Menüs und pop-up Menüs ist beim Apple Macintosh™ realisiert. Dort existiert eine Menü-Leiste am oberen Ende des Bildschirms, die die Namen aller zur Verfügung stehenden Menüs anzeigt. Durch das Aktivieren mit der Maus werden unterhalb des selektierten Menü-Namens die entsprechenden Items dargestellt. Nach einer Selektion wird das Menü bis auf den Namen in der Kopfzeile gelöscht.

Hierarchische Menüs

Wenn die Anzahl der Auswahlmöglichkeiten einer Anwendung sehr groß wird, dann ist schnell die Grenze der Anwendbarkeit von Einzel-Menüs erreicht. Sie werden für den Benutzer unübersichtlich und unhandhabbar. Die zur Auswahl anstehenden Alternativen können dem Benutzer dann mit Hilfe hierarchischer Menüs präsentiert werden. Die Selektion eines Item bedeutet in diesem Fall nicht immer die Auswahl eines Anwendungselements; als Folge einer Selektion kann auch ein weiteres Menü zur Selektion angeboten werden.

Hierarchische Menüs können verschieden strukturiert sein. Für bestimmte Problembereiche kann eine baumartige Struktur angemessen sein. Das bedeutet, jedes Menü hat genau ein Vorgänger-Menü. Vielfach ist jedoch eine flexiblere Struktur nötig: Menüs können dann auch allgemein netzartig strukturiert sein. In diesem Fall kann ein Menü auf verschiedenen Wegen erreicht werden.

Eingebettete Menüs

Manchmal ist es zweckmäßig, die Alternativen eines Menüs nicht in einer festen räumlichen Ordnung zueinander darzustellen, sondern die Items beliebig positioniert auf dem Bildschirm zu präsentieren. Diese Möglichkeit kann insbesondere dazu verwendet werden, beliebige Worte eines auf dem Bildschirm dargestellten Textes selektierbar zu machen. In diesem Fall spricht man von eingebetteten Menüs.

Als Beispiel kann ein Programm zur automatischen Überprüfung eines Textes auf Rechtschreibfehler dienen. Alle Worte eines Textes, die in einem Lexikon nicht vorkommen, werden als selektierbar gekennzeichnet. Wählt der Benutzer ein Wort aus, wird ihm in einem Menü eine Liste von Vorschlägen präsentiert, aus der er eine Alternative auswählen kann.

Mechanismen zur Selektion

Zur Selektion von Alternativen aus einem Menü stehen verschiedene Möglichkeiten zur Verfügung. Auf zeichenorientierten Terminals werden die Items in einem Menü häufig durch einen Buchstaben oder eine Ziffer gekennzeichnet. Zur Selektion gibt der Benutzer den entsprechenden Buchstaben (die entsprechende Ziffer) ein. Genauso ist es möglich, den Items eines Menüs Funktionstasten zuzuordnen: das Drücken einer Funktionstaste führt dann zur Selektion des betreffenden Item. Meistens wird die Selektion jedoch durch Positionierung des Cursors oder mittels Zeigeinstrument, wie z.B. der Maus, vorgenommen.

Bei hierarchischen Menüs kann es für den geübten Benutzer nützlich sein, wenn er durch gleichzeitiges Eingeben mehrerer Selektionen sofort zu einem bestimmten Menü kommt, ohne daß ihm alle Zwischenschritte gezeigt werden. Die kombinierte Selektion kann für den Benutzer den Charakter eines Kommandos bekommen. Ein weiterer Schritt in diese Richtung ist die Vergabe von Namen für Menüs: ein Menü wird dann durch Angabe des betreffenden Namens aktiviert. Genauso lassen sich Namen für Items definieren, so daß auch die Selektion von Items mittels Namen möglich ist. So kann ein großer Nachteil hierarchischer Menüs behoben werden; denn für einen erfahrenen Benutzer ist es mühsam und zeitaufwendig,

jedesmal eine Folge von Menüs durchzuarbeiten, wenn er aufgrund
seiner Erfahrung mit dem System weiß, zu welchem Menü er gelangen
will. Kann er jedoch Namen für Menüs und Items vergeben, hat er
ein Mittel in der Hand, sich eine einfache Kommandosprache zu
definieren.

Nach einer allgemeinen Diskussion der Anforderungen, die
an einen MenuHandler als Komponente einer Benutzerschnittstelle
gestellt werden, soll im folgenden eine technische Konzeption für
einen MenuHandler beschrieben werden. Der MenuHandler wird unter
UNIX™ auf einer SUN™ 3 entwickelt. Er ist Bestandteil einer
Konzeption für eine anwendungsunabhängige Benutzerschnittstelle,
die unter UNIX™ zur Verfügung gestellt werden soll.

Der MenuHandler

Der MenuHandler ist eine technische Komponente der Benutzerschnittstelle, die den gesamten menü-bezogenen Dialog mit dem
Benutzer führen kann. Eine Anwendung, die Leistungen des MenüHand-
lers benötigt, muß zunächst eine Kommunikationsverbindung zu ihm
herstellen. Daraufhin muß sie dem MenuHandler eine Beschreibung
der von ihr verwendeten Menüs zur Verfügung stellen. Die weitere
Kommunikation des Benutzers mit der Anwendung läuft dann über den
MenuHandler: er interpretiert die Eingabe des Benutzers, führt an
ihn gerichtete Kommandos aus und liefert das Ergebnis an die Anwendung (vgl. Abb.1). Für die Anwendung ist die Arbeitsweise des
MenuHandlers transparent; die Anwendung kann nicht unterscheiden,
ob die Daten, die sie erhält, die Eingabe des Benutzers ist, oder
ob sie vom MenuHandler als Ergebnis einer Interaktion mit dem
Benutzer erzeugt wurden.

Der MenuHandler besteht aus einem eigenen Kommando-Interpretierer, der die Eingabe des Benutzers analysiert, und der Menü-
Daten-Struktur (MDS). In der MDS sind die durch die Anwendung
übermittelten Menü-Beschreibungen festgehalten (vgl. Abb.2). Der
Kommando-Interpretierer zerlegt die Eingabe des Benutzers in syntaktische Einheiten (Token). Für jedes Token wird überprüft, ob es
sich um ein Kommando für den MenuHandler handelt. Dazu durchsucht
der Kommando-Interpretierer die MDS nach dem entsprechenden
Schlüsselwort. Wenn es gefunden wird, führt der MenuHandler die
entsprechende Funktion aus. Falls es sich nicht um ein Kommando an

den MenuHandler handelt, wird das Eingabe-Token unverändert an die Anwendung weitergeleitet. Bei Kommandos, die zu einer Selektion führen, wird das entsprechende Token in der Eingabe durch das Ergebnis der Selektion ersetzt.

Beispiel: Die Eingabe ´Dateien listen´ wird folgendermaßen vom MenuHandler bearbeitet (vgl. Abb.3). Das Token ´Dateien´ wird als Schlüsselwort für ein Menü in der MDS entdeckt. Das Token ´listen´ ist ein Schlüsselwort, das sich auf ein Item des selektierten Menüs bezieht. Die Benutzereingabe führt also zur Selektion eines Menü-Item. Als Ergebnis wird die Zeichenkette ´ls -l´ an die Anwendung gesendet. Die Selektion erfolgt in diesem Fall also vollständig durch Kommandoeingabe ohne eine weitere Interaktion mit dem Benutzer.

Lautet die Eingabe ´Dateien a.c b.c c.h´ wird als Folge des Schlüsselworts ´Dateien´ das entsprechende Menü dem Benutzer auf dem Bildschirm präsentiert. Selektiert der Benutzer dann z.B. das Item ´löschen´, wird in der Eingabe des Benutzers das Token ´Dateien´ durch das Ergebnis der Selktion (´rm ´) ersetzt. Als Ergebnis wird an die Anwendung die Zeichenkette ´rm a.c b.c c.h´ weitergeleitet.

Die durch die Ergebnisse von Selektionen erweiterte Eingabe wird erneut vom Kommando-Interpretierer analysiert. Auf diese Weise lassen sich hierarchische Menüs sehr leicht dadurch implementieren, daß das Ergebnis einer Selektion wieder ein neues Kommando zur Selektion in einem Menü ist.

Grundlage für die Menü-Behandlung bildet die MDS. In der MDS ist festgelegt, wie die von der Anwendung benötigten Menüs repräsentiert werden, wie die Selektion der Menü-Items im Dialog erfolgen soll und welche Ergebnisse von der Anwendung erwartet werden.

Eintragungen in die Menü-Daten-Struktur (MDS) können sowohl vom Benutzer als auch von der Anwendung verändert werden. Der Zugriff wird für den Benutzer durch Menüs ermöglicht, deren Beschreibung auch in der MDS abgelegt ist; d.h.zu jedem Zeitpunkt existiert in der MDS ein spezifischer Knoten, der die Menüs für den MenuHandler definiert. Zum Schutz vor unerlaubten Änderungen ist die Information selektiv mit Zugriffsrechten versehen.

Abb. 1: Komponenten des MenuHandlers

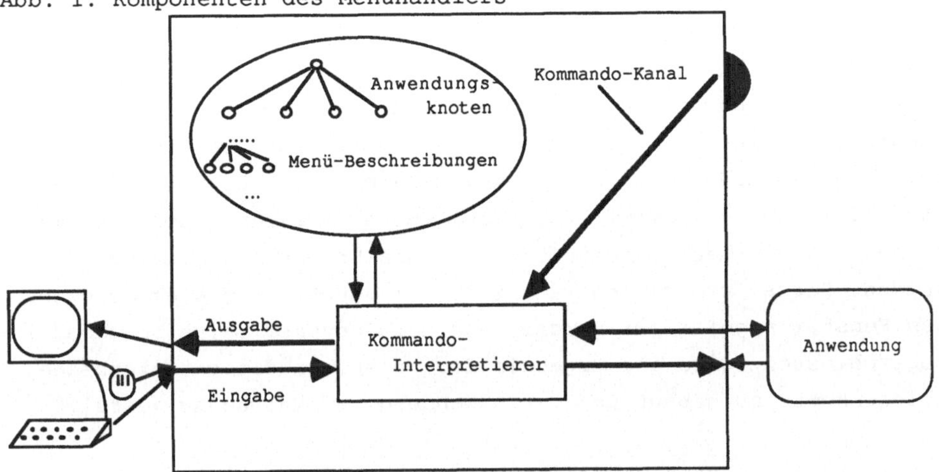

Die MDS ist baumartig strukturiert. Jede dem MenuHandler
bekannte Anwendung definiert einen Anwendungsknoten. Jeder Anwendungsknoten ist Wurzel eines Unterbaums, der alle zur Verfügung
stehenden Menüs der betreffenden Anwendung beschreibt. Zu jedem
Menü wird gespeichert: (1) der Menütyp, (2) wie das Menü aktiviert
wird, (3) Zugriffsrechte zur Manipulation der Menübeschreibung,
(4) Zahl der gültigen Selektionen für dieses Menü. Jedes Menü
besitzt wiederum einen Unterbaum, der die zugehörigen Items beschreibt. Zu jedem Item ist abgelegt: (1) die Repräsentation, (2)
die gültigen Selektionsmechanismen (z.B. Namen, Funktionstasten), (3) was als Ergebnis der Selektion geliefert werden soll,
und (4) wie evtl. zusätzliche Information beschafft werden kann,
die zum Erzeugen des Ergebnisses der Selektion benötigt wird.

Der letzte Punkt bedarf einer Erläuterung. Bei der Definition eines Item kann nicht immer die vollständige Zeichenkette angegeben werden, die die Anwendung als Ergebnis der Selektion benötigt. Legt man eine Beschreibung der syntaktischen Struktur der
als Ergebnis der Selektion zu liefernden Zeichenkette ab, kann der
MenuHandler die syntaktische Korrektheit des Ergebnisses entsprechend dieser Beschreibung herstellen. Er stellt dazu ein Repertoire an Funktionen zur Verfügung.

Beispiel: Der Benutzer definiert ein Menü ´Dateien´ (vgl.
Abb.2); ein Item des Menüs lautet ´kopieren´. Als Ergebnis der

Selektion dieses Item soll das entsprechende Kommando für das
Anwendungsprogramm generiert werden. Die Struktur der Ergebniszei-
chenkette ergibt sich aus der Syntax des Kommandos. In UNIX™
lautet die Beschreibung für das Kommando zum Kopieren einer Datei
´cp file1 [file2 ..] target´ (vgl. UNIX86). Das bedeutet, daß ein
korrektes Kommando mindestens zwei Dateinamen enthalten muß. Bei
der Selektion des betreffenden Item müssen die fehlenden Informationen (Dateinamen) beschafft und in das Ergebnis integriert
werden. Diese Information kann z.B. vom Benutzer in einem speziellen Fenster angefordert werden. Hat der Benutzer seine Eingabe
abgeschlossen, wird als Ergebnis der Selektion die entsprechende
Zeichenkette aufgebaut und der Anwendung zur Verfügung gestellt.

Abb.2: Zu einem Menü abgelegte Informationen

Ergebnis-Muster	Menü	keywords
	Dateien	Dateien, files, datei
ls -l	listen	show, listen, list, zeigen
cp	kopieren	kopieren, copy
mv	umbenennen	rename, umbenennen
rm	löschen	löschen, delete, remove
pr *% | lpr	drucken	drucken, print

Durch die Verknüpfung von Funktionen an die Selektion
eines Item wird erreicht, daß bestimmte syntaktische Überprüfungen
bereits im MenuHandler ohne Eingreifen der Anwendung durchgeführt
werden können. Dazu stellt die Anwendung eine Beschreibung der
syntaktischen Struktur des Kommandos in der MDS zur Verfügung.
Aufgrund dieser Beschreibung wird ein Ergebnis generiert, daß den
syntaktischen Anforderungen genügt. Die Schritte, die nötig sind,
um die syntaktische Korrektheit zu erreichen (z.B. durch Einholen
von Information vom Benutzer), werden vom MenuHandler selbständig
durchgeführt.

Dieses Konzept erlaubt es, bestimmte Überprüfungen
außerhalb der Anwendung vorzunehmen. Über die beschriebene
syntaktische Überprüfung hinaus ist es auch möglich, semantische
Aspekte zu überprüfen, z.B. ob eine Eingabe eine gültige Datei

benennt oder ob ein Kommando ´Sinn macht´ (z.B. ´cp a a´). Die
Anwendung muß die zur Überprüfung notwendige Information
bereitstellen, die Überprüfung selbst wird dann außerhalb der
Anwendung vorgenommen.

Zusammenfassung

Der MenuHandler ist eine Komponente einer Benutzerschnittstelle, die Benutzern unter UNIX™ angeboten werden soll. Alle
Komponenten dieser Benutzerschnittstelle werden soweit wie möglich
anwendungsunabhängig entwickelt. Außerdem soll dem Benutzer größt-
mögliche Flexibilität bei der Anpassung der Benutzerschnittstelle
an seine konkrete Arbeitssituation ermöglicht werden. Am Beispiel
des MenuHandler wurde gezeigt, wie man diese Anforderungen zu
einem technischen Konzept entwickeln kann.

Literaturverzeichnis

Benbesat, I. & Wund, Y.(1984): A Structured Approach to Designing
    Human-Computer Dialogues. International Journal for
    Man-Machine Studies (1984), Vol. 21.

Draper,S.W. (1984): The nature of expertise in UNIX. INTERACT'84,
    First IFIP Conference on 'Human-Computer Interaction', 4-7
    September 1984, London, Volume 2, p.182-186.

Hoffmann, C. & Valder, W. (1986): Command Language Ergonomics.
    Foundation for Human-Computer-Interaction, K. Hopper and I.A.
    Newman (Editors), Elsvier Science Publishers B.V.
    (North-Holland), IFIP, 1986, p.218-234.

Shneiderman, B. (1987): Designing the User Interface: Strategies
    for Effective Human-Computer Interaction. Addison-Wesley
    Publishing Company.

UNIX86: SUN Microsystems, Inc., Command Language Reference Manual,
    19 September 1986.

Claus Hoffmann, Wilhelm Valder
GMD-F2.G2
Postfach 1240
D-5205 St. Augustin 1

Eine ergonomische Benutzerschnittstelle
für den Anwendungsbereich der Bildfolgenauswertung
Volker Haarslev, Universität Hamburg

Zusammenfassung: Es wird ein neuer Vorschlag zur Gestaltung der Benutzerschnittstelle von Bildfolgenauswertesystemen vorgestellt. Dieser Vorschlag stützt sich auf einer Modellierung der zukünftigen Benutzer einer solchen Schnittstelle und auf einer systematischen Untersuchung der Mensch-Maschine-Kommunikation für die Bildfolgenauswertung und führt zu einer Benutzerschnittstelle für eine ganze Klasse von Bildfolgenauswertesystemen, die Benutzern eine objektorientierte Interaktion und eine direkte Manipulation graphischer Repräsentationen der Komponenten dieser Systeme gestattet. Abschließend wird die Implementation eines Prototyps in der Programmiersprache Ada vorgestellt.

Einleitung

Seit einigen Jahren werden verschiedene Ansätze zur Deutung von digitalisierten TV-Bildfolgen zeitveränderlicher Szenen untersucht (siehe *Nagel (1985)*). Die dabei auftretenden Probleme führen zur Entwicklung umfangreicher experimenteller Programmsysteme, die oft durch die Mitarbeit zahlreicher Autoren entstehen und deren Modifikation und Erweiterung zahlreiche Mitarbeiter über viele Jahre in Anspruch nehmen kann. Als Beispiel sei das MORIO-System (*Dreschler-Fischer et al., 1983*) genannt. Die Komplexität derartiger Experimentalsysteme wird weiterhin dadurch erhöht, daß sie aus einer Kombination von peripheren Geräten wie Bildsignalquellen und -senken (z.B. Kamera, Bildplatte, Bildspeicher), graphischen Ein- und Ausgabegeräten, speziellen Prozessoren sowie Rechnern und Programmkomponenten bestehen.

Auf diese Weise gewachsene Systeme berücksichtigen nur selten konsequent ergonomische Prinzipien für die Systemgestaltung und die Benutzerschnittstelle (*Maaß, 1984*). Es droht somit die Gefahr, daß auf die Dauer nur noch ein kleiner Teil der verfügbaren Personalkapazität effektiv für die Weiterentwicklung derartiger Experimentalsysteme eingesetzt werden kann. Die hier vorgestellte Arbeit (*Haarslev, 1986*) untersucht, inwieweit Konzepte zur Gestaltung von Benutzeroberflächen, die in anderen Anwendungsbereichen (z.B. Textverarbeitung) entwickelt wurden, angepaßt und erweitert werden können, um eine für den Benutzer von Bildfolgenauswertesystemen angemessene Benutzerschnittstelle zu schaffen.

Bei Systemen zur Auswertung von Bildern und Bildfolgen handelt es sich vorwiegend um interaktive Systeme, die dem Benutzer eine mehr oder weniger umfangreiche Überwachung und Beeinflussung des Verarbeitungsablaufs gestatten. Die Interaktion zwischen dem Benutzer und experimentellen Bildauswertesystemen dient insbesondere der Festlegung der Verarbeitungsdaten, des Ablaufs und der Steuerung des Systems. Der Benutzer hat dabei die Funktion eines Experten, der den Verarbeitungsablauf überwacht. Gleichzeitig versucht der Benutzer, ein adäquates System zur Lösung seiner Fragestellungen zu entwickeln. Zwei wichtige Bestandteile bei der Entwicklung solcher Systeme sind somit die Interaktion und die Systemgestaltung.

Aufgrund der Erfahrung vieler Wissenschaftler finden das menschliche Denken und die damit verbundenen Problemlösungsprozesse überwiegend in visuellen Kategorien statt (*Benzon,*

1985, Raeder, 1985). Die Strukturierung von Experimentalsystemen ist somit ein Bestandteil der Systementwicklung und unterliegt damit auch dem menschlichen Denken. Um den Entwickler bei diesen Vorgängen zu unterstützen, erscheint es sinnvoll, das Experimentalsystem und seine Struktur graphisch darzustellen. Gleichzeitig kann sich die Interaktion des Benutzers an dieser Systemdarstellung orientieren und ihm damit einen Bezug zwischen seinen Eingaben und den Systemreaktionen vermitteln. Die Strukturierung des Systems erfolgt durch die direkte Manipulation (*Shneiderman, 1983*) der graphischen Darstellung des Systems.

Für den Benutzer sind aber nicht nur die statischen, sondern auch die dynamischen Aspekte eines Programmsystems von Interesse. Durch die graphische Darstellung der Wirkungsweise von Algorithmen (algorithm animation) wird dem Benutzer Einsicht in die dynamischen Aspekte des Systemablaufs gegeben. Als Beispiele sind die Programmumgebung BALSA (*Brown & Sedgewick, 1985*), die Lisp-Programmierumgebung TINKER (*Lieberman, 1984*) und ein auf der Smalltalk-Umgebung basierendes System (*London & Duisberg, 1985*) zu nennen.

Bei der Entwicklung einer Benutzerschnittstelle sind weiterhin nicht nur die visuellen und strukturellen Aspekte der Schnittstelle wichtig, sondern auch die konsequente Konzeption der Schnittstelle ausgehend von dem zukünftigen Benutzer. Diese Entwicklung wird erleichtert, wenn Konzepte der methodischen Programmentwicklung auf den Entwurf von Benutzerschnittstellen angewendet werden (*Draper & Norman, 1985*).

Nachfolgend werden die wichtigsten zugrunde gelegten Prinzipien bei der Entwicklung einer Benutzerschnittstelle für experimentelle Bildfolgenauswertesysteme zusammengefaßt:

- Explizierung und graphische Darstellung der Struktur von Bildfolgenauswertesystemen unter Verwendung eines Farbrastergraphik-Systems;

- Möglichkeit zur interaktiven Strukturierung und Veränderung eines solchen Systems durch die direkte Manipulation der graphischen Repräsentation von Systemkomponenten;

- Graphische Darstellung der Wirkungsweise von Auswertealgorithmen;

- Strukturelle Trennung eines Bildfolgenauswertesystems in ein Dialogsystem und ein Anwendungssystem;

- Entwurf einer interaktiven Benutzerschnittstelle für die Bildfolgenauswertung auf der Grundlage eines vorher explizit definierten Benutzermodells;

- Gestaltung der Benutzerschnittstelle auf der Basis von Objektkonzepten für die einzelnen Systemkomponenten.

Benutzermodell

Der erfolgreiche Entwurf einer Benutzerschnittstelle für ein System setzt voraus, daß klare Vorstellungen von Eigenschaften und Intentionen des zukünftigen Benutzers vorliegen, d.h. daß der zukünftige Benutzer dieses Systems modelliert wird. Dieses Benutzermodell wird dann als Grundlage verwendet, um die Interaktion zwischen dem Benutzer und dem geplanten System zu gestalten. Ein wichtiger Schritt bei der Modellierung des Benutzers ist die Formulierung eines konzeptuellen Modells, das der zukünftige Benutzer von einem System hat. Ein *konzeptuelles Modell* besteht aus einer Menge von Konzepten, die eine Person bildet, um das Verhalten eines

Systems zu erklären. Dieses vom Benutzer entwickelte Modell erlaubt ihm, die Reaktion eines Systems zu antizipieren und mit diesem System zu kommunizieren. Es wird hauptsächlich durch die Interaktionsnormen des Systems geprägt. Es kann deshalb auch als *Systemmodell* (*Maaß, 1984*) bezeichnet werden.

Als *Benutzermodell* werden hier die Vorstellungen des Systementwicklers bezeichnet, die dieser vom Benutzer und dessen Systemmodell hat.

Aus dem vom Entwickler formulierten Systemmodell werden Konzepte zur Gestaltung einer Benutzerschnittstelle entwickelt. Diese Gestaltungskonzepte explizieren das vom Systementwickler angestrebte Benutzermodell. Ihre Verwendung beim Entwurf eines Systems soll bewirken, daß im Benutzer bei der Interaktion mit dem System das angestrebte Systemmodell entsteht. Der Systementwickler setzt somit seine Erwartungen bezüglich der Art der Benutzereingaben und Systemausgaben in die Dialoggestaltung des Systems um.

Diese vom Entwickler im System niedergelegten Erwartungen werden als Benutzerbild des Systems (*Maaß, 1984*) angesehen. Das *Benutzerbild* bezeichnet hier die Vorstellungen über den Benutzer, die der Systementwickler im System verankert hat. Das Benutzerbild ist damit das Benutzermodell des Systementwicklers, das sich im System wiederfindet und vom Benutzer nur indirekt abgeleitet werden kann. Das Benutzerbild eines Systems äußert sich in den Interaktionsnormen, die der Systementwickler setzt (*Maaß, 1984*).

Das Spektrum der Bildfolgenauswertung erstreckt sich vom Bereich der Bildfolgenerfassung über die Bildvorverarbeitung bis hin zur 3D-Modellierung von Objekten und der Interpretation von Änderungen. Ein dieses Aufgabengebiet umfassendes System wird deshalb in natürlicher Weise aus Komponenten bestehen, die jeweils eine Teilaufgabe des Gesamtsystems realisieren. Die Interaktion des Benutzers mit dem System findet auf der Basis der vorhandenen Komponenten statt. Sie sollen deshalb auch als *Interaktionskomponenten* bezeichnet werden.

Als Systemmodell des Benutzers wird ein *Datenflußmodell* zugrunde gelegt, das ein Bildfolgenauswertesystem in eine Menge von *Interaktionskomponenten* zerlegt, die über *Datenleitungen* miteinander verknüpft werden. Die Interaktionskomponenten teilen sich auf in *periphere Geräte*, *Datenverwaltung* und *Programmkomponenten*. Das Systemmodell beschreibt weiterhin die Ziele des Benutzers während der Interaktion. Dabei lassen sich die die Ermittlung des aktuellen *Systemzustandes*, die *Hilfestellung* und die *Manipulation des Systems* unterscheiden.

Es wurden Konzepte entwickelt, die als Grundlage für die Gestaltung einer Benutzerschnittstelle dienen sollen, und die damit das im System verankerte *Benutzerbild* prägen. Die *graphische Darstellung* des Bildfolgenauswertesystems und seiner Komponenten soll beim Benutzer die Bildung eines Systemmodells unterstützen. Zur Interaktion mit dem System und zur graphischen Darstellung werden fortgeschrittene Ein- und Ausgabegeräte wie eine *Maus* und ein *Farbrastergraphik-Gerät* gefordert. Die Kommunikation des Benutzers mit dem System soll auf der Basis der dargestellten Zerlegung des Systems stattfinden. Durch die *objektorientierte Interaktion* und den *objektgebundenen Handlungskontext* wird dieser Vorgang für den Benutzer erleichtert. Das Konzept der *direkten Manipulation* von graphisch dargestellten Objekten wird durch eine weitgehend *modusvermeidende Interaktion* und eine ständige *Reaktionsbereitschaft* der Benutzerschnittstelle unterstützt. Die Forderung nach einer *konsistenten* und *einfachen* Schnittstelle soll deren Handhabung erleichtern.

In *Haarslev (1986)* werden mehrere Systeme aus dem Bereich der Bildverarbeitung und -auswertung vorgestellt. Die Benutzerschnittstellen dieser Systeme orientieren sich überwiegend an Kommandos. Zur Bewertung der Benutzerschnittstellen wurde ein neues Klassifikationsschema entwickelt, das zwischen Interaktionsformen und Interaktionskonzepten unterscheidet. Als *Interaktionsform* werden die zur Durchführung einer Interaktionshandlung verwendete Technik und ihre Form der graphischen Darstellung bezeichnet. Ein *Interaktionskonzept* hingegen beschreibt die Bedeutung einer Interaktionshandlung, die der Benutzer zur Durchsetzung seiner Ziele vollführt.

Die Benutzerschnittstellen der untersuchten Systeme gestatten die Ableitung von vier Interaktionsformen. Die Form der *einfachen Kommandos* wird häufig verwendet und stellt sich aus der Sicht des Benutzers als textuelle Eingabe einer linearen Befehlsfolge dar. Eine Erweiterung tritt in Form von *Unix-Kommandos* auf, die einen interaktiven Aufbau einer Fließbandverarbeitung mithilfe von Filtern und Datenleitungen gestatten. Eine andere Form äußert sich durch *Menüs*, die alle verfügbaren Eingabealternativen anführen und dem Benutzer die Auswahl einer Option ermöglichen. Die vierte, häufig auftretende Interaktionsform besteht aus einem festen *Frage-Antwort-Schema*.

Die Benutzerschnittstellen der untersuchten Systeme lassen vier Interaktionskonzepte erkennen, die dem Benutzer die Durchsetzung seiner Interaktionsziele gestatten. Die *lokale* und *globale Ablaufsteuerung* dient der benutzerkontrollierten Beeinflussung des Systems. Die *Datenflußsteuerung* regelt die Angabe der Datenquellen und -senken und den Datenaustausch zwischen den Systemkomponenten. Die *Parameterinteraktion* verwendet der Benutzer u.a. zur lokalen (d.h. innerhalb einer Komponente) Steuerung des Ablaufs. Zur Überwachung des Verarbeitungsablaufs wird eine *Protokollinteraktion* angeboten. Zur Realisierung dieser Konzepte werden die beschriebenen Interaktionsformen verwendet.

Konzeption einer Benutzerschnittstelle

Die auf der Grundlage des Benutzermodells konzipierte Benutzerschnittstelle faßt die Interaktionskomponenten als eigenständige Objekte auf, die mit dem Benutzer direkt und ohne Beeinflussung anderer Komponenten in Wechselwirkung treten können und auf dem Bildschirm durch Piktogramme erscheinen. Der Benutzer kann den Status der Objekte abfragen und gegebenenfalls Parameter verändern. Hierzu muß jedes Objekt eine angemessene Hilfestellung anbieten. Die Benutzerschnittstelle unterscheidet zwischen *Verarbeitungsobjekten*, die die für die Bildfolgenauswertung benötigten Operationen ausführen, und *Datenobjekten*, die über *Datenleitungen* zwischen den Verarbeitungsobjekten ausgetauscht werden. Mithilfe von *Gruppenobjekten* kann der Benutzer das Erscheinungsbild des Systems interaktiv verändern und auf einer für ihn jeweils angemessenen Abstraktionsebene konfigurieren, benutzerspezifische Merkmale an Objekte bzw. Objektmengen binden und eine gleichzeitige Interaktion mit mehreren Objekten durchführen. Der Benutzer erhält somit eine graphische Systemdarstellung, die ihm ständig die gewählte *Konfiguration*, den *Status* der Objekte, den *Fortschritt* ihrer Verarbeitung und den momentanen *Datenfluß* anzeigt.

Es werden vier Konzepte zur Steuerung des Systems verwendet. Der *Systemablauf* wird

Abb. 1: Struktur eines Bildfolgenauswertesystems

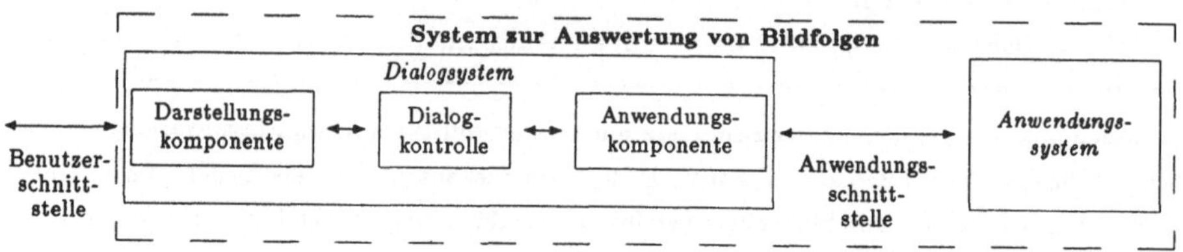

durch die Aktivierung bzw. Deaktivierung von Objekten kontrolliert. Die *Datenflußsteuerung* erfolgt durch die Schaffung von Datenquellen und Datensenken sowie über Datenleitungen zur Verbindung von Objekten. Alle Objekte können *Parameter* und Voreinstellungen für deren Werte besitzen, die der Benutzer verändern darf. Die flexible Überwachung des Systems über *Protokollausgaben* wird durch spezielle Protokollobjekte möglich, die der Benutzer zur Erzeugung der Protokolle interaktiv in das Verarbeitungsnetz des Systems einbinden kann.

Zur Unterstützung der Interaktion bieten die Objekte von ihnen geführte *Interaktionshistorien*, die in einer *Systemhistorie* vereint werden. Es werden Operationen zur Inspektion, Veränderung und erneuten Ausführung der (Teil-) Historien angeboten. Die durch die Erfassung der Interaktionshistorien bereitgestellten Daten bilden eine Grundlage dafür, daß der Benutzer zur Durchführung komplexer Systemmanipulationen *graphische Ablaufpläne* formulieren und diese für eine *automatische Steuerung* des Gesamtsystems nutzen kann. Die automatische Überwachung und Fehlerbehandlung kann mithilfe von *Objektdämonen* durchgeführt werden.

Realisierung eines Dialogsystems

Für die oben konzipierte Benutzerschnittstelle wurde ein Dialogsystem für Bildfolgenauswertesysteme entwickelt. Als Grundlage für die Implementation des Dialogsystems wurden bekannte Vorschläge oder Systeme zur Verwaltung von Benutzerschnittstellen (user interface management system) analysiert. Die meisten dieser Systeme können in drei logische Komponenten unterteilt werden (*Green, 1984*). Diese Komponenten sind zwar nicht in allen Systemen explizit vorhanden, sie lassen sich aber meistens im konzeptuellen Entwurf wiederfinden. Dabei wird das Dialogsystem in eine Darstellungskomponente, eine Dialogkontrolle und eine Anwendungskomponente gegliedert (siehe Abbildung 1).

Die *Darstellungskomponente* ist für die externe oder graphische Darstellung gegenüber dem Benutzer verantwortlich. Sie erzeugt die graphische Ausgabe auf dem Bildschirm und liest die vom Benutzer bedienten Eingabegeräte.

Die *Dialogkontrolle* definiert die Struktur des Dialoges zwischen dem Benutzer und dem Anwendungssystem. Sie empfängt eine lineare Folge von Eingabewörtern von der Darstellungskomponente und eine lineare Folge von Ausgabewörtern von der Anwendungskomponente. Mithilfe dieser Daten wird eine Dialogsteuerung vorgenommen.

Die *Anwendungskomponente* definiert die Schnittstelle zwischen dem Dialog- und dem Anwendungssystem. Sie kann direkt mit dem Anwendungssystem kommunizieren. Dabei werden die Daten des Anwendungssystems in eine dem Dialogsystem angemessene interne Darstellung überführt und umgekehrt die Aktionen des Benutzers auf die Anwendungsdaten abgebildet. Die Anwendungskomponente erzeugt aus der internen Darstellung der Anwendungsdaten Informationen, die die Dialogkontrolle bei der Durchführung ihrer Aufgaben unterstützen. Weiterhin führt sie eine semantische Überprüfung der Benutzereingaben durch.

Neben der detaillierten Struktur des Dialogsystems ist ein weiterer wichtiger Punkt die Schnittstelle zwischen dem Dialogsystem und dem Anwendungssystem. Die Struktur der Anwendungsschnittstelle wird entscheidend durch die Form des Daten- und Kontrollflusses zwischen dem Anwendungs- und dem Dialogsystem bestimmt (*Draper & Norman, 1985, Green, 1984, Hayes et al., 1985*). Der Datenfluß und -austausch kann sich entweder an den Bedürfnissen des Dialogsystems oder an denen des Anwendungssystems orientieren. Dabei ist eine Abstraktion auf Anwendungsniveau vorzuziehen, da die Kommunikation in Form von Einheiten beschrieben wird, die das Anwendungssystem vom Benutzer benötigt oder ihm vermitteln will. Die Abstraktion auf dem Niveau des Dialogsystems spezifiziert die Daten in Form von Einheiten aus der Benutzerschnittstelle.

Für den Kontrollfluß zwischen dem Anwendungs- und dem Dialogsystem, und damit für den Einfluß des Anwendungssystems auf den Dialogablauf, können drei Formen unterschieden werden.

In der ersten Form wird das Dialogsystem als Unterprogrammpaket angesehen. Die Kontrolle über den Dialogablauf liegt damit ausschließlich bei dem Anwendungssystem. Diese aus der Sicht des Anwendungssystems *interne Kontrolle* hat mehrere Nachteile. Die Anwendungsschnittstelle ist nur in Form von Unterprogrammaufrufen spezifiziert. Dadurch wird die konzeptuelle Trennung zwischen Dialog- und Anwendungssystem nicht im Anwendungssystem sichtbar. Das Dialogsystem hat keinen Einfluß auf den Dialogablauf, es kann immer nur lokal in Form von Unterprogrammen arbeiten. Eine fehlerhafte Benutzung des Dialogsystems von der Anwendung kann nur schwer vermieden werden.

Die zweite Form der Dialogkontrolle ist eine völlige Umkehrung der ersten Form. Das Anwendungssystem wird als Unterprogrammpaket angesehen. Dadurch wird die Kontrolle über den Dialogablauf nur durch das Dialogsystem ausgeübt. Diese aus der Sicht des Anwendungssystems *externe Kontrolle* besitzt die oben erwähnten Nachteile der internen Kontrolle nicht. Dafür ist bei der externen Kontrolle von Nachteil, daß das Anwendungssystem keinerlei Möglichkeit erhält, den Dialog zu beeinflussen. Weiterhin muß das Dialogsystem eine vollständige Spezifikation des Kommunikationsablaufs zwischen dem Benutzer und dem Anwendungssystem besitzen. Diese Spezifikation muß alle möglichen Benutzerinteraktionen vorsehen.

Die dritte Form gestattet sowohl dem Dialogsystem als auch dem Anwendungssystem einen Einfluß auf die Dialogkontrolle. Sie wird deshalb auch als *verteilte Kontrolle* bezeichnet. Dabei werden das Dialogsystem und das Anwendungssystem als kooperierende Prozesse angesehen, die über die Anwendungsschnittstelle eine verteilte Kontrolle des Dialogs ausüben. Die Nachteile der internen und der externen Kontrolle werden von dieser Form der Dialogkontrolle aufgehoben. Weiterhin können mit ihr die beiden ersten Kontrollformen nachgebildet werden.

Zur Dialogkontrolle gehört ebenfalls eine Kontrolle über die Form der Darstellung der Anwendungsdaten und die Reihenfolge von gültigen Benutzeraktionen. Bei der *expliziten Dar-*

stellungskontrolle spezifiziert das Anwendungssystem die Reihenfolge der Darstellung von Anwendungsdaten und die gültigen Folgen von Eingabeaktionen durch den Benutzer, während bei der *impliziten Darstellungskontrolle* von dem Anwendungssystem nur die Daten und gültigen Mengen von Benutzeraktionen angegeben werden. Jede Ordnung über die Reihenfolge der Aktionen und Datendarstellung wird durch das Dialogsystem induziert. Die implizite Kontrolle hat gegenüber der expliziten den Vorteil, daß das Anwendungssystem die Behandlung von Fehlern und Ausnahmebedingungen, die im Dialog mit dem Benutzer auftreten können, nicht vorsehen muß.

Als weitere Grundlage für die Implementation des Dialogsystems wurden bekannte Vorschläge und Verwaltungssysteme für Benutzerschnittstellen aufgrund ihrer Realisierung der Dialogkontrolle klassifiziert. Das Spektrum der dabei betrachteten Systeme und der von ihnen verwendeten Methoden reicht von *kontextfreien Grammatiken* (z.B. *Shneiderman (1982)*), *Zustandsübergangsdiagrammen* (z.B. *Wasserman (1985), Jacob (1985)*), *speziellen Dialogbeschreibungssprachen* (z.B. *Hayes (1984), Shu (1985)*) über eine *interaktive Dialoggestaltung* (z.B. *Buxton et al. (1983), Bass (1985)*) bis hin zur *Modellierung auf der Grundlage von Prozessen* (*Green, 1985, Cardelli & Pike, 1985, Olsen et al., 1985*).

Die *kontextfreien Grammatiken* werden meistens in einer erweiterten *Backus-Naur-Form* (BNF) beschrieben. Systeme, die eine BNF-Notation verwenden, definieren mithilfe einer Grammatik die gültigen Eingabeaktionen des Benutzers. Da Benutzerschnittstellen durch eine reine BNF-Notation nur ungenügend beschrieben werden können, besteht eine übliche Erweiterung darin, die Regeln der Grammatik mit semantischen Aktionen zu assoziieren. Diese Aktionen (meistens als Prozeduren formuliert) rufen das Anwendungssystem auf, um die vom Benutzer gewünschten Operationen auszuführen. Ein Beispiel dafür ist die Erweiterung der BNF-Notation zu einer *Aktionsgrammatik* (*Reisner, 1981*).

Durch die Verwendung von kontextfreien Grammatiken realisieren die Verwaltungssysteme eine externe Kontrolle des Dialogs. Damit sind die Möglichkeiten des Anwendungssystems, den Dialog zu beeinflussen, als äußerst gering anzusehen. Weiterhin ist von Nachteil, daß die zeitliche Abfolge der Benutzeraktionen implizit definiert wird. Bei genügend komplexen Schnittstellen wird eine BNF-Beschreibung sehr umfangreich und für den menschlichen Betrachter schwer zu handhaben. Eine verständliche Grammatik ist ferner von der guten Namensgebung der Meta-Symbole sowie von einer übersichtlichen Regelstruktur abhängig.

Die *Zustandsübergangsdiagramme* oder auch *Übergangsnetze* werden von Systemen verwendet, die die Benutzerschnittstelle als eine Sammlung von Zuständen modellieren. Die Aktionen des Benutzers bewirken Übergänge in dem Zustandsnetz.

Die Verwendung von Übergangsnetzen als formales Beschreibungsmittel bietet dieselben Vorteile wie die Verwendung kontextfreier Grammatiken. Gegenüber den Grammatiken definieren die Übergangsnetze eine explizite zeitliche Abfolge der Benutzeraktionen. Ebenso wie bei der vorherigen Methode dienen die Übergangsnetze einer externen Kontrolle des Dialogs. Sie sind besonders gut zur Beschreibung von linearen, alphanumerischen Schnittstellen geeignet. Die Erweiterungen zur Handhabung von graphischen Schnittstellen (siehe *Wasserman (1985)*) sind jedoch mühsam und wenig überzeugend. Für die Netze und Grammatiken gilt, daß bei Schnittstellen mit vielen vom Benutzer jederzeit durchführbaren Operationen (modusvermeidende Interaktion) die formale Beschreibung sehr umfangreich und mit vielen Details behaftet ist. Analog zu den Flußdiagrammen für die Programmentwicklung besteht bei den Netzen die Tendenz, eine zu sehr am Detail und an Modi orientierte Schnittstelle zu entwerfen.

Ein weiteres wichtiges Problem bei beiden Ansätzen ist die Behandlung von gleichzeitigen Handlungen. Dies soll am Beispiel der oben konzipierten Benutzerschnittstelle verdeutlicht werden. Der Benutzer kann dort mit einem Objekt kommunizieren (z.B. Parameter besetzen), während andere Objekte ihre Darstellung auf dem Bildschirm aktualisieren. Diese Aktionen erfolgen sowohl gleichzeitig als auch unabhängig voneinander. Ein entsprechendes Übergangsnetz müßte aus mehreren Teilen bestehen, die parallel zueinander arbeiten können.

Es gibt einige Verwaltungssysteme, die dem Benutzer die *interaktive Gestaltung* einer Benutzerschnittstelle ermöglichen. Der Benutzer kann mithilfe eines speziellen Editors oder auch über ein Menüsystem die Bildschirmaufteilung und die Darstellung von Anwendungsdaten direkt in ihrer graphischen Repräsentation erstellen. Diese Verwaltungssysteme beschränken sich üblicherweise auf bestimmte Interaktionsformen und ihre Darstellung. Eine interaktive Erstellung und Erprobung von graphischen Benutzerschnittstellen stellt durchaus eine Alternative zur formalen Spezifikation dar. Diese Systeme haben jedoch meistens den Nachteil, daß sie nur wenige Interaktionsformen unterstützen (z.B. MENULAY (*Buxton et al., 1983*) für Menüs, KSBASS (*Bass, 1985*) für formularähnliche Masken).

Die meisten der bisher vorgestellten Methoden oder Systeme zur Verwaltung von interaktiven Systemen haben im Rahmen der in Abbildung 1 skizzierten Struktur den Schwerpunkt auf die Dialogkontrolle gelegt. Die gerätenahe Behandlung von graphischen Ein- und Ausgaben sowie die flexible Einbettung unterschiedlicher Geräte (siehe auch *Rosenthal (1983)*) wird in diesen Systemen meistens nur sehr eingeschränkt behandelt.

Ein Konzept, welches sowohl eine detaillierte Dialogkontrolle als auch die Lösung der oben angedeuteten Schwächen erlaubt, modelliert ein Dialogsystem mithilfe von *Prozessen* bzw. *Objekten* (auch als *abstrakte Geräte* bezeichnet). Dieses Konzept besitzt eine starke Verwandtschaft mit dem von Smalltalk (*Goldberg & Robson, 1983*) begründeten objektorientierten Ansatz. Die Kommunikation dieser Prozesse kann synchron oder asynchron über Nachrichten bzw. Prozeduraufrufe erfolgen. Die asynchrone Kommunikation mit Nachrichten wird in dem Kontext der Verwaltungssysteme auch als *Ereignismodell* bezeichnet (siehe auch *Green (1984), Green (1985)*).

Die Beschreibung eines Dialogsystems auf der Grundlage von Prozessen hat den Vorteil, daß eine flexible Behandlung von graphischen Geräten möglich ist. Von Nachteil ist dagegen, daß diese Notation weniger formal als die Grammatik- oder Übergangsnetznotation ist. Die Verwendung von Prozessen gestattet dafür eine angemessene Behandlung von Bildschirmfenstern und eine Strukturierung der Fenster und Geräte in Form von Hierarchien (siehe auch *Rosenthal (1983)*). Die Verwendung formaler Methoden erscheint nur dann sinnvoll, wenn Systeme zur Handhabung derselben verfügbar sind. Als Beispiele seien das System RAPID/USE (*Wasserman, 1985*) und die in *Jacob (1985)* vorgestellte Programmumgebung für Übergangsnetze genannt.

Da zur Realisierung eines Dialogsystems für die oben beschriebene Schnittstelle derartige Werkzeuge nicht zur Verfügung standen, wurde das Dialogsystem mithilfe von Objekten implementiert. Die zu jedem Zeitpunkt möglichen Benutzereingaben werden aus der Sicht der Ob-

Abb. 2: Graphische Systemdarstellung

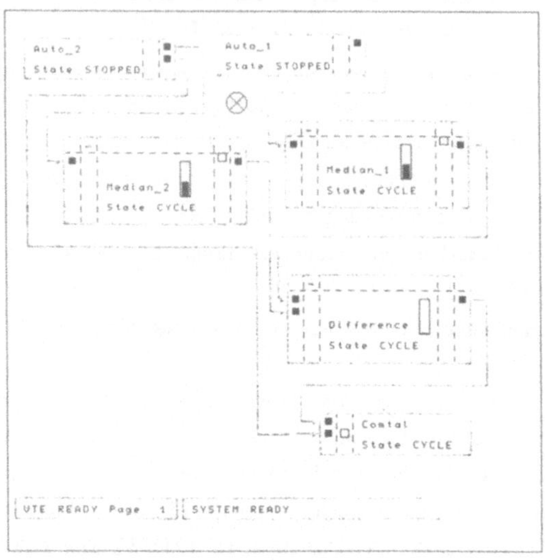

jekte als asynchron ausgelöste Ereignisse modelliert. Diese Entscheidung wird durch die Erkenntnis unterstützt, daß als Grundlage eines derartigen Verwaltungssystems eine asynchrone Ereignisverarbeitung mithilfe eines Nachrichtensystems empfehlenswert ist (*Olsen et al., 1984*). Weiterhin sollte die Implementationssprache des Verwaltungssystems diese Konzepte voll unterstützen.

Zur Implementation eines Prototyps wurde deshalb die Programmiersprache Ada˙ gewählt. Ada besitzt u.a. ein Prozeßkonzept, Pakete, generische Programmeinheiten sowie private Typen. Ein Vergleich zwischen Smalltalk-80 und Ada hat gezeigt, daß Ada nicht die Flexibilität von Smalltalk besitzt (*Nagl, 1984*). Dafür wird in Ada ein größeres Maß an Sicherheit und eine gute Unterstützung der methodischen Programmentwicklung angeboten. Ada ist deshalb ebenfalls wie Smalltalk sehr gut zur objektorientierten Programmierung geeignet.

Dieses Dialogsystem ist als ein Werkzeug im Rahmen einer objektorientierten Programmierumgebung für die Bildfolgenauswertung anzusehen (*Faasch & Haarslev, 1985*) und definiert eine für eine *ganze Klasse* von Anwendungssystemen *adaptive* Benutzerschnittstelle. Diese Anwendungssysteme können mit einem zweiten Werkzeug generiert werden, das eine objektorientierte Systemgestaltung von Experimentalsystemen unter Verwendung komplexer Daten- und Programmabstraktionen bietet (*Faasch, 1987*).

Dieser Prototyp beruht darauf, daß Anwendungssysteme über die vorhandene Anwendungsschnittstelle mit ihm kooperieren (siehe Abbildung 1). Der Kontrollfluß zwischen dem Anwendungs- und dem Dialogsystem basiert auf einer verteilten Kontrolle mit einer impliziten Darstellungskontrolle.

Abbildung 2 zeigt ein Beispiel für die durch den Prototyp realisierte graphische Systemdarstellung. Als Anwendungsbeispiel wurde das Problem der Erkennung von Änderungsbereichen

---

*Ada ist eine registrierte Handelsmarke der US-Regierung (Ada Joint Program Office)

zwischen jeweils einem Bildpaar aus einer Bildfolge — bestehend aus digitalisierten TV-Bildern — gewählt. Unter Änderungsbereichen werden dabei Bildbereiche verstanden, die Abbildungen von bewegten Objekten einer Straßenverkehrsszene sind. Eine ähnliche Problemstellung findet sich beispielsweise im MORIO-System (*Dreschler-Fischer et al., 1983*).

Die in Abbildung 2 dargestellte Konfiguration umfaßt sechs über Datenleitungen verknüpfte Anwendungsobjekte. Es handelt sich um zwei Objekte als Datenquellen, die das erste ("Auto 1") bzw. das zweite Bild ("Auto 2") eines Bildpaars bereitstellen, um drei Verarbeitungsobjekte, wobei zwei eine Medianfilterung auf einem Bild durchführen ("Median 1", "Median 2") und das dritte elementweise die betragsmäßige Differenz zweier Bilder mit einer anschließenden Binarisierung anhand eines Schwellwertes vornimmt ("Difference"), und um ein Objekt als Datensenke, das ein Rastersichtgerät zur überlagerten Darstellung eines Bildes und einer binären Maske der Änderungsbereiche repräsentiert. Die Darstellung der Objekte enthält u.a. den Objektnamen, auf der linken bzw. rechten Seite Leitungseingänge bzw. -ausgänge, einen Steuerparameter ("STATE") und evtl. einen Indikator (als Säule), der den Fortschritt der Verarbeitung anzeigt. Eine ausführliche Erörterung der graphischen Systemdarstellung ist in *Haarslev (1986)* zu finden.

Literatur

Bass (1985): *An Approach to User Specification of Interactive Display Interfaces*, L.J. Bass, IEEE Transactions on Software Engineering, Vol. SE-11, No. 8, Aug. 1985, pp. 686–698.

Benzon (1985): *The Visual Mind and the MacIntosh*, B. Benzon, Byte, Vol. 10, No. 1, Jan. 1985, pp. 113–130.

Borman & Curtis (1985): *Human Factors in Computing Systems*, L. Borman, B. Curtis (eds.), CHI'85 Conference Proceedings, April 14–18, San Francisco, 1985.

Brown & Sedgewick (1985): *Techniques for Algorithm Animation*, M.H. Brown, R. Sedgewick, IEEE Software, Vol. 2, No. 1, Jan. 1985, pp. 28–38.

Buxton et al. (1983): *Towards A Comprehensive User Interface Management System*, W. Buxton, M.R. Lamb, D. Sherman, K.C. Smith, ACM Computer Graphics, Vol. 17, No. 3, July 1983, pp. 35–42.

Cardelli & Pike (1985): *Squeak: a Language for Communicating with Mice*, L. Cardelli, R. Pike, ACM Computer Graphics, Vol. 19, No. 3, July 1985, pp. 199–204.

Draper & Norman (1985): *Software Engineering for User Interfaces*, S.W. Draper, D.A. Norman, IEEE Transactions on Software Engineering, Vol. SE-11, No. 3, Mar. 1985, pp. 252–258.

Dreschler-Fischer et al. (1983): *Lernen durch Beobachtung von Szenen mit bewegten Objekten: Phasen einer Systementwicklung*, L.S. Dreschler-Fischer, W. Enkelmann, H.-H. Nagel, 5. DAGM-Symposium Karlsruhe, 11.–13. Okt. 1983, H. Kazmierczak (Hrsg.), Mustererkennung, VDE-Fachberichte Nr. 35, VDE-Verlag Berlin Offenbach, 1983, pp. 29–34.

Faasch (1987): *Systemgestaltung einer Experimentalumgebung für die Bildverarbeitung in Ada*, H. Faasch, Universität Hamburg, Fachbereich Informatik, 1987 (in Vorbereitung).

Faasch & Haarslev (1985): *Konzeption einer neuen Ada-Programmierumgebung für die Bildfolgenauswertung*, H. Faasch, V. Haarslev, Mustererkennung 1985, 7. DAGM-Symposium Erlangen, 24.-26. Sep. 1985, Informatik-Fachberichte Nr. 107, H. Niemann (Hrsg.), pp. 191–196.

Goldberg & Robson (1983): *Smalltalk-80: The Language and its Implementation*, A. Goldberg, D. Robson, Addison-Wesley, Reading, Mass., 1983.

Green (1984): *Report on Dialogue Specification Tools*, M. Green, Computer Graphics Forum, Vol. 3, No. 4, 1984, pp. 305–313.

Green (1985): *The University of Alberta User Interface Management System*, M. Green, ACM Computer Graphics, Vol. 19, No. 3, July 1985, pp. 205–213.

Haarslev (1986): *Interaktion in Systemen zur Bildfolgenauswertung basierend auf einem objektorientierten Ansatz,* V. Haarslev, *Dissertation,* Universität Hamburg, Fachbereich Informatik, Juli 1986.

Hayes (1984): *Executable Interface Definitions using Form-based Interface Abstractions,* P.J. Hayes, *Technical Report* CMU-CS-84-110, Carnegie-Mellon University, Pittsburgh/PA, March 1984.

Hayes et al. (1985): *Design Alternatives for User Interface Management Systems Based on Experience with Cousin,* P.J. Hayes, P.A. Szekely, R.A. Lerner, In: *Borman & Curtis (1985),* pp. 169–175.

Jacob (1985): *A State Transition Diagram Language for Visual Programming,* R.J.K. Jacob, IEEE Computer, Vol. 18, No. 8, Aug. 1985, pp. 51–59.

Lieberman (1984): *Seeing what your programs are doing,* H. Lieberman, International Journal of Man-Machine Studies, Vol. 21, No. 4, Oct. 1984, pp. 311–331.

London & Duisberg (1985): *Animating Programs using Smalltalk,* R.L. London, R.A. Duisberg, IEEE Computer, Vol. 18, No. 8, Aug. 1985, pp. 61–71.

Maaß (1984): *Mensch-Rechner-Kommunikation — Herkunft und Chancen eines neuen Paradigmas,* S. Maaß, *Dissertation,* Universität Hamburg, Fachbereich Informatik, Juli 1984. Auch erschienen als FBI-HH-B-104/84.

Nagel (1985): *Analyse und Interpretation von Bildfolgen,* H.-H. Nagel, Informatik-Spektrum, Vol. 8, No. 4, Aug. 1985, pp. 178–200.

Nagl (1984): *Ada und Smalltalk-80: Ein summarischer Vergleich,* M. Nagl, Technical Report, Osnabrücker Schriften zur Mathematik, Reihe I, Heft 16, Fachbereich Mathematik, Universität Osnabrück, 1984.

Olsen et al. (1984): *A Context for User Interface Management,* D.R. Olsen, Jr., W. Buxton, R. Ehrich, D.J. Kasik, J.R. Rhyne, J. Sibert, IEEE Computer Graphics and Applications, Vol. 4, No. 12, Dec. 1984, pp. 33–42.

Olsen et al. (1985): *Input/Output Linkage in a User Interface Management System,* D.R. Olsen, Jr., E.P. Dempsey, R. Rogge, ACM Computer Graphics, Vol. 19, No. 3, July 1985, pp. 191–197.

Raeder (1985): *A Survey of Current Graphical Programming Techniques,* G. Raeder, IEEE Computer, Vol. 18, No. 8, Aug. 1985, pp. 11–24.

Reisner (1981): *Formal Grammar and Human Factors Design of an Interactive Graphics System,* P. Reisner, IEEE Transactions on Software Engineering, Vol. SE-7, No. 2, Mar. 1981, pp. 229–240.

Rosenthal (1983): *Managing Graphical Resources,* D.S.H. Rosenthal, ACM Computer Graphics, Vol. 17, No. 1, Jan. 1983, pp. 38–45.

Shneiderman (1982): *Multiparty Grammars and Related Features for Defining Interactive Systems,* B. Shneiderman, IEEE Transactions on Systems, Man, and Cybernetics, Vol. SMC-12, No. 2, March/April 1982, pp. 148–154.

Shneiderman (1983): *Direct Manipulation: A Step Beyond Programming Languages,* B. Shneiderman, IEEE Computer, Vol. 16, No. 8, Aug. 1983, pp. 57–69.

Shu (1985): *FORMAL: A Forms-Oriented, Visual-Directed Application Development System,* N.C. Shu, IEEE Computer, Vol. 18, No. 8, Aug. 1985, pp. 38–49.

Wasserman (1985): *Extending State Transition Diagrams for the Specification of Human-Computer Interaction,* A.I. Wasserman, IEEE Transactions on Software Engineering, Vol. SE-11, No. 8, Aug. 1985, pp. 699–713.

Dr. Volker Haarslev
Universität Hamburg
Fachbereich Informatik
Arbeitsbereich Kognitive Systeme
Bodenstedtstraße 16
D-2000 Hamburg 50

AUSWIRKUNGEN VON GLEICHZEITIGER ODER SEQUENTIELLER DARBIETUNG AM BILDSCHIRM AUF ENTSCHEIDUNGEN

Heiner Gertzen, Heidelberg & Franz Schmalhofer, Freiburg

Zusammenfassung: Bei Entscheidungen aufgrund bildschirmvermittelter Informationen müssen die Informationen oft sequentiell am Bildschirm dargeboten und verarbeitet werden. Dies kann die Entscheidungsfindung beeinflussen und sollte daher bei der Planung und Gestaltung von Informationssystemen berücksichtigt werden. In einem Experiment wurden Entscheidungen über die Zuweisung eines Organs zu potentiellen Organempfängern untersucht, wobei die Informationen über die Organempfänger entweder gleichzeitig oder sequentiell verfügbar waren. Die Daten deuten an, daß bei unterschiedlicher Informationsdarbietung auch unterschiedliche Entscheidungsstrategien eingesetzt wurden. Mögliche Konsequenzen für die Gestaltung von Informationssystemen werden diskutiert.

Rechner werden oft eingesetzt, um große Datenmengen zu speichern und schnell verfügbar zu haben. Wegen des begrenzten Abrufmediums Bildschirm können Informationen jedoch meistens nicht gleichzeitig dargeboten werden, sondern müssen nacheinander erscheinen. Dadurch können bei Aufgaben wie dem Treffen einer Entscheidung die kognitiven Prozesse beeinflußt werden. Bei der Planung von Informationssystemen zur Unterstützung und Verbesserung von Entscheidungen wird dieser Punkt kaum berücksichtigt. Von einem benutzerangemessenen Informationssystem muß aber gefordert werden, daß es neutral ist in dem Sinne, daß die Entscheidungsfindung des Benutzers nicht durch das System in die eine oder andere Richtung gelenkt wird. Zwar liegt es nahe, die Informationen über einzelne Alternativen getrennt sequentiell vorzugeben. Für die Entscheidungsfindung bevorzugen es Personen aber häufig, die Alternativen anhand sämtlicher für sie relevanter Entscheidungskriterien zu vergleichen (Gertzen & Schmalhofer, 1986). Dazu sollten die Alternativen alle gleichzeitig am Bildschirm verfügbar sein. In einer experimentellen Untersuchung wurde der Frage nachgegangen, ob die Informationsdarbietung tatsächlich Auswirkungen auf das Entscheidungsverhalten hat. Es wurde untersucht, welchen Einfluß sequentielle gegenüber gleichzeitiger Informationsdarbietung auf die Auswahl eines Organempfängers hat.

Untersuchung zur Entscheidung zwischen Organempfängern

In einem rechnergesteuerten Experiment trafen Medizinstudenten Entscheidungen zwischen vier Dialysepatienten, die als potentielle Empfänger einer Spenderniere in Betracht kamen. Die Informationen über die vier Patienten waren bis zur Wahl entweder alle gleichzeitig am Bildschirm verfügbar, oder sie wurden sequentiell für jeden Patienten separat dargeboten, so daß zu einem Zeitpunkt immer nur die Informationen für eine Alternative sichtbar waren.

Um eine gewisse Vertrautheit mit dieser Entscheidungsaufgabe sicherzustellen, wurde das Experiment mit 40 Medizinstudenten durchgeführt, von denen je 20 zufällig einer der beiden Bedingungen zugeordnet wurden. Die Vp sollte sich in die Situation eines Arztes versetzen, der eine verfügbare Spenderniere an einen von vier potentiellen Empfängern vergeben soll. Da die Endphase des Entscheidungsprozesses untersucht werden sollte, wurde vorausgesetzt, daß Personen, die nicht als Empfänger in Betracht kamen, bereits eliminiert waren. Daher wurden jeweils Personen zur Wahl gestellt, die sich relativ ähnlich waren.

Jeder potentielle Empfänger wurde auf acht Dimensionen beschrieben, die den Vpn zuvor in einem Text erläutert wurden. Diese Dimensionen (Verträglichkeit, Gesundheitszustand, Alter, Geschlecht, Entfernung, Wartezeit, Beruf, Familienstand) waren so ausgewählt, daß sie für Medizinstudenten leicht verständlich waren. (In der Praxis sind allerdings die physiologischen Dimensionen wesentlich differenzierter angegeben. Andererseits sind diese jedoch besonders wichtig, um Empfänger auszuschließen, die für eine Transplantation nicht geeignet sind.)

<u>Versuchsablauf</u>: Nach der Erläuterung der Entscheidungsaufgabe und der Beschreibungsdimensionen trafen die Vpn insgesamt vier Wahlen zwischen jeweils vier Organempfängern. Diese Alternativen wurden am Bildschirm dargeboten und die getroffenen Entscheidungen der Vpn vom Rechner aufgezeichnet. Bei gleichzeitiger Darbietung konnte die Vp jeweils mittels Tastendruck die Informationen über eine Alternative anfordern.

Diese Informationen blieben auf dem Bildschirm sichtbar, bis ebenfalls mit Tastendruck eine Entscheidung getroffen wurde. Im Gegensatz dazu wurde bei sequentieller Darbietung die Information über einen Empfänger auf dem Bildschirm gelöscht, sobald die Information über den nächsten Empfänger angefordert wurde. Als abhängige Maße wurden die Wahlen und die Bearbeitungszeiten registriert. Die Position der Alternativen am Bildschirm bei gleichzeitiger Darbietung und die Reihenfolge der Alternativen bei sequentieller Darbietung war ausbalanciert, so daß überprüft werden konnte, ob die Position einen Einfluß auf die Entscheidung hatte. Nach den Wahlen sollten die Vpn in einer freien Reproduktionsaufgabe alle Einfälle bzw. Informationen niederschreiben, die sie noch im Gedächtnis hatten.

Ergebnisse: Aus der Psychophysik und der Gedächtnisforschung ist bekannt, daß bei sequentieller Vorgabe von Reizen Positionseffekte auftreten können. Daher wurden die Wahlen daraufhin analysiert, ob die Position eines Organempfängers, d.h. seine Darbietung an erster, zweiter, dritter oder vierter Stelle, eine Auswirkung auf die Wahlhäufigkeit hat. Es zeigte sich, daß bei sequentieller Darbietung zuerst oder zuletzt dargebotene Alternativen etwas häufiger gewählt wurden als Alternativen, die in einer der mittleren Positionen vorgegeben wurden (chi**2(1,n=80)= 1.4, p<.25). Im Gegensatz dazu fällt bei gleichzeitiger Darbietung eher ein unerwarteter Vorteil der zweiten Position auf (chi**2(1,n=80)= 3.4, p<.10).

Tab. 1: Relative Wahlhäufigkeit pro Darbietungsposition

Darbietung der Alternative an	Informationsdarbietung	
	gleichzeitig	sequentiell
- 1. Position	.24	.28
- 2. Position	.34	.21
- 3. Position	.21	.22
- 4. Position	.21	.29

Bei den Bearbeitungszeiten für die ersten drei Alternativen - d.h. ohne Einbezug der vierten Bearbeitungs- und Wahllatenzzeit - zeigt sich, daß bei sequentieller Darbietung die Alternativen länger bearbeitet werden als bei gleichzeitiger Darbietung (F(1,38)=45.3, p<.0001). Dies deutet darauf hin, daß Personen bei gleichzeitiger Darbietung die Möglichkeit nutzen, sich zuerst relativ schnell sämtliche Informationen auf den

Bildschirm zu holen und diese dann zu bearbeiten. Wie aus Tabelle 2 außerdem zu sehen ist, wird bei sequentieller Darbietung die erste Alternative am längsten bearbeitet $(F(2,78)=3.98, p<.05)$.

Tab. 2: Mittlere Bearbeitungszeiten

Bearbeitungszeit für	Informationsdarbietung gleichzeitig	sequentiell
1. Alternative	10.0	29.5
2. Alternative	11.5	24.0
3. Alternative	8.5	24.0

Die Reproduktionsergebnisse des Gedächtnistests wurden so kategorisiert, daß eine Reproduktion entweder als Erinnerung an eine Merkmalsausprägung, an eine Dimension oder an ein Gesamturteil klassifiziert wurde. Da bei sequentieller Vorgabe eine alternativenweise Strategie mit der Bildung eines Gesamturteils erwartet werden kann, während bei gleichzeitiger Darbietung eine dimensionale Strategie angenommen wird, wurde die Anzahl erinnerter Gesamturteile miteinander verglichen. Aus Tabelle 3 ist zu erkennen, daß bei sequentieller Vorgabe mehr Gesamturteile erinnert wurden als bei gleichzeitiger Vorgabe $(chi**2(1,n=40)= 8.1, p<.01)$, was auf den Einsatz unterschiedlicher Strategien zurückgeführt werden könnte. Entsprechend werden bei sequentieller Darbietung etwas weniger Merkmalsausprägungen erinnert $(chi**2(1,n=953)= 3.7, p<.10)$. Bei den Dimensionen gibt es keine nennenswerten Unterschiede.

Tab. 3: Anzahl Reproduktionen im Gedächtnistest

Reproduktion von	Informationsdarbietung gleichzeitig	sequentiell
– Merkmalsausprägung	506	447
– Dimension	59	71
– Gesamteindruck	11	29

Die Ergebnisse deuten an, daß bei sequentieller Darbietung eine andere Verarbeitungsstrategie eingesetzt wird als bei gleichzeitiger Darbietung. Für die Frage, welche Strategien angewendet wurden, kann man Befunde aus der Entscheidungsforschung heranziehen.

Kognitive Prozesse bei der Entscheidungsfindung

Die Informationen über Entscheidungsalternativen können als Merkmale auf verschiedenen Dimensionen repräsentiert werden, so daß die gesamte relevante Information eine Matrix bildet, deren Zeilen die Dimensionen und deren Spalten die Alternativen sind, wobei die Merkmale in den Zellen stehen.

In der prozeßorientierten Entscheidungsforschung wurde nachgewiesen, daß Personen eine Vielzahl verschiedener heuristischer Strategien einsetzen, um zu einer Entscheidung zu gelangen. Die verschiedenen Strategien lassen sich jedoch in ein zweifaches Klassifikationsschema einordnen (Aschenbrenner, 1980): (1) Zum einen kann die Aufnahme und Verarbeitung der Informationen entweder innerhalb von Alternativen oder innerhalb von Dimensionen erfolgen (alternativenweises vs. dimensionsweises Vorgehen). (2) Zum anderen können Informationen über mehrere Dimensionen hinweg aggregiert werden, wobei ein schlechtes Merkmal auf einer Dimension durch ein gutes Merkmal auf einer anderen Dimension kompensiert werden kann; oder es kann nach jedem bearbeiteten Merkmal entschieden werden, ob die betreffende Alternative eliminiert wird (aggregierend-kompensatorisches vs. eliminierend-nonkompensatorisches Vorgehen); in diesem Falle führt ein sehr schlechtes Merkmal, das unterhalb eines festgesetzten Wertes liegt, sofort zum Ausschluß der betreffenden Alternative.

Eine Reihe von Heuristiken, deren Einsatz nachgewiesen wurde, weichen stark von normativen Modellen ab und führen unter bestimmten Bedingungen zu Verzerrungen und Fehlern (Kahneman, Slovic & Tversky, 1982). Hinsichtlich der Anwendung bestimmter Strategien gibt es noch keine detaillierten Kenntnisse. Es hat sich allerdings gezeigt, daß die Art der Informationsdarbietung die Anwendung bestimmter Strategien erleichtern kann; sie kann daher sowohl den Prozeß als auch das Ergebnis der Entscheidungsfindung beeinflussen bzw. verändern (Payne, 1982).

Darüber hinaus ist bekannt, daß ein Benutzer, der aus einer größeren Zahl von Alternativen eine auszuwählen hat, in der Regel zunächst seine Informationsbelastung durch eine Verringerung der Gesamtmenge reduzieren möchte. Deshalb wird die Mehrzahl der Alternativen eliminiert. Ein Entscheidungsprozeß läuft somit bei einer größeren Zahl von Alternativen in mindestens zwei Phasen ab: der Elimination von Alternativen und der anschließenden Auswahl der geeignetsten Alternative (Huber, 1982).

<u>Datenbankbasierte Entscheidungen in der Praxis</u>

Bei Entwicklungen in der Praxis wurden bisher die Entscheidungsprozesse der Benutzer eines Informationssystems kaum berücksichtigt. Um dem Bedarf an Transplantationsorganen nachzukommen, haben sich in den USA eigene Datenbankagenturen entwickelt. Neben der Organbeschaffung sind sie auch für die Entscheidung zuständig, wer ein Spenderorgan erhält. Ein Teil der Agenturen arbeitet als Bestandteil eines Transplantationshospitals, während ein anderer Teil unabhängig arbeitet. Die dezentrale Struktur dieses Systems bedingt, daß sowohl zwischen als auch innerhalb dieser beiden Gruppen beträchtliche Unterschiede bezüglich Organisation, Ablauf und Effektivität bestehen (Prottas, 1985). Inzwischen sind jedoch fast alle Agenturen und Transplantationszentren an ein Computer-Netz angeschlossen, das die Daten potentieller Organempfänger zugänglich macht.

Das europäische System ist wesentlich stärker zentralisiert. Mit Eurotransplant (für Österreich, die BRD und die Benelux-Staaten), U.K. Transplant und Scandiatransplant gibt es drei internationale Datenbanken. Sie verfolgen das Ziel, durch Austausch von Patientendaten und Spenderorganen die Chancen eines Patienten zu erhöhen, ein geeignetes Organ zu erhalten (Wing, D'Amaro, Lamm & Selwood, 1983).

Der Prozeß der Organversorgung verläuft in mehreren Abschnitten. Die Anfangsphase der eigentlichen Organbeschaffung läuft in verschiedenen Agenturen oder Organzentren weitgehend gleich ab. Beträchtliche Unterschiede bestehen jedoch bei dem anschließenden, wesentlichen Schritt der Organzuteilung an einen Patienten bzw. an ein Ärzteteam. Dementsprechend variiert auch die Nutzungsquote der beschafften Organe von ca. 5% bis über 20% mißlungener Transplantationen (Prottas, 1985). Obwohl die Nutzungsquote nicht allein durch die Entscheidung über den Empfänger bestimmt ist, kommt dieser Entscheidung doch wesentliche Bedeutung zu. Eine Verbesserung der Entscheidungsqualität kann möglicherweise durch eine verbesserte Planung bei der Datenbankorganisation und insbesondere bei der Gestaltung der Informationsdarbietung erzielt werden.

Gestaltung der Informationsdarbietung

Die reine Bereitstellung großer Informationsmengen in Datenbanken stellt noch keine effektive Informationsnutzung sicher (Witte, 1972). Informationen aus einem externen Speicher sollten so dargeboten werden, daß sie der Struktur der internen Abarbeitung des Benutzers entsprechen (Muthig & Schönpflug, 1981). Bisher wurde die Informationsdarbietung jedoch häufig von technischen und organisatorischen Gesichtspunkten geleitet. Da z.B. von den Anbietern Informationen separat in den Zentralrechner eingegeben werden, wird beim Btx-System die Information alternativenweise dargeboten.

Eine Verbesserung des Systemdesigns kann dadurch erreicht werden, daß man eine technisch optimale Anpassung des Systems an die Aufgabenstruktur anstrebt. Auf der anderen Seite kann man sich aber auch an einem detaillierten Modell des Systembenutzers orientieren und somit psychologische Faktoren und Benutzermerkmale in den Mittelpunkt stellen (Newell & Card, 1985).

Unter psychologischen Gesichtspunkten sollte die Benutzerschnittstelle so gestaltet werden, daß die Benutzer leicht die von ihnen gewünschten und bei der Anwendung von Entscheidungsstrategien erforderlichen Operationen ausführen können und dabei vom System unterstützt werden. Daher setzt eine effektive Informationsnutzung voraus, daß die Informationseinheiten, die ein Benutzer im Verlauf der Entscheidungsfindung gerade als nächste benötigt, verfügbar sind, ohne daß zusätzliche Operationen ausgeführt werden müssen, die die eigentliche kognitive Bearbeitung nur stören. Eine Benutzerschnittstelle sollte also ähnlich wie ein cache memory manager gerade die Informationen, von denen anzunehmen ist, daß der Benutzer sie als nächste bearbeiten möchte, am Bildschirm zeigen. Dafür ist es jedoch erforderlich, daß die kognitiven Verarbeitungs- und Entscheidungsprozesse des Benutzers bekannt sind und berücksichtigt werden.

Mangels gesicherter und hinreichend detaillierter Kenntnisse über die Prozesse der Entscheidungsfindung kann das System jedoch nicht völlig an den Benutzer angepasst werden. Daraus könnte man den Schluß ziehen, dem Benutzer völligen Freiraum beim Informationszugriff zu lassen, so daß er auf alle Zellen der Informationsmatrix beliebig zugreifen kann. Dies hat aber den Nachteil, zu einer erhöhten Belastung durch 'book-keeping'-Operationen zu führen. Da sich Personen hinsichtlich ihres kognitiven Aufwandes an die Anforderungen der Aufgabe anpassen, würde dies bewirken, daß weniger Kapazität für die Bearbeitung relevanter Informationen zur Verfügung steht. Das System kann folglich nicht völlig neutral gestaltet werden.

Sowohl aus den Ergebnissen der berichteten Untersuchung als auch aus anderen Untersuchungen kann man jedoch folgern, daß die Art der Informationsdarbietung einen Einfluß auf die Entscheidungsprozesse des Systembenutzers hat. Dies ist unter normativen Gesichtspunkten nicht wünschenswert. Es ist z.B. kaum zu rechtfertigen, daß ein potentieller Organempfänger, der zufällig als letzter in einer Reihe mehrerer anderer Kandidaten abgerufen wird, unabhängig von seinen Merkmalsausprägungen eine größere Chance hat, ein Spenderorgan zu erhalten als die zuvor abgerufenen potentiellen Empfänger. Somit könnte man die Konsequenz ziehen, derartige Verzerrungen dadurch zu vermeiden, daß man den Menschen weitgehend oder ganz aus dem Prozess der Entscheidungsfindung ausschaltet und diese Aufgabe statt dessen vom System lösen läßt.

Auf der anderen Seite müssen aber für eine automatische Entscheidung des Systems sämtliche relevanten Kriterien, Trennwerte (cut offs) und Gewichtungen bekannt und fixiert sein. Es ist sehr zweifelhaft, ob das tatsächlich anstrebenswert ist, denn zum einen sind die Kriterien selbst in der Regel nicht starr und unveränderlich, zum anderen gibt es Fälle, die eine flexible Anwendung der Entscheidungskriterien erfordern. Ein System, das dies leisten könnte, müßte adaptiv und lernfähig sein. Will man jedoch die Entscheidung in der Hand z.B. eines medizinischen Experten belassen, so sollte man dessen Stärken ausnutzen und dessen Schwächen möglichst kompensieren (Chapanis, 1965). Zu den Stärken zählt u.a., daß aus Erfahrungen und früheren Entscheidungen gelernt werden kann, daß eine Anpassung an veränderte Situationsanforderungen und an völlig neue Situationen oder Notfälle möglich ist, daß komplexe Zusammenhänge oder Konfigurationen in den Informationseinheiten erkannt werden können und daß eine Konzentration auf relevante Informationen geleistet werden kann. Demgegenüber sind Rechner bzw. Maschinen offensichtlich schneller und reliabler bei der Speicherung und beim Abruf großer Informationsmengen wie auch beim Treffen von Entscheidungen aufgrund eindeutiger Kriterien (McCormick, 1976, 459ff.).

Somit ergibt sich als praktikabler Kompromiß eine approximative, allgemeine Anpassung an den Systembenutzer. Während die Eliminationsphase aufgrund klarer Kriterien meistens vom System durchgeführt werden kann, erfolgt die Endauswahl durch den verantwortlichen Entscheidungsträger. Die Gestaltung der Benutzerschnittstelle ist daher vor allem für die Endphase der Entscheidungsfindung wichtig. Konkret könnte in dieser Phase eine Unterstützung dadurch erzielt werden, daß die Organisation bzw. Vorstrukturierung der Informationen entweder eine alternativenweise oder aber eine dimensionsweise Verarbeitungsstrategie erleichtert bzw. nahelegt.

Außerdem spielt bei vielen Entscheidungen die anschließende Rechtfertigung eine Rolle. Auf einen automatisch angewendeten Entscheidungsalgorithmus zu verweisen, scheint kaum eine ausreichende Rechtfertigung zu sein. Statt dessen könnte dazu das Gesamturteil herangezogen werden, das sich ein Experte gebildet hat. Vor dem Hintergrund der berichteten Ergebnisse wäre dann zu empfehlen, die Informationen sequentiell darzubieten. In anderen Fällen, so z.B. insbesondere bei wenig weitreichenden Entscheidungen, die aber sehr schnell getroffen werden müssen, könnte eine gleichzeitige Darbietung bevorzugt werden.

Literaturangaben

Aschenbrenner, K.M. (1980): Eingipflige Bevorzugung. Freiburg: Hochschulverlag.

Chapanis, A. (1965): On the allocation of functions between men and machines. Occupational Psychology, 39, 1-11.

Gertzen, H. & Schmalhofer, F. (1986): Cognitive choice processes for sequentially or simultaneously presented alternatives. In: Scholz, R.W. (ed.). Current issues in West German decision research. Frankfurt: Lang, 79-94.

Huber, O. (1982): Entscheiden als Problemlösen. Bern: Huber.

Kahneman, D., Slovie, P. & Tversky, A. (Eds.) (1982): Judgement under uncertainty: Heuristics and biases. Cambridge: Cambridge University Press.

McCormick, E.J. (1976): Human factors in engineering and design. New York: McGraw-Hill.

Muthig, K.P. & Schönpflug, W. (1981): Externe Speicher und rekonstruktives Verhalten. In Michaelis, W. (Hrsg.) Bericht über den 32. Kongreß der DGfP. Göttingen: Hogrefe.

Newell, A. & Card, S.K. (1985): The prospects for psychological science in human-computer interaction. Human-Computer Interaction, 1, 209-242.

Payne, J.W. (1982): Contingent decision behavior. Psychological Bulletin, 92, 382-402.

Prottas, J.M. (1985): Organ procurement in Europe and the United States. Milbank Memorial Fund Quarterly, 63, 94-126.

Wing, A.J., D'Amaro, J., Lamm, L.U. & Selwood, N.H. (1983): Evolving methodologies in computerized European registries. Kidney International, 24, 507-515.

Witte, E. (1972): Das Informationsverhalten bei Entscheidungen. Tübingen: Mohr.

Der Erstautor wurde während der Anfertigung dieser Arbeit durch ein Stipendium der SEL (Stiftung für technische und wirtschaftliche Kommunikationsforschung) unterstützt. Zur Durchführung des Experiments standen Mittel des DFG-Projekts AL 205/1 zur Verfügung.

Heiner Gertzen
Psychologisches Institut
Universität Heidelberg
Hauptstr. 47-51
6900 Heidelberg

Franz Schmalhofer
Psychologisches Institut
Universität Freiburg
Niemensstr. 10
7800 Freiburg

SYLLOGISTISCHES SCHLIESSEN UNTER UNSICHERHEIT – EINE EMPIRISCHE STUDIE ZU MÖGLICHEN ANWENDUNGEN DER FUZZY-SET-THEORIE IN WISSENSBASIERTEN SYSTEMEN

Marcus Spies, Berlin

Zusammenfassung: Im ersten Teil werden allgemeine Grundlagen zu einer Untersuchung entwickelt, deren Ergebnisse die Bewertung konkurrierender Unsicherheitsmodelle für Logiken wissensbasierter Systeme unter den Zielsetzungen der Optimierung des knowledge elicitation und der Benutzerdialoge ermöglichen sollen. Für zwei Modelle werden im zweiten Teil Hypothesen der Untersuchung, ihre Implementation und Resultate erläutert. Im Schlußteil werden Konsequenzen derartiger Resultate für den Entwurf wissensbasierter Systeme beispielhaft illustriert.

1 Grundlegung

Für ein wissensbasiertes System (WBS) solle ein logisches System gewählt werden, wenn Unsicherheit in den Objekten der Wissensbasis und/oder den Verknüpfungen der Inferenzkomponente zu modellieren sei. Dabei seien in der Entwurfs- und Implementationsphase das knowledge elicitation und die failure explanation-Dialoge so ökonomisch wie möglich zu gestalten. Ferner seien Benutzerdialoge so "nützlich" wie möglich anzulegen. Vernachlässigt werden dürfe das Problem der Angemessenheit logischer Systeme an den zu modellierenden Gegenstandsbereich. - Welchen Beitrag könnten Ergebnisse aus kognitionspsychologischer Empirie zur Lösung dieses Problems leisten?

Im Allgemeinen haben die in Betracht kommenden Systeme unterschiedliches Gewicht hinsichtlich spezifischer Merkmale von Unsicherheit, von denen hier vier herausgegriffen werden:

- Die <u>stochastische</u> (oder klassisch-probabilistische) Unsicherheit;
- die <u>qualitativ unscharfe</u> Unsicherheit; sie entsteht typischerweise bei Faustregeln wie "Bei STARK ERHÖHTER Betriebstemperatur sollte Teilkomplex X der Anlage Y abgeschaltet werden", und wird i. B. durch fuzzy sets modelliert;

- die <u>quantitativ unscharfe</u> Unsicherheit; sie entsteht typischerweise bei Diagnoseregeln wie "in den MEISTEN Fällen
  haben Patienten mit Symptom X die Krankheit Y" und wird i. B.
  durch unscharfe Quatoren (Näheres s.u.) modelliert;
- die qualitative Unischerheit; sie entsteht typischerweise bei
  Regeln oder Fakten von begrenzter Glaubwürdigkeit oder Zuverlässigkeit wie "Wenn das Objekt Form X hat, handelt es sich
  mit einer Zuverlässigkeit von Soundsoviel um ein Y" und wird
  i. B. durch die Dempster-Shafer-Theorie der "belief functions"
  (vgl. Dempster, 1967, Shafer, 1976, Lowrance, 1986,) oder
  durch die sog. certainty factors (Buchanan & Shortliffe,
  1975) modelliert.

Die derzeitige Tendenz bei der AI-Forschung ist jedoch, hybride
Modelle aufzustellen, die mehrere der genannten Unsicherheits-
aspekte beinhalten (zur Theorie derartiger Modelle vgl. Kaufmann,
1986; Goodman & Nguyen, 1985; Yager, 1986).

Für die Wahl eines Modells unter den angeführten Zielsetzungen sind nun Merkmale der Unsicherheit zu wenig aussage-
kräftig. Sinnvoll wäre ein Indikator, der, für ein bestimmtes
Modell, dessen Wert hinsichtlich dieser Ziele messen würde - der
also Aufschluß darüber gäbe, inwieweit das betreffende Modell
mit menschlichen Unsicherheitsmodellen in einem gewissen Gegenstandsbereich in Einklang zu bringen ist. Damit wäre, wie im
Schlußteil zu zeigen sein wird, die Wahl eines Modells keineswegs präjudiziert - schon deswegen nicht, weil ein solcher Indikator für Experten (im Prozeß des knowledge elicitation) einen
anderen Wert annehmen könnte als für Benutzer. Aber eine klare
Bewertungsgrundlage für sonst nicht leicht an Leistungsdaten
festzunagelnde Modelle hinsichtlich der genannten Ziele wäre gegeben. Die Definition eines solchen Indikators für das Teilproblem syllogistischer Inferenz ist das Metaziel der hier vorgestellten empirischen Untersuchung zum schlußfolgernden Denken
unter Unsicherheit.

Dieses Teilproblem betrifft die Fähigkeit von zu Rate
gezogenen Experten und von Benutzern, formale Äquivalente unsicherer Regeln oder Fakten in einem syllogistischen Kontext auf
Adäquatheit beurteilen zu können, bzw. selbst adäquat zu formulieren. Dabei ist dem Übergang von einzelnen unsicheren Fakten/

Regeln zu einem durch syllogistische Inferenzen verknüpften System von solchen besondere Beachtung schenken. Ein Experte mag mit der Modellierung einzelner Wissenselemente durch unscharfe Relationen übereinstimmen, aber nicht mit den Folgerungen, die sich aus der Theorie ergeben. Dies ist der "interface-Aspekt" des Problems der Propagation von Unsicherheit in einem wissensbasierten System (vgl. Spiegelhalter, 1986; Pearl, 1986; Lowrance, 1986). Kandidaten für einen "Einklangsindikator" lassen sich aus empirischen Ergebnissen durch Definition der "Übereinstimmung" von menschlicher Verarbeitung unsicherer Information einerseits und den Input-/Output-Relationen solcher Systeme andererseits herleiten. Zwei Aspekte sind hier zu beachten:
1. Grad der Übereinstimmung;
2. Struktur der Übereinstimmung.
Die geforderten Definitionen für Grade und Strukturen der "Übereinstimmung" für zwei Modelle liefert Spies (1987). Die beiden Modelle sind Zadeh's (1983) "Syllogistic Reasoning with Fuzzy Quantifiers" - qualitativ unscharfe Unsicherheit - und Baldwin's (1986) "Support Logic" - qualitative Unsicherheit. Auf sie beschränkt sich, exemplarisch, diese Untersuchung.

2   <u>Modelle, Hypothesen, Implementation, Resultate</u>
        <u>a) Unscharfe Quantoren</u> (Zadeh, 1983, a und b, 1985):
Dies sind unscharfe Zahlen (vgl. Dubois & Prade, 1983) als Werte bedingter Wahrscheinlichkeiten, oder vereinfacht: unscharfe Quantitäten (auf endlich Universen). Ein unscharfer Quantor ist demnach charakterisiert durch eine Zugehörigkeitsfunktion (membership function) auf der Menge der bedingten Wahrscheinlichkeiten. Mittels des Extensionsprinzips der Fuzzy-Set Theorie (Zimmermann, 1985) lassen sich Regeln über bedingte Wahrscheinlichkeiten auf unscharfe Quantoren "ausdehnen". So ist die Theorie der unscharfen Quantoren letztlich ein unscharfes Modell des Systems der bedingten Wahrscheinlichkeiten. Außerdem gibt es hier, anders als in der Grundform der "fuzzy logic", keine Parametrisierungen oder Operatorenfamilien, die den knowledge engineer vor allzuviele Qualen der Wahl stellen könnten. Das Extensionsprinzip sichert den Übergang von Gesetzmäßigkeiten für bedingte Wahrscheinlichkeiten zu Operationen auf unscharfen

Quantoren.

Syllogistische Inferenzen ergeben sich dann z.B. so: Es gilt allgemein $p(a\&c \mid b) = p(a|b) * p(c \mid a\&b)$; wenn demnach auf der Modellebene die MEISTEN b's auch a's sind und ZIEMLICH VIELE der a&b's c's sind, dann sind DIE MEISTEN ⊕ ZIEMLICH VIELE b's zugleich a's und c's; die Worte in Versalien stehen dabei für unscharfe Quantoren, das Zeichen ⊕ für die Multiplikation unscharfer Zahlen nach dem Extensionsprinzip.

b) <u>support logic</u>: Baldwin (1986) macht einen anderen Vorschlag zur Formulierung einer von der Dempster/Shafer-Theorie ausgehenden Prozessierung von Schlußfolgerungen unter Unsicherheit in Expertensystemen. Grundgedanke ist, den Fakten/Regeln einer in Form von Horn-Klauseln repräsentierten Wissensbasis jeweils ein Paar von Zahlen zuzuordnen: den "necessary support" (S1) und den "possible support" (S2). Dabei soll stets gelten: S1 ≦ S2 und S1 + S2 ≦ 1.

Das Intervall $[S1, S2]$, auch support-Intervall genannt, stellt einen Wahrheits"wert" für die so gekennzeichnete Proposition dar. Insbesondere ist der "necessary support" <u>gegen</u> eine Proposition gleich 1 - S2. Also erhält die Negation einer Proposition mit dem support-Intervall $[S1, S2]$ das support-Intervall $[1-S2, 1-S1]$ zugeordnet.

Die nächstliegende Deutung dieses Modells liefert die Interpretation in terms einer "Abstimmung" über jede Proposition S1 ist der Stimmenanteil für, 1 - S2 der Stimmenanteil gegen die betreffende Proposition, S2 - S1 ist der Anteil der Unentschiedenen und "mißt" quasi die in der Proposition inhärente Unsicherheit. Der "possible support" beschreibt also, wieviel Unterstützung eine Aussage bei Berücksichtigung der sicheren Gegenstimmen möglicherweise erhalten kann, wenn die Unentschiedenen für die Aussage stimmen. Support-Paare gehen auf die "degrees of belief" und "degrees of plausibility" der Dempster-Shafer-Theorie zurück. Für die Repräsentation einer aussagenlogischen Verknüpfung ist eine zusätzliche Annahme erforderlich: Baldwin (1986) definiert das Minimum-Modell und das Multiplikationsmodell. Die Modelle weisen der Konjunktion zweier Propositionen einmal das Minimum, das andere Mal das Produkt der necessary supports als necessary support zu.

Zadeh (1983a) hat vier "Modi" für Syllogismen unter Unsicherheit beschrieben; sie betreffen die Kombination von Evidenz ebenso wie die "Vererbung von Eigenschaften" und können als Module für in WBS zu implementierenden Inferenzprozeduren gelten. Die anderen "Modi" für support-logic werden in Spies (1987) hergeleitet.

Eine Idealsituation für empirische Forschung wäre gegeben, wenn - für ein bestimmtes Modell - überprüft werden könnte, inwieweit menschliches Schlußfolgern mit Modellschlußfolgerungen übereinstimmt, ausgehend von natürlichsprachlichen Prämissen. Voraussetzung für die Erfüllung dieses Idealschemas durch eine konkrete Untersuchung wäre die Übersetzbarkeit und Rückübersetzbarkeit der Unsicherheitskomponenten natürlichsprachlicher Prämissen/Konklusionen in die betreffenden Modelläquivalente. Existierte die genannte Übereinstimmung "menschlicher" mit "modellgegebener" Schlußfolgerung, so müßte dann folgendes Diagramm kommutieren (es bedeuten: P: eine Klasse von Prämissen; C: eine Klasse von Schlußfolgerungen aus den Prämissen nach Standardkalkül, Mo: Modell der Unsicherheitskomponente):

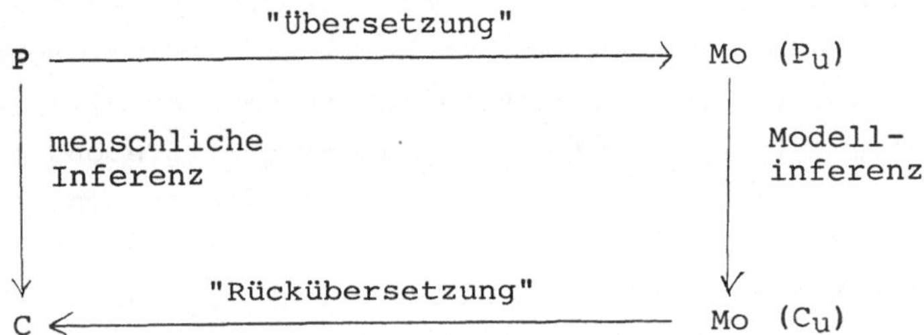

Die Voraussetzung der (Rück-)Übersetzbarkeit der Unsicherheitskomponenten natürlichsprachlicher Prämissen in Modellkomponenten ist nun hinsichtlich der intersubjektiven Nachvollziehbarkeit solcher "Übersetzungen" i.A. zweifelhaft. Es erscheint daher sinnvoll, den Problembereich einzugrenzen, indem man die Abbildungen Mo aus dem eigentlichen Testdiagramm (aus dessen Kommutativität die Nullhypothese der empirischen Untersuchung folgt) auszulagern. Dafür muß dann die menschliche Inferenz als durch ein mentales Modell (vgl. Tauber, 1985, Streitz, 1985) vermittelt angesehen werden, das die schon ins (Zadeh-/Baldwin-) Modell abgebildeten Unsicherheitskomponenten einer weiteren

Abbildung unterzieht. So kommt man zu einem "erweiterten Diagramm" für die empirische Untersuchung (es bedeuten zusätzlich P_u, C_u: Unsicherheitskomponenten der Prämissen, bzw. conclusio, Me: die Abbildung des Mentalen Modells, ausgehend von einer Modellrepräsentation dieser Unsicherheitskomponenten).

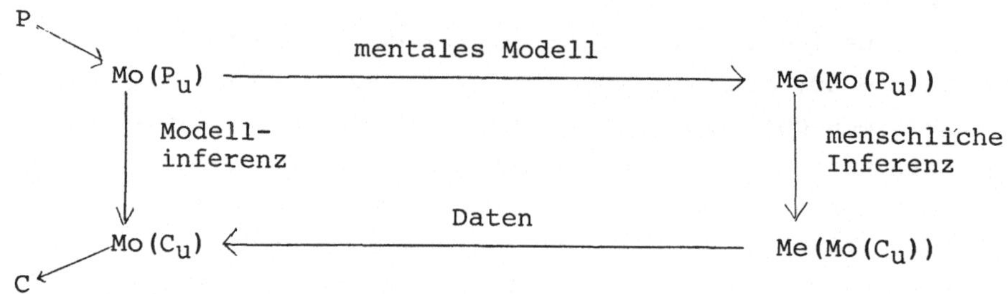

Die Annahme, die dieses Diagramm stillschweigend macht, ist, daß die menschliche Inferenz das mentale Modell der unsicheren Komponenten eines Problems nicht beeinflußt, formal, daß menschliche Inferenz von $Me(Mo(P_u)) = Me(Mo(C_u))$.

Damit setzt man empirische Ergebnisse der Alternativinterpretation aus, eventuelle "mismatches" zwischen Systemoutput einerseits und output menschlichen schlußfolgernden Denkens andererseits seien auf die Unangemessenheit der Systemkomponenten an mögliche oder verfügbare menschliche mentale Modelle zurückzuführen. D.h. wir "konfundieren" menschliche Inferenz mit mentalen Modellen für die Ein/Ausgabedaten zu dieser menschlichen Inferenz. Diese Situation ist allerdings in der Psychologie nicht selten anzutreffen, da man Menschen nicht bar der Annahme eines mentalen Modells oder äquivalenter funktionaler Konzepte hinsichtlich kognitiver Prozesse untersuchen kann.

Würde also das erweiterte Diagramm kommutieren, so müßten Menschen in der Lage sein, ausgehend von Prämissen mit modellspezifisch repräsentierten Komponenten zu Schlußfolgerungen mit derartigen Komponenten zu kommen, die mit den Modellschlußfolgerungen übereinstimmen, bis auf Fehler, die auf verschiedene Ungenauigkeiten des menschlichen zahlenmäßigen Schätzvermögens zurückgehen.

Diese Aussage müßte jeweis innerhalb eines der in Frage kommenden Modelle und eines der Modi von Schlußfolgerungen in verschiedenen Varianten gelten - sie ist die Nullhypothese entsprechender varianzanalytische Designs.

Die zentrale Forderung an derartige Designs zur nutzbringenden Implementation von Unsicherheitsmodellen in WBS ist nun, eine Menge von Strukturfaktoren zu definieren, die für einen bestimmten Modus quasi das Netz bilden, bezüglich dessen die Grade der Übereinstimmung signifikant differieren könnten. Ein signifikantes Ergebnis in den Graden der Übereinstimmung läßt so erste Schlüsse auf die Übereinstimmungsstruktur je Modus und je Modell zu. Die Erfüllung dieser Forderung kann hier, in Absenz einer Forschungstradition zu diesem Problem, nur heuristisch versucht werden. Für unscharfe Quantoren wurde ein dreidimensionales Schema von dichotomen Strukturfaktoren entwickelt. Die Faktoren - für eine Prämisse - sind:
- Positivität (Affirmation von Quanta über 50%)
- Monotonie (Affirmation von "Niemand" oder "Alle")
- Bestimmtheit (Affirmation eines schmalen Intervalls)
- versus ihren jeweiligen Gegenstücken.
Für die support-Intervalle wurde ein dreidimensionales Schema
in Analogie zu den Quantoren-Faktoren gewählt. Dies geschah, um im Ergebnis der Untersuchung auch einen Aspekt durchleuchten zu können, der in der Literatur immer wieder auftaucht: Die Analogsetzung quantitativ unscharfer Information und qualitativ unsicherer Information. Baldwin (1986) gibt sogar eine Umrechnungsregel für die Verwandlung unscharfer Quantoren in SupportIntervalle an. Für diese Analogsetzung spricht unser alltäglicher Sprachgebrauch, wenn wir etwa sagen:
"Im Allgemeinen ist X nicht Y".
Das heißt doppelsinnig sowohl, daß DIE MEISTEN X nicht Y sind, aber auch, daß es IN HOHEM GRAD UNZUTREFFEND ist, daß X-e Y-e sind. Gegen eine Umrechnungsregel spricht jedoch, daß sie, formal ausgedrückt, nicht mit Inferenzen kommutiert (vgl. Spies 1987):

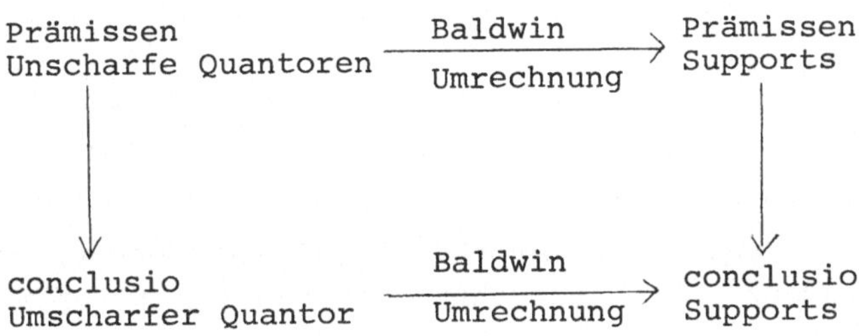

Träfe die Analogie jedoch "kognitiv-intuitiv" zu, so müßte im Ergebnis der Untersuchung die Wirkung der analogen Strukturfaktoren hinsichtlich der Übereinstimmungsstruktur über beide Modelle annähernd gleich sein; ist das nicht der Fall, so wissen wir, daß die Analogsetzung quantitativ unscharfer mit qualitativ unsicherer Information nicht nur der formalen, sondern auch der "intuitiven" Grundlage im Letzten entbehrt.

Für die <u>Implementation</u> der Untersuchung beinhaltet das erweiterte Diagramm die Konsequenz, sich nach einer für "Laien" akzeptablen Repräsentation von unscharfen Quantoren und support-Intervallen umzusehen, um dann arithmetische Daten erheben zu können. Hierzu wurde eine einfach manipulierbare graphische Darstellung von zu den Sätzen eines Syllogismus gehörenden Quantoren bzw. Supportpaaren programmiert. Bei der Untersuchung editieren die Teilnehmer dann trapezförmige unscharfe Quantoren resp. "Abstimmungsbilder" für die Folgerungssätze mehrerer Syllogismen am Bildschirm. Quantoren resp. "Abstimmungsbilder" für Prämissen werden neben den Sätzen erzeugt; der Quantor/das Abstimmungsbild für die (bis auf das natürlichsprachliche Quantorenpendant) vorformulierte conclusio sind zu editieren. Bearbeitungsdaten (i. B. Bearbeitungszeit) sowie die schließlich gewählten Quantoren bzw. Intervalle werden gespeichert.

Die derzeit zur Verfügung stehenden Daten lassen auf <u>Resultate</u> folgender Art schließen:
1. Bei der Kombination von Evidenz werden konkordante Prämisseninformationen durchweg schlechter aggregiert als konflikthafte. Dies gilt für beide Modelle.
2. Bei der "Vererbung von Eigenschaften" mit unscharfen Quantoren werden grundsätzlich zu optimistische Lösungen gewählt.
3. Bei der "Vererbung von Eigenschaften" mit support-Intervallen werden der conclusio grundsätzlich zu viele Gegenstimmen zugeordnet.

Wenn z.B. wenig dafür spricht, daß Spaniels bissige Hunde sind (2. Prämisse), und viel dagegen, bissige Hunde ohne Leine spazieren zu führen (1. Prämisse), so spricht im Resultat wenig dagegen, Spaniels ohne Leine spazieren zu führen, auch wenn nicht viel dafür spricht. Diesem Gedankengang entgegen steht eine hier offenkundige Tendenz der Untersuchungsteilnehmer, einen Mangel

an Unterstützung für eine Proposition in eine manifeste Unterstützung gegen sie umzumünzen.
4. Bei analogen Modi von Syllogismen unter beiden Modellen wirken die analogen Strukturfaktoren für beide Modelle i.A.
   höchst unterschiedlich; d.h. daß für die "intuitive" Analogie
   der menschlichen Unsicherheitsmodelle für quantitativ unsi-
   chere Informationen keine Bestätigung gefunden worden ist.

3   Konsequenzen

Für den Entwurf von Informationssystemen, die unsicheres
Wissen enthalten und verarbeiten sollen, scheinen empirische
Ergebnisse von doppeltem Nutzen: Einmal kann die Kenntnis spezifischer Übereinstimmungsstrukturen bei bestimmten syllogistischen Modi unter einem bestimmten Modell bei der Wahl eines logischen Systems zur Modellierung von Unsicherheit in einem konkreten Anwendungsproblem hilfreich sein. Wissen wir. z.B., daß
diagnostische Evidenz von Experten konsistenter kombiniert wird,
wenn sie als unzuverlässige Aussage (mit support-Intervall) bearbeitet wird, als, wenn sie als Aussage über einen nicht genau
angebbaren Teil einer Population (unscharfer Quantoren) zu bearbeiten ist, so mag das die Wahl eines logischen Systems für
ein bestimmtes Diagnosesystem erleichtern.

Auf der Ebene der Leistungen eines WBS im Benutzerdia-
log sind zwei Aspekte der Bewertung von "Übereinstimmung"
menschlicher und systemgebender Inferenzprozesse hervorzuheben:

1. korrektive Funktion: Im trivialen Fall liegt der In-
formationsgewinn für den Benutzer eines wissensbasierten Systems
im Vorschlag einer Schlußfolgerung aus vom Benutzer gegebenen
unsicheren Prämissen. Je geringer der Grad und je amorpher die
Struktur der Übereinstimmung bzql. des verwendeten Modells, desto höher ist der Nutzen einer Information durch das WBS, da die
apriori-Wahrscheinlichkeit, daß ein Benutzer die betreffende
conclusio erreicht hätte, erheblich geringer als die aposterio-
ri-Wahrscheinlichkeit ist (Hintikka (1970) zeigt, daß der erwar-
tete Nutzen einer Evidenz h bezüglich einer Proposition s sich
zu $u(h) = p(s\,h) - p(s)$ ergibt, wenn $p(s)$ als logische Wahrscheinlichkeit bestimmt ist). Diese - hinsichtlich der benutzten Objekte aus der Wissensbasis triviale - Abfragesituation

kann sich bei Einbeziehung der Wissensbasis nur verstärkt wiederholen. Man kann also festhalten, daß schlechtere Effizienz eines logischen Systems bezüglich des Benutzerwissens nicht ein Ausschluß-, sondern in bestimmten Situationen sogar ein favorisierendes Kriterium für den Einsatz eines logischen Systems sein kann!

2. interaktiv-organisatorische Funktion: Geplant sei ein document-retrieval System mit interaktiven Eigenschaften, die das allmähliche Spezifizieren des ungenau bestimmten Benutzerinteresses ermöglichen. Der Nutzen dialoggesteuerter Dokumentensuche hängt hier u.a. davon ab, daß Vererbungen von relevanten Eigenschaften von Benutzern in ihrer Möglichkeit nicht falsch bewertet werden. Handelt z.B. ein Text, der A betrachtet, im Allgemeinen nicht von B, und ein Text, der B behandelt, eher nicht von C, so kann doch ein Text, der A behandelt, regelmäßig auch von C handeln, obwohl empirische Ergebnisse aus der Untersuchung nahelegen, daß diese Nicht-Vererbung der Eigenschaften von Menschen i.A. nicht wahrgenommen oder für unwirksam gehalten wird.

Diese beiden Punkte zur praktischen Bewertung der "Übereinstimmung" von logischen Systemen mit menschlichen "logischen mentalen Modellen" legen im Licht der bislang feststellbaren Resultate der empirischen Arbeit folgende <u>Grundthese</u> nahe:
Um den Nutzen eines WBS für Benutzer zu maximieren, sind kognitive Strukturbeziehungen sowie Grade und Struktur der Übereinstimmung solcher Beziehungen mit Komponenten logischer Systeme, die zur Wahl stehen, in der Planungs- und Entwicklungsphase eines WBS zu berücksichtigen.

*

Diese Arbeit wurde von der deutschen Forschungsgemeinschaft unterstützt. Ich danke Herrn Prof. K. Eyferth, TU Berlin, und Herrn Prof. H.-J. Zimmermann, RWTH Aachen, als Betreuern meiner Dissertation für mannigfache Unterstützung in Planung und (derzeit zu beendender) Ausführung.

<u>Literatur</u>
Baldwin, J., (1986): Support Logic Programming. In A. Jones, A.

Kaufmann, H.-J. Zimmermann (eds); Fuzzy Sets Theory and Applications; Dordrecht.

Dempster, A. P. (1976): Upper and lower Probabilities induced by a multivalued mapping. Ann. Math. Statist. 38, S. 325-339.

Dubois, D. & Prade, H. (1980): Fuzzy Sets and Systems, New York.

Goodman, I. R. & Nguyen, H. T. (1985): Uncertainty Models for Knowledge-Based Systems; North Holland.

Hintikka, J. (1970): On semantic Information; in: Ders. & P. Suppes (eds): Information and Inference; Dordrecht.

Kaufmann, A. (1986): Hybrid data - various associations between fuzzy subsets and random variables. In A. Jones, A. Kaufmann, H.-J. Zimmermann (eds): Fuzzy Sets Theory and Applications; Dordrecht.

Lowrance, J. D. (1986): Evidential Reasoning as a Foundation for Automated Argument Construction (Abstract); International Conference on Information Processing and Management of Uncertainty in Knowledge-Based Systems, 5-7.

Pearl, J. (1986): On Evidential Reasoning in a Hierarchy of Hypotheses; Artificial Intelligence 28 (1986) 9-15.

Shafer, G. (1976): A Mathematical Theory of Evidence; Princeton University Press.

Spiegelhalter, D. J. (1986): Coherent Evidence Propagation in Expert Systems (Abstract); International Conference on Information Processing and Mangement of Uncertainty in Knowledge-Based Systems, 12-16.

Spies, M. (1987): Syllogistic Inference under Uncertainty (Diss., Arbeitstitel).

Streitz, N. (1985): Die Rolle von mentalen und konzeptuellen Modellen in der Mensch-Computer-Interaktion: Konsequenzen für die Software-Ergonomie? Software Ergonomie (1985), 280-292.

Tauber, M. J. (1985): Mentale Modelle als zentrale Fragestellung der kognitiven Ergonomie. Theoretische Überlegungen und einige empirische Ergebnisse; Software Ergonomie (1985), 293-302.

Yager, R. R. (1986): Knowledge Trees in complex Knowledge Bases; Fuzzy Sets and Systems 15 (1986), 45-64.

Zadeh, L. A. (1983, a): The role of Fuzzy Logic in the Management of Uncertainty in Expert Systems. Fuzzy Sets and Systems 11, (1983), 199-227.

ders. (1983, b): A computational Approach to fuzzy Quantifiers
in Natural Languages. Comp. & Maths. with Applic. 9, 149-184.
ders. (1985): Syllogistic Reasoning in Fuzzy Logic and its
Application to Usuality and Reasoning with Dispositions (im
Druck).
Zimmermann, H.-J. (1985): Fuzzy Set Theory - and its Applications. Boston.

Marcus Spies
Institut für Psychologie
Freie Universität Berlin
Habelschwerdter Allee 45
1000 Berlin 33

PROTOTYPING VON BENUTZERDIALOGEN IN PROLOG

Rudolf Schragl, München

Zusammenfassung: Die Akzeptanz interaktiver Systeme hängt wesentlich von der Qualität ihrer Benutzeroberfläche ab. Um Entwurfsentscheidungen rechtzeitig validieren zu können, sollte der geplante Dialog so früh wie möglich mit dem Endanwender abgestimmt werden. Basierend auf einer zustandsorientierten Spezifikationssprache wird in diesem Beitrag ein in PROLOG implementierter Dialogabwickler vorgestellt, der die Spezifikation interpretativ abarbeitet und den Dialog mit dem Benutzer abwickelt. Sich dabei ergebende Anforderungen können direkt in die Spezifikation eingearbeitet werden.

Einführung

Bedingt durch die zunehmende Verbreitung von Arbeitsplatzrechnern finden immer mehr interaktive Systeme Einzug in den verschiedensten Bereichen, wie z. B. auch der Büroautomatisierung. Die Qualität derartiger DV-Systeme wird wesentlich bestimmt durch die Eignung und Benutzerfreundlichkeit der Mensch-Maschine-Schnittstelle. Diese Kriterien wirken sich auf den Endbenutzer aus, wenn dieser seinen Dialog mit dem System führt. Eine Akzeptanz des Systems kann nur erreicht werden, wenn die Anforderungen der Endbenutzer in genügendem Umfang bei der Erstellung des Systems berücksichtigt wurden.

Bevor eine Dialogschnittstelle in einer Programmiersprache implementiert wird, wird üblicherweise eine Spezifikation angefertigt. Dies gilt auch für andere Aspekte eines DV-Systems, denn eine abgestimmte Spezifikation erhöht die Wahrscheinlichkeit, daß das zukünftige Produkt den funktionalen Anforderungen entspricht (d. h., daß es tut was es soll). Darüberhinaus dient die Spezifikation oftmals auch als Basis für die Absprache zwischen dem Kunden und dem Software-Entwickler.

Mehr und mehr werden formale Methoden eingesetzt, über die die Korrektheit einer Spezifikation verifiziert werden kann und die bestimmte Eigenschaften garantiert (z. B. Vollständigkeit, Änderbarkeit). Nachteil der meisten dieser Methoden ist es, daß sie nur von ausgebildeten Systemexperten verstanden werden. Aber gerade im Bereich der Benutzerschnittstellen ist es der oft wenig erfahrene Endbenutzer, der, basierend auf seiner Ausbildung und seinem Wissensstand, den Erfolg des DV-Systems bestimmt. Im allgemeinen ist es deshalb nicht ausreichend, sich nur auf die positive Beurteilung der Spezifikation durch den Systemingenieur zu verlassen (vgl. Ledgar u. a., 1980). Die Vernachlässigung des Einflusses der Endbenutzer erfordert meist ein Redesign mindestens der Benutzerschnittstelle. Basiert darüberhinaus der Entwurf des Dialogsystems nicht auf einem tragfähigen Architekturmodell (für ein derartiges Modell vgl. z. B. Fritsche u. a., 1983), so ist dies eine nicht triviale und kostenintensive Aufgabe. Ursache hierfür ist, daß ein Redesign der Dialogschnittstelle auch ein Redesign der internen Datenverarbeitungsfunktionen nach sich zieht.

In diesem Beitrag wird ein Prototyp eines Dialogabwicklers vorgestellt, der dabei hilft, die Lücke zwischen einer formalen Spezifikation eines Dialogs und dem Benutzer, für den das System gedacht ist, zu überbrücken. Der Dialogabwickler interpretiert eine Spezifikation und führt den Dialog über das Benutzerterminal aus. Der Benutzer kommuniziert mit dem Prototyp wie mit dem endgültigen System. Änderungswünsche können direkt in die Spezifikation übernommen und deren Wirkung vom Endbenutzer überprüft werden. Dieses Verfahren führt schließlich zu einer Spezifikation, die die Erfordernisse und Wünsche der Benutzer widerspiegelt und damit eine Benutzerschnittstelle mit hoher Akzeptanz garantiert.

Anforderungen an den Dialogabwickler

Die meisten der Spezifikationsmethoden für Dialog basieren auf zustandsorientierten Modellen. Beispiele sind Zustandsdiagramme, Dialoggraphen oder Interaktionsdiagramme. Einen Überblick über derartige Methoden mit einer umfassenden Bibliographie befindet sich in Budde u. a. (1980).

Eine Spezifikationssprache hat mehrere Anforderungen zu erfüllen, um als praktisches Hilfsmittel bei der Produktentwicklung dienen zu können. Zum Beispiel, wie in Fritsche u. a. (1983) dargestellt, ist jeder Dialog in verschiedene Phasen zerlegbar, von denen einige unabhängig von den anderen entworfen und behandelt werden können. Als wirksames Werkzeug sollten folgende Eigenschaften von einer Dialogspezifikationssprache erfüllt werden:

o unabhängige Definition von Subdialogen

o die Spezifikation von Verarbeitungsfunktionen, insbesondere mit den Ergebnissen, die die Fortführung des Dialogs beeinflussen,

o die Spezifikation von Formaten und Datentypen der Eingabe- und Ausgabeströme (z. B. Bildschirmstruktur, Masken, Feldbeschreibungen),

o die Definition der Semantik der Eingabe- und Ausgabenachrichten (d. h. Beschreibung der Wirkung der erwarteten Eingaben zusammen mit den gewünschten Antworten).

IF ist eine Sprache (Bernhard & Schnupp, 1983), die es erlaubt, Interaktionsdiagramme (Denert, 1977) formal darzustellen. Ein wesentlicher Anteil von IF dient der Spezifikation von Mensch-Maschine-Schnittstellen. Da diese Sprache die oben erwähnten Voraussetzungen erfüllt, wurde sie als Basis für den Dialogabwickler ausgewählt.

Das Protoyping von Dialogen ist nur dann zweckmäßig, wenn der Realisierungsaufwand wesentlich unterhalb der, der endgültigen Implementierung liegt. Darüberhinaus muß ein Prototyp einfach an Dialogänderungen anpaßbar sein, um auch verschiedene Dialogvarianten ausprobieren zu können. Bei vielen der heutigen Programmiersprachen (z. B. Cobol, Fortran, Pascal) muß sich der Programmierer mit Fragen auseinandersetzen, WIE etwas auf einem Computer zu realiseren ist, bevor er zu dem WAS der Problemstellung vordringt. Dadurch wird es sehr schwierig, den Vorteil abzuschätzen, den ein Prototyp gegenüber der endgültigen im Funktionsumfang eingeschränkten aber dafür erweiterbaren Version bringt, wenn eine dieser Programmiersprachen Verwendung findet. Ein Durchbruch kann erst mit Hilfe von problemorientierten Sprachen, wie Lisp oder PROLOG erreicht werden. Ein anderer Ansatz besteht in der Verwendung flexibler Kommandosprachen im Zusammenhang mit modularen Programmbausteinen, wie dies beispielsweise durch die UNIX-Shell gegeben ist.

Für das hier vorgestellte Projekt wurde PROLOG (vgl. Clocksin & Mellish,1984) verwendet. PROLOG basiert auf der Prädikatenlogik erster Ordnung und kann als Spezifikationssprache für viele Probleme im Bereichder Datenverarbeitung eingesetzt werden. Darüberhinaus sollte Erfahrung gesammelt werden, inwieweit sich PROLOG für das "rapid prototyping" eignet.

Die Verwendung der Spezifikationssprache IF in Verbindung mit PROLOG führte zu der folgenden Vorgehensweise:

o Festlegung der IF-Sprache mittels PROLOG, d. h. Definition
einer Transformation, die für jedes IF-Konstrukt eine geeignete PROLOG-Regel (ggf. auch mehrere) liefert.
o Erstellen eines Dialogabwicklers in PROLOG, der fähig ist,
eine Dialogspezifikation interpretativ auszuführen.

Spezifikation eines Dialogs mit IF

In diesem Abschnitt wird der Teil der IF-Sprache eingeführt, der für die Beschreibung der Mensch-Maschine-Schnittstelle verwendet wird (eine ausführliche Sprachbeschreibung befindet sich in Bernhard & Schnupp, 1983). Als Syntax wird hier
PROLOG verwendet, das es ermöglicht, Ausdrücke in Prädikatenlogik zu formulieren und den PROLOG-Interpreter in natürlicher Art
und Weise zu bauen. Die Darstellung der einzelnen Regeln erfolgt
hier derart, daß mit Kleinbuchstaben geschriebenen Ausdrücke direkt angegeben werden müssen und Worte in Großbuchstaben Variable bedeuten, die durch Werte zu substituieren sind.

Alle relevanten Interaktionen der Mensch-Maschine-
Schnittstelle werden in IF als Systemdialog bezeichnet. Was "relevant" bedeutet hängt von dem gewählten Abstraktionsgrad ab und
kann die gesamte oder auch nur einen Teil der realen Schnittstelle umfassen. Ein Systemdialog besteht aus einem oder mehreren Subdialogen, die als Dialog bezeichnet werden. Die Strukturierung erfolgt dabei anwendungsabhängig, wobei jeder Dialog
o zuständig ist für eine definierte Regelmenge (z. B. Anweisungen, die sich auf bestimmte Verarbeitungen - wie Datenbankop-
erationen - beziehen, oder Anweisungen, die den Dialog selbst
betreffen, wie z. B. Dialogsteueranweisungen),
o alle Benutzerein- und ausgaben innerhalb der gewählten Regelmenge explizit beschreibt,
o ausgeführt wird wie eine Prozedur innerhalb einer konventionellen Programmiersprache.

Zu jedem Zeitpunkt ist genau ein Dialog verantwortlich
für die Interaktionen an der Benutzerschnittstelle. Die Anordnung der Dialoge bildet einen Baum, an dessen Wurzel sich der
Systemdialog befindet. Dies ermöglicht es, sowohl die dynamische
Verarbeitung und das beliebige Schachteln von Dialogen als auch
das unabhängige Ausführen einzelner Dialoge zu beschreiben.

Der Systemdialog ist definiert durch
```
system(dialog(NAME)).
```
NAME bezeichnet den Dialog, mit dem der Systemdialog beginnt.

Ein Dialog (bezeichnet mit DNAME) wird mittels eines endlichen Automaten durch eine Menge von Zuständen definiert und durch folgende Ausdrücke beschrieben:

```
dialog(DNAME,state(INITSTATE)).
state(SNAME,PREPRO,ACTION,TRANS).
        .
        .
        .
```

Ein Zustand faßt alle internen Aktionen des Systems innerhalb einer vorgegebenen Umgebung zusammen. Jede Eingabe von außen führt dabei zu einem Zustandsübergang. Der Zustand wird durch SNAME identifiziert, PREPRO definiert eine Liste von Prozeduren, die vor der eigentlichen Dialogaktion ausgeführt werden. Im Falle einer leeren Liste wird keine Vorverarbeitung aktiviert. Die Prozeduren stellen dabei Verarbeitungsfunktionen dar, die nicht durch eine Eingabe von außerhalb des Systems verursacht sind. Im Falle des Prototyping können sie für die Simulation von Datenzugriffsfunktionen (Speichern, Wiederauffinden, Vorbelegung einer Umgebung) verwendet werden.

ACTION ist der Name einer Funktion, die auf eine Eingabe von außen wartet. Für Dialoganwendungen erfolgen diese in der Regel durch den Benutzer.

TRANS enthält eine Liste von Zustandsübergängen, die für jede Eingabe den Folgezustand des Automaten bestimmt. Das Format von TRANS ist:

```
[transition(INPUT,POSTPRO,SUCC),
        .
        .
        .
]
```

INPUT definiert die Eingabezeichenfolge durch

```
symbol(S)
```

wobei S das beobachtete Eingabezeichen beschreibt. Die Variable S muß nicht notwendigerweise mit der Eingabe an der Benutzerschnittstelle übereinstimmen - sie kann innerhalb der Dialogaktion modifiziert werden. Dies erlaubt die Konstruktion verschiedener Benutzeroberflächen (z. B. menue- oder kommando-orientierte) durch Verwendung einer angepaßten Dialogaktion, ohne die Gesamtspezifikation zu ändern. Ist INPUT angegeben als

```
          else
```
so wird der Zustandsübergang unbedingt ausgeführt. Falls diese Angabe benutzt wird, ist sie als letztes Element der Liste zu verwenden.

Für die Verarbeitung der Eingabe kann eine Liste von Verarbeitungsfunktionen fuer aufgabenabhängige Aktionen, wie die Übernahme einer Eingabe in einen Datenbestand, in POSTPRO angegeben werden. Darüberhinaus ist es möglich, die Semantik einer Eingabe zu überprüfen (z. B. gültige Postleitzahl).

Der Folgezustand ist in SUCC angegeben. Die Angabe kann explizit oder implizit erfolgen durch

```
          state(STATENAME)  bzw.  exit('STRING')
```
Der Beendigungsgrund kann an den übergeordneten Dialog in STRING weitergegeben werden.

Implementierung eines Dialogabwicklers in PROLOG

Zur Ausführung einer mit dieser Sprache gegebenen Spezifikation wurde ein Programm in PROLOG erstellt, das diese Spezifikation interpretiert und abarbeitet. Der Interpreter führt jeweils die einem Zustand zugeordneten Aktionen aus. Dazu gehören der Aufruf der Vorverarbeitungsfunktionen, das Warten auf eine Eingabe und gegebenenfalls die Aktivierung einer Nachbehandlung. Eine Fehlerbehandlung wird durchgeführt, wenn der Dialog nicht korrekt spezifiziert wurde.

Nach Fertigstellung der Spezifikation wird der Dialogbaustein durch den Aufruf

```
          calldia(SYSTEMDIALOGNAME).
```
aktiviert. Der Interpreter führt die Spezifikation aus, indem der Dialog auf dem Benutzerterminal abgearbeitet wird.

Damit die Ein-Ausgabe wirklichkeitsnah erfolgt, d. h. so wie in dem späteren fertigen System vorgesehen, wurden Basisfunktionen für die Terminalsteuerung erstellt:

o Funktionen für ein virtuelles Terminal mit dem die Eigenschaften der Tastatur und des Bildschirms gesteuert werden (z. B. Cursor-Bewegung, Attributbehandlung, Moduseinstellung).

o Ein Fensterpaket mit dem verschiedene rechteckige (auch sich überlappende) Bildschirmausschnitte behandelt werden können (z. B. Fenstergedächtnis, Fensterverschiebeoperationen, E/A-Funktionen je Fenster).

o Vordefinierte Dialogaktionen (z. B. Abbruch und Endebehandlung, Schachteln von Dialogen).

Das Format für Ein- und Ausgaben ist innerhalb der Dialogaktionen zu definieren. Die Basisfunktionen erlauben es, die hierfür erforderlichen Beschreibungen in einer einfachen Weise vorzunehmen. Um für die Dialogführung Erfahrung zu sammeln, wurden einige haufig auftretende Standarfunktionen in das System integriert. Neue Funktionen lassen sich dadurch leicht hinzufügen, daß die bereits vorhandenen Funktionen aufgesetzt verwendet werden.

Die einfachste Dialogaktion, die der zeilenorientierten Eingabe dient, ist

        command([VAL1,...,VALn]).

Sie gibt ein Menu mit den Zeichenketten VAL1 bis VALn auf dem Bildschirm aus, nimmt die Antwort entgegen und hinterlegt sie in der Variablen S.

Für bildschirmorientierte Manipulationen (Masken etc.) stehen die zwei Funktionen mask und varein zur Verfügung.

Das Bildschirmlayout wird durch die Funktion

        mask(SCREEN)

spezifiziert, indem die konstanten Felder (das sind Felder, die nicht überschrieben werden können), die Ausgabefelder (das sind Felder, die nur vom Programm beschrieben werden können) und die Ein- Ausgabefeldern (Felder, die sowohl vom Benutzer, als auch vom Programm aus beschreibbar sind) angegeben werden. Ferner kann zwischen verschiedenen Darstellungsattributen ausgewählt werden (z. B. Zeichensatz, Helligkeit). Das Einlesen von Feldern geschieht mit der Funktion:

        varein(VARNAME)

VARNAME definiert eine Liste von Eingabefeldern. Diese Aktion stellt sicher, daß der Cursor sich immer innerhalb des ausgewählten Eingabefeldes bewegt. Das Ergebnis kann mittels der Funktion symbol in der Variablen S weiterverarbeitet werden. S enthält den Wert der nächsten Eingabe, oder *, wenn alle Eingabevariablen eingelesen wurden. Die Definition der Variablenliste erfolgt mittels:

        VARNAME(varlist([[LINE,COL,LENGTH,ATTR],...]])).

Die hier vorgestellten Dialogaktionen sind Beispiele, die die Möglichkeiten des Interpreters aufzeigen sollen. Neue Dialogaktionen lassen sich definieren, durch

        calldiastep(DIALOGAKTION,symbol(S)).

DIALOGAKTION ist der Name des PROLOG-Programms, das die Regeln enthält, die durchzuführen sind, wenn diese Aktion gerufen wird.

Das Ergebnis ist der Variablen S zuzuweisen und kann dann für
die weitere Steuerung der Zustandsübergänge verwendet werden.

Beispiel eines Dialogs

Das folgende Beispiel zeigt (wesentlich vereinfacht) einen Dialog eines Patientenregistriersystems (entnommen aus Bernhard & Schnupp 1983). Folgende Eigenschaften werden dargestellt:
o Der Systemdialog besteht aus zwei Subdialogen.
o Im Eingangsdialog wird die Berechtigung geprüft und in Abhängigkeit des Ergebnisses, die möglichen Funktionen aufgelistet. Die einzelnen Aufgaben selbst (hier nur die Patienten-
   erfassung) werden dann in eigenen Subdialogen ausgeführt.
o Nach Beendigung eines Teildialogs übernimmt das Hauptmenue
   wieder die Steuerung. Dieser Teildialog verwendet zur Dialogsteuerung die Maskenfunktionen.

```
system(dialog(office_monitor)).
  dialog(office_monitor,state(set_up)).
    state(set_up,[scr_init],varein(acess_right),
      [transition(symbol('demo)',[],state(choose)),
       transition(else,[],exit('keine Zugriffsberechtigung'))
      ]).
    state(choose,[],command('Patientenregistration','end'),
      [transition(symbol('Patienregistration'),[],state(pr)),
       transition(symbol('end'),[scr_end],exit('Ende normal'))
      ]).
    state(pr,[],dialog(registration),
      [transition,(else,[],state(choose))
      ]).


  dialog(registration,state(begin)).
    state(begin,[],mask(patreg(init)),
      [transition(else,[],state(patreg_circ))
      ]).
    state(patreg_circ,[],varein(patreg),
      [transition(symbol('*'),[],exit('Ende Registration')),
       transition(else,[],state(patreg_circ))
      ]).
```

<u>Schlußfolgerung</u>

Der Interpreter für Dialogspezifikationen erlaubt es, frühzeitig Verbesserungen von ungeeigneten Entwurfsentscheidungen vorzunehmen. In Abhängigkeit von den zukünftigen Erfahrungen mit diesem Werkzeug sind Erweiterungen geplant, die insbesondere die Erschließung neuer Anwendungsbereiche betreffen.

Mögliche Anwendungen, die mit diesem Werkzeug erschlossen werden können, sind:

o Stärkere Einbeziehung objekt-orientierter Benutzeroberflächen die durch Maus und Grafik gekennzeichnet sind (Cox, 1986).

o Neben den Dialog können auch die zugehörigen Verarbeitungsaktionen modelliert werden, um einen Prototyp des gesamten DV-Systems zu konstruieren.

o Erweiterung des Dialogabwicklers, um benutzerfreundliche Schnittstellen zu PROLOG-Anwendungen zu erstellen. Für diesen Fall wird eine Schnittstelle zur Ausführung von PROLOG-Regeln benötigt.

o Das Konzept der Mensch-Maschine-Interaktionen kann um eine nachrichtenorientierte Maschine-Maschine-Kommunikation erweitert werden, indem jeder Maschine ein Dialogabwickler zugeordnet und es ermöglicht wird, daß diese sich gegenseitig aufrufen. Mit diesem Verfahren lassen sich kritische Abschnitte von Kommunikationsprotokollen, die mittels Zustandsdiagrammen spezifiziert wurden, testen. Das Kommunikationssubsystem könnte als dritte Maschine modelliert werden, um beispielsweise Verzögerung, Verlust oder Verfälschung der Nachrichten zu simulieren.

Die Realisierung kommerzieller Systeme erfolgt heute mit konventionellen Programmiersprachen, wobei die Programmiersprache C zunehmend an Bedeutung gewinnt. Für den praktischen Einsatz ist es erforderlich, eine möglichst direkte Umsetzung zwischen der Spezifikation und einer effizienten Implementierung zu bekommen. Die Erfahrungen wurden deshalb verwendet für die Entwicklung von dialogorientierten Funktionen für PCs in der Programmiersprache C. Neben Dialogsteuerungsfunktionen entstand ein Maskensystem, in dem die erstellten PROLOG-Funktionen als Entwurfsgrundlage für die Programmierrichtlinien eingesetzt wurden (Schragl, 1986). Die Masken, die auch überlagerbar sind, können mit dem Benutzer zusammen entworfen werden. Die Felder lassen sich einzeln mit C-Funktionen ansprechen.

In einem weiteren Schritt kann eine Verknüpfung der beiden Werkzeuge vorgenommen werden. Die Abhängigkeiten werden weiterhin in PROLOG spezifiziert, als Dialogaktion aber ein C-Programm aufgerufen, das die entsprechende Maske auf dem Bildschirm abbildet und die Eingaben vom Benutzer entgegennimmt. Das Ergebnis wird dem Dialogabwickler zur Verfügung gestellt, der daraufhin die nächste Dialogaktion ausführt.

<u>Literatur</u>

Bernhard L.W. & Schnupp P. (1983): IF - A Specification Language for Dialog User Interfaces of Interactive Systems, International Computing Symposium, Nürnberg.

Budde R. & Schnupp P. & Schwind A. (1980): Untersuchung über Maßnahmen zur Verbesserung der Software-Produktion, Teil 1: Theoretische Ansätze auf dem Gebiet der Software-Technologie, GMD-Bericht Nr. 130, Oldenbourg Verlag.

Clocksin W.F. & Mellish C.S. (1984): Programming in PROLOG, Springer Verlag.

Cox B. J. (1986): Object-Oriented Programming, Addison-Wesley Publishing Company, 1986.

Denert E. (1977): Specification and Design of Dialog Systems with State Diagrams, Intern. Computing Symposium, North-Holland Publishing.

Fritsche M. & Schragl R. & Spindler P. & Taeuber D.L. (1983): Ein Modell für Dialogsysteme unter Berücksichtigung der Mensch-Maschine-Schnittstelle, ACM-Fachtagung Software Ergonomie, Nürnberg, April 1983.

Ledgard H. & Whiteside J.A. & Singer A. & Tontsch F. (1980): The Natural Language of Interactive Systems, Comm. of the ACM, Vol. 23, Nr. 10, Seite 581, Oktober 1980.

Schragl R. (1986): Methodische Realisierung von Dialoganwendungen in UNIX - eine Fallstudie, unix/mail, Verlag Hanser, 2/86.

Rudolf Schragl
UNA-DAT EDV-Beratung Gmbh
Kolbergerstr. 16
8000 München 80

HUFIT

Human Factors in Information Technology

K.-P. Fähnrich, J. Ziegler, Stuttgart

Zusammenfassung: Das HUFIT-Projekt ist ein großes multinationales Kooperationsprojekt im Bereich der Software-Ergonomie (Human Factors in Information Technology). Das Projekt wird in acht europäischen Ländern von elf Institutionen gemeinschaftlich durchgeführt. In dem vorliegenden Beitrag wird ein Resumee der Arbeit aus den ersten zwei Projektjahren vorgestellt.

HUFIT

Im Jahre 1982 und 1983 begannen die Vorarbeiten für das HUFIT Vorhaben. Brian Shackel von der HUSAT Research Group, Loughborough University, führte im Auftrage der Kommission der Europäischen Gemeinschaften eine weltweit angelegte Studie "Ergonomics in Information Technology (IT) in Europe - A Review" (Shackel, 1984) durch. Diese Studie diagnostizierte wesentliche Mängel in der Forschung und Umsetzung in Europa. Parallel zu dieser Studie wurden interessierte Partner in der europäischen IT-Industrie für ein großes multinationales Vorhaben in diesem Bereich gewonnen. Das Fraunhofer-Institut für Arbeitswirtschaft und Organisation (IAO), Stuttgart, übernahm die Federführung dieser Arbeiten. 1984 begann das Projekt. Projektpartner sind die Firmen Bull Transac, ICL, Olivetti, Philips und Siemens jeweils mit ihren entsprechenden Software-Ergonomie Labors unter Hinzuziehung externer universitärer Experten. Weiterhin vertreten im Projekt sind die Universität Münster, die Universität Cork, Irland, the Piraeus Graduate School of Industrial Studies, Griechenland und die Universität Minho, Portugal. IAO und HUSAT koordinieren die wissenschaftlich/technischen Inhalte dieses großen Forschungsvorhabens. Aus dem Projekt heraus wurden weitere Unteraufträge an mehrere Universitäten in Europa vergeben. Es ist von Anfang an geplant, daß das HUFIT-Vorhaben innerhalb von ESPRIT für den Bereich "Human Factors and IT-Products" im weitesten Sinne eine Integrations- und Dach-Funktion wahrnimmt. Dies bedeutet die Verpflichtung, das Vorhaben sehr eng mit anderen zu verzahnen und es in einer späteren Phase weiteren Partnern zu öffnen.

Inhaltliche Schwerpunkte des Projektes

Zu Beginn des Projektes stand die durch die Vorrecherchen erhärtete Überlegung, daß entsprechend gängigen arbeitswissenschaftlichen Erkenntnissen software-ergonomisches Gestaltungswissen möglichst früh in den Designprozeß entsprechender Produkte eingebracht werden soll. Gleichrangig neben diesem Ziel steht die Vorgabe, Methoden und Werkzeuge zu schaffen, die ein IT-Produkt auf seinen Lebensweg begleiten. In der Vorhabensbeschreibung heißt es dazu: "This project area is concerned wit IT-products from the moment of the conception, right through the design and development process, their installation and use. Its particular contribution is to the development of an integrated human factors input to this whole process." Spezifische Arbeitsgebiete sind:

- Analyse des Entwicklungsprozesses von IT-Produkten bei großen europäischen Herstellern;
- Methoden zur Erstellung von Aufgaben- und Benutzercharakteristiken;
- Operationalisierung der Begriffe "Nützlichkeit" und "Benutzbarkeit" (utility and usability) und entsprechender Evaluationsmethoden;
- die Entwicklung eines entscheidungsunterstützenden Werkzeuges für den Designer/Entwickler;
- Zusammentragen gesicherter arbeitswissenschaftlicher Erkenntnisse zu diesem Problembereich, die die Basis für das entscheidungsunterstützende System bilden.

Der zweite Hauptschwerpunkt des Projektes beschäftigt sich mit der Interaktion des Benutzers mit dem System. Hierbei sollen weit fortgeschrittene Formen der Mench-Computer-Interaktion theoretisch und empirisch untersucht werden. Am Ende sollen Prototypen dieser Interaktionsformen stehen. Es werden Interaktionsformen untersucht, die sich primär aus den grundlegenden Interaktionstechniken "direkte graphische Manipulation", "natürliche Sprache" sowie "formale Sprachen" kombinieren lassen. Dabei stehen folgende Arbeitspakete im Vordergrund:

- formale Modellierung der Mensch-Computer-Interaktion;
- Operationalisierung der Charakteristiken von unterschiedlichen Interaktionstechniken und Definition generischer Interaktionstechniken;
- Werkzeuge zur Definition und Implementation integrierter multimodaler Benutzerschnittstellen sowie die Implementation von Pilotsystemen;
- Evaluationsmethodiken.

In einem dritten Arbeitsschwerpunkt sollen die Ergebnisse des Vorhabens schon während der Vorhabenslaufzeit an interessierte europäische IT-Firmen gezielt weitergegeben werden.

<u>Bisherige Ergebnisse des Vorhabens</u>

Im folgenden werden einige wesentliche Ergebnisse des Vorhabens aus den ersten beiden Jahren vorgestellt. Es wird neben der Erweiterung und Fortschreibung dieser Ergebnisse primäre Aufgabe der zweiten Phase des Vorhabens sein, diese im Sinne der aufgezeigten Zielsetzungen zu integrieren.

Untersuchung des Entwicklungsprozesses für IT Produkte

Der Software-Design- und Entwicklungszyklus wurde bei großen IT-Firmen untersucht. Ziel der Untersuchung war es, festzustellen, wieweit gesichertes software-ergonomisches Wissen an welchen Stellen heute in der Praxis bei großen IT-Unternehmen einfließt. Die Untersuchungen wurden anhand der dokumentierten Richtlinien der Unternehmen, sowie durch Untersuchungen im Feld durchgeführt. Dieser doppelte Ansatz wurde gewählt, um das vorgegebene Software-Engineering der Unternehmen mit der Praxis zu vergleichen.

Ein Designmodell des Produktentwicklungszyklus wurde aus den Richtlinien extrahiert (Olphert u. a., 1986). Es ist auf die Neuproduktentwicklung ausgerichtet, obwohl es sich bei der Mehrzahl der untersuchten Fälle in den Unternehmen um Anpaßentwicklungen bzw. Systemintegrationen handelt.

Eine Felduntersuchung in den Unternehmen (Hannigan & Herring, 1986) ergab, daß bis auf ein oder zwei Ausnahmen der Produktentwicklungsprozeß in der Realität der untersuchten Unternehmen relativ wenig gemein hatte mit den vorgegebenen Richtlinien. "The design process with which we are concerned is variable, disorderly, complex, inconsistent and we don't fully understand it" ist eine der wesentlichen Aussagen aus dieser Untersuchung des Ist-Zustandes. Arbeitswissenschaftliche oder software-ergonomische Erkenntnisse werden darüber hinaus in den meisten Fällen lediglich implizit, unstrukturiert und unsystematisch und ausgesprochen unvollständig eingebracht.

Von vielen der befragten Entwickler wurde u.a. als Abhilfe vorgeschlagen, entsprechende Software-Werkzeuge zur Verfügung zu stellen, die die Integration software-ergonomischen Wissens in den Entwicklungsprozeß erleichtern würden. In der Praxis sieht es aber auch hier ganz anders aus: Werkzeuge, die den Designer unterstützen und die ihm die Anwendung software-ergonomischen Wissens erlauben, wurden so gut wie nicht aufgefunden. Wenn vorhanden, so war ihr Einfluß im Designprozeß gering. Als Grund für diese Tatsache wurde sehr oft angegeben, daß vorhandene Unterstützungswerkzeuge für den Praktiker wesentlich zu komplex seien. Auch für die Evaluation von Produkten nach software-ergonomischen Kriterien wurden kaum Werkzeuge oder etablierte Methoden festgestellt.

Unterstützungssystem zur software-ergonomischen Gestaltung für den Entwickler

Die klassischen Formen des Wissenstransfers (z.B. Publikationen, Handbücher, Gestaltungsrichtlinien etc.) finden, wie die Untersuchungen zu den in den Firmen verwendeten Designvorgehensweisen zeigen, in relativ geringem Umfang Eingang in die industrielle Praxis. Ein anderer Ansatz wäre, den IT-Firmen ein rechnerbasiertes Werkzeug zur Verfügung zu stellen, das mit anderen Software-Entwicklungs-Werkzeugen integriert werden kann. So wird in einem weiteren Teilvorhaben des HUFIT-Projektes ein Unterstützungssystem für Produktentwickler geschaffen. Dieses besteht im wesentlichen aus vier Teilen:

- einem User-Interface-Management-System für direkt manipulative Benutzer-schnittstellen;
- einem wissensbasierten System, das auf die verschiedensten Daten und Wissensquellen zugreift;
- Simulations- und Evaluationsmodulen;
- eine Komponente zum Conceptual Modelling

Das System wird den Namen INTUIT tragen. Momentan wurde die Design-spezifikation des Systems vorgelegt (Russel, 1986). In der nächsten Phase soll bis Ende 1987 ein erster experimenteller Prototyp entwickelt sein. Eine erste vollständige Laborversion des Systems wird gegen Ende 1989 fertiggestellt sein. Diese Version wird jedoch noch wesentlich bezüglich ihrer Funktionalität, ihrer Integration mit anderen Software-Engineering-Werkzeugen sowie bezüglich ihrer Stabilität zu erweitern sein.

Direkte graphische Manipulation als generische Interaktionsform

Bereits in (Bullinger & Fähnrich, 1984b) sowie in (Fähnrich & Ziegler, 1984) wird die Hypothese aufgestellt, daß direkte graphische Manipulation als eine basale Interaktionsform aufgefaßt werden kann. Weiterhin wurde dort kritisiert, daß diese Interaktionsform bisher in der Literatur nicht hinreichend scharf gegen andere Interaktionsformen abgegrenzt ist. Diese Fragestellung wurde in den letzten zwei Jahren im HUFIT-Vorhaben behandelt. Es wurde dazu eine Reihe von gemeinhin als direkt manipulativ bezeichneten Systemen analysiert. Zusätzlich wurde sämtliche relevante Literatur zu diesem und angrenzenden Gebieten zusammengetragen (Ziegler u. a., 1985). Es wurden drei Dimensionen extrahiert, die zur Charakterisierung von Interaktionsformen im allgemeinen und der direkten graphischen Manipulation im speziellen herangezogen werden können (Ziegler u. a., 1986d). Diese sind :

- Repräsentation: Art der Abbildung der internen Objekte eines Software-Systems auf die dem Benutzer sichtbare Oberfläche. Im Falle der direkten Manipulation stellt die externe Repräsentation zu einem gewissen Teil ein operationales Modell des Anwendungssystemes dar. Dieses tritt sehr oft in Form einer Metapher auf. Der Benutzer kann die internen Systemobjekte durch Manipulation der Oberflächenobjekte beeinflußen.
- Referenzierung: Referenzierung legt fest, wie ein Benutzer Objekte identifizieren und ansprechen kann. die Hauptunterscheidungen sind dabei:

Zeigehandlungen, Namensgebung oder Be- bzw. Umschreibung. Direkt manipulative Inferfaces verwenden Zeigeoperationen.

- Interpunktion: Segmentierung des Informationsflusses zwischen Benutzer und System in einzelne Interaktionsschritte. Diese Dimension legt die Komplexität und den Grad der Interaktiviät des Dialoges fest. Im Falle von direkter Manipulation sind Dialogschritte von sehr geringer Reichweite mit unmittelbarer (visueller) Rückmeldung anzutreffen.

Einer der wesentlichen Schritte in diesem Zusammenhang wird es sein, diesen Systemeigenschaften entsprechende Benutzbarkeitseigenschaften zuzuordnen, wie dies unter anderem in (Bullinger & Fähnrich, 1984) auf der Basis von Hypothesen vorgestellt wird.

Lernaspekte und Kognitive Aufgabenrepräsentation

Die "Cognitive Complexity Theory" von Polson and Kieras (Polson & Kieras, 1985) wurde evaluiert und wird laufend für die Zwecke des Projektes weiterentwickelt (Ziegler u. a., 1986d). Aufgrund der Hypothese, daß direkt manipulative Benutzerschnittstellen relativ einfach erlernbar sind (Fähnrich & Ziegler, 1984) wurde mit Hilfe der CCT die Konsistenz, die durch universelle (generische) Kommandos bewirkt wird, überprüft. Dabei wurde von der Hypothese ausgegangen, daß eine hohe Konsistenz eines Benutzer-Interface einen hohen und positiven Lerntransfer zwischen verschiedenen Bereichen der Funktionalität bedingt. Im Rahmen der CCT wird ein kognitives Modell der Arbeitsaufgabe in Form eines Produktionssystems erzeugt. Es ist möglich, aus diesem ablauffähigen Modell quantitative Prädiktionen bezüglich Einlernzeiten und Lerntransfer abzuleiten. Experimentelle Studien (Ziegler u. a., 1986a, b, c) beim Übergang zwischen Text- und Graphik-Editieren zeigen eine sehr hohe Prädiktionsgüte der CCT unter den gewählten Randbedingungen. Die untersuchten generischen Kommandos ließen in der Tat sowohl theoretisch als auch in der empirischen Überprüfung einen hohen Lerntransfer beim Übergang in den anderen Funktionalitätsbereich erkennen.

Die Modellierung der Aufgabenrepräsentation des Benutzers mit Hilfe von Produktionsregeln scheint in der vorliegenden Form auf zu niedrigem Abstraktionsniveau angesiedelt zu sein. Hier ist ein Schwerpunkt der weiteren Entwicklung im Bereich der CCT zu sehen. Weiterhin werden semantische Eigenschaften der in der Arbeitsaufgabe verwendeten Objekte bisher nicht behandelt. Erweiterungen des Repräsentationsmechanismus werden hier benötigt. Komplementäre theoretische Ansätze und Methoden (z.B. auf Grammatiken basierende Ansätze) werden in Zukunft detaillierter untersucht werden. Bisher sind die Modellierungsmöglichkeiten auf strikt sequentiell strukturierte routinemäßige

Aufgaben beschränkt. Eine Erweiterung auf andere Klassen von Aufgaben ist hier notwendig. Darüber hinaus steht nicht zu erwarten, daß über formale Modellierungsmethoden allein ein ausgewogenes Bild der Gestaltungsqualität einer Benutzerschnittstelle, bzw. sogar eines Produktes gewonnen werden kann. Über diesen formalen Ansatz hinaus sind für das Erlernen eines Systems auch das Vorwissen des Benutzers, Wissen über den Anwendungsbereich und geeignete Unterstützungen wie z.B. Hilfe durch das System wesentlich. Hierzu ist eine Zusammenstellung relevanter Theorien und Modelle druchgeführt worden (Bösser, 1986; Bösser im Druck). Aus diesen Ansätzen soll eine Methode und Werkzeuge zur Bestimmung von Lernanforderungen und möglichen Lernunterstützungen resultieren.

Formale Modellierung und Beschreibung der Mensch-Computer-Interaktion

Das Projekt hat eine Studie zum Vergleich formaler Modellierungsmethoden im Bereich der Mensch-Computer-Interaktion vorgelegt (Hoppe u.a., 1986, Hoppe, 1986). Dabei wurden Methoden zu zwei inhaltlichen Schwerpunkten untersucht. Zum einen handelt es sich um kognitiv orientierte Modellierungsverfahren, die als analytische Werkzeuge zur Aufgabenanalyse und -beschreibung verwendet werden und zu einer Vorhersage von Benutzerleistung, Einlernverhalten und Wissenstransfer dienen können. Diese analytischen Werkzeuge sind teilweise so weit formalisiert, daß sie auf einem Rechner ablauffähig sind und dabei quantitative Kenngrößen erfaßt werden können. Zum anderen wurden Formalismen und Modelle untersucht, die sich zur hochstehenden Spezifikation von Benutzerschnittstellen und zur automatischen Generierung eines ablauffähigen Systems aus dieser Beschreibung eignen. Diese Ansätze sind besonders wesentlich für die Entwicklung von User-Interface-Management-Systemen, die für ein Rapid Prototyping von Schnittstellen z.B. bei direkt manipulativen Schnittstellen eingesetzt werden können. Wesentliche Ansätze sind hierbei Methoden, die dem Bereich von Zustands-Übergangs-Netzen sowie grammatikalischen Beschreibungen zugeordnet werden können. Viele dieser Methoden werden zur Zeit im Projekt für Implementationsaufgaben verwendet, dabei weiter auf ihre Eignung untersucht. Z.B. werden State-Transition-Darstellungen in einer PROLOG Umgebung für das Rapid Prototyping von Benutzerschnittstellen, die sprachliche und textuelle Anteile beinhalten, angewandt. Ein zukünftiges Ziel in diesem Bereich wird es sein, die Ansätze zur Generierung von Benutzerschnittstellen sowie die kognitiv orientierten, prädiktiven Verfahren zusammenzubringen, bei der Systementwicklung sowohl Werkzeuge für die Implementation als auch in integrierter

Weise Hilfsmittel zur Bewertung der jeweiligen Implementationsalternativen verfügbar zu halten.

Klassifikationssystem

Als Teilvorhaben im HUFIT-Vorhaben wird das Vorhaben GLOT (GLossary Of Terms) durchgeführt. Hierbei geht es um die Bereitstellung eines mehrsprachigen Glossars im Bereich "Neue Informations- und Kommunikationstechnologien". Das Glossar mit ca. 2000 Termini und Definitionen liegt vor (Hoepelman u.a., 1986). Er wird momentan von externen Experten evaluiert. Zentral ist hierbei ein Teilbereich, in dem ein Glossar der Software-Ergonomie entwickelt wird. Dazu wurde eine Klassifikation der verschiedenen Gebiete im Bereich der Software-Ergonomie erarbeitet. Diese Klassifikation (Phillips, 1985, Phillips & Galer, 1986) wurde von den Projektpartnern evaluiert. Zusätzlich wurde ein Thesaurus erstellt. Er wurde dazu benutzt, eine Literaturdatenbank mit der wesentlichen, für den Bereich Software-Ergonomie relevanten, Literatur einzurichten. Erste Pilotrecherchen für die Zwecke des HUFIT-Projektes wurden durchgeführt (Phillips, 1986).

Literaturverzeichnis.

Bösser, Tom (im Druck): Learning in Man-Computer Interaction. A critical review of the literature. Erscheint in: Springer Lecture Notes.

Bösser, Tom (1986): Modelling of skilled behaviour and learning. In: Proceedings of the IEEE Conference on Systems, Man and Cybernetics (Atlanta, Georgia, October 14-17, 1986). New York: IEEE, pp. 272-276.

Bullinger, H.-J. & Fähnrich, K.-P. (1984a): Software-Ergonomie-Konferenzberichte. Interner Report des Fraunhofer-Instituts für Arbeitswirtschaft und Organisation (IAO), Stuttgart.

Bullinger, H.-J. & Fähnrich, K.-P. (1984b): Symbiotic Man-Computer-Interfaces and the User Assistant Concept. In: Salvendy, G. (Hrsg): Interact '84 Proc.of the First USA-Japan Conference on Human-Computer-Interaction, Honululu, Hawaii, August 18-20, 1984, ELSEVIER, Amsterdam, New York, Oxford, Tokio, pp. 17-20.

Bullinger, H.J., Davies, D.G., Fähnrich, K.-P., Shackel, B., Ziegler, J. (1986): Research Needs and European Collaboration in Human-Computer-Interaction. In: Proc. "Work with Display Units", Stockholm, 1986.

Davies, D.G. (1986): HUFIT`s Role in Office Systems Design. ESPRIT '86 Noth-Holland, Amsterdam, New York, Oxford, Tokio, 1986.

Gaines, B. (1984): From Ergonomics to the Fifth Generation. 30 Years of Human-Computer-Interaction-Studies. In: Shackel, B. (Hrsg.): Interact '84: Proc. of the First IFIP Conference on Human-Computer-Interaction. Volume 1, p. 1.1, London.

Fähnrich, K.-P. & Ziegler, J. (1984): Workstations Using Direct Manipulation as Interaction Mode. In: Shackel, B. (Hrsg.): Interact '84: Proc. of the First IFIP Conference on Human-Computer-Interaction, London.

Fähnrich, K.-P. (1985): European Human-Factors Laboratory in Information Technology. In: Bullinger H.-J. (Hrsg.): Proc. "Human Factors in Manufacturing", IFS Publications. UK, 1985.

Hannigan, S., Herring, V. (1986): The Role of Human Factors Inputs to Design Cycles; Deliverable A1.2b, HUFIT CODE: HUFIT/8-HUS-11/86.

Hoepelman, J., Heller, N., Thiele, S. (1986): Revised Draft of Glossary of Terms; Working Paper C6.3, HUFIT CODE: HUFIT/9-IAO-6/86.

Hoppe, H.U., Tauber, M., Ziegler, J. (1986): A Survey of Models and Formal Description Methods in HCI with Example Applications; Deliverable B 3.2a, HUFIT CODE: HUFIT/12-IAO-7/86.

Hoppe, H.U. (1986): Cognitive Modelling - A New Tool for User Interface Design and Evaluation. In: Proc. "AI Europe", Wiesbaden, 1986.

Olphert, W., Galer, M.D., Hannigan, S., Russel, A.J. (1986): Design Cycle Model; HUFIT Working Paper A1.1b, HUFIT CODE: HUFIT/3-HUS-3/86.

Phillips, K.E. (1985): Classification of Domains of Human Factors in Information Technology; Working Paper A3.1.a, HUFIT CODE: HUFIT/1-HUS-5/85.

Phillips, K.E., Galer, M.D. (1986): The Development of a Computer Human Factors Classification and Collation of Human Factors Knowledge; Interim Report A3.1, A3.2; HUFIT CODE: HUFIT/4-HUS-8/86.

Phillips, K.E. (1986): A Pilot Search on the Computer Human Factors Data Base, Topic: Usability; HUFIT CODE: HUFIT/5-HUS-7/86.

Polson, P., Kieras, D. (1985): An Approach to the Formal Analysis of User Complexity; Int. Journal Man-Machine Studies, Vol. 22, 365-394.

Russel, A.J. (1986): Knowledge Base Structure and System Specification; Working Paper A2, HUFIT CODE: HUFIT/2-ICL-01/86.

Shackel, B. (1984): Ergonomics in Information Technology in Europe - A Review. HUSAT Memo No. 309. Report für die Kommission der Europäischen Gemeinschaften, 1984.

Ziegler, J., Vossen P.H., Hoppe H.U., Fähnrich, K.-P. (1985): Analysis of Direct Manipulation Interfaces, Part I and Part II; Working Paper B3.1a, HUFIT CODE: HUFIT/4-IAO-12/85 und HUFIT/5-IAO-12/85.

Ziegler, J. (1986): Analyse kognitiver Aufgaben in der Software-Ergonomie. Gesellschaft für Informatik, In: Proc. "Software-Ergonomie Herbstschule"; Berlin, Oktober 1986.

Ziegler, J., Vossen P.H., Hoppe H.U. (1986a): Cognitive Complexity of Human - Computer Interaction. In: Proc. "ESPRIT '86" Noth-Holland, Amsterdam, New York, Oxford, Tokio, 1986..

Ziegler, J., Hoppe, H.U., Fähnrich, K.-P. (1986b): Learning and Transfer for Text and Graphics Editing with a Direct Manipulation Interface. In: Proc. "CHI`86, Computer - Human Interaction"; Boston, April 13-17, 1986.

Ziegler, J., Vossen P.H., Hoppe H.U. (1986c): On Using Production Systems for Cognitive Task Analysis and Prediction of Transfer of Skill. In: Proc. "3rd European Conference on Cognitive Ergonomics", Paris, Sept. 15-19, 1986.

Dipl.-Math. Klaus-Peter Fähnrich
Fraunhofer Gesellschaft
Institut für Arbeitswirtschaft
und Organisation
Silberburgstraße 119 a
7000 Stuttgart 1

Dipl.-Ing. Jürgen Ziegler
Fraunhofer Gesellschaft
Institut für Arbeitswirtschaft
und Organisation
Silberburgstraße 119a
7000 Stuttgart 1

III METHODISCHE PROBLEME BEI KONSTRUKTION UND EVALUATION

231

<u>ZU PROBLEMEN DER BEDIENBARKEIT</u>
<u>EINES MULTI-DIENSTE-ENDGERÄTES</u>

Untersuchungen mit einem Experimentalsystem

Angela Prussog, Berlin

Diensteintegrierende Fernmeldenetze legen ein Endgerätekonzept nahe, welches die Abwicklung verschiedener Dienste mit einem einzigen Endgerät ("Multi-Dienste-Endgerät") ermöglicht. Um in explorativer Weise Probleme zu ermitteln, die bei der Benutzung von Multi-Dienste-Endgeräten auftreten, und um Ansätze zur Lösung dieser Probleme aufzuzeigen, wurde ein Experimentalsystem aufgebaut, mit dem verschiedene schmal- und breitbandige Telekommunikationsdienste abgewickelt werden können. Die besondere Bedeutung der Breitbandtelekommunikation liegt in der Möglichkeit der Bewegtbildübertragung. Dabei macht der Dienst Bildfernsprechen die Berücksichtigung spezieller Anforderungen der Mensch-Maschine-Mensch-Kommunikation bei der Gestaltung des Endgeräts erforderlich. Für die Bedienung wurden zwei Tastaturvarianten entwickelt, die von Versuchspersonen erprobt und beurteilt wurden. Die Ergebnisse zeigen, daß bei geeigneter Gestaltung Multi-Dienste-Endegeräte auch für ungeübte Benutzer bedienbar sein können.

Einleitung

Ein Multi-Dienste-Endgerät ermöglicht durch die multifunktionale Nutzung einzelner Gerätekomponenten und durch die Möglichkeit der gekoppelten bzw. "integrierten" Nutzung mehrerer Dienste kostengünstige und leistungsfähige Systemlösungen. Durch die hohe Funktionsvielfalt eines solchen Endgerätes wird die Bedienung jedoch komplexer und stellt dadurch erhöhte Anforderungen an den Benutzer. Im Sinne einer benutzerfreundlichen Gestaltung müssen daher Benutzerführungstechniken gefunden werden, die den Benutzer bei der Bedienung eines solchen Systems unterstützen. Die Bedienung sollte so einfach wie möglich und für den Benutzer mit geringem Zeit- und Lernaufwand verbunden sein.

Untersuchungsansatz

Am Heinrich-Hertz-Institut wurden von einer interdisziplinären Arbeitsgruppe empirische Untersuchungen zur Gestaltung der Benutzerschnittstelle von Multi-Dienste-Endgeräten durchgeführt.

Da bislang nur wenige empirisch belegte Hinweise darüber existieren, welche Faktoren die "Benutzerfreundlichkeit" von Multi-Dienste-Endgeräten beeinflussen (vgl. Foley et al., 1984), sollte die Bedienung eines Multi-Dienste-Endgerätes zunächst unter mehr explorativen Gesichtspunkten untersucht werden.

Für die Durchführung von anthropotechnischen Untersuchungen wurde ein Experimentalsystem realisiert, in dem neben den Kommunikationsdiensten Fernsprechen und Bildfernsprechen Informationsdienste in Form der Dienste Fernseh-Rundfunk, Bildschirmtext und Videotext und ein Speicherdienst in Form eines lokalen Videorecorders implementiert wurden.

Für die Bedienung des Experimentalsystems wurden folgende Gestaltungskonzepte (vgl. Paetau, 1984) zugrundegelegt:

- Ähnlichkeit mit der Bedienung von dem Benutzer bekannten Endgeräten, um an Erfahrungen und Erwartungen anknüpfen zu können
- Strukturierungshilfen zur Reduzierung der Komplexität der Bediensituation
- Selbsterklärungsfähigkeit des Systems, so daß auf Bedienungsanleitungen bzw. spezielle Trainingsmaßnahmen verzichtet werden kann.

Um die Bedeutung dieser Konzepte für eine nutzergerechte Gestaltung von Multi-Dienste-Endegeräten zu ermitteln, wurden für die Bedieneinheit zwei Tastaturvarianten entwickelt, die sich hinsichtlich der bei der Gestaltung realisierten Maßnahmen zur Umsetzung dieser Konzepte unterscheiden. Die Realisierung der Bedieneinheit in Form einer "Hardkey"-Tastatur hat aufgrund der ständigen Präsentation aller Bedienelemente hohe Ähnlichkeit mit der Gestaltung von Bedientastaturen herkömmlicher Endgeräte. In einer "Softkey"-Tastatur wurde alternativ dazu die Möglichkeit, einigen Tasten im jeweiligen Nutzungskontext unterschiedliche Funktionen zuzuweisen, sowohl als Strukturierungshilfe als auch als Mittel eingesetzt, um die Selbsterklärungsfähigkeit des Systems zu erhöhen.

Das Experimentalsystem

Aus der Sicht der Nutzer besteht das Endgerät aus folgender Gerätekonstellation: ein Bildschirm (mit einem Zusatzmonitor, der beim Bildfernsprechen zur Eigenbildkontrolle verwendet wird), zwei Kameras für das Personen- bzw. Dokumentenbild, ein Paar Stereolautsprecher und ein Stereomikrophon sowie eine Bedieneinheit in Form einer Tastatur mit Telefonhandapparat (vgl. Abb. 1).

Hinsichtlich der Nutzung der Dienste wurden verschiedene Nutzungsformen unterschieden. Zunächst kann der Benutzer auf die Dienste einzeln und direkt zugreifen und zwischen verschiedenen Diensten wechseln. Der lokale Speicherdienst bietet dabei die Möglichkeit einer zeitgleichen Speicherung. Darüberhinaus ist während der Nutzung eines Kommunikationsdienstes der Zugriff auf andere Dienste im Sinne einer "parallelen" Nutzung möglich. Zusätzlich bietet das Endgerät die Möglichkeit einer "integrierten" Dienstenutzung, indem beispielsweise in einem Bildtelefongespräch dem Partner Informationen von anderen Diensten übertragen werden können. Alle Dienste stehen dem Benutzer in gleichberechtigter Weise zur Verfügung. Durch

Abb. 1: Experimentelles Multi-Dienste-Endgerät bei der Nutzung des Dienstes Bildfernsprechen

die vom Benutzer vorgenommene Diensteauswahl werden die für diesen Dienst
benötigten Gerätekomponenten vom System aktiviert und bedienbar gemacht. Die
multifunktionale Nutzung der verschiedenen Gerätekomponenten kann es erforderlich
machen, daß die Auswahl eines Diensten eine Zustandsveränderung des zuvor aktivierten Dienstes bewirkt, der dann jeweils - abhängig von den benötigten Ressourcen
- vom aktiven in einen passiven (Warte)zustand versetzt oder beendet wird.

Es wurde ein Bedienkonzept entwickelt, in dem die für die Bedienung
erforderlichen Bedienfunktionen in der Weise strukturiert werden, daß sie dem Benutzer bei der Nutzung eine "Handlungsstruktur" (vgl. Hacker, 1978) anbieten. In dem
Bedienkonzept werden folgende drei Bedienhandlungsebenen unterschieden:

- Ebene der Diensteauswahl
Als erster Bedienschritt muß der Benutzer dem System mitteilen, für welchen Dienst
er das Endgerät nutzen möchte.

- Ebene der dienstespezifischen Bedienfunktionen
Abhängig von der Diensteauswahl stehen dem Benutzer bestimmte Bedienfunktionen
zur Verfügung, die für die Abwicklung des jeweiligen Dienstes erforderlich sind. Es
wurden die an herkömmlichen Endgeräten vorhandenen Bedienfunktionen implementiert.

- Ebene der Geräteeinstellungen
Die Einstellung einzelner Gerätefunktionen erfolgt diensteunabhängig über einen ein-

zigen Satz von Bedienelementen. Es wurden Bedienfunktionen für die Gerätekomponenten Kamera, Monitor und Lautsprecher realisiert.

Bei der Gestaltung der Bedieneinheit wurden allgemeine ergonomische
Kriterien berücksichtigt wie z.B. eine dem Benutzer verständliche Bezeichnung der
Bedienfunktionen, eine möglichst umfassende Rückmeldung über aktivierte Zustände
durch in die Tasten integrierte Lampen und eine Anordnung der Tasten in bestimmte
Funktionsbereiche. Drei Funktionsbereiche wurden auf der Bedieneinheit unterschie-
den: In einem "Telefon-Bereich" befindet sich neben den Bedienfunktionen für die
Aktivierung einer Freisprecheinrichtung die Zifferntastatur, die der Wähltastatur
eines Fernsprechapparats entspricht. In einem "Dienste-Bereich" befinden sich die
Bedienfunktionen für die Diensteauswahl und die dienstespezifischen Eingaben. Die
Tasten für die Diensteauswahl sind entsprechend ihrer vorrangigen Stellung über den
Funktionstasten für die dienstespezifischen Eingaben angeordnet und farblich besonders gekennzeichnet. Die Bedienfunktionen für das Einstellen der Gerätekomponenten
bilden einen "Geräte-Bereich", der sich von der übrigen Tastatur farblich und durch
eine kleinere Abmessung der Tasten abhebt. Außerhalb der Funktionsbereiche wurden
auf den Tastaturen eine "Hilfe"-Taste und eine Ausschalttaste realisiert.

Für die Bedieneinheit wurden die beiden Tastaturvarianten "Hardkey"-
und "Softkey"-Tastatur entwickelt: In der "Hardkey"-Version sind allen Bedienfunktionen feste Tasten zugeordnet. Damit werden dem Benutzer auf der Tastatur -
neben der Zifferntastatur - 42 Funktionstasten präsentiert (vgl. Abb. 2). Bei dieser
Variante wird die Bedienung eines Multi-Dienste-Endgerätes mit den traditionellen
Mitteln der Tastaturgestaltung realisiert und hat hohe Ähnlichkeit mit der Bedienung
herkömmlicher Endgeräte. Zusätzlich dient diese Variante als Referenz für eine
Beurteilung der "Softkey"-Version, in der die Zahl der Funktionstasten durch die
Verwendung von Tasten mit variabler Funktionszuweisung ("Softkeys") verringert
worden ist. Softkeys eigenen sich besonders für solche Bedienfunktionen, die dem
Benutzer nicht ständig, sondern jeweils nur in bestimmten Situationen zur Verfügung
stehen müssen. Diese Voraussetzung trifft auf die dienstespezifischen Bedienfunktio-
nen der Dienste Bildfernsprechen, Fernsehen, Videotext und Bildschirmtext zu. Die
Bedienfunktionen für diese Dienste werden nach einer entsprechenden Diensteauswahl
auf einer in die Tastatur integrierten Displayzeile angezeigt. Das Auslösen der
Funktion erfolgt dann über eine der sechs unterhalb der Displayzeile angeordneten
Tasten (vgl. Abb. 3). In der "Softkey"-Version verringert sich damit die Zahl der
Funktionstasten um 25 % gegenüber der "Hardkey"-Version. Eine solche Reduzierung
der Tastenzahl bei gleicher Funkionsvielfalt kann als eine Möglichkeit angesehen
werden, die Komplexität der Bediensituation für den Benutzer zu reduzieren, indem
die Aufmerksamkeit nur auf die in der jeweiligen Situation wesentlichen Bedienfunktionen gerichtet wird. Zusätzlich erscheint die jeweils spezielle Funktionspräsentation

geeignet, den Benutzer bei der Diensteabwicklung entsprechend der Systematik des Bedienkonzepts zu unterstützen und ihn durch die damit implizierte Benutzerführung vor Fehlbedienungen zu schützen.

Abb. 2: "Hardkey"-Version der Bedieneinheit des Multi-Dienste-Endgerätes

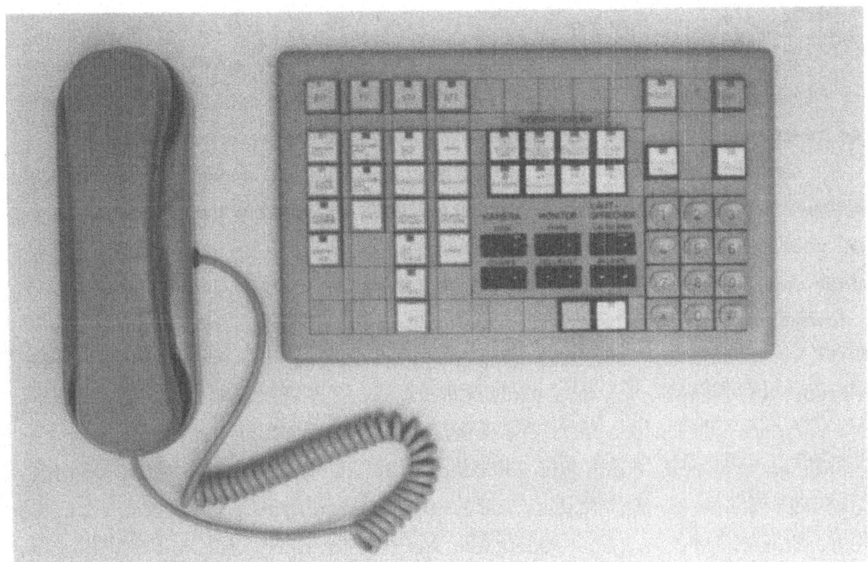

Abb. 3: "Softkey"-Version der Bedieneinheit des Multi-Dienste-Endgerätes

Bei der technischen Realisierung des Experimentalsystems wurde besonderer Wert auf eine hohe Flexibilität des Systems gelegt, um im Rahmen von anthropotechnischen Untersuchungen die Erprobung verschiedener Bedienkonzepte zu ermöglichen.

Versuchsdurchführung

An dem Versuch zur Erprobung der Bedienung eines Multi-Dienste-Endgeräts nahmen insgesamt 24 (ungeübte) Versuchspersonen teil, die das Endgerät jeweils zu zweit mit Hilfe einer der beiden Tastaturvarianten bedienen sollten.

Um eine möglichst hohe Problemrepräsentanz zu gewährleisten, sollten die Versuchspersonen in einer ersten Phase das Endgerät zunächst nach eigenen Ideen und ohne Vorgaben ausprobieren. Bewußt wurde auf jede Form einer schriftlichen oder mündlichen Einweisung in die Gerätebedienung verzichtet, um feststellen zu können, inwieweit die Versuchspersonen in der Lage waren, mit der jeweiligen Tastatur die verschiedenen Funktionen des Endgeräts zu bedienen und sich die in dem Bedienkonzept festgelegten Funktionszusammenhänge zu erschließen. In der zweiten Phase des Versuchs wurden den Versuchspersonen einige ausgewählte Aufgaben vorgegeben, in denen typische, durch die Multidienstefähigkeit des Endgeräts hervorgerufene Bedienprobleme zu bewältigen waren (z.B. Unterbrechen eines Dienstes, um einen Bildfernsprechanruf entgegenzunehmen; Aufzeichnen einer bestimmten Dienstesequenz mit anschließender Kontrolle; Abruf eines Informationsdienstes während eines Bildtelefongesprächs).

Im Sinne der explorativen Zielsetzung dieses Versuchs wurden die Teilnehmer gebeten, alle Gedanken und Fragen bei der Bedienung nach der Methode des "Lauten Denkens" (Ericsson & Simon, 1980) auszusprechen. Für spätere Analysen wurden die Äußerungen der Versuchspersonen über Mikrophone aufgenommen sowie alle Bedienhandlungen mit einer über dem Benutzerplatz angebrachten Videokamera aufgezeichnet.

Im Anschluß an die Benutzung des Endgeräts wurden Interviews durchgeführt, in denen die Teilnehmer zunächst ihre spontanen Eindrücke schildern konnten. Danach wurden anhand eines Interviewleitfadens gezielt verschiedene Problembereiche angesprochen wie z.B. Schwierigkeiten in speziellen Bediensituationen, Eindeutigkeit der Rückmeldung, Möglichkeiten einer "Hilfe"-Funktion. Am Ende der Interviews wurden den Versuchspersonen die andere Bedienvariante und eine herkömmliche TV-Fernbedienungstastatur zum Vergleich vorgelegt. Ohne diese anderen Tastaturen selber ausprobiert zu haben, sollten die Versuchspersonen die Tastaturen hinsichtlich der Verständlichkeit und Übersichtlichkeit der Gestaltung beurteilen.

<u>Ergebnisse und Diskussion</u>

Die beiden Bedieneinheiten wurden im Vergleich zu der herkömmlichen TV-Fernbedienungstastatur, die keine Rückmeldung an den Benutzer ermöglicht und bei der die Tasten mit Symbolen gekennzeichnet sowie teilweise doppelt belegt sind, trotz der größeren Funktionsvielfalt von allen Versuchspersonen spontan als leichter bedienbar und besser verständlich beurteilt. Dieses Ergebnis macht die Notwendigkeit einer sorgfältigen Gestaltung von Bedienelementen und Bedienprozeduren sowie die Wichtigkeit von nutzergerechten Gestaltungskonzepten deutlich.

Bei der Gestaltung einzelner Bedienelemente muß die Eindeutigkeit der Beschriftung sowie der Rückmeldung (auf dem Bedienelement) über den jeweils eingeschalteten Zustand gewährleistet sein. Insbesondere Schaltfunktionen sollten nicht über <u>eine</u> Tipptaste mit elektrischer Zustandsspeicherung (z.B. Ein/Aus-Taste), sondern über <u>separate</u> Tasten realisiert werden, bei denen jeweils nur die Aktivierung und Anzeige eines Zustandes vorgesehen ist.

Nach den Erfahrungen des Versuchs entstehen die gravierendsten Bedienprobleme für die Benutzer auf der Ebene der spezifischen Bedienprozeduren einzelner Dienste. Besonders der Dienst Bildschirmtext war von ungeübten Nutzern ohne zusätzliche Bedienhinweise kaum zu bewältigen. Die Bedienprobleme entstanden sowohl hinsichtlich der Einstiegsprozedur (Anwahl des Dienstes mit nachfolgender Eingabe einer Benutzerkennung) als auch hinsichtlich des Informationsabrufes innerhalb des Suchbaums. Bei einem Diensteabruf über ein Multi-Dienste-Endgerät stellt die Unterschiedlichkeit der Bedienprozeduren der verschiedenen Dienste ein zusätzliches Problem dar: Beispielsweise bieten die hier realisierten Informationsdienste Videotext und Bildschirmtext für den Benutzer ähnlich erscheinende Textseiten nach völlig unterschiedlichen Bedienprinzipien an, was bei den Versuchen häufig zu Verwechslungen und Fehlbedienungen führte.

Das Gestaltungskonzept "Ähnlichkeit mit für den Benutzer bekannten Endgeräten" erleichterte den Benutzern das Kennenlernen und die Bedienung des Geräts, kam jedoch natürlich nur in solchen Fällen zum Tragen, in denen dem Benutzer entsprechende Endgeräte und Dienste bekannt waren. "Strukturierungshilfen" zur Reduzierung der Bedienungskomplexität wurden bei der Gestaltung der Bedieneinheit auf unterschiedliche Weise vorgesehen. Die Erfahrungen der Versuche zeigen, daß die Zuordnung der Bedienfunktionen zu den Bedienhandlungsebenen - unterstützt durch die räumliche Gliederung der Tastatur in Funktionsbereiche - von den Versuchspersonen im wesentlichen erkannt und als Handlungsstruktur für die Bedienung angenommen wurde. Die Abwicklung der jeweiligen dienstespezifischen Bedienfunktionen nach einer Diensteauswahl sowie die von der Dienstebedienung getrennte Gerätebedienung entsprach nach Aussagen der Versuchspersonen ihrem Bedürfnis nach einer funktionalen Untergliederung des Endgeräts. Hinsichtlich des

Gestaltungsziels der "Selbsterklärungsfähigkeit" kann festgestellt werden, daß es den Versuchspersonen durch die verbale und weitgehend umgangssprachliche Bezeichnung der Bedienfunktionen möglich war, sich die verschiedenen Funktionen und Bedienabläufe ohne Anleitung selbständig durch Ausprobieren zu erschließen.

Hinsichtlich eines Vergleichs der Varianten "Hardkey"- und "Softkey"-Tastatur konnte keine eindeutige Bevorzugung der einen oder anderen Variante festgestellt werden. Die Erwartung, daß bei der "Softkey"-Tastatur aufgrund der jeweils speziellen Funktionspräsentation die Übersichtlichkeit erhöht wird und daß der Benutzer durch die damit implizierte Benutzerführung vor bestimmten Fehlbedienungen geschützt ist, konnte im wesentlichen durch das Urteil der Versuchspersonen bestätigt werden. Die Erfahrungen des Versuchs machen jedoch auch eine Reihe von Schwierigkeiten und Problemen deutlich, die sich bei der Realisierung von Bedienfunktionen über "Softkeys" ergeben:

- Die wechselnde Funktionszuweisung der "Softkey"-Tasten machen für den Benutzer nach jeder Diensteauswahl ein erneutes Orientieren auf der Tastatur sowie eine Überprüfung der Funktionen erforderlich und erschwert die Automatisierung von routinemäßig wiederkehrenden Handlungen ("Stereotypen", Moore, 1976) und Kontrollprozessen.

- Ein zentrales Problem der "Softkey"-Variante besteht in der eingeschränkten Rückmeldung über eingeschaltete Bedienzustände bei der parallelen bzw. integrierten Nutzung verschiedener Dienste. Im Gegensatz zu der "Hardkey"-Version ist bei der "Softkey"-Version der Zustand der passiven Dienste für den Benutzer nicht mehr über das Leuchten der Lampen in den Tasten kontrollierbar.

- Ein häufig von den Versuchspersonen geäußerter Kritikpunkt an der "Softkey"-Version besteht darin, daß ihnen der "Überblick" über die gesamten Bedienmöglichkeiten fehlt und damit die Vorausschaubarkeit bzw. Planbarkeit der einzelnen Bedienhandlungen erschwert wird. Besonders bei Versuchspersonen mit einer gewissen "Technikscheu" und geringen Erfahrungen im Umgang mit vergleichbaren Geräten entstand zusätzlich bei dieser Art der Tastatur der Eindruck von "zu viel "Technik" in einer ohnehin für sie schon durch Technik dominierten Situation. Diese mehr emotional begründeten Aspekte weisen darauf hin, daß eine benutzerfreundliche Gestaltung nicht allein durch eine Verringerung der Tastenzahl realisierbar ist, sondern auch bedeutet, Bedürfnisse der Benutzer nach "mehr Sicherheit" im Umgang mit dem Gerät zu berücksichtigen und eine Überforderung durch den Eindruck von "noch mehr Technik" zu vermeiden.

Schlußfolgerungen

Die Erfahrungen dieses ersten Versuchs machen deutlich, daß sowohl die "Hardkey"- als auch die "Softkey"-Tastatur grundsätzlich für die Bedienung eines

Multi-Dienste-Endgerätes geeignet sind. Die bei der Gestaltung zugrundegelegten Konzepte und ergonomischen Kriterien ermöglichen es den Benutzern, sich trotz der hohen Funktionsvielfalt in kurzer Zeit mit dem hier realisierten Bedienkonzept vertraut zu machen und das Endgerät in verschiedenen Anwendungen zu nutzen. Die Probleme, die sich für die Benutzer speziell bei der "Softkey"-Tastatur ergaben, zeigen, daß eine handlungsorientierte Benutzerführung bei gleichzeitiger Reduzierung der Tastenzahl das System für den Benutzer weniger durchschaubar erscheinen läßt und die Bildung von Stereotypen behindert. Da andererseits Bediensyteme mit "Softkey"-Tastaturen dem Systementwickler wegen ihrer Flexibilität erhebliche Vorteile gegenüber einer "Hardkey"-Tastatur bieten, müssen Lösungsmöglichkeiten für die hier aufgezeigten Probleme der Benutzer gefunden werden. Darüberhinaus haben die Versuche deutlich gemacht, daß ein Großteil der Bedienprobleme für den Benutzer bereits bei der Nutzung einzelner Dienste entsteht. Neben der Forderung nach einer Verbesserung und Standardisierung von diensteinternen Bedienprozeduren - die insbesondere an die Entwickler von Informationsabrufsystemen und Datenbanken gerichtet ist - erscheint es dennoch sinnvoll, daß der Benutzer durch das System eine zusätzliche Unterstützung erhält, da mit solchen Bedienproblemen insbesondere auch bei einer Erweiterung des zukünftigen Diensteangebots gerechnet werden muß. Bei unseren weiteren Arbeiten steht unter besonderer Berücksichtigung von Lern- und Gewöhnungseffekten die Verbesserung von Bediensystemen mit "Softkey"-Tastaturen durch weiterführende Benutzerführungstechniken (z.B. in Form von Bedienhinweisen und Statusanzeigen des Systems) und die Gestaltung einer komfortablen "Hilfe"-Funktion im Vordergrund.

Literatur

Ericsson, K.A.; Simon, H.A. (1980): Verbal reports as data. Psychological Review 87, 215-251, 1980.

Foley, J.D.; Wallace, V.L.; Chan, P. (1984); The Human Factors of Computer Graphics Interaction Techniques. IEEE CG&A, 13-48, 1984.

Hacker, W. (1978): Allgemeine Arbeits- und Ingenieurpsychologie. Berlin: VEB Deutscher Verlag der Wissenschaften, 1978.

Moore, T.G. (1976): Controls and Tactile Displays. In: Kraiss, K.-F.; Moraal, J. (Eds.): Introduction to Human Engineering. Köln: TÜV-Rheinland, 1976.

Paetau, M. (1984): The Cognitive Regulation of Human Actions as a Guideline for Evaluating the Man-Computer Dialogue. Interact '84, Vol. 2, 333-337, 1984.

Prussog, A.; Blohm, W. (1987); Multi-Services-Terminals - Human Factors Studies with an Experimental Prototype. Interact '87, Stuttgart.

Die diesem Aufsatz zugrunde liegenden Arbeiten wurden durch das Bundesministerium für Forschung und Technologie (TK 417-2) gefördert. Für den Inhalt ist die Autorin allein verantwortlich.

Angela Prussog
Heinrich-Hertz-Institut für Nachrichtentechnik GmbH
Abteilung Anthropotechnik
Einsteinufer 37
1000 Berlin 10

ZUR BENUTZERFREUNDLICHKEIT VON BILDSCHIRMSYSTEMEN

Philipp Spinas, Zürich

Zusammenfassung: Zur inhaltlichen Präzisierung des Konzeptes der Benutzerfreundlichkeit wurde in vier Betrieben mittels Einzelinterviews und schriftlicher Befragung die Beurteilung der Bildschirmarbeit und des Dialogsystems - hinsichtlich verschiedener allgemein- und arbeitspsychologischer Kriterien - durch die Benutzer (N=88) erfasst. Die Ergebnisse der Untersuchung zeigen, dass die Möglichkeiten kognitiver Kontrolle des Benutzers im Dialog mit dem Computer sowie Umfang und Inhalt der Computerunterstützung - und damit verbunden der Inhalt der Aufgaben am Bildschirm - wesentliche Einflussgrössen der Benutzerfreundlichkeit darstellen.

Einleitung

Ziel der Untersuchung war der Vergleich und die Analyse des Einflusses unterschiedlicher Formen des Bildschirmeinsatzes (Arbeitsgestaltung und Arbeitsorganisation) sowie des Mensch-Computer-Dialoges auf den Handlungsspielraum der Angestellten und deren Bewertung der Computerunterstützung (aus Gründen des Umfangs beschränkt sich der Beitrag auf die Aspekte der Dialoggestaltung; ausführlicher siehe Spinas 1986). Um mehr über die vielschichtigen Probleme der Mensch-Computer-Interaktion in Erfahrung zu bringen und eine inhaltliche Präzisierung des Konzeptes der 'Benutzerfreundlichkeit' zu erreichen führten wir in verschiedenen Organisationen in ausgewählten Abteilungen Grobanalysen repräsentativer Arbeitsplätze und Gespräche mit Vorgesetzten durch. Zusätzlich wurden mittels Einzelinterviews - kombiniert mit Arbeitsplatzbeobachtungen - und einer schriftlichen Befragung die Beurteilung der Bildschirmarbeit sowie des benutzten Dialogsystems - hinsichtlich verschiedener psychologischer Kriterien - durch die Benutzer (N=88) erfasst. Anhand von Unterlagen wie Benutzerhandbüchern, Fluss- und Blockdiagrammen erfolgte die Analyse der Dialogstrukturen. Die Untersuchungsfelder wurden auf der Basis von Vorstudien (Spinas 1984) ausgewählt, wobei die Vergleichbarkeit der Tätigkeiten (kaufmännische Sachbearbeitung) und die

Unterschiedlichkeit der Dialogstrukturen als Auswahlkriterien dienten. Bei den Befragten handelt es sich um qualifizierte Sachbearbeiter, die das Bildschirmgerät täglich ein bis fünf Stunden benutzen, und dies im Durchschnitt schon mehr als drei Jahre (Ausnahme: in Betrieb 2 nur drei Monate). Das Durchschnittsalter beträgt etwa 34 Jahre, und der Anteil an weiblichen Angestellten ist mit 44 % etwas geringer als derjenige männlicher Personen.

<u>Bildschirmeinsatz in den vier Betrieben</u>
Das Bildschirmgerät dient in den ausgewählten Abteilungen der vier Betriebe vor allem der Unterstützung folgender Tätigkeiten:
- Betrieb 1(Versicherung): Registratur und Bearbeitung von Schadenfällen, Korrespondenz
- Betrieb 2(Versicherung): Erstellung von Offerten für Versicherungspolicen, Korrespondenz
- Betrieb 3(Handel): Erfassung und Bearbeitung von Aufträgen, Korrespondenz
- Betrieb 4(Versicherung): Registratur und Bearbeitung von Schadenfällen, Korrespondenz

Tabelle 1 zeigt die prozentualen Anteile der Tätigkeit am Bildschirm, bezogen auf die täglich am Bildschirm verbrachte Arbeitszeit.

Tab. 1: Prozentuale Anteile der Tätigkeit am Bildschirm

	Betrieb 1 (N=20)	Betrieb 2 (N=21)	Betrieb 3 (N=25)	Betrieb 4 (N=22)
Tägliche Arbeitszeit am Bildschirm	2,6 Std.	1,2 Std.	4 Std.	5,4 Std.
Erfassung	70 %	75 %	53 %	40 %
Mutation	10 %	15 %	23 %	25 %
Abfrage	20 %	10 %	24 %	35 %

Ein Vergleich der Arbeitszeit am Bildschirm zeigt, dass die Arbeit mit dem Computer in den Betrieben 3 und 4 einen wesentlichen Bestandteil der gesamten Tätigkeit bildet, wohingegen sie in den Betrieben 1 und 2 einen geringeren Stellenwert besitzt;

dementsprechend sind auch die Anwendungsmöglichkeiten des Systems für den Benutzer in den Betrieben 3 und 4 grösser. Hinsichtlich der prozentualen Anteile der verschiedenen Tätigkeitselemente fällt auf, dass in den Betrieben 1 und 2 die Eingabe von Daten die am Bildschirm vorherrschende Aufgabe darstellt; der Mensch hat hier offenbar eher die Funktion der Zuarbeit für den Computer als in den Betrieben 3 und 4, wo ein ausgeglicheneres Verhältnis der Tätigkeitselemente besteht.

<u>Beschreibung der Dialogstrukturen</u>

Der Informationsaustausch zwischen Mensch und Computer erfolgt in allen untersuchten Betrieben über Bildschirmgerät und Tastatur. In Abbildung 1 ist die <u>Aufbaustruktur</u> der Dialoge (statischer Aspekt; es handelt sich also <u>nicht</u> um reale Dialog-<u>abläufe</u>) grafisch veranschaulicht.

In Betrieb 1 erfolgte der Aufbau des Dialoges vor allem nach Kriterien der maschinellen Verarbeitungslogik. Dies führte zu einer relativ strikten Trennung von Informationsbildern und Eingabemasken. Der Benutzer muss in drei Menus den beabsichtigten Verarbeitungsprozess spezifizieren, bevor er verschiedene Eingabemasken erreicht. Die Verteilung der Informationen nach inhaltlicher Homogenität bewirkt, dass der Benutzer mehrere Informationsbilder abrufen muss, von denen die Daten entweder schriftlich notiert oder im Kurzzeitgedächtnis zwischengespeichert werden müssen, damit sie für die weitere Bearbeitung zur Verfügung stehen. Insgesamt hat diese Struktur für den Benutzer zur Folge, dass er bei der Abklärung eines Schadenfalles im Dialog oft 'Umwege' in Kauf nehmen muss.

Der Dialogaufbau in Betrieb 2 ist noch mehr auf die maschinelle Verarbeitungslogik ausgerichtet; so muss der Benutzer in drei bzw. gar vier Menus sein Ziel spezifizieren. Im Anschluss an die Menus erscheinen die Eingabemasken in linearer Abfolge, wobei die vom System benötigten Angaben häufig vorgegeben sind und durch einfache Ja/Nein-Entscheidungen vom Benutzer schrittweise abgefragt werden (z.B. Besoldungsdefinition gemäss BVG: Ja/Nein).

Bei den Dialogen 3 und 4 werden in einem Haupt-Menu die verschiedenen Arbeitsgebiete angeboten und sodann auf der zweiten Hierarchie-Ebene in weiteren Menus noch differenziert.

Anschliessend folgen in sich abgeschlossene Verarbeitungseinheiten, welche die zur Bearbeitung eines Falles notwendigen Informationen und Funktionen enthalten. Dies bedingt z.T. eine gewisse Redundanz des Informationsangebotes, die bei Dialog 4 besonders stark ausgeprägt ist. Die Informationen sind nicht nur -wie bei Dialog 1 - nach inhaltlicher Homogenität gruppiert und auf verschiedene Bilder verteilt, sondern darüber hinaus wurden

Abb. 1: Dialogstrukturen

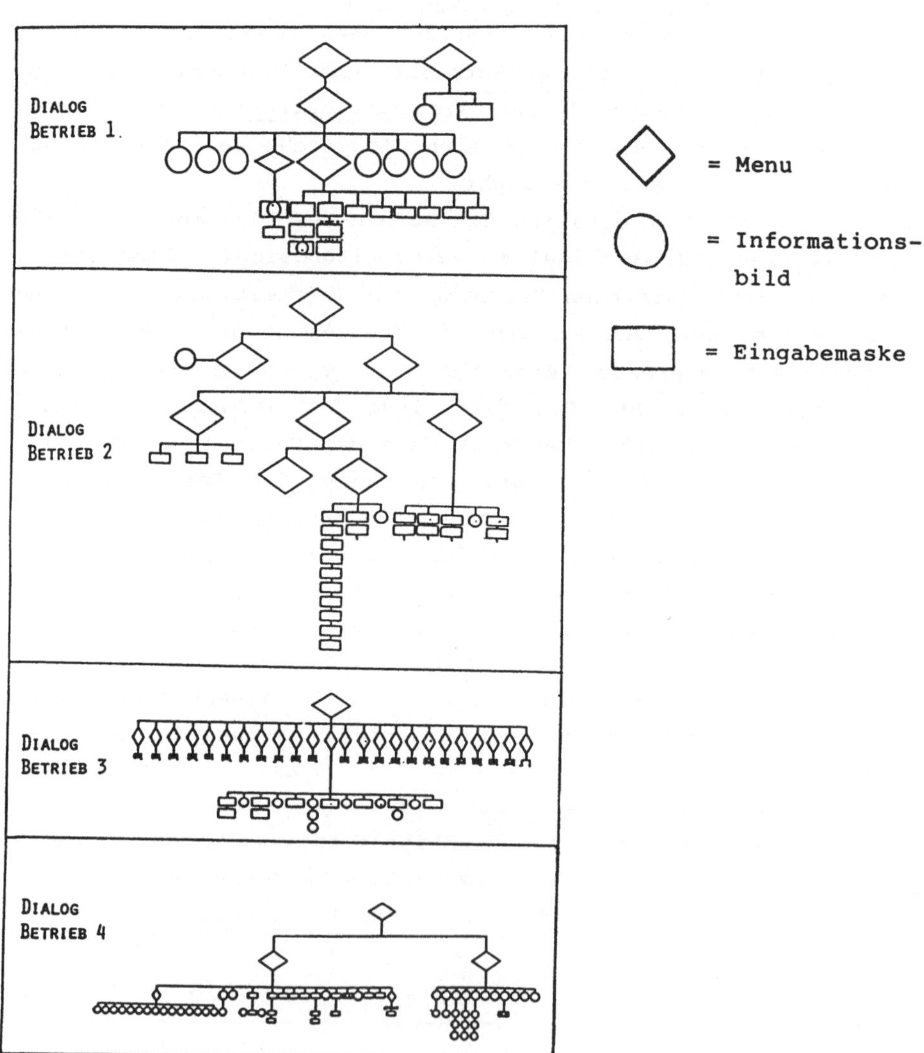

- je nach Aufgabenstellung - verschiedenartige Informationen auf
einem Bild zusammengefasst, was dem Benutzer die Bildung von Relationen zwischen den Informationen erleichtert. Kennzeichnend
für die Dialogstrukturen 3 und 4 sind eine geringe Hierarchie
des Aufbaus, eine stärkere Durchmischung von Informationsbildern
und Eingabemasken sowie eine geringere Segmentierung von Dialogabläufen. Demgegenüber ist der Ablauf der Dialoge 1 und 2 viel
stärker segmentiert; Arbeitsziele werden vom Benutzer durch viele einfache Schritte mit kleinem Zielannäherungswert erreicht,
d.h. mit anderen Worten über viele Zwischenstationen bzw. Teilziele. Damit ist auch die Steuerung des Dialogablaufs
(dynamischer Aspekt) angesprochen. Sie erfolgt bei allen vier
Dialogen mittels Menu-Auswahl und Funktionstasten; bei den Dialogen 3 und 4 ist für geübte Benutzer auch die Eingabe von Bild-
nummern möglich. Letztere bieten dem Benutzer auch die meisten
Freiheitsgrade für sein Vorgehen. Er kann sich mit wenigen Ausnahmen auf jeder Ebene im Dialog 'vorwärts', 'rückwärts' und
'seitwärts' fortbewegen; ferner kann er auch vom Haupt-Menu aus
durch Überspringen der zweiten Menu-Ebene direkt zur gewünschten
Maske gelangen. Damit ist es für den Benutzer möglich, auf
unterschiedlichen Wegen zum gleichen Ziel zu gelangen. Dialog 2
stellt in dieser Hinsicht einen krassen Gegensatz dar, denn die
Abfolge der Eingabemasken ist zwingend vorgegeben und es gibt
auch keine Sprungmöglichkeiten bei den Menus. Dialog 1 nimmt insofern eine Mittelposition ein als bei der Abfrage von Informationen einige Freiheitsgrade bestehen, Verarbeitungsprozesse jedoch stark vorgeschrieben zu erfolgen haben.

Das Angebot an Funktionen ist in den Dialogen 1 und 2
auf die zur Aufgabenerfüllung unbedingt nötigen Funktionen begrenzt, wohingegen dem Benutzer in den Dialogen 3 und 4 darüber
hinausgehend weitere hilfreiche Funktionen (z.B. Unterbrechung,
Sortieren, Statistiken usw.) zur Verfügung stehen. In ähnlicher
Weise führen die in den Dialogen 3 und 4 angebotenen Suchbegriffe durch ihre vielseitige Kombinierbarkeit und ihr breites Anwendungsfeld schneller zum Ziel als in den beiden anderen Dialogen. In bezug auf das Vokabular ist erwähnenswert, dass in den
Dialogen 1 und 4 am meisten (zwischen 300-500) Codes und zum
Teil auch ungewohnte Abkürzungen verwendet werden, was oft ein
Nachschlagen in umfangreichen Handbüchern erfordert.

Beurteilung der Dialoge durch die Benutzer

Die Ergebnisse der Befragung zur Dialogbeurteilung sind in Abbildung 2 grafisch dargestellt; es handelt sich dabei um den Mittelwert der Skalen, die sich aufgrund von Faktoren- und Itemanalysen von 53 Einzelfragen ergeben haben.

Abb. 2: Beurteilung und Bewertung des Dialoges
durch die Benutzer (Skalenmittelwerte)

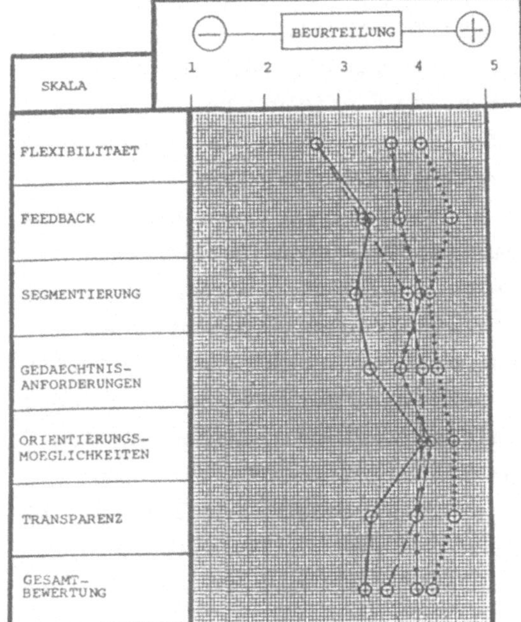

Erwartungsgemäss erfahren Dialog 3 und 4 eine positivere Beurteilung durch die Benutzer als die beiden anderen Dialoge. Am ausgeprägtesten sind die Unterschiede auf der Dimension '<u>Flexibilität</u>'. Die objektiv vorhandenen Unterschiede zwischen den Dialogstrukturen in bezug auf Möglichkeiten zur 'Beeinflussbarkeit' des Dialogablaufes widerspiegeln sich deutlich in der Benutzerbeurteilung. So wird der mehr oder weniger stark vorbestimmte Dialogablauf von den Befragten in den Betrieben 1 und 2 eher negativ beurteilt. Sie fühlen sich (laut Aussagen im Interview) in ein Schema gepresst, das ihren Bedürfnissen und ihrer Vorgehensweise bei der Aufgabenerfüllung nicht gerecht wird und sie zum Bediener des Computers ("füttern von Daten") degradiert; der Benutzer hat keine bzw. geringe Möglichkeiten, Teilziele selbst zu setzen und die Bearbeitungsabfolge zu wählen. "Die Bilder laufen zwangsläufig ab, wenn ich etwas ausfüllen muss" (Aussage eines Benutzers; Dialog 1). Im Gegensatz dazu bieten die Dialoge 3 und 4 dem Benutzer fast uneingeschränkte Möglichkeiten der 'Fortbewegung' im System; d.h. der Benutzer kann in weiten Grenzen Teilaufgaben definieren, deren Bearbeitungsreihenfolge festlegen und auch bei unvorhergesehenen Ereignissen (z.B. telefonische Anfrage) oder Fehlern kurzfristig und flexibel seine Pläne ändern. Er kann den Dialogablauf nach seinen kognitiven Prozessen ausrichten, ja selbst assoziative 'Gedankensprünge' können durch Sprünge im Dialog verwirklicht werden. Die Dialoge 3 und 4 gewähren den Benutzern also genügend Flexibilität zur Entwicklung eigener Handlungsstrategien.

Die schlechtere Beurteilung der <u>Rückmeldungen</u> (bei Dialog 1 und 2) ist vor allem darauf zurückzuführen, dass bei fehlerhaften Eingaben zwar verständliche Fehlermeldungen erfolgen, die aber eher ungenügende Korrekturhinweise geben und die Ursache des Fehlers zu wenig erklären. Dadurch werden Lernprozesse, die für die 'Durchschaubarkeit' des Dialogs sowie die Modifikation und Differenzierung mentaler Modelle entscheidend sind, erschwert oder gar verunmöglicht.

Am schlechtesten wird die <u>Segmentierung</u> von den Benutzern in Betrieb 1 beurteilt, was wesentlich auf die stark schrittweise erfolgenden Verarbeitungsprozesse zurückzuführen ist. Der 'objektiv' geringere Segmentierungsgrad der Dialoge 3 und 4 wird auch von ihren Benutzern dementsprechend positiver eingestuft. Bezüglich der <u>Gedächtnisanforderungen</u> zeigt sich vor allem bei den Benutzern der Dialoge 1 und 4, dass sie zuviele Einzelheiten im Gedächtnis behalten müssen, deren Bedeutung man sich aber schlecht merken kann. Offenbar wurden die Codes und Abkürzungen von den Systementwicklern derart konstruiert, dass sie aufgrund ihrer mangelnden Bedeutungshaltigkeit keine Assoziationen zu bestehenden Gedächtnisinhalten auslösen, sondern sie müssen mit der ihnen zugeordneten Bedeutung faktisch-präzise gespeichert sein.

Interessanterweise sind die Unterschiede hinsichtlich der <u>Orientierungsmöglichkeiten</u> nicht so gross wie erwartet.

Deutlicher zeigen sie sich in der Beurteilung der Transparenz, die sich mehr auf die äussere Erscheinungsform des Dialoges bei der Handhabung (Dialogführung) bezieht als auf die Möglichkeiten zur gedanklichen Modellbildung. Den Benutzern (vor allem von Dialog 1) ist es aber offensichtlich im Laufe der Zeit infolge der täglichen Arbeit am Bildschirm mit vermehrtem kognitivem Aufwand (erschwert durch schlechte Ausbildung und unzureichende Fehlermeldungen) gelungen, sich trotz mangelhafter Transparenz ein mehr oder weniger adäquates Modell des Dialogs im Sinne eines Orientierungsschemas aufzubauen.

Die (gegenüber den Dialogen 1 und 2) grösseren Möglichkeiten kognitiver Kontrolle(Durchschaubarkeit, Vorhersehbarkeit; vor allem aber die Beeinflussbarkeit) für den Benutzer in den Dialogen 3 und 4 zeigen sich auch dementsprechend in der Gesamtbewertung.

Korrelationsstatistische Analysen weisen ferner darauf hin, dass eine stärkere Segmentierung von Dialogabläufen mit dementsprechend geringerer Transparenz sowie geringeren Orientierungsmöglichkeiten und erhöhten Gedächtnisanforderungen einhergeht; die Präsentation kleiner, aneinandergereihter Ausschnitte der gesamten Struktur erfordert vom Benutzer, dass er aus vielen einzeln im Gedächtnis gespeicherten Komponenten ein Ganzes synthetisieren muss, was offensichtlich kognitiv belastend wirkt und die Bildung mentaler Repräsentationen erschweren kann. Die bessere Beurteilung und Gesamtbewertung der beiden Dialoge mit geringer Hierarchie (geringe vertikale Segmentierung des Entscheidungsprozesses) der Menus wird durch ein Experiment von Kiger (1984, 208) gestützt: "The data seem to indicate both performance and preference advantages for broad, shallow trees".

Neben den bisher genannten Aspekten sind aber auch die Anwendungsmöglichkeiten des Systems und die dadurch erfahrene Unterstützung in die Gesamtbewertung mit eingeflossen. So werden von den Angestellten in den Betrieben 3 und 4 die Verringerung routinehafter, administrativer Arbeitsschritte sowie die umfassenden Möglichkeiten der Informationsbeschaffung überaus positiv beurteilt, was bei den Befragten der beiden anderen Betriebe in weitaus geringerem Masse der Fall ist; insbesondere die Erwartungen auf Befreiung von Routinearbeit wurden mehrheitlich stark enttäuscht, es wurden ihnen eher noch zusätzlich repetitive Auf-

gaben aufgebürdet (vgl. ausführlicher Spinas 1986). Dementsprechend wird auch die Bildschirmarbeit von ihnen als deutlich weniger 'abwechslungsreich' sowie in höherem Masse als 'vorgeschrieben', 'abstumpfend' und 'eintönig' eingestuft.

Abschliessende Bemerkungen

Traditionelle Konzepte der Benutzerfreundlichkeit versuchen die Komplexität des Dialogsystems vor allem dadurch zu verringern, dass sie die Anwendungsmöglichkeiten reduzieren und/
oder die Freiheitsgrade des Benutzers bezüglich seiner Vorgehensweise stark einschränken. Dies führt tatsächlich zu sehr
einfachen, schnell erlernbaren Dialogen, was von Anfängern auch
geschätzt wird. Diese Einstellung verändert sich aber sehr
schnell, denn Uebungsgrad, Kenntnisse und Ansprüche des Benutzers steigen rasch an, er muss sich aber weiterhin mit dem für
Anfänger gedachten System zufrieden geben. Die Resultate der
Untersuchung ergeben ein anderes Verständnis von Benutzerfreundlichkeit: demnach kann ein Dialogsystem dann als benutzerfreundlich bezeichnet werden, wenn es dem Benutzer im Rahmen einer an-

Abb. 3: Aspekte der Benutzerfreundlichkeit

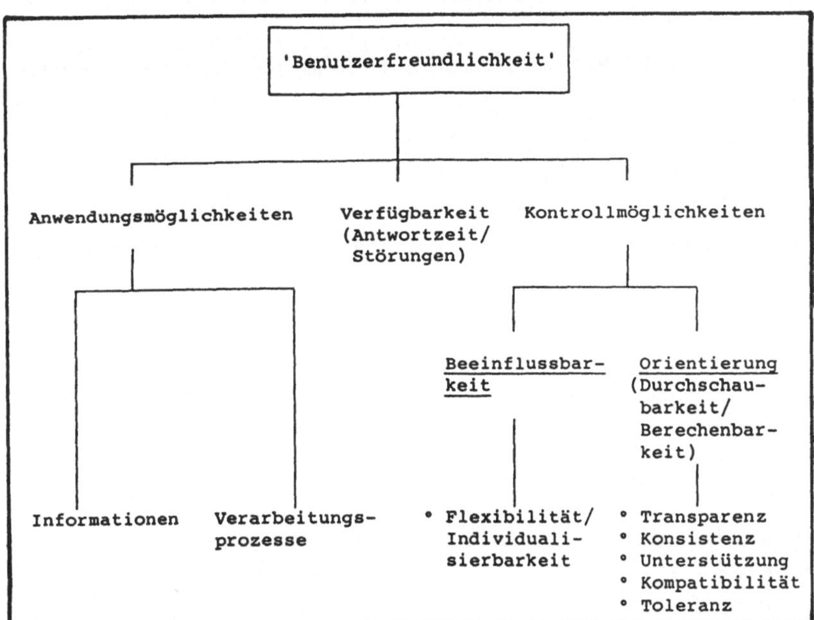

spruchsvollen Arbeitstätigkeit durch vielfältige Anwendungsmöglichkeiten - prinzipiell im Sinne der Bereitstellung benötigter Informationen und der Abnahme repetitiver Arbeitsschritte -unterstützt und ihm - bei hoher Verfügbarkeit - in der Interaktion mit dem Computer seiner Qualifikation angemessene Kontrollmöglichkeiten - insbesondere eine genügende Anzahl von Freiheitsgraden für unterschiedliche Vorgehensweisen - gewährt (siehe Abbildung 3). Vielfältige Anwendungsmöglichkeiten und vermehrte Beeinflussbarkeit erhöhen aber die Komplexität des Dialogsystems; deshalb ist dem Benutzer die Orientierung - als Voraussetzung zur Erkennung und Nutzung vorhandener Freiheitsgrade - durch die Gestaltung der Dialogstruktur nach den in der Abbildung genannten Kriterien (vgl. dazu ausf. Ulich 1986) zu erleichtern; der Benutzer muss sich über Inhalt (Information, 'Werkzeuge') und Organisation (Ordnungskriterien, Zugriffswege) des Systems eine adäquate mentale Repräsentation bilden können, um das Dialogsystem als echte Hilfe bei der Aufgabenerfüllung zu erleben.

<u>Literatur</u>

Kiger, J.I.(1984): The depth/breadth trade-off in the design of menu driven user interfaces. Int. J. Man-Machine Studies 20, 201-213.

Spinas, P.(1984): Bildschirmeinsatz und psycho-soziale Folgen für die Beschäftigten. In: Arbeit in moderner Technik. Referate der 26. Fachtagung der Sektion 'Arbeits- und Betriebspsychologie' im BDP, Lübeck, 503-516.

Spinas, P.(1986): VDU-Work and user-friendly Man-Computer-Interaction. In: NORROS, L. & VARTIAINEN, M.(eds.): Psychological Aspects of the Technological and Organizational Change in Work. Helsinki: Yliopistopaino, 157-175.

Ulich, E.(1986): Aspekte der Benutzerfreundlichkeit. In: Remmele, W. & Sommer, M. (Hrsg.): Arbeitsplätze morgen. Berichte des German Chapter of the ACM, Band 27. Stuttgart: Teubner.

Philipp Spinas
Lehrstuhl für Arbeits- und Organisationspsychologie
ETH-Zentrum
CH-8092 Zürich

BEURTEILUNG VON BILDSCHIRMMASKEN ANHAND GEOMETRISCHER PARAMETER

Peter Elsinger, Werner Graf, Loretta Merz,
Helmut Krueger, Zürich

Zusammenfassung: Die Resultate von Tullis (1984) konnten
bestätigt werden. Es besteht eine hohe Korrelation zwischen geometrischen Parametern einer Bildschirmmaske und den Suchzeiten
eines Objekts auf der Maske sowie der subjektiven Beurteilung
durch die Probanden. Darüber hinaus konnte gezeigt werden, dass
die durch Aufzeichnen der Blickbewegungen der Probanden erhaltenen Saccadendistanzen und Fixationszeiten ebenfalls hoch mit
den geometrischen Parametern korrelieren. Die Blickbewegungen
können aber für die ergonomische Forschung auch Aufschluss über
den genauen Ort der Probleme mit einer Maske geben.

Einleitung

Durch den Einsatz von Computern wurde der Mensch in vielen Fällen von belastenden Umwelteinflüssen befreit; aber es
entstanden neue Belastungen, weil ergonomische und organisatorische Aspekte nicht berücksichtigt wurden. Für die ergonomischen
Aspekte der Arbeitsplatzumgebung und die Apparaturen existiert
heute eine breite Literatur (z.B. Grandjean und Vigliani, 1980),
die Ergonomie der Software steht jedoch noch in den Anfängen.
Der grösste Teil der Arbeit am Bildschirm wickelt sich in Dialogform zwischen Mensch und Maschine ab. Ein Teilbereich des
Dialogs sind die Bildschirmmasken, die Gegenstand dieser Arbeit
sind (s. auch Elsinger, 1986). Für die Praxis ist es wichtig,
dass sich ein Instrument finden lässt, das die Qualität von
Bildschirmmasken objektiv beurteilt, ohne dass zeitaufwendige
Experimente mit Probanden durchgeführt werden müssen.

Die geometrischen Masse

Tullis (1983a und 1983b) hat in seiner Literaturarbeit
durch Anwendung verschiedener Kriterien vier grundlegende Merkmale für alphanumerische Bildschirmdarstellungen bestimmt, wobei

diese nicht notwendigerweise voneinander unabhängig sind und deren Herleitung nicht immer ein wohldefinierter Prozess waren:

Gesamtdichte: Sie ist der Prozentteil der aktivierten Bildschirmfläche, d.h. die Zahl der Buchstaben auf dem Bildschirm dividiert durch die maximal mögliche Zahl der Buchstaben.

Lokale Dichte: Das lokale Gewicht eines Buchstaben wird definiert durch die Summe der Gewichte der Buchstaben in der Nähe, d.h. innerhalb eines Kreises, dessen Durchmesser durch einen Blickwinkel von 5 Grad bestimmt ist, wobei das Gewicht der umliegenden Buchstaben mit dem Radius proportional abnimmt, dividiert durch das Gewicht des Kreises, d.h. das maximal mögliche Gewicht eines Buchstaben. Die lokale Dichte ist das Mittel der lokalen Gewichte aller Buchstaben.

Gruppenbildung: Um die Gruppen zu bestimmen, verwendet Tullis einen vereinfachten Algorithmus von Zahn (1971), der von den Gesetzen der Gestaltpsychologen ausging. Dadurch erhält Tullis die Anzahl der Gruppen sowie ihre durchschnittliche Grösse, wobei letztere mit der Buchstabenzahl einer Gruppe gewichtet wurde.

Layout-Komplexität: Als Items betrachtet Tullis die festen und die variablen Felder einer Maske. Aus den Abständen der Items vom linken bzw. oberen Rand des Bildschirms erhält er durch Anwendung der Formel aus der Informationstheorie die Itemunsicherheit, die multipliziert mit der Anzahl Items die Layout-Komplexität ergibt.

Seine theoretischen Überlegungen versuchte Tullis (1983b und 1984) in einem Experiment zu verifizieren. Er verwendete je 26 verschiedene Formate (gleiche Form einer Maske) von Fluglinien- und Hotellisten mit je zehn verschiedenen Datensätzen. Jeder Versuchsdurchgang bestand darin, nach einem Objekt in einem Datensatz zu suchen. Ausserdem musste der Proband für jedes Format angeben, wie leicht es zu benutzen war. Tullis mittelte die Suchzeiten der korrekt beantworteten Versuchsdurchgänge für jedes Format über alle Probanden sowie die subjektive Beurteilung über alle Probanden. Dann berechnete er die multiple Regression für die geometrischen Masse und die Suchzeit, wobei er ein R von 0.71 erhielt, sowie diejenige für die Masse und die subjektive Beurteilung mit einem R von 0.90.

Ziel der Arbeit

In dieser Arbeit sollten die Resultate von Tullis in Form eines Pilotversuchs verifiziert werden. Zusätzlich könnten durch die Analyse des Blickverhaltens Aussagen über die mentale Beanspruchung, ein für die Ergonomie wichtiger Parameter, gemacht werden. Deshalb wurden die Blickbewegungen ebenfalls registriert, wobei die Fixationsdauer und die Saccadenlänge ausgewertet wurden. Als Bildschirmmasken wurden diejenigen von Haubner (1985) verwendet.

Suchzeit: Die Suchzeit wurde wie bei Tullis als die Zeit der Präsentation der Bildschirmmaske gemessen. Die Auswahl der Bildschirmmasken bringt es mit sich, dass sowohl ein- als auch mehrdimensionale Suchobjekte vorkommen, so dass eine getrennte Analyse notwendig war (Teichner und Mocharnuk, 1979).

Subjektive Beurteilung: Da eine Frage für eine subjektive Beurteilung einer Bildschirmmaske sehr wenig ist, wurden in dieser Arbeit jeweils nach einem Format fünf Fragen gestellt.

Augenbewegungen: Die Augenbewegungen wurden bisher im Zusammenhang mit Bildschirmmasken kaum untersucht. Es wird jedoch immer evidenter, dass diese beim Lesen die Charakteristika des Textes widerspiegeln (Dee-Lucas, Just, Carpenter und Daneman, 1982). Lévy-Schoen (1981 und 1982) erhärtete in einer Reihe von Experimenten ihre Annahme, dass den Augenbewegungen ein aufgabenorientiertes Programm zugrunde liegt, das während der Ausführung der Aufgabe durch lokale Anpassungen variiert wird, was sich in den Fixationszeiten und den Saccadendistanzen niederschlägt. Dabei werden die lokalen Anpassungen immer wichtiger, je freier sich das Auge bewegen kann. So stellt sie z.B. beim Absuchen einer Zeile nach Suchobjekten einen Zusammenhang zwischen Fixationszeit und Saccadendistanz fest, der beim Lesen von Texten nicht gefunden werden kann. Möglicherweise tritt dieser Zusammenhang desto eher auf, je schlechter eine Bildschirmmaske gestaltet ist, da dann viel intensiver und ohne gute Anhaltspunkte aus dem Layout gesucht werden muss.

Da Antes (1974) bei der Analyse der Blickdaten beim Betrachten von Bildern einen zeitlichen Verlauf für die Fixationszeiten (Zunahme) und Saccadendistanzen (Abnahme) feststellte, wurde dies bei der Auswertung der Blickdaten berücksichtigt.

<u>Methode</u>

Zunächst wurden die geometrischen Masse implementiert, die Tullis (1983) zusammengestellt hat. Insgesamt wurden zehn verschiedene Formate verwendet, vier von Haubner (1985), sechs selbsterstellte. Für jedes Format wurden zehn Datensätze aus dem Kfz-Handel gezeigt.

Die Arbeit wurde auf einem IBM Personal Computer AT durchgeführt, ausgerüstet mit einem hochauflösenden, monochromen Monitor mit weissem Phosphor. Der Versuch wurde in einem schall-isolierten, klimatisierten Raum durchgeführt, beleuchtet mit Fluoreszenzlampen an 3 Phasen. Die Blickbewegungen wurden mit einem G+W Eye-Trac, Modell 200, der Applied Science Laboratories registriert und vom Computer gespeichert. Am Versuch nahmen 10 Personen teil, die alle die erforderliche Sehschärfe von 0.8 erreichten.

Der Versuch wurde in zwei Teilen an zwei aufeinander-folgenden Tagen durchgeführt. Jeder Versuchsdurchgang gestaltete sich wie folgt: Zunächst wurde eine Suchfrage präsentiert, nach einem Tastendruck des Probanden die Maske. Hatte der Proband die Antwort gefunden, drückte er wieder eine Taste, worauf zwei Ant-wortmöglichkeiten erschienen. Die Suchzeit wurde als die Zeit zwischen den beiden Tastendrucken gemessen. Nach den zehn Bei-spielen eines Formats folgte die subjektive Beurteilung. Im zweiten Teil wurde die Zahl der Datensätze pro Format auf zwei reduziert und dafür die Augenbewegungen registriert. Wegen des zu erwartenden starken Lerneffekts wurde die Reihenfolge der Formate zwar für jeden Probanden gleich gewählt, jedoch zyklisch um eines vertauscht. Jeder Proband erhielt zu jeder Maske die gleichen Suchfragen. Die Reihenfolge der Masken zum selben Format wurde zufallsmässig gewählt.

<u>Resultate und Diskussion</u>
<u>Suchzeit</u>

Zunächst wurde das Mittel der Suchzeit über die Proban-den für jedes Format berechnet, getrennt nach Experiment und Fragenkomplexität (ein- bzw. mehrdimensionale Fragen), wobei nur die richtig beantworteten Versuchsdurchgänge berücksichtigt wur-den. Die multiplen Regressionen mit den geometrischen Massen er-gaben, wie Tabelle 1 zeigt, durchwegs höhere Werte für R als bei

Tullis (1984), waren jedoch nicht signifikant, was mindestens
teilweise auf die geringe Datenmenge zurückzuführen sein durfte.
Die Werte sind im zweiten Experiment ähnlich wie im ersten,
trotz des Lerneffekts, d.h. das Experiment ist reproduzierbar.

Tab. 1. Multiple Korrelationen zwischen den sechs geometrischen
Massen und der Suchzeit im ersten und zweiten Experiment, getrennt nach der Fragenkomplexität

| | Experiment 1 | | Experiment 2 | |
	eindim. Fragen	mehrdim. Fragen	eindim. Fragen	mehrdim. Fragen
R	0.90	0.81	0.76	0.93
Signifikanz	0.28	0.56	0.68	0.19

Die im Experiment verwendeten Masken wurden ebenfalls
mit dem käuflich erworbenen Programm von Tullis ausgewertet. Die
erhaltenen Korrelationen waren den oben dargestellten Werten
sehr ähnlich, obwohl sich vor allem die Werte für die Anzahl
Items und die Itemunsicherheit deutlich unterschieden. So er-
staunt es nicht, dass die von Tullis vorhergesagten Suchzeiten
mit den gemessenen kaum korrelierten. Das Modell von Tullis
konnte deshalb nicht bestätigt werden.

Subjektive Beurteilung

Die Antworten auf die fünf subjektiven Fragen wurden
ebenfalls wie bei der Suchzeit gemittelt. Die multiplen Regressionen ergaben wieder durchwegs höhere Werte für R als bei Tullis (Tabelle 2), waren jedoch für die eher objektiven Fragen 2
(Information leicht / schwierig zu finden) und 3 (zu viele Daten
auf dem Bildschirm) signifikant, nicht aber für die Befindlich-
keitsfragen 4 (Ermüdung) und 5 (ärgerlich / erfreulich). Dass

Tab. 2. Multiple Korrelationen zwischen den sechs geometrischen
Massen und der subjektiven Beurteilung

	Frage 1	Frage 2	Frage 3	Frage 4	Frage 5
R	0.95	0.97	0.99	0.93	0.95
Signifikanz	0.11	0.05	0.02	0.19	0.12

Frage 1 (Struktur ubersichtlich / unübersichtlich) nicht signifikant korreliert, kann wahrscheinlich damit erklärt werden, dass die Erfahrung der Probanden mit Bildschirmarbeiten von "sehr grosse Erfahrung" bis "keine Erfahrung" reichte.

Zwischen der vorhergesagten subjektiven Beurteilung durch das Programm von Tullis und der Antwort auf die Frage 2, welche etwa der Frage von Tullis (1984) entsprach, ergab sich keine Korrelation (s. auch Suchzeit).

Blickbewegungen

Die Saccadendistanzen und die Fixationszeiten wurden automatisch ausgewertet. Zwischen diesen konnten keine Korrelationen festgestellt werden. Offensichtlich ist das Programm, welches der Suchaufgabe zugrunde liegt, sehr flexibel und nicht nur von der Verarbeitungszeit abhängig (Lévi-Schoen, 1982).

Um einen möglichen zeitlichen Verlauf zu erkennen, wurden die Versuchsdurchgänge in drei gleich grosse Teile aufgeteilt (s. Antes, 1974). Das Mittel der Saccadendistanzen und der Fixationszeiten über die Probanden wurde für jedes Format berechnet, getrennt nach Fragenkomplexität (ein- bzw. mehrdimensionale Fragen) und nach Drittel des Versuchsdurchgangs, wobei nur die richtig beantworteten Versuchsdurchgänge berücksichtigt wurden (siehe auch Suchzeit). In Abbildung 1 und 2 sind die Saccadendistanzen und in Abbildung 3 und 4 die Fixationszeiten für die einzelnen Drittel und die verwendeten Formate aufgetragen. Wie der Wilcoxon-Test zeigt, nehmen die Saccadendistanzen bei den mehrdimensionalen Fragen vom ersten zum letzten Drittel signifikant ab (Tabelle 3) und die Fixationszeiten ebenfalls bei den mehrdimensionalen Fragen vom ersten zum letzten und auch vom zweiten zum letzten Drittel signifikant zu (Tabelle 4). Für die eindimensionalen Fragen scheint die mentale Belastung noch nicht genügend hoch zu sein, so dass dieser Effekt durch eine hohe Streuung verwischt wurde. Dass bei den eindimensionalen Fragen die Fixationszeiten vom ersten zum letzten Drittel zunahmen, dürfte eher mit der Aufgabe, einer Suchaufgabe, zusammenhängen.

Die multiplen Korrelationen zwischen den geometrischen Massen und den Saccadendistanzen (Tabelle 5) nehmen mit jedem Drittel zu und sind im letzten Drittel höher als für die Suchzeit. Sie sind nicht signifikant, aber im letzten Drittel für

Abb. 3.   Fixationszeiten für eindimensionale Fragen

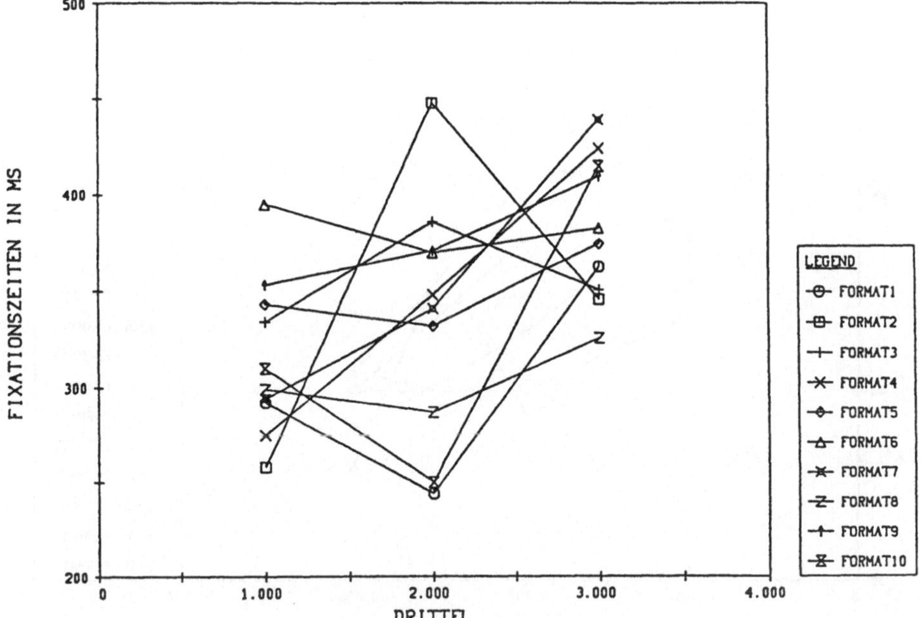

Abb. 4.   Fixationszeiten für mehrdimensionale Fragen

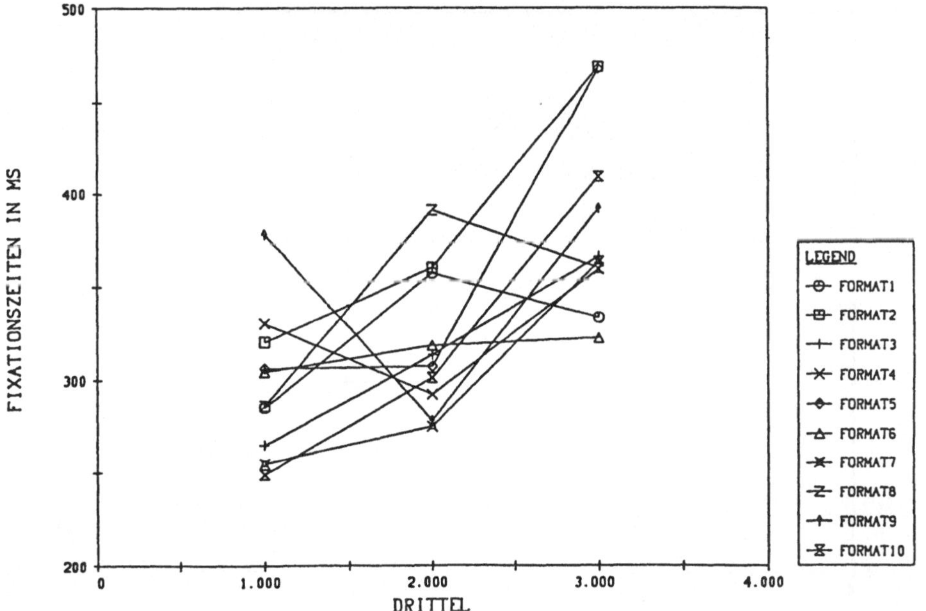

Abb. 1.   Saccadendistanzen für eindimensionale Fragen

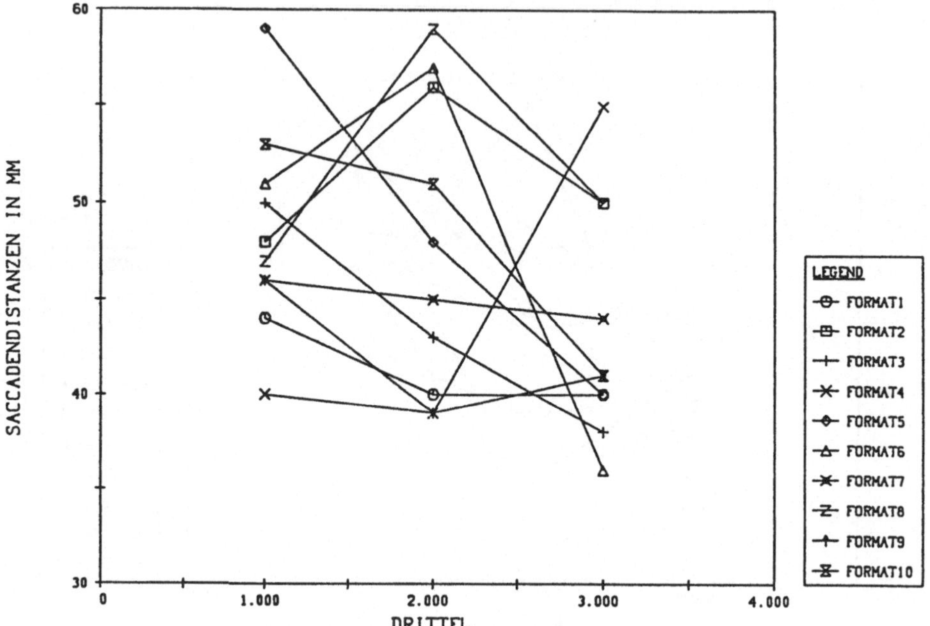

Abb. 2.   Saccadendistanzen für mehrdimensionale Fragen

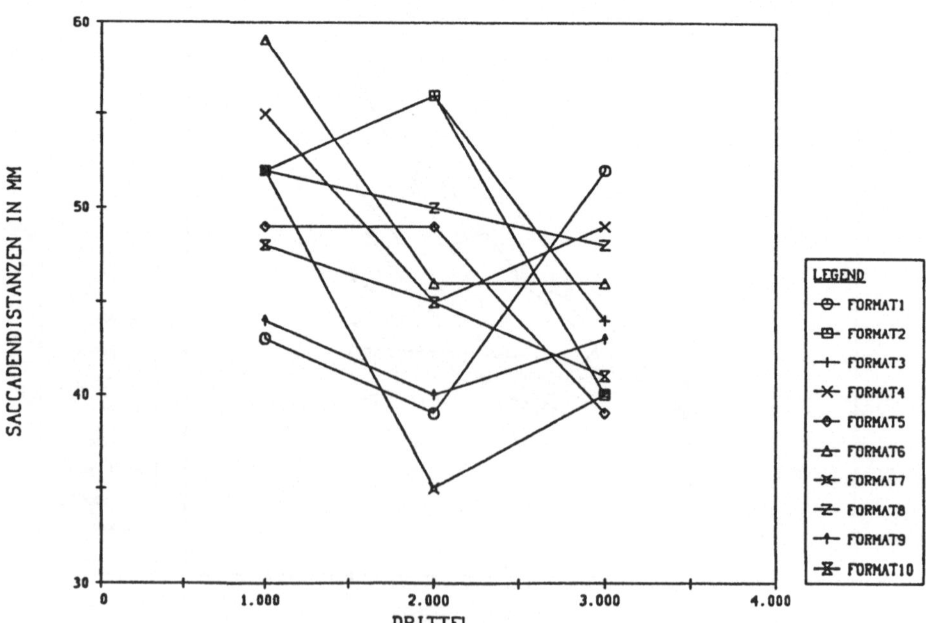

Tab. 3. Signifikanzen nach Wilcoxon-Test für die Abnahme der
Saccadendistanzen

	Eindim. Fragen	Mehrdim. Fragen
Erstes zu zweitem Drittel	p = 0.646	0.110
Zweites zu drittem Drittel	p = 0.139	0.636
Erstes zu drittem Drittel	p = 0.139	0.028

Tab. 4. Signifikanzen nach Wilcoxon-Test für die Zunahme der
Fixationszeiten

	Eindim. Fragen	Mehrdim. Fragen
Erstes zu zweitem Drittel	p = 0.508	0.139
Zweites zu drittem Drittel	p = 0.074	0.022
Erstes zu drittem Drittel	p = 0.007	0.005

die mehrdimensionalen Fragen nicht mehr weit davon entfernt. Der
zeitliche Verlauf ist interessant, jedoch ist eine Interpretation schwierig, da die einfachen Korrelationen sehr uneinheit-
lich sind (Elsinger, 1986).

Tab. 5. Multiple Korrelationen zwischen den sechs geometrischen
Massen und den Saccadendistanzen

	Eindimensionale Fragen			Mehrdimensionale Fragen		
	Erstes Drittel	Zweites Drittel	Drittes Drittel	Erstes Drittel	Zweites Drittel	Drittes Drittel
R	0.57	0.65	0.92	0.72	0.84	0.95
Signifikanz	0.93	0.86	0.22	0.76	0.48	0.10

Bei den multiplen Korrelationen zwischen den geometrischen Massen und den Fixationszeiten (Tabelle 6) ist das Bild
uneinheitlicher. Sie fallen für die eindimensionalen Fragen über
die Drittel leicht, steigen aber eher für die mehrdimensionalen
Fragen. Die Korrelationen sind sehr hoch, jedoch nicht signifikant.

Eine weitere Auswertemethode für die Blickbewegungen
wäre eine Häufikeitsanalyse, d.h., die Fixationszeiten und Saccadendistanzen werden in Intervalle aufgeteilt. Es ist nämlich

Tab. 6. Multiple Korrelationen zwischen den sechs geometrischen
         Massen und den Fixationszeiten

	Eindimensionale Fragen			Mehrdimensionale Fragen		
	Erstes Drittel	Zweites Drittel	Drittes Drittel	Erstes Drittel	Zweites Drittel	Drittes Drittel
R	0.94	0.90	0.82	0.59	0.87	0.78
Signifikanz	0.14	0.29	0.52	0.92	0.39	0.64

denkbar, dass der Mittelwert nicht für sinnvolle Aussagen geeignet ist, falls kurze und lange Zeiten bzw. Distanzen ihre
Verteilung über die Formate ändern.

Aufgrund der hohen multiplen Korrelationen der Fixationszeiten bzw. Saccadendistanzen mit den geometrischen Parametern kann gesagt werden, dass die Blickbewegungen für die ergonomische Forschung ein ebenso geeignetes Hilfsmittel wie die
Suchzeiten sind, um Aussagen über die Maskengestaltung machen zu
können. Darüber hinaus erhält man durch die Analyse der Blickbewegungen Informationen über den Suchprozess selbst, so dass man
bestimmen kann, an welcher Stelle der Maske Probleme auftreten.

Literatur

Antes, J.R. (1974): The Time Course of Picture Viewing. Journal
of Experimental Psychology, 103, 62-70.

Dee-Lucas, D., Just, M.A., Carpenter, P.A., and Daneman, M.
(1982): What Eye Fixations Tell Us About the Time Course of
Text Integration. In: R. Groner and P. Fraisse (Eds.), Cognition and Eye Movements. Amsterdam, New York, Oxford: North-
Holland Publishing Company.

Elsinger, P. (1986): Beurteilung von Bildschirmmasken anhand
geometrischer Paramater. Diplomarbeit, Eidgenössische Technische Hochschule Zürich, Zürich.

Grandjean, E., and Vigliani, E. (1980): Ergonomic Aspects of
Visual Display Terminals. London: Taylor & Francis Ltd.

Haubner, P. (1985): Strukturaspekte der Informationsgestaltung
auf Bildschirmen. In: H.-W. Bodmann (Ed.), Aspekte der
Informationsverarbeitung. Berlin, Heidelberg, New York:
Springer-Verlag.

Lévy-Schoen, A. (1981): Flexible and/or Rigid Control of Oculo-

motor Scanning Behavior. In: D.F. Fisher, R.A. Monty, and
J.W. Senders (Eds.), Eye Movements: Cognition and Visual Perception. Hillsdale, N.J.: Erlbaum.

Lévy-Schoen, A. (1982): Perception, Exploration and Eye Dis-
placements. In: R. Groner, and P. Fraisse (Eds.), Cognition
and Eye Move ments. Amsterdam, New York, Oxford: North-
Holland Publishing Company.

Teichner, W.H., and Mocharnuk, J.B. (1979): Visual Search for
Complex Targets. Human Factors, 21, 259-275.

Tullis, T.S. (1983a): The Formatting of Alphanumeric Displays:
A Review and Analysis. Human Factors, 25, 657-682.

Tullis, T.S. (1983b): Predicting the Usability of Alphanumeric
Displays. Teil-Dissertation, Rice University, Houston, Texas.

Tullis, T.S. (1984): A Computer-Based Tool for Evaluating Alphanumeric Displays. Interact, Conference Paper.

Zahn, C.T. (1971): Graph-Theoretical Methods for Detecting and
Describing Gestalt Clusters. IEEE Transactions on Computers,
20, 68-80.

Peter Elsinger
CAP Gemini (Schweiz) AG
Geschäftstelle Finanz- und
Dienstleistungsunternehmen
Brauerstrasse 60
CH-8004 Zürich

Werner Graf
Dr. Loretta Merz
Prof. Dr. Dr. Helmut Krueger
Eidgenössische Technische
Hochschule Zürich
Institut fur Hygiene
Arbeitsphysiologie
ETH-Zentrum
CH-8092 Zürich

INTERAKTIONSGRAMMATIK UND KOGNITIVER AUFWAND

Eine Pilotstudie am Beispiel des XS-2 Systems

David Ackermann und Thomas Greutmann, Zürich

Die Analyse der Ueberlegungszeiten der Benutzer eines Computersystems lässt Schlüsse über den kognitiven Regulationsaufwand und die mentale Strukturierung der Aufgabenstellung zu. Es bestehen grosse individuelle Unterschiede in der mentalen Strukturierung und im Lernprozess.

Ausgangslage

Card u. a. (1983) gehen in ihrem GOMS-Modell von der Annahme aus, dass alle Operationen ungefähr die gleiche "Ueberlegungszeit" erfordern. Ihre Annahme belegen sie anhand der Untersuchung einer einfachen Texteditieraufgabe. Auch Kieras & Polson (1984), Polson & Kieras (1984,1985) nehmen in ihrem vieldiskutierten Ansatz an, dass die Bedienung eines Texteditors mit einem invariablen Satz von Produktionsregeln beschrieben werden kann und dass die damit verbundenen Denkprozesse für alle Versuchspartner gleich lang dauern. Würden diese Annahmen zutreffen, so wäre der Grundstein für eine neue Art von Taylorismus im Sinne eines "one best way" gelegt und der Entwurf von Dialogschnittstellen sehr einfach. Jensen (1982) weist aber beispielsweise individuelle Unterschiede in Ueberlegungszeiten nach.

Ausgehend von der Hypothese der semantischen Informationsübertragung von Krause (1982) haben wir an anderer Stelle (Ackermann 1983) die Hypothese formuliert, dass bei Nichtübereinstimmung der realen Aufgabenstruktur mit der mentalen Repräsentation entweder ein zusätzlicher Retransformationsprozess notwendig ist oder Handlungsfehler auftreten. Beides führt zu einem erhöhten kognitiven Regulationsaufwand, der sich in einer Verlängerung der Ueberlegungszeiten nachweisen lassen sollte.

Fragestellung

(1) Es fragt sich nun, wie die zeitliche Struktur der Operationsabfolge als Indikator für die kognitive Strukturierung der Aufgabenstellung und den Verlauf des Lernprozesses erfasst und dargestellt werden kann.

(2) Anhand dieser Darstellung soll die vorstehend erwähnte Hypothese geprüft werden, ob Retransformationsprozesse und Handlungsfehler tatsächlich einen erhöhten kognitiven Regulationsaufwand bewirken.

(3) Ergänzend soll das subjektive Beanspruchungserleben der Versuchspartner im Hinblick auf die Abschätzung der mentalen Beanspruchung erfasst werden.

Versuchsplan und Aufgabenstellung

An den Experimenten zur Untersuchung des XS - 2 - Systems, von denen wir einen Ausschnitt darstellen, nahmen 29 Studenten der Universität (Psychologie / Rechtswissenschaften) und der ETH (Informatik / Elektrotechnik) teil. Die Studenten wurden entsprechend ihrer Studienrichtung und Computererfahrung, wie in Tab. 1 aufgestellt, in Gruppen eingeteilt.

Tab. 1: Gruppeneinteilung Studienrichtung und Computererfahrung der Versuchsparter im XS-2 - Experiment

(1) Computerexperten, meist Informatikstudenten höherer Semester
(2) Informatikstudenten im 1. Semester mit APPLE-MacIntosh-Erfahrung
(3) "Mischgruppe", d.h. Versuchspartner, die nicht in die vorerwähnten Gruppen eingeordnet werden können, die aber über Computererfahrung verfügen
(4) Versuchspartner ohne Computererfahrung, meist Studenten anderer Abteilungen bzw. Fakultäten.

Diese Gruppeneinteilung wurde im Hinblick auf die spätere Auswertung der Ergebnisse vorgenommen, um unterschiedliche Vorerfahrungen bei der Interpretation berücksichtigen zu können. Der zeitliche Ablauf der Versuche ist in Tab. 2 dargestellt.

Der Versuchsleiter überwachte den Arbeitsablauf, beantwortete Fragen und führte Protokoll über spezielle Probleme der Versuchspartner, Fragen und Erklärungen wie auch über eigene Beobachtungen und Eindrücke. Alle Aktionen der Benutzer am XS-2 - System wurden auf Logfiles aufgezeichnet.

Tab. 2:   Versuchsablauf

```
1. HAKEMP-Fragebogen (Kuhl 1983)        10 min
2. Bilder 1  (Fragebogen)               15 min
3. EZ-A  Eigenzustandsskala
   (Nitsch 1974)                         3 min
4. Experimente mit XS-2
   (Stelovsky 1984)                     120 min
   a) Taschenrechner "TRNorm"
   b) Autozeichen mit
      "BILDER ZEICHNEN"
   c) Taschenrechner "TRPol"
   d) Spreadsheet: Verbuchen der
      Autoverkäufe
   e) Taschenrechner nach Wahl zur
      Ueberprüfung
5. EZ-B Eigenzustandsskala              3 min
6. Bildschirmzeichnen aus dem
   Gedächtnis                          10 min
7. Bilder 2  (Fragebogen)              15 min
8. Interview zur Dialogstruktur        10 min
```

In dieser Arbeit beschränken wir uns auf die Auswertung der beiden Taschenrechner-Aufgaben (für einen Ueberblick siehe Ackermann (1987) und Greutmann (1986)). Mit beiden Rechnern mussten drei einfache Rechnungen gelöst und die Resultate summiert werden. Für den Rechner "TRNorm" sind die Rechnungen in Tab. 3 dargestellt. Für den zweiten Rechner "TRPol" waren die Aufgaben vergleichbar.

Tab. 3: Die Rechungen für TRNorm

```
22 * 15 + 18
(13 + 5 * 8) / (256 - 300 + 30)
(34 + 17) * (34 + 17) / 113
```

Diese Aufgaben sind "auf einen Blick" leicht zu lösen, für die Arbeit mit den einfachen Rechnern "TRNorm" und "TRPol" muss man sie jedoch entsprechend den Prioritäten der Operatoren umstrukturieren, was allerdings nicht allzu schwierig ist.

Auswertungskonzepte

Wir nehmen an, dass sich in der beobachtbaren zeitlichen Abfolge der Operationen die antizipierte, im Arbeitsgedächtnis gespeicherte Handlungsstruktur abbildet, soweit sie bewusstseinspflichtig ist. Bei gewohnten / gelernten Operationen sind gemäss unseren Annahmen kürzere zeitliche Abstände zwischen den einzelnen Operationen zu erwarten als wenn ein neues Ziel gesetzt und eine neue Operationsfolge entworfen werden muss.

Die Ausführungszeiten einer Handlung verringern sich bekanntlich mit zunehmender Uebung. Das "Power law of practice" (Card u. a., 1983, S. 57) besagt, dass die zur Ausführung einer Operation benötigte Zeit T im n-ten Operationszyklus gemäss einem Potenzgesetz ermittelt bzw. vorhergesagt werden kann:

$$T_n = T_1 n^{-a}$$

Diese mathematische Beziehung soll uns ermöglichen, aus den für die einzelnen Operationen benötigten Zeiten den zu erwartenden Uebungsgewinn unter Berücksichtigung individueller Unterschiede herzuleiten.

Wir können das Vorgehen des Versuchspartners am System in verschiedene Zeitabschnitte gliedern: (1) die Zeit, während der das System ein Kommando ausführt, (2) die Zeit, während welcher der Versuchspartner einen Befehl eingibt und (3) die Zeit, die er offensichtlich zum Ueberlegen seines weiteren Vorgehens braucht. Aus den Logfiles können wir diese Zeitabschnitte genau berechnen. Die "Ausführungszeit" eines Befehls beginnt mit der ersten Interaktion, beispielsweise mit dem Start einer Mausbewegung oder einem Tastendruck. Die Zeitspanne, während welcher der Versuchspartner keine Interaktion vornimmt, bezeichnen wir als "Ueberlegungszeit". Wir nehmen an, dass diese Ueberlegungszeit Informationen über den kognitiven Regulationsaufwand beinhaltet, d. h. diese Zeit muss aufgewendet werden, um die nächsten Operationen zu planen.

Ergebnisse

Wir haben die Ueberlegungszeiten der Versuchspartner für die Operanden + - * / (Tastatureingaben TRNorm) und "Operand eingeben" (TRPol) nach dem "Power law of practice" berechnet, um den Verlauf des Lernprozesses darzustellen. In Abb. 1 sind die Lernkurven und die realen Daten für zwei Versuchspartner graphisch dargestellt. Zusätzlich werden links die Nummer der Rechenaufgabe sowie die gewählten Befehle, die verwendeten Speicherzellen und eingegebenen Zahlen angegeben.

Die beiden Lernverläufe weichen deutlich voneinander ab. Kurve (A) ist typisch für die Interaktion eines ungeübten, Kurve (B) für die eines erfahrenen Benutzer. Kurve (A) fällt am Anfang steil ab, bleibt aber auch noch am Ende der Aufgabe auf einem vergleichsweise hohen Wert. Kurve (B) dagegen verläuft flach: Die

Interaktion findet mit konstanter Geschwindigkeit statt, die
Ueberlegungszeiten sind am Anfang und am Ende vergleichsweise
kurz.

Abb. 1:   Reale Ueberlegungszeiten und gerechnete Lern-
kurve für zwei Versuchspartner

Versuchspartner (A)   **Versuchspartner (B)**

Versuchspartner (A) — Rechnung 1, Rechnung 2, Rechnung 3:

```
A >
Rechnung 1
  RES. SETZEN    +    22    114 ..............................•...............
  •         +    15     24 .....................•
  RES. SPEICHERN 516/700  14 .............     •—Lernverlauf
  •         +    87     26 ..................•.....
A >
  RES. SPEICHERN 519/730  46 ...................•..........................
  TR2 VERLASSEN          30 ..................•........... reale Daten
  RES. SETZEN    +     5     23 ..................•.....
  •         +     8     16 ................•
  •         +    13     15 ..............•
  RES. SPEICHERN 518/702  21 .............•.....
T >
  RES. SETZEN    +   256    41 ...........•..........................
  -         +     3     14 ...........•
P1
Rechnung 2
  -         +   297    48 ...........•...........................
  •         +    30     16 ...........•..
  RES. SPEICHERN 519/728  19 ..............•.....
  RES. SETZEN    -  512/702   28 .............•..............
  /         -  514/729   13 ...........•
  RES. SPEICHERN 515/703  13 ...........•
  RES. SETZEN    +    34     19 ...........•......
  •         +    17     13 ...........•
  RES. SPEICHERN 520/727   8 ........   •
  RES. SETZEN    +    34     12 ...........•
  •         +    17     11 ...........•
Rechnung 3
  •         -  517/727   20 ...........•........
  RES. SPEICHERN 511/727   9 ........  •
  RES. SETZEN    -  517/730   17 ...........•.....
  /         +   113     13 ...........•.
  RES. SPEICHERN 511/729  10 .........  •
A >
  RES. SETZEN    -  511/699   23 ...........•............
  •         -  511/728   10 .........•
  •         +   417     11 .........•
```

Versuchspartner (B) — Rechnung 1, Rechnung 2, Rechnung 3:

```
A >
Rechnung 1
  RES. SETZEN    +    22     22 .....•........ .
  •         +    15      5 .....•
  •         +    87      6 .....•
  RES. SPEICHERN 511/587   9 .....•...
  RES. SETZEN      511/587   9 .....•...
  RES. SETZEN    +    13      8 .....•..
  •         +     5      7 .....•.
P2 >
Rechnung 2
  RES. SETZEN    +     5     21 .....•..........
  •         +     8      5 .....•
  •         +    13      7 .....•.
  RES. SPEICHERN 514/602   4 .... •
  RES. SETZEN    +   256      8 .....•..
  -         +   300      6 .....•
  •         +    30      6 .....•
  RES. SPEICHERN 517/616   5 .....•
T >
  RES. SETZEN    -  509/601   14 .....•........
  /         -  514/616    6 .....•
  RES. SPEICHERN 513/604   9 .....•...
A >
P3 >
  RES. SETZEN    -  513/618   21 .....•.............
  RES. SETZEN    +     0     17 .....•...........
  RES. SETZEN    +    34      5 .....•
  •         +    17      5 .....•
Rechnung 3
  RES. SPEICHERN 513/616   12 .....•......
  RES. SETZEN    +    34      7 .....•.
  BASIS SETZEN        34      7 .....•.
  RES. SETZEN    -  509/618    5 .....•
  •         -  505/614    8 .....•..
  RES. SETZEN    -  515/619   12 .....•......
  •         -  514/618    5 .....•
  /         +   113      6 .....•
  •         -  510/603    6 .....•
  •         -  510/590    6 .....•
```

Es fällt auf, dass bei beiden Versuchspartnern einige
Ueberlegungszeiten deutlich länger sind als die gemäss der er-
rechneten Lernverläufe zu erwartenden Werte. Entsprechend unserer
Hypothese sollten solche längeren Ueberlegungszeiten dann
auftreten, wenn entweder infolge eines Handlungsfehlers oder
einer Fehlinterpretation ein zusätzlicher Retransformationsprozess erforderlich ist und deshalb ein zusätzlicher kognitiver
Regulationsaufwand geleistet werden muss oder die Aufgabenstellung für die nächste Handlungssequenz mental zu strukturieren
ist. Ueberlegungszeiten, welche grösser sind als die gemäss der
Lernverläufe berechneten Werte, sind in Abb. 1 im Handlungsablauf

entsprechend markiert. Dabei wurde nach dem Betrag der Abweichung unterschieden, wobei wie folgt klassiert wurde (immer nur Abweichungen nach oben): (1) Abweichungen kleiner als 50 %, (2) Abweichungen zwischen 50 und 100% und (3) Abweichungen grösser als 100%. Diese Abweichungen sind durch entsprechend dicht ausgelegte Strichlinien in der Handlungsabfolge markiert. Durchgezogene Linien bedeuten Abweichungen grösser als 100%. Diese Strichlinien werden wir im folgenden als Ueberlegungszeitschwellen (Ackermann 1987) bezeichnen.

Ueberlegungszeiten, die weniger als 50% über den vom Lernverlauf "vorausgesagten" Zeiten liegen, können durch die "zufällige" Verteilung der Ueberlegungszeiten erklärt werden. Auch im Bereich 50 - 100 % können "Zufallseinflüssen" nicht ausgeschlossen werden. Ueberschreitet aber die reale Ueberlegungszeit den mit Hilfe des "Power law of practice" berechneten Wert um mehr als 100%, so kann dies nicht mehr durch Zufall erklärt werden. Die in Abb. 1 dargestellten langen Ueberlegungszeiten sind also nicht zufällig zustande gekommen. Die mit A bzw. mit T markierten Ueberlegungszeitschwellen sind auf den Anfang einer Aufgabe bzw. einer Teilaufgabe zurückzuführen. Die Aufgabe / Teilaufgabe muss mental strukturiert werden. Die mit P_1, P_2 und P_3 bezeichneten Ueberlegungszeitschwellen lassen sich durch Interaktionsfehler der Versuchspartner erklären. Die Planung der Korrekturen bewirkt gemäss unserer Hypothese einen erhöhten kognitiven Aufwand. Bei P_1 wurde eine falsche Zahl eingetippt, bei P_2 wurde die Aufgabe falsch strukturiert (Multiplikationen müssen zuerst gerechnet werden), so dass neu begonnen werden musste. Vor der Ueberlegungszeitschwelle P_3 wurde irrtümlicherweise ein falscher Befehl mit der Maus angewählt.

Die Analyse der Ueberlegungszeiten lässt nicht nur Schlüsse über erhöhten kognitiven Regulationsaufwand, sondern auch über die kognitive Strukturierung der Aufgabenstellung zu. Dies wird in Abb. 2 verdeutlicht.

Abb. 2 zeigt denselben Ausschnitt aus der Taschenrechneraufgabe für zwei verschiedene Versuchspartner. Beide Personen verwenden genau die gleichen Befehle, um die Aufgabe zu lösen. Die kognitive Strukturierung ist jedoch verschieden, was man aus den unterschiedlich langen Ueberlegungszeitschwellen sehen kann. Der wesentliche Unterschied besteht darin, dass Versuchspartner X das Abarbeiten eines Teils der Berechnung und das anschliessende Zwischenspeichern des Resultats als eine zusammengehörige Einheit plant. Versuchspartner Y hingegen plant zuerst nur das Abarbeiten der Berechnung. Vor dem Abspeichern des Zwischenresultats benötigt er dann eine lange Ueberlegungszeit, offenbar um das Abspeichern zu planen. Die langen Ueberlegungszeiten sind vor jedem Speicherbefehl ("RES. SPEICHERN") festzustellen.

Abb. 2: Beispiel für unterschiedliche kognitive Strukturierung einer identischen Abfolge elementarer Interaktionen

Struktur X

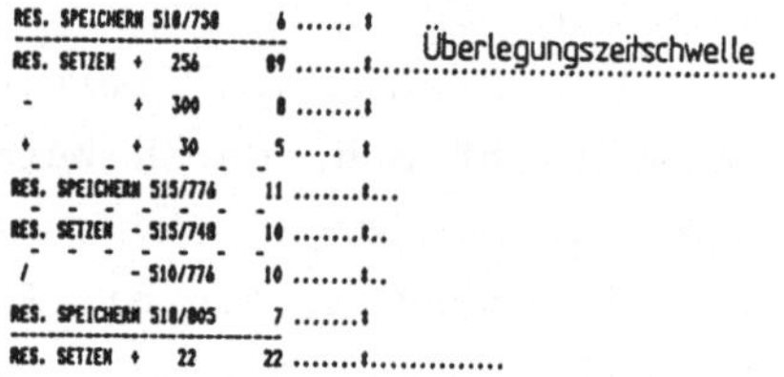

```
RES. SPEICHERN 510/758     6 ...... #       Überlegungszeitschwelle
RES. SETZEN  +   256      89 .......#.................................
 -         +   300        8 .......#
 +         +   30         5 ..... #
RES. SPEICHERN 515/776    11 .......#...
RES. SETZEN  - 515/748    10 .......#..
 /         - 510/776      10 .......#..
RES. SPEICHERN 510/805     7 .......#
RES. SETZEN  +   22       22 .......#..............
```

Struktur Y

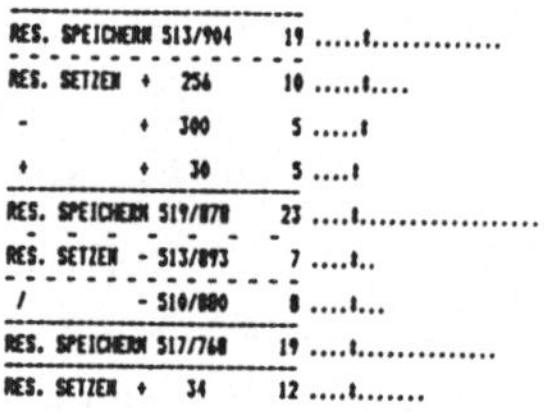

```
RES. SPEICHERN 513/904    19 .....#.............
RES. SETZEN  +   256      10 .....#....
 -         +   300         5 .....#
 +         +   30          5 ....#
RES. SPEICHERN 519/878    23 ....#.................
RES. SETZEN  - 513/893     7 ....#..
 /         - 510/880       8 ....#...
RES. SPEICHERN 517/768    19 ....#..............
RES. SETZEN  +   34       12 ....#.......
```

Um allfällige wechselseitige Beziehungen zwischen kognitiven Regulationsaufwand und subjektivem Beanspruchungserleben nachzuweisen, wurde versucht, das subjektive Beanspruchungserleben mit Hilfe der Eigenzustandsskala EZ von Nitsch (1974) festzuhalten. Bei fast allen Versuchspartnern sank die Grösse "Beanspruchung" sensu Nitsch, was eher auf die Dauer des Experiments (2 Stunden) zurückgeführt werden muss.

Fazit

(1) Die Ergebnisse stützen die Ausgangshypothese, dass bei Nicht-Uebereinstimmung der realen Aufgabenstruktur mit der mentalen Repräsentation entweder ein zusätzlicher Retransformationsaufwand notwendig ist oder Handlungsfehler auftreten, welche einen erhöhten kognitiven Regulationsaufwand bewirken.

(2) Die Analyse der Ueberlegungszeiten lässt Schlüsse auf die kognitive Strukturierung der Aufgabe zu. Hier bestehen deutliche interindividuelle Unterschiede, selbst bei gleichen Folgen von elementaren Interaktionen. Die Lernprozesse verlaufen eben-

falls individuell unterschiedlich. Gemäss dem Prinzip der differentiellen Arbeitsgestaltung von Ulich (1978, 1983) müssen solche interindividuellen Unterschiede bei der Gestaltung von Dialogsystemen berücksichtigt werden, um eine optimale Interaktion und Entwicklung der Persönlichkeit zu gewährleisten. Ergebnisse experimenteller Untersuchungen weisen darauf hin, dass die entsprechende Wahlmöglichkeiten enthaltende Dialogsysteme effizienter sind als vorgegebene (Ackermann & Nievergelt, 1985; Ackermann 1986). Individuellen Unterschieden kann z.B. dadurch Rechung getragen werden, dass ein Sortiment von verschiedenen Dialogstrukturen angeboten wird, aus dem sich dann jeder Benützer die von ihm bevorzugte Struktur zusammenstellen kann.

Herrn Prof. Dr. E. Ulich danken wir für die ausführliche Diskussion dieser Arbeit und die Durchsicht des Manuskripts.

Literatur

Ackermann, D. (1983): Robi Otter oder die Suche nach dem operativen Abbildsystem. Interner Bericht der Studienarbeiten im SS 1983.

Ackermann, D. & Nievergelt, J. (1985): Die Fünffingermaus - eine Fallstudie zur Synthese von Hardware, Software und Psychologie. In: Software-Ergonomie '85. Mensch-Computer-Interaktion. Stuttgart, B.G. Teubner.

Ackermann, D. (1986): A pilot study on the effects of individualization in man-computer-interaction. In: Mancini, G., Johannsen, G. & Martennson, L. (Hrsg.): Analysis, Design and Evaluation of Man-Machine Systems Proceedings of the 2nd IFAC/IFIP/IFORS/IEA Conference, Varese, September 1985. London: Pergamon Press, S. 293-297

Ackermann, D. (1987): Handlungsspielraum, Mentale Repräsentation und Handlungsregulation am Beispiel der Mensch-Computer-Interaktion. Inauguraldissertation der Philosophisch-historischen Fakultät der Universität Bern.

Card, S.K.; Moran, T.P. & Newell, A. (1983): The Psychology of Human-Computer Interaction. London & Hillsdale, New Jersey: Lawrence Erlbaum Associates, Publishers.

Greutmann, T. (1986): Task structure, dialog grammar and action grammar of the user, illustrated with the interactive system XS-2. Unveröffentlichte Diplomarbeit in Informatik, ETH Zürich.

Jensen, A.R. (1982): Reaction time and psychometric g. In: Eysenck, H. (Hrsg.): A model for intelligence. Berlin, Springer.

Kieras, D.E. & Polson, P.G. (1985): An approach to the formal analysis of user complexity. Int. Journal of Man-Machine Studies, 22 (1985).

Krause, B. (1982): Semantic information processing in cognitive processes. Zeitschrift für Psychologie, 190(1) (1982).

Kuhl, J. (1983): Motivation, Konflikt und Handlungskontrolle. Berlin, Springer.

Nitsch, J.R. (1974): Die hierarchische Struktur des Eigenzustandes - ein Approximationsversuch mit Hilfe der Binärstrukturanalyse (BISTRAN). DIAGNOSTICA, 20 (1974).

Polson, P.G. & Kieras, D.E. (1984): A formal description of user's knowledge of how to operate a device and user complexity. In: Behaviour Research Methodes, Instruments & Computers, 16(2) (1984).

Polson, P.G. & Kieras, D.E. (1985): A quantitative model of the learning and performance of text editing knowledge. CHI 85 Proceedings, S. 205-212.

Stelovsky, J. (1984): XS-2: The User Interface of an Interactive System. Diss. ETH No. 725, Zürich.

Ulich, E. (1978): Ueber das Prinzip der differentiellen Arbeitsgestaltung. Industrielle Organisation, 47 (1978).

Ulich, E. (1983): Differentielle Arbeitsgestaltung - ein Diskussionsbeitrag. Zeitschrift für Arbeitswissenschaft, 1 (1983).

David Ackermann
Thomas Greutmann
Lehrstuhl für Arbeits- und Organisationspsychologie
ETH Zürich
Nelkenstr. 11
CH - 8092 Zürich

BENUTZERORIENTIERTE BESCHREIBUNG VON INTERAKTIVEN SYSTEMEN MIT RFA-NETZEN

Horst Oberquelle, Hamburg

Zusammenfassung: Für die benutzerorientierte Beschreibung interaktiver Systeme einschließlich ihrer organisatorischen Einbettung werden begriffliche Grundlagen und primär graphische Ausdrucksmittel vorgestellt. Sie basieren auf einer Charakterisierung von Arbeitsorganisationen auf drei Ebenen, Rollen-, Funktions- und Aktionsebene, und nutzen Ideen der Petrinetztheorie.

Einleitung

Benutzerorientierte Beschreibungen interaktiver Systeme können während der Systementwicklung die Kommunikation zwischen Entwicklern und zukünftigen Benutzern unterstützen und dem Benutzer eine Vorstellung von seiner neuen Arbeitsumgebung vermitteln. Während Einführung und Einsatz können sie zur notwendigen Entwicklung mentaler Modelle durch den Benutzer (vgl. Oberquelle, 1984a) beitragen. Sie können diese Aufgabe am besten erfüllen, wenn sie die Perspektive des Benutzers berücksichtigen und eine "Zugriffsarchitektur" (Zemanek, 1984) wiedergeben, die wir als Benutzungsmodell bezeichnen wollen. Ein Benutzungsmodell sollte die statische Struktur des Mensch-Maschine-Systems (automatisierte Komponenten und ihre organisatorische Einbettung) ebenso erfassen wie die Dynamik möglicher Abläufe.

Die verwendete Beschreibungssprache hat großen Einfluß auf die Lesbarkeit und Verständlichkeit solcher Benutzungsmodelle. Ihre Grundkonzepte, die darstellbaren Aspekte von Systemen und ihre Form (Text oder Graphik, Grad der Formalisierung) müssen dem genannten Ziel angepaßt sein. Die Vorteile von Graphik zur Visualisierung konzeptioneller Unterschiede und zur transparenten Beschreibung von komplexen Zusammenhängen sind bisher kaum ausgenutzt worden. Die heute verfügbaren PCs mit Graphiksystemen eröffnen dafür neue Möglichkeiten.

In einer umfangreichen Untersuchung (Oberquelle, 1986) wurden ein konzeptioneller Rahmen zur Erfassung von Arbeitssituationen mit interaktiver Rechnernutzung aus der Perspektive der beteiligten Personen sowie vielfältige graphische Ausdrucksmittel erarbeitet. Für einen Text-Editor (SOS) wurde dabei eine vollständige Beschreibung mit verschiedenen, primär graphischen Hilfsmitteln (Kanal-/Instanz-Netze, Zustand-/Aktivitäts-Netze, erweiterte Syntaxdiagramme, Ikonen und Prinzipskizzen) erstellt (Oberquelle, 1984b). In einem Test mit Anfängern zeigte sich, daß diejenigen, die die graphische Beschreibung verwendet hatten, im Durchschnitt bessere Kenntnisse über das System hatten und schneller und fehlerfreier arbeiteten (Oberquelle, 1985). Damit wurde die Annahme, daß graphische Beschreibungssprachen nützlich sein können, weiter untermauert. Die eingesetzten sprachlichen Hilfsmittel waren jedoch nicht ausdrucksstark genug, um Arbeitsorganisationen mit interaktivem Rechnereinsatz im allgemeinen zu erfassen. Sie wurden deshalb zu den <u>Rollen-/Funktions-/Aktionsnetzen</u> (<u>RFA-Netzen</u>) weiterentwickelt. RFA-Netze basieren auf der Idee, daß Arbeitsorganisationen sinnvoll auf drei Ebenen (Rollen-, Funktions- und Aktionsebene) zu charakterisieren sind und durch primär graphische, kohärente (Teil-) Beschreibungen von verschiedenen Aspekten und Ausschnitten mit variabler Detaillierung und Präzision (maximal semi-formal) hinreichend genau erfaßt werden können.

Wesentliche Konzepte und Darstellungsmittel von RFA-Netzen werden im 2.Abschnitt erläutert und im 3.Abschnitt an einem Anwendungsbeispiel demonstriert. Der 4.Abschnitt gibt einen Ausblick auf weitere Anwendungsmöglichkeiten und offene Fragestellungen.

<u>Konzepte und Ausdrucksmittel von RFA-Netzen</u>

Grundlage der RFA-Netze ist ein Begriffsgerüst, das eng mit den oben erwähnten drei Ebenen zusammenhängt. Für konzeptionell unterschiedliche Dinge und Beziehungen werden graphisch unterschiedliche Netzkonstrukte eingesetzt. Graphisch ähnliche Konstrukte sollen auf inhaltliche Verwandtschaften hinweisen und das Verständnis erleichtern. Wichtige Begriffszusammenhänge haben eine Entsprechung in netztheoretischen Zusammenhängen der graphischen Ausdrucksmittel.

Unter einem <u>Netz</u> verstehen wir ganz allgemein einen Graphen mit zwei Sorten von Knoten (S- und T-Elemente) und gerichteten Kanten (F-Elemente = Flußrelation) mit der Eigenschaft, daß nur Knoten unterschiedlicher Art durch F-Kanten verbunden sind. Für die folgende Darstellung sind nicht die formalen Eigenschaften von Netzen interessant sondern die speziellen Interpretationen von S-, T- und F-Elementen und deren Zusammenhang.

Wir betrachten zunächst die Hilfsmittel für die Beschreibung der statischen Struktur von Benutzungsmodellen und wenden uns dann der Dynamik zu.

(i) Rollen- und Funktionsnetze

Ausgangspunkt unserer **statischen Beschreibung** von Arbeitsorganisation ist die Auffassung, daß sich die Gesamtaufgabe jeder Stelle als eine Zusammenfassung von inhaltlich weitgehend abgeschlossenen, lose gekoppelten Teilaufgaben erfassen läßt. Jede solche Teilaufgabe nennen wir eine **Rolle** und die für sie zuständige Person den **Rollenträger**. Jede Person ist in der Regel Träger vielfältiger Rollen und kann weitgehend frei entscheiden, in welcher Rolle sie aktuell agiert. Dieses Rollenkonzept beinhaltet wichtige pragmatische Aspekte: den Sinngehalt der Aufgabe, die Verantwortlichkeit des Rollenträgers, die Kompetenz zur Nutzung von Entscheidungsspielräumen sowie Rechte und Pflichten gegenüber anderen Rollen und deren Trägern. Rollen können auf zweierlei Arten **kooperieren**: a) durch Austausch von Materialien oder Informationen über gemeinsame Schnittstellen und b) durch gemeinsame Handlungen. Der zweite Fall wird hier nicht weiter behandelt.
Beschreibungen auf der **Rollenebene** betrachten Rollen als atomare Einheiten und erfassen die Art der Kooperation. Die pragmatischen Aspekte werden nicht explizit dargestellt. Rollen werden durch ihre Bezeichnung und die Angabe des Rollenträgers charakterisiert.

Über die pragmatischen Aspekte hinaus kann jede Rolle genauer durch ihre Realisierung in Form einzelner Tätigkeiten, die vom Rollenträger selbst oder von Maschinen ausgeführt werden, lokaler Ressourcen und durch die zwischen Tätigkeiten ausgetauschten Objekte und Daten charakterisiert werden. Eine solche funktionale Zergliederung ordnen wir als Phänomen der **Funktionsebene** zu. Unter einer **Funktion** verstehen wir eine sequentielle **Tätigkeit** eines bestimmten **Handlungsträgers** (Mensch oder Maschine) zusammen mit den nur für diese Tätigkeit verwendeten Ressourcen. Funktionen **interagieren** durch den **Austausch von Objekten oder Daten über gemeinsame Schnittstellen**.

Jede Rolle kann durch ein Geflecht von Funktionen und internen, sie verbindenden Schnittstellen funktional vollständig erfaßt werden. Jede Rolle enthält mindestens eine Funktion, jede Funktion umfaßt genau eine Tätigkeit. Die Kooperation (einschließlich Kommunikation) von Rollen wird durch Interaktion ihrer Funktionen realisiert. Schnittstellen zwischen Funktionen (und Rollen) sind organisatorische <u>Positionen</u>, an denen sich gemeinsam genutzte reale Objekte oder Datenobjekte aufhalten können. Positionen können auch intern genutzt werden, um Objekte oder Daten für eigene Zwecke aufzubewahren.

Um diese Konzepte und Zusammenhänge zum Ausdruck zu bringen, werden die folgenden <u>Netzkonstrukte</u> verwendet:

<u>T-Elemente</u>

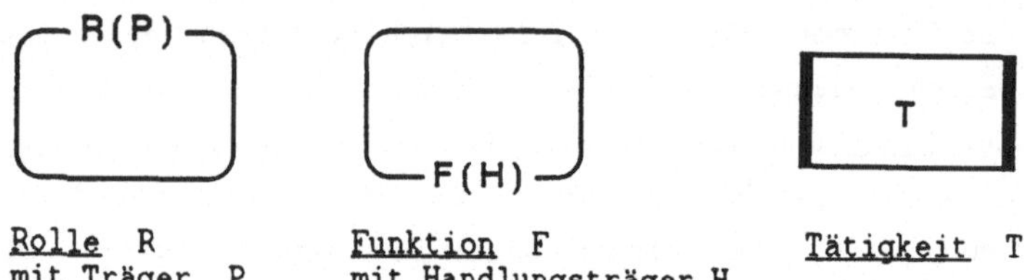

<u>Rolle</u> R	<u>Funktion</u> F	<u>Tätigkeit</u> T
mit Träger P	mit Handlungsträger H	

<u>Komplexe</u> aus Rollen, Funktionen oder Tätigkeiten werden mit doppelter Umrandung gezeichnet. <u>Automatisierte</u> Funktionen oder Tätigkeiten können durch einen fetten unteren Balken hervorgehoben werden.

<u>S-Elemente</u>

<u>elementare Position</u> P	<u>Speicherposition</u> P der	<u>komplexe Position</u> P,
zur Aufnahme eines	Klasse S zur Aufnahme	bestehend aus mehreren
Objektes vom Typ T	von Objekten vom Typ T	einfacheren Positionen

<u>F-Elemente</u> bedeuten <u>Zugriffsrechte</u>:
(Es werden hier zur Erläuterung 'neutrale' S- und T-Elemente verwendet.)

<u>Objektfluß</u> (schwarze Pfeilspitze)   <u>Datenfluß</u> (weiße Pfeilspitze)

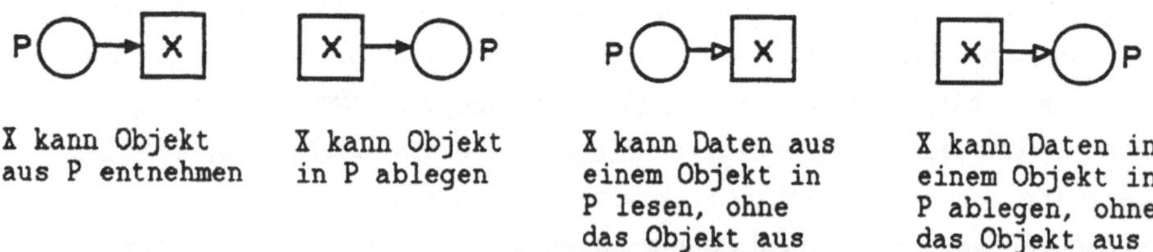

X kann Objekt	X kann Objekt	X kann Daten aus	X kann Daten in
aus P entnehmen	in P ablegen	einem Objekt in	einem Objekt in
		P lesen, ohne	P ablegen, ohne
		das Objekt aus	das Objekt aus
		seiner Position	seiner Position
		zu entfernen	zu entfernen

Netze, die nur Rollensymbole als T-Elemente enthalten, heißen <u>Rollennetze</u> (<u>R-Netze</u>). Netze, die nur T-Elemente der Funktionsebene enthalten, heißen <u>Funktionsnetze</u> (<u>F-Netze</u>). Tätigkeiten und private Positionen können als interne Strukturen von Funktionen gezeichnet und durch das zugehörige

Funktionssymbol umrandet werden. Entsprechendes gilt für die Veranschaulichung von Komplexbildungen bei R- und F-Netzen.

Abb.1   Beispiele für Rollen- und Funktionsnetze

a)

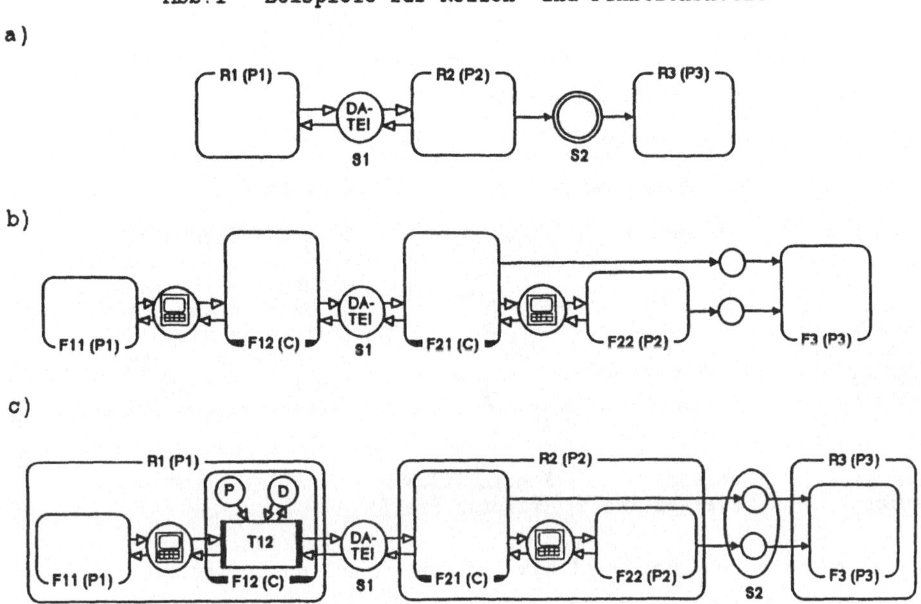

Abb.1 a) zeigt schematisch ein Rollennetz, in dem R1 und R2 durch
Informationsaustausch und R2 und R3 durch Dokumentfluß über Schnittstellen kooperieren. Abb.1 b) stellt eine mögliche Realisierung auf der
Funktionsebene dar, bei der für die Kommunikation rechnergestützter
Datenaustausch genutzt wird. a) kann offensichtlich aus b) durch eine
Netzvergröberung gewonnen werden. c) gibt den Zusammenhang zwischen a)
und b) in einem gemischten Rollen-/Funktions-(RF-)Netz an und zeigt
darüber hinaus, daß die automatisierte Funktion F12 über private Positionen verfügt, auf die von ihrer Tätigkeit T12 zugegriffen werden kann.

(ii) Aktionsnetze

Auf der Aktionsebene konzentrieren wir uns auf die _Dynamik_ von
Arbeitsabläufen und erfassen sie in _Aktionsnetzen_ (_A-Netzen_). Es wird
angenommen, daß die Handlungsträger nach Plänen arbeiten, die in
Beschreibungen explizit gemacht werden können. Die kleinsten Aktions-
einheiten, die nicht weiter zerlegt werden können oder sollen, bezeichnen
wir als _elementare Handlungen_. Komplexe Handlungen und Aktionen ergeben

sich als spezielle Abstraktionen, die sich anhand der Netzdarstellung
später am besten erläutern lassen.

Elementare Aktionsnetze haben elementare Handlungen als T-Elemente und sind durch Kontrollfluß mit Zuständen der Handlungsträger zeitlich ('Kontrollaspekt') und durch Objekt- bzw. Datenfluß mit elementaren
Positionen räumlich ('Objektaspekt') verbunden. Zustände und elementare
Positionen bilden also die S-Elemente.

Die folgenden Netzkonstrukte werden in elementaren Aktionsnetzen benutzt:

	Kontrollaspekt:		Objektaspekt:
T-Elemente	S-Elemente	F-Elemente	S- und F-Elemente

elementare Positionen;
Objektfluß und Daten-
flußpfeile wie bei R-
und F-Netzen, inter-
pretiert als Zugriff
(statt als Zugriffsrecht)

| elementare Handlung | Zustand (kleiner Kreis) | Kontrollfluß (offener Pfeil) | |

Jede elementare Handlung wird als bedingte Handlung aufgefaßt, die nur
dann ausgeführt wird, wenn die angegebene <Bedingung> durch die zugreifbaren Objekte erfüllt ist und der Handlungsträger sich für die Handlung
entscheidet. Die Ausführung hat die angegebene <Wirkung> auf die Aus-
gangsobjekte. Aktuelle Situationen eines elementaren A-Netzes können
durch Markierung von Zuständen mit individuellen Kontrollmarken und von
Positionen mit individuellen Objektmarken beschrieben werden. Die Dynamik
kann als Fluß dieser Marken gemäß einer Schaltregel im Sinne der Netz-
theorie exakt definiert werden, was wir hier nicht näher ausführen
können.

In allgemeinen Aktionsnetzen (A-Netzen) werden zusätzlich die folgenden
Netzelemente zugelassen, die sich durch Netzvergröberungen ergeben (vgl.
Abb.2) und eine vergröberte Modellierung erlauben.

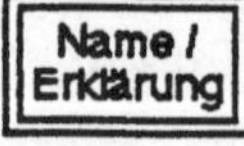

Komplexe Handlung, die mehrere einfachere Handlungen
zusammenfaßt und Zwischenzustände enthalten kann

elementare Aktion, die eine elementare Handlung und für
sie private Positionen umfaßt

komplexe Aktion, die mehrere einfachere Aktionen und
nur diesen gemeinsame Positionen zusammenfaßt und
Zwischenzustände enthalten kann

Außerdem können die gröberen Positionsdarstellungen (Speicherposition, komplexe Position, vgl.(i)) verwendet werden.

Jedes A-Netz kann eindeutig in ein <u>Kontrollnetz</u> (nur Zustände als S-Elemente) und in ein <u>Objektnetz</u> (nur Positionen als S-Elemente) zerlegt werden. Häufig reicht einer der beiden Aspekte für das Verständnis auf der Aktionsebene aus. Im 3.Abschnitt werden Kontrollnetze für die Modellierung der Dynamik eines Editors eingesetzt.

<u>(iii) Rollen-/Funktions-/Aktionsnetze</u>

Einzelbeschreibungen auf den drei Ebenen mit variierender Verfeinerung und gemischte Beschreibungen, die Konzepte verschiedener Ebenen in einem Diagramm kombinieren und damit ihren Zusammenhang transparenter machen, fassen wir unter dem Sammelbegriff <u>Rollen-/Funktions-/Aktionsnetze</u> (<u>RFA-Netze</u>) zusammen. Entsprechend verwenden wir die Bezeichnungen <u>RF-</u>, <u>RA-</u> und <u>FA-Netze</u> für speziellere Kombinationen. Abb.2 gibt einen schematischen Überblick über die Darstellungsmittel der drei Ebenen und ihren Zusammenhang über Netzvergröberungen bzw. -verfeinerungen.

Abb.2 Beziehungen zwischen RFA-Konzepten und -konstrukten

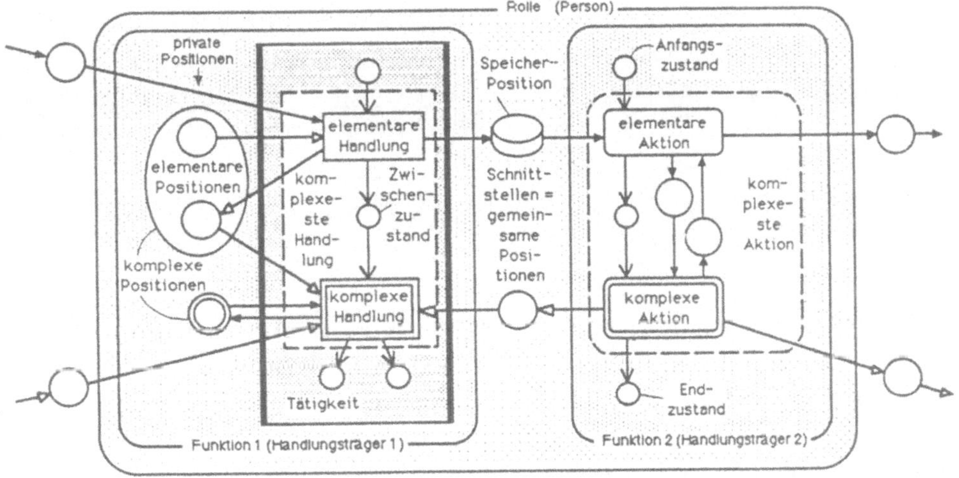

Ein Anwendungsbeispiel

Um einige der Einsatzmöglichkeiten von RFA-Netzen zu demonstrieren, geben wir Ausschnitte aus einer überarbeiteten Beschreibung für
den SOS-Editor (vgl. Oberquelle, 1984b). Die Arbeit mit dem Texteditor
wird als eine Rolle 'Textverarbeiter' erfaßt, die automatisierte Funktionen des Time-sharing-Systems DEC10 benutzt, um gedruckte Texte für
eigene Zwecke herzustellen. Die im Rechner gespeicherten Texte werden als
stationäre Datenobjekte behandelt. Die Möglichkeit der Kooperation mit
anderen Rollen durch rechnervermittelten Austausch von gespeicherten
Texten wird nicht betrachtet. Sie würde eine andere Sicht der Rolle
'Textverarbeiter' ergeben. Die Stuktur der Rolle wird durch das Rollen-
/Funktions-Netz in Abb.3 grob erfaßt.

Abb.3 Die Rolle 'Textverarbeiter' und die Interaktions-
       möglichkeiten mit automatisierten Funktionen (RF-Netz)

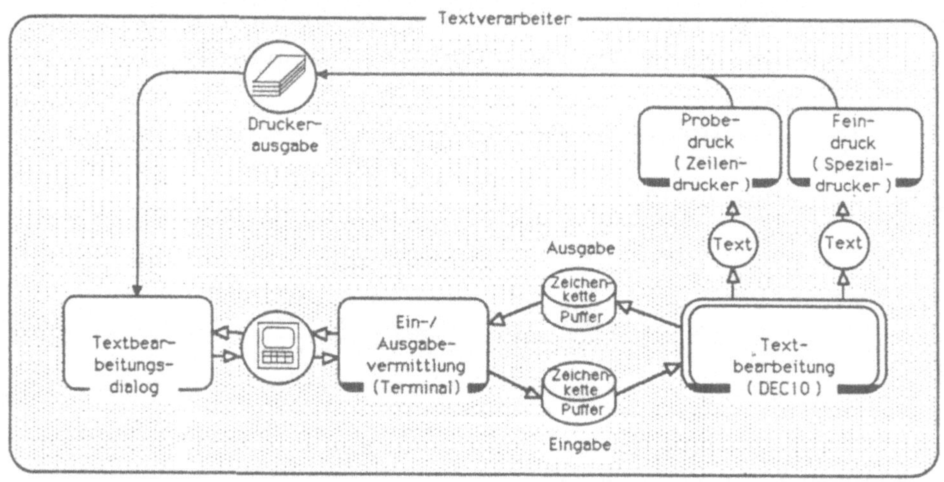

Für die gezielte Nutzung der Editiermöglichkeiten und das Verständnis der auf dem Bildschirm angezeigten Daten benötigt der Textverarbeiter ein hinreichend präzises, vollständiges Modell der statischen Auf-
baustruktur des Funktionskomplexes 'Textbearbeitung' und seines dynamischen Verhaltens. Abb.4 macht deutlich, daß zwei wesentliche Funktions-
komplexe, 'Monitor' und 'SOS-Editor', zu unterscheiden sind. Beide haben
Zugriff auf die Benutzerdateien im Dateisystem, welches eine Schnittstelle zwischen beiden darstellt. Außerdem interagieren sie durch den
Austausch von Aufruf- und Resultat-Daten, die jeweils nach Empfang vom
Empfänger gelöscht werden. Die Druckfunktionen sind nur über den

'Monitor' erreichbar.

Die weitere Verfeinerung des Funktionskomplexes 'SOS-Editor' führt zu vier ähnlichen Funktionen, die alle durch Kombination und Spezialisierung aus dem in Abb.5 gezeigten Funktionsnetz hervorgehen.

Abb.4   Die Textbearbeitungsfunktionen (1.Verfeinerung, F-Netz)

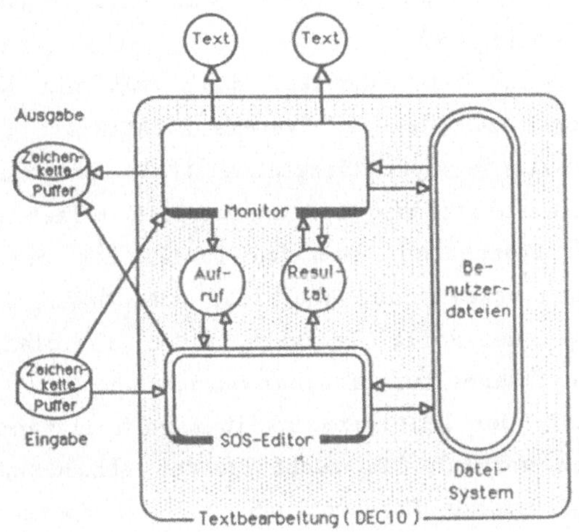

Abb.5   Statische Struktur eines Volleditors und seiner Umgebung (F-Netz)

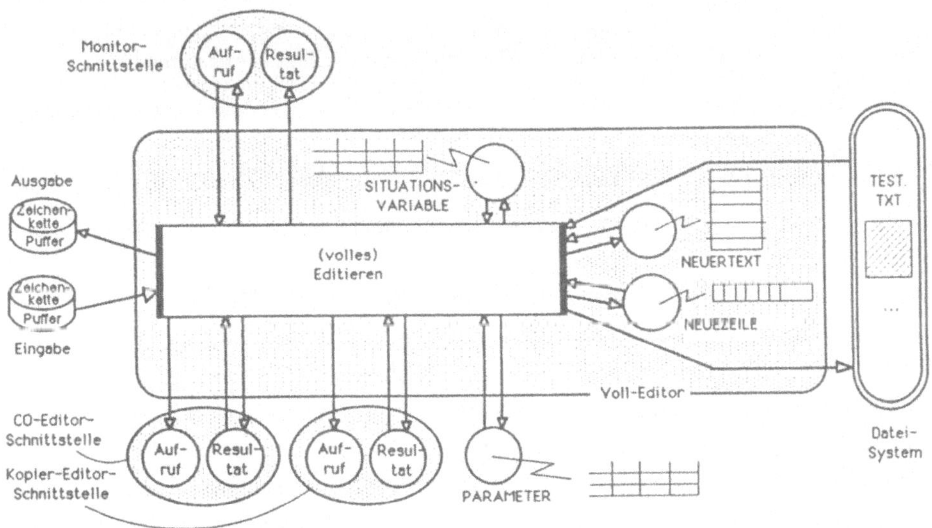

Dieses Funktionsnetz stellt alle für das Verständnis wesentlichen Komponenten dar. Die Tätigkeit '(volles) Editieren' hat lesenden

Zugriff auf Benutzerdateien, kann einen neuen Text und eine neue Zeile bearbeiten und geänderte Texte in Dateien des Datei-Systems zurückschreiben. Sie wird durch lokale Situationsvariable und durch Parameter, auf die auch andere Komponenten zugreifen können, gesteuert. Beide sind durch Editierhandlungen veränderbar. Die Objekttypen in den wichtigsten Positionen sind durch Ikonen angegeben. Sie können ebenfalls informal durch graphische Strukturbeschreibungen und erläuternden Text erklärt werden (vgl. Oberquelle, 1985).

Eingaben sind Zeichenketten, die gemäß der Kommandosprachensyntax des Monitors bzw. des SOS-Systems konstruiert sein müssen. Sie können durch erweiterte Syntaxdiagramme (vgl. Oberquelle, 1985) mit graphischen Mitteln vollständig und anschaulich erfaßt werden. Ausgaben sind ebenfalls Zeichenketten, die den Inhalt der bearbeiteten Datenobjekte (z.B. einen Bereich aus NEUERTEXT oder NEUEZEILE) oder Mitteilungen an den Träger der Rolle 'Textverarbeiter' als gleichzeitigen Handlungsträger des Textbearbeitungsdialogs darstellen.

Die Dynamik der Editiertätigkeit kann vollständig mit Aktionsnetzen beschrieben werden. Die nachfolgenden Abbildungen zeigen Teile einer solchen stufenweisen Beschreibung, die den Kontrollaspekt hervorhebt. Bei den Zuständen wird zur Erhöhung der Transparenz zwischen Dialogzuständen und internen Zuständen unterschieden:

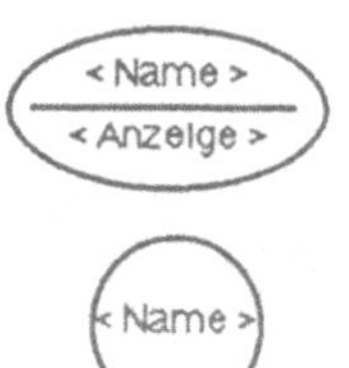

<u>Dialogzustand</u> (mit Anzeige): Die nächste Handlung wird durch die Eingabe des Benutzers ausgewählt. Die Angabe der Anzeige ist optional. Ist sie angegeben, so erscheint sie jedesmal, wenn dieser Zustand erreicht wird.

<u>Interner Zustand</u>: Die nächste Handlung wird vom Funktionsträger selbständig in Abhängigkeit vom Inhalt seiner Datenobjekte ausgewählt.

Abb.6 zeigt einen Überblick über alle Klassen von Editierhandlungen, die durch Aufruf des Editors aus den internen Zuständen 'Start' bzw. 'Restart' oder aus dem Dialogzustand 'Textmodus' erreichbar sind. 'Start' ist Anfangs- und Endzustand der Tätigkeit 'Editieren'. Bei jeder Klasse sind einzelne enthaltene Handlungen verbal und durch Kurzformen der für ihre Auswahl benötigten Kommandos angegeben. Eine Sonderstellung nimmt die Handlung 'unterbrechen' ein, die aus jedem Zustand des Editors durch Eingabe des Kommandos CTRL-C gefordert werden kann. Stellvertretend für alle diese Zustände ist ein zusätzlicher Zustand mit der Bezeichnung 'beliebiger Zustand' eingefügt worden.

Abb. 6 Handlungsklassen von SOS und zugehörige Kommandos
(A-Netz, speziell Kontrollnetz mit Handlungskomplexen)

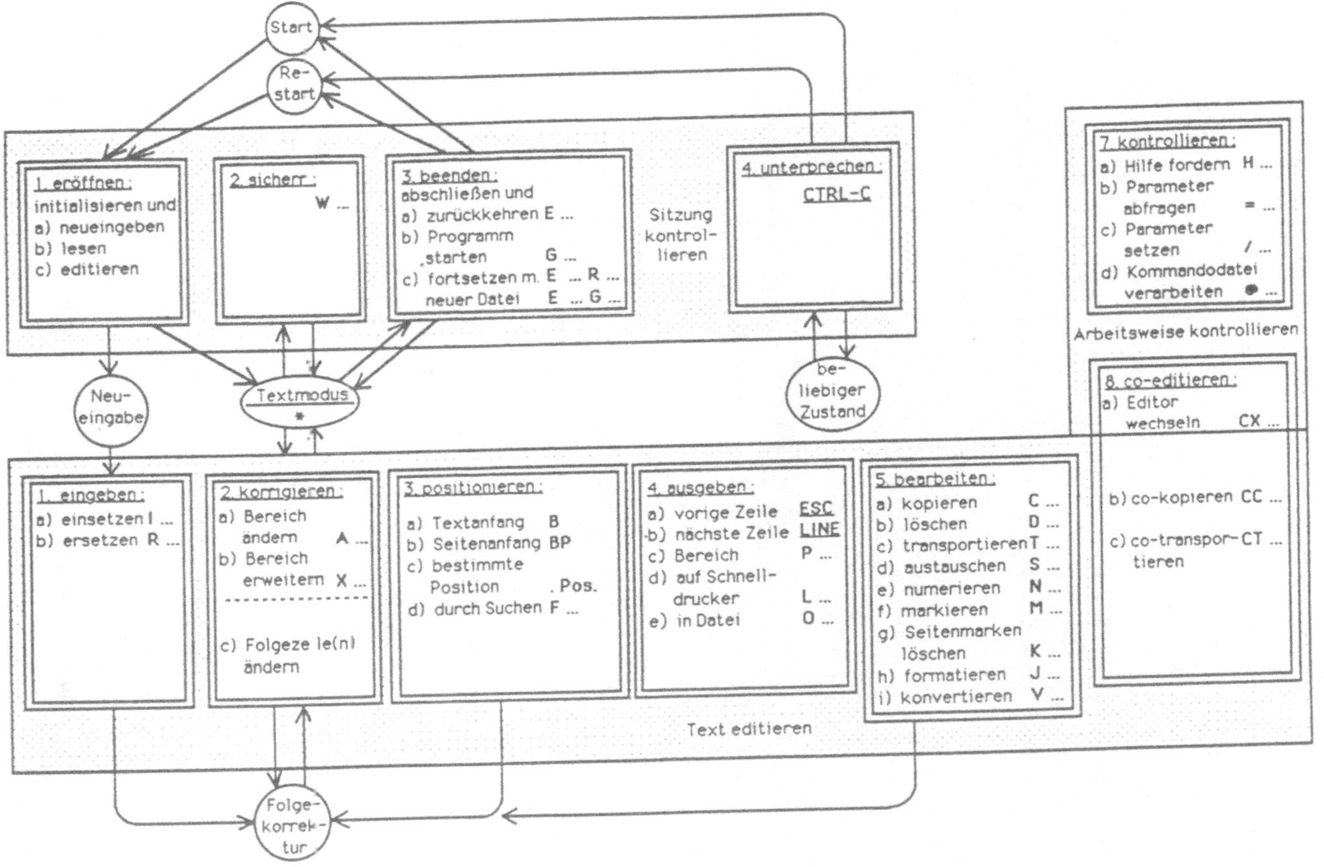

Durch weitere Verfeinerungen auf der Aktionsebene können entsprechende Diagramme für jeden einzelnen Handlungskomplex und die den einzelnen Kommandos zugeordneten Handlungen und sie verbindende Zustände angegeben werden. Aber selbst die Handlung, die einem Kommando entspricht, kann eine weitere Verfeinerung erfordern, z.B. wenn ihre Ausführung zu weiteren Dialogzuständen führt oder wenn abhängig von den Argumenten unterschiedliche Teilhandlungen gewählt werden. Abb.7 zeigt ein Beispiel für eine semi-formale, vorwiegend graphische Beschreibung eines Kommandos und der damit ausgewählten Handlung.

Abb.7 Das Kommando 'delete' und die Handlung 'löschen'

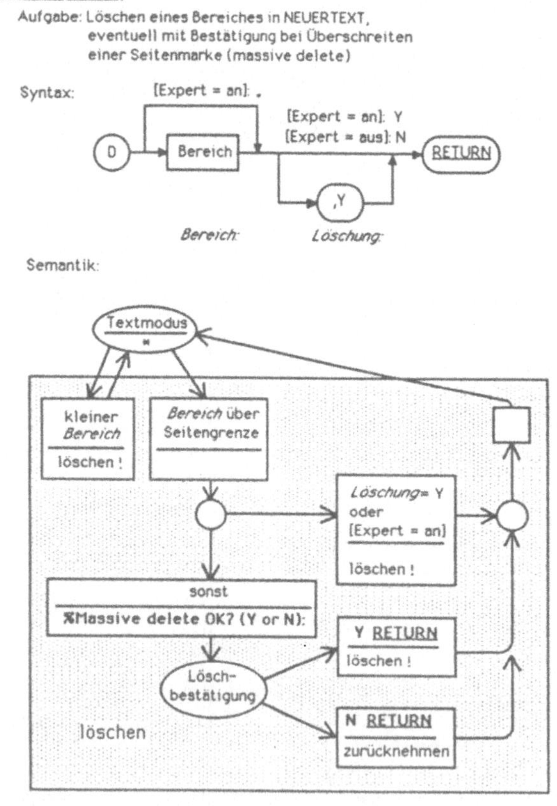

Die Handlung wird hier zunächst verbal erläutert. Die Struktur des Kommandos wird durch ein erweitertes Syntaxdiagramm angegeben,

welches deutlich macht, welche Argumente geliefert werden (im Beispiel:
Bereich und Löschung) und wie fehlende Angaben ergänzt werden (durch
Angabe der Ergänzungen (´defaults´) an den durchgezogenen Kanten). Die
Semantik des Kommandos wird durch ein Kontrollnetz erfaßt, das in
Bedingungen und Wirkungen elementarer Handlungen Bezug nimmt auf die
aktuelle Eingabe (fett gedruckt), Argumente (kursiv) und Systemvariable
(= Situationsvariable und Parameter; in eckigen Klammern). Die internen
und die externen Wirkungen (= Ausgaben; in Fettdruck) werden in dieser
Reihenfolge notiert und sichtbar voneinander getrennt.

Aktionsnetze der hier verwendeten Art decken alle wesentlichen
Möglichkeiten von Zustandsdiagrammen ab, wie sie von verschiedenen
Autoren (Jacob, 1983; Kieras & Polson, 1984; Wasserman, 1985) für die
Spezifikation von interaktiven Systemen vorgeschlagen wurden. Sie zeigen
in Kombination mit den anderen Diagrammen wesentlich deutlicher den
Zusammenhang zwischen Kontroll- und Objektaspekt und zwischen
dynamischer und statischer Struktur des Gesamtsystems in seiner Umgebung.

Ausblick

Wir haben wesentliche Teile aus einem umfassenden Konzept zur
primär graphischen Beschreibung von Arbeitsorganisationen mit und ohne
Rechnereinsatz vorgestellt. Sie erfassen zusammenhängend die Dynamik, die
Statik und einen Teil der Pragmatik und können für die Formulierung von
Benutzungsmodellen eingesetzt werden. Weitere Konzepte von RFA-Netzen
behandeln die hier nicht näher erläuterte Kooperation bzw. Interaktion
über gemeinsame Handlungen, zusätzliche Abstraktionsmöglichkeiten, die
Präzisierung des Objektbegriffs und die Verarbeitung strukturierter
Objekte (vgl. Oberquelle, 1986).

Die hier vorgestellten Hilfsmittel sind primär für Analytiker
und Designer als Autoren von Beschreibungen und für Benutzer als Leser
gedacht, vergleichbar der Situation zwischen Architekt und Bauherrn. RFA-
Netze können in der Praxis an der Wandtafel oder auf Papier in
Rohfassungen entstehen und mit graphischen Editoren in eine modifi-
zierbare und qualitativ hochwertig druckbare Form gebracht werden. Alle
Abbildungen dieses Beitrags wurden z.B. mit dem Graphiksystem MacDraft
auf einem Apple Macintosh erstellt.

Die RFA-Konzepte sind bisher zur transparenteren Beschreibung
einer Vielzahl von beispielhaften Situationen aus der Literatur
herangezogen worden und haben dabei ihre Flexibilität bewiesen. Das oben

behandelte SOS-System ist eines dieser Beispiele. Ihre Nützlichkeit in praktischen Anwendungssituationen während der Systementwicklung und für die benutzerorientierte Dokumentation muß noch weiter erforscht werden.

<u>Literaturverzeichnis</u>

Jacob, R.J.K. (1983). Using Formal Specifications in the Design of a Human-Computer Interface. Communications of the ACM 26,3, S. 259 - 264

Kieras. D., Polson, P. (1984). A Generalized Transition Network Representation for Interactive Systems. in: Janda, A. (Ed.). Human Factors in Computing Systems. Amsterdam: North-Holland, S. 103 - 106

Oberquelle, H. (1984a). On Models and Modelling in Human-Computer Co-Operation. in: van der Veer et al. (Eds.). Readings in Cognitive Ergonomics - Mind and Computers. Lecture Notes in Computer Science, Vol. 178, Berlin, Heidelberg, New York, Tokyo: Springer, S. 26 - 43

ders. (1984b). Beschreibung von Dialogsystemen mit Diagrammen: Der Text-Editor SOS. Universität Hamburg, Fachbereich Informatik, Mitteilung Nr. 130

ders. (1985). Semi-formal Graphic Modelling of Dialog Systems. in: Papers presented at the 6th European Workshop on Applications and Theory of Petri Nets. Helsinki University of Technology, Digital Systems Laboratory, Espoo, S. 1 - 16 und Universität Hamburg, Fachbereich Informatik, Bericht Nr. 113

ders. (1986). Sprachkonzepte für die kooperative Rollenentwicklung. Habilitationsschrift, Universität Hamburg, Fachbereich Informatik

Wasserman, A.I. (1985). Extending State Transition Diagrams for the Specification of Human-Computer Interaction. IEEE Transactions on Software Engineering, Vol. SE-11,8, S. 699 - 713

Zemanek, H. (1984). Über die Grenzen der Einsicht im Computerwesen. in: Wettstein, H. (Hrsg.). Architektur und Betrieb von Rechensystemen. Informatik-Fachberichte, Band 78, Berlin, Heidelberg, New York, Tokyo: Springer, S. 1 - 25

Prof. Dr. Horst Oberquelle
Universität Hamburg
Fachbereich Informatik
Rothenbaumchaussee 67/69
D-2000 Hamburg 13

INFORMATIVITÄT VERSUS ROBUSTHEIT

Vergleich von Suchvorgängen im menschlichen Gedächtnis mit
Mensch-Maschine-Dialogen am Beispiel Btx

Alf C. Zimmer, Hermann Körndle und Cornelia Karger,
Regensburg

Zur Bewertung der Gestaltung von Wissensystemen (z.B. Datenbanken) ist es
notwendig, Kriterien aus Theorien des Wissens abzuleiten. Wie Toulmin (1972) feststellt,
besteht ein gravierender Unterschied zwischen philosophischen Theorien des Wissens und
den Prozessen, die sich bei der Sammlung, Bewertung und Ableitung von Wissen in
wissenschaftlichen wie alltäglichen Kontexten abspielen. Philosophische Theorien des
Wissens sind nach Toulmin durch die Suche nach grundlegenden Prinzipien charakterisiert, mit Hilfe derer der menschliche Geist die intellektuelle Beherrschung einer als
stabil angenommenen Ordnung der Natur zu erreichen sucht. Damit wird die Rolle der
Wissensphilosophie auf die Bewertung von vorhandenem Wissen eingeschränkt; Popper
(1934) grenzt sogar den Erwerb neuen Wissens oder die Aufstellung neuer Theorien explizit aus der Epistemologie aus und verweist darauf, daß dies Fragen der Psychologie
seien.

Psychologische Theorien des Wissens lassen sich grob in Spurentheorien und
Theorien „subjektiver Kollektionen" aufteilen, wobei die Ordnungsprinzipien dieser Kollektionen'entweder als räumlich (semantischer Raum), hierarchisch oder episodisch
strukturiert angenommen werden. Bei Kollektionstheorien steht also der Struktur-
gesichtspunkt im Vordergrund, während die Spurentheorien eher auf die Erklärung
von Prozessen (z.B. Erlernen, Vergessen) ausgerichtet sind. Interferenzphänomene, der
'Köhler-Restorff'-Effekt, systematische Veränderungen sowohl im semantischen wie im
episodischen Gedächtnis haben zu Modellen geführt, in denen prozessuale und strukturelle Aspekte menschlichen Wissens integriert werden: Schema-Theorien (z.B. Rumelhart 1980, Schmidt 1975, Zimmer 1986), Theorien der Kanalkapazität (z.B. Miller 1956,
Simon 1970) bzw. Mehr-Speicher-Theorien (z.B. Tulving & Donaldson 1972, Shiffrin &
Schneider 1977) und Theorien zur Verarbeitungstiefe (z.B. Craik & Lockhart 1972). Die
skizzierte Vielfalt psychologischer Theorieansätze zum Erwerb, zur Verarbeitung und zur
Nutzung von Wissen macht es allerdings auf den ersten Blick schwer, konsistente Kriterien
für die Gestaltung von Wissenssystemen aus ihnen abzuleiten.

Wenn man dagegen berücksichtigt, daß die Ursprünge der o.g. Theoriestränge auf die Begründung von Mnemotechniken zurückgehen (die sog. „memoria artificialis", s. Yates (1966)) lassen sich speziell für den Bereich der praktischen Nutzung von semantischem und Regel-Wissen zwei Optimalitätskriterien ableiten: (a) Informativität, d.h. wie läßt sich die Menge speicherbarer Information maximieren, und (b) Robustheit, d.h. wie läßt sich sicherstellen, daß Gedächtnisinhalte auffindbar bleiben angesichts von Interferenzen und unspezifischen Störungen.

Kriterium (a) betrifft vor allem Encodierungsprozesse und Kriterium (b) Decodierungsprozesse; da beide aber nicht in Isolation voneinander betrachtet werden können, reicht eine Operationalisierung dieser Kriterien nicht aus, sondern es muß auch nach einem optimalen trade-off zwischen beiden gesucht werden.

Für hierarchisch geordnete Wissensysteme wird die Informativität der Encodierung optimal, wenn auf jeder Ebene nur binäre Entscheidungen zu fällen sind; dies führt jedoch zu extrem langen (und damit fehleranfälligen) Suchvorgängen, also einer geringen Robustheit. Ausgehend von Strategien bei Suchvorgängen lassen sich Kriterien für Speicherungsarten entwickeln, die für diese Strategien optimal sind. Drei prototypische Suchstrategien sind denkbar und werden vor allem in der optimalen Codierungstheorie verwendet:

1) die Minimierung der längstmöglichen Suche, d.h. die Absicherung gegen den schlechtest möglichen Fall (maximale Robustheit),

2) die Minimierung der durchschnittlichen Suchlänge, d.h. gleichzeitige Berücksichtigung von Informativität <u>und</u> Robustheit, und

3) die Maximierung von Fällen kürzest möglicher Suchzeit; dies impliziert, daß <u>alle</u> Information gleichzeitig vorhanden sein muß. Diese Strategie ist auf dem Hintergrund von psychologischen Aufmerksamkeitstheorien bzw. der eingeschränkten Kanalkapazität (G. A. Miller's „magical number 7 ± 2") ausschließlich bei extrem kleinem Wissensumfang anzuwenden. Aus diesem Grunde wird diese Strategie im weiteren nicht mehr berücksichtigt.

Eine Veranschaulichung der „trade-off"-Funktionen, die den Strategien 1 und 2 zugrunde liegen, kann das folgende Gedankenexperiment liefern (wobei festzuhalten ist, daß dieses Gedankenexperiment sowohl auf das menschliche Gedächtnis wie auch auf externe, d.h. künstliche, Gedächtniswerkzeuge, wie z.B Datenbanken anzuwenden ist):

Gegeben sei z.B. eine Erinnerungsliste von 256 Wörtern; eine Versuchsperson habe alle Wörter gelernt. Damit ist der Speicher der Versuchsperson mit 256 „Einheiten" belastet. Später werde die Versuchsperson mit einer Wiedererkennungsaufgabe konfrontiert (z.B. „Befand sich Wort x_i in der Liste?"). Wenn die Versuchsperson die einzelnen Wörter beziehungslos gelernt hat, sind im Schnitt 128,5 Vergleichsoperationen notwendig, um das gesuchte Wort in der Liste zu finden.

Wenn dagegen die Versuchsperson die Wörter nach irgendeinem abstrakten System geordnet hat, z.B. nach Wortlänge in die 4 Klassen „einsilbig", „zweisilbig", „dreisilbig" und „vier- und mehrsilbig", so reduziert sich die Suche auf durchschnittlich 2.5 Suchschritte zwischen den Klassen und durchschnittlich 32,5 Suchschritte innerhalb der Klassen; d.h. durch eine Mehrbelastung des Speichers von 4 „Einheiten" also weniger als 2 %, verringert sich die Anzahl der Suchschritte auf 27,2 % der ursprünglichen Zahl. Eine weitere Minimierung der Anzahl benötigter Suchschritte ist möglich, wenn eine hierarchische Klassifikation wie in Abbildung 1 durchgeführt wird:

Abb. 1: Symmetrische Hierarchisierung von 256 Wörtern

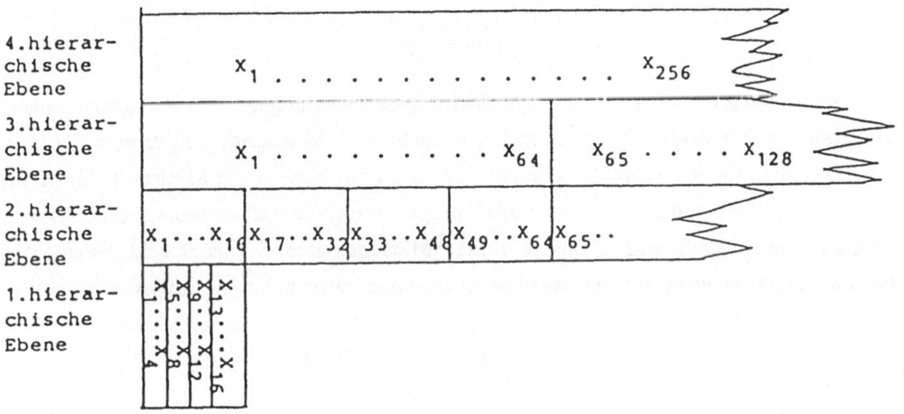

In diesem System muß die Versuchsperson auf jeder Ebene der Hierarchie im Durchschnitt $\frac{1+2+3+4}{4} = 2{,}5$ Suchschritte ausführen, insgesamt ist also der Erwartungswert für die Anzahl benötigter Suchschritte $4 \cdot 2{,}5 = 10$. Hier wird eine Verminderung der Anzahl der Suchschritte auf 7,8 % erreicht bei einer gleichzeitigen Mehrbelastung des Speichers um 4,7 %.

Bei Zugrundelegung dieses formalen Suchmodells erscheint eine hierarchische Ordnung dann optimal zu sein, wenn bei möglichst geringfügiger Mehrbelastung des Speichers eine möglichst große Reduzierung der Suchzeit erreicht wird; dieses Problem ist algebraisch lösbar.

Definitionen:

$X:$ = Anzahl der Suchprozesse bis zur Auffindung des richtigen Wortes

$n:$ = Anzahl der Wörter in der Erinnerungsliste

$v:$ = Anzahl der Ebenen in der hierarchischen Ordnung

$u:$ = Anzahl der Klassen auf jeder hierarchischen Ebene

Auf jeder hierarchischen Ebene müssen $\frac{u(u+1)/2}{u} = \frac{1}{2}(u+1)$ Vergleiche angestellt werden, insgesamt also

$$(1) \qquad X = v \cdot \frac{u+1}{2} = v/2(u+1)$$

Vergleiche. Unter der Voraussetzung gleich großer Klassen ist

$$(2) \qquad n = u^v$$

und daher

$$(3) \qquad v = \frac{\ln n}{\ln u}$$

Durch Einsetzen von (3) in (1) ergibt sich

$$(4) \qquad X = \frac{\ln n \, (u+1)}{2 \ln u}$$

Im Gedankenexperiment und den bisherigen Gleichungen ist davon ausgegangen worden, daß die Parameter X, n, v und u natürliche Zahlen sind; aus diesem Grunde ist es auch nicht möglich, durch partielles Differenzieren nach u ein Minimum für X zu finden. Es ist jedoch möglich, durch vollständige Induktion nachzuweisen, daß für alle $n \, u \approx 4$ zu einem jeweils minimalen X führt. Mathematisch einfacher und gleichzeitig für die praktische Anwendung realistischer ist es jedoch anzunehmen, daß es sich bei den Parametern X und u – bezogen auf größere Stichproben von Datenmaterial und Versuchspersonen – um Erwartungswerte handelt. Hinter der zusätzlichen vereinfachenden, aber realistischen Annahme, daß die Varianzen von X und u deutlich kleiner sind als die entsprechenden Erwartungswerte, läßt sich ein Minimum für X dadurch finden, daß die Funktion (4) nach u abgeleitet und gleich Null gesetzt wird:

$$(5) \qquad \frac{\partial x}{\partial u} = \frac{\ln n}{2} \frac{d\left(\frac{u+1}{\ln u}\right)}{du}$$

$$= \frac{\ln n}{2} \frac{\left(\ln u - ((u+1)\, d(\ln u)/du)\right)}{(\ln u)^2}$$

$$= \frac{\ln n}{2} \frac{\ln u - ((u+1)/u)}{(\ln u)^2}$$

Nullsetzung dieser ersten Ableitung ergibt

$$(6a) \qquad \frac{\ln n}{2} = 0$$

damit ist impliziert, daß $n = 1$, d.h. der triviale Fall einer Wörterliste mit nur einem Wort. Als nichttriviale Lösung ergibt sich daher

$$(6b) \qquad \ln u = 1 + \frac{1}{u}$$

$$u \approx 3{,}59$$

Ausgehend von der Überlegung, daß eine wirksame Suchstrategie auch unter ungünstigen Bedingungen die Suchdauer nicht zu groß werden lassen sollte, erscheint die Minimierung der Funktion X_{max}, der gößtmöglichen Anzahl von notwendigen Suchschritten, sinnvoll.

$$(7) \qquad X_{max} = u \cdot v$$

$$(8) \qquad = \ln n \frac{u}{\ln u} \qquad \text{siehe (3)}.$$

Ableitung nach u ergibt

$$\frac{\partial X_{max}}{\partial u} = \ln n \frac{d\left(\frac{u}{\ln u}\right)}{du}$$

$$= \ln n \frac{\ln(u) - u\, d(\ln u)/d(u)}{(\ln u)^2}$$

$$= \ln n \frac{\ln u - 1}{(\ln u)^2}$$

Extremwertbestimmung durch Nullsetzen ergibt als nichttriviale Lösung

$$(9) \qquad 0 = \frac{\ln(u) - 1}{(\ln u)^2}$$

bei $u = e$ ein endliches Extremum (Minimum), d.h. bei dieser Vorgehensweise liegt der Erwartungswert der optimalen Klassengröße bei 2.72.

Ähnliche Ansätze finden sich in Arbeiten zur optimalen Codierung, z.B. bei Sussenguth (1963), Mattson, Gecsei, Slotz und Traiger (1970), Dirlam (1972).

Funktionen für die Abhängigkeit der durchschnittlichen Suchschritte in Abhängigkeit von den Clustergrößen (Formel 4) für verschiedene n sind in Abbildung 2a dargestellt; die entsprechenden Funktionen für die maximal notwendigen Suchschritte (Formel 8) finden sich in Abbildung 2b.

Daß die Minima der beiden Funktionenschare deutlich unter der vielfach experimentell bestätigten Anzahl von 7 ± 2 Chunks des Kurzzeitspeichers liegen, ist plausibel, da für die korrekte Identifikation nicht nur die Elemente auf der untersten Stufe notwendig sind, sondern auch alle Kontextspezifikationen, die auf höheren Hierarchieebenen vorgenommen worden sind (der Begriff „Gummireifen" hat z.B. unterschiedliche charakteristische Eigenschaften, je nach dem, ob er im Kontext „Autozubehör", „Sportartikel" oder „medizinische Hilfsartikel" aufgesucht worden ist).

In einer Reihe von Experimenten sind Clustergrößen und Hierarchiestrukturen systematisch variiert und auf ihre Auswirkung beim freien Reproduzieren untersucht worden. Diese Technik wurde gewählt, da sie wohl am ehesten „ökologische Validität" aufweist, d.h. der Wissensuche in Alltagssituationen entspricht. Die Ergebnisse lassen

Abb. 2: Vergleich der Minimierung der mittleren Anzahl von Suchschritten
(links) und der maximalen Anzahl von Suchschritten (rechts);
u bezeichnet die Clustergröße, n die Anzahl der Items in der
Suchwortliste. Auf der Ordinate ist das Kriterium aufgetragen.

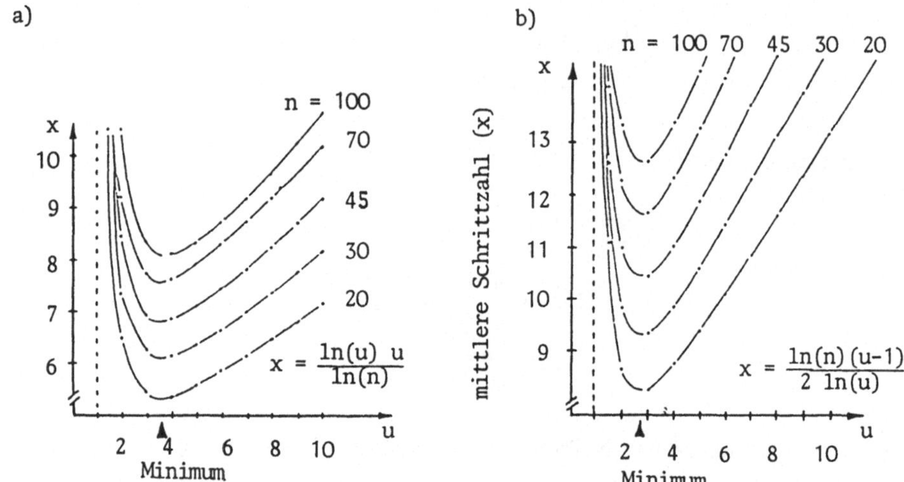

sich über alle untersuchten Bereiche (u.a. biologische, geographische, kulturhistorische
Begriffe) folgendermaßen zusammenfassen:

1) Bei gleichmäßigen Hierarchien und Clustergrößen von 3 – 4 ist (a) die Reproduktionsleistung am größten, bleibt (b) die zugrundeliegende kategoriale Ordnung am besten
erhalten bzw. entwickelt sich, wenn die ursprüngliche Vorgabe rein zufällig gewesen
ist, und es treten (c) keine Einschübe („intrusions") auf.

2) Bei ungleichmäßigen Hierarchien ist (a) die Reproduktionsleistung geringer als bei
1), tritt eine deutliche Tendenz in Richtung auf eine gleichmäßigere Hierarchie auf,
indem (b) große Cluster ($\geq$ 6) aufgespalten werden und (c) kleine Cluster ($\leq$ 3) durch
Einschübe ergänzt werden.

3) Wenn einunddieselben Zielobjekte (z.B. Bauwerke) durch alternative Ordnungshierarchien (z.B. Stil, geographische Lage, Funktion) gesucht werden können, wählen
Versuchspersonen jeweils die Hierarchie, die möglichst gleichmäßig ist und deren Erwartungswert für die Clustergrößen bei geringer Varianz im Bereich 3,5 bis 4 liegt.
Allerdings wechseln die Versuchspersonen von einer Ordnungshierarchie zu einer anderen, sobald sie aufgrund ihres Metawissens entscheiden können, daß sie mit der
bisher genutzten Ordnungshierarchie nicht ans Ziel (d.h. das gewünschte Item o.ä.)
gelangen können. Bei diesem Suchstrategiewechsel wird jedoch die bisherige Sucharbeit insofern verwertet, als nur der Teil der neuen Ordnungshierarchie aktiviert wird,
der mit den bisherigen Suchraumeinschränkungen kompatibel ist.

Die theoretischen Überlegungen und empirischen Ergebnisse führen zu einem

Modell für eine Wissensstruktur, in der ein für die Suche möglichst günstiger „trade-off" zwischen Informativität und Robustheit erreicht wird. Die für die Simulation einer solchen Wissensstruktur notwendigen Annahmen finden sich in Zimmer (1982, S. 245). Aus dem skizzierten Modell von Wissensstukturen, die alltäglichen Suchvorgängen im Gedächtnis zugrunde liegen, lassen sich für die Gestaltung von Datenbanksystemen folgende Konsequenzen ziehen:

1) Wenn die Nutzer selbst die kontextuellen Bedeutungen kontrollieren, sind mehr als 4 Alternativen auf jeder Ebene inadäquat.

2) Wenn das System die kontextuelle Bedeutungseinschränkung selbständig vornimmt, kann bei Menue-Auswahlen die der Aufmerksamkeitsspanne des Nutzers angepaßte Kanalkapazität (7 ± 2) genutzt werden.

3) Da bei einer automatischen kontextuellen Einschränkung infolge der inhärenten Unschärfe natürlicher Begriffe die resultierende Spezifikation so hoch sein kann, daß der Zielbegriff mit ausgesondert wird, müssen entweder unscharfe Operatoren (z.B. Zadeh 1965 bzw. Zimmermann 1980), Quantoren (Zimmer 1984) und Begriffe (z.B. Rosch 1978, Kempton 1984) in der Datenbank verwendet werden (was zu hohem Rechneraufwand führen kann, aber nicht muß, s. dazu Yager (1985)) oder es müssen Menue-Alternativen mit der Funktion „zurück" (d.h. zur nächst höheren Hierarchiestufe) bzw. „UNDO" vorgesehen werden.

Versuche, die Abfragesprachen (query languages) natürlichen Sprachen soweit wie möglich anzupassen (z.B. in Q & A bzw. deren deutsche Übersetzung F & A) führen aufgrund eigener Erfahrungen bzw. der Befragung von Nutzern nicht zu einer gravierenden Verbesserung der Situation, da diese Systeme mit vielen Anfragen, die in der natürlichen Sprache absolut eindeutig sind, nicht zurecht kommen und daher Fehlermeldungen geben. Wenn die Abfragenden der Meinung sind, eindeutige Fragen gestellt zu haben, kommen sie entweder nicht auf den Gedanken, die syntaktischen Merkmale der Anfrage solange zu variieren, bis sie in der query language bearbeitet werden können – was das einzige zum Ziel führende Vorgehen ist – oder aber wenn sie auf diesen Gedanken kommen, erleben sie das ständige Umformulieren von Fragen als so mühsam, daß die anscheinend so nutzerfreundliche natürlichsprachige query language als eher hinderlich für die Informationssuche angesehen wird.

Experimente mit Btx haben gezeigt, daß die Probleme der Nutzer vor allem darauf zurückzuführen sind, daß dieses System keine hinreichende selbständige Kontexteinschränkung vornimmt (z.B. bei der Wahl „Reifen" aus dem Menue „Autozubehör" wird eine Liste von Herstellern von Geräten zur Reifenproduktion geliefert, nicht aber Vertriebsfirmen für Autoreifen; zu diesen gelangt man durch die eigentlich an dieser Stelle nicht zulässige Operation „Zurückblättern"). Andere Probleme bestehen darin, daß von den Nutzern als synonym oder zumindest hochgradig überlappend verstandene

Begriffe als Alternativen angeboten werden, wobei die Listen der darunter zugreifbaren Zielbegriffe nicht überlappend sind. Die Notwendigkeit, in diesem Fall wieder auf der obersten Hierarchieebene anzufangen, anstatt nur eine Stufe zurückzugehen, wirkt auf den Nutzer demotivierend.

In einer Untersuchung mit Probanden, die keine Vorerfahrung mit dem System hatten, sollten die Bedienungsabläufe anhand ausgewählter Aufgaben erfaßt werden, um daraus Hinweise für die Nutzung bzw. teilweise Umgestaltung des Systems abzuleiten. Mit den Aufgaben sollten Informationen aus 3 Themenbereichen abgefragt werden, nämlich „Auto und Verkehr", „Reisen und Wetter", „Fernsehen, Hörfunk, Bücher, Zeitungen". Innerhalb dieser Themenbereiche variieren die zur optimalen Lösung der Aufgaben nötigen Eingabeschritte systematisch zwischen 5 und 9 Operationen, sodaß die Probanden insgesamt 15 Aufgaben zu bearbeiten hatten. Um Reihenfolgeeffekte bei der Aufgabenbearbeitung kontrollieren zu können, wurden 3 Nutzergruppen gebildet, die entweder die Aufgaben nach Themenbereichen geordnet, nach Anzahl der Operationen geordnet oder in zufälliger Reihenfolge zu bearbeiten hatten.

Während der Aufgabenbearbeitung wurden die Eingabeoperationen und die zwischen ihnen liegenden Zeiten mit einem Rechner, die Informationsausgabe des Btx-Systems mit einem Videorekorder registriert.

Vor jeder Eingabe wurde mit ratings die subjektive Sicherheit über die Reaktion des Systems nach der Eingabe von Suchbegriffen, die aus den Menüs ausgewählt werden konnten, erfaßt. Nach der Lösung jeder Aufgabe wurde die Vorgehensweise des Probanden durch ein halbstandardisiertes Interview erhoben.

Folgendes Beispiel soll das Vorgehen eines Probanden verdeutlichen, dem die Aufgabe gestellt wurde, sich nach den Zimmerpreisen im Hotel Weißer Hase in Passau zu erkundigen:

Der Proband startet im Schlagwortverzeichnis mit den Schlagwörtern Ho – Hz (Weg 1). Das gesuchte Hotel taucht dort nicht explizit unter den Passauer Hotels auf, sondern verbirgt sich hinter einem der Anbieter („Bayerntouristik"). Erfolgreich wäre hier nur systematisches Durchprobieren der unterschiedlichen „Touristik"-Anbieter, da sich ihr Angebot nicht aus ihrem Namen ableiten läßt, nicht erkennbar ist, ob sie das gesuchte Hotel auch anbieten.

Stattdessen wechselt der Nutzer in das Sachgebietsverzeichnis (Weg 2) und ruft „Städte, Länder, Regionen" auf. Der in der Region Niederbayern gewählte Anbieter liefert die gesuchte Information nicht, deswegen geht der Proband in das Schlagwortverzeichnis zurück, um nach „Passau" zu suchen (Weg 3).

In den folgenden 5 Abschnitten (Weg 4 – 8) des Lösungswegs erreicht er dann über die Begriffe „Bayern", „Länder", „Regionen", „Niederbayern" den richtigen Anbieter.

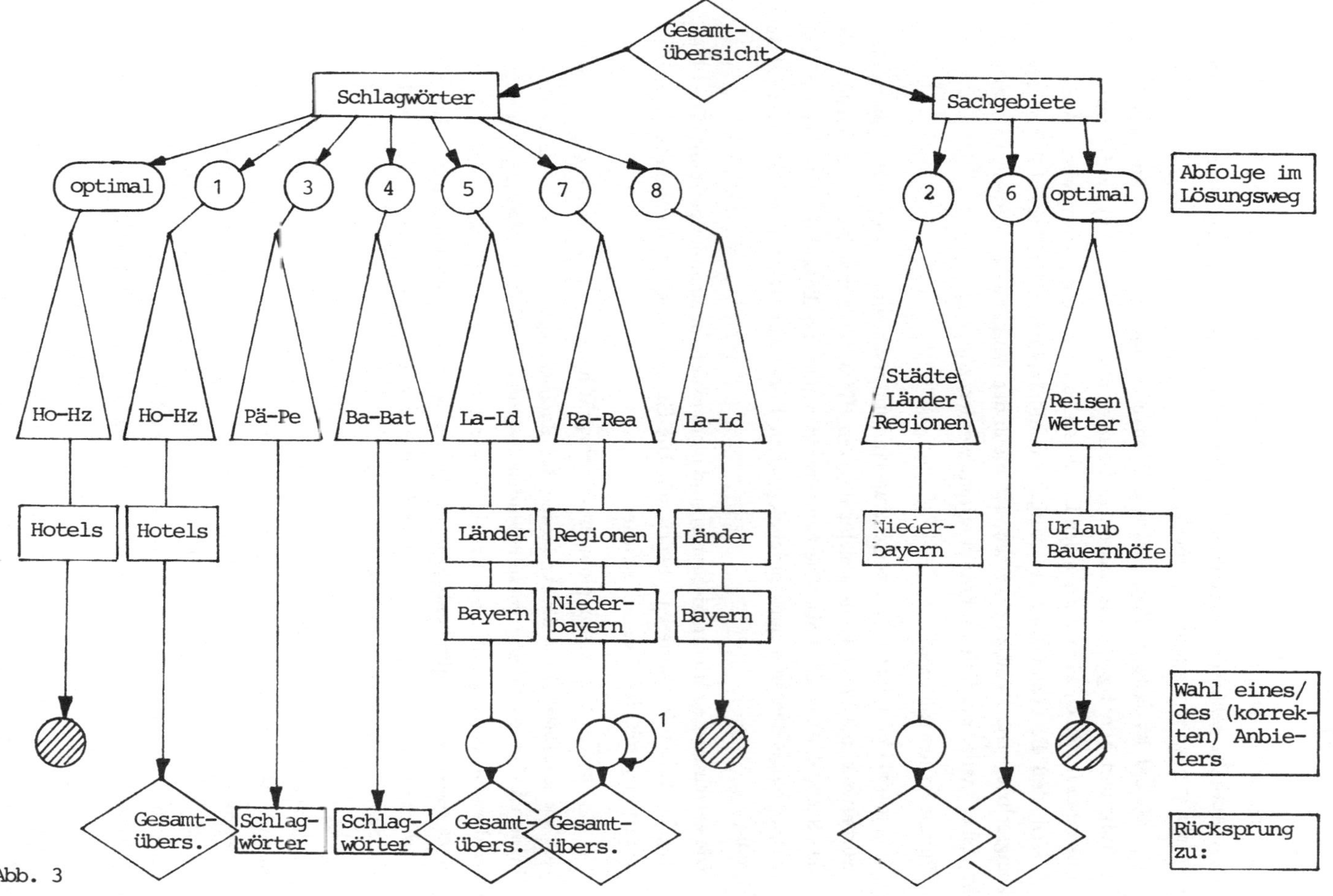

Gesamt-übersicht
Schlagwörter
Sachgebiete
Abfolge im Lösungsweg
optimal
1
3
4
5
7
8
2
6
optimal
Ho-Hz
Ho-Hz
Pä-Pe
Ba-Bat
La-Ld
Ra-Rea
La-Ld
Städte Länder Regionen
Reisen Wetter
Hotels
Hotels
Länder
Regionen
Länder
Nieder-bayern
Urlaub Bauernhöfe
Bayern
Nieder-bayern
Bayern
1
Gesamt-übers.
Schlag-wörter
Schlag-wörter
Gesamt-übers.
Gesamt-übers.
Wahl eines/des (korrekten) Anbieters
Rücksprung zu:
Abb. 3

In der Abbildung sind links und rechts außen die optimalen Lösungswege von den Startpunkten „Schlagwörter" und „Sachgebiete" aus dargestellt. Letzterer erscheint völlig unplausibel, da der Proband nach einem Hotel sucht und nicht Urlaub machen will. Die zur Aufgabe gehörende subjektive Begriffsstruktur findet ihr Äquivalent im System nur in der expliziten Angabe der Hotels.

Global ist festzustellen, daß alle Probanden unerwartet viel Zeit zur Lösung aller Aufgaben benötigten (für das obige Beispiel über 10 Minuten), wobei sich keine signifikanten Unterschiede zwischen den Lösungszeiten der 3 Gruppen ergeben. Außerdem zeigt sich, daß die Lösungszeit pro Aufgabe unabhängig von der Anzahl der optimalen Lösungsschritte ist. Es ist zu erwarten, daß die in den Aufgaben gesuchten Informationen sehr viel schneller per Telefon hätten erfragt werden können.

An Details ist festzuhalten:

1) Schlagwort- und Sachgebietsverzeichnis sind unterschiedlich aufgebaut. Das Schlagwortverzeichnis besteht aus gleichmäßigeren Hierarchien und kleineren Clustern als das Sachgebietsverzeichnis. Die Clustergrößen und die Anzahl der Elemente in den Hierarchieebenen sind nach psychologischen Erkenntnissen zu groß, um optimal zu sein.

2) Die verschiedenen Hierarchieebenen sind nicht exakt voneinander getrennt. Dieselben Begriffe treten in mehreren Ebenen auf. Die Gruppierung von bestimmten Begriffen ändert sich mit der Hierarchieebene.

3) Die notwendige Suche vom globalen Oberbegriff hin zum konkreten Problem erweist sich als Barriere. Erst die Änderung der Suchstrategie – weg von den konkreten, in der Aufgabenstellung vorkommenden Begriffen – führt zur Lösung. Verbunden ist diese Änderung mit einer Erweiterung des Suchraums, die sich durch die Wahl eines verwandten Aufgabenbegriffs oder eines neuen Oberbegriffs erfassen läßt. Diese Änderung ist deswegen so zeitraubend und frustrierend, da bei Abfragen in Alltagssituationen in der Regel die Oberbegriffe nicht zum Inventar der Suchbegriffe gehören.

Abschließend bleibt festzuhalten, daß nicht nur bei Btx, sondern ganz allgemein bei Datenbanksystemen für einen breiten Nutzerkreis psychologische Ergebnisse über die Bildung von Begriffen bzw. das Entstehen natürlicher Kategorien wenig Berücksichtigung gefunden haben.[1] Dies erklärt u.E., warum vor allem die Datenbanksysteme sich bewährt haben, die einen spezifischen Nutzerkreis mit hochgradig konventionalisierten Begriffen und Regeln ansprechen und gleichzeitig die charakteristischen Eigenschaften des jeweiligen Arbeitsplatzes vor Einführung des Datenbanksystems beibehalten.

---

[1] Eine Ausnahme ist das von AT & T durchgeführte 'yellow pages'-Programm, das allerdings wegen des zu hohen Rechneraufwandes nur im Labor angewendet worden ist.

Literaturverzeichnis:

Craik, F.I.M. & Lockhart, R.S. (1972): Levels of processing: A framework for memory research. In Journal of Verbal Learning and Verbal Behavior, 11, 671-684.

Dirlam, D.K. (1972): Most efficient chunk sizes. In Cogn. Ps. 3, 355-359.

Kempton, W. (1984): Interview methods for eliciting fuzzy categories. In Fuzzy Sets and Systems 14, 43-64.

Mattson, R.L. & Gecsei, J. & Slotz, D.R. & Traiger, I.L. (1970): Evaluation techniques for storage hierarchies. In IBM-Systems J. 9, 78-117.

Miller, G.A. (1956): The magical number seven – plus or minus two. In Ps. Rev., 63, 81-97.

Popper, K.R. (1934): Logik der Forschung. Wien: Julius Springer.

Rosch, E. (1978): Principles of categorization. In E. Rosch & B.B. Lloyd (Ed.) Cognition and Categorization. Hillsdale: Lawrence Erlbaum.

Rumelhart, D.E. (1980): Schemata – the building blocks of cognition. In R.J. Spiro & B.C. Bruce & B.F. Brewer (Eds.) Theoretical Issues in Reading comprehension: Perspectives from Cognitive Psychology, Linguistics, Artificial Intelligence, and Education. Hillsdale: Lawrence Erlbaum Ass.

Schmidt, R.A. (1975): A schema theory of discrete motor skill learning. In Psychological Review, 82, 225-260.

Schiffrin, R.M. & Schneider, W. (1977): Controlled and automatic human information processing: II. Perceptual learning, automatic attending, and a general theory. In Psychological Review 84, 127-190.

Sussenguth, E.H. (1963): Use of tree structures for processing files. In Comm. Ass. Comp. Mach. 6, 272-279.

Simon, H.A. (1970): How big is a chunk? Invited address at the meeting in The Eastern Psychol. Ass., 4.

Toulmin, S. (1972): Human Understanding. Princeton: Princeton University.

Tulving, E. & Donaldson, W. (Eds.) (1972): Organization of Memory. New York: Academic Press.

Yager, R.R. (1985): Knowledge trees in complex knowledge bases. In Fuzzy Sets and Systems 18, 45-64.

Yates, F.A. (1966): The Art of Memory. Chicago: The University of Chicago.

Zadeh, L.A. (1965): Fuzzy sets. In Inform. and Control 8, 338-353.

Zimmer, A. (1982): The dependability of paired-associate learning on individual structures. In J. Linhart (Ed.) Proceedings of the Third Prague Conference on Human Learning and Problem Solving. Prague: Czechoslova Aca. of Sc.

Zimmer, A. (1984): A model for the interpretation of verbal predictions. In Int. J. Man-Machine Studies 20, 121-134.

Zimmer, A. (1986): A Fuzzy Model for the Accumulation of Judgments by Human Experts. In W. Karwowski & A. Mital (Eds.) Applications of Fuzzy Set Theory in Human Factors. Amsterdam: Elsevier-North Holland.

Zimmermann, H.J. & Zysno, P. (1980): Latent connectives in human decision making. In: Fuzzy Sets and Systems 4, 31-51.

Prof. Dr. Alf Zimmer
Dr. Hermann Körndle
Cornelia Karger
Institut für Psychologie
Universität Regensburg
Universitätsstr. 31
8400 Regensburg

ZUR ANALYSE UND BEWERTUNG RECHNERUNTERSTÜTZTER TÄTIGKEITEN IM BÜROBEREICH

Methoden der Arbeitsanalyse und
Konsequenzen für die Arbeitsgestaltung

D. Bonitz und F. Nachreiner, Oldenburg
C. Benz und M. Wäger, Erlangen

Zusammenfassung: Mit der Einführung von EDV-Anlagen in bestehende Arbeitssysteme sind in der Regel Veränderungen der Tätigkeitsstrukturen verbunden, die sich unter anderem auf die Gesundheit und das Wohlbefinden der Arbeitenden auswirken. Um diese Veränderungen erfassen und ihre Folgen für die Persönlichkeit beurteilen zu können, wurden arbeitswissenschaftliche Verfahren entwickelt und eingesetzt. Die Ergebnisse legen den Schluß nahe, daß die Qualität der Arbeitsgestaltung nicht durch die EDV determiniert wird, sondern davon abhängt, welche Organisationsprinzipien bisher in der Organisation vorherrschten und ob Humanisierungsziele bei der technologischen Innovation verfolgt oder berücksichtigt wurden.

Problem und Zielsetzung

Für eine korrektive und prospektive Arbeitsgestaltung in Verbindung mit Computertechnologien in Büro und Verwaltung werden arbeitswissenschaftliche Verfahren benötigt, mit deren Hilfe sich gestalterische Lösungen rechnerunterstützter Arbeitssysteme hinsichtlich ihrer möglichen Folgen für den arbeitenden Menschen abschätzen und beurteilen lassen, um negative Auswirkungen zu vermeiden. Bisherige Verfahren, unter anderem zahlreiche Checklisten zur Prüfung von Bildschirmarbeitsplätzen, beschränken sich lediglich auf die Beurteilung der Hard- und Softwareaspekte der Arbeitssysteme. Andere Aspekte, wie die Arbeitsorganisation, die Aufgabenverteilung und Struktur innerhalb der Arbeitssysteme und damit Fragen der Arbeitsinhalte wurden dagegen bisher vernachlässigt, obwohl diese Faktoren für das Auftreten von Belastungen und von negativen Wirkungen, wie z. B. von Monotonie-, Ermüdungs- oder Sättigungserlebnissen oder von kognitiven oder sozialen Kompetenzverlusten, besonders relevant sind.

Um abschätzen zu können, wie sich technologische Innovationen unter Einbeziehung von Rechnern in bestehende Arbeitssysteme erstens auf die Tätigkeit und zweitens, vermittelt über die Tätigkeit, auf die Persönlichkeitsentwicklung auswirken (können), sollten im Rahmen einer explorativen Fallstudie vier Arbeitssysteme mit Buchhaltungsaufgaben im Hinblick auf Veränderungen der Tätigkeitsstruktur untersucht werden.

Verfahren der psychologischen Arbeitsanalyse

Für die Untersuchung sollten auf der Basis der psychologisch orientierten Forschungstradition des sozio-technischen Systemansatzes (TRIST & BAMFORT 1951) und der Theorie der psychologischen Handlungsregulation (HACKER 1978) geeignete Verfahren der Arbeitsanalyse ausgewählt oder entwickelt werden. Sie sollten sowohl eine qualitative Beschreibung der Arbeitssituation liefern, als auch eine vergleichbare quantitative Beurteilung der vorgefundenen Bedingungen erlauben. Die Primärdaten beider Instrumente sollten durch Beobachtungsinterviews mit Stelleninhabern und Interviews mit Experten erhoben werden, wie dies für psychologische Arbeitsanalysen üblich ist.

Gesucht wurde also erstens ein Verfahren zur qualitativen Erhebung und Beschreibung der Arbeitssituation, also zur Erfassung der Strukturen von Aufgaben und Teilaufgaben und den damit verknüpften Strukturen von Tätigkeiten, Handlungen und Operationen und zur Erfassung der jeweiligen Organisationsstruktur mit ihren Abteilungen und den zwischen ihnen bestehenden Kontakten, insbesondere ihres Material- und Informationsaustausches. Zur Erhebung dieser (subjektiv repräsentierten) Tätigkeits- und Aufgabenstrukturen wurde ein Verfahren eingesetzt, mit dem sich diese Handlungsstrukturen im Sinne der hierarchisch-sequentiellen Tätigkeitsregulation sensu HACKER (1978) und VOLPERT (1975) darstellen lassen. Dabei werden die Arbeits"elemente" im Gespräch mit den Arbeitenden auf Kärtchen erfaßt und anschließend strukturell geordnet. Damit können dann quasi-graphische Abbildungen erstellt werden, die die operativen Abbildsysteme der Arbeitenden widerspiegeln.

Für eine Auswahl quantifizierender Verfahren, die die theoretischen Grundlagen dieser Untersuchung reflektierten, bisher aber nicht auf den Bürobereich übertragen wurden, kamen nur

der JDS (HACKMAN & OLDHAM 1975) und das Tätigkeitsbewertungssy-
stem (TBS) von HACKER, IWANOWA & RICHTER (1983) in Frage. Die
von RÖDIGER (1985) angekündigte Übertragung des Verfahren zur
Ermittlung von Regulationserfordernissen in der Arbeitstätigkeit
(VERA) auf die Tätigkeit von Sachbearbeitern (VERA/S) war zum
Zeitpunkt der Untersuchung noch nicht veröffentlicht. Die Checkliste zur psychologisch angemessenen Gestaltung der Arbeitsorganisation (SPINAS, TROY & ULICH 1983) war eher als Leitfaden für
die Einführung von rechnergestützten Arbeitssystemen konzipiert,
erschien uns jedoch für eine Weiterentwicklung unter Berücksichtigung des Konzepts der Persönlichkeitsförderlichkeit (HACKER &
RICHTER 1980) und der konkreten Untersuchungsanforderungen geeignet.

Für die quantitative Auswertung der Beobachtungen wurden
schließlich das TBS und eine speziell für diese Untersuchung
entwickelte Checkliste eingesetzt. Einige technische Mängel des
TBS wurden durch eine Neugestaltung des Auswertungsbogens ausge-
schaltet, wodurch der Diagnoseprozeß verkürzt und vereinfacht
und dadurch sicherer wurde. Dies wurde erreicht, indem die Rohwerte in ein neu entworfenes Profilblatt integriert wurden, wodurch die Übersetzung der Roh- in Profilwerte anhand der Tabelle
am Ende der Handanweisung entfiel. Die Erhebung an einem Arbeitsplatz erfolgte als Globalbeurteilung, nicht als Einzelana-
lyse aller vorkommenden Teiltätigkeiten. Durch Vergleich der ermittelten Rohwerte mit dem Mindestprofil der jeweiligen TBS-Ska-
la ließen sich einzelne Merkmale der Arbeitstätigkeit hinsichtlich ihrer Gestaltungsnotwendigkeit unter dem Aspekt der Persönlichkeitsförderlichkeit diagnostizieren.

Zusätzlich wurde eine Checkliste aus 37 Items zusammengestellt. Grundlage für die Formulierung der Items waren der Job
Diagnostic Survey (JDS), die Checkliste zur psychologisch angemessenen Gestaltung der Arbeitsorganisation von SPINAS, TROY &
ULICH (1983) und andere Veröffentlichungen (APEX 1985; IBM o.J.;
ISO 1985). Die darin genannten Anforderungen an eine ergonomisch
angemessene Arbeitsgestaltung sind, jeweils als Fragen formuliert, in die Checkliste aufgenommen worden. Die Items sind
gleichgerichtet gepolt und auf einer dreistufigen Ratingskala
(erfüllt, teilweise erfüllt, nicht erfüllt) zu beantworten, was
eine relativ hohe Reliabilität gewährleistet. Die Items wurden

untereinander zu sieben Merkmalsdimensionen zusammengefaßt: Handlungsspielraum, Ganzheitlichkeit, Anerkennung, Autonomie, Kooperation, Entwicklungsmöglichkeiten und Belastung. Auf diese Weise liefert das Verfahren sowohl Kennwerte für eine Beurteilung des Arbeitsplatzes insgesamt, als auch für die einzelnen Dimensionen. Damit lassen sich Ordnungsrelationen zwischen verschiedenen Gestaltungsalternativen aufstellen und damit Aussagen über eine bessere oder schlechtere Gestaltung verschiedener Gestaltungsalternativen ableiten.

Zur Güte der Verfahren

Im Rahmen unserer Untersuchung wurden die drei Verfahren an sechs Arbeitsplätzen eingesetzt, in denen Aufgaben der kaufmännischen oder kameralistischen Buchhaltung zu bewältigen waren. Die Beurteilung an Hand der Verfahren erfolgte durch einen Untersucher auf der Grundlage mehrtägiger Beobachtungen und Interviews der Mitarbeiter am Arbeitsplatz. Voraussetzung für einen validen Einsatz der Instrumente ist die Vertrautheit mit arbeitspsychologischen Konzepten der Arbeitsgestaltung auf Seiten des Beurteilers.

Ein Vergleich der beiden quantitativen Verfahren ergab, daß der Zeitaufwandt zur Bearbeitung der Checkliste wesentlich geringer ist als der zur Bearbeitung des TBS. Darüberhinaus ist der TBS nicht dazu gedacht, ein Globalurteil für eine Arbeitsstelle abzugeben, so daß er für Vergleiche zwischen verschiedenen Arbeitsplätzen nur jeweils auf den einzelnen Skala verwendet werden kann. Übereinstimmend zeigte sich, daß Arbeitsstellen, die auf der Checkliste geringe Punktwerte erzielten, auf einzelnen TBS-Skalen häufig Werte unterhalb des Mindestprofils aufwiesen.

Mit Hilfe des Kärtchenverfahrens ließen sich qualitative Beschreibungen im Sinne einer Arbeitssystem- und Handlungsstrukturanalyse erstellen. Im Zusammenhang mit den Beurteilungen an Hand der Checkliste und des TBS ließen sich damit Hinweise auf Gestaltungsziele und -alternativen im Sinne einer persönlichkeitsförderlichen Gestaltung der EDV-gestützten Arbeitsorganisation ableiten.

Ergebnisse der Untersuchung

Mit Hilfe der dargestellten Beschreibungs- und Bewertungsmethoden wurden sechs Fallanalysen durchgeführt, für die Arbeitssysteme mit Buchhaltungsaufgaben ausgewählt wurden. Analysiert wurden:

- die Kassenbuchhaltung einer Gemeinde,
- die Buchhaltung einer Universität (2 Arbeitsstellen),
- die Finanzbuchhaltung eines Steuerberaters (2 Arbeitsstellen) und
- die Debitorenbuchhaltung eines Großhändlers.

Als Beispiel für eine gelungene Umgestaltung im Sinne einer Verringerung der Beeinträchtigung für den Benutzer soll die Kassenbuchhaltung der Gemeinde näher betrachtet werden.

Abb. 1: Organisationseinheiten und Materialfluß der Kassenbuchhaltung

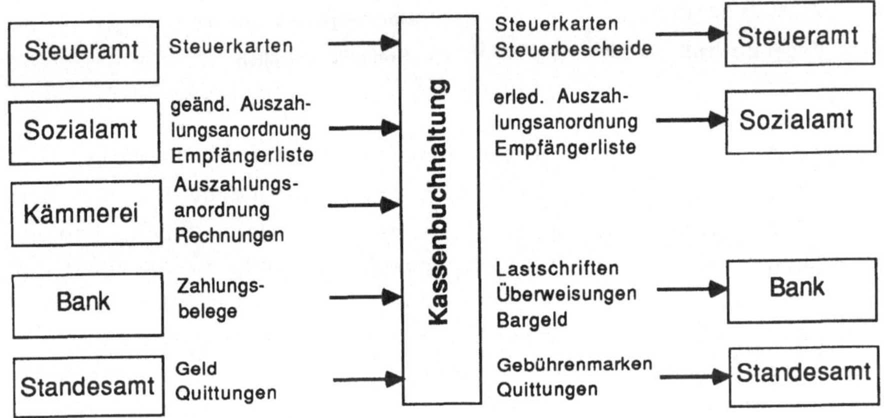

Die Abb. 1 zeigt, mit welchen Organisationseinheiten innerhalb und außerhalb der Gemeindeverwaltung die Kassenbuchhaltung aufgabenbezogene Kontakte unterhält, welche Arbeitsgegenstände zur weiteren Bearbeitung empfangen und welche zur Weiterverarbeitung an andere Einheiten abgegeben werden. Die Darstellung enthält nicht den gesamten Informationsaustausch, sondern nur den Fluß der Arbeitsgegenstände.

Der für die Kassenbuchhaltung zuständige Sachbearbeiter sitzt gemeinsam mit einem Kollegen in einem Büro. Jeder hat einen eigenen Schreibtisch, der mit den bürotypischen Arbeitsgeräten ausgestattet ist. Die beiden Mitarbeiter können sich zum Teil gegenseitig in der Erfüllung ihrer Aufgaben unterstützen und jederzeit über aufgabenbezogene oder persönliche Sachverhalte sprechen. Die Zentraleinheit des Rechners mit einer Wechsel-

Abb. 2: Aufträge der Kassenbuchhaltung

tägliche Aufträge:
- Termingelder überwachen
- Bargeldkasse führen
- Buchungsbelege ablegen
- Rechnungen buchen
- Überweisungsträger ausstellen
- Sachkonten führen
- Zeitbuch führen
- Tagesabschluß erstellen

monatliche Aufträge:
- Sozialhilfe auszahlen
- Lohn- und Gehaltsabrechnung durchführen
- wiederkehrende Zahlungen ausführen

vierteljährliche Aufträge:
- Grundsteuer einziehen
- Mahnungen verschicken
- Statistik erstellen

und einer Festplatte ist im Nebenraum installiert. Terminal und Drucker befinden sich an einer Wand des Büroraumes. Vor der Einführung des Rechners wurde mit der Methode der Durchschreibebuchhaltung gearbeitet, wobei jede Eintragung im Zeitbuch und auf den Sachkonten in einem Arbeitsgang erfolgte. Im Zeitbuch werden alle Buchungen in chronologischer Reihenfolge erfaßt. Die Aufgabenstruktur der Stelle ist in Abb. 2 beschrieben. Als Ordnungsschema wurde eine zeitliche Gliederung der Arbeitsaufträge vorgenommen. Einige Aufträge sind durch den Rechnereinsatz gar nicht berührt worden, weil hierfür keine Datenspeicherung erforderlich ist, wie z. B. Verwahrgelaß verwalten. Andere Aufgaben wie Sachkonten führen, Überweisungssträger ausstellen etc. bestehen heute von der inhaltlichen Zielsetzung genau so wie früher, geändert hat sich nur die Methode, also die Tiefenstruktur der Tätigkeit. Dabei sind eine Reihe senumotorisch regulierter Operationen auf die Maschine übertragen worden. Dadurch wurde einerseits die Arbeitsgeschwindigkeit des Gesamtsystems gesteigert und andererseits der Anteil planender und selbstgestalteter Tätigkeitsanforderungen erweitert. Förderliche

Anforderungen entstanden durch die Übernahme von Wartungs- und Instandhaltungsaufgaben für die Hard- und Software. Dadurch wurde gleichzeitig eine progressive Optimierung der Programmstruktur gewährleistet und dadurch eine Belastungen durch Routineaufgaben reduziert.

<u>Bewertung der Arbeitsstelle</u>

Die Beurteilung der Zustände vor und nach der EDV-Einführung erfolgte auf der Grundlage der Beobachtungsinterviews mit dem Stelleninhaber. Die Bewertung auf der Grundlage des TBS weist für die Durchschreibebuchhaltung ohne EDV teilweise Werte unterhalb des Mindestprofils auf. Für die jetzige Lösung mit EDV liegen alle Profilwerte auf oder über dem Mindestprofil, sodaß jetzt, mit aller gebotenen Vorsicht, eine Beeinträchtigung des Benutzers ausgeschlossen werden kann.

Abb. 3: Tätigkeitsbewertung (TBS) der Kassenbuchhaltung

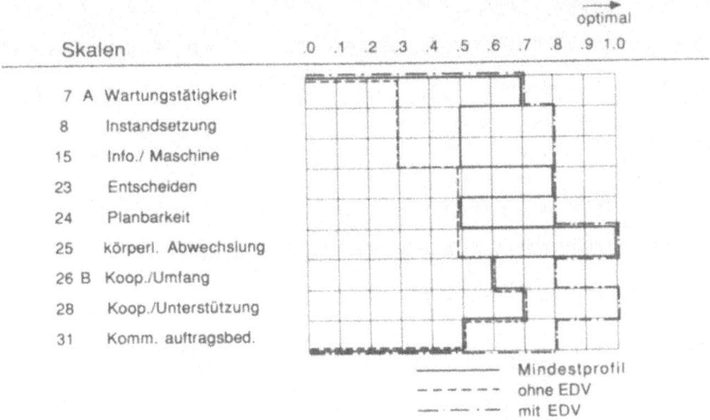

In Abb. 3: sind nur die Skalen aufgeführt, die sich durch die EDV verändert haben. Unter den Allgemeinen Merkmalen der Tätigkeit (TBS, Teil A) verbesserten sich die Skalen, die den Umgang mit komplexer Maschinerie und die Regulation der Tätigkeit betreffen, und außerdem die sozialen Aspekte der Tätigkeit (TBS, Teil B).

Die Beurteilungen an Hand der neuentwickelten Checkliste (Abb. 4) ergeben ebenfalls positive Veränderungen als Folge der EDV-Einführung. Die Werte, die sowohl vor als auch nach der EDV-Einführung auf fast allen Skalen über 1 liegen, lassen vermuten, daß die Tätigkeit hinsichtlich ihres Arbeitsinhalts, ihres Handlungsspielraums und ihrer Relevanz für die Gesamtorganisation (Anerkennung) auch vor der EDV-Einführung hoch war und daß diese Merkmale durch die EDV weiter verstärkt wurden.

Abb. 4: Bewertung der Kassenbuchhaltung nach der Checkliste

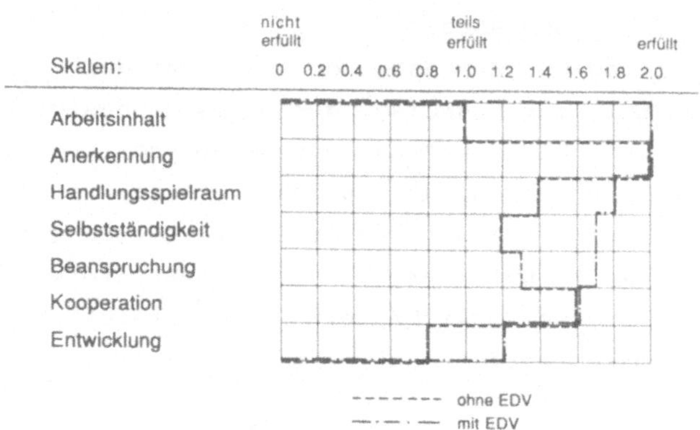

Derartig positive Effekte konnten nicht an Arbeitssystemen beobachtet werden, die nach tayloristischen Optimierungskriterien gestaltet waren. Solche Systeme wiesen auch mit EDV für einzelne Arbeitsplätze auf der Checkliste Skalenwerte unter 1 und auf dem TBS häufig Werte unterhalb des Mindestprofils auf, sodaß von einer Beeinträchtigungsfreiheit (HACKER & RICHTER 1980) nicht ausgegangen werden kann.

Konsequenzen für die EDV-Gestaltung

Die Ergebnisse haben gezeigt, daß persönlichkeitsförderliche Arbeitsgestaltung mit EDV möglich ist, die Realisierung jedoch von der Beachtung besonderer Gestaltungsziele abhängt.

Erweiterung der Arbeitsinhalte. Alle bisherigen Aufgabenkomplexe und insbesondere die Ergebnisverantwortung sollten bei den Stelleninhabern verbleiben. Zusätzlich ist die Verantwortung für die Pflege und Wartung der Arbeitsmittel an die damit arbeitenden Benutzer zu übergeben.

Entwicklung von Kompetenzen. Die eingesetzten technischen Arbeitsmittel im Zusammenspiel mit der sozialen Organisation müssen eine schrittweise Erweiterung der Kompetenzen ermöglichen.

<u>Selbständigkeit und Handlungsspielräume erweitern</u>. Mit wachsender Handlungskompetenz muß es dem Benutzer möglich sein, individuelle Strategien für die Bearbeitung von Aufgaben zu planen und durchzuführen.

Hinsichtlich der technischen Eigenschaften der Rechner ist zu fordern, daß sie vom Funktionsumfang und von ihrer Funktionsstruktur auf die jeweilige Aufgabenstruktur abgestimmt werden können und dadurch so benutzerfreundlich werden, daß sie auch von Nicht-EDV-Experten nach kurzer Einarbeitung erfolgreich eingesetzt werden können. Für die konkrete Umsetzung derartiger Forderungen an eine differentielle und dynamische Arbeitsgestaltung fehlt kleinen und mittleren Unternehmen meist die notwendige Kompetenz. Sie sollte daher neben geeigneten Schulungsmaßnahmen von den Herstellern der EDV-Systeme mit angeboten werden.

<u>Literatur</u>

APEX - Assosiation of Professional, Executive, Clerical and Computer Staff (1985): Job Design and New Technology - APEX-Guidelines. London: APEX.

BONITZ, D. (1986): Zur Veränderung von Tätigkeitsstrukturen durch den Einsatz von Rechnern - Ergebnisse psychologischer Arbeitsanalysen. Oldenburg: unveröffentlichte Diplomarbeit.

HACKER, W. (1978): Allgemeine Arbeits- und Ingenieurpsychologie. 2. Aufl.. Bern: Huber.

ders., IWANOWA, A. & RICHTER, P. (1983): Tätigkeits-Bewertungssystem (TBS). Berlin/DDR: Psychodiagnostisches Zentrum.

ders. & RICHTER, P. (1980): Psychologische Bewertung von Arbeitsgestaltungsmaßnahmen - Ziele und Bewertungsmaßstäbe. Berlin/DDR: VEB Deutscher Verlag der Wissenschaften.

HACKMAN, J.R. & OLDHAM, G.R. (1975): Developement of the Job Diagnostic Survey. Journal of Applied Psychology, 60, 159 - 170.

IBM - International Business Machines Corporation (o.J.): Manager's Guide: The Visual Display Terminal Environment. ZV04-0263-00. Armonk, New York 10504: IBM.

ISO (1985): Draft Proposal: Ergonomics Principles Applied to the Design of Office Tasks in Visual Information Processing Systems. Document ISO/TC 159/SC 4/WG 4 N97.

RÖDIGER, K.-H. (1985): Beiträge der Softwareergonomie zu den
frühen Phasen der Softtwareentwicklung. In: BULLINGER (Hg.):
Software-Ergonomie 1985. Stuttgart: Teubner.

SPINAS, P. ; TROY, N. & ULICH, E. (1983): Leitfaden zur Einführung und Gestaltung von Arbeit mit Bildschirmsystemen. München: CW-Publikationen.

TRIST, E.L. & BAMFORTH, K.W. (1951): Some social and psychological consequences of the longwall method of coal-getting. Human Relations, 4, 3 - 38.

VOLPERT, W. (1975): Handlungsstrukturanalyse als Beitrag zur
Qualifikationsforschung. Köln: Pahl-Rugenstein.

Dipl.-Psych. Dieter Bonitz
Prof. Dr. F. Nachreiner
UNIVERSITÄT OLDENBURG
FB 5, AG Arbeits- und
Organisationspsychologie
Birkenweg 3
2900 Oldenburg

Dr. Claus Benz
Dipl.-ing. M. Wäger
SIEMENS AG
ZTP FWO 21
Paul-Gossen-Str. 100
8520 Erlangen 2

EVADIS - Ein Leitfaden zur softwareergonomischen Evaluation von Dialogschnittstellen

B. Murchner, R. Oppermann, M. Paetau, M. Pieper, H. Simm & I. Stellmacher

Sankt Augustin

Zusammenfassung

Der von der GMD-Projektgruppe EVADIS im letzten Jahr entwickelte Eva - luationsleitfaden versteht sich als Instrumentarium zur ganzheitlichen Analyse von Mensch-Computer-Schnittstellen. Mit ihm läßt sich die softwareergonomische Qualität von Benutzerschnittstellen empirisch überprüfen. Das Prüfverfahren besteht aus der Beantwortung einer Reihe von Items, die aus mehreren allgemeinen softwareergonomischen Kriterien - in Anlehnung an den DIN-Entwurf 66234 (8) - abgeleitet und operationalisiert wurden. Um die softwareergonomische Qualität in einem engen Zusammenhang mit den zu gestaltenden technischen Elementen der Benutzerschnittstelle beschreiben zu können und damit Software-Designern möglichst präzise Hinweise auf Defizite und Verbesserungsmöglichkeiten geben zu können, sind die Items der jeweiligen ergonomischen Kriteriengruppe verschiedenen technischen Systemkomponenten zugeordnet. Das Verfahren kann von Softwareergonomie-Experten ohne Versuchspersonen, durchgeführt werden und ist primär gedacht für den Test von computergestützten Bürosystemen.

Ziele des Leitfadens

Der EVADIS-Leitfaden ist ein Instrumentarium zur ganzheitlichen Analyse von Mensch-Computer-Schnittstellen. Nicht einzelne Aspekte, wie beispielsweise die Hilfe-Funktion eines Systems oder die Fehlermeldungen, die Übersichtlichkeit der Kommandostruktur o.ä. werden zum Gegenstand softwareergonomischer Untersuchungen gemacht, sondern alle - nach dem heutigen Stand des Wissens - unmittelbar auf den Menschen einwirkenden softwaretechnischen Elemente. Diese Fokussierung auf die unmittelbare Mensch-Computer-Beziehung stellt ohne Zweifel eine gewisse Einschränkung der Fragestellung dar. Ausgeschlossen bleiben neurophysiologische Fragen, psychologische Langzeitwirkungen und organisatorisch-soziale Fragen. Daß diese Problemfelder aus der gegenwärtigen Fassung des Leitfadens ausgeklammert bleiben, heißt jedoch nicht, daß sie bei seiner Entwicklung gänzlich unberücksichtigt geblieben sind. In die das Analyseinstrument beeinflussenden Leitprinzipien haben sie sehr wohl Eingang gefunden, haben die Struktur der zentralen Kriterien mitbestimmt und werden seine weitere Entwicklung beeinflussen.

Die Leitprinzipien des Leitfadens lassen sich nicht nahtlos in eine vorfindbare Theorie einordnen, lassen sich aber in vielerlei Hinsicht in der arbeitspsychlogischen "Theorie der Handlungsregulation" wiederfinden. Dieser Zusammenhang ist an anderer Stelle ausführlicher dargestellt worden.[1]

---

[1] M. Paetau: The Cognitive Regulation of Human Action as a Guideline for Evaluating the Man-Computer Dialogue. In: B. Shackel (Ed.): Human-Computer Interaction - Interact '84. Amsterdam 1985: North-Holland, pp. 731-735

Die Analyse anhand des EVADIS-Leitfadens in seiner jetzigen Fassung ermöglicht vor allem eine beschreibende Erhebung der softwareergonomischen Qualitäten einer bestimmten Schnittstelle. Bewertungen der jeweiligen Ausprägungen sind aufgrund des gegenwärtig vorhandenen empirischen Wissens in der Softwareergonomie nur zum Teil möglich. Aufgrund dieses unbefriedigenden aber vorläufig nicht zu ändernden Zustands haben wir uns entschlossen, die Entwicklung des Leitfadens in zwei Etappen vorzunehmen: In der ersten Etappe (projektintern als "Version I" bezeichnet) wurde das Ziel gestellt, einen Leitfaden zu erstellen, der zunächst einmal mehr der Beschreibung und einer "Abschätzung" der softwareergonomischen Qualität dient als einer Bewertung. Das was an validen Forschungsergebnissen vorlag, wurde natürlich verarbeitet. Darüberhinaus wollten wir nicht von vornherein Fragen ausklammern, die allgemein als technischer Standard gelten, die aber noch unzureichend evaluiert sind. Beispielsweise scheint kein Zweifel darüber zu bestehen, daß objektorientierte Schnittstellen dem Streben nach "Benutzerfreundlichkeit" näher kommen als herkömmliche, kommandoorientierte Schnittstellen. Aber gesichert ist diese Auffassung keineswegs, vor allem nicht hinsichtlich des Geltungsbereichs solcher technischen Lösungen für Systeme verschiedener Funktionalität (Texteditoren, Spread-sheets etc.) und hinsichtlich ihres konkreten Ausprägungsgrades. Ähnliches gilt für "aktive Hilfefunktionen", "Fehlertoleranz", "Adaptivität" u.a.m.

Auch, wenn gegenwärtig noch keine Klarheit darüber herrscht, wie solche technischen Lösungen eigentlich zu bewerten sind, so ist es dennoch wichtig zu wissen, ob ein System über solche Komponenten verfügt oder nicht, und wie diese gegebenenfalls ausgestaltet sind. Deshalb haben wir den Leitfaden bewußt auch auf solche noch in der Diskussion befindliche Aspekte ausgedehnt, Utopien jedoch zu vermeiden versucht. Insgesamt spricht der Leitfaden Fragen an, deren wissenschaftliche Abgesichertheit sich folgendermaßen klassifizieren läßt:

a) Prüfkriterien, die als weitreichend wissenschaftlich untersucht gelten (z.B. Antwortzeiten);

b) Prüfkriterien, deren Inhalt zum Teil als technischer Standard ausgegeben wird, deren Erforschung aber noch im Gange ist (z.B. "direkte Manipulation");

c) Prüfkriterien, deren "Validität" sich vor allem auf Expertenurteile stützt (z.B. "Aktive Hilfe")

Durch die weite Formulierung des Leitfadens wird seine Aussagekraft einerseits eingeschränkt, andererseits jedoch auch ausgeweitet. Eingeschränkt wird sie durch die noch fehlenden Bewertungsmaßstäbe. Ausgeweitet wird sie durch Einbeziehung einer Reihe von Aspekten, deren technische Entwicklung vielerorts in einem rapiden Tempo verfolgt wird, ohne dabei auf valide softwareergonomische Evaluationsergebnisse zu warten. Ohne Frage bleibt der unzureichende Erkenntnisstand unbefriedigend. Er soll deshalb Schritt für Schritt in der zweiten Version unseres Leitfadens überwunden werden.

Viele Aspekte, die in der Phase der Zusammenstellung der Prüfkriterien Beachtung fanden, mußten zunächst zurückgestellt werden, weil ihre Gewichtung noch stark subjektiv - wenngleich zum Teil hochevident - sind. Hier sind noch viele empirische Untersuchungen erforderlich, um sagen zu können, welche softwarergonomische Relevanz sie besitzen. Diese Aufgabe bleibt ebenfalls der Version II des EVADIS-Leitfadens vorbehalten.

Die in dem jetzt vorliegenden Evaluationsleitfaden enthaltenen Items sind in unterschiedlicher Weise gewonnen worden. Der größte Teil stammt aus Literaturstudien. Ein zweiter Teil aus eigenen Vorstudien und Erfahrungen als Benutzer von Computersystemen. Ein

dritter Teil aus Gesprächen und Diskussionen mit Kollegen. Der Leitfaden soll softwareergonomische Prüfverfahren ermöglichen, die ohne Versuchspersonen, also von Softwareergonomie-Experten durchgeführt werden. Er ist primär gedacht für den Test von Systemen, die zur Unterstützung sogenannter Knowledgeworker-Tätigkeiten vorgesehen sind, also v.a. integrierte Bürosysteme mit den Anwendungsmodulen Datenbank, Tabellenkalkulation, Textverarbeitung, Bürographik und Kommunikation.
In seiner jetzigen Form bedarf der Leitfaden noch der weiteren Validierung. Dies ist unserer Meinung nach am besten durch ersten praktische Anwendungen zu leisten. Bis heute wurde drei Praxistests an Systemen unterschiedlichen Funktionsumfangs vorgenommen. Getestet wurde ein integriertes Bürosystem (Textverarbeitung, Tabellenkalkulation, Datenbank, Bürographik), ein reines Textverarbeitungssystem und ein Kommunikationssystem.

Prüfverfahren und Struktur der Items

Das Prüfverfahren besteht aus der Beantwortung einer Reihe von Items, die aus mehreren allgemeinen software-ergonomischen Kriterien abgeleitet sind. Insgesamt existieren fünf Gruppen von Prüfitems, die durch unterschiedliche Prüfmethoden charakterisiert sind (s. Abbildung 1).

Grupppe 1: Items, die durch mehr oder weniger systematische Suchstrategien geprüft werden (Equipmentprüfung, Systembeschreibungen, Handbuch, Ausprobieren etc.);

Gruppe 2: Items, die durch Abfragen anhand einer Standardaufgabe geprüft werden (Abfrage nach bestimmten, in der Testvorschrift eindeutig definierten Dialogsequenzen);

Gruppe 3: Items, die anhand der Standardaufgabe geprüft werden, aber nur einmal pro Anwendungsmodul (Datenbank, Tabellenkalkulation, Textverarbeitung etc.) abgefragt werden;

Gruppe 4: Items, die nach Abarbeiten der gesamten Standardaufgabe abgefragt werden;

Gruppe 5: Items, die nur in kontrollierten Laborexperimenten mit Versuchspersonen überprüft werden können. Items dieser Gruppe sind in der Version 1 des EVADIS-Leitfadens zunächst ausgeklammert. Sie werden in der Version 2 enthalten sein.

Zum Abfragen der Items in den Gruppen 2, 3, und 4 ist ein mehr oder weniger umfangreicher Bearbeitungskontext erforderlich. Um zu vermeiden, daß dieser Kontext immer wieder neu formuliert werden muß, wurde eine Standardaufgabe entwickelt, auf die je nach inhaltlicher Fragestellung vollständig oder teilweise zurückgegriffen werden kann. Aufgrund der komplexen Struktur des Testobjekts "Benutzerschnittstelle" ist es in den meisten Fällen mit einer einmaligen Itembeantwortung nicht getan. In der Regel müssen die Items in jedem Anwendungsmodul (Datenbank, Tabellenkalkulation, Textverarbeitung, Graphik, Kommunikation) mindestens einmal und darüber hinaus noch in den verschiedenen Hierarchiestufen des Systems abgefragt werden. Geht man davon aus, daß - je nach System - die Menütiefe bis zu fünf Ebenen umfaßt, werden bestimmte Items in jedem Anwendungsmodul eine ein bis fünfmalige Prüfung erfordern, wobei ein Arbeitskontext, der das Eindringen in die verschiedenen, hierarchisch gegliederten Systemebenen ermöglicht, künstlich konstruiert werden müßte. Dieser, für jedes Item neu zu betreibende Aufwand wird durch eine Standardaufgabe erheblich reduziert. Durch Abarbeiten einer Standardaufgabe können die Items in unterschiedlichen Sequenzen stichprobenmäßig abgefragt werden.

<u>Abb. 1:</u> Die Items sind in insgesamt fünf Gruppen eingeteilt, denen unterschiedliche
Prüfverfahren zugrundeliegen.

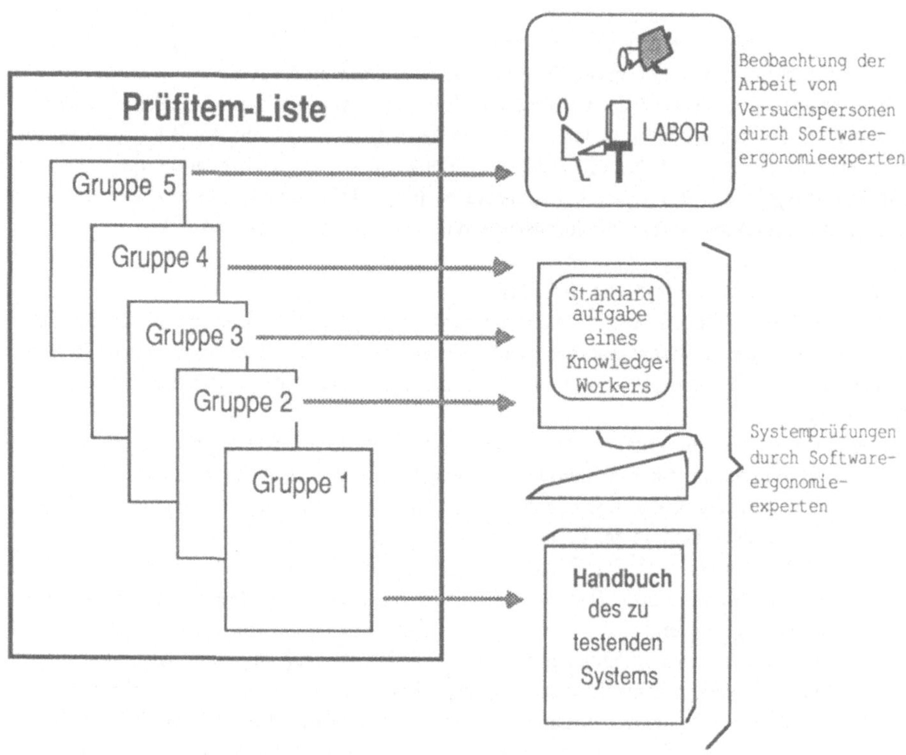

Bei der Entwicklung der Standardaufgabe für den EVADIS-Leitfaden wurden die folgenden
Konstruktionsbedingungen zugrundegelegt:

- Innerhalb verschiedener Anwendungsmodule müssen einzelne in sich geschlossene
  Arbeitsschritte formuliert sein, die das Abfragen der Items im Rahmen mehrerer
  Prüfabschnitte ermöglichen.
- Die Standardaufgabe sollte eine typische Knowledgeworker-Tätigkeit repräsentieren, die im
  allgemeinen durch folgende Merkmale charakterisiert ist:
    - ganzheitliche Vorgangsbearbeitung, d.h. hierarchisch-sequentielle Vollständigkeit der
      Tätigkeit;
    - geringe Arbeitsteilung und dadurch bedingt weitgehende Selbständigkeit bei der
      Erstellung von Arbeitsergebnissen;
    - Anwendung aller Stufen des Problemlösens, von der Verwendung mehr oder minder
      einfacher Regeln bis zur Entwicklung von Lösungsalgorithmen;
    - Notwendigkeit der Wissensnutzung und Wissensaquisition innerhalb der Tätigkeit;
    - überwiegend wenig formalisierte Arbeitsergebnisse, die stärker durch die jeweilige
      Sachaufgabe als durch von der Arbeitsteilung bedingte Formalismen strukturiert sind.

- sie sollte die wichtigsten Funktionen von multifunktionalen Systemen umfassen (Textverarbeitung, Datenbank, Tabellenkalkulation, Bürographik und ihre Integration). Kommunikation wurde zunächst aus der Standardaufgabe ausgeschlossen, jedoch in einer späteren Version integriert.

Die jetzt vorliegende Standardaufgabe läßt sich wie folgt kurz beschreiben: Ein "Knowledgeworker" soll eine Marktstudie auswerten und einen Bericht erstellen. Er kann sich dabei auf Datenbankfiles und einen Textfile stützen. Er selbst muß folgende Operationen durchführen: Eine schon vorhandene Datenbank vervollständigen, einige Werte von bereits eingegebenen Datensätzen ändern, Eingabemasken-Layouts modifizieren, statistische Berechnungen durchführen, dazu Tabellen erstellen und überarbeiten, Zahlen, Formeln und Texte eingeben, Kommunikation "via electronic mail" durchführen.

Die Standardaufgabe ist so strukturiert, daß sowohl ein die verschiedenen Funktionen umfassendes integriertes System als auch jeweils spezielle Systeme Gegenstand der Untersuchung sein können. Bei einem integrierten System wird die Standardaufgabe nacheinander in den einzelenen Anwendungsmodulen abgearbeitet, zunächst in der Datenbank, dann im Tabellenkalkulationsmodul, im Graphikmodul und zum Schluß im Texteditor und - soweit technisch vorhanden - im Kommunikationsmodul. Innerhalb der einzelnen Module sind einzelne in sich abgeschlossene Arbeitsschritte enthalten, die das Abfragen verschiedener Prüfitems in der folgenden Weise ermöglichen:

Abb. 2: Übersicht über das Prüfverfahren

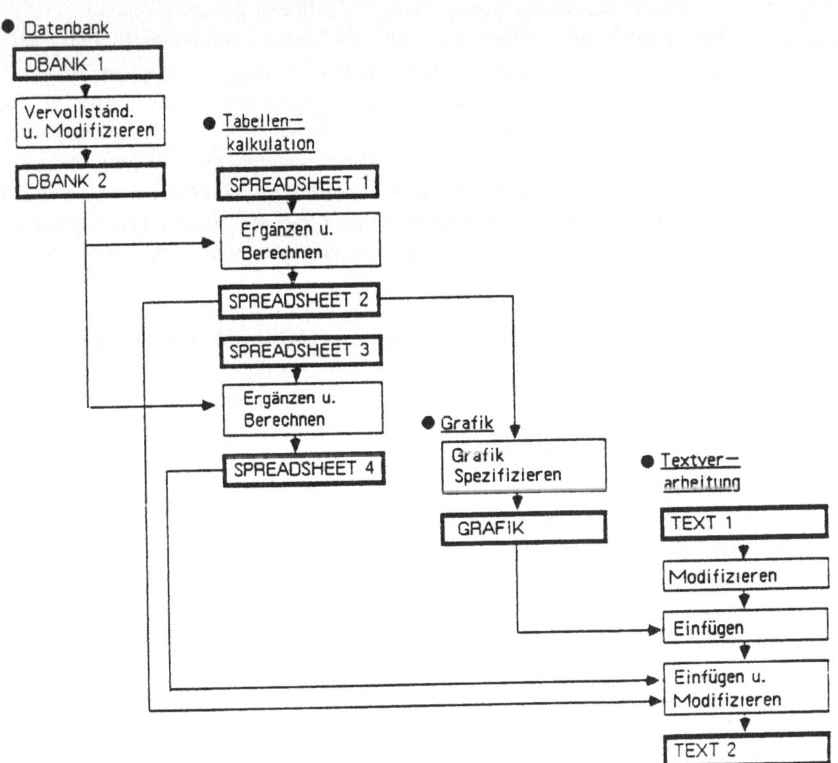

Bewertungskriterien

Ein wichtiger Orientierungspunkt für die Itemsammlung war der gegenwärtig in der Fachöffentlichkeit diskutierte Entwurf zur DIN 66.234, Teil 8. Dieser Entwurf versteht sich als ausdrückliche Empfehlung für die softwareergonomische Gestaltung der DIALOGSCHNITTSTELLE. Er folgt damit einer modellhaften Gliederung der Mensch-Computer Schnittstelle, die H. WILLIAMSON 1981 in der IFIP WG 6.5 (International Computer Message Systems) vorgeschlagen hat und die seitdem unter der Bezeichnung "IFIP-Model" bekannt ist. Da der EVADIS-Leitfaden sich nicht nur auf die Dialogschnittstelle bezieht, sondern auf alle im IFIP-Model genannten Schnittstellenkategorien (d.h. auch auf die Ein- und Ausgabe- sowie die Werkzeugschnittstelle), konnte der DIN-Entwurf nur eine Orientierungshilfe sein, über die wir jedoch bei der Formulierung unserer Prüfkriterien hinausgehen mußten. Insgesamt verstehen sich die Items des EVADIS-Leitfadens als Operationalisierung folgender übergeordneter Kriterien:

<u>Aufgabenangemessenheit:</u> die eigentliche Arbeitsaufgabe des Benutzers soll unterstützt werden, ohne daß sie durch die spezifischen Eigenschaften des Systems zusätzlich belastet wird.

<u>Selbsterklärungsfähigkeit:</u> der Dialog soll entweder unmittelbar verständlich sein oder aber, wenn dies nicht der Fall ist, soll das System dem Benutzer auf Verlangen den Einsatzzweck sowie die Einsatzweise des Dialogs erläutern können. Soweit der Dialog nicht unmittelbar verständlich ist, sollen dem Benutzer auf Verlangen auch der Leistungsumfang der Arbeitsmittel des Systems erklärt werden können. Dadurch soll der Benutzer sich eine zweckmäßige Vorstellung von den Systemzusammenhängen für seine Aufgabenerledigung machen können.

<u>Steuerbarkeit:</u> die Möglichkeit, den zeitlichen Ablauf des Dialogs, seine Geschwindigkeit - inklusive Unterbrechungen - und die Reihenfolge der einzelnen Dialogschritte zu beeinflussen. Das impliziert, daß der Benutzer nicht vom System "getrieben" wird, daß er die Geschwindigkeit des Dialogablaufs an seine individuelle Arbeitsgeschwindigkeit anpassen kann, daß er andererseits aber auch nicht auf Systemantworten warten muß, wenn er diese für den Fortgang des Dialogs nicht benötigt. Wenn ein Dialogschritt unterbrochen wird, sollte der Benutzer einen "Wiederaufnahmepunkt" definieren können, der ihn in die Lage versetzt, zu jeder Zeit an einem beliebigen Punkt den Dialog fortzusetzen, ohne umfangreiche neuerliche Vorbereitungen treffen zu müssen.

<u>Verläßlichkeit:</u> das Dialogverhalten des Systems soll denjenigen Erwartungen des Benutzers entsprechen, die er aus Erfahrungen mit Arbeitsabläufen - mit und ohne Computer - mitbringt.

<u>Fehlertoleranz:</u> Fehlertoleranz ist eine Forderung, die es dem Benutzer trotz eines Eingabefehlers erlaubt, zu einem gewünschten Arbeitsergebnis zu kommen. Allerdings muß dem Benutzer die Ursache des Fehlers zum Zweck seiner Behebung verständlich gemacht werden. Es mag in einigen Fällen sinnvoll sein, eindeutige Fehler automatisch korrigieren zu lassen. Allerdings muß dieser Mechanismus vom Benutzer bei Bedarf abschaltbar sein. Fehlertransparent ist ein System, wenn es dem Benutzer Fehler zum Zwecke der Behebung und künftigen Vermeidung verständlich macht.

<u>Transparenz:</u> Das System soll für den Benutzer "durchschaubar" sein. Dieses Kriterium bezieht sich sowohl auf die Systemleistungen, also z.B. auf die Beschaffenheit der einzelnen Anwendungsmodule, der Kommandostruktur, der Tiefe und Breite der Menübäume etc. ("statische" Transparenz) als auch auf Meldungen des Systems an den Benutzer, wie

Präsenzanzeigen, Fehlermeldungen, außergewöhnlichen Zuständen wie Überlastung etc. ("dynamische" Transparenz).

Erlernbarkeit: Systeme sollen möglichst leicht erlernbar sein. Dieses Kriterium darf jedoch nicht auf die Spitze getrieben werden und zu Systemen führen, die letztendlich beim Benutzer zu einer Belastung wegen kognitiver Unterforderung führen. Insofern ist der oft in den Vordergrund gerückte "Ease-of-Use-Aspekt" eine durchaus mit großer Vorsicht und immer in einer sinnvollen Relation zu den übrigen Kriterien zu behandelnde Anforderung.

Übersichtlichkeit: Als Pendant zur Durchschaubarkeit bezieht sich Übersichtlichkeit auf die Anordnung der Daten auf dem Bildschirm, auf die übersichtliche Gestaltung der Kommandozeilen, Systemhilfen etc. Hier kommen vor allem die Kriterien der Gestaltpsychologie zur Geltung, wie sie auch schon in die Teile 3 und 5 der DIN 66.234 eingeflossen sind.

Flexibilität: Dieses Kriterium bezieht sich vor allem auf die Werkzeugschnittstelle. Es fordert eine möglichst weitreichende Anpassungsmöglichkeit der Software-Werkzeuge an die individuellen Wünsche, Erfahrungen etc. des Benutzers. Der während des Umgangs mit einem System schrittweise zunehmenden Beherrschung eines Systems durch den Benutzer sollte durch technische Realisierungen dieses Kriteriums Rechnung getragen werden (Intra- und interindividuelle Differenzierung). [2]

Auswertung nach technischen Systemkomponenten und/oder software-ergonomischen Prüfkriterien

Um die softwareergonomische Qualität einer Benutzerschnittstelle in einem engen Zusammenhang mit den in Frage kommenden technischen Systemelementen beschreiben zu können und damit Software-Designern möglichst präzise Hinweise auf Defizite und Verbesserungsmöglichkeiten geben zu können, sind die Items der jeweiligen softwareergonomischen Kriteriengruppe verschiedenen *technischen* Systemkomponenten zugeordnet. Die Gliederung der Systemkomponenten orientiert sich am sogenannnten "IFIP-Model", klammert allerdings die "Organisationsschnittstelle" vorerst aus.

Alle Items der Prüfliste lassen sich somit in einer Matrix von technischen Systemkomponenten und softwareergonomischen Kriterien verorten. Nicht alle Felder in dieser Matrix sind mit Items belegt, was auch nicht erforderlich ist. Einige Felder sind dagegen mit zwei oder mehr Items belegt. Auch dies entspricht der Beschaffenheit unseres Untersuchungsgegenstandes. In Abbildung 3 ist eine Übersicht über die Struktur der Matrix dargestellt; zwei Beispielitems und ihre Verortung in der Gesamtmatrix sind hervorgehoben.

Das EVADIS-Verfahren ermöglicht die detaillierte Beschreibung der gesamten Schnittstelle. Und nur hierzu sollte es auch verwendet werden. Zwar lassen sich nach der Analyse der Gesamtschnittstelle komponentenspezifische oder kriterienspezifische Aussagen machen, wir halten es jedoch nicht für sinnvoll, den Leitfaden für eine von vornherein auf einzelne Komponenten oder Kriterien bezogene empirische Prüfung in isolierter Weise einzusetzen. Die einzelnen Elemente der Komponenten oder auch der Kriterien sind nach unserer Erfahrung so stark miteinander verknüpft, daß sinnvolle Aussagen über Teilbereiche

---

[2] Vergl. M. Paetau; M. Pieper: Differentiell-dynamische Gestaltung der Mensch-Maschine Kommunikation. Ergebnisse und Konsequenzen empirischer Laboruntersuchungen. In: H.-J. Bullinger (Hg.): Software-Ergonomie '85, Mensch-Computer-Interaktion. Stuttgart 1985: Teubner, S.316-324

Criteria / System Components	Task–Adequacy	Self–Descriptivity	User–Controllability	Correspondence with User Expectations	Fault–Tolerance	Transparency	Learnability	Perspicuity	Flexibility
TERMINAL INTERFACE									
Input: hardware									
Keyboard									
Mouse									
Light pen									
Touch screen									
Voice									
Others									
Input: input generation by									
means of hardware									
components									
Cursor control									
Repeating									
Function key definition									
Key definition									
Mouse manipulation									
Others/combinations									
Input: software									
Commands									
Command syntax									
Command names, se-									
mantics, mnemonics									
Command representation									
Work data									
Work data representation									
Work data manipulation									
Output: hardware									
Screen									
Printer									
Plotter									
Lighted display (etc.)									
Voice									
Others/combinations									
Output: software									
Message syntax									
Message names, semantics,									
mnemonics									
Message representation									
Message manipulation									
Menu structure									
Menu representation									
Output: output generation by									
means of hardware									
components									
Acoustic signals									
Fonts									
Display representation									
Screen manipulation									
Printer									
Others/combinations									

```
ITEM Nr.: 32
KRITERIUM: Erlernbarkeit
Systemkomponente: Kommandonamen
Item-Gruppe: 1

ITEM: Gibt es eine einheitliche Abkürzungsregel für Kommandonamen?

KOMMENTAR: Einheitliche Abkürzungsregeln prägen sich dem Benutzer
           besser ein. Kommandokürzel sind aus der Kenntnis des
           Kommandos ableitbar.
ANTWORTVORGABEN: _ nein
                 _ ja, nämlich: ..............

Testvorschrift: Handbuchprüfung zu den Stichworten 'Eingabe',
                'Befehl', 'Aufrufen', 'Navigieren', 'Dialog'.
```

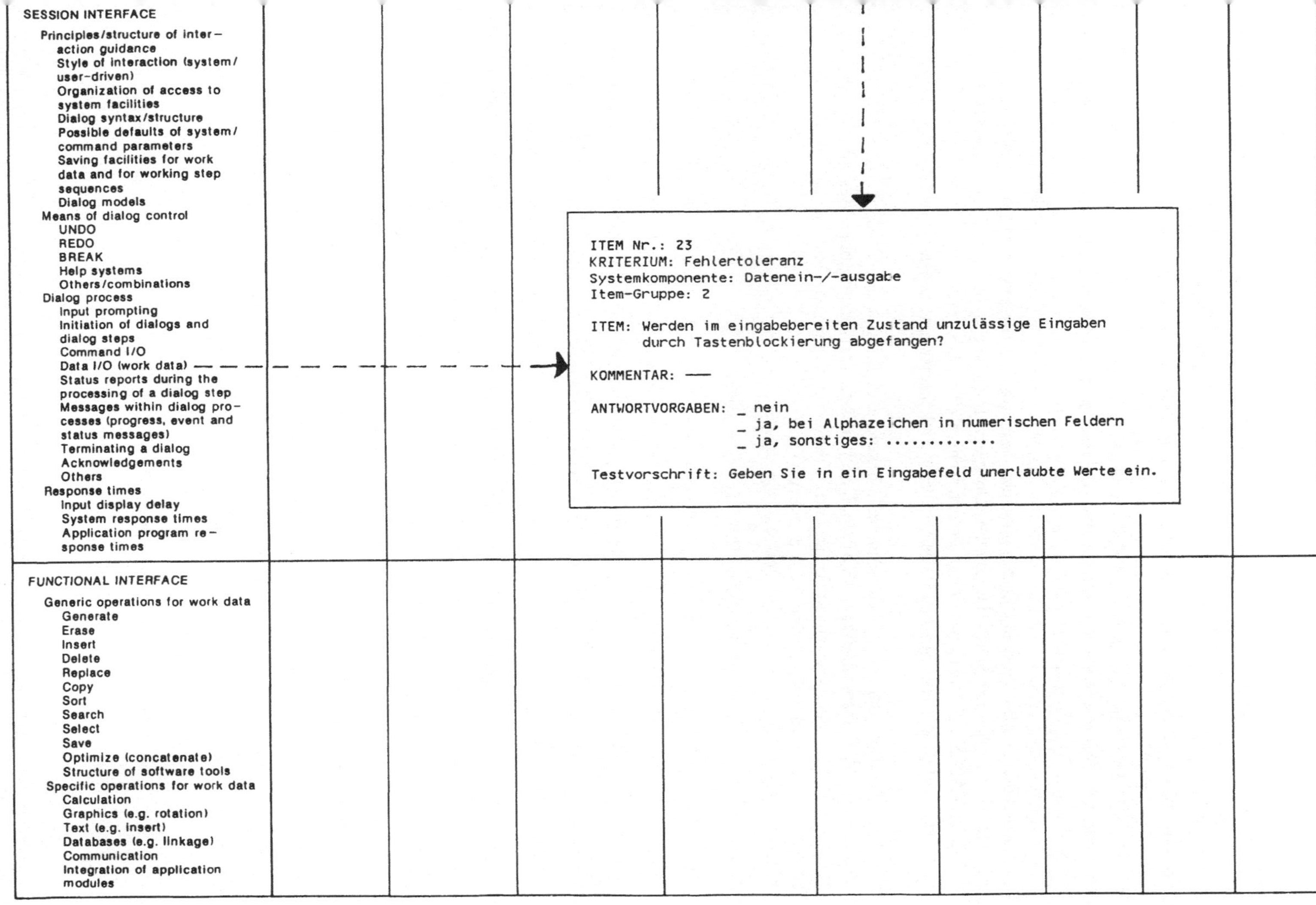
SESSION INTERFACE

Principles/structure of inter-
action guidance
Style of interaction (system/
user-driven)
Organization of access to
system facilities
Dialog syntax/structure
Possible defaults of system/
command parameters
Saving facilities for work
data and for working step
sequences
Dialog models
Means of dialog control
UNDO
REDO
BREAK
Help systems
Others/combinations
Dialog process
Input prompting
Initiation of dialogs and
dialog steps
Command I/O
Data I/O (work data)
Status reports during the
processing of a dialog step
Messages within dialog pro-
cesses (progress, event and
status messages)
Terminating a dialog
Acknowledgements
Others
Response times
Input display delay
System response times
Application program re-
sponse times

FUNCTIONAL INTERFACE

Generic operations for work data
Generate
Erase
Insert
Delete
Replace
Copy
Sort
Search
Select
Save
Optimize (concatenate)
Structure of software tools
Specific operations for work data
Calculation
Graphics (e.g. rotation)
Text (e.g. insert)
Databases (e.g. linkage)
Communication
Integration of application
modules

ITEM Nr.: 23
KRITERIUM: Fehlertoleranz
Systemkomponente: Datenein-/-ausgabe
Item-Gruppe: 2

ITEM: Werden im eingabebereiten Zustand unzulässige Eingaben
durch Tastenblockierung abgefangen?

KOMMENTAR: —

ANTWORTVORGABEN: _ nein
_ ja, bei Alphazeichen in numerischen Feldern
_ ja, sonstiges: ....

Testvorschrift: Geben Sie in ein Eingabefeld unerlaubte Werte ein.

315

nur durch einen ausdrücklichen Bezug zum Gesamtkontext möglich sind. Dies erfordert die Erhebung des Gesamtkontextes.

Je nach Zweck lassen sich die Ergebnisse zusammenfassen. Da wir in der vorliegenden Version jedoch keine Messungen vornehmen, ist jede Zusammenfassung mit großer Sorgfalt zu behandeln. Die Inhalte der Spalten oder Zeilen der Matrix sind nur in einer beschreibenden Weise auszuwerten. Dabei richtet sich die Form und der Grad der Zusammenfassung nach dem Auswertungszweck. So wird beispielsweise zum Zweck der Design-Hilfe eine möglichst detaillierte komponentenspezifische Auswertung erforderlich sein. Denn der Designer will ja möglichst konkrete Hinweise, an welcher Stelle welche Probleme auftreten. Für Abschätzungen anderer Art, etwa um eine Kaufentscheidung treffen zu können, wird man möglicherweise eher eine kriterienbezogene Auswertung präferieren und sich hinsichtlich der Systemkomponenten mit einer Zusammenfassung der Ergebnisse auf der Ebene der in der Komponentenliste dargestellten Oberbegriffe begnügen. In den ersten Praxiseinsätzen des EVADIS-Leitfadens haben wir die unterschiedlichen Auswertungsformen testen und uns von seiner generellen Eignung für das angepeilte Ziel überzeugen können.

Mitglieder der EVADIS-Autorenkollektivs sind: B. Murchner, R. Oppermann, M. Paetau, M. Pieper, H. Simm, I. Stellmacher; Forschungsgruppe Mensch-Maschine Kommunikation im GMD-Institut für Angewandte Informationstechnik, Schloß Birlinghoven, 5202 Sankt Augustin

Denken oder Handeln: Zur Wirkung von Dialogkomplexität und Handlungsspielraum auf die mentale Belastung [1]

Edmund Eberleh, Aachen

Wilfrid Korffmacher, Düsseldorf

Norbert A. Streitz, Aachen

Zusammenfasssung: Die Komplexität und die Anzahl verfügbarer Dialogformen können Einflußgrößen der mentalen Belastung sein. In unserem Experiment erlernten 60 Personen die Bearbeitung einer Aufgabe an einem interaktiven Computergrafik-System mit zwei unterschiedlich komplexen Dialogformen. Zwei Gruppen mit je 15 Personen bearbeiteten die Aufgabe mehrmals unter verschiedenen Anforderungsbedingungen mit einer der beiden Dialogformen. Eine Gruppe von 30 Personen durfte jede Aufgabe jeweils mit der Methode ihrer Wahl bearbeiten. Diese Gruppe wählte die für die jeweilige Belastungssituation angemessenere Dialogform häufiger zur Aufgabenbearbeitung. Leistungswerte bei Sekundäraufgaben sprechen für eine insgesamt größere mentale Beanspruchung bei der komplexeren Dialogform. In bestimmten Belastungssituationen kehrt sich dieses Verhältnis allerdings um.

Die Arbeitssituation vieler Menschen erfordert heute die Bedienung hochkomplexer, multifunktionaler Informationssysteme. Während die Multifunktionalität moderner Computer eine Optimierung herkömmlicher Arbeitsabläufe prinzipiell möglich macht, wirft ihre wachsende Komplexität psychologische Probleme der Erlernbarkeit und Bedienbarkeit auf. Zu beobachten ist dies besonders bei Benutzern von CAD-Systemen, aber auch bei der Arbeit mit integrierten Büroprogrammen. Es stellt sich zunehmend die Frage, ob eine Grenze der Komplexität erreicht worden ist, über die hinaus die Arbeitserleichterung durch Computer durch eine erhöhte Belastung der Benutzer aufgehoben wird.

Studien zur Evaluierung verschiedener Dialogtechniken beziehen sich in den meisten Fällen auf Lernzeiten und Fehlerhäufigkeiten. In einigen Fällen werden zusätzlich Daten zu mentalen Modellen von Benutzern erhoben (Streitz, Lieser & Wolters, 1986). Die mentale Belastung der Benutzer, die manche Dialogformen - selbst wenn sie hochgeübt sind - verursachen, wird jedoch oft außer Betracht gelassen.

1) Diese Arbeit wurde im Rahmen des Aachen Cognitive Ergonomic Project (ACCEPT) durchgeführt und von der Bundesanstalt für Arbeitsschutz, Dortmund, gefördert.

Gerade dieser Frage kommt aber im Arbeitsalltag eine große Bedeutung zu. So wurde beobachtet, daß bei der Benutzung moderner Informationssysteme Gefühle der Über- oder Unterforderung sowie Gefühle verschärften Zeitdrucks entstehen (Schardt & Knepel, 1981).

Kurzzeitgedächtnis, Handlungsspielraum und mentale Belastung

Hacker (1983) versuchte, die mentale Belastung durch komplexe geistige Routinetätigkeiten in einzelne Verursachungsfaktoren zu zerlegen. Umfangreichere logisch-mathematische Verarbeitungsoperationen waren mit besseren Gesamtleistungen verbunden als weniger umfangreiche, bei einer gleichzeitigen geringeren Beeinträchtigung des Befindens. Umgekehrt zeigten sich bei umfangreicheren Gedächtnisaufgaben schlechtere Leistungen und stärkere Befindensbeeinträchtigungen. Diese Ergebnisse stehen im Einklang mit Forderungen, die begrenzte Kapazität des menschlichen Kurzzeitgedächtnisses als eine wesentliche Einflußgröße bei der Gestaltung von Dialogsystemen zu berücksichtigen (Fischer, 1983; Logan, 1980). Sheridan & Simpson (1979) betrachten 'mental workload' als dreifaktorielles Konstrukt mit den voneinander unabhängigen Dimensionen 'time load', 'mental effort load' und 'psychological stress load'.

Die Vielfalt möglicher Dialogformen wirft bei der Systemgestaltung das Problem auf, welche Interaktionsform vom Designer ausgewählt werden soll. Eine Abweichung vom vorgegebenen Dialogablauf und eine flexible Gestaltung der Interaktion durch den Benutzer ist dann meist nicht mehr möglich. Dem Vorhandensein einer solchen Wahlfreiheit oder Handlungsspielraum (Osterloh, 1983) zwischen verschiedenen Dialogformen wird jedoch eine wesentliche Rolle bei der Gestaltung der Arbeitswelt zugeschrieben. Die Größe des Handlungsspielraums beeinflußt darüber hinaus entscheidend die Akzeptanz moderner Computersysteme (Müller-Böling & Müller, 1983).

Hacker (1983) weist darauf hin, daß verschiedene Grade der Übernahme komplexer Verarbeitungsoperationen vom Menschen selbst wählbar sein sollten. Ackermann (1985) fordert ebenfalls die Möglichkeit zur individuellen Anpassung der Softwarestrukturen durch den Benutzer. Vpn, denen komplexe Makrobefehle mit hohem Wirkungsgrad zur Verfügung standen, bearbeiteten eine Aufgabe in der gleichen Zeit wie Vpn mit nur wenigen, einfachen Befehlen. Ob diese beiden Gruppen allerdings unterschiedlich mental beansprucht wurden, konnte von Ackermann nicht entschieden werden. Eine weitere Beobachtung von ihm illustriert, daß die Komplexität von Befehlen zur Erhöhung der Effizienz nicht beliebig gesteigert werden kann: Die Vpn wiesen die angebotenen Befehle als undurchschaubar und verwirrend zurück und benutzten von ihnen selbst definierte, einfachere Befehle.

Eine flexible Anwendung von Handlungsprozeduren in Abhängigkeit von der Aufgabenschwierigkeit bei interaktiven Computersystemen beobachteten Wandke & Schulz (1986). Sie verglichen die sequentielle Eingabe einfacher Kommandos mit der Eingabe eines einzelnen, komplexen Makrobefehls. Ihr Befund unterstützt die Annahme, daß Benutzer versuchen, eine bestimmte Anforderung mit möglichst wenig Aufwand optimal zu bewältigen. Hacker & Matern (1979) postulieren ein "Kriterium der Aufwandsminimierung bei Sicherung der Auftragserfüllung". In Anlehnung an die oben genannten Belastungsdimensionen von Sheridan & Simpson (1979) präzisieren wir dieses Kriterium dahingehend, daß der Benutzer eine Minimierung der Bearbeitungszeit, der mentalen Anstrengung sowie der negativen Konsequenzen anstrebt. Unter dieser Hypothese wäre es wichtig, daß die Arbeitsumgebung eine Flexibilität aufweist, die dem Menschen durch eine Wahl situationsadäquater Handlungen die Minimierung der Belastungsfaktoren bei bestmöglicher Lösungsgüte erlaubt. Schönpflug (1983) spricht im Zusammenhang mit Streß und Streßbewältigungsstrategien von einer "Verhaltensökonomie", die nach ihm im Abwägen der psychologischen Kosten und Nutzen potentieller Streßbewältigungsmaßnahmen besteht. Nicht die Belastung durch externe Stressoren wie Zeitdruck oder Lärm per se determiniert nach ihm das Ausmaß an Distreß, sondern der Mangel an Bewältigungsstrategien.

Es stellt sich somit die Frage, ob dem Benutzer möglichst viele verschiedene Methoden und Dialogformen zur Aufgabenbearbeitung angeboten werden sollen. Dabei ist jedoch zu berücksichtigen, daß größerer Handlungsspielraum auch eine Erhöhung der Regulationserfordernisse bei der Handlungsplanung bewirken kann, was bei geringer Kompetenz des Benutzers zu Belastung durch Überforderung führen kann.

Experimentelle Untersuchung

Ziel unseres Experimentes war es, Hinweise zum Einfluß von Dialogkomplexität und Handlungsspielraum auf die mentale Belastung zu bekommen. Dabei können die zur Verfügung stehenden alternativen Handlungsprozeduren zu situativen Anforderungen mehr oder weniger kompatibel sein. Hat ein Benutzer zur Bearbeitung einer Aufgabe nur begrenzt Zeit zur Verfügung, so sollte eine wenig Zeit erfordernde ("schnelle") Dialogform zu einer Reduzierung der mentalen Beanspruchung führen. Eine solche schnelle, aber komplexe Dialogform verglichen wir mit einer "langsamen" (viel Zeit erfordernden), aber einfacheren Dialogform. Zusätzlich prüften wir die Hypothese, daß Benutzer in verschiedenen Belastungssituationen flexibel von ihrem Handlungsspielraum Gebrauch machen. So sollte bei Zeitbeschränkung die komplexe, aber schnelle Dialogform bevorzugt werden, bei zusätzlicher Beanspruchung durch Bürolärm dagegen die langsame und einfache Dialogform.

Versuchspersonen

An unserer Untersuchung nahmen 60 Studenten gegen Bezahlung teil. Die Versuchspersonen (Vpn) hatten keine Vorerfahrung im Umgang mit Computern. Tageszeit der Einzelsitzungen und das Geschlecht der Vpn wurden ausbalanciert.

Material

Die Vpn arbeiteten an einem interaktiven System (Apple MacIntosh™ Plus) mit dem Grafikprogramm MacDraw™. Als Aufgabe hatten die Vpn die unten abgebildete Grafik (Abb.1) auf dem Bildschirm entsprechend einer ausgedruckten Vorlage zu verändern.

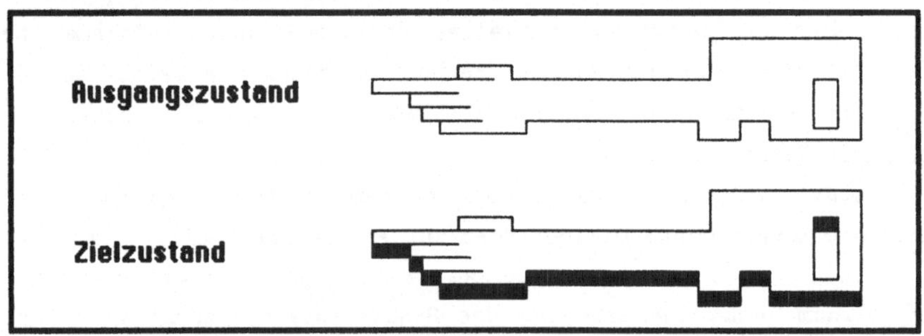

Abb.1: Ausgangs- und Zielzustand der verwendeten Grafikaufgabe

Bei der Dialogform `command code` bearbeiteten die Vpn die Aufgabe in einer planungsorientierten Prozedur mit kognitiv komplexen Makrobefehlen (Denken). Bei der Dialogform `direct drawing` zeichneten die Vpn alle Objekte mit Hilfe der Maus und von Menüs sukzessive direkt auf den Bildschirm (Handeln). Die beiden Dialogformen orientierten sich an verschiedenen Gestaltungskonzepten. Einen Vergleich der kritischen Merkmale beider Dialogformen gibt Tabelle 1 (nach Eberleh, 1986).

Tab.1: Komplexitätsmerkmale der Dialogformen

Dialog- form	Merkmal			
	Repräsen- tation	Bedeutsam- keit	Abruf- prozeß	Manipu- lation
command code	verbal	gering	recall	Makro- Befehle
direct drawing	visuell	**hoch**	recognition	Maus und Menü

Versuchsplan

Dem Experiment lag ein 2x3x3x2-faktorielles Design mit Meßwiederholung über zwei Faktoren zugrunde. Neben der Dialogform variierten wir drei weitere experimentelle Bedingungen. Für den Faktor der situativen Anforderung an den Benutzer wählten wir die Stufen Zeitvorgabe, Bürolärm und eine neutrale Kontrollsituation. Die Eigenschaften des Faktors Sekundäraufgabe variierten wir ebenfalls dreifach, sodaß er entweder kognitive, räumliche oder perzeptuelle Ressourcen beanspruchte. Damit sollte die Art der mentalen Belastung differentiell erfaßt werden (Wickens, 1984). Während 30 Vpn keine Wahl der Dialogform hatten (Gruppe 'command code' plus Gruppe 'direct drawing'), konnten sich die 30 Vpn der dritten Gruppe die Art der Interaktion selbst auswählen. Die Unterscheidung zwischen vorhandenem vs. nicht vorhandenem Handlungsspielraum war die vierte unabhängige Variable. Als abhängige Variablen erhoben wir die Reaktionszeiten und Auslassungen auf die Reize der Sekundäraufgaben. Bei der Gruppe mit Handlungsspielraum erhoben wir außerdem die Wahlhäufigkeiten pro Aufgabe für beide Dialogformen.

Versuchsablauf

Der Versuch gliederte sich in eine Lern- und eine anschließende Testphase. Zu Beginn der Lernphase erhielt die Vp eine standardisierte Einführung in die Bedienung des Computers. Anschließend erlernte sie die Bearbeitung der grafischen Aufgabe mit den beiden Dialogformen. Der Versuchsleiter (Vl) führte zunächst den Handlungsablauf mit einer Methode vor, dann übte die Vp die Aufgabenbearbeitung mit dieser Dialogform in sechs Durchgängen selbst. Es folgten zwei weitere Durchgänge, in der die Vp die Aufgabe so schnell wie möglich zu bearbeiten hatte. Der

Vl maß die dafür benötigte Zeit. Anschließend lernte und übte die Vp die Aufgabenbearbeitung mit der zweiten Dialogform nach dem gleichen Schema wie mit der ersten. Um einen systematischen Transfereffekt auszuschließen, wurde die zeitliche Reihenfolge dieser beiden Lernphasen ausbalanciert. Nachdem die Vp die Bearbeitung der Aufgabe mit beiden Dialogformen beherrschte, wurde sie mit den Anforderungen der Testphase vertraut gemacht. Dazu bearbeitete Sie die Aufgabe noch insgesamt sechsmal in allen drei situativen Bedingungen zusammen mit den Sekundäraufgaben. Die Lernphase hatte für alle 60 Vpn den gleichen Verlauf.

In der Testphase bearbeitete die Vp die grafische Aufgabe zusammen mit den Sekundäraufgaben jeweils sechsmal in allen drei Bedingungen. In einer Bedingung lief während der Aufgabenbearbeitung ein Tonband mit Bürogeräuschen. Der Lärm erzeugte einen Schalldruckpegel von 60 dB. In der Bedingung Zeitvorgabe war die Aufgabe in der individuellen Bestzeit (bei der Dialogform 'direct drawing' in der Lernphase gemessen) zu bearbeiten. Der Vl ließ in dieser Bedingung eine Stoppuhr mitlaufen und brach die Bearbeitung nach Ablauf der Zeit ab. In der dritten Bedingung arbeitete die Vp zur Kontrolle ohne Zeitvorgabe und Lärmbelastung. Die zeitliche Reihenfolge der drei Bedingungen wurde über alle Vpn ausbalanciert. Die gesamte Interaktion wurde automatisch auf 'keystroke-level' protokolliert.

Ergebnisse und Diskussion

Betrachten wir zunächst die Wirkung des Faktors Dialogform in den beiden Gruppen ohne Handlungsspielraum. Mit 'direct drawing' ergab sich im Mittel eine schnellere Reaktion auf die Sekundäraufgaben als mit dem 'command code' (1326 zu 1462 msec). Die Differenz zeigte sich in allen Bedingungen gleichermaßen, ist aufgrund der großen Varianz aber nicht signifikant.

Bei der Zahl der ausgelassenen Reaktionen auf die Reize der Sekundäraufgabe findet sich eine Interaktion der Faktoren Dialogform und Situation. Abb. 2a zeigt, daß in der Kontrollbedingung von der Gruppe 'command code' im Mittel mehr Reaktionen ausgelassen wurden als von der Gruppe 'direct drawing'. Das spricht für eine größere mentale Belastung durch die komplexere Dialogform. Das Verhältnis der relativen Auslassungen kehrte sich jedoch in der Zeitvorgabebedingung um. Im Gegensatz zur 'direct drawing' - Gruppe hatten die Vpn der Gruppe 'command code' auch in dieser Situation ausreichend Zeit zur Aufgabenbearbeitung. Daher nahmen hier die Auslassungen im Vergleich mit der

Kontrollbedingung nicht zu. Die Beschränkung auf eine einzige Dialogform führt also zu einer größeren mentalen Belastung bei zusätzlichen Anforderungen, die inkompatibel zur Charakteristik der Dialogform sind.

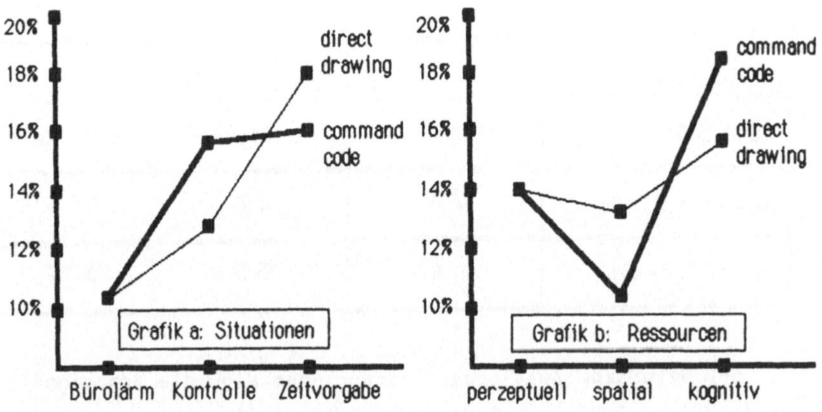

Abb.2: Auslassungen von Reizen bei den Sekundäraufgaben

Entgegen unseren Erwartungen zeigte sich bei beiden Dialogformen die geringste Fehlerzahl unter der Belastungsbedingung "Bürolärm". Dieser paradoxe Effekt unterstützt jedoch von Schönpflug (1983) berichtete Beobachtungen. Danach folgen Lautstärkeeffekte keiner linearen Beziehung, sondern können je nach Dezibelbereich leistungsverbessernd oder leistungsmindernd wirken, und interagieren mit der Aufgabenschwierigkeit. Die von uns gewählte Lautstärke in Interaktion mit der Aufgabenschwierigkeit scheint noch in dem Bereich gelegen zu haben, der aktivierend und damit leistungserhöhend wirkt.

Die Art der mentalen Beanspruchung durch verschieden komplexe Dialogformen spiegelt sich in Abb.2b wieder. Bei perzeptuellen Sekundäraufgaben führte 'direct drawing' und der 'command code' zu gleich vielen Auslassungen. Mehr Auslassungen machte die Gruppe mit der visuellen Dialogform 'direct drawing' bei den Sekundäraufgaben, die die räumlichen Ressourcen beanspruchte. Dagegen interferierte die komplexe Dialogform 'command code' mehr mit den kognitiven Rechenaufgaben. Auch wenn die Interaktionseffekte infolge großer Varianzen nicht signifikant sind, weisen die Befunde doch in Richtung unserer Annahmen. Komplexe Dialogformen bewirken eine erhöhte Inanspruchnahme kognitiver Ressourcen, können sich jedoch aufgrund zeitökonomischer Vorteile beanspruchungsmindernd auswirken.

Einfluß des Handlungsspielraums: Tab.2 zeigt die Wahlhäufigkeiten beider Dialogformen in der Gruppe mit Handlungsspielraum.

Tab. 2: Wahlhäufigkeit der Dialogform (180 Wahlen = 100%)

Dialogform	Situation		
	Bürolärm	Kontrolle	Zeitvorgabe
command code	52 %	54 %	68 %
direct drawing	48 %	46 %	32 %

In der Situation Zeitvorgabe entschieden sich die Vpn signifikant häufiger (t(28) = -2.31; p < 0.05) für die Dialogform 'command code'. In den beiden anderen Situationen verteilten sich die Wahlen in etwa gleich. Der komplexere, schnelle 'command code' wird also nur dann bevorzugt, wenn Aufgaben zeitkritisch zu bearbeiten sind. Wie wirkt sich das Wahlverhalten nun auf die zeitliche Effizienz der Aufgabenbearbeitung selbst und im Vergleich zu den beiden Gruppen ohne Handlungsspielraum aus? Wie erwartet war der 'command code' bei der durchschnittlichen Bearbeitungszeit etwa doppelt so schnell (48 sec) wie 'direct drawing' (88 sec). Unter Ausnutzung ihres Handlungsspielraums erzielte die dritte Gruppe einen Durchschnittswert von 65 Sekunden. Dies kann so interpretiert werden, daß diese Vpn mit ihren Entscheidungen ein mittleres Beanspruchungsniveau anstreben, das ihnen gleichzeitig ein mittleres Leistungsniveau ermöglicht. Einerseits wurde der Vorteil der geringeren Gedächtnisbelastung von 'direct drawing' genutzt. Andererseits wurde bei zeitkritischen Anforderungen auf den 'command code' zurückgegriffen.

Für Designer von Benutzerschnittstellen bedeuten diese Ergebnisse, daß dem Benutzer die Wahl zwischen alternativen Dialogformen selbst überlassen werden sollte. Benutzer sind durchaus in der Lage, sich je nach Anforderung für die geeignete Dialogform zu entscheiden und mit dieser Dialogvielfalt befriedigende Bearbeitungszeiten bei minimaler Beanspruchung zu erreichen. Es stellt sich also weniger die Frage nach einer besten Dialogform, sondern nach der Bereitstellung und dem adäquatem Einsatz verschiedener Dialogformen.

Literatur

Ackermann, D. (1985). Untersuchungen zum individualisierten Computer-
dialog: Einfluß des Operarativen Abbildsystems auf Handlungs- und
Gestaltungsspielraum und der Arbeitseffizienz. In G. Dirlich, C.
Frjeksa, U. Schwatlo & K. Wimmer (Hrsg.), Kognitive Aspekte der
Mensch-Computer Interaktion. Berlin: Springer.

Eberleh, E. (1986). Beschreibung, Klassifikation und kognitive
Repräsentation komplexer Mensch-Computer Interaktion. Arbeitsbericht
Nr. I-39, Dezember, Institut für Psychologie der RWTH Aachen.

Fischer, G. (1983). Entwurfsrichtlinien für die Software-Ergonomie aus
der Sicht der Mensch-Maschine-Kommunikation (MKK). In H.Balzert
(Hrsg.), Software-Ergonomie (S. 30-48). Stuttgart: Teubner.

Hacker, W. (1983). Psychische Beanspruchungen bei Text- und Daten-
verarbeitungstätigkeiten an Bildschirmgeräten: Ermittlung und
Gestaltung. In B. Matern, H. Raum, R. Schindler und E.
Wetzenstein-Ollenschläger (Hrsg.), Psychologische Aspekte der
Bildschirmarbeit. Zeitschrift für Psychologie, Suppl. 5.

Hacker, W., & Matern, B. (1979). Beschaffenheit und Wirkungsweise mentaler Repräsentationen in der Handlungsregulation. Zeitschrift für
Psychologie 187 (2), 141-156.

Logan, G. (1980). Short term memory demands reaction time tasks that
differ in complexity. Journal of Experimental Psychology: Human
Perception and Performance, 6, 375-389.

Müller-Böling, D., & Müller, M. (1983). Zum Zusammenhang zwischen Informationstechnik, Organisationsstruktur und individuellem Handlungsspielraum. Office Management, Sonderheft Mensch - Maschine Kommunikation, 18-20.

Osterloh, M. (1983). Handlungsspielräume und Informationsverarbeitung.
Bern: Huber.

Schardt, L.P. & Knepel, W. (1981). Psychische Beanspruchung kauf-
männischer Angestellter bei computerunterstützter Sachbearbeitung.
In M.Frese (Hrsg.), Streß im Büro. Bern: Huber.

Schönpflug, W. (1983). Coping efficiency and situational demands. In G.
R. J. Hockey (Ed.), Stress and Fatigue in Human Performance. London:
Wiley.

Sheridan, T. B., & Simpson, R. W. (1979). Toward the definition and
measurement of the mental workload of transport pilots. Cambridge,
Mass.: MIT Flight Transportation Laboratory Report R79-4.

Streitz, N.A., Lieser, A. & Wolters, T. (1986). User-initiated vs. computer-initiated dialogue modes: a comparative analysis of cognitive processes based on differences in user models. Paper presented at the confererence "Work with display units". Stockholm, Sweden (May 1986).

Wandke, H., & Schulz, J. (1986). On complexity of command-entry in man-computer dialogues. In F. Klix & H. Wandke (Eds.), Man-Computer Interaction Research MACINTER-I (pp. 221-234). Amsterdam: North-Holland.

Wickens, Ch.D. (1984). Engineering psychology and human performance. Columbus, Ohio: Merrill Publ. Co.

Dipl.-Psych. Edmund Eberleh
Dr. Dr. Norbert A. Streitz
Institut für Psychologie
RWTH Aachen
Jägerstraße 17/19
5100 Aachen

cand. psych. Wilfrid Korffmacher
Institut für Psychologie
Universität Düsseldorf
Universitätsstraße 1
4000 Düsseldorf 1

IV SYSTEMEINFÜHRUNG UND BENUTZERBETEILIGUNG

WIRKUNGEN VISUELL PRÄSENTIERTER DIALOG-STRUKTUREN AUF DIE INTERAKTION UNGEÜBTER BENUTZER MIT DEM RECHNER

Heino Widdel und Jürgen Kaster, Wachtberg-Werthhoven

Zusammenfassung: Mit einem menügetriebenen grafischen Editor wurde experimentell überprüft, wie ungeübte Benutzer mit einem Rechnersystem interagieren, wenn die Dialogstruktur in unterschiedlicher Form visualisiert wird. Die längsten Arbeitszeiten treten bei Verwendung von isoliert auf einem Rechnerterminal dargebotenen Menüs auf. Die kürzesten Arbeitszeiten erreichen Benutzer am Beginn der Untersuchung, wenn zusätzlich die hierarchische Dialogstruktur permanent als Bild präsentiert wird. Bei größerer Erfahrung erweisen sich jedoch pull-down-Menüs als vorteilhafter. Sie provozieren im Vergleich mit den anderen Dialogversionen einen explorativ geprägten Interaktionsstil.

Problem

Die Individualisierung informationstechnologischer Entwicklungen und die hohe Komplexität informatorischer Systeme erfordern die Schaffung benutzerfreundlicher, expertiseunabhängiger Interaktionsformen des Menschen mit dem Rechner. Die Gestaltung und Verbesserung von Mensch-Rechner-Dialogen, die an Bedürfnisse des Menschen angepaßt sind und kognitive Kompatibilität aufweisen, vollziehen sich mit einer interdependenten Strategie. Nach Thomas & Carroll(1979) wechseln sich objektivierte und exakt definierte Entwicklungsschritte mit intuitiv-kreativen Entwicklungsphasen ab, die von Erfahrung und subjektiver Eingebung eines Dialogdesigners geprägt sind. Im Designprozeß dominiert diese zweite Vorgehensweise, während analytische und experimentelle Methoden zur Bewertung eines Dialogs nur gelegentlich auf exponierten Entwicklungsniveaus zur Anwendung gelangen. Eine Methode ist das Experiment mit einem prototypischen Modell bzw. einer Modellvariante, aus dessen generalisierbaren Ergebnissen allgemeine Gestaltungsrichtlinien abgeleitet werden können. An diesem methodischen Vorgehen richtet sich die vorliegende Studie aus.

Die Transparenz eines Dialogs ist ein bedeutsames Gestaltungsziel für Mensch-Rechner-Dialoge, das operationalisierbar und damit einem Experiment zugänglich ist. Sie kann verstanden werden als gut strukturierte, konsistente und einem Benutzer verständliche Darstellung der Dialogstruktur. Sie repräsentiert Optionen und Funktionen, die ein Rechnersystem anbietet, sowie deren Organisation, und wird in Anlehnung an Maass(1983) für die vorliegende Untersuchung als formale Transparenz spezifiziert.

Die interaktive Tätigkeit des Menschen mit einem Rechnersystem führt zur Etablierung eines mentalen Modells des Menschen vom System. Formale Transparenz, als Dialogstruktur visualisiert, kann diesen Prozeß optimieren. Ein mentales Modell wurde im Kontext der Mensch-Rechner-Interaktion von Norman(1983) definiert, von Streitz(1985) weiter differenziert und seine Einordnung in die vorliegende Studie von Widdel & Kaster(1985,1986) beschrieben. Kenntnisse über das kognitive menschliche Verhalten legen eine metapher-basierte Realisierung der grafischen Modellierung der Dialogstruktur nahe (Carroll & Thomas, 1982). Das resultierende Bild sollte das Problem ganzheitlich widerspiegeln (Carroll u.a.,1980) und im Sinne der "naive physics", d.h. der primitiven Vorstellung unerfahrener Menschen von der physikalischen Welt (Hayes,1978), eine einfache und klare Struktur aufweisen, da nach Owen(1986) für informatorische Probleme analoge Vorstellungsprozesse wie für physikalische Ereignisse anzunehmen sind.

Fragestellung und Experiment

In der vorliegenden Arbeit wird eine experimentelle Untersuchung vorgestellt zur Benutzung eines menügetriebenen grafischen Editors durch ungeübte Personen. Die formale Transparenz des Rechnersystems wurde über drei Stufen variiert, die durch drei unterschiedliche Präsentationsformen der Dialogstruktur realisiert sind. Die Auslegung der grafisch präsentierten Dialogstrukturen erfolgte in Anlehnung an die zuvor diskutierten Überlegungen zum kognitiven menschlichen Verhalten. Vom Experiment wird eine Klärung erwartet, ob die grafischen Darstellungen der Dialogstrukturen die Interaktionsleistung der Benutzer beeinflussen.

In der ersten Version benutzten die Vpn ein Rechnerterminal mit Tastatur, auf dem sukzessiv die zur Interaktion erforderlichen Textmenüs eingespielt wurden. Bei der zweiten Version
wurde zusätzlich auf einem TV-Monitor permanent das Bild der
hierarchischen Dialogstruktur präsentiert. Beide Designalterna-
tiven sind beschrieben in Widdel & Kaster(1985,1986). In der
dritten Version wird die Dialogstruktur über pull-down-Menüs
angeboten (Abb.1). Das Hauptmenü ist permanent auf einer Menü-
leiste am Kopf des Bildschirms sichtbar. Die untergeordneten Menüs werden durch die Aktivierung eines übergeordneten Menüitems
über einen mausgesteuerten Cursor aufgeklappt. Diese Schnittstellengestaltung läßt Raum für die grafische Integration der
Dialogstruktur und des Aufgabenbereichs auf demselben Bildschirm. Die Maustechnik gestattet die Anwendung direkt-manipula-
tiver Techniken bei der Aufgabenerledigung (Hutchins u.a.,1986).

Abb.1: Pull-down-Menüs mit integriertem Aufgabenbereich

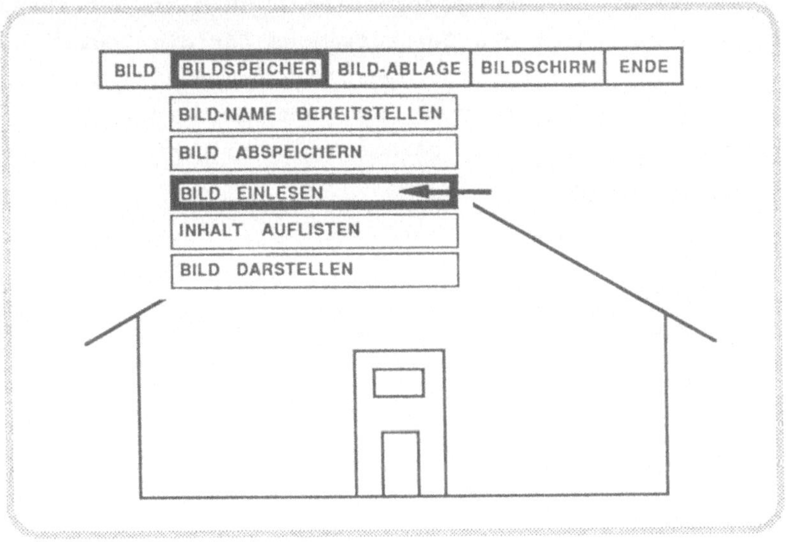

An der experimentellen Untersuchung nahmen 22 Vpn teil,
die keine EDV-Kenntnisse besaßen. Sie wurden zufällig paarweise
in drei Gruppen geteilt, die zufällig den drei Dialogvarianten
zugeordnet wurden. Gruppe I mit acht Vpn arbeitete mit isolierten Menüdarstellungen auf dem Rechnerterminal, Gruppe II mit

sechs Vpn erhielt zusätzlich die hierarchische Menüstruktur angeboten und Gruppe III mit acht Vpn interagierte mit pull-down-Menüs und Maustechnik. Sechs Aufgaben mit wachsender Komplexität, z.B. Zeichnen eines Koordinatenkreuzes oder eines Hauses (Abb.1), mußten zweimal bearbeitet werden. Ein solcher Versuchsdurchgang dauerte drei Tage. An ihm nahmen zwei Vpn teil, die abwechselnd jeweils eine Aufgabe erledigten, so daß sich mit 22 Vpn insgesamt 11 Versuchsdurchgänge über 30 Tage erstreckten. Eine detaillierte Darstellung der Versuchsdurchführung findet sich in Widdel & Kaster(1985).

Die Analyse der experimentellen Daten bezieht zwei Leistungsvariablen ein. Die erste beschreibt die Zeit, die zur Bewältigung einer Aufgabe aufgewendet wurde. Sie umfaßt die Gesamtdauer der reinen Interaktionshandlungen und setzt sich aus den Teilzeiten zusammen, die von den Vpn benötigt wurden, um die Wahl der Menüalternativen zu treffen. Die zweite Variable erfaßt die Häufigkeit von Handlungen, d.h. die ausgeführten Entscheidungen der Auswahl von Menüalternativen, um eine Aufgabe zu vollenden. Die Beziehung des Zeitaufwandes für die Bewältigung einer Aufgabe zur Häufigkeit der ausgeführten Handlungen führt zu einem Maß für die durchschnittliche Handlungsdauer. Zur statistischen Analyse werden die parameterfreien Verfahren U- und Wilcoxon-Test verwendet.

Ergebnisse

Die Interaktionszeiten der drei Gruppen zur zweimaligen Bewältigung jeder Aufgabe sind in Abb.2 dargestellt. Die Höhe der Balken repräsentiert die Mediane der Gruppenzeiten. Jeweils die zwei linken Balken der jeder Aufgabe zugeordneten Tripel geben die Zeiten der Gruppe I, die zwei mittleren Balken die Zeiten der Gruppe II und die zwei rechten Balken die Zeiten der Gruppe III wieder. Die hinteren, dunkel markierten Balken zeigen die Zeiten für die erstmalige Bearbeitung der Aufgaben durch die jeweilige Gruppe an, die vorderen, hell markierten Balken zeigen die Zeiten für die zweite Bearbeitung der Aufgaben an. Vergleiche können, getrennt für jede Aufgabe, zwischen den drei Gruppen und innerhalb jeder Gruppe für zwei Bearbeitungsdurchgänge durchgeführt werden.

Abb.2: Bearbeitungszeiten der Gruppen I (mit isolierten Menüs),
II (mit hierarchischer Menüstruktur) und III (mit pull-
down-Menüs) für jede Aufgabe in zwei Durchgängen

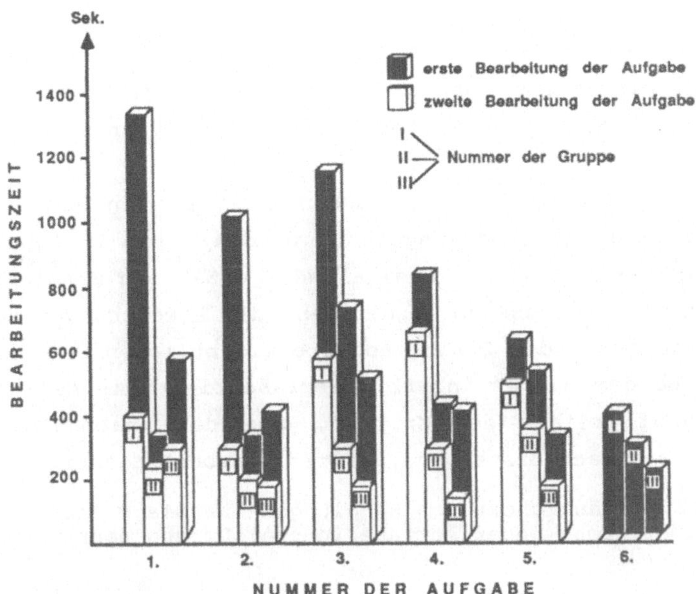

Signifikante Unterschiede können nachgewiesen werden
zwischen den Gruppen I und II für die erste Bearbeitung der
Aufgaben 1 und 2 (p<.01), sowie für ihre erste Bearbeitung der
Aufgaben 3 und 4, ihre zweite Bearbeitung der Aufgaben 1-5 und
der Aufgabe 6 (p<.05). Die Unterschiede zwischen den Gruppen I
und III erweisen sich überwiegend auf dem 1%-Niveau signifikant,
die Unterschiede für die zweite Bearbeitung der ersten und
zweiten Aufgabe erreichen das 5%-Niveau. Zwischen den Gruppen II
und III liegen nur für die erste Bearbeitung der Aufgabe 1
(p<.05) und für die zweite Bearbeitung der Aufgabe 5   (p<.01)
signifikante Unterschiede vor. Ein Vergleich innerhalb der
Gruppen für die beiden Bearbeitungszeiten bei jeder einzelnen
Aufgabe deutet den Lerneffekt an. Mit Ausnahme der Aufgabe 4 von
Gruppe I, der Aufgabe 1 von Gruppe II und der Aufgabe 5 von
Gruppe III erreichen alle Unterschiede Signifikanz.

Die Ergebnisse zeigen, daß die Vpn, die das Bild der
hierarchischen Dialogstruktur zur Verfügung hatten, und die Vpn,
die die pull-down-Menüs mit der Maustechnik verwendeten, in der
Regel einen geringeren Zeitaufwand zur Vollendung der Aufgaben

benötigten als die Vpn, denen die Menüs isoliert auf einem Terminal präsentiert wurden. Die Vpn der beiden erstgenannten Gruppen unterscheiden sich mit zwei Ausnahmen nur geringfügig. Tendenziell weisen die durch die hierarchische Dialogstruktur unterstützten Vpn zu Beginn des Experiments die kürzeren Arbeitszeiten auf, die Benutzer der pull-down-Menüs dagegen am Ende des Experiments. Lerneffekte treten bei allen drei Gruppen mit unterschiedlicher Stärke auf.

Die Häufigkeiten von Handlungen, die von den Vpn zur Vollendung einer Aufgabe ausgeführt wurden, sind in Abb.3 dargestellt. Sie umfassen die minimal nötige Zahl an Handlungseinheiten, um eine Aufgabe zu bewältigen, die Abweichungen vom optimalen Pfad durch den Dialog und die eigentlichen Fehlhandlunen. Die Höhe der Balken in Abb.3 repräsentiert die Mediane der Handlungshäufigkeiten der Gruppen, gesondert nach den sechs Aufgaben sowie nach erstem und zweitem Bearbeitungsdurchgang.

Abb.3: Häufigkeit von Handlungen für die Bearbeitung jeder Aufgabe in zwei Durchgängen

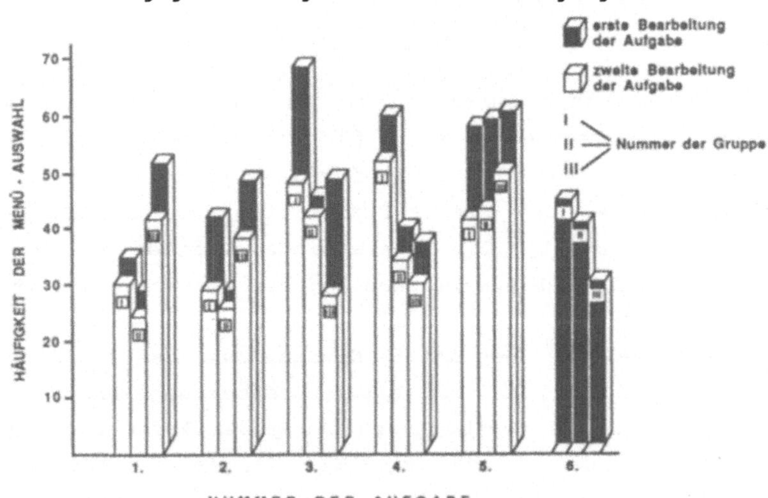

Die Häufigkeiten der drei Gruppen zeigen nur in geringem Umfang signifikante Unterschiede. Sie bestehen zwischen den Gruppen I und II bezüglich der Aufgaben 1 und 2 im ersten Durchgang und der Aufgabe 4 in beiden Durchgängen ($p < .01$), zwischen den Gruppen I und III bezüglich der Aufgabe 1 im ersten Durchgang ($p < .001$), der Aufgaben 1 und 2 im zweiten Durchgang (p<.05) und der Aufgabe 4 im zweiten Durchgang (p<.001), sowie zwischen den Gruppen II und III bezüglich der Aufgaben 1 und 2 im ersten Durchgang (p<.001) und im zweiten Durchgang (p<.01).

Die Resultate lassen erkennen, daß die Vpn, die mit pull-down-Menüs arbeiteten, am Beginn des Versuchs mehr Handlungen ausführten als die Vpn der beiden anderen Gruppen. Im weiteren Verlauf des Versuchs kehrte sich diese Tendenz um. Die mit der hierarchischen Menüstruktur arbeitenden Vpn führten in der Regel eine geringere Zahl an Aktivitäten durch als die Vpn mit isolierter Menüdarbietung.

Eine Feinanalyse der Befunde zum unterschiedlichen Zeitaufwand der Gruppen für die Aufgabenbewältigung sollte sowohl reine Fehlhandlungen als auch wenig effektive Navigationsstrategien berücksichtigen. Eine Trennung dieser Variablen erscheint mit den vorliegenden Daten nur eingeschränkt realisierbar. Eine dritte Quelle, welche die Varianz der Bearbeitungszeit determiniert, erweist sich jedoch einer Schätzung als zugänglich. Sie ist definiert als Entscheidungszeit bis zur Ausführung einer Handlung, d.h. zur Auswahl einer Systemfunktion bzw. Menüalternative. Ihre Identifizierung gelingt über die Berechnung des Verhältnisses von Gesamtbearbeitungszeit für eine Aufgabe zur Häufigkeit von Handlungen, um diese Aufgabe zu vollenden. Die Mediane dieser durchschnittlichen Entscheidungszeiten bei den einzelnen Aufgaben sind in Abb.4 in der zeitlichen Reihenfolge der Versuchsdurchgänge dargestellt.

Ein Vergleich der Kurvenverläufe verdeutlicht, daß die Gruppe I durchgängig längere Entscheidungszeiten zur Ausführung einer Handlung benötigt als die Gruppen II und III. Gruppe III weist über die gesamte Versuchsdauer die kürzesten Entscheidungszeiten auf. Mit wachsender Erfahrung in der Interaktion mit dem System verkürzt sich die Entscheidungsdauer der Gruppen geringfügig. Allerdings zeigt die Gruppe I vom ersten zum fünften Durchgang einen sehr deutlichen Zeitgewinn.

Die durchschnittlichen Entscheidungszeiten der Gruppen I und II korrespondieren mit ihren Bearbeitungszeiten für die Aufgaben, während ein derartiger Zusammenhang zwischen diesen Variablen nicht bei der Gruppe III vorliegt. Die Gruppe III benötigt im ersten Teil des Experiments relativ hohe Bearbeitungszeiten, die begleitet sind von überproportional hohen Handlungs-

Abb.4: Durchschnittliche Entscheidungszeiten zur Auswahl
von Menü-Alternativen

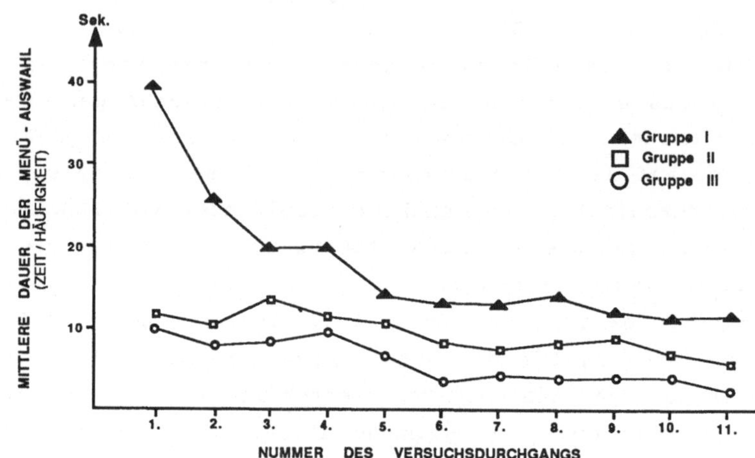

häufigkeiten. Daher führt eine Relativierung der beiden Variablen auch am Anfang der Versuchsreihe zu niedrigen Entscheidungszeiten, um eine Aktion auszuführen. Vpn, welche die Methode
der pull-down-Menüs in Verbindung mit der Maustechnik anwenden,
sind bei Unsicherheit bezüglich der Interaktion offenbar ge-
neigt, sehr schnell zu agieren, und gleichzeitig bereit, eine
hohe Fehlerwahrscheinlichkeit zu akzeptieren. Vpn, die eine
Tastatureingabe verwenden, tendieren zu vorsichtigerem Entscheiden mit geringem Fehlerrisiko und akzeptieren eine längere Entscheidungsdauer.

Zusammenfassung und Interpretation

Die Ergebnisse der experimentellen Untersuchung verdeutlichen, daß die benutzerfreundliche, software-ergonomische Gestaltung eines Dialogs die Mensch-Rechner-Interaktion verbessern
kann. Mit der Realisierung derartiger Gestaltungsmaßnahmen erzielen insbesondere ungeübte Benutzer Vorteile. Eine differenzierte Betrachtung der Ergebnisse läßt eine Wechselwirkung zwischen den Entwurfsvarianten und dem Erfahrungs- bzw. Lernniveau
der Benutzer erkennen. Schließlich konnten in Abhängigkeit vom
Dialogdesign unterschiedliche Interaktionsstile diskriminiert
werden.

Werden textlich gestaltete Menüs isoliert auf einem
Rechnerterminal präsentiert, kann sich ein angemessenes menta-

les Modell nur sukzessive über assoziative Verknüpfungen der einzelnen Menüs entwickeln. Zudem muß sich neben den linearen Verknüpfungen auch die Struktur der Menüordnung bilden. Dieser Prozeß kann unvollständig verlaufen oder in verzerrte und deprivierte interne Modelle münden, welche die Interaktion behindern. Eine Überprüfung während der Versuche zeigte, daß die Benutzer nur eine geringe Zahl an Verknüpfungen zwischen Menüs und Menüalternativen reproduzieren konnten und in keinem Fall eine hierarchische Strukturierung. Die gleichwohl recht guten Ergebnisse der Benutzer dieser Versuchsbedingung am Ende der experimentellen Untersuchung können mit der geringen Komplexität des Dialogs erklärt werden. Nach der dreitägigen Lernzeit sind optimierte Aktivitäten bereits auf automatisiertem Niveau ausführbar, die nicht bewußtseinspflichtig sind.

Es ist anzunehmen, daß die bildliche Darstellung der hierarchischen Dialogstruktur die Bildung eines validen mentalen Modells des Benutzers vom Dialog forciert. Eine Abfrage erbrachte, daß die Dialogstruktur bereits nach vier Versuchsdurchgängen von den Benutzern internalisiert war und präzise reproduziert werden konnte. Korrespondierend dazu wurde dem auf dem Kontrollschirm permanent angebotenen Bild immer seltener Aufmerksamkeit zugewandt, und es blieb im letzten Teil des Versuchs unbeachtet. Unerfahrene Benutzer von Rechnersystemen vollenden Aufgaben mit dieser experimentellen Versuchsbedingung daher in kürzerer Zeit, d.h. sie navigieren eleganter durch den Dialog und weisen eine geringere Zahl an Fehlhandlungen auf als Benutzer der ersten Versuchsbedingung.

Wird die Dialogstruktur mit pull-down-Menüs repräsentiert, baut sich ein vollständiges internes Modell beim Benutzer erst nach einigen Versuchsdurchgängen auf. Ein dadurch bedingter Leistungsrückstand der Benutzer gegenüber der zuvor beschriebenen Versuchsbedingung wird nach dieser Lernzeit in einen Leistungsvorsprung gewandelt. Die mit der interaktiven Methode der pull-down-Menüs verbundene Maustechnik provoziert bei unerfahrenen Benutzern einen 'explorativen' Interaktionsstil. Er ist charakterisiert durch ein 'trial and error'-Verhalten, d.h. eine hohe Frequenz an Aktionen, die sehr rasch und wenig zielgerichtet ausgeführt werden. Wenn das mentale Modell des Interaktionsprozesses optimiert und gefestigt ist, und sich die Fehlerrate unter Beibehaltung der kurzen Entscheidungszeiten verringert hat, führt die interaktive Methode zu kürzeren Arbeitszeiten. Dieses Ergebnis steht im Einklang mit den ersten Erfahrungen zur Verwendung der Maustechnik (English u.a.,1967).

Die bildliche Darstellung der Dialogstruktur kann in verschiedenen Formen und Bereichen der Mensch-Rechner-Interaktion, z.B. bei der Prozeßführung, Anwendung finden. Die Integration dieser Visualisierungsstrategie als optionaler Baustein in einen Dialog bietet sich insbesondere in hochkomplexen Systemen an. Das Bild ist nach Bedarf vom Operateur aktivierbar, wenn selten benutzte und daher wenig bekannte Systemsequenzen aufzurufen sind. Sehr komplexe Dialogstrukturen können in Teilstrukturen zerlegt und über Fenstertechnik ausschnittweise präsentiert werden. Jeder Dialogbereich muß mit dem korrespondierenden Bild verknüpft sein, das bei Bedarf präsentiert wird. Diese Gestaltungsmaßnahmen fördern die Bildung eines inneren Modells des Operateurs vom Rechnersystem. Auf fortgeschrittenem Kenntnisniveau sollte die Technik der pull-down-Menüs und der Mauseingabe integriert werden. Die Vorteile der beiden Entwurfsvarianten könnten sich in diesem optimal gestalteten Dialog vereinen. Ein anderes Anwendungsgebiet berührt das Training. Die visuelle Präsentation der Dialogstruktur kann als Lerneinheit für das Training des Umgangs mit dem Rechnersystem fungieren und das Verständnis für das funktionale Kommunikationsverhalten eines Dialogs fördern.

Literaturverzeichnis

Carroll,J.M., Thomas,J.C. & Malhotra,A.(1980): Presentation and representation in design problem-solving. British Journal of Psychology, 71, 143-153.

Carroll,J.M. & Thomas,J.C.(1982): Metaphor and the cognitive representation of computing systems. IEEE Transactions on Systems, Man, and Cybernetics, 12, 107-116.

English,W.K., Engelbart,D.C. & Berman,M.L.(1967): Display-selection techniques for text manipulation. IEEE Transactions on Human Factors in Electronics. HFE-8, No.1, 5-15.

Hayes,P.J.(1978): The naive physics manifesto. In: Michie,D.
(ed.): Expert systems in the microelectronic age. Edinburgh:
Edinburgh University Press, 242-270.

Hutchins,E.L., Hollan,J.D. & Norman,D.A.(1986): Direct manipulation interfaces. In: Norman,D.A. & Draper,J.W. (eds.):
User centered system design. Hillsdale, N.J.: Lawrence Erlbaum, 87-124.

Kaster,J. & Widdel,H.(1985): Graphical support for dialogue
transparency. In: Shackel,B.(ed.): Human-Computer-Interaction. Amsterdam: North Holland, 329-334.

Maass,S.(1983): Why systems transparency? In: Green,T.R., Payne,
S.J. & van de Veer,G.C.(eds.): The psychology of computer
use. London: Academic Press, 19-28.

Norman,D.A.(1983): Some observations on mental models. In:
Gentner,D. & Stevens,A.(eds.): Mental models. Hillsdale,
N.J.: Lawrence Erlbaum, 7-14.

Owen,D.(1986): Naive theories of computation. In: Norman,D.A. &
Draper, J.W.(eds.): User centered system design. Hillsdale,
N.J.: Lawrence Erlbaum, 187-200.

Streitz,N.(1985): Die Rolle von mentalen und konzeptuellen
Modellen in der Mensch-Computer-Interaktion: Konsequenzen
für die Software-Ergonomie? In: Bullinger,H.-J.(Hrsg.):
Software-Ergonomie '85 Mensch-Computer-Interaktion. Stuttgart: Teubner, 280-292.

Thomas,J.C. & Carroll,J.M.(1979): The psychological study of
design. Design Studies, 1, 5-11.

Widdel,H. & Kaster,J.(1985): Untersuchung zur formalen Transparenz eines Menüsystems. In: Bullinger,H.-J.(Hrsg.): Software-Ergonomie '85 Mensch-Computer-Interaktion. Stuttgart:
Teubner, 228-238.

dies.(1986): Transparency of a dialogue through pictorial presentation of the dialogue structure. In: Willumeit, M.-P.
(ed.): Human decision making and manual control. Amsterdam:
North Holland, 135-143.

Dr.Heino Widdel
Dipl.-Ing.Jürgen Kaster
Forschungsinstitut für Anthropotechnik
Neuenahrer Str.20
5307 Wachtberg-Werthhoven

Die Darstellung stattgefundener Dialogsequenzen als Hilfsmittel in der Mensch-Computer-Interaktion

Thomas Herrmann, Dortmund

Zusammenfassung: An Beispielen wird gezeigt, wie die Verfügbarkeit stattgefundener Dialogsequenzen die Mensch-Computer-Interaktion vereinfacht und ebenso eine souveränere und qualifiziertere Computerbenutzung fördert. Darüber hinaus wird durch das dargestellte Prinzip die vorbereitende Qualifizierung von Benutzern unterstützt, die Modifizierung der Dialogmöglichkeiten vereinfacht und empirisch gestützte Evaluation und Theoriebildung gefördert. Insbesondere wird begründet, daß die Darstellungsform von Dialoggeschichte an der vom Benutzer gebrauchten Semantik und Einteilungsweise orientiert sein soll.

In der Diskussion um software-ergonomische Systemgestaltung findet sich regelmäßig die Forderung, daß sich der Benutzer mit Hilfe des Systems die Dialogschritte vergegenwärtigen können muß, die er in der Vergangenheit durchgeführt hat. Nach GAINES (1981) soll z.B. ein 'Logbuch' zum Dialogverlauf zur Verfügung stehen. Auch das Software-Ergonomie-Kriterium `Transparenz' impliziert konsequent betrachtet, daß vergangene Systemaktionen nachvollziehbar bleiben. Die Überlegungen zu 'sites, modes and trails' beinhalten unter dem Aspekt 'trails', daß der Benutzer stets erkennen können soll, auf welchem Weg er in die aktuelle Dialogsituation gekommen ist (NIEVERGELT/WEYDERT,1979).

Im folgenden wird die Verfügbarkeit von stattgefundenen Dialogsequenzen bzw. von Dialoggeschichte als Element eines Prinzips dargestellt, das ich "intervenierende Benutzbarkeit" nenne (HERRMANN, 1986): Man läßt den Benutzer in den Systembestand eingreifen (intervenieren), indem man ihm Möglichkeiten zur Erkundung, Erforschung und Modifikation gibt. Dialoggeschichte ist hierzu ein potentielles Instrument. Diese Unterstützungsform kann sowohl die Benutzung erleichtern als auch eine Höherqualifizierung des Benutzers fördern. Es wird ein mittelfristig realisierbarer Weg zur humaneren Gestaltung interaktiver Systeme vorgeschlagen, die ohne wissensbasierte Schlußregeln und ohne automatische Systemadaption auskommen kann und von daher nicht vom Erkenntnisfortschritt der künstlichen Intelligenz abhängt. Verfügbarkeit von Dialoggeschichte kann aber nicht nur die interaktive Arbeit unmittelbar unterstützen, sondern darüber hinaus auch deren Vorbereitung (Benutzerquali-

fizierung) sowie die empirische Forschung und Theoriebildung zur
Mensch-Computer-Interaktion.

Zur Realisierung dieser Ziele muß Verfügbarkeit von Dialoggeschichte entschieden über solche Möglichkeiten hinausgehen,
die ein Abspeichern der Ein- und Ausgaben auf der Ebene des Be-
triebssystems vorsehen. Dialoggeschichte muß sich vielmehr auf
alle möglichen Klassen von Dialogen beziehen (Kontroll-, Verän-
derungs-, Meta- und Anwendungsdialog, s. VIERECK, 1986); es muß
also auch die Veränderung von Datenbeständen, wie z.B. einer
Textdatei, rekonstruierbar sein sowie alle Systemmeldungen, die
in einer Dialogsituation vom Benutzer potentiell abrufbar sind.
Dialoggeschichte muß zerlegbar, strukturierbar und sortierbar
sein. Es sollte möglich sein, sie zu editieren. Daneben besteht
das Problem, Dialoggeschichte in geeigneter Form darzustellen.
Hierzu ist zu untersuchen, wie Benutzer in der Kommunikation mit
Experten, Beratern und anderen Benutzern über Dialoggeschichte
sprechen, d.h. sie untergliedern und benennen. Dies erfordert
eine kommunikationstheoretische Betrachtung, deren Notwendigkeit
in der Regel unterschätzt wird.

1)   <u>Dialoggeschichte als Grundlage für Dokumentationen in
        Schulungen und Beratungen</u>
1.1)   <u>Unterstützung von Schulungen zur Vorbereitung auf die
        Benutzung</u>

Häufig sind Dokumentationen oder Kursunterlagen zur Erklärung von Systemfunktionen so aufgebaut, daß sie mit einer
kurzen abstrakten Beschreibung der Funktion beginnen, dann die
Syntax der Aktivierungsmöglichkeiten darstellen (Eingabesyntax),
im Anschluß die Wirkung der Funktion erläutern (Semantik), um
erst danach anhand von Beispielen sinnvolle Einsatzmöglichkeiten
zu demonstrieren (Pragmatik). Da die abstrakte Funktionsbeschreibung häufig nicht anschaulich genug ist, erfährt der
Benutzer - wenn überhaupt - erst am Ende einer Lerneinheit,
welchem Zweck eine Funktion dient. Mit Hilfe von Dialoggeschichte kann dem Benutzer ein konkretes Beispiel der Verwendung
der Funktion demonstriert werden. Der Benutzer kann dies nachvollziehen und dabei entscheiden, auf welchen Aspekt (Syntax,
Semantik, Pragmatik) er seine Aufmerksamkeit lenkt.

Wenn ein Benutzer z.B. die Funktion 'Gruppieren' erlernen soll, dann kann man ihm ein konkretes Beispiel anbieten, wie mit Hilfe einer entsprechenden Kommandostruktur eine Anzahl von Sätzen einer Datenbank gruppiert werden kann. Der Benutzer kann sich den Zweck der Funktion durch einen Vergleich des Ausgangs- und Endzustands veränderter Datenbestände erklären. Er kann auch als erstes die Syntax der dargestellten Eingaben diskutieren; u.U. kann die beispielhafte Dialogsequenz auch eine Fehleingabe mit anschließender Meldung beinhalten, um auf besonders zu beachtende Syntaxbedingungen hinzuweisen. Der semantische Aspekt kann erläutert werden, indem man eine analoge Dialogsequenze ergänzt, die den gleichen Effekt mit bereits bekannten Funktionen erzielt (z.B. mehrfaches Sortieren mit nachträglichem Einfügen von Überschriften). Desweiteren kann das konkrete Dialogbeispiel sukzessive durch abstrakte Bezeichnungen ersetzt werden, um dem Benutzer zu vermitteln, welche Bestandteile als Parameter wählbar sind, welche Grenzen gesetzt sind und welche Optionen angeboten werden.

1.2)   Dokumentation von Dialoggeschichte für Beratungszwecke
Eine typische Beratungssituation entsteht, wenn ein Prozeß, z.B. das Ausdrucken eines Textes, abgebrochen wird, ohne daß dem Benutzer der Grund des Abbruches ersichtlich ist. Häufig geht der Benutzer davon aus, daß er im Prinzip die gleichen Dialogschritte wie beim letzten erfolgreichen Durchführen des Prozesses vorgenommen hat. Mit Hilfe von Dialoggeschichte können der erfolgreiche und der mißlungene Prozeß miteinander verglichen werden (insbesondere beim Ausdrucken von Text müßte dabei z.B. die Geschichte der Textbearbeitung vorliegen). Falls dem Benutzer die relevanten Unterschiede nicht selbst deutlich werden, so hat er zumindest Unterlagen, um sich gegenüber einer Beratungsstelle auf einfachem Weg verständlich zu machen.

Anhand der Dialoggeschichte kann ein Fehler leichter gefunden werden. Insbesondere kann der Benutzer damit dem Berater sein Problem und sein Ziel erläutern. Umgekehrt unterstützt sie den Berater, einen Fehler nicht nur zu beheben, sondern auch zu erklären. Diese Aspekte erweisen sich in der Beratungskommunikation i.d.R. als problematisch (s. ALTY/COOMBS, 1980).

2)   <u>Unterstützung durch Dialoggeschichte während der Mensch-</u>
     <u>Computer-Interaktion</u>

Wenn Benutzer Dialoggeschichte abspeichern und editieren
können, dann können sie sich Lösungswege gelegentlich auftreten-
der Probleme notieren (selbst-implementierte Unterstützung). Sie
können in problematischen Dialogsituationen ihre eigene Arbeit
rekonstruieren und unter Bezug auf Dialoggeschichte Fehlhandlungen revidieren. Der Übergang zwischen 'Vorab-Qualifizierung'
und direkter Unterstützung während des Dialogs kann darin bestehen, daß Systemdesigner stattgefundene Dialogsequenzen als
Beispiele in Help-Funktionen oder On-line-Manuals integrieren.
Somit können Informationen im System abgelegt werden, die über
die Behandlung von Fehlern hinausgehen, indem sie zur Benutzung
von Systemfunktionen anleiten. Im folgenden soll jedoch gezeigt
werden, wie Benutzer selbst aktiv mit Dialoggeschichte umgehen
können, wenn sie verfügbar ist.

2.1) <u>Dialoggeschichte als Erinnerungsstütze zur Aufgaben-</u>
      <u>durchführung</u>

In Büro und Verwaltungen treten immer wieder Aufgaben
auf, zwischen denen größere Zeiträume liegen, z.B. das Ausdrucken von Etiketten (u.U. auf einem mehrspaltigen Etiket-
tenträger). Sofern sich das Format der verwendeten Etiketten
ändern kann, sind variierende Befehle zur exakten Ansteuerung
der einzelnen Etiketten notwendig. Der Benutzer behält i.d.R.
die entsprechenden Eingaben nicht im Gedächtnis und schreibt
sich Notizen auf. Dieser Aufwand kann erspart bleiben, wenn der
Benutzer die entsprechende Dialogsequenz im System in einer
Datei ablegen kann, um sie im Bedarfsfall wieder abzurufen.
Diese Dialogsequenz kann auf einem Fenster neben dem Arbeitsfeld
eingeblendet werden; sie kann mit Kommentaren versehen werden
(z.B.: "Achtung, Schrifttyp ändern"), die veränderbaren Parameter können hervorgehoben sein, ihre Grenzwerte angegeben
werden etc. Dies ist für Benutzer interessant, die kommando-
orientiert arbeiten wollen. Im Gegensatz zu Hilfe-Systemen besteht die Möglichkeit, nur solche Kommentare hinzuzufügen, die
auf den speziellen Aufgabenkontext einzelner Benutzer zugeschnitten sind; eine Informationsüberfrachtung wird vermieden.
Gegenüber dem Papier-Notizzettel kann die kommentierte Dialog-

geschichte mit technischer Unterstützung abgelegt, wiedergefunden, kommentiert, aktualisiert und erweitert werden.

2.2)   <u>Rekonstruktion von Dialogen</u>

<u>1. Beispiel</u>: Angenommen, ein Benutzer sucht das Titelblatt eines Berichtes, um es modifiziert wiederzuverwenden. Unter seiner für diesen Fall üblichen Notation "report.titel" findet er jedoch keine Datei. Nun sucht er die Dialoggeschichte der Dateien der Gruppe "report." nach diesem Stichwort ab: "report.titel" ist jedoch nicht zu finden. Er läßt sich deshalb alle Dialogschritte zeigen, die eine Datei der Gruppe "report." einrichten und stößt auf das Kommando "open report.titel<u>blatt</u>". Jetzt kann er auch mit Erfolg die Stelle "lösche report.titelblatt" finden. Er läßt sich die unmittelbare zeitliche Umgebung dieses Dialogschrittes zeigen und sieht, daß er vor dem Löschen die Datei "report.vorwort" editiert hat. Die Aktionen im Editor sind zwar aus Speicherplatzgründen auf Veranlassung des Benutzers gelöscht worden. Der Hinweis reicht jedoch aus, um den Benutzer daran zu erinnern, daß er das Titelblatt an den Anfang des Vorworts kopiert hat.

<u>2. Beispiel</u>: Der Autor eines längeren Textes möchte die Absätze nicht mehr durch eine Leerzeile, sondern durch Einrücken um acht Zeichen ohne Leerzeile kennzeichnen. Er nimmt ein automatisches Ändern vor, das die gewünschte Norm erzeugt und stellt wenig später fest, daß seine zahlreichen Zwischenüberschriften ebenfalls dieser Maßnahme unbeabsichtigt zum Opfer gefallen sind; insbesondere verfügen sie über kein besonderes gemeinsames Merkmal, das automatisches Suchen ermöglicht. Dieses gemeinsame Merkmal existiert aber in der Dialoggeschichte, da alle Überschriften beim Tippen sofort ins Inhaltsverzeichnis kopiert wurden. Der Benutzer sucht die Dialoggeschichte nach diesen Kopier-Kommandos ab und läßt sich alle entsprechenden Stellen mit Zeilenindizierung zeigen. Die Dialoggeschichte dieses Anzeigenvorgangs blendet er sich danach ins Arbeitsfeld ein, wenn er seinen Bericht korrigiert: über die angezeigten Indizes findet er schnell die gesuchten Zwischenüberschriften. Dieser Vorgang kann allgemein gesehen für alle Fälle relevant sein, in denen Zeichenketten aus einer Datei entfernt wurden, obwohl sie für spätere Suchvorgänge benötigt werden.

2.3)   Fehlerbehebung mit Dialoggeschichte

Angenommen, ein Benutzer sucht sich in einem längeren
Text mit jeweils unterschiedlichen Suchbegriffen bestimmte
Stichwörter, um die Seitenzahlen festzustellen, die in das
Stichwortverzeichnis eingetragen werden sollen. Wenig später
stellt er einen Fehler fest: Der Satzspiegel ist zu groß gewählt, er muß um 3 Zeilen reduziert werden. Da sich die Seiten-
numerierung geändert hat, müßte er eigentlich sämtliche Such-
befehle neu eingeben, um das Stichwortverzeichnis zu korrigieren. Statt dessen bedient er sich der Dialoggeschichte, die so
auf dem Bildschirm darstellbar sein muß, daß die dargestellten
Dialogschritte erneut als Eingabe aktiviert werden können, ohne
abgeschrieben zu werden. Unter Umständen ist das System so
komfortabel gestaltet, daß die Dialoggeschichte nicht nur in
einzelnen Schritten, sondern auch phasenweise aktivierbar ist.

3)   Die Kommunikationsgewohnheiten des Benutzers als Grund-
        lage für zweckmäßige Darstellungen der Dialoggeschichte

Bei den beschriebenen Beispielen steht die Frage offen,
wie die Form der Darstellung von Dialoggeschichte zu wählen ist,
damit sie den Problemen und Übersichtsbedürfnissen der Benutzer
entspricht. Hierzu ist zu beobachten, wie Benutzer über Vorgänge
in einem System sprechen,
- in welche Abschnitte sie Dialoggeschichte zerlegen,
- welche semantischen Kategorien sie verwenden, um Titel für
   die Abschnitte zu finden,
- wie sie Systemelemente benennen,
- wie sie den Übergang von Konkretem zu Abstraktem formulieren,
- welche Metaphern und Vergleiche sie gebrauchen.

Diese Aspekte berühren auch die Frage, wie Benutzer Dialoggeschichte kommentieren. In Dokumentationen ist ein Kommentar
zu den beispielhaften Dialogsequenzen erforderlich, der sich an
den Darstellungsgewohnheiten, Aufgabengebieten und Berufserfah-
rungen von Benutzern orientieren soll. Sie verwenden u.U. ganz
andere Einteilungen, Bezeichnungen und Bilder als Designer bzw.
verknüpfen die vorgefundenen Ausdrücke mit einem anderen Sinn.

In den Fällen unmittelbarer Unterstützung des Dialogs
durch Dialoggeschichte ist entscheidend, wie der Benutzer sich
selbst etwas erklärt. Wenn Benutzer Dialogsequenzen als Notiz
kommentieren und abspeichern, dann benötigen sie hierzu bestimmte Mittel und Schemata, gegebenenfalls sind sie durch Formulare
zu unterstützen. Dies kann nicht ausschließlich auf Basis der
Kenntnisse über das System konzipiert werden. Vielmehr ist zu
untersuchen, wie sich Benutzer interaktive Problemlösungen notieren, wie sie Information hierzu reduzieren und wie sie darüber sprechen. Darauf aufbauend sind die Editions- und Kommen-
tierungsmöglichkeiten zu gestalten. Ebenso ist in Gesprächen zu
analysieren, wie Benutzer Dialoggeschichte rekonstruieren, d.h.
welche Fragen sie stellen, um Erinnerungslücken zu schließen.

4)   **Modifizierung des Systembestands mit Dialoggeschichte**
Im DIN-Entwurf (s. NORMENTWURF, 1986) fordert man mit
dem Kriterium 'Steuerbarkeit', daß der Benutzer mehrere Dialogschritte zu Einheiten zusammenfassen können soll, wenn dies ihm
die Arbeit erleichtert. Auf diesem Weg kreiert der Benutzer neue
Funktionen und modifiziert damit den Systembestand. Eine Möglichkeit zur Schaffung solcher neuen Funktionen besteht in der
Verwendung von Dialogsequenzen, die mit einer speziellen Systemfunktion reaktivierbar sein müssen. Benutzer verfahren z.T. in
diesem Sinne, wenn sie Eingabezeilen, die schon auf dem Bildschirm stehen, erneut aktivieren, falls dies möglich ist. Der
Benutzer könnte z.B. der erwähnten Dialogsequenz zum Ausdrucken
von Etiketten einen Namen geben, störende Elemente aus der Dialoggeschichte entfernen und bei Bedarf die gesamte Dialogsequenz
über ihren Namen aktivieren. Insbesondere könnten Parameterwerte
in einer Kopie dieser Sequenz geändert werden, wobei der schon
vorhandene Wert für den Benutzer als anleitendes Beispiel dient
und er die Parameterveränderung auf der gesamten Bildschirmseite
vornimmt, also unter Berücksichtigung des Kontextes der Parameter.

Derartige Vorschläge zur Unterstützung von häufig anfallenden Aufgaben finden sich zahlreich (s. z.B. KOFER, 1983); die
anschauliche Form kommentierter Dialoggeschichte erlaubt es jedoch, auch Aufgabenteile zu einer Funktion zusammenzufassen, deren Verwendung nur selten anfällt.

5)   <u>Unterstützung empirischer Untersuchungen und
Theoriebildung</u>

Verstärkt ist es erforderlich, den Umgang mit interaktiven Systemen empirisch zu untersuchen, um Prototypen zu testen und bestehende Systeme zu evaluieren. Die häufig verwendeten quantitativen Methoden, die sich an Zeitaufwand, Anschlagszahl, Fehlerhäufigkeit und Lernaufwand zur Lösung von Standardaufgaben orientieren, sind zur Optimierung von Systemen oft unzureichend. Sie müssen durch qualitative Interviews mit den Benutzern ergänzt werden, die dem Befragten Inhalt und Form der Antwort relativ offen lassen, was jedoch die Strukturierung und Lenkung des Interviews erschwert. Um dies zu kompensieren, kann Dialoggeschichte zur "Fokussierung" des Interviews (s. MERTON/KENDALL, 1979) eingesetzt werden. Dadurch erhält das Gespräch konkretes Beispielmaterial, an dem sich einerseits die Fragestellung entwickeln kann und das andererseits als Orientierungshilfe dient, um dem Abschweifen vom Thema entgegenzusteuern. Somit können vom Benutzer kritische Beiträge und Verbesserungsvorschläge zu Systemversionen erfragt werden, die im Rahmen eines iterativen Software-Entwicklungsprozesses Elemente der Partizipation darstellen. Will man z.B. eine UNDO-Funktion entwerfen und diesbezüglich Benutzervorstellungen erkunden, dann sind abstrakte Erklärungen zur "Rücknahme" eines "Dialogschrittes" wegen der Vieldeutigkeit dieser Termini wenig sinnvoll. Günstiger kann es sein, anhand stattgefundener Dialogsequenzen die Möglichkeit und Variationsbreite einer UNDO-Funktion zu erläutern und zu diskutieren.

Neben der empirischen Evaluation einzelner Systeme kann eine Sammlung von "Dialoggeschichten" auch mit Hinblick auf eine Theoriebildung zur Mensch-Computer-Interaktion analysiert werden. Solche Sammlungen von Texten, Beobachtungsprotokollen, Meßreihen etc. sind auch in anderen Wissenschaftsdisziplinen Ausgangspunkte theoretischer Überlegungen. NIEVERGELT (1982) forderte z.B. die Einführung einer begrenzten Zahl (ca. 12) von Universalkommandos, die in allen Bereichen eines Systems mit analogen Effekten aktivierbar sein sollen. Eine Liste solcher Kommandos kann m.E. nicht intuitiv oder unter ausschließlicher Betrachtung bestehender Systeme erstellt werden. Vielmehr sind

die verschiedensten realen Benutzungsvorgänge zu sichten und zu
analysieren, um eine solche Liste zu extrahieren.

6)   Zusammenfassende Einschätzung

Die Verfügbarkeit von Dialoggeschichte kann mit bekannten software-technischen Methoden, die Abspeichern, Editieren
und Reaktivierung ermöglichen, realisiert werden. Probleme
können beim Protokollieren von Veränderungen in umfangreichen
Datenbeständen entstehen sowie bei der Frage, welche Ereignisse
relevant sind, um gespeichert zu werden. Relativ unbekannt ist,
mit welchen Teilen der Dialoggeschichte Benutzer ihre Arbeit
unterstützen können und welche Darstellungsformen und Kommen-
tierungsmöglichkeiten in ihrer Kommunikation verwendet werden .

Das Instrument 'Verfügbarkeit von Dialoggeschichte' läßt
sich vermutlich für größere Anwendungsklassen konzipieren, wie
z.B. Sachbearbeitung oder CAD oder CNC. Benutzer müßten für den
Umgang mit diesem Instrument geschult werden, hätten aber danach
die Möglichkeit, damit das System besser kennenzulernen und ihr
eigenes Dialogverhalten zu erweitern.

Mit Sorgfalt ist darauf zu achten, daß die beschriebenen
Unterstützungsformen nicht zur Leistungs- und Verhaltenskon-
trolle eingesetzt werden. Neben den üblichen Sicherungsmechanis-
men muß der Benutzer Dialoggeschichte weitestgehend editieren
können (z.B. Eliminierung von Fehlschritten, Ersetzung konkreter
durch abstrakte Namen), so daß sie letztlich über ihn nicht mehr
aussagt als z.B. ein Programmtext über die Arbeitsgeschwindigkeit des Programmierers.

Neben der Erleichterung von Routinearbeiten oder der
Wiederholung gelegentlicher Aufgaben sowie der Fehlersuche wird
dem Benutzer ein souveräner Umgang mit dem Dialogsystem ermöglicht: Er kann seine eigenen Verhaltensweisen nachvollziehen und
daraus lernen, so wie es z.T auch Programmierer anhand ihrer
Produkte tun. Erleichterung der Benutzung und Höherqualifizierung des Benutzers müssen m.E. miteinander verbunden werden,
wenn eine humane Gestaltung von Dialogarbeitsplätzen gelingen
soll.

Literatur

ALTY,J.L./COOMBS,M.J. (1980): Face-to-Face guidance of university
computer users. A study of advisory services. In: International Journal of Man-Machine-Studies (IJMMS), 12, S.389-405.

GAINES,B. (1981): The Technology of Interaction-Dialog Programming Rules. In: IJMMS, 14, S.133-150.

HERRMANN,T. (1986): Zur Gestaltung der Mensch-Computer-Interaktion: Systemerklärung als kommunikatives Problem. Tübingen:
Niemeyer.

KOFER,R. (1983): Session-Kontext als Mittel zur Dialogverknappung.
Oder: Der Rechner, als aktiver Notizblock zu verwenden? In:
Notizen zu interaktiven Systemen, 11, S.13-21.

MERTON,R./KENDALL,P. (1979): Das fokussierte Interview. In: HOPF,
Ch./WEINGARTEN,E. (Hrsg.): Qualitative Sozialforschung, S.171-
204. Stuttgart: Klett.

NIEVERGELT,J./WEYDERT,J. (1979): Sites, Modes, and Trails.
Telling the User of an Interactive System Where He Is, What He
Can Do and How He Can Get Places. ETH Zürich.

NIEVERGELT,J. (1982): Errors in Dialog Design and How to Avoid
them. ETH Zürich.

NORMENENTWURF (1986): DIN 66234, Teil 8 (Bildschirmarbeit - Dialoggestaltung).

VIERECK,A. (1986): Klassifikation des Mensch-Maschine-Dialogs für
eine benutzerfreundliche Systemgestaltung. In: Notizen zu
interaktiven Systemen, 15, S.17-35.

Thomas Herrmann
Universität Dortmund
Bereich Informatik und Gesellschaft
Postfach 500500
4600 Dortmund 50

PRAKTISCHE ERFAHRUNGEN MIT PROTOTYPING ALS DESIGNINSTRUMENT

Benutzeroberfläche, Benutzerbeteiligung, Nutzen

Achim Vohl, München

Zusammenfassung: Dynamische und objektorientierte Benutzeroberflächen mit direkter Manipulation für Arbeitsplatzsysteme sind auf dem Papier nur sehr schlecht zu beschreiben. Auf dem Papier geht insbesondere die Dynamik der Oberfläche in Reaktion auf Eingaben der Benutzer verloren. Oberflächen-Prototyping erweist sich hier als leistungsfähiges Instrument, da es in relativ kurzer Zeit bereits ein Ergebnis liefert, das real existiert und auch vom Benutzer beurteilt werden kann. Es bietet so die Möglichkeit, die späteren Benutzer frühzeitig mit einem Produkt zu konfrontieren statt lediglich mit einer abstrakten Beschreibung. Die Benutzer können nach ihren Erfahrungen und Wünschen befragt werden, Änderungen können sichtbar gemacht werden. Das Ergebnis sind Benutzer-Oberflächen, die leicht zu erlernen, einfach in der Handhabung und "freundlich" sind. Ergebnisse einer empirischen Untersuchung werden vorgestellt.

Der konventionelle Designprozeß

Die Zeiten, in denen eine Produktidee vom Entwickler sofort in Programmcode umgesetzt wurde, sind lange vorbei. Der heute übliche Designprozeß für ein Software-Produkt wird charakterisiert durch das Erstellen und Verabschieden von aufeinander aufbauenden Papieren: Studie - Entwurf - Leistungsbeschreibung. Dabei sind die Vorstellungen der Auftraggeber hinsichtlich der Benutzeroberfläche oft gar nicht oder zu allgemein definiert. Die zukünftigen Benutzer werden gar nicht erst gefragt.

In den Spezifikationen steht dann sehr viel über die Technik des Systems und nur wenig über die Anforderungen und Erwartungen der Benutzer. Die Folge ist oft ein unverhältnismäßig hoher Schulungsaufwand.

Hinzu kommt, daß Auftraggeber und Auftragnehmer häufig unterschiedlichen Disziplinen mit unterschiedlicher Fachsprache angehören. Daraus folgen Mißverständnisse zwischen Auftraggebern und Auftragnehmern (Bonin, 1984). Es fehlen Instrumente, die die Absprache zwischen den beiden Parteien inhaltlich unterstützen. Es kommt infolgedessen häufig zu Mißverständnissen und Fehlinterpretationen, die erst in einem sehr viel späteren Stadium, wenn die Entwicklung schon weit fortgeschritten ist, entdeckt werden und dann teure Änderungen zur Folge haben.

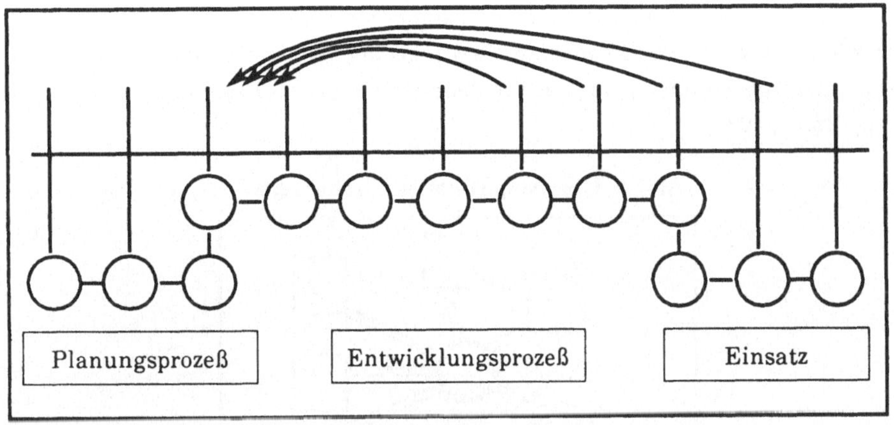

Abb. 1, Entwicklungsprozeß ohne Prototyping:
Viele Änderungen zu spätem Zeitpunkt

Arbeitsplatzsysteme werden multifunktional

Das Problem wird verschärft durch das Aufkommen von multifunktionalen Arbeitsplatzsystemen. Bei ihnen sind mehrere, ursprünglich auf einem je eigenen Gerät mit entsprechender Hardware implementierte Funktionen auf einem einzigen Gerät vereinigt. Die einzelnen Funktionen hatten bisher eigene, aus ihrer Historie heraus begründete Benutzeroberflächen. Diese Funktionen werden nun auf multifunktionalen Systemen vereinigt und müssen in ihrer Benutzeroberfläche vereinheitlicht und integriert werden. Besonderes Augenmerk ist dabei auf die Übergänge von einem Funktionsbaustein zum anderen zu legen. Die Bedürfnisse der Benutzer dürfen hier nicht einer vermeintlich technisch sauberen Architektur geopfert werden. Denn die Benutzer erwarten von einem Arbeitsplatzsystem nicht nur einen Satz isolierter Büroprozesse, die sie, wenn sie Glück haben, in ihrer Situation einsetzen können, sondern vielmehr Werkzeuge, die sie benutzen können und die sie bei ihrer inhaltlichen Arbeit unterstützen.

Eine Möglichkeit für die Übergänge zwischen den Funktionsbausteinen besteht darin, eine Art Drehscheibe zwischen den Funktionen einzurichten, von der aus der Benutzer in die gewünschte Funktion gelangen kann. Nachteil dieser Lösung ist, daß der Benutzer ständig zu dieser Drehscheibe zurückkehren muß und nicht von der Funktion, in der er sich gerade aufhält, in diejenige wechseln kann, die von der fachlichen Aufgabe her logisch folgt. Der bisher gewohnte Arbeitsablauf wird gestört; der Benutzer wird zu unnötigen und zeitraubenden Umwegen gezwungen.

Im konventionellen Designprozeß gehen die Beteiligten vom Gesamtsystem aus und zerlegen es in einzelne Systemkomponenten. Das Ergebnis dieser Zerlegung hängt sehr stark von den Kenntnissen und Fähigkeiten/Erfahrungen der Designer ab. Die benutzten Werkzeuge, die den Designprozeß unterstützen sollen, bieten hier keine Hilfe. Sie stellen zwar Beschreibungsmittel zur Verfügung, mit denen die Designer die Ergebnisse ihrer Top-Down-Zerlegung dokumentieren können. Kriterien aber, wie die Designer vom "Top" zum "Down" gelangen, bieten sie nicht. Hier geben überwiegend die Erfahrung und das Problemverständnis des Designers den Ausschlag (Epple, 1985).

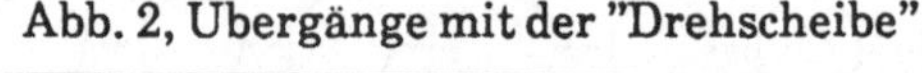

Abb. 2, Übergänge mit der "Drehscheibe"

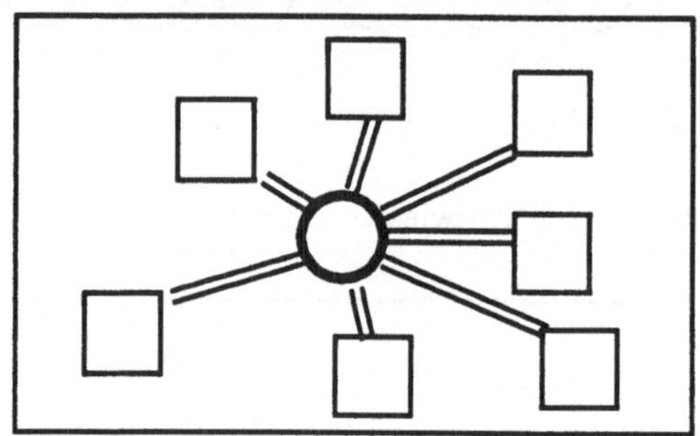

Oberflächen-Prototyping geht von einem anderen Ansatz aus. Zentrale Überlegung ist hier, daß das spätere Produkt für den Benutzer lediglich ein Werkzeug zur Abwicklung seiner fachlichen Augabe ist. Der Benutzeroberfläche des Produkts kommt also entscheidende Bedeutung für den späteren Einsatz zu. Die "panfunktionale" Arbeitsplatzstation, die unbedienbar ist, hilft dem Benutzer nicht.

Oberflächen-Prototyping beginnt mit einer Beschreibung, die nicht von vornherein das spätere Endergebnis fixiert, sondern für Änderungen offen ist. Sie geht von der Sicht des Benutzers aus und erstellt zunächst eine Benutzeroberfläche, die mit Benutzern uberprüft und revidiert werden kann. Auf diese Weise kann sichergestellt werden, daß die Strukturierung und Zerlegung sich mit den Anforderungen der Benutzer an ihr späteres Werkzeug deckt.

Was ist Oberflächen-Prototyping?

Wie der Name sagt, ist sein Gegenstand die Oberfläche eines Systems. Es muß sich nicht notwendigerweise um ein Computersystem handeln, doch wollen wir uns hier auf solche beschränken. Auch der Begriff Benutzeroberfläche muß noch weiter prazisiert werden: Gemeint ist der Teil eines Computersystems (aus Hardware und Software), mit dem sich ein Mensch, während er das System benutzt, auseinandersetzen muß, zunächst also die Ein- und Ausgabeschnittstelle, wie Bildschirm, Drucker und Tastatur auf der Hardwareseite sowie Maskensystem und Kommandointerpreter auf der Softwareseite. Diese Elemente lassen sich verhältnismäßig leicht vom Gesamtsystem isolieren und hinsichtlich ihrer softwareergonomischen Qualität beurteilen und eventuell korrigieren.

Doch noch weitere Faktoren beeinflussen die Benutzeroberfläche eines Systems. Als Beispiel seien hier die Auswahl der realisierten Funktionen und die Übergangsmoglichkeiten von einer Funktion zur anderen genannt. Bei einem dezentralen System kommt noch die Aufteilung der Funktionen auf die einzelnen Komponenten hinzu. Der Einfluß dieser Faktoren auf die Benutzbarkeit eines Computersystems soll durch Oberflächen-Prototyping untersucht und optimiert werden.

Dazu wird in einem Prototypen lediglich die Benutzeroberfläche realisiert. Der Aufwand dafür sollte verhältnismäßig gering sein, da keine tatsächliche Funktionalität dahintersteht, sondern der Prototyp gewissermaßen ein Potemkin'sches Dorf ist. Dieser Oberflächen-Prototyp kann nun hinsichtlich seiner Benutzbarkeit von den Personen getestet werden, die auch später tatsächlich mit dem Computersystem umgehen sollen. Das heißt, Vertreter der späteren Benutzergruppe können zu einem sehr frühen Zeitpunkt anhand realistischer Aufgaben beobachtet und befragt werden. Nach den Ergebnissen aus diesen Tests kann der Prototyp modifiziert und dann erneut getestet werden. Oberflächen-Prototyping ist somit ein zyklischer Prozeß. Eine wichtige Folge dieser Eigenschaft ist, daß zunächst mit einem Teil der Oberflache begonnen werden kann und der Prototyp sukzessive vervollständigt wird.

Der Prototyp "Ablage" und "elektronische Post"

In dem hier vorgestellten Projekt haben wir uns zunächst auf einen Ausschnitt der Oberfläche beschränkt. Das von uns untersuchte System ist ein dezentrales Bürosystem mit Arbeitsplatzstationen, die über eigene Intelligenz und Speichermedien verfügen, sowie unterstützenden Servern im Netz.

Wir haben zunächst die Funktionen elektronische Ablage, elektronische Post und Drucken von Dokumenten betrachtet. Technische Voraussetzung war, daß das System ohne Maus zu bedienen sein sollte. Trotz dieser Einschränkung haben wir uns für ein direktmanipulierbares System entschieden und wollten dabei untersuchen, ob eine direktmanipulierbare Oberfläche nur mit Cursortasten bedient werden kann. Die einzelnen Objekte auf dem Bildschirm wurden über die Cursortasten selektiert. Dazu wurde der Bildschirm in einzelne, voneinander abgegrenzte Felder aufgeteilt, in denen die Objekte liegen können. Auf die selektierten Objekte konnten dann verschiedene Befehle angewandt werden. Wegen der eingeschränkten Beweglichkeit auf dem Bildschirm wurde auf Popup- beziehungsweise Pulldown-Menüs verzichtet. Die in den einzelnen Situationen möglichen Befehle wurden statt dessen durch Softtasten eingegeben. Dabei zeigte es sich, daß sieben Tasten genügten. Bei der Anordnung der Befehle wurde darauf geachtet, daß ähnliche Funktionen in allen Situationen auf der gleichen Taste liegen. Es waren in allen Situationen nur Funktionen aufrufbar, die auch sinnvoll waren. Aus diesen beiden Überlegungen folgte, daß manchmal nicht alle Softtasten belegt waren.

Ergebnisse der Benutzertests

Mitarbeiter des Lehrstuhls für Psychologie der Technischen Universität München (Zang, 1986) führten in zwei Durchläufen Tests mit Versuchspersonen durch, die der Zielgruppe des Produkts entstammten und je zur Hälfte erfahren beziehungsweise nicht-erfahren im Umgang mit Computersystemen waren. Die Versuchspersonen hatten Aufgaben zu lösen, die realistische Situationen zum Umgang mit Post und Ablage darstellten. Die aus den Tests abgeleiteten Änderungsvorschläge wurden mit den Entwicklern und Planern diskutiert und in den Prototyp übernommen.

Abb. 3, Der Benutzer wird miteinbezogen

Den Versuchspersonen wurde nach einer kurzen Einweisung ein Satz von vier Aufgabengruppen überreicht, die sie selbständig lösen sollten.

Nachfolgend eine kleine Auswahl aus den konkreten Ergebnissen. Es sei jedoch darauf hingewiesen, daß hier nicht die Qualitäten der getesteten Oberfläche zur Diskussion stehen, sondern das Werkzeug Oberflächen-Prototyping:

- Die Maske zum Erteilen eines Druckauftrags mußte neu gestaltet werden und von den Elementen zur Anpassung des Druckers bereinigt werden.
- Die Versuchspersonen hatten zu Beginn Schwierigkeiten, den Cursor zu erkennen. Nachdem sie ihn einmal identifiziert hatten, konnten sie jedoch damit umgehen.
- Kritik wurde auch an der linksbündigen Cursorführung beim Zeilenwechsel geäußert.
- Teilweise wurden Rückmeldungen des Systems vermißt.

Bei diesen Ergebnissen ist zu berücksichtigen, daß die Versuchspersonen nur eine äußerst knappe Einführung erhielten, weil bei der untersuchten Benutzeroberfläche viel Wert auf deren Selbsterklärungsfähigkeit gelegt wurde. Zu Beginn des Versuchs mußten die Versuchspersonen durch Probieren den Umgang mit dem Prototypen erlernen. Die Häufigkeiten der Fehler und Unsicherheiten nahmen während des Tests generell ab. In der abschließenden Befragung beurteilten zehn vonder zwölf Versuchspersonen das System als für ihre Arbeit einsetzbar. Die Hälfte der Versuchspersonen meinte, sie seien schnell gut zurechtgekommen. Fünf Versuchspersonen meinten, es sei mehr Zeit zum Üben notwendig (als eine Stunde), glaubten aber doch, mit dem System zurechtkommen zu können.

Diskussion

Das Verfahren "Oberflächen-Prototyping" ist als Instrument zum Entwurf von Arbeitsplatzsystemen brauchbar. Es gewährleistet, daß Anforderungen der Benutzer bereits zu einem frühen Zeitpunkt berücksichtigt werden. Die Realisierung dieser Anforderungen kann frühzeitig validiert werden. Es ermöglicht, softwareergonomische Anforderungen bereits in der Planungsphase zu berücksichtigen.

Der gesamte Entwicklungsaufwand wird verringert, weil Fehleinschätzungen hinsichtlich der Funktionalität und der Bedienbarkeit frühzeitig aufgedeckt und korrigiert werden können. Der Prototyp bildet die Diskussionsgrundlage zwischen den beteiligten Parteien. Die frühzeitige Durchführung der Benutzertests bietet die Möglichkeit, auch unerfahrene Benutzer in den Designprozeß einzubeziehen.

Allerdings fehlen hierzu noch zuverlässige und schnelle Bewertungsinstrumente. Diese werden jedoch in einem HdA-Forschungsprojekt zusammen mit der Technischen Universität München entwickelt.

Abb. 4, Oberflächen-Prototyping: Viele Änderungen schon in der Planung

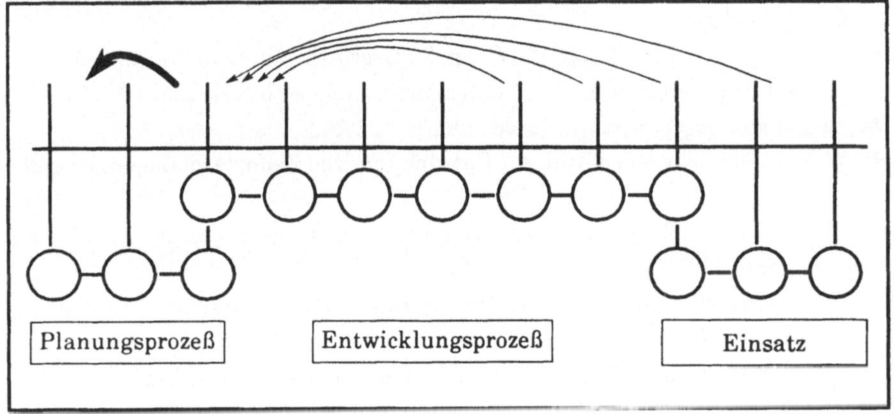

Die Erstellung der Prototypen könnte durch die Verfügbarkeit geeigneter Prototyping-Werkzeuge noch beschleunigt werden. Zu nennen sind hier Lisp-Maschinen und darauf laufende Softwaretools, die das Erstellen und Verändern der Prototypen vereinfachen und beschleunigen.

Prototyping als Planungsinstrument

Oberflächen-Prototyping ist, wie bereits beschrieben, ein Werkzeug, das folgende Möglichkeiten bietet:

- frühzeitiger Test mit künftigen Benutzern
- zyklische Vorgehensweise
- allmähliche Vervollständigung
- Diskussionsgrundlage
- schnelle Ergebnisse bei geringem Aufwand

Aufgrund dieser Leistungen ist Oberflächen-Prototyping nicht nur als Entwicklungswerkzeug einsetzbar, sondern bereits in der Planung, wo es einerseits helfen kann, die Flut der technischen Papiere einzudämmen, und andererseits die vielseitigen Interdependenzen bei multifunktionalen und vernetzten Computersystemen für die beteiligten Planer transparenter zu machen. Dies versetzt die Planung in die Lage, Fehler frühzeitig zu entdecken und zu korrigieren, bevor es zu Fehlentwicklungen gekommen ist, deren Behebung lange Zeit braucht und sehr teuer ist.

Literatur

Boehm, B.W. (1984); Gray, T.E.; Seewaldt, Th.: Prototyping versus Specyfying: A Multiproject Experiment; in: IEEE Transactions on Software Engineering, Vol SE-10, No 3, May 1984, S. 290-302

Bonin, H. (1984); Prototyping; in: OeVD-Online, 1984, S. 74-78

Bury, K.F. (1985): The Iterative Development of Usable Computer Interfaces; in: Human-Computer Interaction - INTERACT '84, B. Shackel (Hg.), North-Holland 1985, S. 743-748

Clark, F. (1985); Drake, P.; Kapp, M.; Wong, P.: User Acceptance of Information Technology Through Prototyping; in: Human-Computer Interaction - INTERACT '84, B. Shackel (Hg.), North-Holland 1985, S. 703-708

Epple, W. K. (1985); Ein Verfahren zur Entwicklung von Bedienerdialogen; Düsseldorf 1985

Gomaa, H.; Scott, D.B.H. (1981): Prototyping as a Tool in the Specifications of User Requirements; in IEEE 1981, S. 333-342

Gomaa, H. (1984): The Impact of Rapid Prototyping on Specyfying User Requirements; in: Software Engineering Notes Vol 8, No 2, April 1984, S. 17-28

Streich, H. (1983); Sylla, K.-H.; Züllighoven, H.: Anmerkungen zum Prototyping; in: Informatik-Fachberichte, GI - 13. Jahrestagung, Heidelberg 1983, S. 344-356

Zang, B. (1986): Untersuchung eines Bürosystems. Beschreibung der Benutzertests und deren Evaluation. Arbeitsbericht, München 1986. Technische Universität, Lehrstuhl für Psychologie

Achim Vohl

Siemens AG

Hofmannstr. 51

8000 München 70

BENUTZER-ENTWICKLER-KOMMUNIKATION
IM SOFTWAREENTWICKLUNGS-PROZEß

Beate Klutmann, Berlin

Zusammenfassung: Die vorliegende Untersuchung hat zum Ziel, die Schwierigkeiten, die zwischen Softwareentwicklern und zukünftigen Benutzern während der frühen Phasen der Softwareentwicklung bestehen, näher zu beleuchten. Zu diesem Zweck sind zunächst zwei Voruntersuchungen durchgeführt worden, deren Ergebnisse zur Entwicklung eines Fragebogens führten. Die Fragebogen wurden von Entwicklern und Benutzern ausgefüllt und werden derzeit ausgewertet. Mit Hilfe der Resultate sollen Aussagen gemacht werden zu den Aufgaben, die Benutzer und Entwickler im Projekt haben, aber auch zu den Erwartungen, die an beide Seiten gestellt werden.

Einleitung

Innerhalb der Softwareentwicklung bemüht man sich um immer bessere methodische Unterstützung des Entwicklungsprozesses. In einem Punkt erweist sich das als schwierig, nämlich bei der Problemanalyse. Hier werden zwischen Softwareentwicklern und Auftraggebern für diese Software sowie den zukünftigen Benutzern die Anforderungen an die Software besprochen. Auch die darauffolgenden Phasen (Istanalyse, Sollkonzept) verlaufen oft problematisch (Kimm et. al. 1979; Schelle, Molzberger 1983). Die Gespräche sind durch Mißverständnisse, Unklarheiten und "Aneinandervorbeireden" geprägt (Müller-Mehrbach 1983), deren Auswirkungen oft erst zum Schluß entdeckt werden (Floyd, Keil 1983). Mitunter finden auch zu wenige Gespräche statt oder es wurden nur die Auftraggeber angesprochen, nicht jedoch die (zukünftigen) Benutzer der Software.

Psychologische Untersuchungen zu diesem Thema sind bislang nicht gemacht worden. Die vorliegende, explorative Studie soll Klarheit darüber erbringen, warum die Gespräche schwierig sind und warum es zwischen Benutzern/Auftraggebern und Entwicklern zu Konflikten kommt.

Erste Voruntersuchung

Die erste Voruntersuchung diente der Einarbeitung in den Themenbereich. Zum einen sollten Erkenntnisse der Psychologie Berücksichtigung finden, zum anderen sollten Interviews mit Softwareentwicklern und Beobachtungen von Gesprächen innerhalb der Softwareentwicklung die praktische

Seite beleuchten. Im Wintersemester 84/85 wurden Studenten der TU-Berlin[1]
in ihren Gesprächen mit Betroffenen beobachtet (14 Gespräche mit durchschnittlich einer Stunde Dauer). Anschliessend wurde ein Fragebogen erstellt, mit
dem Softwareentwickler zu ihren Erfahrungen befragt wurden (Interviews mit
16 Entwicklern). Parallel dazu wurde eine Literaturanalyse zu dem Thema
"Probleme bei Kommunikation und Interaktion" durchgeführt (Klutmann 1985b).
Die Ergebnisse sollen hier zusammengefaßt dargestellt werden.

Während die Sprachpsychologen darauf hinweisen, daß ein redundanter
Symbolgebrauch das Verständnis ebenso erleichtert wie ein angemessenes Bezeichnungsniveau für ein Objekt (Abstraktionsgrad) - vgl. Grimm und Engelkamp
1981 -, so läßt sich in der Praxis durch Beobachtungen nur schwer feststellen,
ob Redundanz und Bezeichnungsniveau angemessen sind. Die Äußerung von Systementwicklern, daß Benutzer und Entwickler in zwei Welten leben, deutet darauf
hin, daß das beim Hörer vorausgesetzte Wissen nicht mit seinem tatsächlichen Wissen übereinstimmt.

Oft war von Softwareentwicklern zu hören, sie würden von den Benutzern wichtige Informationen nicht erhalten. Das mag beispielsweise an der
in psychologischen Experimenten oft gezeigten mangelnden Kooperationsbereit-
schaft liegen (Herkner 1975).

Weitere Gründe für Probleme in der Kommunikation können im Bereich
Personenwahrnehmung liegen: Sympathie, Macht und Glaubwürdigkeit eines Spre-
chers spielen eine große Rolle beim Gespräch (Mueller, Thomas 1976).

Einige Hinweise kamen aus den Interviews zum Thema Erhaltung des
Selbstwertgefühls. Ergebnisse psychologischer Untersuchungen (Frey und Benning 1983) zeigten, daß Informationen, die eine Herabsetzung des Selbstwer-
tes mit sich führen, nicht angenommen werden. Dies hat vermutlich Einfluß
auf Wahrnehmung und Gedächtnis der am Gespräch Beteiligten.

Doch nicht allein der Verlauf des Gespräches sollte berücksichtigt
werden, sondern die Aufgabenstellung und ihre Lösung. Wie aus der Untersuchung
Dörners et al. (1983) zum Problemlösen in Ungewißheit und Komplexität bekannt
ist, gibt es hilfreiche und hinderliche Strategien zum Problemlösen. Das
Sammeln von Informationen, die Planung und Steuerung der Vorgehensweise
sind bei Softwareentwicklern recht unterschiedlich und gemäß den Beobachtungen nicht immer hilfreich im Sinne Dörners.

---

1) Die Lehrveranstaltung "Systemanalyse" ist in 2 Teile gegliedert. In
   einem Semester werden Grundlagen der Systemanalyse besprochen, im zweiten Semester wird in kleinen Gruppen unter Anleitung eines Assistenten
   in einem Betrieb eine Systemanalyse durchgeführt.

Von den Interviewpartnern häufig genannt wurden die hohen Erwartungen
an die EDV, aber auch an den Softwareentwickler. Umgekehrt haben auch Entwickler an die Benutzer Erwartungen, die mitunter unerfüllt bleiben. Desgleichen
erwähnten die Softwareentwickler, daß sachfremde Motive (Karrieresprung
wird vorbereitet, Streit mit einer anderen Abteilung) eine große Rolle spielen können während der Gespräche.

Eine ausführliche Darstellung der Ergebnisse findet sich bei Klutmann
(1985a). Zusammenfassend läßt sich sagen, daß aufgrund der Voruntersuchung
als Gründe für die Probleme bei den Gesprächen Verständigungsschwierigkeiten,
wie sie von Sprachpsychologen gesehen werden, gelten können. Ferner mögen
Vertrauen und Kooperation sowie die Personenwahrnehmung eine Rolle spielen.
Auch die Arbeitsweise - ein gutes oder schlechtes Problemlösen - und die
unterschiedlichen Interessen und Erwartungen der am Gespräch Beteiligten
mögen ausschlaggebend sein.

Zweite Voruntersuchung

Die durch die erste Untersuchung entwickelten Ideen sollten in Softwareentwicklungs-Projekten überprüft werden. Zu diesem Zweck wurden 16 Firmen mit Softwareentwicklung (im eigenen Haus oder extern) angesprochen, von
denen vier ihre Mitarbeit zusagten. Bei den Firmen handelte es sich zum
einen um die Studiengemeinschaft Nahverkehr (SNV), dann um ein Tochterunter-
nehmen einer großen deutschen Firma. Hier war sogar die Betreuung von zwei
Projekten möglich. Zum anderen beteiligten sich zwei Softwarehäuser an dem
Forschungsvorhaben.

Durchführung: Von Oktober 1985 bis März 1986 konnten 25 Gespräche
beobachtet werden (zusammen 86 1/2 Std.), deren Dauer zwischen zwei und
acht Stunden variierte. Die Termine lagen innerhalb eines Projektes etwa
einen Monat auseinander mit Ausnahme eines bereits fortgeschrittenen Projektes, bei dem aufgrund größerer Unstimmigkeiten wöchentliche Termine ausge-
macht worden waren. Bedauerlicherweise gab es eine Reihe von organisatorischen Problemen. Nicht immer wurden die Gespräche oder eine Terminverlegung
bekannt gegeben, so daß fünf weitere Gespräche nicht beobachtet werden konnten. Bei einem Projekt hatte sich das Softwarehaus nach drei Terminen entschieden, aus dem Vertrag auszutreten. In einer anderen Firma waren die Gespräche
so problematisch verlaufen, daß nur ein einziges Mal eine Beobachtung möglich
war. Das Hamburger Projekt (SNV) war aufgrund der Flugkosten nur schwer zu
begleiten.

Methode: Leider war es nicht möglich, systematische Beobachtungen
mit standardisierten Beobachtungsbogen durchzuführen. Einerseits erwiesen

sich die Gespräche als "psychologisch unauffällig" -es wurden in der Haupt-
sache Fragen und Antworten ausgetauscht. Andererseits waren die Gesprächs-
inhalte nicht immer verständlich für einen Außenstehenden und somit auch
schwer zu beurteilen (z. B. danach, ob jemand mit einer Antwort auf die
Frage Bezug nimmt oder das Thema umgeht). Dies stellte sich bereits nach
den ersten beiden Gesprächen, die beobachtet wurden, heraus. Ein weiterer
Punkt, der die systematische Beobachtung erschwert hätte und der letztlich
auch Anlaß gab, die Hauptuntersuchung mit Fragebogen zu bestreiten, waren
die bereits erwähnten organisatorischen Schwierigkeiten.

Die Entscheidung war also zunächst für überwiegend unstandardisierte
Methoden gefallen, um noch einmal Information zu gewinnen. Außer den 86
Beobachtungsstunden wurden 28 Interviews mit den Beteiligten im Anschluß an
die Gespräche geführt. Diese halbstandardisierten Interviews (Dauer ca. 20
Min.) waren nur in einem Projekt konsequent nach jedem Gespräch mit allen
Beteiligten durchführbar. Hier konnte auch ein standardisierter Fragebogen
an 25 Personen (Benutzer und Entwickler) zum Ausfüllen gegeben werden. Zusätzlich wurden noch mit einem Benutzer, einem Auftraggeber und zwei Entwicklern intensive Gespräche von ca. einer Stunde Dauer geführt (mit Tonband).

Während der Beobachtungen und der mündlichen Interviews wurde notiert,
was auffällig erschien oder was als Hinweis für ein Problemfeld angesehen
wurde. Die Ergebnissse der ersten Voruntersuchung waren dabei ein Leitbild.
Die Notizen wurden dahingehend ausgewertet, daß häufig wiederkehrende und
allgemeingültige Bemerkungen gesammelt und den Themenbereichen der ersten
Voruntersuchung zugeordnet wurden. Das, was speziell für ein Projekt oder
in einer einzelnen Situation galt, wurde vernachlässigt.

Somit konnten folgende Informationen gewonnen werden: Beobachtungen
in fünf Projekten, Interviews mit Entwicklern in zwei der fünf Projekte,
Interviews mit Benutzern in einem der fünf Projekte, Interviews mit Entwicklern und Benutzern nach den ersten Gesprächen mündlich, bei den letzten
Gesprächen in schriftlicher Form bei einem anderen der fünf Projekte. Außerdem waren vier Personen bereit, ein längeres, freies Interview zu geben und
dies mittels Tonband festhalten zu lassen.

Es wurde eine Reihe von Hinweisen zusammengetragen, die zu den Resul-
taten der ersten Voruntersuchung passen. Dies waren jedoch in der Mehrzahl
psychologische Probleme, die allgemein in Sachgesprächen auftreten können.
Noch zu entdecken wäre der Bereich der Einstellungen und Erwartungen, die
in Softwareentwicklungs-Projekten zum Ausdruck kommen.

Die im folgenden genannten, stark gekürzten Resultate sind bereits
so aufbereitet worden, daß sie in erster Linie den (unscharfen) Bereich

"Interessen, Erwartungen" der ersten Untersuchung abdecken.

Ergebnisse: Die Softwareentwicklungs-Projekte sind völlig unterschiedlich organisiert (Ausmaß an Partizipation der Betroffenen, Entwicklung im eigenen Haus oder mit Hilfe eines Software-Unternehmens). Es scheint nicht klar zu sein, wer im Projekt welche Rolle hat bzw. welche Aufgaben übernimmt.

Damit geht eine Reihe von Erwartungen einher, die mitunter enttäuscht werden. Diese Aufgaben/Rollen können einerseits abstrakter Art sein (wer sollte sich welchem Konzept anpassen, wer übernimmt Verantwortung), andererseits konkret in den Gesprächen auftreten (wer sollte das Gespräch leiten, etwas erklären). Ein weiterer Punkt sind die Einflußmöglichkeiten, die die verschiedenen Gruppen in einem Projekt haben bzw. wie diese Einflußmöglichkeiten gesehen werden. Bei all diesen Punkten stellt sich die Frage, wo Entwickler und Benutzer einer Meinung oder unterschiedlicher Meinung sind. Dies gilt auch für eine Reihe von Aussagen über Benutzer und Entwickler (Benutzer können ihre Wünsche nicht artikulieren./Der Entwickler müßte erkennen, was der Benutzer will). Einige Aussagen waren von Benutzern und Entwicklern zu hören, als seien sie ein allgemein bekanntes (akzeptiertes) Phänomen (z. B. Die Benutzer wissen nicht genau, was sie wollen). Darüber hinaus gibt es jedoch auch Meinungen über den Gesprächspartner, die unter der Rubrik "Vorwurf" zu verbuchen wären (Benutzer gehen bei Gesprächen zu sehr ins Detail./Die Entwickler erklären zuwenig). Für die Gruppe der Benutzer kommt außerdem noch die Arbeit mit der Software als mögliches Problem hinzu.

Entwicklung des Fragebogens

Die Ergebnisse der zweiten Voruntersuchung wurden zu Aussagesätzen umgewandelt, die einen ersten Itempool bildeten. Die Items wurden nach den Kriterien der Einfachheit, Konkretheit und Eindimensionalität ausgewählt bzw. neu formuliert, nur ein Bezugsrahmen war zu verwenden und die Aussagen sollten inhaltlich Gruppen zugeordnet werden können. (Leider ist es nicht immer gelungen, einen einfachen Satz zu formulieren.) Der erste Fragebogen wurde mit 6 Experten (3 Psychologen, 3 Informatikern) besprochen, und die Verbesserungsvorschläge führten zu einem zweiten Entwurf. Dieser wurde von einem Benutzer und einem Entwickler unter Beobachtung ausgefüllt. Die Fragen der Probanden wiesen auf mögliche Mißverständnisse hin, die ebenfalls beseitigt wurden.

An dieser Stelle sei darauf hingewiesen, daß auch die Hauptuntersuchung zu diesem Forschungsvorhaben als Pilotprojekt zu verstehen ist. Zu dem vorliegenden Thema gibt es offensichtlich keine Untersuchung aus psycho-

logischer Sicht und wenige aus Sicht der Informatiker (z. B. Law, Züllinghoven
1984). Die Befragungsergebnisse werden zunächst nur helfen, das Forschungs-
feld zu ordnen und für weitere Forschungen zu öffnen. Aus diesen Gründen
wurde auch auf eine Untersuchung der Validität und der Reliabilität verzichtet.

Die folgenden Fragegruppen sind somit im Fragebogen vorzufinden:

Gruppe	Inhalt der Fragen
1	Zur Person, zur Arbeit und zum Softwareentwicklungs-Projekt
2	Zur Informationsvermittlung und Partizipation
3	Aufgaben der Entwickler und Benutzer
4	Einflußmöglichkeiten
5	Meinung zum Projekt
6	Aussagen über den Gesprächspartner (für Benutzer und Entwickler getrennt)
7	Arbeit mit der Software (nur Benutzer)

Durchführung der Hauptuntersuchung

Die Fragebogen wurden nicht anonym, sondern mittels persönlicher
Ansprache von Softwareentwicklern, Beratern, Abteilungsleitern oder Benutzern verteilt. Dadurch ist die Rücklaufquote recht hoch (schätzungsweise 80%).
Eine genaue Angabe kann nicht gemacht werden, da in einigen Fällen nur so
viele Fragebogen abgeschickt wurden, wie erwartungsgemäß ausgefüllt werden
würden. Dadurch fand bereits eine Selektion statt.

Die Fragebogen gingen zu öffentlichen oder privatwirtschaftlichen
Betrieben mit eigener oder fremder Softwareentwicklung, zu Softwarehäusern
oder Vereinen.

Die Auswertung läuft derzeit noch. Sie dient dem Zweck, für eine
Reihe von Aussagen eine zahlenmäßige Zustimmung oder Ablehnung zu erhalten,
die bislang höchstens in Form von Gerüchten bekannt war. Da es sich bei der
Untersuchung um eine Exploration handelt, können nur ganz allgemeine Hypothesen formuliert werden.

Eine Hypothese lautet, daß Benutzer und Entwickler zu den Aussagen
der Gruppe 3 bis 5 (siehe Abschnitt "Entwicklung des Fragebogens") unterschiedlicher Meinung sind. Des weiteren wird angenommen, daß Benutzer und Auftraggeber zu einigen Aussagen unterschiedliche Antworten geben.

Die zweite Hypothese bezieht sich auf die Aufgabenverteilung (Gruppe 3);

es wird vermutet, daß sowohl Benutzer als auch Entwickler ihre Wünsche an
den Gesprächspartner nicht im Einklang mit der Realität sehen.

Eine dritte Hypothese stellt die Vermutung dar, daß Benutzer wenig
Möglichkeiten sehen, innerhalb eines Softwareentwicklungs-Projektes Einfluß
nehmen zu können (Gruppe 4).

Viertens wird angenommen, daß den Items der Gruppe 6 (Aussagen über
Gesprächspartner) zugestimmt wird mit Ausnahme von vier Sätzen, bei denen
Ablehnung erwartet wird. In Anlehnung an die Ergebnisse der zweiten Voruntersuchung besteht für jeden Satz eine Annahme, wie er beantwortet wird. Bei
den Zusatz-Items für Benutzer zur Software (Gruppe 7) wird Zustimmung erwartet.

Die Häufigkeitsverteilungen zu den Antworten werden Aussagen über
Softwareentwicklungs-Projekte im allgemeinen zulassen. Darüber hinaus ist
zu erwarten, daß in bestimmten Projekten (sofern sie zu identifizieren sind)
vom Durchschnitt abweichende Antworten auftreten.

Die derzeit (Februar 1987) vorliegenden Ergebnisse werden im nächsten
Abschnitt dargestellt werden.

Ergebnisse

Von den Ergebnissen sollen als erstes die Angaben zur Person referiert
werden, da somit die Stichprobe genauer beschrieben wird (vgl. hierzu Tab.
1). Momentan liegen Antworten von 9o Personen vor (weitere 50 Fragebogen
werden noch erwartet), davon 47 Entwickler und 43 Benutzer. Die Gruppe der
Benutzer setzt sich aus 16 Auftraggebern und 27 Benutzern zusammen.

Zu den Softwareentwicklungs-Projekten läßt sich sagen, daß 75% der
Projekte noch nicht abgeschlossen waren zum Zeitpunkt der Befragung (jedoch
ist die Phase "Wartung" auch zur Projektlaufzeit gerechnet worden). Die
Dauer der Projekte wurde sehr unterschiedlich eingeschätzt, überwiegend
wurden über 30 Mann-Monate angegeben. Bei den abgeschlossenen Projekten
waren die meisten länger als 100 Mann-Monate. Drei Viertel der Befragten
gab an, daß Zeitdruck entstanden war.

In den meisten Projekten wurde völlig neue Software erstellt und
zwar gleich häufig von einem Softwarehaus für einen Kunden und von der EDV-
Abteilung einer Firma für eine andere Abteilung im Haus.

Die ersten Ergebnisse zu dem Hauptteil des Fragebogens sind die
Häufigkeitsverteilungen der Benutzer - und Entwickler - Antworten. Sie deuten darauf hin, daß die Position der Benutzer recht unklar ist. Nur gut die
Hälfte der Benutzer gab an, über ihre Aufgaben im Projekt ziemlich oder
völlig informiert zu sein. (Bei den Entwicklern sind es nicht ganz zwei

Drittel, die über die Aufgaben der Benutzer informiert sind.) Es wird von Benutzern und Entwicklern bestätigt, daß die Benutzer die Aufgabe haben, ihre Tätigkeit so darzustellen, daß von Softwareentwicklern eine Lösung herausgearbeitet werden kann. Allerdings sind allein die Benutzer der Meinung, daß sie es oft oder immer tun. Die Entwickler sind nicht so zufrieden mit der Realität. Ein weiteres Problem scheinen die EDV-Kenntnisse der Benutzer zu sein. Sie werden von beiden Seiten gewünscht, sind aber tatsächlich nicht in ausreichendem Maße vorhanden.

Benutzer und Entwickler sind gleichermaßen der Meinung, daß die Entwickler während der Gespräche vor allem Ideen einbringen und Fragen stellen sollten. Das ist auch meistens der Fall im Projekt.

Weniger deutlich sind die Ergebnisse für die Benutzer. Sie sollen ihre Interessen durchsetzen, das wünschen beide Seiten. Als zweite Tätigkeit während der Gespräche (es konnten zwei von 11 Möglichkeiten gewählt werden) nannten die Benutzer "Ideen einbringen" und "Fragen stellen", die Entwickler dagegen "Antworten geben" oder "erklären". Die Benutzer waren mit sich selber zufrieden, die Entwickler mit den Benutzern nur zur Hälfte. Die andere Hälfte wünschte sich mehr Ideen und Erklärungen.

Tab. 1 Angaben zur Person

	Benutzer (n= 43)	Entwickler (n= 47)
Geschlecht	m= 37 w= 5	m= 43 w= 4
Alter	Spannbreite: 25 bis 59 J. Durchschnitt: 40 Jahre	Spannbreite: 23 bis 47 J. Durchschnitt: 35 Jahre
Berufsausbildg. abgeschlossen	ja: 40 keine Ang.:3	ja: 45 keine Ang.:1
welche +	Industriekaufmnn: 13 Betriebswirt: 11	Industriekaufmann: 13 Betriebswirt: 4
Status i.d. Firma +	Angestellter: 22 Angest. m. Vorgesetztenfunktion: 13	Angestellter: 26 Angest. m. Vorgesetztenfunktion: 16
EDV-Kenntnisse +	mittel: 23	gut: 18 sehr gut: 18
Arbeit m.d. Rechner +	jeden Tag: 22 wöchentl.: 8	jeden Tag: 40 wöchentl.: 4
arbeiten später m.d. Software selber	ja: 21 nein: 19	ja: 9 nein:38

+ die häufigsten Nennungen wurden angegeben

Der Fragenkomplex bezüglich der Einflußmöglichkeiten wurde von den
Benutzern im allgemeinen recht zuversichtlich beantwortet: Sie sehen in den
Gesprächen "Teamarbeit" und "Meinungsaustausch", während die Entwickler
außer "Teamarbeit" auch noch "Verhandlung" angaben. Zwei Drittel der Benutzer meinte, man geht auf das, was sie sagen, angemessen ein. Von den
Entwicklern stimmten dem nur die Hälfte zu. Es sollte später noch überprüft
werden, ob die Benutzer, die ein Projekt abgeschlossen haben, eventuell
diese Punkte kritischer sehen als die Benutzer, deren Projekt noch läuft.

Von den Aussagen, die für Benutzer und Entwickler getrennt
aufgestellt wurden, sollen die weniger eindeutig beantworteten genannt
werden. In den meisten Fällen wurden die Kritikpunkte am Gesprächspartner
abgelehnt. Aber Benutzer zweifeln gelegentlich an der Fachkompetenz der
Entwickler (also nicht die EDV-Kenntnisse, sondern die Fachprobleme der
Benutzer).

Die Entwickler sind gelegentlich von den Vorbereitungen für das
Projekt, der Bereitschaft Veränderungen in Kauf zu nehmen von den Benutzern
enttäuscht. Diese sollten mehr Vertrauen haben und offener ihre Meinung
sagen. (Jedoch geben die Entwickler an, auch nur mittelmäßiges Vertrauen in
die Benutzer zu haben.)

Vorläufig kann über die Aufgaben der Entwickler im Projekt gesagt
werden, daß sie nicht immer zur Zufriedenheit der Entwickler erfüllt werden.
Jedoch kennen nicht alle Benutzer ihre Aufgaben im Projekt. Sie erwarten
ihrerseits von den Entwicklern mehr Einsatz bzgl. ihrer Fachprobleme.

Literaturverzeichnis

Dörner, Kreuzig, Reither, Stäudel (Hrsg.) (1983): Lohhausen. Huber, Bern,
    Stuttgart, Wien

Floyd, Ch., Keil, R. (1983): Softwaretechnik und Betroffenenbeteiligung.
    In: Mambrey, Oppermann

Frey, D., Benning, E. (1983): Das Selbtwertgefühl. In: Mandl, Huber

Grimm, H., Engelkamp, J. (1981): Sprachpsychologie. Handbuch und Lexikon
    der Psycholinguistik, Schmidt, Berlin

Herkner, W. (1975): Einführung in die Sozialpsychologie, Huber, Bern, Stutt-
    gart, Wien

Kimm, Koch, Simonsmeier, Tontsch (1979): Einführung in Software Engineering
    Berlin, New York, de Gruyter

Klutmann, B. (1985a): Benutzer-Entwickler-Kommunikation während einer System-
    entwicklung, unveröffentl. Manuskript der TU Berlin, FB 11, Institut
    für Arbeitswissenschaft

Klutmann, B. (1985b): Literaturanalyse und Voruntersuchungen zur Benutzer-Entwickler-Kommunikation während der Softwareentwicklung. In: Mitteilungen der Fachgruppe "Software-Engineering" der GI, Heft 5-3

Law, D., Züllighofen, H. (1984): Requirements Specification and User Involvement. GMD und NCC, Bonn und Manchester

Mambrey, P., Oppermann, R. (1983): Beteiligung von Betroffenen bei der Entwicklung von Informationssystemen. Campus, Frankfurt, New York

Mandl, H., Huber, G.L. (Hrsg.) (1983): Emotion und Kognition. Urban und Schwarzenberg, München, Wien, Baltimore

Mueller, E.F., Thomas, A. (197): Einführung in die Sozialpsychologie. Hogrefe, Göttingen, Toronto, Zürich

Mueller-Mehrbach, H. (1983): Systemanalyse als gelenkter kreativer Prozeß. In: Schelle, Molzberger (1983)

Schelle, H., Molzberger, P. (Hrsg.) (1983): Psychologische Aspekte der Software-Entwicklung. Oldenbourg, München, Wien

Beate Klutmann
Institut für Arbeitswissenschaft
TU Berlin
Ernst-Reuter-Platz 7
1000 Berlin 1o

OPTIMIERUNG DER BENUTZERSCHNITTSTELLE DURCH DEN BENUTZER

Andreas M. Heinecke, Hamburg

Zusammenfassung: Benutzeroberflächen von Prozeßleitsystemen werden im Hinblick auf eine schnelle, sichere und leichte Bedienung optimiert. Da es nicht erwiesen ist, ob es eine für alle in Frage kommenden Benutzer optimale Informationsdarstellung gibt oder ob sich eine solche von Benutzer zu Benutzer unterscheiden muß, wird vorgeschlagen, dem Benutzer zahlreiche Anpassungsfunktionen zur Verfügung zu stellen, damit er sich die Benutzeroberfläche nach seinen Vorstellungen optimieren kann. Es wird ein solches anpaßbares System vorgestellt mit Vorschlägen für eine Evaluierung.

Prozeßleitung mit Datensichtgeräten

Seit Mitte der siebziger Jahre werden für die Prozeßüberwachung und -steuerung graphische Bildschirmsysteme eingesetzt. Am weitesten verbreitet sind hierbei semigraphische Farbbildschirme zur Ausgabe von Texten und Diagrammen. Die Art der Informationsdarstellung wurde meist von den vorher vorhandenen konventionellen Mimik-Diagrammen, Anzeigen und Schreibern übernommen.

Untersuchungen zur optimalen Gestaltung der Bildschirm-Anzeigen befaßten sich zunächst mit der notwendigen Zeichengrösse, der Erkennbarkeit von Symbolen in Abhängigkeit von den verwendeten Farben oder der Auswahl geeigneter Bedienelemente für bestimmte Teilaufgaben. Versuche im Rahmen solcher Untersuchungen gingen meist von einer stark vereinfachten Prozeßleitaufgabe aus. Häufig bestanden die Aufgaben nur darin, bestimmte Zeichen zu erkennen oder bestimmte Objekte zu bezeichen.

Diese Forschungsarbeiten liefern sicherlich notwendige Bedingungen zur Gestaltung der Benutzeroberfläche eines Prozeßleitsystems. Wenn bereits die Erkennbarkeit von Zeichen nicht gewährleistet ist, kann auch die Prozeßleitaufgabe nicht optimal ausgeführt werden. Die für die Zeichengröße, die Farbgebung, die Symbolgestaltung und andere grundlegende Systemeigenschaften gewonnenen Erkenntnisse sind aber nicht hinreichend für eine angemessene Gestaltung der Benutzeroberfläche. Insbesondere für die Informationsausgabe gibt es auch bei Beachtung dieser Gestaltungsempfehlungen häufig noch verschiedene Möglichkeiten (z.B. analog oder digital), die in ihren Auswirkungen auf die Aufgabe des Bedieners miteinander verglichen werden müssen. Hierzu ist zunächst zu fragen, wie verschiedene Anzeigen bewertet werden können.

Optimalität von Prozeßanzeigen

Ein Prozeßleitsystem ist sicherlich um so besser gestaltet, je weniger Bedienfehler vorkommen und je sicherer und schneller die nötigen Bedieneingriffe ausgeführt werden. Will man verschiedene Informationsdarstellungen anhand dieses Kriteriums bewerten, sind eigentlich Vergleiche in realen Betriebssituationen nötig, z.B. mit Hilfe eines Simulators. Ein Hauptproblem ist hierbei, daß Auswirkungen verschiedener Informationsdarstellungen oft nicht leicht beobachtbar sind. So kann es sein, daß ein Bediener auch mit einer "schlechten" Anzeige seine Aufgabe korrekt erfüllt, indem er sich stärker anstrengt.

Als ein weiteres Maß für die Güte der Systemgestaltung muß also die Beanspruchung des Bedieners bei vergleichbarer Belastung herangezogen werden (vgl. Schütte u.a., 1984). Hierzu können zum einen physiologische Werte am Bediener gemessen werden, zum anderen ist es möglich, die Ausführung einer Nebenaufgabe zu bewerten, die der Bediener immer dann zu erledigen hat, wenn ihm die Hauptaufgabe dazu Zeit läßt. Da Untersuchungen dieser Art ziemlich aufwendig sind, beschränkt man sich häufig darauf, lediglich verschiedene Entwürfe für Informationsausgaben zu erstellen und sie anhand formaler Kriterien zu beurteilen (Eggerdinger & Schattner 1984) oder den Benutzern zur Beurteilung vorzulegen, eventuell nachdem diese kurz damit gearbeitet haben (Froese & Heinecke 1984).

Die Anzeigen für Prozeßleitsysteme werden im allgemeinen von DV-Spezialisten nach Vorgaben der Prozeßingenieure implementiert. Die Operateure, die den Prozeß mit Hilfe der Anzeigen zu leiten haben, werden häufig nicht beteiligt oder allenfalls, wie oben beschrieben, um Beurteilung verschiedener Entwürfe gebeten. Lediglich in einigen Fällen wurden auch eigene Vorschläge erfragt. Da sich die mentalen Modelle des Prozesses bei den Prozeßingenieuren und den Bedienern vermutlich nicht vollständig decken, können hier bereits Mißverständnisse auftreten, die einen "optimalen" Systementwurf behindern.

Bei solchen Optimalitätsbetrachtungen wird implizit davon ausgegangen, daß es eine Informationsdarstellung gibt, die für alle in Frage kommenden Bediener gleichermaßen gut geeignet ist. Um diese zu ermitteln, arbeitet man mit einer größeren Anzahl von Versuchspersonen und erklärt individuelle Abweichungen statistisch. Dabei wurde bisher nicht untersucht, ob vielleicht Versuchspersonen, die bei der "optimalen" Lösung ein besonders schlechtes Ergebnis erzielten, dafür bei einer anderen Lösung überdurchschnittlich gut waren.

Es könnte aber sein, daß es eine für alle Benutzer optimale Informationsanzeige nicht gibt, insbesondere dann nicht, wenn die Benutzergruppe groß und inhomogen ist, etwa durch verschiedene Ausbildung und Erfahrung. Als extremes Beispiel sei hier die gesamte Bevölkerung genannt, die sich zur Aufgabe des Bestimmens der Uhrzeit teils einer digitalen, teils einer analogen Anzeige bedient. Die Bevorzugung einer dieser beiden Formen durch bestimmte Personen könnte auf unterschiedlichen Denkweisen (mehr arithmetisch oder mehr geometrisch orientiert) beruhen, was die Hypothese unterstützen würde, daß eine allgemein optimale Informationsdarstellung für bestimmte Prozeßwerte nicht möglich ist.

Unterschiedliche Benutzergruppen eines Systems haben häufig auch unterschiedliche Informationsbedürfnisse. Als Beispiel mag hier ein Prozeßleitsystem für den technischen Schiffsbetrieb dienen, das auf der Brücke installiert ist. Der Nautiker wird im Regelfall nur daran interessiert sein, ob technische Störungen sich auf das Fahren des Schiffes auswirken und wie er diese Störungen kompensieren kann. Der Schiffsingenieur hingegen wird detaillierte Angaben aus dem gestörten System zur Lokalisierung und Behebung des Fehlers benötigen, so daß es sinnvoll erscheint, verschiedene Informationsdarstellungen anzubieten (Froese & Heinecke 1986).

Benutzerbeteiligung oder Anpaßbarkeit

Im allgemeinen wird davon ausgegangen, daß eine möglichst frühzeitige Benutzerbeteiligung erforderlich ist, um ein System zu entwickeln, das ergonomischen Anforderungen genügt und vom Benutzer akzeptiert wird. Für die Entwicklung eines Prozeßleitsystems wirft diese Forderung verschiedenen Probleme auf.

Einerseits werden Prozeßleitsysteme normalerweise nicht für spezielle Anwendungen entwickelt, sondern es gibt Systeme, die lediglich für den jeweiligen Anwendungsfall neu konfiguriert werden. Für die Informationsdarstellung bedeutet dies, daß bestimmte Konzepte wie z.B. hierarchische Bildorganisation, festgelegte Alarmdarstellungen etc. nicht verändert werden können. Lediglich im Rahmen dieser Konzepte sind verschiedene Ausformungen der Benutzerschnittstelle möglich, etwa durch die Konstruktion unterschiedlicher Mimik-Diagramme.

Sollen nun die Benutzer (oder besser "die Bediener", da es sich ja hierbei um die späteren Operateure handelt) beispielsweise an der Gestaltung solcher Mimik-Diagramme beteiligt werden, treten die oben geschilderten Probleme auf. Es ist nicht sicher, ob die unter einer solchen Beteiligung entwickelten Informationsdarstellungen dann später wirklich für alle in Frage kommenden Bediener von Vorteil sind.

Als Alternative oder besser noch als Ergänzung bietet sich an, das System so zu planen, daß der Bediener später im möglichst großem Umfang die Benutzerschnittstelle seinen Anforderungen anpassen kann. Eine solche Anpaßbarkeit gewährleistet es, daß auch Personen mit verschiedenen Ausbildungen und Erfahrungen und möglicherweise verschiedenen Denkweisen jeweils optimal mit dem System arbeiten können. Gleichzeitig darf eine Erhöhung der Akzeptanz erwartet werden, wenn der Bediener (der hier wieder mehr zum Benutzer wird) sich das System an seine Arbeitsweise anpassen kann. Im folgenden soll ein solches anpaßbares System (Heinecke 1986) kurz vorgestellt werden.

Ein anpaßbares Prozeßleitsystem

Auch ein anpaßbares System muß natürlich einen bestimmten Gestaltungsrahmen vorgeben durch gewisse Bedien- und Anzeigekonzepte. Gegenüber den üblichen Prozeßleitsystemen soll dieser Rahmen aber weiter gefaßt sein und vor allem wird die Anpassung innerhalb dieses Rahmens durch den Benutzer/Bediener und nicht durch DV-Spezialisten oder Prozeßingenieure vorgenommen.

Als Grundlage für das System wurde eine graphische Benutzerschnittstelle mit Fenstertechnik, Rolladen-Menüs, Piktogrammen und Dialog-Formularen gewählt. Für die Arbeiten stand ein Mikrocomputer mit vollgraphischem Schwarz-Weiß-Monitor mit einer Auflösung von 640*400 Punkten zur Verfügung. Als Eingabegerät dient eine Rollkugel und die Tastatur. Die Werte von Prozeßvariablen können durch ein Hintergrundprogramm simuliert werden.

Überlegungen zur Belastung des Bedieners bei konkurrenten Aufgaben hatten schon vorher die Forderung nach bestimmten Konzepten der Informationsdarstellung ergeben, nämlich Meldungen mit Entscheidungshilfen, Notfallbilder und Mehr-Ebenen-Prozeßführung (Heinecke 1985). Diese wurden unter der beschriebenen einheitlichen Benutzeroberfläche in das System eingearbeitet und um die für die Anpaßbarkeit nötigen Funktionen ergänzt.

Informationen über den (hier simulierten) Prozeß werden in Form von Textmeldungen und Statusfenstern angezeigt. Dabei erscheinen Textmeldungen regelbasiert in Abhängigkeit vom Prozeßzustand ohne Zutun des Benutzers (Warnungen und Alarme). Statusfenster werden auf Anforderung des Benutzers geöffnet, sie enthalten die bereits erwähnten Informationsdarstellungen in Form von Zeichnungen, Diagrammen, Symbolen und alphanumerischen Anzeigen auf verschiedenen Abstraktionsebenen (Abb. 1).

Die Anpassung des Systems durch den Bediener oder Benutzer ist in mehreren Stufen möglich. Auf der untersten Stufe stehen hierbei die Parameteränderungen, die über die Menüleiste eingeleitet werden können. Änderbar sind: die Sprache des Systems (deutsch / englisch), die Bildschirmfarbe (Positiv- / Negativdarstellung), die Standard-Abstraktionsebene für Statusbilder und die Standard-Zoomstufe für Statusbilder (Abb. 2).

Die zweite Stufe der Anpassung ist durch eines der zur Verfügung stehenden Hilfsprogramme möglich, den "Notizblock". Nach Anklicken des Notizblock-Piktogramms öffnet sich ein Textfenster, daß mit der Tastatur bearbeitet werden kann. Eine so erstellte Notiz kann in Anzeigenbilder, Meldungen und Listen "geklebt" werden. Sie wird dort dann wieder als ein kleines Piktogramm dargestellt, daß durch Anklicken mit der Rollkugel geöffnet werden kann (Abb. 3).

In der dritten Stufe wird ein Editor zur Verfügung gestellt, mit dem die Texte der Warn- und Alarmmeldungen bearbeitet werden können, soweit sie nicht aus Sicherheitsgründen geschützt sind. Ein weiterer Editor ermöglicht die Bearbeitung von Anzeigenbildern. Er soll wie eines der bekannten mausgesteuerten Zeichenprogramme arbeiten. Der Benutzer kann die festen Teile eines Anzeigenbildes aus geometrischen Primitiven herstellen. Ebenso lassen sich komplexere Symbole aus diesen Primitiven zusammensetzen. Einige Standard-Anzeigen wie Balkendiagramme und Kurven können aus einer Menüleiste ausgewählt und in das Bild geschoben werden, wo sie dann auf die gewünschte Größe gebracht werden. Die Zuordnung von Anzeigen zu Prozeßvariablen geschieht in Tabellenform (Abb. 4).

Die oberste Anpassungsstufe bildet der Regel-Editor, mit dem die Regeln zur Aktivierung von Warn- und Alarmmeldungen bearbeitet werden können, wenn sie nicht geschützt sind. Mit Hilfe des Regel-Editors können auch zusätzliche Meldungen für bestimmte Prozeßzustände erzeugt werden. Da auch die eigentliche Prozeßsteuerung regelbasiert erfolgen wird, kann mit Hilfe dieses Editors tief in das System eingegriffen werden. Er soll deshalb dem Benutzer allenfalls teilweise zur Verfügung stehen.

Implementation und Evaluation

Eine Demonstrationsversion des Prozeßleitsystems ohne die dritte und vierte Stufe der Anpaßbarkeit wird zur Zeit um die Editoren zur Anzeigenerstellung und Meldungstextbearbeitung ergänzt. Das erweiterte System soll dann auf der Brücke der Schiffsführungs- und Simulationsanlage SUSAN (Sander 1981) der Fachhochschule Hamburg, FB Seefahrt, installiert werden. Dies ermöglicht die Simulation der Überwachung schiffstechnischer Systeme im Kontext einer realitätsnahen Fahraufgabe.

Die Evaluation soll möglichst Antworten auf die Fragen geben, ob die angebotenen Anpassungsfunktionen im Betrieb tatsächlich benutzt werden, ob verschiedene Benutzer unterschiedliche Informationsdarstellungen bevorzugen und ob ein anpaßbares System gegenüber einem konventionellen System Vorteile in Bezug auf schnelle, leichte und sichere Bedienung bietet. Die hierzu notwendigen Versuche müssen gemeinsam mit Arbeitswissenschaftlern, Nautikern und Schiffsingenieuren geplant werden, so daß hier nur erste Vorschläge gemacht werden können.

Abb. 1   Prozeßleitsystem mit Statusfenstern
und Notfallbild

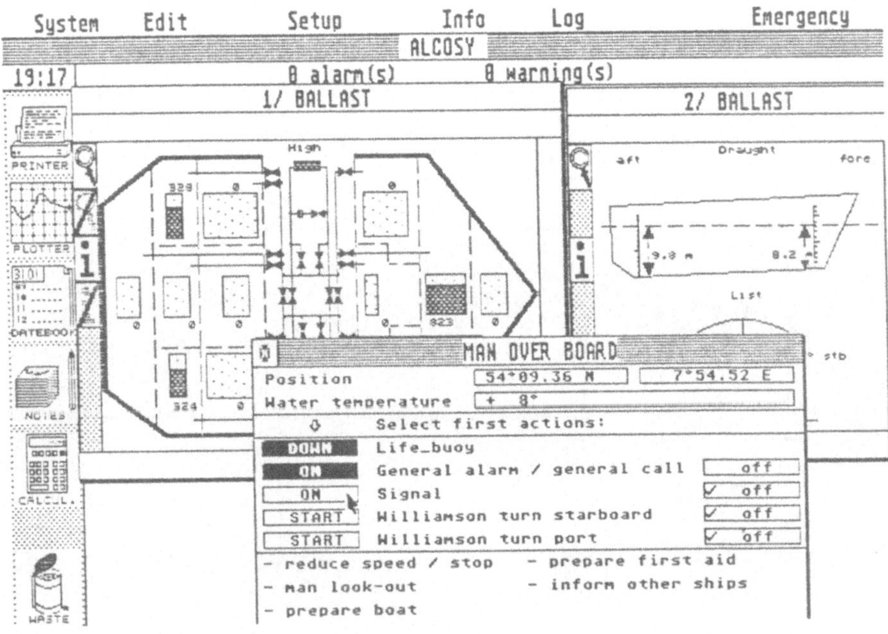

Abb. 2   Veränderung von Parametern

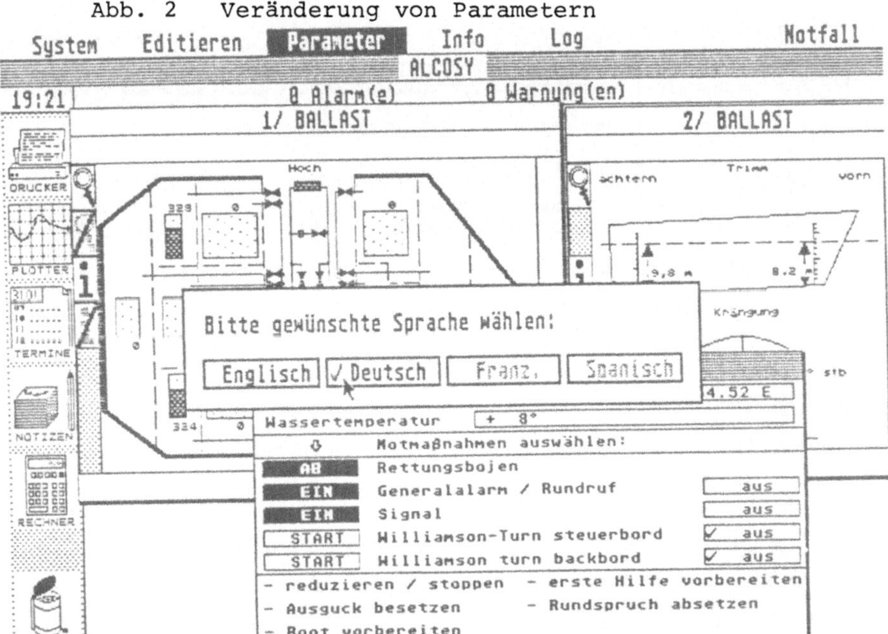

Abb. 3   Benutzung der Notizblock-Funktion

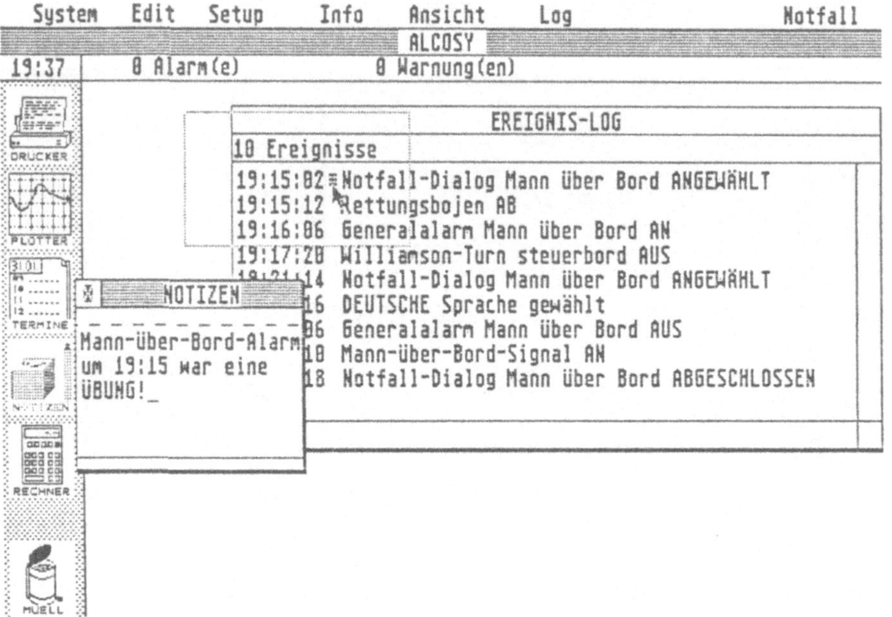

Abb. 4   Benutzung des Anzeigen-Editors (Entwurf)

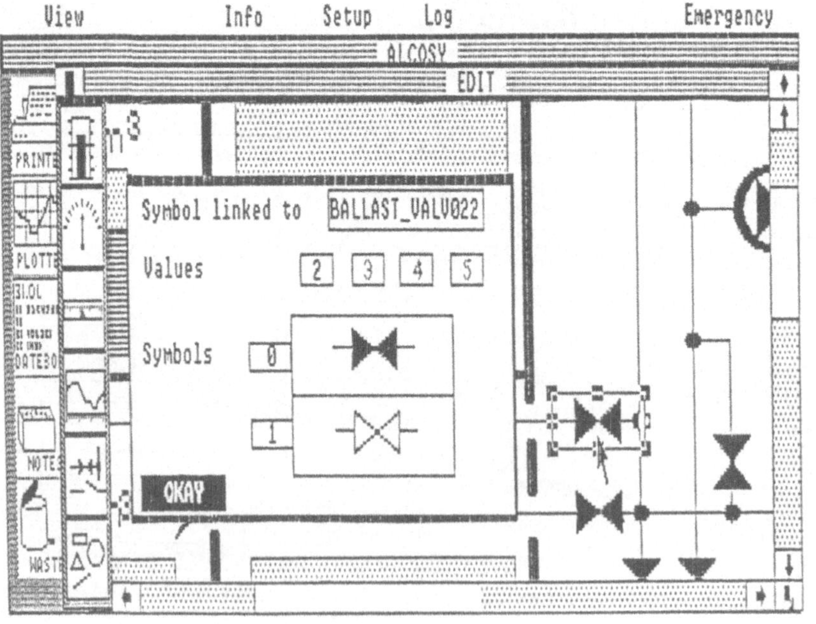

Die Nutzung der Anpassungsfunktionen im Betrieb könnte etwa für die erste Stufe untersucht werden, indem eine für die Aufgabendurchführung ungünstige Parameterkombination vorgegeben und festgestellt wird, ob der Benutzer sie zur Erleichterung seiner Arbeit ändert. Für die zweite Stufe wird ein defekter Sensor simuliert und eine fehlerhafte Textmeldung implementiert. Es wird sich dann zeigen, ob diese Fehler mit Hilfe der Notizblockfunktion kompensiert werden bzw. ob auf dritter Stufe mit Hilfe des Editors die Meldung korrigiert wird.

Die Frage, ob verschiedene Benutzer wirklich unterschiedliche Informationsdarstellungen bevorzugen, ließe sich am besten klären, indem eine möglichst große Gruppe von Nautikern nach entsprechender Einweisung in den Bildeditor gebeten wird, alle für das Fahren des Schiffes notwendigen Informationen jeweils in einem Bild zusammenzustellen. Anschließend sollte jeder mit Hilfe seines Anzeigenbildes das Schiff fahren und gegebenenfalls die Anzeige verbessern. Sollten sich die Anzeigenbilder wesentlich voneinander unterscheiden, was die Hypothese erhärten würde, daß es eine für alle optimale Darstellung nicht gibt, wäre es interessant, die Versuchspersonen auch mit Hilfe der jeweils von anderen entwickelten Anzeigen fahren zu lassen, um zu erfahren, ob die jeweils selbst entwickelte Anzeige auch die jeweils optimale ist.

Vorausgesetzt, daß die Anpassungsfunktionen im Betrieb überhaupt genutzt werden, müßte letztlich das anpaßbare System im Rahmen einer Fahraufgabe einem konventionellen System mit fest vorgegebener Art der Informationsausgabe gegenübergestellt werden. Hierbei sollte neben der sicheren und schnellen Ausführung der gestellten Aufgabe auch die Beanspruchung des Benutzers untersucht werden, da es immerhin möglich ist, daß ein anpaßbares System aufgrund seiner komplexeren Benutzeroberfläche stärker beanspruchend wirkt.

<u>Literatur</u>

Eggerdinger, C. & Schattner, R.(1984): Prozeßüberwachung mit Datensichtgeräten. Sonderdruck Ortung und Navigation 3/84, S. 345-351.

Froese, J. & Heinecke, A.M.(1984): Entscheidungshilfen durch Informationszusammenfassung für Schiffsführungsprozesse. Forschungsbericht BMFT-MTK-0200C SdZ-E-FH-HH-BS-470-009. Bonn: Bundesminister für Forschung und Technologie.

dies.(1986): Von der Kommandobrücke zur Schiffsführungszentrale. Remmele, W. & Sommer, M.(Hrsg.): Arbeitsplätze morgen, S. 357-366. Stuttgart: Teubner. = Berichte des German Chapter of the ACM 27.

Heinecke, A.M.(1985): Konzeption eines ergonomischen Prozeß-leitsystems mit veränderlicher Mensch-Maschine-Schnittstelle. Bullinger, H.-J.(Hrsg.): Software-Ergonomie'85, S. 98-107. Stuttgart: Teubner. = Berichte des German Chapter of the ACM 24.

ders.(1986): Design of a man-machine interface for process control on the bridge of a ship. Haase, V.H. & Knuth, E.(Hrsg.): Preprints SOCOCO'86, 4th IFAC/IFIP Symposium on Software for Computer Control, S. 191-196. Graz: ÖAF.

Sander, C.M.K.(1981): SUSAN - a sophisticated tool for training and research in the maritime fields. Proceedings MARSIM 81. U.S.Department of Commerce / Maritime Administration / Office of Research And Development.

Schütte, M. u.a.(1984): Arbeitswissenschaftliche Ergebnisse zur Gestaltung der Schiffsführungszentrale (SFZ) eines Schiffs der Zukunft (SdZ). Sonderdruck Ortung und Navigation 3/84, S. 401-424.

Andreas M.Heinecke
Universität Hamburg
FB Informatik (ANT)
Troplowitzstr.7
2000 Hamburg 54

LERNPROZESSE IN ABHÄNGIGKEIT VON DER TRAININGSMETHODE, VON PERSONENMERKMALEN UND VON DER BENUTZEROBERFLÄCHE (DIREKTE MANIPULATION VS. KONVENTIONELLE INTERAKTION)

Michael Frese, Heike Schulte-Göcking, Alexandra Altmann, München

Es werden zwei Untersuchungen zu den drei "Ws", Wie, Wer, Was bei der Optimierung des Lernprozesses berichtet: Bei dem "Wie" (Trainingsmethode) zeigt sich eine Überlegenheit der Methode, bei dem das mentale Modell selbstgesteuert und integrativ entwickelt wird. Bei dem "Wer" (Personenmerkmale) ergeben sich höhere Leistungen bei hoher Planorientierung und adäquater Problemlösekompetenz. Bei dem "Was" (Benutzeroberfläche) lassen sich bessere Lernleistungen bei direkter Manipulation im Vergleich zu konventioneller Interaktion nachweisen.

Einleitung

Um Computersysteme bedienen zu können, bedarf es einer gewissen Kompetenz. Diese Kompetenz wird im Lernprozeß erworben. Will man den Lernprozeß optimieren, ergeben sich immer drei "Ws": Wie, Wer, Was:

1) "Wie" bezieht sich auf unterschiedliche Trainingsparameter

2) "Wer" bezieht sich darauf, welche Personenparamenter zu einem schnellen Kompetenzerwerb beitragen

3) "Was" beinhaltet in unserem Fall die Frage, welche Benutzerschnittstelle (Interaktionsform) gelernt werden soll.

Das "Wie": die Trainingsparameter

Ohne ein adäquates Training ist es kaum möglich ein System zu erlernen. Dies gilt selbst für relativ einfache Systeme (Carroll & Mazur, 1985). Die meisten Trainingsmodelle können in einem zweidimensionalen Raum dargestellt werden. Die eine Dimension umfaßt die Frage, ob das für die Kompetenzentwicklung wesentliche mentale Modell passiv oder aktiv entwickelt wird, die zweite, ob der Trainingsprozeß sequentiell oder integrativ aufgebaut ist. Viele computergestützte Tutorials sind z.B. so gestaltet, daß die Lernenden ein sehr rudimentäres mentales Modell passiv aufnehmen sollen und die Befehle sequentiell ohne innere

Ordnung dargestellt werden und auswendig gelernt werden sollen.
Demgegenüber steht das von uns favorisierte Modell der aktiven
Entwicklung eines mentalen Modells (z.B. indem bereits vor dem
Training Hypothesen über das zu lernende System gebildet werden)
und der integrativen Verknüpfung der unterschiedlichen Befehle.

Design und Methodik: In einer Untersuchung an Computer-
novizen (N=15) wurden drei unterschiedliche Trainingsstrategien
für das WordStar Textverarbeitungsprogramm untersucht:

1) Sequentiell und passiv: Hier wurde den Versuchspersonen (Vpn)
   im einzelnen vorgegeben, wie sie vorzugehen hatten. Der Vorteil war dabei, daß am ersten Tag keine Fehler gemacht werden
   konnten.

2) Integrativ und passiv: Dieser Untersuchungsgruppe wurde ein
   von uns entwickeltes (integratives) mentales Modell präsentiert, das aber von den Vpn passiv übernommen werden sollte.

3) Integrativ und aktiv: Die Vpn dieser Gruppe stellten anfangs
   Hypothesen über die Befehle und deren Zusammenhänge auf.

Diese Hypothesen wurden dann aktiv am Gerät überprüft und, falls
notwendig, durch die Versuchsleiter(innen) ergänzt.

Das Design sah vor, in der ersten Sitzung (2 Stunden)
ein fehlerhafter Text zu verbessern, in der zweiten schrieben
die Vpn einen Text ab, und in der dritten war die eigentliche
Testphase.

Die wichtigsten Variablen waren:

1) Wiedergabe der Befehle (Recall) zu Beginn der 2. und der 3.
   Sitzung.

2) Korrigierter Fehlerscore, d.h. hier wurden im Sinne des
   Benchmark Tests von Roberts & Moran (1983) die Fehlerkor-
   rekturzeiten erhoben, die unter Zeitdruck benötigt wurden.
   Dabei wurde die Fertigkeiten des Maschineschreiben als
   Kovariate eingeführt.

3) Ineffizienz, d.h. die Anzahl der Keystrokes bei vorgegebenen
   Aufgaben wurden ausgezählt -- hier interessiert besonders
   Ineffizienz bei den schwierigen Aufgaben.

4) Leistungsrating durch die Versuchsleiter(innen).

Ergebnisse: Aus theoretischen Gründen ist der Vergleich
der Gruppen 1 (sequentiell und passiv) und 3 (integrativ und
aktiv) am interessantesten; deshalb werden nur diese in Tabelle
1 dargestellt (für eine genauere Beschreibung, vgl. Frese et

al., in press). Insgesamt zeigte sich eine Leistungsüberlegen-
heit der Gruppe, die integrativ trainiert wurde und ihr mentales
Modell aktiv entwickelte. Interessanterweise ist diese Lei-
stungsüberlegenheit (die ja in der dritten Sitzung erhoben
wurde) nicht auf einen besseren Recall der Befehle zurückzuführen, denn am dritten Tag zeigte sich kein Unterschied zwischen
den Gruppen. Dies deutet darauf hin, daß unterschiedliche Strukturen der mentalen Modells für die Leistungsdifferenzen ausschlaggebend sind.

Tab. 1: Vergleich der Mittelwerte der Trainingsgruppe
sequentiell/passiv integrativ/aktiv

	sequentiell/passiv	integrativ/aktiv	
1. Recall 2. Tag (Befehlsanzahl)	3.60	6.00	(p<.10)
2. Recall 3. Tag	8.00	9.40	(n.s.)
3. Korrigierte Fehler-korrekturzeit (%)	40.40	15.80	(p<.05)
4. Ineffizienz, (schwierige Aufgaben)	22.16	9.32	(p<.10)
5. Leistungsrating (Skala von 1-5)	3.00	4.20	(p<.05)

Das "Wer": die Personenparameter

Verschiedentlich ist die Vermutung geäußert worden, daß
nicht nur Trainingseinflüsse eine Rolle im Lernprozeß spielen,
sondern auch interindividuelle persönliche Unterschiede (vgl.
Überblick bei Frese, im Druck). Auf den Lernprozeß dürften vor
allem die folgenden Personenparameter einen Einfluß ausüben:
Erstens, Lernstile, die als typische Herangehensweisen an Lern-
probleme verstanden werden (Schulte-Göcking, 1987, v.d.Veer &
Beishuizen, o.J.); besonders interessierte uns hier, ob Personen
explorierend an einen technischen Gegenstand herangehen, oder
erst dann aktiv werden, wenn sie sich ausreichend aus Handbüchern und Gebrauchsanweisungen informiert fühlen. Hierzu wurde
ein Fragebogen konstruiert (Prümper, 1987, Schulte-Göcking,
1987), der in der oben dargestellten Untersuchung mit Leistungsparametern zusammenhing. Der Fragebogen unterscheidet dimensio-
nal zwischen "learning by doing" und "learning by studying" und
hat eine geringe bis adäquate Reliabilität (Alpha=.61, Test-Re-

test Korrelation der Extremgruppen = .91). Diese Variable stand
im Vordergrund der Studie.
Zweitens, Problemlösestrategien im Sinne von Stäudel (in Vorb.),
die auf den Untersuchungen von Dörner et al. (1983) beruhen:
Hier interessiert in dieser Diskussion nur die Skala zum adäquaten Problemlösen.
Drittens, Handlungsstile, in denen generalisierte Heuristiken
der Ziel- und Planerstellung untersucht werden (Frese, Stewart &
Hannover, im Druck). Hier konzentrieren wir uns auf den Fragebogen zur Planorientierung.

    <u>Design</u>: Untersucht wurden Computerneulinge, die die
Textverarbeitungsprogramme WordStar (N=12) und MacWrite (N=12)
lernten. Dabei sollte der natürliche Lernverlauf, so wie er auch
nach dem Kauf eines Computers in der Praxis abläuft, untersucht
werden. Das bedeutet, daß die Vpn zwar gestellte Aufgaben lö-
sten, aber die Anleitung dafür selbst aus den beigefügten Infor-
mationsmaterialien entnehmen mußten. Die Versuchsleiter-innen
griffen nur dann helfend ein, wenn die Vpn ein Problem nach
einer festgelegten Zeit (5 Minuten bei Leistungsaufgaben, 10 Minuten bei Übungsaufgaben) nicht lösen konnten. Da sowohl die unterschiedlichen Textverarbeitungsprogramme, als auch die Lernty-
pen untersucht werden sollten, haben wir aus einer Gesamtgruppe
von 524 Personen Extremgruppen mit Hilfe des Fragebogens zu den
Lernstilen ausgewählt und die Interessierten an der Untersuchung
beteiligt (N=12 learning by doing, N=12 learning by studying).
Dies ergibt ein Vier-Felder Design. Die Vpn lernten insgesamt in
7 Sitzungen à 2 Stunden (in einer 8. Sitzung wurde das Computersystem kreuzweise gewechselt; dies wird hier jedoch nicht berichtet). Von einer Reihe abhängiger Variablen, die Leistungsparameter und subjektive Einstellungen und Gefühle im Lernprozeß
erfassen, werden hier zwei Leistungsparameter dargestellt: (1)
Eingriffe bei Übungs-und Leistungsaufgaben, die sich auf die
Notwendigkeit beziehen, einzugreifen, wenn die Versuchsperson
auch nach 5 Minuten (Leistungsaufgabe) oder 10 Minuten
(Übungsaufgabe) ein Problem noch nicht lösen konnte. (2) Effizienz, d.h. die Frage, ob die Vpn bei gestellten Leistungsaufgaben
optimale Lösungen finden konnten.

    <u>Ergebnisse</u>: Drei Gruppen von Ergebnissen sind hier we-
sentlich. Erstens, es gab einen eindeutigen Einfluß des Hand-

lungsstils Planorientierung und der Skala zum adäquaten Problemlöseverhalten auf die Leistungsparameter (vgl. Tabelle 2). Das
bedeutet, daß die vor dem Experiment erfaßten Stile einen Einfluß auf die Lernleistungen aufweisen.

Tab. 2   Korrelationen der Stile und Leistungsparameter

	1	2	3
1 Planorientierung	x		
2 Adäquates Problemlösen	.44	x	
3 Eingriffe (gesamt)	-.42	-.19	x
4 Effizienz (gesamt)	-.01	.35	.40

Notiz: Korrelationen über .345 sind signifikant auf dem .05 Niveau (N=24)

Zweitens, der Lernstil zeigte in einer 2 x 2 Varianzanalyse keinen eigenen Einfluß und keinen Interaktionseffekt (die
Ergebnisse der unterschiedlichen Benutzerschnittstellen werden
im nächsten Abschnitt berichtet). D.h. der von uns angenommene
einfache Effekt auf das Lernverhalten konnte nicht nachgewiesen
werden.

Drittens, es gab komplizierte Interaktionen: Wenn man
zwischen "learning by doing" und "learning by studying" Typen
unterschied, zeigte sich, daß der genannte Einfluß von Planorientierung auf Eingriffe nur bei den "learning by studying" Personen vorkam (r=-.71, p<.01, N=12). D.h. Planorientierung ver-
hilft besonders dann zu einer besseren Leistung, wenn man den
Lernstil "learning by studying" aufweist. Offensichtlich wirkt
die Planorientierung also nur dann unterstützend, wenn man auch
tatsächlich über ein gutes Fundament zum Planen verfügt --
nämlich über genaue Informationen, die der learning by studying
Typ gezielter (z.B. im Handbuch) aufsucht. Interessanterweise
verstärkte sich dieser Effekt mit der Zeit (er ist am Ende des
Trainings höher als am Anfang).

Zusammenfassend läßt sich also feststellen, daß sich
ein einfacher Effekt des Lernstils zwar nicht nachweisen ließ,
daß es aber zu einer gut interpretierbaren Interaktion zwischen
Handlungsstil und Lernstil kam. Darüberhinaus ergaben sich lineare direkte Effekte von Handlungsstil und Problemlösungs-stra-
tegie auf die Leistung.

Das "Was": Direkte Manipulation versus konventionelle Schnittstelle

Lernprozesse werden nicht nur durch das "Wie" (der Trainingsform) und das "Wer" (wer wird trainiert), beeinflußt, sondern auch durch die Benutzerschnittstelle, die die Interaktionsform der Person mit dem Compter determiniert. Hier ging es uns vor allem um die Unterschiede zwischen Systemen der direkten Manipulation und konventionellen Systemen, die "command language"- und Menü- Elemente miteinander verbinden.

Shneiderman hat 1982 den Begriff "Direkte Manipulation" geprägt. Er meint, daß direkt manipulierbare Systeme leicht zu erlernen seien und mehr Spaß machten. In leichter Abwandlung seiner Überlegungen, konzentrierten wir uns auf solche Benutzer-

Abbildung 1 Der Handlungszyklus

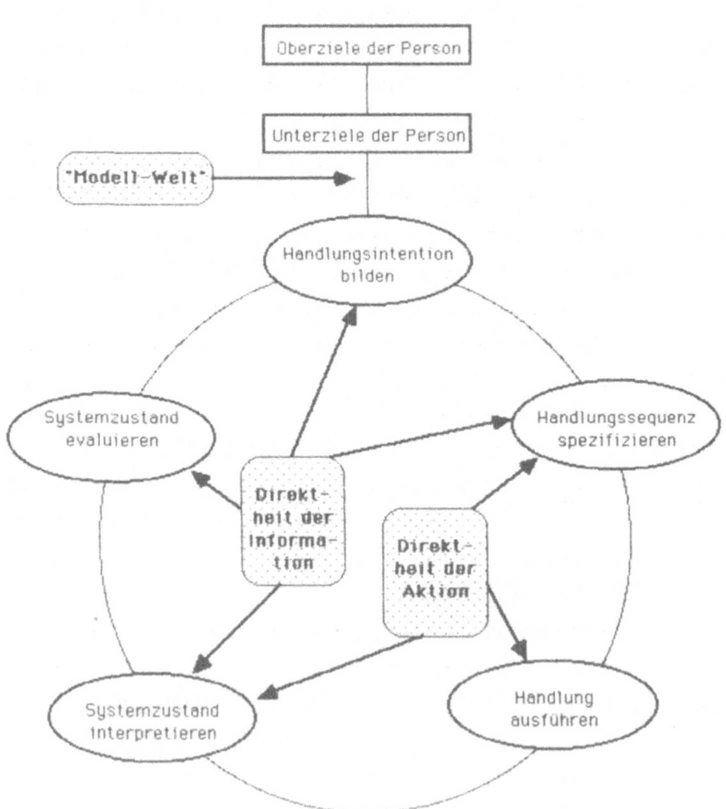

schnittstellen, die eine Modell-Handlungswelt graphisch repräsentieren (Hutchins, Hollan, & Norman, 1986). Als ein, wenn auch
sicherlich noch unvollkommenes, Beispiel kann die Schreib-
tischumgebung des Macintosch gelten, in dem z.B. ein File als
Ein-Blatt-Papier-Ikon in einen Papierkorb-Ikon "geworfen" werden
kann.

Für den Benutzer wesentliche Kennzeichen eines solchen
Systems sind (Altmann, 1987): (1) Direktheit der Information,
d.h. die Information ist konkret, aufgabenadäquat und anschaulich auf dem Bildschirm repräsentiert. (2) Direktheit der Handlung, d.h. direkte Handlungen an konkreten Objektre-präsentatio-
nen, Simulation physischer Handlungen und Feedback nach jedem
Handlungsschritt.

Systeme der direkten Manipulation sind leichter zu erlernen und einfacher zu benutzen. Wenn man eine Benutzerhandlung
in Handlungsschritte zerlegt (vgl. Abbildung 1), dann kann die
direkte Manipulation alle Phasen einer Handlung unterstützen.
Dadurch wird der vom Benutzer verlangte kognitive Aufwand reduziert, die Transparenz des Systems und die Beeinflußbarkeit ver-
größert.

Konventioneller Interaktionsstil kann im Handlungszyklus vor allem die Schritte der Handlungsausführung (z.B. kurze
Befehle können schnell eingegeben werden) oder der Spezifikation
einer Handlungssequenz (z.B. Auswahl einer Option aus einem
Menü) optimieren. Im Gegensatz zur direkten Manipulation werden
also nur wenige Bereiche des Handlungszyklus erleichtert.

Direkt manipulierbare Systeme sind z.T. begeistert aufgenommen worden. Empirisch bewiesen allerdings wurden die Vorteile dieser Systeme kaum. Whiteside et al. (1985) berichten,
daß Systeme der direkten Manipulation keinen Leistungsvorteil
gegenüber anderen Systemen aufweisen. Allerdings wurden hier nur
sehr kurze Trainingszeiträume (die gesamte Untersuchung dauerte
nur 1 Stunde pro Person) gewählt. Deshalb ist es notwendig, längere Trainingszeiträume zu verwenden und bis zu einem gewissen
Fortgeschrittenenstadium zu trainieren. Uns erschienen 7 Trai-
ningsperioden à 2 Stunden dafür angemessen. Es handelt sich um
das im letzten Abschnitt beschriebene Versuchsdesign. Dabei
haben wir aus Gründen der Praxisrelevanz auf zwei kommerziell
eingeführte Textverarbeitungssysteme rekurriert.

  Ergebnisse: Am Anfang des Lernprozesses bestanden nur geringe Unterschiede zwischen den MacWrite und Wordstar Programmen. Nach der 3. Trainingssitzung ergaben sich aber durchgängig und eindeutig signifikante Unterschiede, die auf eine Überlegenheit von MacWrite hinweisen. Die in den Abbildung 2 dargestellte Leistungsvariable Bearbeitungszeit entspricht dabei den von Whiteside et al. benutzten Leistungsdaten. Die zweite Variable bezieht sich auf die Notwendigkeit, bei Leistungsaufgaben einzugreifen, wenn die Versuchsperson auch nach 5 Minuten ein Problem noch nicht lösen kann (Abb.3).

  Interessant ist, daß diese Leistungsunterschiede sich nicht im subjektiven Befinden widerspiegelten. Wir konnten keine Unterschiede in den Variablen Zufriedenheit, Motivation, Stimmungslage, Kontrollerleben und Ängstlichkeit feststellen. Die Behauptung, die Arbeit an direkt manipulierbaren Systemen mache mehr Spaß, kann also durch unsere Daten nicht belegt werden.

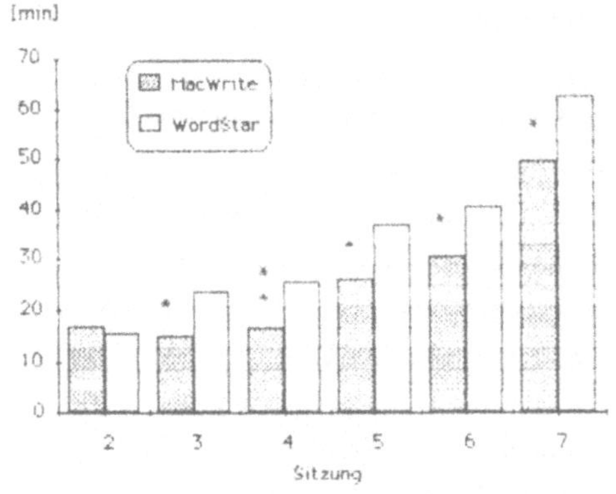

Abbildung 2 Leistungsaufgaben-Bearbeitungszeit

Die Signifikanzen beziehen sich auf die Unterschiedsprüfung (Varianzanalyse) zwischen den beiden Gruppen
* p≤0.05   ** p≤0.01

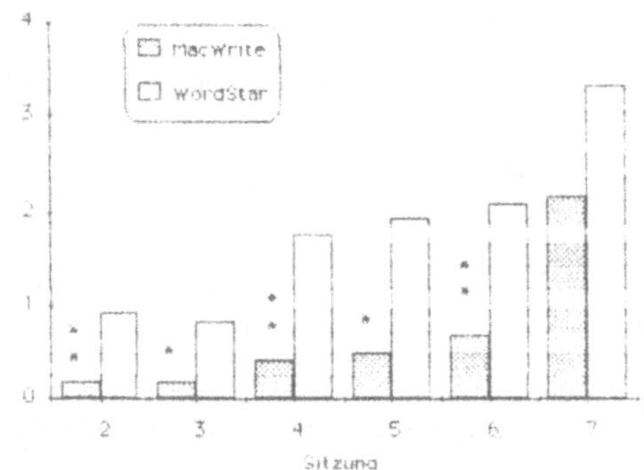

Abbildung 3 Anzahl der Eingriffe bei Leistungsaufgaben

Die Signifikanzen beziehen sich auf die Unterschiedsprüfung (Varianzanalyse) zwischen den beiden Gruppen
* p≤0.05   ** p≤0.01

  Zusammenfassend ergeben also die Ergebnisse unserer Untersuchungen, daß in der Tat die drei Ws, Wie, Wer, Was entscheidenden Einfluß auf den Lernprozeß im Trainingsverlauf nehmen. Zwar liegen allen hier berichteten Untersuchungen nur relativ kleine Stichproben zugrunde, andererseits sind die Ergebnisse relativ eindeutig: Ein Training, das einen aktiven Aufbau eines integrierten mentalen Modells erlaubt (die hypothesen-

geleitete Gruppe), Handlungs-und Problemlöse-strategien, die auf
genauere Handlungsplanung und genauere Problemrepräsentation
hinzielen und ein System, das auch das Problem adäquater repräsentiert und direkter beeinflußbar ist führen zu besseren Lernleistungen in der Mensch-Computer Interaktion. Wahrscheinlich
ergeben sich aber auch Wechselwirkungen zwischen diesen Ws, die
wir bisher noch nicht untersuchen konnten: Manche Trainingsprogramme dürften für bestimmte Personenmerkmale günstiger sein als
andere; WordStar und McWrite könnten sich hier ebenfalls unterscheiden. Intensivere Trainingsprogramme sind möglicherweise bei
WordStar angemessen und könnten die von uns festgestellten
Systemeffekte wieder verringern, usw. Insgesamt zeigt sich: Immer dann, wenn sich eine hohe Problem- und Systemtransparenz
herstellen läßt und wenn eine hohe Beeinflußbarkeit (des System
und des mentalen Modells) ermöglicht wird, führt dies zu einer
guten Leistung - bei allen drei Ws des Lernprozesses: Dem Wie,
dem Wer und dem Was.

Literaturverzeichnis

Altmann, A.(1987): Lernprozesse an Textsystemen: Direkte
    Manipulation versus konventionelle Interaktion. München:
    Institut für Psychologie, München.
Caroll, J.M. & Mazur, S.A.(1985): Lisa Learning. IBM Watson
    Research Center, Yorktown.
Dörner, D., Reither, F. & Stäudel, T.(1983): Emotion und pro-
    blemlösendes Denken. In H.Mandl & G.L. Huber (Hrsg.),
    Emotion und Kognition. München, U&S.
Frese, M.(im Druck): The industrial and organizational
    psychology of human-computer interaction in the office. In
    C.L.Cooper & I.T.Robertson (Hrsg.), International review of
    industrial and organizational psychology 1987. London: Wiley.
Frese, M., Albrecht, K., Altmann, A., Lang, J., Papstein, P.v.,
    Peyerl, R., Prümper, J., Schulte-Göcking, H., Wankmüller,I.,
    Wendel,R.(im Druck): The effects of an active development of
    the mental model in the training process: Experimental
    results on a word processing system.
Frese, M., Stewart, J. & Hannover, B.(im Druck):Goal-orientation
    and planfulness: Action styles as personality concepts.
    Journal of Personality and Social Psychology.

Hutchins, E., Hollan, J.D. & Norman, D.A.(1986): Direct
manipulation interfaces. In D.A. Norman & S.W. Draper
(Hrsg.), User centered system design. Hillsdale: Erlbaum.

Prümper, J.(1987): The effects of graphical presentation and
an explanation facility on spreadsheet-based decision making
in context of user-characteristics: an empirical
investigation. München: Institut für Psychologie, München.

Roberts, T.L. & Moran, T.P.(1983): The evaluation of text
editors: Methodology and empirical results. Communications of
the ACM, 26, 265-283.

Schulte-Göcking, H.(1987): Lernprozesse an Textsystemen: Der
Einfluß von Lernstil, Handlungsstil, Problemlösekompetenz und
Persönlichkeitsmerkmalen auf den Lernerfolg. München:
Institut für Psychologie, München.

Shneiderman, B.(1982): The future of interactive systems and the
emergence of direct manipulation. Behaviour and Information
Technology, 1, 237-256.

Stäudel, T.(in Vorb.): Problemlösen, Kompetenz und Emotion. Die
Überprüfung eines integrativen Konstrukts.

v.d.Veer, G. & Beishuizen, J.J.(ohne Datum): Learning styles in
conversation - A practical application of Pask's learning
theory of human-computer interaction.

Whiteside, J. et al.(1985): User performance with command, menu
and iconic interfaces. Proceeding of the CHI'85 conference on
human factors in computing systems, 185-191. San Francisco.

Michael Frese, Heike Schulte-Göcking,
Alexandra Altmann
Universität München
Organisations- und Wirtschaftspsychologie,
Arbeitsgruppe: Arbeitspsychologie
Leopoldstr. 13
8000 München 40

Unsere Forschung wurde dankenswerterweise durch Sachleistungen
des Leibniz-Rechenzentrums und durch die Apple Computer GmbH unterstützt.

ERLERNEN DER COMPUTERBENUTZUNG:
DURCH GEZIELT SEQUENZIERTE INSTRUKTION ODER DURCH EXPLORIEREN.

Otto Kühn & Franz Schmalhofer, Freiburg

Zusammenfassung: Lernen durch Explorieren wurde in neuerer Zeit als geeignete Methode zum Erlernen der Computerbenutzung vorgeschlagen. Aufgrund einer Spezifikation der kognitiven Prozesse für das Lernen durch gezielt sequenzierte Instruktion und durch Explorieren werden in der voliegenden Arbeit die Stärken und Schwächen dieser Lernverfahren experimentell untersucht. Die Ergebnisse zeigen, daß bei den beiden Lernverfahren unterschiedliche Fertigkeiten trainiert und daß zum erfolgreichen Explorieren bestimmte Voraussetzungen bezüglich des bereits vorhandenen Wissens erfüllt sein müssen. Insbesondere eignet sich das Explorieren für etwas fortgeschrittenere Computerbenutzer zum Erlernen von zielgerichteten Konzeptionen für Systemeingaben, die für den praktischen Umgang mit dem Computer wichtig sind.

Traditionellerweise obliegt die Strukturierung des Lernmaterials dem Lehrenden, während die Aufgabe des Lernenden darin besteht, das Lernmaterial aufzunehmen und zu verarbeiten. Bei komplexen Systemen ist es oft schwierig, dem unerfahrenen Benutzer die Wirkung der verschiedenen möglichen Eingaben in das System zu erklären. In neuerer Zeit wurde als alternative Methode das Explorieren des Systems durch den Benutzer vorgeschlagen (Carroll et al., 1985). Diese Autoren berichten, daß bei einem bestimmten Textverarbeitungssystem das Lernen durch Explorieren weniger Zeit beanspruchte und zu einem besseren Lernergebnis führte als das Durcharbeiten eines herkömmlichen Manuals zum Selbststudium.

Nach Robert (1986) zeichnet sich Explorieren durch folgende Merkmale aus: vom Lernenden wird ein hohes Maß an Aktivität gefordert, er muß selbst entscheiden, welche Eingaben er macht, die Rückmeldungen des Systems interpretieren, Hypothesen aufstellen und testen, und auftretende Probleme lösen. Seine Motivation wird durch die dabei auftretenden Erfolgs- und Mißerfolgserlebnisse stark beeinflußt. Der Lernende kann sein Wissen genau dort ergänzen, wo Lücken bestehen. Auch dadurch kann die Lernmotivation gefördert werden. Dies gilt natürlich nur für Systeme die eine gute Explorierbarkeit aufweisen. Deshalb ist Explorierbarkeit heute ein wichtiges Kriterium für die Beurteilung der Güte eines Computersystems.

Die Vorteile des Lernens durch Instruktion bestehen vor allem darin, daß der Lehrende aufgrund seines größeren Wissens das am besten geeignete Lernmaterial auswählen und so strukturieren kann, daß dadurch die Aufgabe für den Lernenden möglichst leicht wird. Es stellt sich also die Frage, ob und unter welchen Voraussetzungen die Vorteile des Explorierens die Nachteile aufwiegen.

Aufgrund von Analysen der Künstlichen Intelligenz (KI) können die beim Lernen ablaufenden Prozesse aufgeschlüsselt werden (vgl. Habel & Rollinger, 1984). Unter Berücksichtigung psychologischer Gesetzmäßigkeiten kann dann ein kognitives Modell erstellt werden (vgl. Schmalhofer & Wetter, 1987), und es können präzise Vorhersagen des zu erwartenden Lernerfolgs getroffen werden. Lernen durch gezielte sequenzierte Instruktion kann als induktives Lernen aus einer von einem Lehrer vorgegebenen Sequenz von Beispielen beschrieben werden. Der Lernerfolg hängt dabei entscheidend davon ab, daß eine geeignete Stichprobe von positiven und negativen Beispielen dargeboten wird. Bei Annahme eines limitierten Gedächtnisses ist auch die Sequenz in der die Beispiele dargeboten werden relevant. Solche Lernprozesse können beim Erwerb von Computerfertigkeiten Muster bilden, die Elemente von Computerfertigkeiten darstellen. Diese Muster werden durch Generalisierungs- und Differenzierungsprozesse gebildet und verfeinert, wobei das zur Analyse der Beispiele eingesetzte (Vor-) Wissen bestimmt, was überhaupt gelernt werden kann. Solche Prozesse sind durch das S-T-Struktur-Modell (Schmalhofer, 1986; Schmalhofer & Kühn, 1986) detailliert beschrieben.

Beim Lernen durch Explorieren muß der Lernende zusätzlich die Funktion des Lehrers übernehmen: er muß aufgrund eines sehr globalen Lernziels spezifische Intentionen generieren, aus denen dann aus seinem Vorwissen und mithilfe externer Vorgaben konkrete Eingaben in das System erzeugt werden. Lernen durch Explorieren kann also als induktives Lernen aus einer selbstgenerierten Sequenz von Beispielen beschrieben werden. Diese aufgrund von KI Analysen aufgeschlüsselten Prozesse beim Lernen durch gezielt sequenzierte Instruktion und durch Explorieren werden in einem psychologischen Experiment untersucht.

Experiment

An der Untersuchung nahmen 40 Computerbenutzer mit geringer Computererfahrung, sowie 40 Neulinge ohne jegliche Vorerfahrung teil. Je 20 dieser Vpn erlernten zusätzliche Computerkenntnisse durch Explorieren bzw. anhand von vorgegebenen Beispielen. Die Beispiele wurden in zwei verschiedenen Sequenzen vorgegeben: in der einen Sequenz waren die positiven und negativen Beispiele so angeordnet, daß sie nach dem S-T-Struktur-Modell zu einem optimalen Lernergebnis führen sollten; in der anderen Sequenz wurden erst alle positiven und dann die negativen Beispiele dargeboten, wie es in den meisten Manualen üblich ist.

Als Lerngegenstand wurden zwei einfache LISP-Funktionen gewählt: die Funktion FIRST, die das erste Element einer Liste zurückgibt und die Funktion SET, die als Nebeneffekt eine Variablenbindung erzeugt. Die Programmiersprache LISP wurde gewählt, zum einen, um das Vorwissen der Probanden gut kontrollieren zu können, zum anderen wegen ihrer hohen Dekomponierbarkeit, welche als eine Voraussetzung für die Explorierbarkeit eines Systems anzusehen ist.

Die Versuche wurden von zwei IBM-PC/ATs und von zwei kompatiblen Personal Computern gesteuert. Alle Eingaben der Vpn wurden samt den zugehörigen Latenzzeiten aufgezeichnet. Für die Eingaben standen den Vpn Hilfen zur Erzeugung syntaktisch korrekter Ausdrücke bereit. Die eingegebenen LISP-Ausdrücke wurden durch einen in Pascal geschriebenen LISP-Interpreter ausgewertet. Dadurch konnten dem Lernenden angemessene Rückmeldungen gegeben werden.

Die Lernphase begann für alle Vpn mit einem kurzen Text, der die zur Analyse der Beispiele erforderlichen LISP-Grundkenntnisse vermitteln sollte. Er enthielt eine kurze Einführung in das LISP-System, wobei die Grundbausteine des Systems erläutert wurden. Die beiden zu lernenden Systemfunktionen wurden durch je einen Satz charakterisiert. Je nach Versuchsbedingung wurden dann entweder Beispiele vorgegeben oder die Vp konnte das System explorieren.

Bei den <u>Beispielen</u> wurde zunächst nur der Eingabeteil dargeboten. Das Ergebnis erschien erst nach einem Tastendruck. Die Lesezeiten für die beiden Teile wurden als Eingabeanalyse- und Gesamtanalysezeit getrennt aufgezeichnet.

Beim <u>Explorieren</u> wurden durch die Vorgaben "(FIRST '(A B))" , "(FIRST (FIRST '((A B) C)))" , "(SET 'FREUNDE '(HANS KLAUS)) (FIRST FREUNDE)" 3 Blöcke unterschieden. Durch diese Aufteilung sollte sichergestellt werden, daß alle zu erlernenden Funktionen auch tatsächlich exploriert wurden. Für jede solche Vorgabe konnten 8 (Block 1 und Block 2) bzw. 16 Eingaben (Block 3) gemacht werden. Für jede Eingabe der Vp wurden zwei Latenzzeiten registriert: die Zeit, die die Vp nachdachte bevor sie anfing einzutippen (Gesamtanalysezeit der vorangegangenen Ein- und Ausgabe + Konzipieren der neuen Eingabe) und die Zeit vom Tippen des ersten Zeichens bis zur Beendigung der Eingabe (Eintippen + Analyse der Eingabe). Beim Lernen durch Explorieren standen dem Lernenden also insgesamt 32 Lernbeispiele zur Verfügung, ebensoviele wie beim Lernen durch gezielt sequenzierte Instruktion. Ein Lernender, der die vorgegebenen Beispiele in das System eingab, konnte also noch 28 Beispiele selbst generieren. In der Beispielbedingung waren dagegen sämtliche 32 Lernbeispiele fest vorgegeben.

Die <u>Testphase</u> war für alle Bedingungen gleich und bestand aus Programmier- Evaluations- und Satzverifikationsaufgaben. Die 10 Programmieraufgaben, bei denen die Vp eine Eingabe in das LISP-System erzeugen sollte, die zu einem vorgegebenen Ergebnis führte, wurden zuerst dargeboten. Die erzeugte Eingabe wurde dann durch das LISP-System ausgewertet und das Ergebnis angezeigt. War die Lösung nicht korrekt, so konnte die Vp zwei weitere Lösungsversuche unternehmen. Um auch zu überprüfen, welches allgemeine Wissen über die Arbeitsweise des Systems erworben wurde, wurden 30 <u>Evaluationsaufgaben</u> gestellt, bei denen die Vp die Rolle des LISP-Interpreters übernehmen und vorgegebene Eingaben auswerten sollte, und 14 <u>Satzverifikationsaufgaben</u>, bei denen vorgegebene Sätze über das System bezüglich ihrer Korrektheit beurteilt werden sollten. Der Versuch dauerte insgesamt zwischen 1½ und 3 Stunden. Nach Beendigung des Versuches beurteiten die Vpn die Schwierigkeit des Erlernens auf einer 5-stufigen Ratingskala.

Ergebnisse

Die Abfolge der in der Einleitung genannten Verarbeitungsprozesse bei der gezielt sequenzierten Instruktion und beim Explorieren ist in Abbildung 1 dargestellt. Bei einer Instruktion wird zuerst die vom Lehrer vorgegebene Systemeingabe analysiert. Nach der Systemantwort erfolgt dann eine Analyse der Ausgabe sowie der Beziehung zwischen Ein- und Ausgabe (Gesamtanalyse). Dann wird der Lehrer um die nächste Instruktion gebeten. Beim Explorieren muß stattdessen aus den vorhandenen Vorgaben und dem bereits erworbenen Wissen mit dem Ziel des Informationsgewinns eine Eingabe konzipiert werden. Diese kann dann eingetippt und während des Eintippens nochmals analysiert werden (Tippzeit + Eingabeanalysezeit). Die mittleren Bearbeitungszeiten bei der gezielten Instruktion und beim Explorieren sind aus Abbildung 1 zu entnehmen. Dabei ist zu beachten, daß beim Explorieren für die Gesamtanalyse und die darauffolgende Eingabe nur eine und nicht zwei separate Zeitmessungen vorliegen. Eine statistische Analyse dieser Bearbeitungszeiten ergab keine Unterschiede zwischen Computerbenutzern und Neulingen.

Abb. 1: Kognitive Prozesse bei gezielt sequenzierter Instruktion Instruktion und beim Lernen durch Explorieren

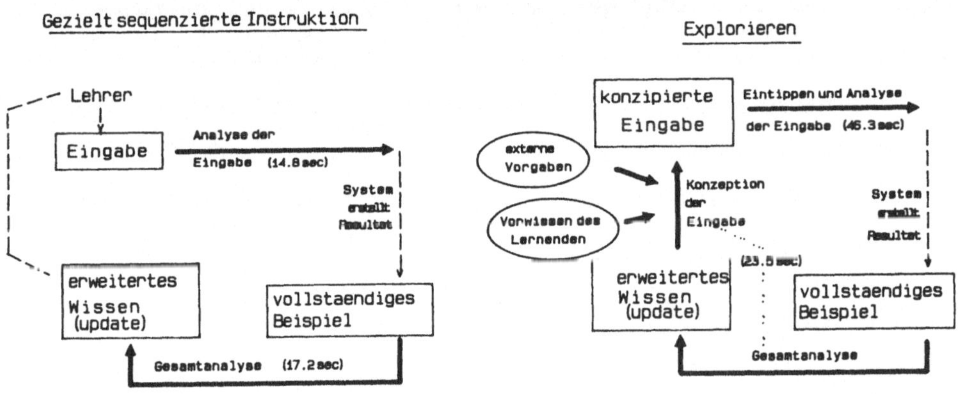

Obwohl sich die einzelnen Teilprozesse von Computerbenutzern und Neulingen in ihrer Dauer nicht unterschieden, können von den beiden Personengruppen dennoch verschiedenartige Beispiele bearbeitet worden sein. Um einen Überblick über die studierten Beispiele zu erhalten, wurden 4 Klassen von Beispielen definiert: 1) übernommene Beispiele sind solche, die in der Explorationsbedingung direkt vorgegeben waren (z.B. "(FIRST '(A B))") oder der Struktur eines vorgegebenen Beispiels völlig entsprechen (z.B. "(FIRST '(X Y))"); 2) generierte Beispiele sind korrekte Eingaben, die von der Struktur des vorgegebenen Beispiels abweichen (z.B. "(FIRST '((A B) (C D)))"); 3) "near misses" sind solche Beispiele, die bis auf wenige Abweichungen der Struktur einer korrekten Eingabe entsprechen; 4) alle anderen Eingaben wurden als "far misses" bezeichnet.

Tabelle 1 zeigt, wie häufig die 4 Beispielsarten von Neulingen, Computerbenutzern und vom Lehrer erzeugt wurden. Aus Tabelle 1 erkennt man, daß beim Explorieren nicht so viele negative Beispiele erzeugt wurden, wie der Lehrer erzeugt hatte. Dagegen haben sowohl Neulinge als auch Computerbenutzer unnötig häufig die Struktur des vorgegebenen Beispiels repliziert. Solche Eingaben sind uninformativ. Möglicherweise wird jedoch dabei durch die positive Rückmeldung des Systems die Motivationslage des Lernenden stabilisiert. Auch erzeugten die Explorierer einen beachtlichen Anteil an "far misses" (Winston, p. 387), die ebenfalls keine weitere Information liefern.

Tab. 1: Relative Häufigkeiten der von Neulingen, Computerbenutzern und von einem Lehrer erzeugten Beispiele für die vier verschiedenen Beispielsarten

Beispiele:	Neulinge	Computer- benutzer	Lehrer
Übernommen	0.33	0.35	0.16
generiert	0.17	0.25	0.34
"near misses"	0.36	0.31	0.50
"far misses"	0.14	0.09	0.00

Durch die Programmieraufgaben wurde überprüft, wie gut das in der Lernphase erworbene Wissen praktisch eingesetzt werden konnte. Eine Auszählung der Anteile richtig gelöster Aufgaben zeigte, daß die Computerbenutzer, die explorierten, in sämtlichen 3 Durchgängen besser abschnitten (Anteile richtiger Lösungen bei den 3 Durchgängen waren: 0.54, 0.66, 0.70) als die Computerbenutzer, die instruiert wurden (0.41, 0.53, 0.60). Bei den Neulingen erwies sich dagegen gezielt sequenzierte Instruktion etwas besser (0.23, 0.31 bzw. 0.35) als das Explorieren (0.19,

0.28, 0.31). Eine 2x2x3-faktorielle Varianzananlyse der Meßwerte $y_i := 2*\arcsin(\sqrt{p_i})$ (wobei p_i= Anteil richtiger Lösungen; vgl. Winer, 1970, S.400) mit den Faktoren Vorkenntnisse, Lernbedingung und Lösungsdurchgang ergab signifikante Unterschiede bzgl. der Vorkenntnisse (F(1,76)= 24.4, p<.001) und bzgl. des Lösungs-durchgangs (F(2,152)=6.2, p<.001). Die Interaktion Lernbedingung x Vorkenntnisse war jedoch nicht signifikant (F(1,76)= 1.49, p>.28).

Abbildung 2 zeigt die Beziehung der Anteile richtiger Lö-sungen bei den Programmieraufgaben (3. Versuch) zu den Anteilen richtiger Lösungen bei den Evaluations- und Satzverifikationsauf-gaben. Daraus erkennt man, daß im Gegensatz zu den Programmier-aufgaben die Computerbenutzer, die explorierten, bei den Evalua-tions- und Satzverifikationsaufgaben schlechter abschnitten als die Computerbenutzer, die instruiert wurden. Dagegen war für Neu-linge die Instruktion durchweg besser geeignet als das Explorie-ren. Das Explorieren bietet für die Personen mit Vorkenntnissen bzgl. der Programmieraufgaben den Vorteil, daß dabei das Konzi-pieren von Eingaben geübt wird. Bei den Evaluations- und Satzve-rifikationsaufgaben sind die Explorationsgruppen dagegen durch-wegs im Nachteil, da die selbstkonzipierten Lernbeispiele ihnen weniger umfassende Informationen über das System lieferten als die vom Lehrer vorgegebenen Beispiele.

Abb. 2: Anteil richtig gelöster Testaufgaben

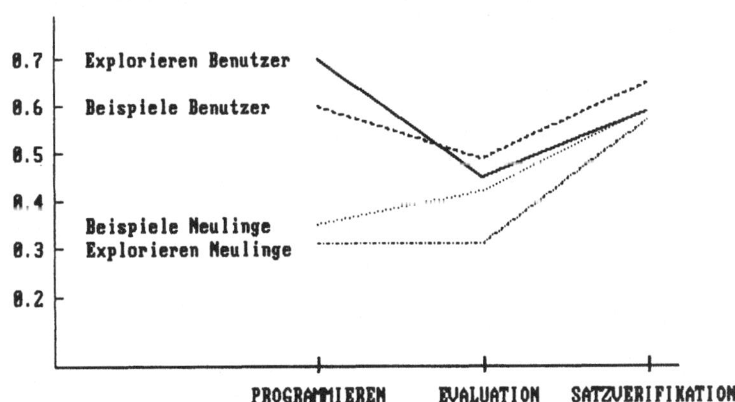

Eine 2x2x3-faktorielle Varianzanalyse mit den Faktoren Lernbedingung, Vorkenntnisse und Aufgabentyp der wiederum transformierten Anteile richtiger Lösungen ergab (neben den uninteressanten Unterschieden bzgl. des Aufgabentyps) Unterschiede in den Vorkenntnissen $(F(1,74)= 22.7, p<.001)$ sowie eine Interaktion zwischen Vorkenntnissen und Aufgabentyp $(F(2,148)=18.9, p<.001)$. Lernbedingung $(F(1,74), p>.29)$ und die Lernbedingung x Aufgabentyp Interaktion $(F(2,148)=1.75, p>.17)$ waren nicht signifikant. Dagegen zeigte eine 2x2 Varianzanalyse der Daten der Evaluationsaufgaben Unterschiede sowohl zwischen den Lernbedingungen $(F(1,77)=8.9, p<.01)$ als auch zwischen Computerbenutzern und Neulingen $(F(1,77)=12.5, p<.01)$. Bei den Satzverifikationsaufgaben waren diese Unterschiede nicht signifikant $(F(1,74)= 2.16, p<.15$ für Lernbedingung und $F(1,74)=2.38, p<.15$ für Vorkenntnisse).

<u>Vergleich der beiden Beispielsequenzen:</u> Abbildung 3 zeigt die Anteile richtig gelöster Aufgaben von Computerbenutzern und Neulingen für die nach dem S-T-Struktur-Modell bzw. traditionell sequenzierten Beispiele. Bei Neulingen führt die aufgrund des Modells optimierte Beispielsequenz zu besseren Lösungen der Programmieraufgaben. Bei Computerbenutzern tritt dieser Unterschied dagegen nicht auf. Ein ähnliches Ergebnis zeigt sich für die Evaluationsaufgaben, nicht jedoch für die Satzverifikationsaufgaben.

Abb.3: Anteil richtiger Lösungen von Neulingen und Computerbenutzern für die zwei Darbietungssequenzen der Beispiele

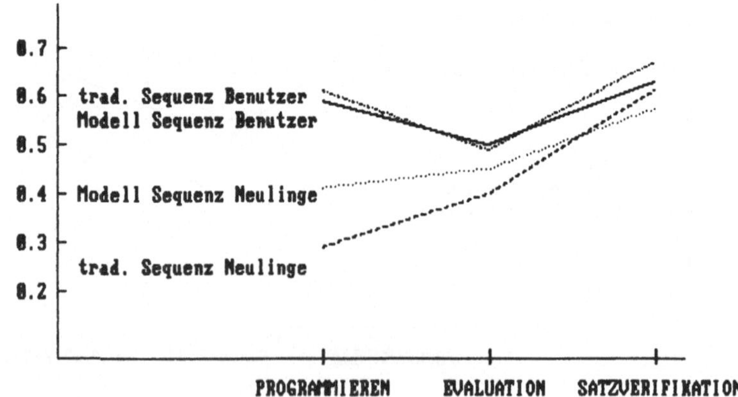

Die Ergebnisse werden durch die Nachbefragung gestützt. So beurteilen die Personen, bei denen die Beispiele nach dem Modell sequenziert waren, die Reihenfolge der Beispiele als günstiger (Mittelwert von M=3.1 auf einer 5-stufigen Rating-Skala mit 1=ungünstig, 5=günstig) im Vergeich zu M=2.6 für die traditionelle Reihenfolge. Darüberhinaus wurde der Versuch als weniger anstrengend empfunden (M=3.5 vs. M=4.5, wobei 1=nicht anstrengend, 5=sehr anstrengend).

<u>Schlußfolgerungen</u>:

Die durchgeführten Analysen und die empirischen Befunde zeigen, daß das Explorieren deutlich mehr Zeit in Anspruch nimmt (69 sec pro Beispiel) als das Lernen aus Beispielen (32 sec), während sich die erzielten Lernresultate nicht so stark unterscheiden. Bei Vorliegen gewisser Vorkenntnisse kann das Explorieren jedoch wegen der unter einer Anwendungszielsetzung geübten Generierung von Systemeingaben zum Erwerb von praktischen Programmierfertigkeiten besser geeignet sein. Andererseits kann durch das Generieren schlechter Beispiele der Wissenserwerb stark behindert werden. Lernen durch Explorieren bietet den großen Vorteil, daß es die Lernmotivation fördern kann. Dieser Umstand sollte bei der Konzeption eines Lernverfahrens nach Möglichkeit ausgenutzt werden, wobei die möglichen Nachteile, die aus schlecht gewählten Lernbeispielen entstehen, vermieden werden müssen.

Der Vorteil des Lernens durch Instruktion ist dagegen darin zu sehen, daß der Kenntniszuwachs nicht so stark vom bereits vorhandenen Wissen des Lernenden abhängt. Wir schlagen deshalb vor, Lernen durch Explorieren und Lernen durch gezielt sequenzierte Instruktion wie folgt zu kombinieren: nach Vermittlung einiger Grundkenntnisse sollte der Lernende möglichst bald Explorieren. Das explorierte System sollte jedoch einen Monitor haben, der auf ein Lernermodell zurückgreift und so Indikatoren für den Lernfortschritt hat. Ein soches Lernermodell könnte auf der Grundlage des S-T-Struktur-Modells aufgebaut werden. Stellt der Monitor fest, daß der Lernende wiederholt alte Eingaben übernimmt oder nur "far misses" produziert, die ihm keine neuen Informationen über das System vermitteln, so wird durch gezielt sequenzierte Instruktion der Kreislauf uninformativer Beispiele unterbrochen. Nach Beseitigung des kritischen Informationsdefizits kann nun der Lernende durch Explorieren weiterhin unter motivierenden Bedingungen Computerkenntnisse erwerben.

Durch eine solche Lernumgebung würde es dem Lernenden ermöglicht, die Erfolgserlebnisse des freien Explorierens durch entdeckendes Lernen zu genießen ohne gleichzeitig die mit dem Explorieren verbundenen Frustrationserlebnisse in Kauf nehmen zu müssen. Während Carroll & Carrithers (1984) vorgeschagen haben, durch "training-wheels" einem neuen Benutzer anfangs nur ein eingeschränkt funktionales System zur Verfügung zu stellen, sollte nach unserem Vorschlag von Anfang an die volle Funktionalität des Systems verfügbar sein. Dadurch wird der Erfahrungsraum für schnelle Lerner nicht eingeschränkt: ein Lernender würde erst dann auf einen bestimmten Ausschnitt des Systems gelenkt, wenn aufgrund des kognitiven Lernermodells eine Lernbarriere festgestellt würde.

Literaturangaben:

Carroll, J.M. & Carrithers, C. (1984): Training wheels in a user interface. Communications of the ACM, 27, 800-806.

Carroll, J.M., Mack, R.L. & Lewis, C.H. (1985): Exploring exploring a word processor. Human-Computer-Interaction, 1985, 1, 283-307.

Habel, Ch. & Rolllinger, C.R. (1984): Lernen und Wissensakquisition. In: Ch. Habel (Hrsg.) Künstliche Intelligenz: Repräsentation von Wissen und natürlichsprachliche Systeme. Frühjahrsschule 1984. Informatikfachberichte, Springer Verlag, Heidelberg.

Robert, J. M. (1986): Some highlights of learning by exploration. In: Proceedings of the International Scientific Conference, Work with Display Units. Stockholm 1986, S. 348-353.

Schmalhofer, F. (1986): The construction of programming knowledge from system explorations and explanatory text: a cognitive model. In C.R. Rollinger & W. Horn (Eds.), GWAI-86 und 2. Österreichische Artificial-Intelligence-Tagung . Heidelberg: Springer-Verlag.

Schmalhofer, F. & Kühn, O. (1986): Die erste Stunde beim Erwerb von Programmierkenntnissen: Eine Computer-Modellierung im Ansatz. In: M. Amelang, Bericht über den 35. Kongress der DGFP in Heidelberg 1986. Verlag für Psychologie, Hogrefe, Göttingen. S. 199.

Schmalhofer, F. & Wetter, Th. (1987): Kognittive Modellierung: Menschliche Wissensrepräsentationen und Verarbeitungsstrategien. In: M.M. Richter & Th. Christaller (Hrsg) Künstliche Intelligenz: Frühjahrsschule Dassel 1986, Informatikfachberichte, Springer-Verlag, Heidelberg.

Winer, B.J. (1971): Statistical principles in experimental design. Second Edition. McGraw-Hill, New York.

Winston, P.H. (1984): Artificial Intelligence. Second Edition. Addison-Wesley, Reading, Massachsetts.

Diese Arbeit wurde durch die Deutsche Forschungsgemeinschaft (Schm 648/1) unterstützt.

Otto Kühn, Franz Schmalhofer
Psychologisches Institut
Universität Freiburg
Niemensstr. 10
D-7800 Freiburg i.Br.

WANN NÜTZT EIN HANDBUCH ?
EINE HANDLUNGSORIENTIERTE, EMPIRISCHE ANALYSE
UND IHRE ERGEBNISSE

Stephan Dutke, Berlin

Es wird eine empirische Untersuchung dargestellt, in der rekonstruiert wurde, wie Benutzer eines Textkommunikationssystems Bedienungsprobleme mit Hilfe des Benutzerhandbuchs lösen. Die Untersuchungsmethode geht von der Zerlegung möglicher Arbeitsaufgaben in Teilaufgaben aus, deren Erledigung durch Teilhandlungen geschieht. Diese sind Analyseeinheit der Untersuchung und werden als Beschreibungseinheit für die Bedienungsanleitung vorgeschlagen. Typische Handlungsverläufe nach der Benutzung des Handbuchs werden anhand von Wahrscheinlichkeitsgraphen dargestellt. Es werden praktische Konsequenzen für die Gestaltung einer Bedienungsanleitung vorgeschlagen.

Fragestellung

Eine Voraussetzung für die Nützlichkeit jedes EDV-Systems im Arbeitsprozeß ist seine Erlern- und Bedienbarkeit. Der Erwerb von Wissen und die Entwicklung von Fertigkeiten im Umgang mit einem neuen System werden nicht nur durch Unterweisungen, sondern auch durch Bedienungsanleitungen und Handbücher unterstützt (Rupietta, 1982). Häufig sind sie neben Auskunftspersonen, die nur zeitweilig zur Verfügung stehen, sogar die einzigen Hilfsmittel des Lernenden. Hat der Benutzer erste Erfahrungen mit dem System gesammelt, so muß er die Anwendung dieses Wissens auf seine spezifischen Arbeitsaufgaben erlernen, z. T. selbst erarbeiten. Dies ist ein Lernstadium, in dem der Bediener in besonderem Maße benutzbarer Informationsquellen bedarf (Helmreich, 1986). Doch auch erfahrene Benutzer können durch veränderte Arbeitsabläufe oder -aufgaben, durch nicht vorhergesehene Systemreaktionen oder auch durch eigene Bedienungsfehler in eine Situation geraten, die sich von der Routinebenutzung durch völlig neue Anforderungen unterscheidet. Wenn eigenes Wissen nicht zur Lösung von Bedienungsproblemen ausreicht, wird Hilfe benötigt. Befragungen haben gezeigt, daß Hilfe vorzugsweise bei Kollegen

oder anderen sachkundigen Personen gesucht wird. Häufig bleibt
jedoch nur der Rückgriff auf das Hilfesystem, sofern vorhanden,
oder auf das Handbuch, die Bedienungsanleitung. Von der Beschaffenheit dieser Einrichtungen hängt oft die Bewältigung einer
solchen Problemsituation ab. Während es viele Überlegungen zur
verständlichen Gestaltung solcher Hilfsmittel in Bezug auf
sprachliche und graphische Merkmale gibt (z. B. Groeben, 1982;
Langer u. a., 1974; Grosse & Mentrup, 1982), sind Untersuchungen, die sich mit der Nutzung und Wirkung solcher Materialien in
realen Problemlöseprozessen beschäftigen, seltener. Dabei sollte
nicht nur von Interesse sein, ob z. B. eine Erklärung sprachlich
verständlich ist, sondern auch, ob ihr Inhalt so beschaffen ist,
daß der Benutzer sein Bedienungsproblem lösen kann. Hierzu sind
eine verständliche Sprache, Vollständigkeit der Informationen
sowie die Übereinstimmung von beschriebenen und tatsächlich erforderlichen Bedienungsschritten notwendige Voraussetzungen;
hinreichend sind sie allerdings nicht. Über die rein sprachliche
Verständlichkeit hinaus soll die Beschreibung von Bedienungsvor-
gängen so strukturiert sein, daß sie den Informationsbedürfnis-
sen eines zielgerichtet handelnden Benutzers entgegenkommt und
seine Orientierung bezüglich möglicher und notwendiger Handlungsschritte in konkreten Arbeitssituationen unterstützt.

<u>Untersuchungsmethode</u>

Benutzerinnen eines Textbearbeitungs- und kommunika-
tionssystems (12 Anfängerinnen und 15 erfahrene Arbeitskräfte)
erhielten Aufgaben zur Bearbeitung. Das Gerät wird über Funktionstasten und Menüs gesteuert. Vor Versuchsbeginn wurde mit
Hilfe von Fragebögen das individuelle Wissen der Versuchspersonen über die Bedienelemente des Geräts und über Handlungsabläufe
erhoben. Die Aufgaben waren umgangssprachlich formuliert und
enthielten keine expliziten Anweisungen über die Lösungsmethode.

Beispiel: "Bitte senden Sie den Mitteilungstext 'A' an
           Herrn ... in ..., TTX-Rufnummer ...; vergewissern
           Sie sich, daß der Text ordnungsgemäß empfangen
           wurde."
Der Text "A" lag unter diesem Namen gespeichert auf der Diskette vor. Die Bearbeitung der Aufgaben durch die Versuchsteilneh-

mer wurde auf Tastendruckniveau automatisch aufgezeichnet. So
erhält man freilich nur eine sequentielle Liste von Tastendruk-
ken, aus der der Handlungsverlauf nicht vollständig zu rekonstruieren ist. Eine handlungstheoretische Lösung bietet sich an:
die Gliederung dieses scheinbar kontinuierlichen Verhaltens-
stroms durch die Analyse der Zielstruktur (z. B. v. Cranach u.
a., 1980). Deshalb wurde vorher für jede Aufgabe der kürzeste
Lösungsweg ermittelt. Diese Lösungswege wurden durch Teilziele
gegliedert, die nicht mehr aufgabenspezifisch waren (z. B. Inhaltsverzeichnis der Diskette aufrufen). Jedem der Teilziele
wurden nun die entsprechenden Operationen (Tasten- und Schalterbedienungen) zugeordnet, die zur Erreichung des betreffenden
Teilziels notwendig sind. Somit war der minimale Handlungsraum
in folgende hierarchische Komponenten zerlegt: (1) Lösungswege
ganzer Aufgaben, (2) Teilhandlungen und (3) Operationen. Im einzelnen wurden 27 verschiedene Tasten- und Schalterbedienungen
(Operationen) identifiziert, aus denen 36 unterschiedliche Teilhandlungen generiert werden konnten. Aus diesen 36 Teilhandlungen konnten die Lösungswege aller elf Aufgaben konstruiert werden. Die Aufgaben sind jeweils mit minimal drei und maximal neun
Teilhandlungen zu bewältigen, eine Teilhandlung besteht aus wenigstens einer und höchstens 16 Operationen. Die Handlungsabläufe wurden nicht auf der Ebene der Tastendrucke, sondern auf der
Ebene von Teilhandlungen analysiert.

Geriet eine Versuchsperson in Schwierigkeiten, stand ihr
kein anderes Hilfsmittel als das Handbuch für dieses System zur
Verfügung. Trat ein solcher Fall ein, klärte der Versuchsleiter
in einem kurzen Dialog, (1) an welcher Aufgabe die Benutzerin
gerade arbeitete, (2) an welcher Stelle der Aufgabenbearbeitung
sie sich befand, (3) worin ihrer Meinung nach das Problem besteht, (4) welche Informationen sie im Handbuch zu finden hofft
und (5) wo sie diese Informationen suchen wird. Die Such- und
Lesezeiten wurden registriert, ebenso die Abschnitte der Bedienungsanleitung, in denen die Versuchsperson tatsächlich las.
Diese Angaben dienten auch dazu, die entsprechenden Stellen in
den Handlungsprotokollen zu identifizieren, so daß für jede Aufgabenbearbeitung angegeben werden konnte, in welcher Situation
das Handbuch benutzt wurde. Die Versuchsperson konnte, wenn sie
der Ansicht war, neue Erkenntnisse gewonnen zu haben, wieder am

Gerät probieren oder auch erneut das Handbuch zu Rate ziehen.
Eine Aufgabe wurde beendet, wenn die Versuchsperson sie nach eigener Einschätzung gelöst hatte, oder aber nach mindestens einem Versuch angab, auch mit Hilfe der Bedienungsanleitung keine Lösung zu finden.

Zur Bewertung der einzelnen Teilhandlungen wurde ein Fehlerkategoriensystem entwickelt, das die Zuordnung jeder Teilhandlung in eine der sechs Oberkategorien erforderte.
1) Die Teilhandlung wurde fehlerhaft ausgeführt, so daß das Teilziel nicht erreicht wurde (Ausführungsfehler: AF).
2) Die Teilhandlung stellt die erfolgreiche Wiederholung einer zuvor falsch ausgeführten Teilhandlung dar (erfolgreiche Wiederholung: EW).
3) Die Teilhandlung wurde richtig ausgeführt. Es handelt sich jedoch um eine Teilhandlung, die den Benutzer an dieser Stelle der Aufgabenbearbeitung dem Aufgabenziel nicht näher bringt, sondern zusätzliche negative Konsequenzen verursacht (Verwendungsfehler: VF).
4) Die Teilhandlung wurde richtig ausgeführt und kompensiert negative Effekte einer zuvor falsch verwendeten Teilhandlung (Kompensation: KO).
5) Die an dieser Stelle des Handlungsverlaufs zur Erreichung des Aufgabenziels notwendige Teilhandlung wurde ersatzlos unterlassen (ausgelassene Teilhandlung: ATH).
6) Die Teilhandlung ist sowohl bezüglich ihrer Ausführung als auch einer zieldienlichen Verwendung fehlerfrei (richtige Teilhandlung: RTH).

Nach der Kodierung der Teilhandlungen wurden aus den Protokollen alle Handlungssequenzen extrahiert, in denen das Handbuch benutzt wurde. Diese wurden so gewählt, daß für jede Handbuchbenutzung die drei unmittelbar vorangegangenen und die drei folgenden Teilhandlungen registriert wurden. Dadurch erhielten alle 307 Handlungssequenzen die gleiche Form: sieben Teilhandlungsschritte, wobei "Benutzung des Handbuchs" immer der mittlere ist. Das Ziel der Datenanalyse bestand darin, Beziehungen zwischen bestimmten Ausgangssituationen und typischen Wirkungen (Handlungsverlauf nach der Benutzung) zu finden. Hierzu wurde eine Variante der "Lag Sequential Analysis" nach Allison & Liker (1982) benutzt. Es handelt sich dabei um ein probabili-

stisches Modell, mit dem die Übergangswahrscheinlichkeiten von
einer Handlungsphase zur nächsten bestimmt werden können. Da das
Modell die Berechnung eines Varianzterms erlaubt, können diese
Wahrscheinlichkeiten auf Signifikanz getestet werden. Dadurch
ist es möglich, diejenige Klasse von Handlungsschritten zu bestimmen, die mit nicht zufälliger Häufung als Folge bestimmter
anderer Handlungsschritte auftritt.

Ergebnisse und Schlußfolgerungen

Aus den Ergebnissen der Lag-Analysen können Wahrscheinlichkeitsgraphen konstruiert werden, die die wahrscheinlichsten
Handlungssequenzen abbilden. Die Darstellungen haben ihren Ausgangspunkt im Ereignis "Bedienungsanleitung lesen" (Lag_0 = BDA).
Lag_1 bis Lag_3 bezeichnen die drei nachfolgenden Teilhandlungen.
Durchgezogene Linien kennzeichnen eine gegenüber der Basiswahrscheinlichkeit der jeweiligen Teilhandlungsklasse erhöhte Auftretenswahrscheinlichkeit (mit ^{x}: signifikant erhöht, $p < .05$);
gestrichelte Linien bezeichnen gegenüber der Basiswahrscheinlichkeit verminderte Auftretenswahrscheinlichkeiten (mit ^{x}: signifikant vermindert).

Abbildung 1 zeigt die zwei wahrscheinlichsten Teilhandlungssequenzen im Falle einer erfolglosen Benutzung des Handbuchs. Als "erfolglos" wird eine Teilhandlungssequenz bezeichnet, bei der die dritte Teilhandlung nach der Handbuchbenutzung
noch nicht die erforderliche, richtig ausgeführte Teilhandlung
ist. Die Rate der erfolgreichen Handbuchbenutzungen liegt nach
dieser Definition zwischen 14 % und 57 %, ohne daß eine eindeutige Abhängigkeit von der Erfahrung der Versuchspersonen festzustellen wäre.

Der erste Weg stellt einen wiederholten Wechsel zwischen
erforderlicher, aber falsch ausgeführter Teilhandlung und ver-
geblichem Nachschlagen in der Anleitung dar (BDA-AF-BDA-AF).
Der zweite Weg besteht aus Teilhandlungen, die an dieser Stelle
der Aufgabenbearbeitung nicht zielführend sind, und aus einem
Versuch der Kompensation der negativen Folgen dieser Verwendungsfehler in Lag_3 (VF-VF-KO). Der Übergang von Lag_0 zu Lag_1
ist jedoch im Gegensatz zum ersten Weg nicht signifikant. Dies
bedeutet, daß die Auftretenswahrscheinlichkeit der Kette
VF-Vf-KO nach Benutzung des Handbuchs nicht wahrscheinlicher ist

als an jeder anderen Stelle der Aufgabenbearbeitung. Die Wahrscheinlichkeit, daß nach der Handbuchbenutzung die erforderliche Teilhandlung ohne weitere Versuche richtig ausgeführt wird, ist mit .03 signifikant gegenüber der Basiswahrscheinlichkeit vermindert (BDA-RTH). Die Übergangswahrscheinlichkeiten zwischen den zwei Wegen (AF-VF, BDA-KO, VF-BDA und VF-AF) sind alle vermindert, in drei Fällen signifikant. Dies spricht für eine Abhängigkeit der Teilhandlungsklassen innerhalb der Wege bzw. für eine hohe Unabhängigkeit der Wege voneinander.

Abb. 1   Erfolglose Benutzung des Handbuchs

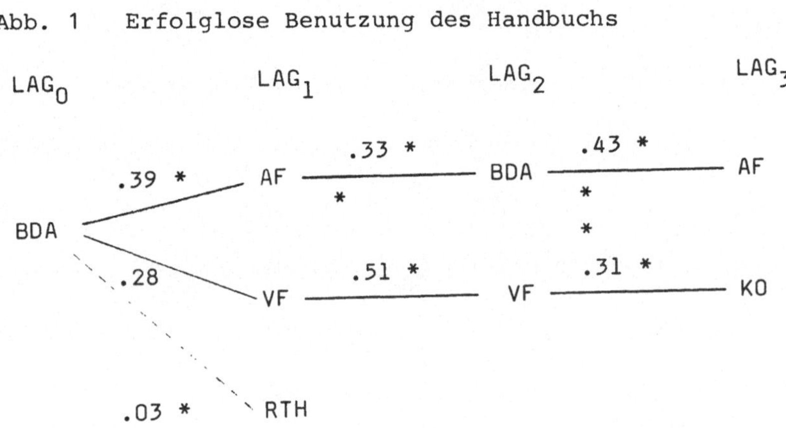

Abbildung 2 zeigt die erfolglosen Teilhandlungssequenzen für die Fälle, in denen die Versuchsperson in der Anleitung nach einer anderen als der an dieser Stelle der Aufgabenbearbeitung erforderlichen Teilhandlung suchte. Der Weg wiederholter Ausführungsfehler tritt nicht mehr in Erscheinung, da die Versuchspersonen in diesen Fällen offenbar nicht wissen, welche Teilhandlung sie dem Aufgabenziel näher bringt. Die Sequenz der wiederholten Verwendungsfehler (VF-VF-VF) ist intern signifikant miteinander verknüpft, doch der Übergang von Lag_0 zu Lag_1 (BDA-VF) ist wiederum nicht signifikant wahrscheinlicher als zu anderen Zeitpunkten des Handlungsverlaufs. Kompensatorische (BDA-KO) und richtige Teilhandlungen (BDA-RTH) folgen in diesen Fällen signifikant seltener einer Benutzung der Bedienungsanleitung. Signifikant erhöht ist die Wahrscheinlichkeit eines Aufgabenabbruchs (BDA-ABB).

Die erfolgreich verlaufenen Teilhandlungssequenzen sind

Abb. 2   Erfolglose Benutzung des Handbuchs: Suchen nach
         einer anderen als der erforderlichen Teilhand-
         lung

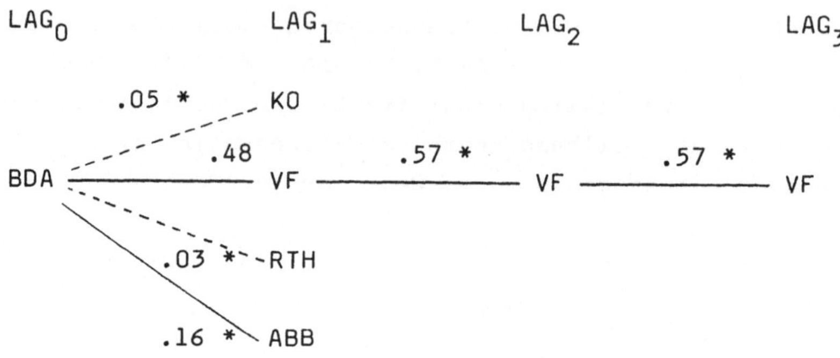

Abb. 3   Erfolgreiche Benutzung des Handbuchs

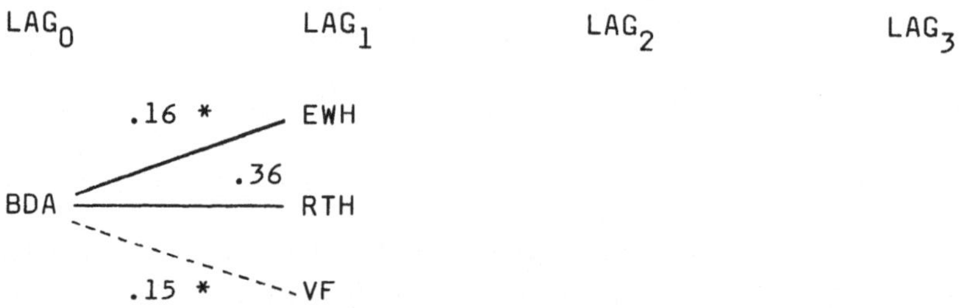

in Abbildung 3 dargestellt. Der Anteil der Teilhandlungen, die
ohne vorherige Fehler in Lag$_1$ richtig ausgeführt wurden, beträgt
zwar mehr als ein Drittel aller in dieser Phase registrierten
Teilhandlungen, doch ist die Wahrscheinlichkeit hierfür nicht
signifikant erhöht. Die Steigerung der erfolgreichen Wiederholung und die Verminderung der Verwendungsfehler nach der Lektüre
der Bedienungsanleitung sind jedoch signifikant.

   Zusammenfassend sind folgende Tendenzen festzustellen:
1) Falsch ausgeführte Teilhandlungen können nach mehrmaligem
Probieren und Nachschlagen in der Anleitung häufig nicht korrigiert werden. Die Versuchspersonen verharren dennoch häufig in
der Strategie, das Ziel mit der gleichen Teilhandlung durch wie-
derholte Versuche doch noch zu erreichen. Ein Strategiewechsel,

z. B. durch andere Teilhandlungen oder "Umwege" das gleiche
Teilziel zu erreichen, ist recht unwahrscheinlich und wird durch
die Lektüre der Bedienungsanleitung nicht gefördert, eher behindert.

2) Weiß die Benutzerin nicht, mit Hilfe welcher Teilhandlung sie
das nächste Teilziel bzw. das Aufgabenziel erreichen kann, ist
die Wahrscheinlichkeit, in der Anleitung eine Lösung zu finden,
äußerst gering. Der größte Teil der Aufgabenabbrüche durch die
Versuchsteilnehmer geschieht in diesen Situationen.

3) Die erfolgreiche Benutzung des Handbuchs spiegelt sich lediglich in der erhöhten Wahrscheinlichkeit für erfolgreiche Wieder-
holungen vorher falsch ausgeführter Teilhandlungen wider. Dies
bedeutet, daß die Benutzer bereits vor der Lektüre der Bedienungsanleitung wußten, welches Teilziel mit welcher Teilhandlung
als nächste anzustreben sei. Falsch eingesetzte oder kompensatorische Teilhandlungen, die ein Indiz für das Umgehen des Problems auf alternative oder auch umständlichere Weise sein könnten, sind nach der Handbuchbenutzung signifikant seltener als es
ihrer Basiswahrscheinlichkeit entspräche.

Eine Analyse der Mißerfolgsfälle ergab, daß die Beschreibung im Handbuch oft an den einzelnen Programmfunktionen
(z. B. Einfügen, Löschen) orientiert ist. Für den Benutzer erweist es sich jedoch als sinnvoller, diese Abläufe als Bestandteil einer komplexen Arbeitshandlung darzustellen. Unter dieser
Perspektive sollten die Beschreibungseinheiten Teilhandlungen
sein, die aus der Zielanalyse möglicher Arbeitsaufgaben gewonnen
werden können. Die vollständige Beschreibung einer Teilhandlung
sollte folgende Komponenten umfassen:

1) Beschreibung der Zweckbestimmungen dieser Teilhandlung.

2) Beschreibung der Bedingungen, unter denen diese Teilhandlung
   erfolgreich ausgeführt werden kann.

3) Beschreibung der Abfolge von Bedienungsschritten, mit denen
   das angegebene Teilziel erreicht werden kann.

4) Beschreibung der Konsequenzen dieser Teilhandlung für den Systemzustand und den Zustand des Arbeitsobjekts bei fehlerfreier Ausführung.

In vielen Fällen werden die Bestandteile 1, 2 und 4 gegenüber der Abfolge der tatsächlichen Bedienungsschritte vernachlässigt. Werden die möglichen Zweckbestimmungen nicht voll-

ständig erläutert oder an nachgeordneter Position beschrieben,
kann es geschehen, daß der Benutzer nicht erkennt, welche Teilhandlung in einer gegebenen Handlungssituation zweckdienlich
ist. In vielen Fällen wurden Teilhandlungen, obwohl die Benutzer
die Ausführung nachweislich beherrschten, nicht zur Problemlösung eingesetzt, weil sie nicht um den instrumentellen Wert dieser Prozeduren wußten.

Werden die Ausführungsbedingungen nicht vollständig und
vor allem vor der Darstellung des Handlungsablaufs beschrieben,
können Mißerfolge eintreten, deren Ursachen für den Benutzer
nur schwer zu erkennen sind. Häufig wurde immer wieder die ausgeführte und die in der Anleitung beschriebene Abfolge der Bedienungsschritte verglichen und korrekt umgesetzt. Trotzdem miß-
lang die Teilhandlung, und das Ziel wurde nicht erreicht, weil
eine notwendige, aber nicht explizit erwähnte Bedingung nicht
erfüllt war.

Die Konsequenz einer korrekt ausgeführten Teilhandlung
besteht nicht nur aus der Realisierung des Ziels, sondern häufig
auch aus einer Anzahl weiterer Effekte auf den Systemzustand und
den Zustand des Arbeitsobjekts. Werden sie nicht vollständig beschrieben, besteht die Gefahr, daß der Benutzer bei der Planung
nachfolgender Handlungsschritte von falschen Voraussetzungen
ausgeht. Dies kann zum Mißlingen späterer Teilhandlungen führen.

Eine an den obigen vier Gestaltungsregeln orientierte
Beschreibung von Bedienungsabläufen beugt Schwierigkeiten und
Mißerfolgen vor.

Literatur

Allison, P. D. & Liker, J. D. (1982): Analyzing sequential data
on dyadic interaction: a comment on Gottman. Psychological
Bulletin, 91 (1982), 293-403.

Cranach, v. M., Kalbermatten, U., Indermühler, K., & Gugler, B.
(1980): Zielgerichtetes Handeln. Bern: Huber.

Groeben, N. (1982): Leserpsychologie. Münster: Aschendorff.

Grosse, S., & Mentrup, W. (Hrsg.). (1982): Anweisungstexte. Forschungsberichte des Instituts für Deutsche Sprache, Mannheim,
Band 54. Tübingen: Narr.

Helmreich, R. (1986): Planning user acceptance - a management
task. In Proceedings Part II of the International Scientific

Conference: Work with Display Units. Stockholm, May 12-15,
1986 (pp. 777-780).

Langer, I., Schulz v. Thun, F., & Tausch, R. (1974): Verständlichkeit in Schule, Verwaltung und Wissenschaft. München:
Reinhardt.

Rupietta, W. (1982): Dokumentation als Information über die Benutzung von Computersystemen. Angewandte Informatik, 11
(1982), 536-540.

Diese Forschungsarbeiten wurden finanziell und technisch durch
die Firma Siemens, Erlangen und München, unterstützt.

Dipl.-Psych. Stephan Dutke
Institut für Psychologie
Freie Universität Berlin
Habelschwerdter Allee 45
1000 Berlin 33

UEBER DEN GEBRAUCH EINES KONTEXT-SPEZIFISCHEN HELPSYSTEMS

Thomas Moll und Roland Sauter, Zürich

Zusammenfassung: In einem interdisziplinären Forschungs-projekt haben Psychologen und Informatiker das reale Benutzer-verhalten von 24 Werkzeugmachern und Mechanikern an einem inter-aktiven CAM-System untersucht. Mit einer Methodenkombination (On-line Befragungen, Logfile Recording, Lautes Denken, Video-konfrontation) wurden in einer Feldstudie Daten über den Umgang mit einem kontext-spezifischen Helpsystem gesammelt. Die Vor- und Nachteile einer solchen On-line assistance werden beschrieben.

Fragestellung

Werkzeugmacher und Mechaniker müssen mit CAM-Systemen (Computer Aided Manufacturing) arbeiten, die immer komplexer werden: geometrische Definitionen werden zahlreicher und Konturen komplizierter, da sie Splines enthalten und parametrisiert werden, um Teilefamilien zu generieren. Dieser Trend wird durch den vermehrten Uebergang von 2D auf 3D verstärkt. Auch die Technologie stellt immer höhere Anforderungen an CAM-Systeme: Schruppzyklen werden automatisiert und neue Möglichkeiten von Werkzeugmaschinen (z.B. Konik beim Drahterodieren, NC-Profilschleifen mit Abrichten) müssen unterstützt werden. Als Folge der zunehmenden Komplexität interaktiver Computersysteme hat die Bedeutung und Verbreitung der On-line assistance - spezielle Funktionen, die den Benutzer in seiner Arbeit mit dem Computer unterstützen sollen - in den letzten Jahren stark zugenommen.

"On-line User Assistance" wird in neueren Veröffentlichungen als ein wichtiges Instrument beschrieben, mit dessen Hilfe dem Benutzer das Erlernen, sowie der Umgang mit einem Computersystem erleichtert werden kann (vgl. Sondheimer & Relles, 1982). Untersuchungen über das reale Verhalten von Benutzern zeigen aber auch, dass Help-Meldungen häufig nicht den Erwartungen und Erfordernissen der Benutzer entsprechen und infolgedessen wenig benutzt werden (zum Stand der Forschung siehe Carroll & McKendree, 1986).

Um genauere Aufschlüsse darüber zu erhalten, wie Unterstützungssysteme in einem realen Anwendungsfeld genutzt werden, wurde in einer Felstudie erfasst, ob Benutzer als Anfänger auf Schulungskursen die Unterstützung des Systems MECANIC nutzen.

<u>Das untersuchte System</u>

Das untersuchte System ermöglicht die Programmierung von NC-Maschinen und wird vor allem im Gebiet des Werkzeugbaus verwendet.

Die Benutzer dieses Systems sind qualifizierte Facharbeiter (vor allem Fräser und Mechaniker), die über keine EDV-Ausbildung verfügen. Ihre Aufgabe besteht in der Umsetzung einer auf Papier enthaltenen Geometrie (Werkstückzeichnung) in eine Befehlssequenz für eine NC-Maschine, die eine getreue Abbildung eben dieser Geometrie ergeben soll (Wekstück). Diese Umsetzung ist oft ein komplexer Prozess, weil die Teile selbst eine komplexe Geometrie aufweisen: man denke hier an Regelflächen, die durch zwei Randkurven im Raum gegeben sind, oder an gekrümmte Flächen.

Entsprechend <u>komplex</u> ist auch das System MECANIC. Zum Beispiel stehen für die Definition von geometrischen Elementen nicht weniger als 70 Definitionsarten zur Verfügung. Das System enthält auch Splines, die in verschiedenster Form definiert und transformiert werden können. Für die Bildung von Teilefamilien können Geometrien und Konturen parametrisiert werden; dem Benutzer steht eine eigentliche Programmiersprache mit Variablen, Makros und Kontrollstrukturen zur Verfügung. Die Mächtigkeit dieser Sprache erlaubt die Lösung von hochkomplexen 2D und 3D Problemen.

Die im System vorhandenen automatischen Schruppzyklen (Taschenfräsen, Vollabttragsschnitt beim Drahterodieren) können zwar die Programmierarbeit drastisch verkürzen, nicht aber die reale Komplexität des technologischen Prozesses reduzieren.

Bei der Entwicklung des MECANIC-Dialogs wurde vom sogenannten Kontrollkonzept ausgegangen: Der Dialog soll durchschaubar, vorhersagbar und beeinflussbar sein. Für das System MECANIC bedeutet dies:

<u>Durschaubarkeit</u>:
- Transparenz der Daten und Funktionen.

Der Benutzer kann jederzeit sämtliche Daten und Funktionen
sehen, ohne seine momentane Arbeitsumgebung zu verlieren.
- Das System besitzt einen "Anfänger-Modus", im welchem viele
spezielle Funktionen gesperrt sind.

Vorhersagbarkeit:

- Eine strenge Konsistenz führt dazu, dass das System bei gleichem Kommando in einer ähnlichen Situation die gleiche Operation ausführt.

Beeinflussbarkeit:

- Der Benutzer kann eine gemachte Eingabe jederzeit korrigieren
und den Dialog jederzeit abbrechen. Er kann sich jederzeit
gefahrlos vor- und rückwärts bewegen.

Die On-line assistance

Auch wenn ein gut durchdachtes Dialogsystem die sekun-
däre Aufgabe des Benutzers stark vereinfachen kann, erfordert
die Komplexität der Systemfunktionen eine On-line assistance.
Im System MECANIC wurden für die One-line assistance neue Wege
begangen, indem dem Benutzer drei Formen von Unterstützung angeboten werden:

1. Der VIEWER: Der Viewer gibt zu jeder Eingabe, die gemacht
   werden muss, Auskunft über mögliche Antworten. Er bietet dem
   Benutzer eine kontext-spezifische operationale Hilfe.

2. Die HELP-Meldung: Für jedes Menü-Element und für jede Abfrage
   ist eine kontext-spezifische Help-Meldung vorgesehen. Dies
   gilt auch für jede Fehlermeldung.

3. Das ON-LINE HANDBUCH: Jede Help-Meldung bietet einen kontext-
   spezifischen Zugang zum On-line Handbuch. Es werden Referenzen zu denjenigen Stellen des Handbuches angegeben, die in
   der aktuellen Dialog- oder Fehlersituation relevant sein
   könnten.

Diese drei Funktionen der On-line assistance sind kon-
textbezogen, d.h. sie beziehen sich auf den aktuellen Dialog-
punkt oder auf den unmittelbar vorher gemachten Fehler.

Untersuchungsmethoden

Zur Beantwortung der Fragestellung wurde in einer Feldstudie mittels einer Methodenkombination - eine genaue Beschreibung findet sich in Moll (1987, im Druck) - das reale Verhalten
von 24 späteren Benutzern des Systems untersucht. Von den 24

Versuchspartnern, vorwiegend Werkeugmachern und Mechanikern,
wurde während 8 Tagen über jeweils 8 Stunden jede Eingabe am
System, sowie jede Frage und Meldung des Systems mit Zeitangabe
auf Logfiles aufgezeichnet.

Da auf den von uns untersuchten Schulungskursen jeweils
zwei Personen an einem Rechner arbeiteten, kam es zu Auswer-
tungsproblemen. Aus den von uns aufgezeichneten Logfiles ist
nicht ersichtlich, wer die Eingaben an einem Rechner gemacht
hat und welche Aufgabe bearbeitet wurde. Ausserdem weiss man
nichts über die handlungsleitenden Kognitionen, also welche
Ziele mit Hilfe des Systems erreicht werden sollten und aufgrund
welcher Hypothesen welche Eingaben gemacht wurden.

Um diese Probleme zu minimieren, wurden unsere Versuchspartner zu drei verschiedenen Zeitpunkten einzeln untersucht.
Sie wurden gebeten, während einer halben Stunde eine Standardaufgabe am Computer zu bearbeiten. Dabei sollten sie "laut
denken". Um den Problemlöseprozess nicht zu stören wurde nicht
interveniert, wenn die VP das Laute Denken einstellten. Um die
handlungsleitenden Kognitionen trotzdem erfassen zu können,
wurden alle Eingaben am Computer auf Video aufgezeichnet und
den Vpn sofort nach der Aufgabenbeendigung vorgespielt. Die Vp
wurden zu ausgewählten Sequenzen (z.B. Fehlersituationen, Help-
Aufrufe) befragt. Bezogen auf diese konkreten Aktionen schilder-
ten sie, welche Ueberlegungen ihr Handeln geleitet hatten.

Diese Methoden wurden durch verschiedene Befragungen
ergänzt, die im System implementiert sind. Neben Fragen zur
Person (Alter, Beruf usw.) wurde ein Multiple choice Test durchgeführt, in dem wichtige Konzepte des Systems MECANIC (Syntax,
Flexibilität, Möglichkeiten des Viewers) abgefragt wurden. Daneben konnte der Nutzen der "On-line assistance" bewertet
werden.

Da sich in unseren Pilotuntersuchungen starke interindividuelle Unterschiede in der Nutzung der On-line assistance
und dem Explorieren des Systems gezeigt haben, wurde noch ein
Fragebogen zur Handlungs- vs. Lageorientierung (vgl. Kuhl, 1986)
eingesetzt. Während eine Gruppe von Vpn versuchte, die System-
möglichkeiten zu explorieren und von den im Viewer angebotenen
Antwortmöglichkeiten ausgehend ihre Ziele zu erreichen, ver-

suchten andere Vp sozusagen "im Kopf", und minutenlang ohne Interaktion mit dem Computer, eine Problemlösung zu entwickeln. Hier vermuten wir Zusammenhänge zwischen dem Lernverhalten und der Handlungs- vs. Lageorientierung, wie sie bei Ackermann (1987) berichtet werden. Die Vor- und Nachteile der eingesetzten Untersuchungsmethoden sind in Abbildung 1 zusammengefasst.

Abb.1: Beschreibung der Vor- und Nachteile von Methoden, die für die Evaluation und Analyse interaktiver Computer- systeme eingesetzt werden können.

METHODE	VORTEILE	NACHTEILE
ON-LINE BEFRAGUNGEN	*Das Verständnis wichtiger, für die Handhabung der Software notwendiger Konzepte wird überprüfbar *Dies erlaubt Gruppenbildungen anhand des Wissens über die Software *Subjektive Bewertungen von Hilfsinstrumenten (z.B. Help) sind erfragbar *Zeit für die Beantwortung jedes einzelnen Items ist registrierbar *Schnelle Auswertung möglich *Kostensparendes Instrument	*Es bleibt offen, ob vorhandenes Wissen auch angewendet wird *Trotz ungenauer Vorstellungen über die Möglichkeiten der Software kann diese funktional genutzt werden
LOGFILE- AUFZEICHNUNGEN	*Nicht bewusstseinsfähige und nicht bewusstseinspflichtige Operationen sind mit Zeitangabe registrierbar. Alle Eingaben des Benutzers und alle Fragen und Meldungen des Systems werden erfasst. *Nutzung der Systemmöglichkeiten und Freiheitsgrade durch den Benutzer ist überprüfbar *Fehlersituationen und Probleme des Benutzers sind identifizierbar	*Handlungsleitende Kognitionen bleiben unbekannt *Deshalb kann die Ursache für gleiche Benutzereingaben (z.B. Verschreiben, falsche Vorstellungen vom System, Ausprobieren) nicht festgestellt werden
SIMULTANES LAUTES DENKEN	*Handlungsleitende Kognitionen sind erfassbar. Verbalisierte Ziele, Erwartungen und Voraussagen des Benutzers können per Tonband aufgezeichnet werden	*Lautes Denken und reale Eingaben am Computer stimmen nicht immer überein *Die Verbalisierungsfähigkeit einzelner Vpn ist unterschiedlich *Der Grad der Bewusstseinsklarheit beeinflusst das Laute Denken, das in Affekt- und Problemsituationen u.U. sogar eingestellt wird *Das Laute Denken kann den Problemlöseprozess beeinflussen und folgende Auswirkungen haben: -Steigerung der Konzentration -Besseres Strukturieren der Aufgabe -Verbesserung der Problemlösefähigkeit -Bevorzugung einer "gründlichen Strategie"
VIDEO- KONFRONTATION	*Problemlöseprozess am Computer wird nicht gestört *Betrachten des per Video aufgezeichneten Verhaltens am Computer verbessert die Erinnerung *Handlungsleitende Kognitionen sind rekonstruierbar	*Durch die Entwicklung einer Problemlösung kann es zu einer kognitiven Umstrukturierung kommen. Es kann Vpn schwerfallen, die Reihenfolge ihrer Kognitionen richtig wiederzugeben *Tendenz zur Rechtfertigung des Verhaltens

<u>Ergebnisse</u>

Da die erhobenen Daten z.Z. ausgewertet werden, sind
noch keine abschliessenden Ergebnisse mitzuteilen. Wir können
aber anhand einzelner Beispiele verdeutlichen, dass mit den entwickelten Methoden ein differenziertes Abbild über das Verhalten
das Benutzers gewonnen werden kann. Daraus sind Hinweise zur
Weiterentwicklung der Software abzuleiten.

In der untersuchten Stichprobe wurden pro Tag durchschnittlich 850 Eingaben gemacht. Der Gebrauch der On-line
assistance verteilt sich folgendermassen: - Viewer: 90, - Help:
4, - On-line Handbuch: 1. Der Viewer wird bei mehr als 10%
aller Eingaben benutzt. Er bietet dem Benutzer die Möglichkeit
festzustellen, welche Antworten gegeben werden könnten und eine
auszuwählen. Auch bei geübteren Benutzern findet sich ein ähnlich hoher Gebrauch des Viewers. Diese gebrauchen den Viewer als
Gedächtnishilfe und zur Verringerung von Schreibarbeit. Ausserdem verringert die Uebernahme von Antworten aus dem Viewer die
Wahrscheinlichkeit, Fehler beim Eintippen zu machen.   Das
On-line Handbuch wird selten abgerufen. Die Benutzer bevorzugen
das Lesen des gedruckten Manuals. Sie lassen sich für sie wichtige Teile des Handbuches auf dem Printer ausdrucken.

Erste Analysen von Helpsituationen zeigen, dass die kontextspezifische Help-Funktion in unterschiedlichen Situationen
verwendet wird und in Abhängigkeit davon den Anwender unterschiedlich unterstützt, bzw. in bestimmten Situationen verwirren kann.

Situation I:

HELP nach Orientierungsverlust
Häufig wird die Help-Funktion erst dann betätigt, wenn das System dem Benutzer einen Fehler meldet. Oft hat er schon vor
dieser Eingabe oder Auswahl Entscheidungen getroffen, durch die
er sein Ziel nicht mehr erreichen kann. Er hat in diesem Fall,
beim Verlust der Orientierung, nicht nur ein unvollständiges
Abbild von den Möglichkeiten der Eingabe, sondern auch von der
Situation, in der er sich befindet. In diesem Fall bekommt er
im kontextspezifischen Help-Modus nicht die erforderlichen
Informationen.

Uebernimmt der Benutzer in einer solchen Situation die

im Help zu der Eingabe vorgeschlagenen Möglichkeiten, so kommt
es nicht selten zu Folgefehlern.

Kontextunabhängiges Basiswissen über Grundkonzepte des
Systems wird nicht vermittelt. Für diese Situationen ist das
kontextspezifische Help-System nicht geeignet. Zur Vermittlung
von Basiswissen müssen deshalb weitere Möglichkeiten der On-
line assistance entwickelt werden.

Situation II.

HELP bei unbekannten Abfragen

Die Ergebnisse der Analyse der Helpsituationen zeigen aber
auch, dass das kontextspezifische Help-System Benutzer unterstützt, die wissen, in welchem Systemzustand sie sich befinden,
bzw. welches Ziel sie erreichen wollen, die aber den genauen
Eingabemodus nicht kennen oder eine Abfrage in einer ihnen sonst
verständlichen Situation nicht verstehen. Ein Benutzer, der
nicht wusste, welches geometrische Element mit der Abfrage nach
der "Symmetrieachse" gemeint sei, rief folgendes kontext-
spezifische HELP auf:

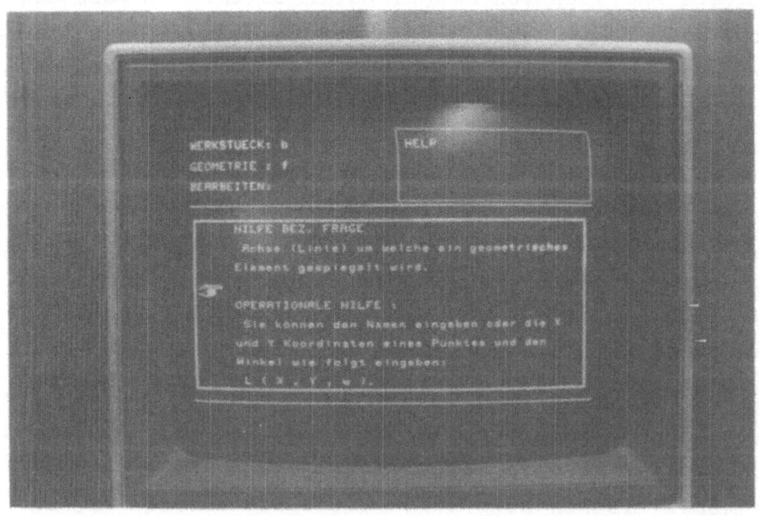

Als er dieses HELP während der Videokonfrontation nochmals sah, sagte er:
"Ja, gespiegelt. Und jetzt wusste ich, dass es diese Achse ist".

In diesem Zusammenhang muss noch auf die folgende Schwierigkeit aufmerksam gemacht werden. Die beobachteten Personen haben die Tendenz, die operationalen Hinweise im HELP kritiklos und wörtlich zu übernehmen. In einer Reihe von Fällen finden sich im Logfile nach dem Aufruf von Help-Meldungen dieser Form die Eingaben " L(X,Y,w) ". Eine operationale Hilfe sollte also immer durch möglichst konkrete Beispiele ergänzt werden.

Situation III:

HELP als Explorationsmittel

Einzelne Versuchspartner haben die Help-Funktion dazu genutzt, das System zu explorieren und unbekannte Funktionen des Systems kennenzulernen. Während die Werkzeugmacher den Help-Modus durchschnittlich 18mal aufriefen, haben wir bei einem Versuchspartner mit Informatikausbildung über 100 Aufrufe registriert. Die Analyse dieser Aufrufe zeigt, dass diese Person systematisch durch alle Menus ging und bei unbekannten Abfragen jeweils den Help-Modus aufrief um festzustellen, welche Möglichkeiten das System bietet.

<u>Schlussfolgerungen</u>

In der vorliegenden Feldstudie wurde das reale Benutzerverhalten von 24 Werkzeugmachern und Mechanikern an einem CAM-System untersucht. Im Vordergrund erster Analysen steht die Frage, wie ein kontextspezifisches Help-System genutzt wird. Es zeigte sich, dass ein kontextspezifisches Help-System für den Benutzer verschiedene Vor- und Nachteile hat. Es unterstützt den Benutzer in folgenden Situationen:

-<u>Exploration des Systems</u>: der Benutzer kann schrittweise seine Kenntnisse erweitern, indem er Informationen über die in seiner aktuellen Situation zugänglichen Funktionen verlangen kann.
-<u>Operationale Hilfe</u> gesucht: WIE mache ich diese Eingabe?
-Es erlaubt die rasche <u>Korrektur von Eingabe-Fehlern</u>.

In anderen Situationen wird die Kontextbezogenheit aber zur Falle für den Hilfe suchenden Benutzer. Hat er sich nämlich <u>im Dialog verirrt</u>, hat er den zur Lösung führenden Weg verloren oder sind ihm mehrere Schritte der Eingabe unbekannt, so bringt ihm eine kontextspezifische Help-Meldung eine völlig unbrauchbare Information, die ihn nur noch mehr verwirren kann.

Eine weitere Schwäche eines kontext-spezifischen Helpsystems ist die fehlende Möglichkeit, dem Benutzer Unterstützung für den Mapping-Prozess zwischen seinen Zielen und den Systemfunktionen zu geben.

Eine solche Unterstützung kann nur auf einer höheren Ebene erfolgen, losgelöst von der aktuellen Dialogsituation. Für diese Situationen soll ein zielorientiertes Tutorial entwickelt werden.

Literaturverzeichnis

Ackermann, D. (1987): Handlungsspielraum, Mentale Repräsentation und Handlungsregulation am Beispiel der Mensch-Computer-Interaktion. Unveröff. Diss., Universität Bern

Carroll, J.M. & McKendree, J.E. (1986): Interface design issues for adivice-giving expert systems. IBM Research Report.

Kuhl, J. (1986): Handlungskontrolle. Erscheint in H.-D. Schmalt (Hrsg.), Persönlichkeitssysteme und Persönlichkeitskonstrukte. Weinheim: Verlag Beltz.

Moll, T. (1987, im Druck): On Methods of Analysis and Evaluation of Interactive Computer Systems. In M. Frese, E. Ulich & W. Dzida (Eds.), Psychological Issues of Human-Computer Interaction in the Work Place. Amsterdam: North Holland.

Sauter, R. & Weydert, J. (1985): Die Entwicklung einer Mensch-Maschine-Schnittstelle und ihr Einfluss auf das Benutzermodell. In H.G. Klopic, R. Marty & E.H. Rothauser (Hrsg.), Arbeitsplatzrechner in der Unternehmung (248-266). Stuttgart: Teubner.

Sondheimer, N.K. & Relles, N. (1982): Human Factors and User Assistance in Interactive Computing Systems: An Introduction. IEEE Transactions on Systems, Man, and Cybernetics, SMC-12, 102-107.

Dipl.-Psych. Thomas Moll
Lehrstuhl für Arbeits- und
Organisationspsychologie (LAO)
der ETH Zürich
ETH-Zentrum
CH-8092 Zürich

Dipl.Ing.ETH Roland Sauter
MECASOFT S.A.
Guggacherstr. 10
CH-8057 Zürich

Benutzerfreundlichkeit, Systemkonsistenz und andere schwer definierbare Prinzipien: Interviews mit Systementwicklern

Susanne Maass, Mary Beth Rosson, Wendy A. Kellogg
IBM T.J. Watson Research Center, Yorktown Heights, USA

Zusammenfassung: Zweiundzwanzig Systementwickler wurden nach ihren Erfahrungen und Strategien bei der Entwicklung von Benutzerschnittstellen zu interaktiven Systemen befragt. Ihre Äußerungen zur Separierbarkeit der Schnittstelle, ihre Prinzipien zur benutzerfreundlichen Gestaltung und speziell ihre Einschätzung der Forderung nach Konsistenz der Benutzerschnittstelle werden wiedergegeben und in Beziehung gesetzt zu den derzeitigen Entwicklungen im Bereich der Forschung. Die Interviews zeigen, daß als elementar angesehene Begriffe nicht für jeden dieselbe wohldefinierte Bedeutung haben; auch Gestaltungsprinzipien scheinen unscharf und schwer definierbar. Die Vielfalt der Perspektiven wird zum Anlaß genommen, Konzepte zu überdenken und reichere und gleichzeitig differenziertere Definitionen zu diskutieren.

Einige Zeit schon ist die Software Ergonomie auf der Suche nach allgemeinen Richtlinien für benutzerorientierte Systementwicklung. Es gibt eine Reihe von in der Diskussion wiederkehrenden Konzepten, die offensichtlich mit der Gestaltung benutzerfreundlicher Systeme im Zusammenhang stehen. Doch selbst der Begriff der "Benutzerfreundlichkeit" hat nicht für alle, die ihn benutzen, dieselbe Bedeutung. Neben der Auseinandersetzung mit wünschenswerten Systemeigenschaften steht neuerdings die Frage nach einem geeigneten Vorgehen bei der Systementwicklung: Die Gliederung der Entwicklung in Phasen soll zu einem strukturierten Softwareentwurf führen, der Einbezug von zukünftigen Benutzern oder ihren Repräsentanten in die Phase der Anforderungsanalyse kann bei der Definition einer angemessenen Funktionalität und Systemhandhabung helfen; beide Varianten schreiben aber die Anforderungen in einer frühen Phase fest. Alternativ wird heute ein "iteratives Vorgehen" vorgeschlagen (vgl. CARROLL/ROSSON 85 und GOULD/LEWIS 85), bei dem die Anforderungsanalyse-Phase den Entwurf und die Implementation von Prototypen, ihre Evaluation durch zukünftige Systembenutzer und eine entsprechende Korrektur der Anforderungsspezifikation umfaßt.

Unser kürzlich begonnenes Forschungsprojekt hat zum Ziel, Möglichkeiten zu finden, die Systementwickler im Designprozeß zu unterstützen. Um ein möglichst realistisches Bild von den Problemen und Erfordernissen dieses Prozesses zum Ausgangspunkt der Überlegungen machen zu können, wurden Interviews mit 22 Systementwicklern durchgeführt. Ziel war hierbei nicht, formale Hypothesen zu testen, sondern möglichst viel Information zusammenzutragen über den Systementwicklungsprozeß, wie er *tatsächlich* durchlaufen wird - möglicherweise in Abweichung von theoretischen Beschreibungen dieser Prozesse, wie sie in Lehrbüchern zu finden sind. Befragungen dieser Art sind in der Vergangenheit erst vereinzelt durchgeführt worden (vgl. HAMMOND et al. 83, GOULD/LEWIS 85, LAMMERS 86).

Teilnehmer für die Befragung wurden auf zwei verschiedene Arten gewonnen. Die Mehrzahl reagierte auf eine Notiz in mehreren Unternehmens-internen elektronischen "Bulletin Boards": die Notiz beschrieb unser Interesse am Designprozeß interaktiver Systeme für sog. naive Benutzer und forderte Systementwickler, die bereit waren, mit uns über ihre Erfahrungen zu sprechen, auf, eine kurze Projektbeschreibung zu schicken. Aus den 40 eingegangenen Reaktionen wählten wir 12 Projekte aus, die eine möglichst große Vielfalt von Anwendungen, Systemumgebungen und Arten der Benutzerschnittstelle repräsentierten. Weitere 10 Interviewpartner wählten wir in uns bekannten Projekten und unter Besuchern unseres Forschungslabors. Neun Interviews wurden persönlich, 13 per Telefon durchgeführt; sie dauerten in der Mehrzahl 90 Minuten, einige bis zu 2.5 Stunden. Sie wurden im Anschluß vom Tonband und von Notizen transkribiert.

Die befragten Personen repräsentierten ein Spektrum von Programmierern und Softwareentwicklern bis zu Forschern und Professoren. Sie hatten zwischen 5 und 26 Jahren Designerfahrung mit Mainframe Systemen oder Personal Computer. Die beschriebenen Projekte variierten zwischen Bürokommunikationssystemen, Informations- und Planungssystemen, PC Systemsoftware, Online-Tutorials und Softwareentwicklungs-Werkzeugen. Die Projekte wurden von einer Person allein bis zu 12-14 Personen bearbeitet und hatten eine Entwicklungsdauer zwischen einigen Monaten bis zu 8-10 Jahren.

Nach einigen Fragen zum beruflichen Hintergrund der Befragten konzentrierte sich der zweite Abschnitt des Interviews auf den Systementwicklungsprozeß als solchen. Der dritte Teil beschäftigte sich spezieller mit der Gestaltung der Benutzerschnittstelle. Der vierte Teil bestand aus Fragen zu den kreativen Aspekten des Entwicklungsprozesses (worauf führen die Befragten ihre Einfälle und Entscheidungen zurück, wie arbeiten sie an ihren Ideen und welche Hilfsmittel oder Arbeitsumgebungen würden sie sich wünschen).

Die Aussagen der Entwickler zum zweiten Fragenteil bestätigen die derzeitige Kritik am Phasenkonzept der Systementwicklung, zeigen einen starken Bedarf nach Prototyping-Methoden und -Hilfsmitteln und spiegeln den unsystematischen Versuch einer Einbeziehung späterer Benutzer in den Designprozeß wider. Dieser Teil der Interview-Ergebnisse wird an anderer Stelle ausführlich behandelt, vgl. ROSSON/MAASS/KELLOGG 87; dort sind auch die Ergebnisse des vierten Fragenteils beschrieben.

Die Fragen des dritten Teils wurden auf dem Hintergrund derzeitiger Bemühungen gestellt, die Schnittstellengestaltung aus der restlichen Systemgestaltung auszugliedern und durch spezielle "Software-Werkzeuge" (vgl. BUXTON et al. 83) zu unterstützen: Wir versuchten, die Vorstellungen der Designer zum Entwurf von Benutzerschnittstellen im allgemeinen zu erkunden, insbesondere ihre Ansichten vom Begriff der Systemkonsistenz und seiner Relevanz. Im folgenden werden wir nur über die Ergebnisse dieses Fragenkomplexes berichten.

Interview-Ergebnisse

Zur Einleitung unserer Fragen definierten wir die Benutzerschnittstelle grob als "die Dinge, die der Benutzer sieht oder hört, die Art, wie Information eingegeben wird und wie Interaktionen gegliedert sind." Wir stellten dann Fragen zur Benutzerschnittstelle des von unserem Interviewpartner beschriebenen Systems und zur Schnittstellengestaltung allgemein.

Wir werden hier besonders auf die folgenden Fragen eingehen: a) Wie gliederte sich die Schnittstellengestaltung in den gesamten Gestaltungsprozeß ein? b) Welche Gestaltungsprinzipien wurden verfolgt? c) Was macht eine konsistente Benutzerschnittstelle aus, und haben Sie sich in Ihrem Projekt bewußt darum bemüht?[1]

Abtrennbarkeit der Benutzerschnittstelle

Neuerdings wird zunehmend die Idee verfolgt, die vom System bereitgestellte Funktionalität und die Benutzerschnittstelle, die den Zugriff darauf ermöglicht, konzeptionell voneinander zu trennen. Eine derartige Trennung soll die Systementwicklung modularisieren, die Code-Erstellung für die Schnittstelle erleichtern und es ermöglichen, die Benutzerschnittstelle unabhängig von der Systemfunktionalität auszutesten und weiterzuentwickeln. Es wird vorgeschlagen, diese Arbeit "Spezialisten" zu übertragen und diese durch geeignete Softwareumgebungen zu unterstützen (OLSEN et al. 84). Ziel unserer Fragen war es u.a. festzustellen, inwieweit eine solche Trennung in den diskutierten Projekten vollzogen wurde.

In unserer Frage nannten wir verschiedene Möglichkeiten, in welcher Weise die Benutzerschnittstelle getrennt behandelt worden sein könnte: zeitlich, personell oder in bezug auf Code. Acht Designer sprachen von einer *Trennung* zwischen Funktionalität und Oberfläche. Zwei von ihnen erschien diese Trennung allerdings weitgehend irrelevant für ihre Arbeit, da ihre Projekte ausschließlich in der (Neu-)Gestaltung von Schnittstellen zu bestehenden Systemen bestanden. Die anderen erwähnten eine zeitliche Trennung, wobei die Schnittstelle meist zuerst bearbeitet wurde. Zwei weitere Designer beschrieben eine Separierung des Schnittstellen-Codes, die sich im Laufe der Projekte ergeben habe, nachdem Gemeinsamkeiten zwischen verschiedenen Teilen der Schnittstelle erkannt und herausmodularisiert worden waren. Die übrigen zehn Designer (zwei Personen wurde diese Frage nicht gestellt) stellten ein *Fehlen jeglicher Separierung* bei der Entwicklung ihrer Systeme fest; einige formulierten sogar eine dezidierte Ablehnung eines derartigen Vorgehens ("Never separate user interface and the rest of the application. There is no module for the interface; that's stupid."). Überrascht waren wir, daß zwei Systementwickler, die ihre Schnittstellen mit Hilfe von speziellen Bildschirm-Generatoren erstellt hatten, dennoch befanden, ihre Arbeit an Schnittstelle und Funktionalität sei stark verflochten gewesen.

Diese Antworten deuten daraufhin, daß Systementwickler verschiedene Vorstellungen von dem haben, was eine "Benutzerschnittstelle" ausmacht und wie sie gestaltet werden sollte. Maass hat zwei Aspekte der Systemgestaltung beschrieben: *Systemfunktionalität*, d.h. die Menge der angebotenen Funktionen, und *Systemhandhabung*, d.h. die Art und Weise wie auf diese Funktionen zugegriffen wird (MAASS 86). Zu Beginn unserer Interviews hatten wir angenommen, daß Systementwickler primär den Handhabungsaspekt meinen würden, wenn sie von der Benutzerschnittstelle reden. Tatsächlich sprachen viele unserer Gesprächspartner über

---

[1] Die anderen Fragen dieses Teils waren: a) Unterlag die Gestaltung der Benutzerschnittstelle irgendwelchen Beschränkungen, die durch das restliche System gegeben waren? b) Was stellte sich als das größte Problem heraus bei der Gestaltung und Implementation der Schnittstelle zum Benutzer, und was hätte hierbei helfen können? c) Haben Sie bei der Entwicklung der Schnittstelle Software-Werkzeuge irgendeiner Art benutzt; wenn ja, wie beurteilen Sie diese? d) Welche Art von Benutzungstests (wenn überhaupt) wurden durchgeführt? e) Sind nach der Fertigstellung Probleme mit der Funktionalität oder der Benutzbarkeit aufgetreten? (Ein ausführlicher Bericht über die Interview-Ergebnisse ist in Vorbereitung.)

die Handhabung ihrer Systeme, wenn sie die Gestaltung der Benutzerschnittstelle beschrieben (Bildschirmauslegung, Abfolge von Menüs). Die Ausführungen einiger Designer deuteten allerdings auf eine sehr viel weitere Auslegung des Begriffs hin, die sowohl den funktionalen als auch den Handhabungsaspekt umfaßte ("The mental image a user has of the system *is* the user interface", "the user interface is how the objects react to a bunch of actions that are very much like actions in the real world"). Andere teilten zwar nicht dieses zusammengesetzte Konzept, waren aber der Auffassung, daß beide Aspekte der Systemgestaltung parallel zu bearbeiten seien. Die unterschiedlichen Sichten mögen z.T. auf die Art der beschriebenen Projekte zurückzuführen sein. Einige von ihnen waren sehr explorativer Art, und ihre Entwickler hatten meist eine komplexere Schnittstellenauffassung. Festzuhalten ist, daß ein Teil unserer Interviewpartner eine *Vermischung* der Entwicklung von Funktionalität und Systemhandhabung im Hinblick auf eine gute Systemgestaltung für notwendig hielten.

Diese Aussagen sind wichtig im Zusammenhang mit derzeitigen Bemühungen um die Unterstützung der Benutzerschnittstellen-Gestaltung durch *Software-Werkzeuge*. Ein zunehmend diskutiertes Konzept ist das der User Interface Management Systems (UIMS); solche Systeme bieten typischerweise eine Umgebung zur Spezifikation der Benutzerschnittstelle eines Systems und eine Laufzeitkomponente, die die Umsetzung der Spezifikation in lauffähigen Code leistet. Der UIMS-Ansatz geht davon aus, daß eine weitgehende Unterscheidung von Schnittstelle und Funktionalität möglich ist; allerdings räumen Vertreter des Gebietes ein, daß eine strikte Trennung nicht erreichbar sei (vgl. TANNER/BUXTON 85 zur Frage des semantischen Feedback). Einige der von uns befragten Systementwickler waren nicht nur von der Schwierigkeit einer solchen Trennung überzeugt, sondern hielten sie auch nicht für wünschenswert (s.o.). Es ist unklar, wie sie auf Design-Umgebungen reagieren würden, die eine solche Unterteilung in Funktionalität und Schnittstelle nahelegen.

Möglicherweise sind auch die Anforderungen in den Phasen der Entwicklung und der Implementation unterschiedlich. Eine Umgebung, die für die Bearbeitung von Ideen bezüglich der Schnittstelle und der zugrundeliegenden Systemfunktionalität völlig verschiedene Hilfsmittel anbietet, mag in frühen Phasen die Entwicklung von Ideen eher behindern. Später jedoch kann dieselbe Separierung sich günstig auswirken, indem sie hilft, diese Ideen zu modularisieren und sie schrittweise zu verwirklichen und zu verbessern. Die beiden erwähnten Designer, zum Beispiel, die Bildschirmgeneratoren einsetzten und dennoch betonten, daß sie Benutzerschnittstelle und Funktionalität gleichzeitig bedachten, benutzten ein Software-Werkzeug, das Bildschirm-Layout und -Abfolge separat vom System-Code behandelte. Sie haben ihr Werkzeug offenbar schlicht als Implementierungshilfe gesehen und nicht als etwas, das eine unerwünschte konzeptuelle Unterscheidung erzwang. Es wäre wichtig, genauer zu untersuchen, ob es möglich ist, einen integrierten Satz von Software-Werkzeugen zu finden, die beiden Zwecken, System-Entwicklung und -Implementation, angemessen ist.

Auch im Zusammenhang mit der derzeitigen Diskussion darum, welche Faktoren die *Benutzbarkeit von Systemen* ausmachen (GOULD 87), sind die Kommentare unserer Interviewpartner zu bedenken. Die Benutzerschnittstelle ist der Angelpunkt aller Überlegungen der Software-Ergonomie. Die traditionelle Definition von Benutzerfreundlichkeit bezieht sich allein auf den Aspekt der Systemhandhabung. Sie findet ihren Ausdruck u.a. in den

UIMS-Aktivitäten, in der Entwicklung von Bildschirmgeneratoren und Dialogmanagern, die Software-Unterstützung für die Gestaltung des *Zugriffs* auf Systemfunktionen bieten. Die Software-Ergonomie muß jedoch über diese eingeschränkte Auffassung von der Benutzerschnittstelle und die damit einhergehende enge Sicht der Benutzerfreundlichkeit hinausgehen: "Kosmetische" Verbesserungen der Systemoberfläche lassen die Systeme zwar besser aussehen, helfen aber nicht, dem Benutzer eine angemessene Funktionalität für die anstehenden Aufgaben zu bieten (vgl. MAASS 86). Es muß ein breiteres Konzept von Benutzbarkeit angestrebt werden, so wie es z.B. die ETIT Analyse von Moran (MORAN 83) widerspiegelt, die darauf ausgerichtet ist, Benutzeranforderungen ("External Tasks") und ihre Abbildung auf Systemfunktionen ("Internal Tasks") zu beschreiben.

Gestaltungsprinzipien für die Benutzerschnittstelle

Das Ideal der "benutzerfreundlichen Systemgestaltung" scheint mit dem Ziel der Systementwicklung für laienhafte Benutzer eng verbunden; in den eingesandten kurzen Projektbeschreibungen wurden Systeme mehrfach als benutzerfreundlich bezeichnet. Überraschenderweise wurde der Begriff als Antwort auf die direkte Frage nach Gestaltungsprinzipien für die Benutzerschnittstelle nur dreimal erwähnt, wobei er auch dort gewissermaßen in Hochkommata gesetzt wurde ("I hate to use this word", "I know this term is overused"). Die Scheu vor der Verwendung des Begriffs als Leitprinzip bei der Systementwicklung mag darauf zurückzuführen sein, daß das Konzept in der Vergangenheit für viele Details der Benutzerschnittstelle - einschließlich zu Reklamezwecken - ge- und mißbraucht worden ist und dadurch für viele jede wohldefinierte generellere Bedeutung verloren hat. Unsere Gesprächspartner schienen uns jedoch um benutzerfreundliche Systemgestaltung bemüht, knapp die Hälfte der Befragten gaben an, sich mit Literatur und Richtlinien zur Schnittstellengestaltung beschäftigt zu haben.

Die von den Designern genannten Prinzipien fallen in verschiedene *Kategorien*. Tabelle 1 gibt die Prinzipien verkürzt wieder, zusammen mit der Anzahl ihrer Nennungen. Sie zeigt, daß sich die Äußerungen relativ gleichmäßig auf Eingabe und Darstellung, Dialogkontrolle und Benutzermodell verteilen. Zwei Systementwickler gaben an, keine besonderen Prinzipien zu verfolgen, mehrere nannten relativ allgemeine Ziele wie: das System sollte leicht zu benutzen, unkompliziert und persönlich sein, oder es sollte gewissen Industrie-Standards folgen.

Ein interessanter Unterschied ergab sich zwischen Systementwicklern, die von vornherein relativ wohldefinierte Projekte bearbeiteten (typischerweise Produktentwicklung), und solchen, die im Rahmen von Forschungsprojekten neue Funktionen erarbeiteten (13 bzw. 7 Personen; die beiden Designer, die keine Prinzipien nannten, sind nicht eingeschlossen). Von den Entwicklern wohldefinierter Projekte sprachen 32% Eingabe und Informationsdarstellung an, 13% Dialogkontrolle, 11% Benutzermodelle, 5% Lernen, und 39% gaben allgemeine Ziele an. Für Entwickler von mehr forschungsorientierten Systemen waren die entsprechenden Werte 16%, 32%, 37%, 16% und 0%. Die Zahlen sprechen dafür, daß Entwickler weniger wohldefinierter Projekte mehr an Fragen der Dialogkontrolle, der Benutzermodelle und des Lernens interessiert waren, während die Bearbeiter genauer vorstrukturierter Projekte eher allgemeinere

Tabelle 1. Kategorien von Benutzerschnittstellen-Prinzipien	
Eingabe	Minimale Bewegungen/Tastenanschläge; deuten, nicht eintippen (3)
	Maximale Eingabefläche (1)
	Mehrere Arten der Eingabe (1)
Darstellung	Überlegter Einsatz von Farben (1)
	Informative Bildschirminhalte; einfache Sprache (3)
	Konsistente Bildschirmauslegung und Tastenbelegung (3)
	Anforderungen wg. Übersetzung in andere Sprachen (1)
	Interessant (1)
	WYSIWYG (What you see is what you get) (1)
Dialog	Dialogfluß (1)
	Orientierungsmöglichkeiten; Vorhersehbarkeit (3)
	Keine Modi oder Modus-Feedback (2)
	Menüs; Eingabeunterstützung durch Prompts (3)
	Flexibilität; Benutzerkontrolle (2)
	Natürliche Antwortzeiten (1)
Benutzer-Modell	Zuerst ein Bild vom Benutzer machen (3)
	Analogien zur realen Welt, visuelle Metaphern, direkte Manipulation, Benutzer-Vorwissen einbeziehen (5)
	Konkretheit (1)
	Minimale Anzahl von semantischen Grundelementen (1)
	Konzeptuelle Konsistenz (1)
Lernen	Wege vom Neuling zum Experten (3)
	Hilfreiche Hilfen (2)
Allgemeines	Benutzerfreundlich (3)
	Leicht zu benutzen (5)
	Einfach strukturiert (3)
	Persönlich (1)
	Beachtung von Industrie-Standards (3)

Ziele verfolgten oder an einer optimalen Gestaltung der Eingabe oder der Informationsdarstellung auf dem Bildschirm interessiert waren.

Dieses Ergebnis mag auf die Unterschiede zwischen *explorativer Systemgestaltung* und *Produktentwicklung* zurückgehen. Im Falle der explorativen Arbeit ist die bereitzustellende Funktionalität nicht von vornherein klar; eine sorgfältige Aufgabenanalyse und Auseinandersetzung mit dem Vorwissen der Benutzer ist also wichtig. Bei der Produktentwicklung steht die bereitzustellende Funktionalität meist in gewissem Ausmaße von Anfang an fest, so daß die Gestaltung der Systemhandhabung ein größeres Gewicht erlangen kann. Der beobachtete Effekt kann auch mit dem *Hintergrund* der jeweiligen Systementwickler zu tun haben. Explorative Projekte wurden eher in Forschungsumgebungen, meist Universitäten, durchgeführt, Produktentwicklung hingegen in speziellen Entwicklungs-Laboratorien. Während in Kreisen der Software-Ergonomie-Forschung aktuell eine Diskussion um Benutzermodelle geführt wird, sind Überlegungen zur Ein-/Ausgabegestaltung traditionelle Ansatzpunkte für eine benutzerorientierte Auslegung von Systemen. Die gefundenen Unterschiede mögen einfach die Tatsache widerspiegeln, daß Designer aus Forschungsumgebungen mehr an den "heißen Themen" der Software-Ergonomie ausgerichtet sind. Tatsächlich waren es häufiger Systementwickler dieser Kategorie, die auf Konzepte Bezug nahmen, die derzeit in der einschlägigen Literatur zu finden sind: die Benutzer wählen nicht aus Menüs aus oder benutzen Funktionstasten zur Kommando-Eingabe, sondern sie navigieren in einem Raum von Funktionen und Objekten, von denen sie sich ein mentales Modell machen, das ihnen hilft, sich zu orientieren. Der Versuch einer generelleren Auseinandersetzung mit Schnittstellendesign, etwa aus Forschungsinteresse oder zum Zwecke der Lehre, scheint dazu zu führen, daß auf eine andere Weise gedacht und formuliert wird.

Wir halten es für sehr wahrscheinlich, daß Forscher und Produktentwickler verschieden über Fragen der Benutzerschnittstelle denken. Wenn ein Produkt im Rahmen eines festgelegten Zeitplans entwickelt werden muß, ist es schwierig, abstrakte Prinzipien wie "ermögliche dem Benutzer die Entwicklung eines kohärenten mentalen Modells" oder "benutze visuelle Metaphern" zu verfolgen. Diese Prinzipien sind schwer zu operationalisieren, und ihre Realisierung ist wahrscheinlich auch nicht durch Software-Werkzeuge zu unterstützen (vgl. ROSSON 87). Systementwickler benötigen konkretere Richtlinien, die für ihren speziellen Anwendungsfall *operationalisierbar* sind; im Bereich der Ein-/Ausgabegestaltung, wo es mittlerweile eine Reihe solcher Empfehlungen gibt, werden diese offenbar gern aufgegriffen. Wenn wir von Produktentwicklern erwarten, daß sie abstraktere Prinzipien verfolgen, müssen wir uns mehr um deren Operationalisierung bemühen. Ein gutes Beispiel für einen solchen Versuch ist die Arbeit von Carroll und anderen, die das Prinzip des "Minimalism" auf die Gestaltung von Lehrmaterial anwendeten (CARROLL 84, CARROLL et al. 86).

Was macht eine Benutzerschnittstelle konsistent ?

Im Zusammenhang mit benutzerorientierter Systemgestaltung wird vielfach die Forderung nach konsistentem Systemverhalten gestellt. Man vermutet, daß solche Systeme leichter zu erlernen und einfacher zu benutzen sind, da ein regelmäßiges Systemverhalten leichter zu durchschauen ist und die Benutzer ihre Erfahrungen mit Teilen des Systems in einfacher Weise verallgemeinern können. Ein Nachweis hierfür steht allerdings noch aus. Wir fragten unsere Systementwickler, was ihrer Meinung nach eine konsistente Benutzerschnittstelle ausmache und ob und in welcher Weise sie sich darum bemüht hätten, ihr System in sich konsistent (interne Konsistenz) oder konsistent mit irgendeinem anderen System (externe Konsistenz) zu gestalten. Diese Frage sollte uns einen Eindruck vom Verständnis und der Verbreitung dieses Konzeptes vermitteln. Wir wollten erfahren, was sie für wichtig hielten, um Systeme konsistent zu gestalten, und ob sie sowohl interne als auch externe Konsistenz angestrebt hatten.

Die Aussagen der Befragten bestätigen unsere Einschätzung von Systemkonsistenz als wichtiges Gestaltungsziel.[2] Mehrere Systementwickler erläuterten uns das Konzept, indem sie die Auswirkungen beschrieben, die es für den Benutzer mit sich bringt: es gilt das "Prinzip der geringsten Überraschung", Benutzer können Systemverhalten vorhersehen, sie können Wissen von einem Teil des Systems auf andere Teile übertragen. Die meisten jedoch gaben konkrete Beispiele für Maßnahmen, die zu Systemkonsistenz führen würden, und bezogen sich

---

[2] Einem Designer war der Begriff nicht geläufig. Auf unsere Erklärung hin, daß es sich u.a. auf die Informationsdarstellung auf dem Schirm und die Interaktionsart beziehe, stellte er fest, dieses sei geradezu das Gegenteil von dem, was er mit seiner Schnittstellengestaltung anstrebe - Regelmäßigkeit in der Bildschirmgestaltung würde den Benutzer eher langweilen. Da sein Projekt ein Online-Tutorial war, war er darum besorgt, das Interesse des Benutzers aufrechtzuerhalten.

dabei z.B. auf die Bedeutung von Funktionstasten, ähnliche Interaktionsarten und -abläufe oder die gleichmäßige Strukturierung von Bildschirmen.

Die meisten Systementwickler konzentrierten sich auf die innere Konsistenz ihrer Systeme; sie sprachen über Funktionstasten-Belegung, Bildschirmaufbau, Interaktionsart, Syntax und Terminologie. Einige nannten ähnliche Überlegungen, um Konsistenz zwischen verschiedenen Anwendungen oder Systemen zu erlangen. Andere erwähnten auch Bemühungen um die Konsistenz ihrer Systeme mit der Vorstellungswelt der Benutzer und ihrer allgemeinen Art zu denken (System soll die Welt simulieren, soll einer Metapher folgen; die Abbildung, die die Benutzer vorzunehmen haben von ihren Aufgaben auf die verfügbaren Systemfunktionen, sei zu bedenken). Letztere Überlegungen fallen in die Kategorie der externen Konsistenz, denn sie beziehen Strukturen außerhalb des betrachteten Systems mit ein. Für diese Entwickler bedeutete externe Konsistenz offenbar mehr als Konsistenz zwischen Computersystemen.

In 11 von 20 Projekten (zwei Personen stellten wir diese Frage nicht) strebten die Systementwickler bewußt nach interner oder externer Konsistenz, indem sie besonders auf Darstellungs-Details achteten oder versuchten, die Funktionalität oder die Interaktionsweise bestehender Systeme nachzubilden. Die neun anderen Entwickler gaben an, sich nicht um Konsistenz bemüht zu haben; einige von ihnen stellten jedoch fest, daß Faktoren wie ein zu Beginn spezifiziertes Benutzermodell, die Beachtung von Standards, die Programmierumgebung (Smalltalk) oder der Gebrauch bestimmter Bildschirmgeneratoren dennoch die Konsistenz ihres Systems gefördert oder sogar erzwungen hätten.

Das derzeitige Interesse an Konsistenz ist zu begrüßen; es ist aber offensichtlich, daß der Begriff noch viele unterschiedliche Bedeutungen hat, die verschiedene Aspekte der Benutzerschnittstelle in den Vordergrund stellen. Grob gesehen heißt ″Konsistenz″ soviel wie *strukturelle Übereinstimmung*; diese Übereinstimmung kann verschiedener Art sein. Eine grundlegende Unterscheidung ist die zwischen interner und externer Konsistenz. *Interne Konsistenz* ist durch Systemcharakteristika gegeben, die keinen Bezug zu Dingen außerhalb des Systems haben (z.B. Bedeutungen von Tasten, Bildschirm-Layout, Interaktionsart, Struktur der Menüs oder Kombinierbarkeit gewisser Objekte und Funktionen). *Externe Konsistenz* bestimmt sich aus der Beziehung zwischen der Systemstruktur und einer externen Struktur. Hierbei wird oft nur an andere Computersysteme gedacht - dies war sogar durch die Formulierung unserer Frage impliziert. Durch die Interviews sind wir zur Überzeugung gekommen, daß das Konzept sehr viel breiter gesehen werden sollte: Externe Konsistenz betrifft die Beziehung zwischen dem System und irgendeiner externen Struktur, sei es die einer Aktivität in der realen Welt, eines anderen Computersystems oder des konzeptuellen Modells, das der Benutzer von diesen hat.

Auch die Unterscheidung zwischen *Funktionalität* und *Handhabung* kann zu einem besseren Verständnis von Konsistenz beitragen. Wir haben in unseren Interviews nicht explizit den Aspekt der funktionalen Konsistenz angesprochen, meist beschränkte sich die Diskussion auf den Handhabungsaspekt konsistenter Benutzerschnittstellen. Ein Systementwickler wies von sich aus auf diese Unterscheidung hin: ″There is consistency in the look of things and in function; these are two different categories. Functionally you may be consistent with something, but the interface may look very different. Functional consistency is important. The users will figure out the rest.″

Das Konzept der Konsistenz von Benutzerschnittstellen sollte sehr viel differenzierter als bisher gesehen werden. Hierzu könnte Moran's Ansatz zur Charakterisierung von Benutzerschnittstellen durch eine Command Language Grammar (MORAN 81) beitragen. Die CLG stellt die Schnittstelle durch eine *Hierarchie von Ebenen* dar, wobei jede Ebene eine vollständige Beschreibung auf einer bestimmten Abstraktionsstufe liefert und eine Verfeinerung der Beschreibung auf der darüberliegenden Ebene darstellt. Die Abbildungen zwischen den Elementen auf verschiedenen Ebenen können durch Regelmengen beschrieben werden, die zusammengenommen eine "Grammatik" der Schnittstelle bilden. Die CLG-Beschreibung, die auch Ebenen zur Darstellung von Benutzeraufgaben und von Systemfunktionen zu deren Realisierung umfaßt, macht deutlich, daß mehr als nur die Bildschirmgestaltung und die Interaktionsart zu beachten sind, wenn es um Systemkonsistenz geht. Aber auch die Betrachtung aller CLG-Ebenen garantiert noch kein konsistentes System. Voraussetzung für die erfolgreiche Entwicklung konsistenter Systeme und für die Untersuchung von Systemen auf ihre Konsistenz hin ist ein umfassendes Verständnis des Konsistenz-Konzeptes, das Abhängigkeiten zwischen den Ebenen mit einbezieht.

Ein Nachweis, daß die Konsistenz eines Systems tatsächlich Einfluß auf seine Benutzbarkeit hat, steht noch aus. Auch die relative Wichtigkeit der verschiedenen Arten von Konsistenz ist empirisch zu untersuchen. Eine Studie dieser Art läuft zur Zeit in unserem Forschungslabor (KELLOGG 87).

Schluß

Unsere Interviews mit Entwicklern interaktiver Systeme haben gezeigt, daß als elementar angesehene Begriffe nicht für jeden dieselbe wohldefinierte Bedeutung haben. Auch Prinzipien für die benutzerorientierte Gestaltung von Systemen scheinen unscharf und schwer definierbar: Unsere Interviewpartner nannten viele Einzelaspekte, die in ihren Augen Benutzerfreundlichkeit ausmachten, bezogen sich dabei aber nicht auf allgemeinere Konzepte oder Theorien, die ihnen hätten helfen können, diese Konzepte zueinander in Beziehung zu setzen. Die Art und Weise wie Systementwickler aus Forschungsumgebungen und Produktentwickler über Vorgänge an der Benutzerschnittstelle denken, schien sich zu unterscheiden.

Der Versuch, grundlegende Begriffe der Software-Ergonomie besser zu definieren, ist keine akademische Gedankenspielerei. Die Worte, die wir gebrauchen, beeinflussen unser Denken und reflektieren es. Eine gute Definition von Benutzerfreundlichkeit bildet z.B. einen Ausgangspunkt für die notwendige Operationalisierung des Konzeptes. Aus Definitionen können Gestaltungsziele und Kriterien zur Beurteilung bestehender Systeme abgeleitet werden. Die unterschiedlichen Auffassungen unserer Gesprächspartner zum Thema Konsistenz haben uns zu einem breiteren und differenzierteren Verständnis verholfen.

Die Beschäftigung mit Begriffen hilft auch bei der Analyse und Beurteilung aktueller Trends in Forschung und Entwicklung. Die Interviews machten uns auf eine Vielzahl von Punkten aufmerksam, die auseinanderzuhalten sind, wenn es um die Unterstützung benutzerfreundlicher Systemgestaltung geht. Im Falle der Schnittstellen-Konsistenz zeigt sich, daß die derzeitigen Hilfsmittel allein den Handhabungsaspekt betreffen; außerdem fördern sie nur interne Konsistenz und Konsistenz zwischen Systemen. Angenommen, empirische Untersuchungen würden ergeben, daß die externe Konsistenz der Funktionalität eines Systems mit den Erfahrungen und Erwartungen seiner Benutzer bzgl. gewisser Arbeitsabläufe Auswirkungen auf die Benutzerperformanz hat - werden wir Software-Werkzeuge entwickeln können, die eine entsprechende Systemgestaltung unterstützen? Und sollte das nicht möglich sein, darf unsere Lösung darin bestehen, das Konzept der Systemkonsistenz auf die unterstützbaren Aspekte einzuschränken? Vielleicht sollten wir besser einen anderen Ansatz der Systemgestaltung wählen, der solchen Gestaltungszielen entgegenkommt, und versuchen, den Gebrauch existierender Software-Hilfsmittel, die andere Aspekte der Konsistenz fördern, darin zu integrieren.

Literatur

BUXTON et al. 83 - W. Buxton, M.R. Lamb, D. Sherman, K.C. Smith: Towards a comprehensive user interface management system. Computer Graphics, vol.17, no.3, July 1983, S.35-42.

CARROLL 84 - John M. Carroll: Minimalist training. Datamation, vol.30, no.18, November 1984, S.125-126,130,132,136.

CARROLL/ROSSON 85 - John M.Carroll, Mary Beth Rosson: Usability specifications as a tool in iterative development. In: H.R. Hartson (Hrsg.): Advances in human-computer interaction. Ablex, Norwood, N.J., 1985, S.1-28.

CARROLL et al. 86 - John M. Carroll, Penny L. Smith-Kerker, Jim R. Ford, Sandra A. Mazur: The minimal manual. IBM Research Report RC 11637, T.J. Watson Research Center, Yorktown Heights, NY, 1986.

GOULD/LEWIS 85 - John D.Gould, Clayton Lewis: Designing for usability: Key principles and what designers think. CACM, vol.28, no.3, March 1985, S.300-311.

GOULD 87 - John D. Gould: How to design usable systems. (In Vorbereitung.)

HAMMOND et al. 83 - Nick Hammond, Anker Jorgensen, Allan MacLean, Phil Barnard, John Long: Design practice and interface usability: Evidence from interviews with designers. Proc. CHI '83, Boston, 1983, S.40-44.

KELLOGG 87 - Wendy A. Kellogg: Conceptual consistency in the user interface: Effects on user performance. (In Vorbereitung.)

LAMMERS 86 - Susan Lammers: Programmers at work. Microsoft Press, Redmond, Washington, 1986.

MAASS 86 - Susanne Maass: Benutzerfreundlichkeit als Qualifikationshindernis? In: Arno Schulz (Hrsg.): Die Zukunft der Informationssysteme. Springer, Berlin, 1987, S.522-531.

MORAN 81 - Thomas P. Moran: The command language grammar: A representation for the user interface of interactive computer systems. Int. J. Man Machine Studies, vol.15, 1981, S.3-50.

MORAN 83 - Thomas P. Moran: Getting into a system: External-internal task mapping analysis. Proc. CHI '83, Boston, 1983, S.45-49.

OLSEN et al. 84 - Daniel R. Olsen, William Buxton, Roger Ehrich, David Kasik, James Rhyne, John Sibert: A context for user interface management. IEEE Computer Graphics and Applications, vol.4, no.12, 1984, S.33-42.

ROSSON 87 - Mary Beth Rosson: Guiding design with user interface design tools. In: Raoul Smith (Hrsg.), Proc. Workshop on Mixed Modes of Interaction. (Erscheint demnächst.)

ROSSON/MAASS/KELLOGG 87 - Mary Beth Rosson, Susanne Maass, Wendy A. Kellogg: Designing for designers: An analysis of design practice in the real world. Proc. CHI '87, Toronto, 1987.

TANNER/BUXTON 85 - Peter P. Tanner, William A.S. Buxton: Some issues in future user interface management systems (UIMS) development. In: Günther E. Pfaff (Hrsg.): User Interface Management Systems. Springer, Berlin, 1985, S.67-79.

Dr. Susanne Maass
Universität Hamburg
Fachbereich Informatik
Rothenbaumchaussee 67
2000 Hamburg 13

Dr. Mary Beth Rosson
Dr. Wendy A. Kellogg
IBM T.J.Watson Research Center
P.O. Box 704
Yorktown Heights, N.Y. 10598, USA.

UNTERSUCHUNG PROGRAMMIERBARER SOFTWARESYSTEME ANHAND TÄTIGKEITSBEZOGENER UND QUALIFIKATORISCHER KRITERIEN DER SOFTWARE-ERGONOMIE

Claudia Döbele-Berger und
Gisela Schwellach, Kassel

Zusammenfassung: Der Einsatz programmierbarer Software in Fachabteilungen ist eine Entwicklungslinie, die an Bedeutung gewinnt. Von der Software her sind Gestaltungsspielräume und die Möglichkeit einer Aufgabenintegration gegeben. Diese werden beispielhaft beschrieben.

Programmierbare Software für Anwendungsentwicklung durch Sachbearbeiter

Heutige Softwaresysteme beinhalten arbeitsorganisatorische Gestaltungsspielräume, die die Chance einer Aufhebung stark arbeitsteiliger Arbeitsprozesse und das Zusammenfügen der bisher häufig getrennten Tätigkeitselemente von Planung, Ausführung und Kontrolle bieten. Diese Aufgabenintegration ist bei vielen Softwaresystemen festzustellen - sowohl bei Standard-Softwaresystemen als auch bei den von uns untersuchten Systemen der "Individuellen Datenverarbeitung" (IDV). Ein Beispiel dafür sind im Bereich der Personal Computer die integrierten Softwaresysteme, wobei die Integration durch Zusammenfassen verschiedener Aufgabengebiete (z. B. Textverarbeitung, Graphik, Tabellenkalkulation, Datenbank u. a.) unter einer Benutzeroberfläche gegeben ist. Bei diesen integrierten Systemen sind verschiedene qualitative Stufen zu verzeichnen. Sie reichen von dem Datenaustausch zwischen den einzelnen Modulen dieser Systeme durch eine gemeinsame Datenstruktur mit teilweise gleichem Datenformat, über Systeme mit "Programmierung" durch Makrobildung, die eine Integration der Programmsystemkommandos zu neuen "Abläufen" erlauben, bis zu umfassenden Softwaresystemen, (als programmierbare Software bezeichnet), die eine spezielle Programmiersprache, mit der universelle Programme entwickelt werden können, beinhalten.

Eine entsprechende Entwicklung im Bereich der Großrechenanlagen ist die Verfügbarmachung von Teilen bzw. des gesamten Softwaresystems der Groß-EDV auf Personal Computer unter vereinfachter Benutzeroberfläche, so daß am Arbeitsplatz wieder Funktionen zur Verfügung stehen, die bisher aufgrund der zentralen DV-Anlagen ausgelagert waren. Dadurch muß für kleinere Ad-hoc-Anwendungen nicht die zentrale DV-Anlage benutzt werden, während für große Datenmengen und/oder hohen Rechenaufwand die HOST-Kapazität zur Verfügung steht. Die Entwicklung von Anwendungsprogrammen kann dezentral am einzelnen Personal Computer erfolgen.

Um mit Hilfe dieser integrierten Softwaresysteme auch eine Verlagerung der Kompetenzen in die Fachabteilungen zu erreichen, sind Systeme notwendig, die Gestaltungsspielräume zur Problemlösung beinhalten. Damit ist im besonderen der Einsatz programmierbarer Software gemeint, die eine solche Dezentralisierung der Anwendungsentwicklung möglich macht. Dies heißt nichts anderes, als daß Sachbearbeiter, also Fachkräfte in den Fachabteilungen, Anwendungsprogramme entwickeln und somit Programmiertätigkeiten an Endbenutzer delegiert werden (auch mit Benutzerprogrammierung bezeichnet). Anwendungsentwicklung am Arbeitsplatz bezieht sich damit auf den Arbeitsplatz des Fachgeschulten, nicht des DV-Spezialisten. Anwendungsentwicklung soll bedeuten, daß aktiv verändernd, erweiternd, entwickelnd mit Software gearbeitet, also ausdrücklich nicht mit fix und fertig vorgegebener, schlüsselfertiger, abgeschlossener, standardisierter Software umgegangen wird. Für den Sachbearbeiter könnte dies eine Höherqualifizierung bedeuten. Nach unserer Auffassung bieten nur programmierbare Softwaresysteme diese Möglichkeit einer Höherqualifizierung.

Im Rahmen unseres Beitrages wollen wir ausschließlich den Teil der Software berücksichtigen, der Anwendungsentwicklungen für die Sachbearbeitung ermöglicht. Das heißt, es muß eine Sprache für den Endbenutzer (z. B. Programmiersprache der vierten Generation) zur umfassenden Erledigung der Arbeitsaufgabe vorhanden bzw. zumindest die Möglichkeit der Makrobildung, also die Zusammenfassung von Befehlsabfolgen zu einem neuen Befehl, gegeben sein.

<u>Experimentelle Softwareuntersuchungen - eine Methode
zur Feststellung von technisch-organisatorischen Ge-
staltungsspielräumen</u>

Im Rahmen des Forschungsprojektes "Softwarenutzung am
Arbeitsplatz und berufliche Weiterbildung", gefördert vom Bundesministerium für Bildung und Wissenschaft und vom Hessischen
Ministerium für Wirtschaft und Technik, führen wir neben betrieblichen Fallstudien experimentelle Softwareuntersuchungen
durch. Die ausgewählten Softwaresysteme umfassen dabei den Bereich der industriellen Planung und Verwaltung.

Die Softwareuntersuchungen sind eine Methode zur Feststellung der arbeitsorganisatorischen Freiräume und der inhaltlichen Möglichkeiten, die die Software beinhaltet. Sie sind weiterhin eine Methode der experimentellen Analyse der Qualifikationsanforderungen. Im Vordergrund stehen dabei die zwei Haupt-
fragen:
- Welche arbeitsorganisatorischen Freiräume bietet die Software?
- Welche Anforderungen stellt die Software an die Benutzer?

Ausgangspunkt der Untersuchungen ist eine Typisierung
der Software nach aufgabenbezogenen Bereichen. Wir unterscheiden einmal nach funktionalen Softwarebereichen (Integrierte Pakete, Datenbanksysteme, CAD, Planungssysteme) und zum anderen
nach Möglichkeiten der Dialoggestaltung/-führung (Sprache, Me-
nüsteuerung und Sprache, ICON, Makrobildung). Des weiteren treffen wir eine Unterscheidung nach hardwaremäßigen bzw. informa-
tionstechnischen Voraussetzungen (Personal Computer, HOST, Netz-
strukturen/Kommunikation), da gerade die organisatorische Einbettung der programmierbaren Software (zentrale und dezentrale
Nutzung) für die Möglichkeit der Anwendungsentwicklung entscheidend ist.

In den Softwareuntersuchungen wird einmal ein Vergleich
der integrierten Systeme (ohne HOST-Kopplung) vorgenommen. Zum
anderen werden Einzelpakete zu den Bereichen CAD, Datenbanksysteme, Planungssysteme und Textverarbeitung miteinander verglichen. Des weiteren erfolgt ein Vergleich von integrierter
Software und Einzelpaketen, z. B. wird das Kalkulationsmodul -
als ein Bestandteil eines integrierten Softwaresystems - mit
einem Kalkulationsprogramm verglichen.

Auf der Grundlage dieser Untersuchungen können Schlußfolgerungen über das Vorhandensein von arbeitsorganisatorischen
Freiräumen, die in der Software enthalten sind, sowie über allgemeine softwarebezogene Qualifikationsanforderungen gezogen
werden.

Kriterien für die Softwareuntersuchungen

Wir gehen in unseren Untersuchungen von der Erkenntnis
aus, daß ein Wirkungszusammenhang zwischen der Entwicklung und
Anwendung neuer Technologien, der Veränderung von Arbeitsorganisation und Arbeitsinhalt sowie von Qualifikationsanforderungen
und Qualifizierungsmaßnahmen besteht. Jede Ebene bietet verschiedene Gestaltungsmöglichkeiten. Von diesem Wirkungszusammenhang und den Gestaltungsmöglichkeiten ist bei der Kriterienentwicklung für die Softwareuntersuchungen auszugehen, d. h.
die Kriterien müssen die verschiedenen Ebenen berücksichtigen
(Döbele-Berger/Schwellach, 1986 und 1987).

Bei der Kriterienentwicklung wurden auch die Grundsätze
der Software-Ergonomie (DIN-Entwurf 66234, Teil 8: Grundsätze
der Dialoggestaltung) berücksichtigt, die wir im Hinblick auf
arbeitsorganisatorische Gestaltungsspielräume und Qualifikationsanforderungen sowie Qualifizierungsunterstützung konkretisiert und operationalisiert haben.

Auf dieser Grundlage haben wir die nachfolgenden Kri-
terienbereiche festgelegt und dafür detaillierte Kriterien entwickelt (ausführlich in Döbele-Berger/Schwellach, ebd.):

A) Arbeitsorganisatorische Freiräume
o Wie ist die Steuerbarkeit/Dialoggestaltung zu beurteilen?
o Welche softwaremäßigen Benutzungshierarchien gibt es?
o Für welche Aufgaben/Anwendungen ist das System einsetzbar?
o Welche Kooperationsnotwendigkeiten bestehen?

B) Qualifikation
o Welche Qualifikation ist beim Benutzer vorhanden?
o Welche Qualifikationsanforderungen stellt das System?
o Welche Qualifizierungsunterstützung bietet das System?

C) Informationstechnische Voraussetzungen
o hardwaremäßig (Prozessor, Speicherkapazität)
o "organisatorisch" (PC, HOST)

o   softwaremäßig (Betriebssystem)

o   kommunikationstechnisch (z. B. Datennetze)

<u>Exemplarischer Vergleich einzelner Softwarepakete</u>

Die Kriterien bilden die Grundlage für die Softwareuntersuchungen. Im folgenden werden wir anhand eines tabellarischen Vergleiches beispielhaft die Differenzen zwischen den Softwarepaketen Framework und KnowledgeMan-Plus als integrierte Systeme aufzeigen.

Das Universal-Softwarepaket Framework II basiert auf der Frame-Technik. Alle Daten werden in Bildschirmdarstellungselemente gegliedert, die sogenannten "Frames" (Rahmen). Diese können in beliebiger Anordnung auf dem Bildschirm plaziert werden. Der Bildschirm ist dabei die Arbeitsfläche des elektronischen Schreibtisches, auf dem mit Frames hantiert wird.

Jedes Frame kann wiederum aus Unterframes bestehen, wobei die Gliederungstiefe allein durch die Anforderungen des Benutzers bestimmt wird. Selbst dreidimensionale Datenhierarchien lassen sich leicht mit Framework darstellen, denn in sich gegliederte Frames und Unterframes können außerdem durch Übereinanderstapeln querverbunden und vernetzt werden. Den Komplexitätsgrad dieser Strukturen bestimmt der Benutzer. Ihm stehen folgende Module zur Verfügung:
-   Textverarbeitung
-   Datenbankverwaltung für kleine Datenbanken
-   Tabellenkalkulation
-   Graphik
-   Telekommunikation

Das integrierte Softwaresystem KnowledgeMan-Plus umfaßt wie Framework alle Module für einen integrierten Sachbearbeiterarbeitsplatz wie Textverarbeitung, relationale Datenbank, Tabellenkalkulation, Graphik, Masken- und Reportgenerator. Es enthält für alle Module eine umfangreiche Kommandosprache sowie zahlreiche mathematisch-logische Operationen und weitgehend automatisch durchgeführte statistische Analysen, mit denen komplexe individuelle Programme entwickelt werden können.

Kriterien \ Software	Framework	KnowledgeMan-Plus
ARBEITSORGANISA-TORISCHE FREI-RÄUME		
Steuerbarkeit/ Dialoggestaltung		
Dialoggestaltung	Menüsteuerung: Anwendung, Laufwerk, Neu, Editieren, Suchen, Frames, Text, Graphik, Zahlen, Drucken Programmiersprache FRED Die Menüsteuerung in Framework unterscheidet sich von anderen dadurch, daß sie nicht hierarchisch untergliedert ist und Befehle einzelner Menüteile für andere Anwendungen verwendbar sind, so daß Umschaltungen zwischen den Menüs permanent erfolgen und auch notwendig sind.	Menüsteuerung für Maskengenerator Kommandosprache für alle anderen Module des Systems
Steuerungs-vielfalt	entweder Sprache oder Menü; nicht umschaltbar	keine Wahlmöglichkeit, außer Maskengenerator über Menü oder Sprache
Sprache	eigene Sprache FRED zur Definition von Beziehungen (Funktionen); setzt auf der Frametechnik auf	eigene Sprache, die alle Programmbefehle integriert
- Wortschatz-umfang	ca. 160 Befehle	ca. 200 Befehle
- Syntax	Funktionsschreibweise (angelehnt an LISP)	annähernd englisch
- deutsch/ englisch	englisch	englisch mit teilweise deutschen Synonymen
- prozedural/ nichtprozedural	prozedural/funktions-orientiert	strukturiert/prozedural

Software Kriterien	Framework	KnowledgeMan-Plus
- Unterpro- grammtechnik/ Makro	ja Makro kann als Protokoll der Menüsteuerung angelegt werden, so daß der Benutzer die Sprache FRED nicht kennen muß, um umfassende Anwendungen entwickeln zu können.	ja
Dialogsprache (Antworten)	Menü: deutsch FRED: englisch	deutsch

Integrations-
ebene
	Integration unter einer Benutzeroberfläche (Desktop):
	- Fenstertechnik
	- in Form von Frames
	- Pulldown-Menüs
	
	Dateiformate:
	Text-, Graphik- und Datenframes können zu einem neuen Frame zusammengefaßt werden
	
	Makro und Programmiermöglichkeit
		gleiches Dateiformat (bis auf DOS-Zugriff) für alle Module
		
		Makro und Programmiermöglichkeit
		
		unterschiedliche Benutzeroberfläche
		
		Datenschutzfunktionen:
		- Zugangsberechtigung
		  o USER-ID
		  o Password
		- Datenbankschutz
		- Feldschutz
		  getrennt nach Lesen und Schreiben

inhaltliche Integration	Textverarbeitung Telekommunikation Datenbankverwaltung für kleine Datenbanken Tabellenkalkulation Graphik Konzeptentwicklung	Textverarbeitung Datenbankverwaltung Tabellenkalkulation Graphik Maskengenerator Reportgenerator
QUALIFIKATION		
<u>Qualifikations- anforderungen</u>		
Einarbeitung	Die Einarbeitung in die voreingestellte Standardoberfläche (Menü-steuerung) ist ohne EDV-	Für die interaktive Bearbeitung muß der volle Funktionsumfang nicht sofort präsent sein. Jedoch sind

Software Kriterien	Framework	KnowledgeMan-Plus
	Vorbildung möglich, aber aufgrund der Frametechnik ist eine hohe Abstraktionsleistung erforderlich. Alles, ob Text, Graphik, Datenbank, Spreadsheet, Programm, wird in Frames abgelegt, wobei Manipulationen am Frame selbst, am Inhalt und an den Formeln (Beziehungen) möglich sind. Durch die einheitliche Gestaltung der Masken und des Dialogs ist die an einer Stelle erlernte Vorgehensweise auf andere Module des Systems übertragbar.	Kenntnisse über die Benutzung von Variablen (Systemvariablen u. a.) notwendig, damit der Benutzer z. B. einen Text ausdrucken kann.
DV-Wissen	Hardwaretechnisches Detailwissen ist nicht notwendig. Allerdings muß die Frame-Philosophie verstanden sein, um Framework sinnvoll nutzen zu können. Für die Anwendungsentwicklung mit der funktionsorientierten Programmiersprache FRED ist Programmiererfahrung erforderlich. Kenntnisse in konventionellen Programmiersprachen nützen wenig.	Kenntnisse über Variablen, Systemsteuerung, Ausgabesteuerung sind notwendig. Für die Programmierung sind Kenntnisse über strukturierte und prozedurale Programmierung erforderlich.
fachliche Kenntnisse	Fachliche, wie auch arbeitsplatzübergreifende Kenntnisse sind unbedingt notwendig.	Wie bei Framework sind fachliche, arbeitsplatzbezogene sowie -übergreifende Kenntnisse erforderlich.
Abstraktionsvermögen	FRED ist sehr formelorientiert (hohe Abstraktionsleistungen auch aufgrund der Frametechnik).	-

Kriterien / Software	Framework	KnowledgeMan-Plus
Qualifizierungs-unterstützung		
einheitliche Struktur	ist vorhanden	nein, unterschiedliche Benutzeroberfläche, kann aber programmiert werden
Hilfefunktionen	Das Online-Hilfesystem bietet vorgehensbezogene Unterstützungen an allen Stellen von Framework (über Funktionstaste F1). In ihrem Aufbau gleichen sie den Seiten eines manuellen Handbuches. Es gibt ein Stichwortindex.	Das Hilfesystem enthält Informationen zu Modulen des Systems, zu allen Kontrolltasten, zu einzelnen Befehlen, Nutzvariablen, Systemvariablen; es gibt jedoch keine vorgehensbezogene Hilfestellung.
Lernhilfen		
- Teachware	Tutorial-Disketten (für die erste Einführung am Gerät - interaktives Lernprogramm mit selbstgewählten Vorführungen)	Es gibt einige wenige Beispiele (auf der Diskette), die auch im Handbuch beschrieben sind (DB, Maske, Graphik, Tabelle).
- Handbuch	Das Handbuch umfaßt 4 Bände: - Arbeitsmappe (erste Einführung) - Einführung (Framework II-Module) - Nutzung (Hilfestellung zu fortgeschrittenen Anwendungen) - Programmierung und Datenübertragung Auf Selbstschulung ausgerichtet; anschauliche Erläuterungen in deutscher Sprache mit graphischen Hilfestellungen. Die Handbücher enthalten sehr viel Querverweise, so daß schnelles Nachschlagen z. T. schwierig ist.	Es gibt ein Handbuch (keine geeignete Lernhilfe). Es ist sehr unübersichtlich aufgebaut (ohne Index); Verweise sind nicht nachvollziehbar: z. B. Konfigurationshilfe ist unter "Fehlermeldungen" zu finden. Viele Befehle stehen nicht im alphabetischen Verzeichnis.

Kriterien \ Software	Framework	KnowledgeMan-Plus
Zuverlässigkeit - einheitliche Kommando-sprache	vorhanden Funktionsschreibweise in FRED. Menüsteuerung ist sehr einheitlich.	unterschiedlich Auch der Bildschirmaufbau ist unterschiedlich.
Zustands-meldungen	Mit Zwischenzustands-meldungen wird jeder eingeleitete Arbeits-gang kommentiert.	teilweise
Fehlermeldungen	Einzeilige Meldungen erläutern die Fehler-haftigkeit von Einga-ben. Diese Fehler-meldungen in FRED sind für den Anfänger nicht sehr hilfreich, da das Denken in "Frames" erst erlernt werden muß. Beispiel: "nichtdefinierter Be-zug" als Fehlermel-dung für eine Summen-formel Sum (a,b). Es fehlt die Ergebnis-variable.	Es werden Fehlermeldungen gegeben. Sie sind aber häufig nicht selbsterklä-rend. Plausibilitätsprü-fungen sind programmier-bar.

<u>Schlußbemerkung</u>

In den Softwareuntersuchungen geht es uns um das Feststellen von softwaretechnischen und arbeitsorganisatorischen Gestaltungsspielräumen. Allerdings werden diese Untersuchungen unter laborähnlichen Bedingungen durchgeführt, so daß von daher die spezifischen betrieblichen Organisationsstrukturen und Aufgabenbereiche nicht berücksichtigt werden können. Die Analyse einzelner Softwaresysteme und ihre vergleichende Betrachtung anhand der von uns entwickelten Kriterien vermitteln uns aber auch eine detaillierte Kenntnis der Software, so daß eine tiefergreifende Beurteilung des Einsatzes dieser Software in den Betrieben möglich ist. Hier geht es um die Überprüfung der betrieblichen Einsatzkonzepte dahingehend, inwieweit die von uns festgestellten Gestaltungsmöglichkeiten auch tatsächlich genutzt werden, und zu ergründen, worin möglicherweise betriebliche Hemmnisse einer umfassenden Ausschöpfung bestehen. Erst auf dieser Basis wird beispielsweise eine Beurteilung möglich sein, wie arbeitsorganisatorische und qualifikatorische Veränderungen für die Fachkräfte in den Fachabteilungen aussehen, wenn sie selbst Anwendungsprogramme entwickeln.

<u>Literatur</u>

BALZERT, H. (Hg.): Software-Ergonomie, Stuttgart 1983

BEUSCHEL, W.: Qualifikationssicherung beim Einsatz von DV-Systemen. In: SCHULZ, A. (Hg.), a. a. O., S. 773 ff.

BULLINGER, H.-J. (Hg.): Software-Ergonomie '85. Mensch-Computer-Interaktion, Stuttgart 1985

DIN-Entwurf 66234, Teil 8: Grundsätze der Dialoggestaltung (Entwurf), Dezember 1984

DÖBELE-BERGER, C./PINKVOHS, W./SCHWELLACH, G./ZIMMER, G. (Hg.): Softwarenutzung am Arbeitsplatz und berufliche Weiterbildung. Arbeitspapiere der Forschungsgruppe Verwaltungsautomation, 43, Kassel 1985

DÖBELE-BERGER, C./SCHWELLACH, G./ZIMMER, G.: Softwarenutzung am Arbeitsplatz und berufliche Weiterbildung (Zwischenbericht), Kassel, November 1985

DÖBELE-BERGER, C./SCHWELLACH, G.: Programmieren in den Fachabteilungen - Untersuchung von Softwaresystemen anhand tätig-

keitsbezogener und qualifikatorischer Kriterien der Software-
ergonomie. In: SCHULZ, A. (Hg.): a. a. O., S. 544 ff.

dies.: Programmieren in den Fachabteilungen - Neue Anforderungen
an die Beschäftigten. In: Computer und Recht (Veröffentlichung in Vorbereitung, voraussichtlich März und April 1987)

DZIDA, W.: Kognitive Ergonomie für Bildschirmarbeitsplätze. In:
Humane Produktion 2 (1980), S. 18 f.

EIBL, G./WIMMER, K.: Architekturkonzept eines computergestützten
Bürosystems. In: REICHWALD, R. (Hg.): Neue Systeme der Büro-
technik, Berlin 1982, S. 255 ff.

FLOYD, G./KEIL, R.: Integrative Systementwicklung - Ein Ansatz
zur Orientierung der Softwaretechnik auf die benutzergerechte
Entwicklung rechnergestützter Systeme, Eggenstein-Leopoldsha-
fen 1984

MÖLLER, K.-H. (Hg.): Softwaretechnik-Trends. Mitteilungen der
Fachgruppe 'Software-Engineering', Heft 5-2, Juni 1985

SCHULZ, A. (Hg.): Die Zukunft der Informationssysteme. Lehren
der 80er Jahre. Berlin u. a. 1986

SPINAS, P./TROY, N./ULICH, E.: Leitfaden zur Einführung und Gestaltung von Arbeit mit Bildschirmsystemen, München 1983

ULICH, E.: Einige Anmerkungen zur Software-Psychologie. In: Humane Produktion 8 (1986) 1, S. 10 ff.

VAN TREECK, W.: Programmieren durch Sachbearbeiter und Facharbeiter (Hg.: DGB-Kooperationsstelle Gewerkschaften/Hochschule
Kassel, Kooperationsmaterialien Nr. 14), Kassel 1985

WISSKIRCHEN, P. u. a.: Informationstechnik und Bürosysteme,
Stuttgart 1983

Claudia Döbele-Berger
Gisela Schwellach
Forschungsgruppe Verwaltungsautomation
Gesamthochschule Kassel - Universität
Mönchebergstraße 17
3500 Kassel

ANALYSE UND NEUGESTALTUNG BETRIEBLICHER DV-SYSTEME
UNTER BESONDERER BERÜCKSICHTIGUNG SOFTWARE-ERGONO-
MISCHER KRITERIEN

Franz Josef Heeg, Martin Schrader, Siegfried Schreuder, Aachen

Zusammenfassung: Handlungstheoretisch begründete und experimentell überprüfte Leitregeln zur nutzergerechten Ausgestaltung von Programmen ergeben eine hier vorgestellte Vorgehensweise zur Analyse und Neugestaltung betrieblicher DV-Systeme. Diese
Vorgehensweise wird am Beispiel der Umgestaltung von integrierten
Software-Paketen im Rahmen der Neugestaltung der gesamten Ferti-
gungsplanungs- und -steuerungs-Software eines Unternehmens der
Luft- und Raumfahrtindustrie aufgezeigt.

Vorgehensweise zur Software-Neu- bzw. Umgestaltung

unter Beteiligung der Endnutzer

Zu einer Neu- bzw. Umgestaltung von Anwenderprogrammen
sind aus arbeitswissenschaftlicher Sicht die folgenden Punkte erforderlich (Heeg, 1987):

- die bisherigen Fähigkeiten und Fertigkeiten sowie das Wissen
  der Nutzer muß weiterhin zur Lösung der anstehenden Aufgaben
  und Probleme verwendet und weiterentwickelt werden,

- die bisherigen Tätigkeitsstrukturen müssen in der Nutzer-
  schnittstelle abgebildet werden,

- das System muß so gestaltet sein, daß es auch Nutzer ohne vertiefte EDV-spezifische Fachkenntnisse bei der Erfüllung ihrer
  Aufgaben optimal unterstützt,

- die Aspekte der Benutzerfreundlichkeit sind zu berücksichtigen,

- bei der Maskengestaltung sind die Gestaltgesetze sowie die
  Wechselbeziehungen zwischen Farbe, Körper und Raum zu beachten,

- bei nicht isoliert vorliegenden Programmen, die heute im betrieblichen Alltag in der Minderzahl sein dürften, da im Zuge
  der Integration immer mehr Programme entstehen, die mit anderen Programmen kommunizieren sollen bzw. auf gemeinsame Daten-
  hanken zugreifen o.ä., ist der entsprechenden Schnittstellengestaltung besondere Bedeutung beizumessen und

- die tatsächlichen Anforderungen der Endnutzer sind in der Ausgestaltung der neuen bzw. der zu ändernden Programme einzubeziehen; hier gilt das von Heeg (1986) bezüglich der Einführung
  neuer Technologien Ausgeführte in vollem Umfang: "Eine optima-

le Strategie zur Einführung Neuer Technologien muß von einer
Beteiligung aller Betroffenen an den entstehenden Entscheidungen als Beginn des Einführungsprozesses ausgehen ('Gut ist, was
akzeptiert wird - akzeptiert wird nur das, an dem man beteiligt
war und ist').
Hieraus ergibt sich dann, daß
das neue System von den Mitarbeitern akzeptiert und daher
  später auch angewendet werden kann, da die Bedürfnisse der
  Mitarbeiter bezüglich ihrer Arbeit ja hierin so weit wie
  möglich berücksichtigt sind,
das neue System so ausgelegt ist, daß es den gestellten An-
  forderungen genügt,
die Arbeitsabläufe optimal gestaltet sind und
die organisatorischen Rahmenbedingungen den zu erfüllenden
  Aufgaben angepaßt sind".

Um die Forderung der Beteiligung der betroffenen Mitarbeiter bei der anstehenden Gestaltungsaufgabe zu erfüllen, sind
die Kriterien zu berücksichtigen, die sich im Rahmen der Analyse
von betrieblichen Gruppenaktivitäten als besonders bedeutungsvoll für eine erfolgreiche Arbeit herausgestellt haben (Heeg
1985). Da bei der vorliegenden Fragestellung oft mehrere Abteilungen, Bereiche o.ä. betroffen sind, empfiehlt sich hier eine
Arbeit in der Gruppe von Repräsentanten der einzelnen Bereiche
(zusammen mit Software-Experten und arbeitswissenschaftlichen Beratern). Die von Heeg (1986) entwickelte Vorgehensweise, die auf
einer Untersuchung von Gruppenaktivitäten und deren Effizienz in
deutschen Unternehmen und Übertragung der Ergebnisse auf die spezielle Fragestellung der Einführung Neuer Technologien beruht,
geht von einer intensiven Beteiligung aller am Einführungsprozeß
betroffenen Mitarbeiter und Führungskräfte, bzw. von Repräsentanten dieser Gruppen aus (Abb. 1). Sie ist mit modernen Methoden
der Software-Erstellung und -Gestaltung zu kombinieren.

Als ein geeignetes Verfahren bietet sich hier das Prototyping (oft auch als "Rapid Prototyping (RP)" bezeichnet) an.
Besondere Beachtung wird bei diesem Verfahren der Funktionalität
beigemessen, die den realen Anforderungen des Benutzers entspricht. Insbesondere bei umfangreichen Dialoganwendungen kann
durch eine intensive Benutzerpartizipation ein hoher Bedienungs-
komfort und breite Akzeptanz gewährleistet werden. Als Voraussetzungen für dieses Verfahren müssen komfortable Editoren, Mas-
kengeneratoren und Datenbanksysteme vorhanden sein. Der mit Hilfe der Endnutzer erstellte Prototyp bildet die Basis für den Systementwurf, bei dem dann auch die wesentlichen Qualitätsmerkmale,

die an Software zu stellen sind, berücksichtigt werden (Ludwig
1986), neben der hier selbstverständlcihen Beachtung der Anforderungen an Dialog-Software der DIN 66234, Teil 8.

Abb. 1: Vorgehensweise zur Einführung Neuer Technologien (nach
Heeg 1986)

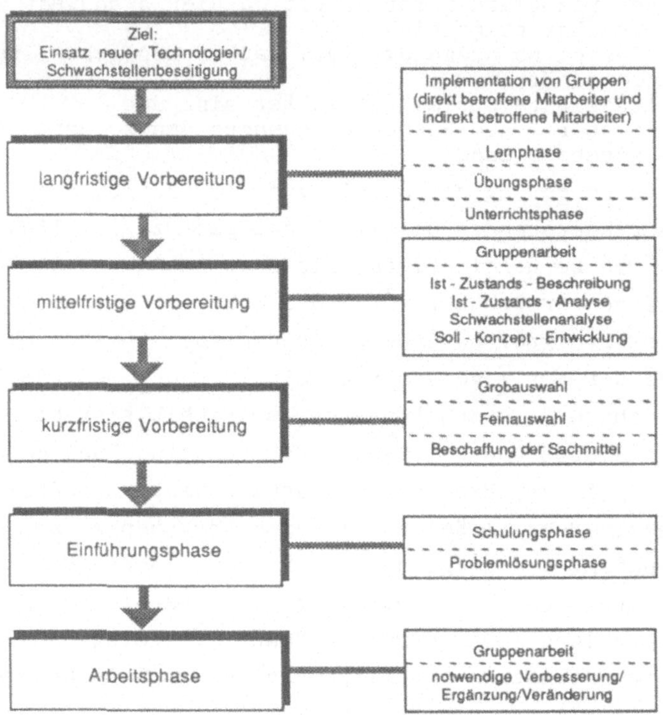

<u>Neun-Stufen-Plan zur Realisierung einer endnutzergerech-
ten Software-Gestaltung</u>

Bei der Ausgestaltung vorhandener Systeme wie auch bei
der Gestaltung neuer Systeme kann eine Vorgehensweise gewählt werden, die vom Institut für Arbeitswissenschaft entwickelt wurde
und insbesondere software-ergonomische Aspekte berücksichtigt
und hier in einer Form vorgestellt wird, die in sehr vielen Unternehmen zum Einsatz gelangen kann (Abb. 2). Hierbei wird in
der <u>ersten Phase</u> der Gesamtzusammenhang, in dem die einzelnen
DV-Systeme zu sehen sind, mit den betrieblichen Experten (Endnutzer, Führungskräfte der zuständigen Fachabteilungen, zuständige Stabsabteilungen, EDV-Fachleute usw.) abgeklärt. Insbesondere werden in dieser die verschiedenen Softwarepakete analysiert,

Abb. 2: Vorgehensweise zur Neugestaltung betrieblicher Software-Systeme unter besonderer Beachtung software-ergonomischer Erkenntnisse (nach Heeg 1987)

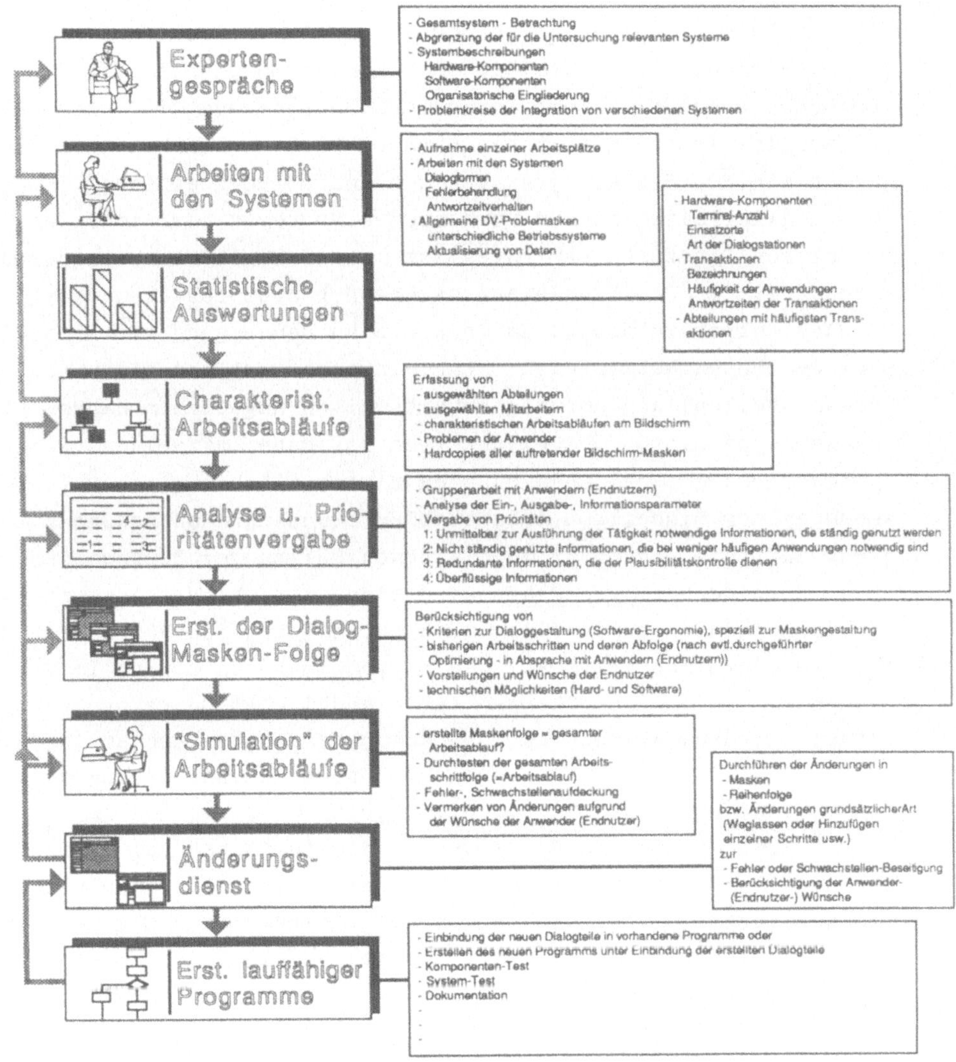

speziell im Hinblick darauf, in welchen Bereichen des Unterneh-mens sie genutzt und zu welchem Zweck sie eingesetzt werden. Die einzelnen Systeme werden anhand von Systembeschreibungen, anderen verfügbaren Unterlagen sowie Zusatzinformationen der Betriebs-Experten erörtert. Die Thematisierung spezieller Problemkreise aus der Sicht der Unternehmen und der Endnutzer bilden den Abschluß der Phase 1.

In der zweiten Phase werden die zu untersuchenden Systeme am Terminal "erprobt". Hierüber können bereits im Vorfeld die typischen Abläufe geklärt werden. Darüber hinaus wird hierbei den arbeitswissenschaftlichen Beratern die Möglichkeit geboten, selbst mit den Systemen zu arbeiten und so über eigenes "Tun" Unzulänglichkeiten in den vorhandenen Systemen bzw. im Umgang mit diesen festzustellen. Dies ist u.a. deshalb von besonderer Bedeutung, da oftmals ein außenstehender Arbeitssystemanalytiker Schwachstellen entdeckt, auf die die an den Umgang mit diesem System gewöhnten Nutzer nicht mehr hinweisen, da sie diese (die Schwachstellen) als normale Arbeitsweisen angenommen haben. Die Anpassung an die Unzulänglichkeiten ist dabei oftmals so weit fortgeschritten, daß Überlegungen hinsichtlich möglicher Verbesserungen der bisherigen Arbeitsabläufe und der Handhabung gar nicht auftreten oder nur in einzelnen Fällen geäußert werden.

In der dritten Phase wird eine statistische Auswertung der im Rechenzentrum vorliegenden Daten bezüglich Häufigkeit der Aufrufe einzelner Transaktionen vorgenommen. So können im Unternehmen diejenigen Abteilungen für die weiteren Betrachtungen ermittelt werden, welche die zu untersuchenden Systeme am intensivsten nutzen und bei denen die größte Erfahrung im Umgang mit den zu analysierenden Systemen vorliegt.

In der vierten Phase werden die in Phase drei ermittelten Abteilungen hinsichtlich der gesamten Informationsflüsse sowie der Arbeitsabläufe und einzelnen Tätigkeiten analysiert. Mit den Anwendern wird ein für sie typischer Ablauf "durchgespielt" und alle hierbei verwendeten Bildschirmmasken in Form von Hardcopies zur weiteren Verwendung festgehalten.

Die fünfte Phase beinhaltet - unter Verwendung der erstellten Hardcopies - eine intensive Befragung der Anwender. Feld für Feld der einzelnen Dialogschritte wird nach dem in Abbildung 2 aufgeführten Prioritätenschlüssel untersucht. Außerdem werden für jede Maske alle positiven und negativen Erfahrungen der Betroffenen registriert.

In der sechsten Phase werden auf der Basis der durchge-

führten, möglichst umfassenden Analyse die neuen Dialog-Masken
erstellt und gemäß der real durchgeführten Arbeitsschritt-Folge
in eine sinnvolle Abfolge gebracht. Hierbei sind insbesondere
die in Abbildung 2 zu dieser Phase aufgeführten Punkte zu berücksichtigen, wobei bei vielen Systemen die real vorhandene Technik
Grenzen setzt.

In der siebten Phase erfolgt die "Simulation" der Dialogschritte am Bildschirm (Teilnehmer: Anwender (Endnutzer, zuständige Führungskräfte), EDV-Experten und arbeitswissenschaftliche
Berater). Hierbei werden gegebenenfalls Fehler und Schwachstellen bei der Dialoggestaltung, falsche Abfolgen bzw. fehlende
Schritte entdeckt. Des weiteren können jetzt Anregungen, Verbesserungsvorschläge, Änderungswünsche der Anwender behandelt werden (Gruppensitzungen).

Die achte Phase dient der Umsetzung der Ergebnisse der
siebten Phase, woraufhin wiederum gegebenenfalls in die siebte
Phase gewechselt wird (iterative Vorgehensweise).

In der neunten Phase dieses hier vorgestellten Prozesses
erfolgt dann die Erstellung des lauffähigen Programms. Hierbei
sind die Erkenntnisse bezüglich Anwendung von Software-Enginee-
ring-Verfahren und geeigneten Software-Werkzeugen zu berücksichtigen.

Anwendung des Neun-Stufen-Plans zur software-ergonomischen Neugestaltung betrieblicher DV-Systeme bei der
Integration der Fertigungs-DV-Systeme in einem Unternehmen der Luft- und Raumfahrtindustrie

Die Praktikabilität dieser handlungstheoretisch begründeten, aus der eigenen Erfahrung bei der Gestaltung verschiedener betrieblicher Systeme und der von Heeg (1985) durchgeführten
Analyse von Gruppenprozessen abgeleiteten Vorgehensweise wurde
in einem Projekt, das im Auftrag eines Unternehmens der Luft-
und Raumfahrtindustrie durchgeführt wurde, aufgezeigt. Hierbei
wurde im Rahmen der Maßnahmen dieses Unternehmens zur Integration der Fertigungs-DV-Systeme das Institut für Arbeitswissenschaft (IAW) der RWTH Aachen beauftragt, die vorhandenen Dialog-
Anwendungsprogramme hinsichtlich ihrer Benutzerfreundlichkeit zu
analysieren und alternative Verbesserungsvorschläge für die bestehende Hardware-Lösung als auch im Hinblick auf zukünftige

neue Rechnersysteme zu entwickeln.

Ausgehend von den vorstehend angeführten allgemeinen Kriterien zur Ausgestaltung von Dialogsystemen sowie von den Ergebnissen einer in Zusammenarbeit mit den Nutzern und der zentralen Industrial Engineering-Abteilung entwickelten und durchgeführten Schwachstellenanalyse wurden konkrete Anforderungen an die bestehenden Systeme aufgestellt, die dann in reale Software-Lösungen umgesetzt werden. Insgesamt wurden für die vorhandenen Software-Pakete drei Verbesserungsstufen entwickelt, die zum einen direkt - bei unveränderter Hard- und Software-Ausstattung - realisierbar sind, zum anderen neue mögliche, anwendergerechte Dialogformen für zukünftige Systeme gestatten.

Abb. 3: Gestaltungsebenen zur Auslegung eines nutzergerechten Arbeitssystems (nach Heeg 1987)

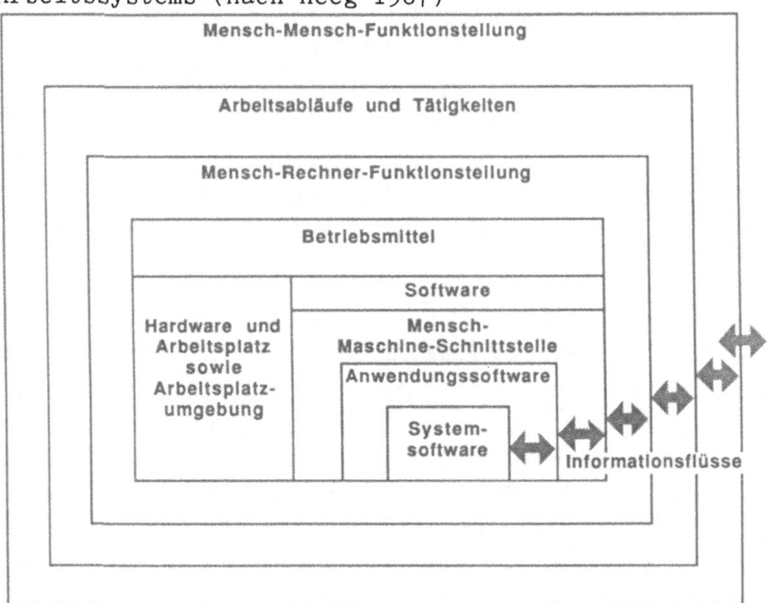

Sehr wesentlich ist bei der vorgestellten Vorgehensweise, daß keine isolierte Betrachtung von Maskenfolgen o.ä. erfolgt oder eine isolierte Neugestaltung der Software, sondern daß in einem arbeitswissenschaftlich verantworteten integrierten, iterativen Prozeß alle Gestaltungsbereiche der Abb. 3 analysiert und neugestaltet werden (Abb. 3).

Neugestaltung der Software zur Analyse der Arbeitsabläufe (ANA/ZEBA-DATA) - ein Beispiel

Als Beispiel sei im folgenden auf die Umgestaltung des Programmpaketes ANA/ZEBA-DATA eingegangen. ANA/ZEBA-DATA ist ein Software-Produkt (Datenbanksystem), erstellt von der Deutschen MTM Vereinigung e.V. (DMTMV), mit dessen Hilfe es möglich ist, Arbeitsablaufanalysen durchzuführen und Vorgabezeiten für Arbeitsgänge zu ermitteln (ANA - Analysieren, ZEBA - Zeitbausteine). Hierbei werden Arbeitsinhalte erfaßt (Datenanalyse) und in Form von Zeitbausteinen dargestellt. Im Rahmen der hier betrachteten Arbeiten wurden - wie bereits ausgeführt - drei Stufen der Verbesserung erarbeitet. Die erste Verbesserungsstufe geht von der zukünftigen Verwendung gleicher Hardware und gleicher Software aus. Als direkt realisierbare Lösung kann lediglich diese Verbesserungsstufe Anwendung finden. Die zweite Verbesserungsstufe verlangt eine Erweiterung der bestehenden Hardware unter Weiterverwendung der gleichen Software wie bisher. Die dritte Verbesserungsstufe bedeutet für das Unternehmen eine Erweiterung sowohl der Hardware, als auch der Software. Für die Gestaltung zukünftiger Systeme bietet sich die dritte Verbesserungsstufe an.

In der ersten Verbesserungsstufe kann eine Verbesserung des Maskenaufbaus über die Realisierung der folgenden Punkte erreicht werden:
- Gewichtung der dargestellten Informationen,
- Trennung von Eingabe- und Informationsfeldern,
- Wegfall überflüssiger Informationen,
- Strukturierung nach wahrnehmungspsychologischen Kriterien,
- Groß- und Kleinschreibung,
- Blockbildung und
- Rasterung.

Die zweite Verbesserungsstufe verlangt den Einsatz von
- grafikfähigen Bildschirmen,
- farbiger Darstellung,
- Fenstertechnik (statisch) sowie die
- Visualisierung von Prioritäten durch unterschiedliche Darstellungsgrößen.

Die dritte Verbesserungsstufe beinhaltet eine Verwendung von

- Visualisierungs-Möglichkeiten,
- objektorientierten Systemen,
- direkter Manipulation,
- Fenstertechnik (dynamisch) und
- Hilfesystemen.

Als Beispiel für die erste Verbesserungsstufe seien die Masken der Abbildung 5 vorgestellt, die die gleichen Arbeitsabläufe betreffen wie die Masken des bislang verwendeten Systems in der Abbildung 4. Die Einlogprozedur wird hierbei von 6 Masken auf eine beschränkt. Darüber hinaus erfolgt eine klare Gliederung der Masken. Als weitere Gestaltungselemente werden Umlaute, Groß-/Kleinschreibung verwendet, Blöcke gebildet, die Anzeige nach Prioritäten geordnet und einfache graphische Hilfsmittel zur Trennung der Funktionsbereiche eingesetzt. Die in der dritten Verbesserungsstufe angewandte Dialogform ist die der direkten Manipulation. Voraussetzung hierfür ist ein qualitativ hochwertiger Grafik-Bildschirm, möglichst mit farbiger Darstellung. Das Positionieren des Cursors (Pfeil) geschieht hier nicht mehr wie bei Rechnern bisheriger Bauart sequentiell - in fest vorgegebener Reihenfolge - sondern völlig frei, mittels einer "Maus", eines Steuerknüppels oder der Pfeiltasten. "Direkte Manipulation" bedeutet darüber hinaus auch, daß die Objekte auf dem Bildschirm frei zu bewegen und durch Berühren oder Zeigen mit dem Cursor aktivierbar sind.

Die Maskenfolge der Abbildung 6 entspricht wiederum der in Abbildung 4 gezeigten. Näheres hierzu findet sich bei Heeg (1987).

<u>Auswirkungen des Einsatzes direkt manipulativer Systeme</u>

Die "direkte Manipulation" bietet mehrere Möglichkeiten zum Aufruf einer Funktion. So kann beispielsweise ein Fenster durch Aktivieren des linken kleinen Rechtecks im schraffierten Bereich geschlossen werden. Dieselbe Möglichkeit hat man aber auch durch Aktivieren der Transaktion 'Schließen' aus dem Zurück-Pull-Down-Window. Das System bietet dem erfahrenen Benutzer die Möglichkeit, rasch bestimmte Transaktionen durchzuführen; ferner bietet es dem nicht so erfahrenen die Möglichkeit, sich selbst einzuarbeiten.

Abb. 4: Maskenfolge im System ANA/ZEBA-DATA

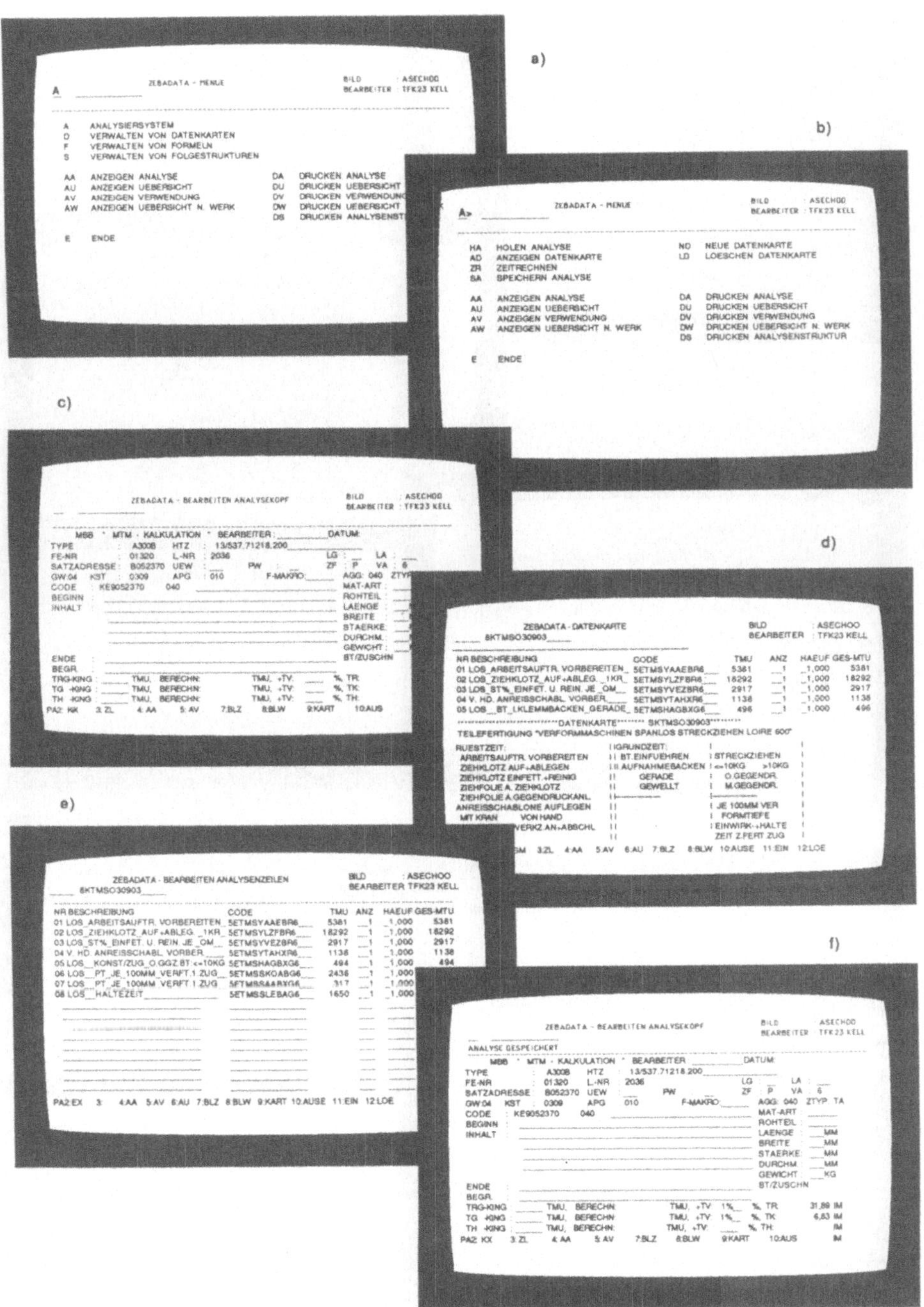

Abb. 5: Maskenfolge in der 1. Verbesserungsstufe des ANA/ZEBA-
DATA-Systems

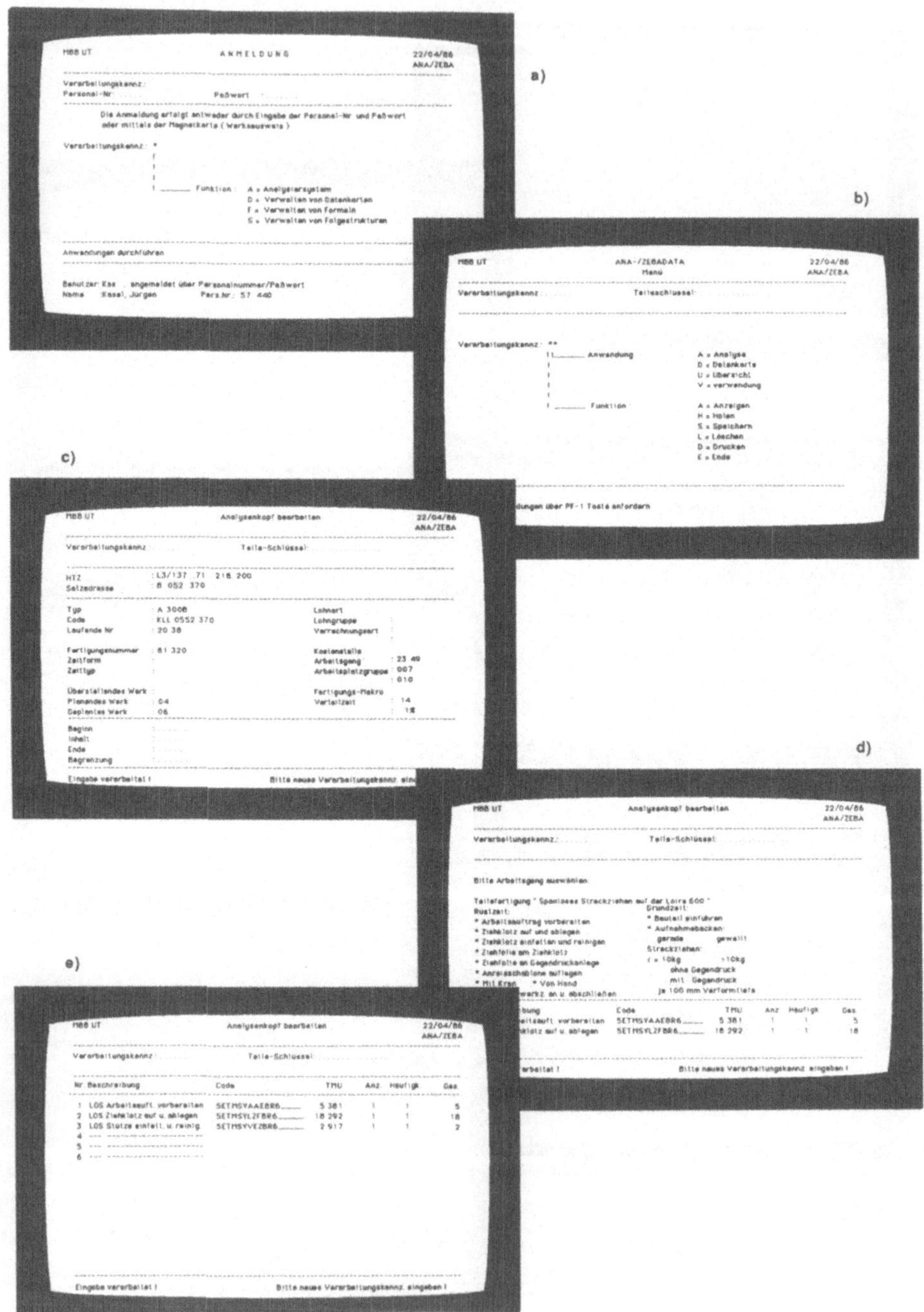

Abb. 6: Maskenfolge des ANA/ZEBA-DATA-Systems bei direkt manipulativer, objektorientierter Oberfläche

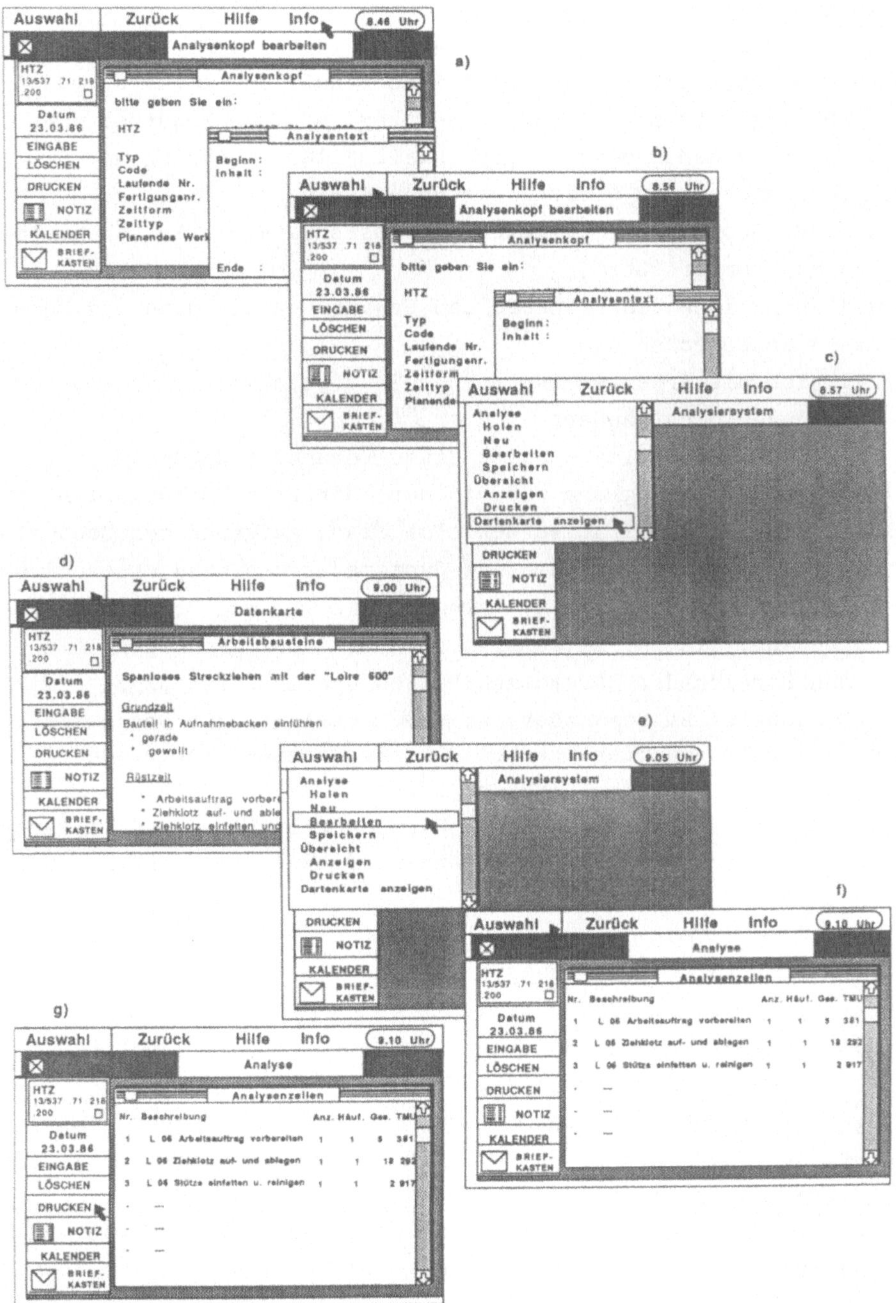

Allgemein gilt, daß eine Verbesserung der Software unter ergonomischen Gesichtspunkten eine Optimierung folgender Bereiche beinhaltet:
- kürzere Einarbeitungszeit,
- geringerer Lernaufwand für Anfänger,
- kürzere Rüstzeit für gelegentliche Benutzer,
- höchstmögliche Effizienz für den regelmäßigen Benutzer und
- Steigerung der Arbeitszufriedenheit aller Anwendergruppen.

Die Voraussetzungen hierfür bestehen darin,
- daß der Rechner die üblichen Arbeitsabläufe des Menschen (ohne Rechner) unterstützt,
- daß Ergebnisse des Rechners den Erwartungshaltungen des Menschen entsprechen und
- daß sich die Arbeitsweise auch bei unterschiedlichen Problemstellungen nicht ändert.

Am ehesten lassen sich diese Voraussetzungen durch den Einsatz einer Dialogform wie die der "direkten Manipulation" erfüllen. Auf lange Sicht werden sich also, aufgrund der besseren Handhabung, direkt manipulative Systeme durchsetzen. Diese Aussage gilt für den PC-Bereich genauso wie für den Bereich der Großrechner. Sie ist im Bereich der Fertigung genauso gültig wie für den Bereich der Bürokommunikation und im Forschungs- und Entwicklungsbereich. Verwendet man zur Erstellung der Programme für den Nutzer Programmiersprachen der sogenannten vierten Generation, wie beispielsweise LISP, so werden Verfahren wie das Prototyping sehr stark erleichtert. Hieraus resultiert ein weiterer Entwicklungsschub in der vorstehend aufgezeigten Richtung (Heeg, Schreuder, Buscholl, 1987).

Literaturverzeichnis

Heeg, F.J. (1985): Qualitätszirkel und andere Gruppenaktivitäten. Berlin, Heidelberg, New York, Tokyo: Springer. = FIR-Reihe "Forschung für die Praxis", Bd. 1.
Heeg, F.J. (1986): Einführung neuer Technologien - ein gruppenorientierter Ansatz. Zeitschrift Führung und Organisation 55 (1986) 1, S. 41 - 46.
Heeg, F.J. (1987): Untersuchungen zur Gestaltung von Mensch-Computer-Dialogen nach software-ergonomischen Kriterien. Köln:

TÜV-Verlag. Im Druck.

Heeg, F.J. & Schreuder, S. & Buscholl, F. (1987): Angewandte Software-Ergonomie. Zeitschrift für Arbeitswissenschaft. Im Druck.

Ludwig, B. (1986): Software-Engineering-Systeme - ein Schritt zur rationellen, systematischen und ökonomischen Durchführung von Software-Projekten. Diplom-Arbeit am Institut für Arbeitswissenschaft der RWTH Aachen, Aachen 1986.

Dr.-Ing. Franz Josef Heeg
Martin Schrader
Dipl.-Ing. Siegfried Schreuder
Lehrstuhl und Institut für Arbeitswissenschaft
RWTH Aachen
Wüllnerstraße 5
5100 Aachen

HILFEN FÜR BENUTZER: MÖGLICHKEITEN UND PROBLEME
AUS PSYCHOLOGISCHER SICHT

Raimund Schindler, Berlin (DDR)

Es wird die Effektivität selbständigen Benutzerlernens bei der Lösung von Schreibaufträgen mit Hilfe eines Textverarbeitungsystems untersucht. Unabhängige Versuchsvariable ist das Vorwissen der Lernenden. Es kann gezeigt werden, daß die Lerneffektivität durch die Vermittlung von bestimmten Vorwissensbasen wesentlich beeinflußt werden kann.

Einleitung

Leistungsfähige Computer zeichnen sich durch eine große Funktionalität aus; sie sind jedoch zwangsläufig auch komplex. Um diese Komplexität zu beherrschen, benötigt der Benutzer einen umfangreichen Wissensbestand. Hat er diesen nicht, reduziert er die Systemkomplexität z.B. dadurch, daß er nicht die gesamte Funktionalität des Anwendungssystems ausnutzt (Fischer, 1984). Damit werden die Anstrengungen, die Leistungsfähigkeit von Computersystemen zu erhöhen, teilweise wieder zunichte gemacht. Nicht nur ungeübte Benutzer brauchen also Unterstützung, um ein Anwendungssystem zu beherrschen, sondern auch geübte brauchen Hilfe.

Im gesamtgesellschaftlichen Rahmen kann dieser Qualifizierungsbedarf u.E. nur durch dezentrale Lehr- und Lernformen befriedigt werden, die sich zudem noch dadurch auszeichnen müssen, daß ihre Realisierung keine oder nur eine geringe Anzahl Lehrkräfte bindet. Vor diesem Hintergrund werden die Anstrengungen verständlich, die Benutzerqualifizierung rechnergestützt zu realisieren. Die relevanten Ansätze stammen aus zwei unterschiedlichen Forschungsrichtungen. Einerseits aus der Lehr- und Lernforschung, die sich gegenstandsgemäß mit der Gestaltung von Qualifizierungsprozessen beschäftigt und in diesem Zusammenhang auch die Frage untersucht, wie Wissenserwerb und -nutzung durch rechnergestützte Lehr-und Lernformen gefördert werden können. Andererseits aus der Forschung zur benutzerfreundlichen Gestaltung des Nutzerinterfaces, die sich mit diesem Problem auseinandersetzt, um die Schwelle des Computereinsatzes dadurch herabzusetzen, daß Wissen, das einem Benutzer zur effektiven Systembeherrschung noch fehlt, nach und nach durch das Softwaresystem beigesteuert wird. Im Mittelpunkt der Diskussion stehen gegenwärtig in der ersten Richtung sogn. intelligente tutorielle Systeme (z.B. Sleeman,Brown,1982; Spada,Opwis,1985; Park et al.,1986) und in der zweiten Hilfesysteme (z.B.Horras et al.,1985; Bauer, Schwab,1985). Im Prinzip verfolgen beide Systemklassen die gleiche Zielstellung: Ein Lernender (Benutzer) soll beim Erwerb und bei der Nutzung von Wissen, das er zur Aufgaben-/Problemlösung in einem bestimmten Realitätsbereich (mit einem bestimmtem Anwendungssystem) benötigt, eine wirksame Rechnerunterstützung erhalten. Die Entwicklung derartiger Systeme wirft gegenwärtig noch zahlreiche Probleme auf (vgl.Spada,Opwis,1985). Diese betreffen z.B. nicht nur die Wissenskörper, die im Unterstützungssystem über die Funktionalität des Anwendungssystems, über den Systemzustand und die Dialoggeschichte, über den Anwendungsbereich und über den Benutzer repräsentiert sein müssen, damit die benötigten diagnostischen Entscheidungen rationell getroffen und wirksame Hilfen generiert werden können. Erkenntnisdefizite bestehen auch bei der Formulierung der Interventionstrategie (pädagogische Strategie): Wie können Benutzer mit einer wohlbestimmten Dispositionsausstattung wirksam gefördert werden? Wissenserwerb und -nutzung sind konstruktive Prozesse, die die Aktivität des Lernenden voraussetzen. "Wenn es der Lernende ist, der schließlich gelernt haben soll, d.h. wenn sein Erlebens- und Verhaltensrepertoire verändert werden sollen, dann muß er Lernen zu einem wesentlichen Teil selbst "tun".... Der Lehrer hilft wo nötig und möglich, z.B. bei der Festlegung adäquater Ziele und Zwischenziele (Sollwerte), bei der Formulierung der Rückmeldung (Ist-Wert) zwecks effizienter Verwertbarkeit, bei der Erarbeitung und Durchführung von Maßnahmen (Stellglied)" (Flammer,Gutman,1977,S.89). Es werden Untersuchungen benötigt, die sich mit den Möglichkeiten und auch Grenzen selbständigen Lernens beschäftigen und die Rückschlüsse auf diejenigen externen Einflußnahmen zulassen, durch die die Selbstverwaltung individueller Wissenserwerbs- und -nutzungsprozesse wirksam gefördert werden kann.Derartige Untersuchungen sind auch deshalb mit besonderer Dringlichkeit zu fordern, weil einerseits durch die Art der beabsichtigten Benutzerunterstützung sowohl die Diagnoseprozeduren als auch die Wissensbasen des Systems festgelegt werden, mithin also der Aufwand, der bei der Systementwicklung zu betreiben ist. Anderseits unterbrechen vom System selbständig gegebene Hilfen den normalen Aufgaben-/Problemlösungsprozeß des Benutzers, denn sie enthalten Hinweise, die aktuell nicht angefordert wurden. Die Akzeptanz und Wirksamkeit derartiger Hilfen sind also sehr sorgfältig abzusichern.

Angesichts dieser noch bestehenden Probleme empfiehlt sich u.E., daß ein Anwendungssystem schrittweise um Interventionen erweitert werden sollte, die auf eine Benutzerunterstützung ausgerichtet sind. In begleitenden Untersuchungen sollte nicht nur die Wirksamkeit der einzelnen Ausbaustufen auf die Effizienz individuellen Lernens überprüft werden, sondern es sollten auch Daten bestimmt werden, die für die Entwicklung weitergehender Systeminterventionen benötigt werden.

Fragestellung

Eine elementare Form der Benutzerunterstützung stellen passive Hilfesysteme dar. Durch das Stellen von Fragen kann der Benutzer über das Nutzerinterface Information einholen, die er zum Verständnis der Aufgaben-/Problemlösung mit Hilfe des Anwendungssystems benötigt. Viele der gegenwärtig existierenden Hilfesysteme sind von dieser Art. Empirische Untersuchungen haben die Nützlichkeit solcher passiven Hilfesysteme belegt (Carroll,1984). Dies ist nicht verwunderlich, denn der Benutzer kann seine Wissensdefizite ohne aufwendiges und möglicherweise erfolgloses Suchen in einem Handbuch zu dem Zeitpunkt schließen, in dem sie auftreten: während der Aufgaben-/Problemlösung mit Hilfe des Anwendungssystems.
Ein passives Hilfesystem stellt jedoch nur Information bereit. Wissenserwerb und -nutzung müssen vom Benutzer selbst organisert werden. Dazu benötigt er im allgemeinen weitere Hilfen. Da die prinzipielle Barriere passiver Hilfesysteme darin besteht, daß der Benutzer nur nach Maßgabe seines aktuellen Wissens Anfragen

an das System formulieren kann, nehmen wir an, daß die Vermittlung einer bestimmten Vorwissensbasis, auf deren Grundlage der Lernende gut selbständig weiterlernen kann, eine mögliche Unterstützung für den Benutzer darstellt. Die Prüfung dieser Hypothese steht im Mittelpunkt des vorliegenden Beitrages.

Als Alternativhypothese könnte formuliert werden, daß die Effizienz selbständigen Lernens von einer Vielzahl individueller Dispositionen abhängt, die miteinander in komplexen Wechselbeziehungen stehen (Jenkins,1979; van Muylwijk et al.,1983; van der Veer et al.,1984). Das Wissen eines Lernenden umfaßt also nur eine Teilmenge aus der Menge der insgesamt als relevant anzunehmenden Einflußgrößen. Sollte sich erweisen , daß die formulierte Hypothese nicht bestätigt werden kann, wird der Schluß nahegelegt, daß individuelles Lernen stärker z.B. von Persönlichkeitsmerkmalen, kognitiven Stilen, Lernstrategien u.ä. beinflußt wird, als vom Wissensbestand des Lernenden. Sowohl die Verifikation als auch die Falsifikation der Hypothese sind also mit Konsequenzen für die Gestaltung von Unterstützungssystemen verbunden.

Methodik

Zur Untersuchung der aufgeworfenen Frage benutzten wir folgenden methodischen Zugang: Die Versuchspersonen (Vpn) wurden aufgefordert, mit Hilfe eines bestimmten Textverarbeitungssystems 4 Schreibaufträge (SA) zu lösen. Jeder SA bestand aus einer Menge von Teilaufgaben (z.B. Formatierungs- und Druckvorgaben, Einfügungen, Streichungen, Sperrungen u.ä.). Die Abfolge, in der die SA zu lösen waren ,wurde vom Versuchsleiter (Vl) vorgegeben; sie war für alle Vpn gleich. Jeder der 4 SA mußte so oft wiederholt werden, bis ein vorgegebenes Gütekriterium erreicht wurde und bis sich die Vpn sicher waren, daß sie die Aufgabenlösung verstanden haben und fehlerfrei wiederholen können. Dieses angezielte Verständnis der aufgabenbezogenen Mensch-Rechner-Interaktion wurde noch dadurch zu verstärken versucht, daß den Vpn angekündigt wurde, sie hätten nach Abschluß der Lernphase einem naiven Benutzer die Lösung von Textverarbeitungsaufgaben mit Hilfe des Systems zu erklären.

Um diese vorgebenen Lernziele zu ereichen, konnten die Vpn vom Vl durch das Stellen von Fragen jedwede Information einholen, von der sie glaubten, daß sie zum Aufbau des zur Beherrschung des Anwendungssystems benötigten Wissensbestandes (mentales Modell) notwendig sei. Der Dialog zwischen den Vpn und dem Vl wurde auf Tonband aufgezeichnet und in einer schrittweisen Prozedur so aufgearbeitet, daß ermittelt werden konnte, welche Informationen die Vpn nutzten, d.h. erfragten, produzierten oder reproduzierten, um die vorgegebenen Lernziele zu erreichen.

Es wurden sechs Versuchsgruppen (VGn) mit je sechs Vpn untersucht, die sich in ihrem Vorwissen über das Anwendungssystem voneinander unterschieden.Eine Gruppe setzte sich aus Informatikstudenten (IN) zusammen, die Kenntnisse über Aufbau und Funktion von Dialogsystemen hatten und auch über praktische Erfahrungen mit bestimmten Systemen verfügten. Das hier verwendete Textverarbeitungssystem war ihnen jedoch völlig unbekannt. Die zweite Gruppe (OW) umfaßte Psychologiestudenten des ersten Studienjahres, die keinerlei relevantes Vorwissen hatten. Wenn wir uns eine Skala möglicher Vorwissensvarianten vorstellen, markieren diese beiden VGn die beiden Extrempunkte. Zumindest zwischen ihnen muß ein Unterschied sicherbar sein, wenn die o.g. Hypothese Gültigkeit haben soll.

Drei VGn, die vor Versuchsbeginn über kein relevantes Vorwissen verfügten, wurde die Lösung des ersten SA vermittelt. Sie erlernten also anhand eines Beispieles bestimmte Aspekte der Nutzung des Anwendungssystems. Die folgenden 3 SA waren von ihnen selbständig zu lösen. Wissensdefizite konnten durch Fragen an den Vl, der auch Rückmeldungen gab, geschlossen werden. Diese drei VGn unterschieden sich voneinander in der Art der Information, mit deren Hilfe der erste SA vermittelt wurde, was kurz erläutert werden soll.

Strukturell repräsentieren Aufgaben geforderte Transformationen von Objekten. Im vorliegenden Falle der Textverarbeitung handelt es sich um reale und um im Gedächtnis des Benutzers repräsentierte Einzelzeichen, Worte, Sätze usw., die auf virtuelle Objekte abzubilden sind und solange transformiert werden müssen, bis die in den SA vorgegebenen Zustände erreicht sind. Die Lösung eines SA (Oberziel) untergliedert sich also in eine Sequenz von Transformationsschritten (Teilziele,Dialogschritte), die mit Hilfe des Anwendungssystems zu realisieren sind. Die Transformationsschritte können durch unterschiedliche

Informationseinheiten (nachfolgend auch als Interaktionseinheiten bezeichnet) charakterisiert werden:

-Transformationsbezeichnungen(W): Es handelt sich um verbale Bezeichnungen des Zieles eines Transformationsschrittes. Sie setzen sich aus Kombinationen von Verben und Substantiven zusammen. Erstere repräsentieren die Art der Objektveränderung (z.B. löschen), letztere das Transformationsobjekt (z.B. Wort).

-Handlungseinheiten(HE): Sie kennzeichnen die physischen Nutzeraktivitäten, um geforderte Transformationen zu realisieren. Im vorliegenden Falle handelt es sich v.a. um Tastendrucksequenzen unterschiedlicher Länge.

-Systemzystände(X.): Es handelt sich um alpha-numerische Merkmalskombinationen, die auf dem Bildschirm angezeigt werden. Mit ihrer Hilfe kann der Benutzer den Systemzustand bewerten, d.h. also auch prüfen, ob die geforderte Transformation richtig ausgeführt wurde.

-Systemvorgänge(SV): Sie umfassen rechnerinterne Vorgänge, die zum Verständnis eines Transformationsschrittes für den Benutzer wichtig sein können (z.B. Zwischenspeicherung von Zeichenketten, laden bestimmter Funktionsmodule u.ä.).

Einer ersten Beispielgruppe (B1) wurde die Lösung des ersten SA vermittelt, in dem für jeden Transformationsschritt die auszuführende Handlungseinheit (HE) und die Merkmalskonstellation des Folgezustandes (X.) in Form von WENN-DANN Beziehungen (vgl. Card,Moran,Newell,1983) angegeben wurde. Die Gruppe B2 bekam zusätzlich die Transformationsbezeichnungen (W) genannt. Die letzte Beispielgruppe (B3) erlernte für jeden Transformationsschritt alle vier Interaktionselemente.

Die letzte von uns untersuchte Versuchsgruppe (RE) mußte die zur Lösung aller vier SA benötigten Interaktionseinheiten selbständig erwerben. Um diesen Prozeß zu unterstützen, hatten sie vor dem Hauptversuch 8 Interaktionsregeln zu erlernen und zu üben. Im Unterschied zu den WENN-DANN Beziehungen, die den drei Beispielgruppen vermittelt wurde, handelte es sich hier um Regeln, die nicht für singuläre , sondern für Klassen von Transformationsschritten Gültigkeit haben. Die Leerstellen dieser Regeln sind also nicht durch Konstante, sondern durch Variable ausgefüllt.

Ein Beispiel zur Veranschaulichung:

Regel 1

WENN   (X.:Von System gesetzte Bezeichnung mit weniger oder
         gleich 6 Positionsmarkierungen dahinter und der
         Cursor befindet sich unter der ersten Position)
UND   (W:Eine Zeichenkette ist einzugeben)
DANN   (HE:Es sind Zifferntasten und danach die Taste FERT
         zu drücken)

Der aktuelle Systemzustand wurde nicht nur verbal, sondern auch
mit Hilfe schematischer Merkmalskonfigurationen angegeben. Vor
Beginn des Hauptversuches wurde geprüft, ob die Vpn die Regeln
verstanden haben und sicher anwenden können. Es ist anzunehmen,
daß durch diese Vorwissensvariation unterschiedliche Lernprozesse
induziert werden.Die Lerneffizienz der drei Beispielgruppen wird
davon abhängen, wie sie aus dem vermittelten Beispiel auf ver-
allgemeinerbare Vorgehensweisen schließen können. Die Regelgruppe
hat dagegen den umgekehrten Vorgang zu realisieren.

<u>Ergebnisse</u>

Um Aussagen zur Wirkung des Vorwissens auf den selbständigen Lernprozeß ableiten zu können, berechneten wir für jede
Teilaufgabe. (Transformationsschritt), aus denen sich die SA
zusammensetzen, die Fehlerrate.Es handelt sich um das mit 1
addierte Verhältnis aus der Anzahl der fehlerhaften Aktivitäten
und der Gesamtaktivitätsanzahl, die eine Vpn bis zur richtigen
Lösung eines Transformationsschrittes realisierten.Da alle Vpn
den gleichen Effekt zu erreichen hatten (ein Transformationsschritt war so lange zu "bearbeiten", bis zumindest die
Handlungseinheit richtig war), ist diese, die Lernschwierigkeit
widerspiegelnde Fehlerrate, auch direkt zur Abschätzung der Lerneffektivität geeignet.

Im Ergebnis der varianzanalytischen Auswertung können wir
festhalten, daß sowohl das Vorwissen als auch die Transformationsschritte einen signifikanten Einfluß auf die Lernschwierigkeit haben.

Hier wollen wir uns auf den Vorwissenseinfluß beschränken.
Er belegt einerseits den hohen Stellenwert, den das Vorwissen von
Lernenden im Ensemble releventer individueller Dispositionen bei
der Individualisierung von Lernerunterstützungen einnimmt.

Andererseits spricht es für die hier geäußerte Hypothese. Die Schwierigkeit individuellen Benutzerlernens mit Hilfe eines passiven Hilfesystems kann durch die Vermittlung von Vorwissen, auf dessen Grundlage der Lernende seinen Lernprozeß selbst zu organisieren hat, entscheident beeinflußt werden.

Um zu verdeutlichen, welche Vorwissensstufen den individuellen Lernprozeß besonders fördern, ist in Abbildung 1 die mittlere Fehlerrate (gemittelt über die Transformationsschritte für die jeweils erstmalige Bearbeitung des 2.,3. und 4. SA) für die untersuchten VGn dargestellt. Der Abbildung kann folgendes entnommen werden:

Abb.1: Vorwissen und Lernschwierigkeit
        (signifikante Unterschiede sind mit einem *
        gekennzeichnet)

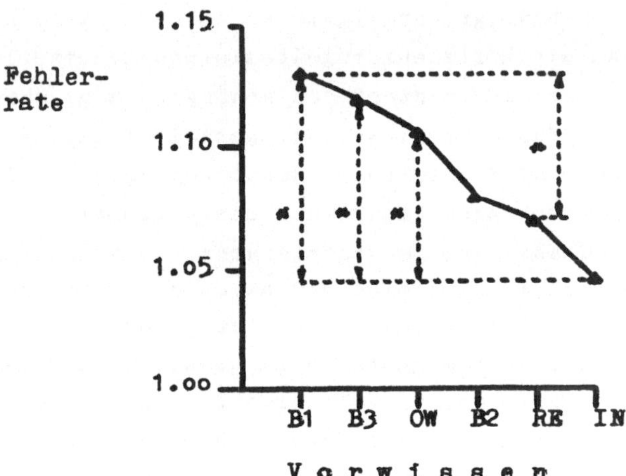

1. Die VGn IN,RE, und B2 unterscheiden sich nicht voneinander. Für die VGn B1,B3 und OW ist die Lernanforderung signifikant schwieriger als für die Informatikstudenten.

2. Die drei Beispielgruppen unterscheiden sich in der Lerneffektivität nicht voneinander.Dieses Ergebnis ist überraschend. Wir hatten erwartet, daß die Anforderungsschwierigkeit in einer negativ monotonen Beziehung zum Umfang der Information steht, die den Vpn zur Realisierung und Erklärung der Transfor-

mationsschritte des ersten SA vermittelt wurde. Mithin hatten wir also folgende Rangreihe hinsichtlich der Lernschwierigkeit erwartet:B1>B2>B3. Die Ergebnisse zeigen jedoch, daß dem nicht so ist. Obwohl die VG B2 sich nur tendenziell von den anderen beiden Beispielgruppen unterscheidet, deuten die Ergebnisse den hohen Stellenwert an, den die verbale Kennzeichnung der durch die Transformationsschritte zu realisierenden Objektveränderungen beim Erlernen der Systemnutzung einnimmt.Deutlich ist auch, daß eine vertiefende Erläuterung der Transformationsschritte derart, daß auch angegeben wird, welche rechnerinternen Prozesse im Anwendungssystem ablaufen, den den individuellen Lernprozeß nicht fördert.

Das hier gefundene Ergebnis, daß die Kenntnis von verallgemeinerbaren Regeln der aufgabenbezogenen Mensch-Rechner-Interaktion den selbständigen Lernprozeß nicht stärker fördert als die Kenntnis eines Beispieles (die VG RE ist nur besser als die VG B1), ist nur bedingt verallgemeinerbar. Man wird davon auszugehen haben, daß die Effizienz regelbasierten Benutzerlernens von der Konsistenz des Nutzerinterfaces abhängt. Möglicherweise gilt: Je konsistenter das Nutzerinterface gestaltet ist, desto mehr Interaktionsregeln sind ableitbar (desto geringer ist demzufolge auch die Anzahl von "Ausnahmen") und desto größer ist auch die Effizienz regelbasierten Benutzerlernens. Die Prüfung dieser Hypothese erfordert also eine Variation der Konsistenz des Nutzerinterfaces. Voraussetzung dafür ist jedoch, daß die Nutzerinterfacekonsistenz in geeigneter Form quantifiziert werden kann.

Insgesamt können wir also folgendes festhalten:Personen die die Nutzung des in den Untersuchungen verwendeten Textverarbeitungssystems selbständig mit Hilfe eines passiven Hilfesystems zu erlernen haben, können sowohl durch die Vermittlung von Regelwissen als auch von Beispielwissen (Erläuterung der Transformationsschritte durch Angabe der physichen Nutzeraktivitäten, der Art der zu realisierenden Objektveränderungen und der Merkmalskonstellation der Folgezustände) optimal gefördert werden.

<u>Literatur</u>

Bauer,J.,T.Schwab:Aktive Hilfesysteme.Forschungsbericht der Gruppe INFORM, Stuttgart, 1984

Bauer,J.,M.Herczeg:Software-Ergonomie durch wissensbasierte Systeme. Forschungsbericht der Gruppe INFORM, Stuttgart,1985

Card,S.K.,T.P.Moran,A.Newell:The Psychology of Human-Computer Interaction.Hillsdale:N.Y.,1983

Carroll,J.M.: Minimalist Design for Active Users. In:Interact 84,219-224

Fischer,G.: Formen und Funktion von Modellen in der Mensch-Computer Kommunikation.In:Schauer,H.,M.J.

Tauber(Hg): Psychologie der Computerbenutzung. Wien, München,1984

Flammer,A.,W.Gutmann: Das Prinzip der Subsidarität in der pädago-gischen Diagnostik.In:Garten M.K.(Hg):Diagnose von Lernpro-zessen. Braunschweig,1977,88-96

Jenkins,J.J.:Four points to remember:A tetrahedal model and memory experiments.In:Cermak,L.S.,F.I.N.Craik(Hg):Levels of processing in human memory.Hillsdale,N.Y.:Erlbaum,1979,429-446

Klix,F.:über die Nachbildung von Denkanforderungen, die Wahr-nehmungseigenschaften, Gedächtnisstruktur und Entscheidungs-operationen einschließen. Z.Psychol.193 (1985),3,175-211

Park,O.C., R.S.Perez, R.J.Seidel:Intelligent CAI:Old Wine in new bottles or a new virtage? In:Kearslay,G.P.(Hg): Artifical Intelligence and Instruction:Applications and Methods.M.A.: Addison-Wesley,1986

Schindler,R.,F.Fischer:Effectiveness of training as a function of the teached knowledge structure.In:Klix,F.,H.Wandke(Hg): MACINTER I.Elsevier science Publishers B.V.,North-Holland, 1986,152-159

Schindler,R.,F.Fischer:Vermittlung von Handlungswissen-Ein Aus-bildungskonzept zur Bedienung mikroelektronischer Textverar-beitungssysteme.Psychologie für die Praxis,in Vorb.

Schindler,R.,A.Schuster:Probleme der one-line Wissensdiagnose. Wiss.Z.der Humboldt-Universität zu Berlin,in Vorb.

Sleeman,D.,J.S.Brown(Hg):Intelligent tutoring Systems. N.Y.: Academic Press,1982

Spada,H.,K.Opwis:Intelligente tutorielle Systeme aus psycholo-gischer Sicht.In:Mandl,M.,P.-M.Fischer:Lernen im Dialog mit dem Rechner.München,Wien,Baltimore:Urban&Schwarzenberg,1985, 13-23

van Muylwijk,B.,G.van der Veer,Y.Waern:On the implications of user variability in open systems-An overview of the little we

know and of the lot we have to find out.Behaviour and Information Technology,1983,2,313- 326

van   der   Veer,G.B.van Muylwijk,J.van   de   Wolde:Intruducing
statistical computing of the cognitive system of the naive
user.In:Goos,G.,J.Hartmanis(Hg):Readings   on   Cognitive
Ergonomics-Mind and Computers.Berlin,Heidelberg,N.Y.:Springer,
1984,62-73

Raimund Schindler
Sektion Psychologie
Humboldt-Universität zu Berlin
Oranienburger Str.18
DDR- 1020 Berlin

COMPUTER-LAIEN ALS EXPERTEN?

Warum Benutzerpartizipation bei der Entwicklung von
Benutzerschnittstellen wichtig ist

Josef Bösze, David Ackermann und H.-J. Lüthi, Zürich

Die vorliegende Arbeit soll aufzeigen, wie mittels
Benutzerpartizipation bei der Entwicklung und Evaluation von
Programmsystemen arbeitspsychologischen Kriterien angepasste und
damit für den Benutzer adäquate Systeme erzeugt werden können.
Die verwendete Organisation und die programmiertechnischen
Verfahren beim Design, bei der Implementierung und bei der
Evaluation werden beschrieben. Anhand von ausgewählten Beispielen
wird aufgezeigt, wie die in Experimenten gewonnenen Erkenntnisse
über die Denkweise von Benutzern das Systemdesign verändern und
verbessern.

Einleitung

Eine zentrale Rolle bei der Entwicklung und Beurteilung
von Arbeitssystemen spielt das Prinzip der differentiellen und
dynamischen Arbeitsgestaltung (Ulich 1978, S. 568). Dieses
Prinzip besagt, dass "eine optimale Entwicklung der
Persönlichkeit in der Auseinandersetzung mit der Arbeitstätigkeit
auf dem Hintergrund individueller Differenzen" erfolgt. Auch
gibt es gesicherte Hinweise darauf, dass an individuelle
Bedürfnisse angepasste Dialoge meist effizienter sind als
vorgegebene (Ackermann 1983, 1986a, 1986b, 1987).
Wie kann nun dieses Prinzip beim Design von Software
berücksichtigt werden? Wie lassen sich interindividuell unterschiedliche mentale Repräsentationen und Informationsbedürfnisse
von Benützern im Softwareentwicklungsprozess berücksichtigen? Wie
muss eine Benutzerschnittstelle gestaltet sein, damit möglichst
viele Benutzer möglichst gut damit umgehen können? Im folgenden
soll am Beispiel der Entwicklung eines Decision Support Systems
(DSS) gezeigt werden, wie sich oben erwähnte arbeitspsychologischen Prinzipien im Softwareentwicklungsprozess berücksichtigen lassen, wie der Prozess der "adaptiven Systemgestal-

tung" funktioniert und wie das zur Zeit lauffähige DSS sich dem
Benutzer präsentiert.

Fragestellung

Die Stadt Zürich besitzt eine zivile Schutzorganisation,
kurz Zivilschutz (ZS) genannt. Aufgabe dieser Organisation ist es
unter anderem, der Bevölkerung im Falle einer notwendig werdenden
Evakuation Schutzplätze zuzuweisen. Um die Disposition zu
erleichtern, ist das Gebiet der Stadt Zürich in verschiedene
Einheiten wie Abschnitte, Sektoren, Quartiere, Blöcke eingeteilt.
In jedem Block (Bl) befinden sich Schutzräume (SR) verschiedener
Qualitätskategorien (Kat) mit unterschiedlicher Anzahl
Schutzplätze (SP). Die zu evakuierenden Personen werden zuerst zu
sogenannten Sammelstellen geführt, und von dort aus auf Blöcke
mit Schutzräumen, die noch freie Schutzplätze haben, verteilt.
Falls keine freien SP mehr vorhanden sind, können künstlich
zusätzliche geschaffen werden, indem der Überbelegungsfaktor der
SRe erhöht wird oder man die Leute in weiter entfernte Gebiete
(mit noch freien Kapazitäten) verlegt.

Im Rahmen der Arbeit sollte für die beschriebene
Evakuationsplanung ein entscheidungsunterstützendes System
(Decision Support System, DSS, vgl. Sprague & Carlson 1982) für
und gemeinsam mit Angehörigen der Zivilschutzorganisation der
Stadt Zürich zu Schulungszwecken entwickelt werden. Als Basis
diente ein von H.-J. Lüthi (1982) entwickeltes System mit den
entsprechenden Zuweisungs-Algorithmen. Wichtige Anforderungen des
Zivilschutzes an das System waren, dass es auf einem Personal
Computer (PC) lauffähig sein musste und dass auch Computer-Laien
das System bedienen sollten. Vor allem die erste Forderung
bereitete anfangs einige Schwierigkeiten, da das oben erwähnte
Programm mit grossen Datenmengen über Personen, Schutzräume und
die geographische Anordnung der Schutzräume auf dem Stadtgebiet
arbeitete. Abklärungen und Berechnungen ergaben dann aber, dass
die Speicherkapazität heutiger PC's für eine vernünftige
Implementation genügen.

Der Entwicklungsprozess

Die Planungsphase begann mit intensiven Diskussionen mit
den Verantwortlichen des Zivilschutzes, wobei es darum ging, die

Begriffe zu standardisieren, ein vertieftes Problemverständnis zu erlangen und ein (meta-mathematisches) Modell der Evakuationsplanung zu entwerfen, bzw. das Modell des bestehenden Grosscomputer Prototyps neu zu überdenken. Da die Beteiligten mit der im Operations Research gebräuchlichen mathematischen Notation nicht vertraut waren, mussten die abstrakten Formeln jeweils verbalisiert und in klare, einfach einzusehende, aussagekräftige graphische Darstellungen abgebildet werden. In einem nächsten Schritt, wiederum zusammen mit Leuten des Zivilschutzes, wurde die Funktionalität des Programmes und die Bedienungsphilosophie (Menü-Auswahl, mehrere nichtüberlappende Fenster, Help-Funktion) definiert. Ein wichtiger Punkt dabei war die Suche nach einer guten, dem Benutzer möglichst vertrauten Repräsentation des Problem- und Lösungsraumes auf dem Bildschirm und die Definition von Menustrukturen, welche den Problemlöseprozess in seiner logischen Abfolge unterstützen (Ackermann 1987). Eine gute Darstellung für die meisten Daten wurde in Form einer vom Zivilschutz erstellten Karte der Stadt gefunden, da diese Darstellung den Benützern vertraut war und praktisch alle problemorientierten Informationen sich in dieser Kartendarstellung visualisieren liessen.

Um den detaillierten Entwurfsprozess zu unterstützen, wurde von einer Vielzahl von Techniken Gebrauch gemacht. In einer ersten Phase wurden anhand von Papierskizzen Vorschläge zur Dialog- und Bildschirmgestaltung, insbesondere die Aufteilung und Anordnung der Fenster, diskutiert. In einem nächsten Schritt wurde, um ein Gefühl für den Dialog und den ganzen Problemlösungsprozess zu bekommen, mit 'Comics-Serien' (von Hand skizzierte kommentierte Bildschirmzustände) gearbeitet. In einer weiteren Phase wurde in einem iterativen Prozess mittels eines interaktiven Graphikprogrammes der Bildschirmlayout definiert. Bedingt durch die direkte Arbeit auf dem Bildschirm war es möglich, wahrnehmungspsychologische Kriterien bei der Gestaltung der Bildschirmdarstellung auf einfachste Art und Weise zu berücksichtigen und auszutesten (wie z.B. bei der Darstellung von Kartenelementen (Stricharten, Füllmuster), Plazierung der verschiedenen Arbeitsfenster und Fehler-Informationen, Cursortypen). Besonders beim Design der oben genannten Kartendarstellung erwies sich die Verwendung des Graphik-Programmes als äusserst nützlich. Mit Hilfe dieser Techniken war es möglich, viele Eigenschaften des

Systems zu definieren, zu testen und wertvolle Erkenntnisse für die Gestaltung des Handlungsspielraums zu gewinnen, ohne aber auch nur eine Zeile programmiert zu haben, dies im Gegensatz zum "Rapid Prototyping".

Anschliessend an die Abklärungen wurde das System programmiert, wobei bewusst ein etwas höherer Implementationsaufwand in Kauf genommen wurde, um ein <u>leicht adaptierbares System</u> zu erhalten, welches in weiten Grenzen modular entwicklungs- und änderungsfähig ist, sowohl <u>bezüglich der Funktionalität als auch der Dialogführung</u>. Die Entwicklungs- und Änderungsfähigkeit des Systems bildet eine der wichtigsten Voraussetzungen, um eine iterative Systementwicklung (und Anpassung) mit Benutzerbeteiligung durchführen zu können.

Da das System vor allem hinsichtlich der Benutzungseigenschaften (Darstellungen von Daten, Übereinstimmung der Menustruktur mit der Handlungsstruktur des Benutzers) optimiert werden sollte, wurden die Änderungsmöglichkeiten vor allem im Dialogbereich des Systems implementiert. Andere Teile des Systems, wie z.B. die Datenverwaltung, der verwendete Transhipmentalgorithmus für die Optimierung) wurden fest programmiert.

Das System musste aber nicht nur anpassungsfähig sein, die Änderungen mussten auch schnell, sicher und ohne Seiteneffekte durchgeführt werden können. Dies wurde durch eine weitgehende Modularisierung des Programmsystems, wie sie in der Programmiersprache Modula-2 unterstützt wird, auf elegante Art und Weise erreicht. Die gerätenahen Ein/Ausgabe Funktionen wurden in seperaten Modulen zusammengefasst und werden durch ein einfaches, der GKS-Norm entsprechendes Graphiksystem angesprochen. Durch einfaches Auswechseln des Gerätetreibermoduls ist das Programm nun auf verschiedenen PC's mit verschiedenen Bildschirmen lauffähig. Um einen einfachen und konsistenten Dialog gewährleisten und auch die Logfile-Technik einfach implementieren zu können, wurde für die Dialogsteuerung ein eigenes Modul entwikkelt. Dieses Dialog-Modul verwaltet die verschiedenen Bildschirmfenster und stellt dem Hauptprogramm nur einige wenige Funktionen zur Interaktionssteuerung zur Verfügung. Es werden auch nur einige wenige Interaktionstypen unterstützt, wie z.B. die Eingabe ganzer Zahlen, von Text, von JA/NEIN Antworten, von Punktkoordi-

naten im Graphikfenster, wobei verschiedene Cursortypen verwendet
werden können, und die Auswahl von Menuitems.

Der letzte Punkt, dass die Menuauswahl - und dadurch auch
die Aktivierung der Funktionen (bzw. Prozeduren) - direkt durch
das Dialog-Modul kontrolliert wird, erlaubte es erst, auf einfachste Art und Weise Menustrukturen zu verändern und gar
unterschiedliche Menustrukturen wahlweise aktivieren zu können.
Die Informationen über die Menustrukturen sind zur Zeit fest aber
leicht änderbar im Programm eingebaut; im Prinzip kann das System
aber so abgeändert werden, dass diese Informationen in einem
Textfile vorliegen und erst beim Starten des Systems geladen
werden. Dies würde zu noch grösserer Flexibilität führen, ohne
dass jedesmal das Programm neu übersetzt werden müsste.

Für die Datenorganisation wurden je nach Datentyp (geographische Daten, Schutzraum- und Personendaten, Daten über die
aktive Lösungsvariante) verschiedene Module entwickelt, sodass
die eigentlichen Problemlösungsmodule sich weder um Darstellungen, um Interaktionen noch um Datenverwaltung zu kümmern brauchen.

Diese zusätzliche "Investition" in die klare Modularisierung und relativ starke Verallgemeinerung von Funktionen hat sich
während der diversen Iterationszyklen der Systementwicklung be-
stens "ausgezahlt" gemacht. Sobald nämlich ein Teil der Software
lauffähig war, wurde sie mit Benutzern ausgetestet. Design- und
Implementationsfehler wurden schnell erkannt und konnten sogleich
korrigiert werden. Gleichzeitig wurden aber auch neue Wünsche und
Ideen von der Benutzerseite aufgenommen und soweit als möglich
bei der weiteren Programmierung berücksichtigt. Der Schlüssel zu
dieser hohen Adaptierbarkeit lag im oben beschriebenen Aufbau des
Programmsystems.

Systemevaluation und Logfiles

Weil das System sehr gründlich mit Benutzern getestet
werden sollte, wurde die Möglichkeit ins Programm eingebaut, auf
einem 'Logfile' jede Benutzer- und Programmaktion genau zu protokollieren. Zu diesem Zweck wurden Daten auf dem Keystroke-, Dia-
log- und Programmfunktionenlevel erfasst. Die Analyse dieser Daten ermöglichte u.a. typische Fehlersituationen und Handlungsmu-
ster zu erkennen und das Programm dementsprechend abzuändern.

Interessant war, wie das Programm die Benutzer teilweise richtiggehend in Fehlersituationen hineintrieb, wenn die "implizite Führung" des Programmes versagte. Diese Fehlersituationen entstanden oft dadurch, dass die Anordnung der Befehle in den Menüs von der Abfolge dem Benutzer "unlogisch" erschien oder dass die Namensgebung (Abkürzungen) Verwirrung stiftete. Die Anzahl der Fehlersituationen konnte durch Umstellungen und Umbenennungen der Befehle in den einzelnen Menüs und durch Änderung der globalen Menüstruktur drastisch gesenkt werden. Durch die Analyse der Logfiles konnte auch definiert werden, welche Menüs zusammengelegt bzw. aufgeteilt werden sollten, um ein effizienteres Arbeiten zu ermöglichen.

Die markanteste Änderung zeigte sich in der globalen Menustruktur. In den früheren Versionen des Systems bildete das Menu "SSt Def" (Sammelstellen Definieren) ein eigenständiges Menu auf der obersten Menustufe (Hierarchieebene). Das Menu "Randbed." (Randbedingungen) besass dafür die in Abb. 1 abgebildete Struktur. In dieser Anordnung wird die Definition der Sammelstellen in einem eigenständigen Menu vorgenommen, wie dies der im Entwicklungsprozess definierten semantischen Einteilung der Handlungsstruktur entsprach. Sammelstellen müssen obligatorisch vorgegeben werden, erreichbare Blöcke und Belegungsfaktoren sind nur bei Bedarf zu definieren oder zu ändern. Arbeitet der Benutzer entsprechend dieser logischen Abfolge, so wird ihm durch die Menustruktur nahegelegt, erst die obligatorischen Sammelstellen zu definieren und dann erst die weiteren Randbedingungen anzupassen. Durch diese Dialoggrammatik sollte "folgerichtiges Denken" im Dialog unterstützt und möglichen Fehlern vorgebeugt werden (Ackermann 1987). In den Pilotexperimenten mit den Benutzern zeigte es sich, dass die Lösungssuche auf zwei Menus umständlich und verwirrend ist. Will der Benutzer Belegungsfaktoren der Schutzräume nicht ändern, so will er sie doch meist kontrollieren und ruft dieses Menuitem auf, bevor er beginnt, die notwendigen Sammelstellen zu definieren. Die meisten Benutzer definierten oder kontrollierten erst die Belegungsfaktoren, definierten daraufhin die notwendigen Sammelstellen und anschliessend die für die weitere Verteilung allenfalls notwendigen "Erreichbaren Blöcke". Die Semantik der Dialoggrammatik wurde daher an das "natürliche" Denken des Benutzers angepasst und die Menus

Abb. 1: Primäre Menustruktur vor der Korrektur mit Erläuterungen

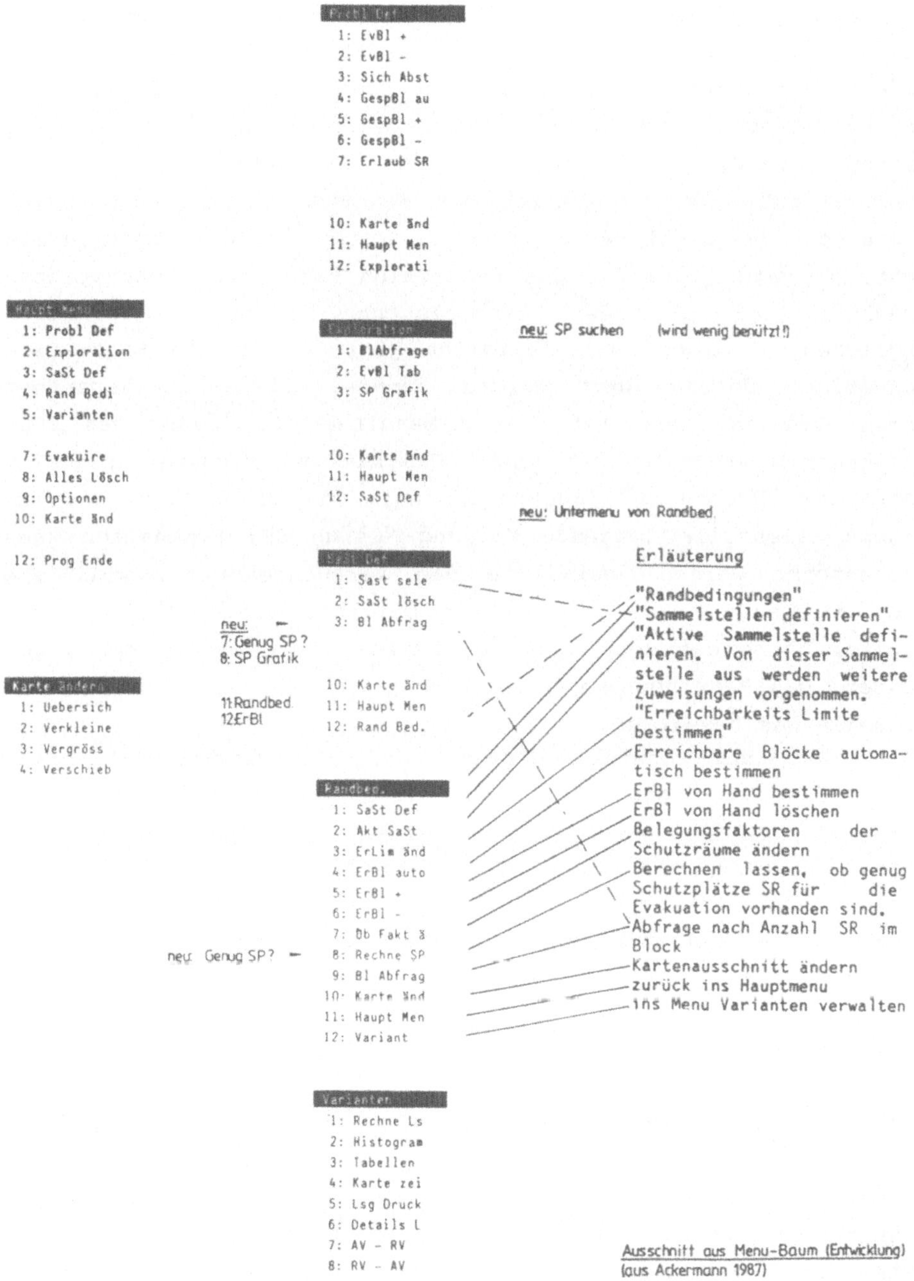

Probl Def
1: EvBl +
2: EvBl -
3: Sich Abst
4: GespBl au
5: GespBl +
6: GespBl -
7: Erlaub SR

10: Karte änd
11: Haupt Men
12: Explorati

Haupt Menu
1: Probl Def
2: Exploration
3: SaSt Def
4: Rand Bedi
5: Varianten

7: Evakuire
8: Alles Lösch
9: Optionen
10: Karte änd

12: Prog Ende

Exploration
1: BlAbfrage
2: EvBl Tab
3: SP Grafik

10: Karte änd
11: Haupt Men
12: SaSt Def

neu: SP suchen   (wird wenig benützt!)

neu: Untermenu von Randbed.

Karte ändern
1: Uebersich
2: Verkleine
3: Vergröss
4: Verschieb

neu: —
7: Genug SP?
8: SP Grafik

11: Randbed
12: ErBl

SaSt Def
1: Sast sele
2: SaSt lösch
3: Bl Abfrag

10: Karte änd
11: Haupt Men
12: Rand Bed.

Randbed.
1: SaSt Def
2: Akt SaSt
3: ErLim änd
4: ErBl auto
5: ErBl +
6: ErBl -
7: Ob Fakt ä
8: Rechne SP
9: Bl Abfrag
10: Karte änd
11: Haupt Men
12: Variant

neu: Genug SP? —

Varianten
1: Rechne Ls
2: Histogram
3: Tabellen
4: Karte zei
5: Lsg Druck
6: Details L
7: AV - RV
8: RV - AV

Erläuterung

"Randbedingungen"
"Sammelstellen definieren"
"Aktive Sammelstelle definieren. Von dieser Sammelstelle aus werden weitere Zuweisungen vorgenommen.
"Erreichbarkeits Limite bestimmen"
Erreichbare Blöcke automatisch bestimmen
ErBl von Hand bestimmen
ErBl von Hand löschen
Belegungsfaktoren der Schutzräume ändern
Berechnen lassen, ob genug Schutzplätze SR für die Evakuation vorhanden sind.
Abfrage nach Anzahl SR im Block
Kartenausschnitt ändern
zurück ins Hauptmenu
ins Menu Varianten verwalten

Ausschnitt aus Menu-Baum (Entwicklung)
(aus Ackermann 1987)

entsprechend geändert. Andere Anpassungen betrafen die Umstellung von Funktionen in einzelnen Menus und die Umbenennung von Funktionen. Abb. 1 zeigt eine der ersten Varianten des Menubaums. Das Menu, welches die Suche nach freien Schutzplätzen unterstützt, ist mit dem Begriff "Exploration" bezeichnet. Es wurde nicht benutzt, da die Versuchspartner den Begriff von ihrem Sprachverständnis aus nicht richtig interpretieren konnten. Sie wussten nicht, was man in der Evakuationsplanung mit "Exploration" anfangen könnte. Das Menuitem "Rechne SP" drückt konkret·aus der Sicht des Informatikers das aus, was das Programm macht: Es werden die für die Evakuation benötigten Schutzplätze berechnet und mit den eingeplanten freien Schutzplätzen verglichen, d.h. es wird lediglich geprüft, ob die Evakuation rechnerisch durchgeführt werden könnte. Die Versuchspartner nahmen aber an, dass mit diesem Menuitem die Lösung des Evakuationsproblems ermittelt werde. Das hiefür notwendige Menuitem hiess aber "Rechne Ls" (Rechne Lösung). Die bei Wahl dieses Menuitems allenfalls folgende Meldung "Genug SP: Evakuation kann durchgeführt werden" verwirrte die Versuchspartner, weil sie nicht verstanden, was sie rechnen sollten. Sie nahmen an, der Computer hätte das doch dank des Befehls "Rechne SP" schon gerechnet. Das Menuitem wurde in "Genug SP" geändert und die Fehlerquelle war beseitigt.

Nach der Entwicklungsphase wurde das Programm mit einer vom Zivilschutz vorgegebenen Aufgabenstellung mit Angehörigen des Zivilschutzes, die bis anhin am Projekt nicht beteiligt gewesen waren, in mehreren längeren Sitzungen getestet. Dabei interessierten neben dem Verhalten im Dialog vor allem Entscheidungsverhalten und -unterstützung sowie die Güte der schliesslich gewählten Lösung.

Zusammenfassung

Das beobachtete Verhalten der Benutzer war äusserst interessant. Als erstes überraschte die überaus grosse Akzeptanz des Systems auch von Personen, die nicht direkt im Entwicklungsprozess miteinbezogen waren und anfangs sehr negativ gegenüber Computern eingestellt waren. Wir vermuten, dass das System nicht so akzeptiert worden wäre, wenn es nicht praktisch von den Benutzern gestaltet worden wäre. Eine weitere interessante Beobachtung war, dass die durch das System offerierten Handlungsspielräume tatsächlich genutzt wurden. Die Versuchspartner arbeiteten mit sehr unterschiedlichen Strategien und benutzten das Programm auch auf ganz verschiedene Art und Weise. So wurden gute Problemlösungen auf verschiedenste Arten erarbeitet. Diese Feststellung deckt sich mit Ulich's Aussagen über individualisierte Arbeitstätigkeiten.

Die Ergebnisse zeigen, dass Systementwicklungen auf der Basis des Prinzipis der differentiellen und dynamischen Arbeitsgestaltung möglich sind. Erfreulich ist, dass das Resultat die Erwartungen der Beteiligten bei weitem übertroffen hat und das der aufwendige Entwicklungsprozess durch die vorliegenden Resultate gerechtfertigt ist. Zur Zeit werden anhand der gewonnen Erfahrungen neue Applikationen auf der gleichen Basis entwickelt.

Herrn Prof. Dr. E. Ulich danken wir für die Unterstützung dieser Arbeit und die Durchsicht des Manuskriptes.

Literatur

Ackermann, D.(1984): Untersuchungen zum individualisierten Computerdialog: Einfluss des Operativen Abbildsystems uaf Handlungs- und Gestaltspielraum auf die Arbeitseffizienz. In: Dirlich, G., Freksa, C., Schwatlo, U. & Wimmer, K. (Hrsg.): Kognitive Aspekte der Mensch-Computer-Interaktion. Ergebnisse eines Workshops vom 12./13. April 1984 in München. Berlin, Springer, 1986.

Ackermann, D.(1985): A pilot study on the effects of individualization in man-computer-interaction. 2nd IFAC/IFIP/IFORS/IEA Conference on Analysis, Design and Evaluation of man-machine-studies. Varese, September 1985. London: Pergamon Press, 1986.

Ackermann, D.(1987): Handlungsspielraum, mentale Repräsentation und Handlungsregulation am Beispiel der Mensch - Computer Interaktion. Unveröff. Dissertation, Universität Bern.

Betschart, M. & Kalchofner, S.(1985): Evakuationsplanung im Zivilschutz. Unveröffentlichte Semesterarbeit (Betr: H.-J. Lüthi), IFOR ETHZ, 1985.

Lüthi, H.-J.(1982): Computerunterstützte Planung im Zivilschutz - Zuweisungsplanung mit CASA. Output 12, 1982, S. 19-22.

Sprague, R.H. & Carlson, E.D.(1982): Building Effective Decision Support Systems. Prentice-Hall, 1982.

Ulich, E.(1978): Über das Prinzip der differentiellen Arbeitsge-
    staltung. Industrielle Organisation, 47, 1978.
Ulich, E.(1985): Arbeitspsychologische Konzepte für Computerun-
    terstützte Büroarbeit, Spektrum 14, 1985.

Josef Bösze
NCR (Schweiz)
Hauptsitz
CH-8301 Glattzentrum

David Ackermann
Lehrstuhl für Arbeits- und
Organisationspsychologie
ETH-Zürich
CH-8092 Zürich

Hans-Jakob Lüthi
Institut für Operations Research
ETH-Zürich
CH-8092 Zürich

V PRINZIPIEN DER SCHNITTSTELLENGESTALTUNG

GESTALTUNGSZIELE DER SOFTWARE-ERGONOMIE

Versuch eines neuen, umfassenden Ansatzes

Helmut Balzert, Nürnberg

Zusammenfassung: Ausgangspunkt jeder ergonomischen Gestaltung von Software müssen definierte Gestaltungsziele sein. Diese werden aus der Arbeitswissenschaft und der kognitiven Psychologie abgeleitet. Es werden insgesamt 23 Gestaltungsziele aufgestellt, die in die vier Gruppen Persönlichkeitsförderlichkeit, Zumutbarkeit, Unterstützung der Mensch-Computer-Kommunikation und Unterstützung der menschlichen Informationsverarbeitung gegliedert sind. Die Relationen zwischen den Gestaltungszielen werden aufgezeigt. Die explizite Festlegung von Gestaltungszielen dient nicht nur der Vorgabe für die Software-Konstruktion, sondern kann gleichzeitig zur Evaluation dienen.

1   Einleitung

Die Notwendigkeit, Software nach ergonomischen Kriterien zu gestalten, wird heute allgemein eingesehen. Gestaltungsziele wurden für Teilbereiche wie Dialoggestaltung (Dzida 85) und Informationsdarstellung (Moritz 83), (Benz, Haubner 83) oder als Einzelziele wie Selbsterklärungsfähigkeit (Kaster, Widdel 83) aufgestellt oder es werden allgemeine Ziele wie "usability" (Shackel 85) aufgezählt.

Die überwiegende Mehrzahl aller Gestaltungsziele bezieht sich auf die Gestaltung der Mensch-Computer-Schnittstelle; nur wenige Beiträge behandeln die Gestaltung von Anwendungs-Systemen wie z. B. (Rödiger, Nullmeier 83), (Paetau, Pieper 85).

Die organisatorische Einbettung von vernetzten Computersystemen sowie die Gestaltung verteilter Anwendungssysteme wird ebenfalls nur in wenigen Veröffentlichungen behandelt wie z. B. in (Sorg 83), (Malone 85).

Es fehlt jedoch sowohl ein systematischer Ansatz, der die Beiträge der verschiedenen Wissenschaftsdisziplinen berücksichtigt, als auch ein umfassender und vollständiger Ansatz auf einem adäquaten Abstraktionsniveau.

2   Anforderungen an ein Gestaltungszielmodell

Ein Gestaltungszielmodell soll folgende Aufgaben erfüllen:

- Bewußte Festlegung von Gestaltungszielen.
- Vorgaben für den Software-Entwickler.
- Kriterien für die Evaluation der Software.
- Ausgangspunkt für Standardisierungen und Normungen.

Um diese Aufgaben zu erfüllen, muß das Gestaltungszielmodell folgenden Anforderungen genügen:

- Überschaubare Anzahl von Gestaltungszielen.
- Angemessenes Abstraktionsniveau.
- Gleichmäßiges Abstraktionsniveau pro Hierarchiestufe.
- Orthogonalität der Gestaltungsziele.
- Vollständigkeit der Gestaltungsziele.
- Darstellung der Relationen zwischen den Gestaltungszielen.
- Beschreibung des WAS, nicht des WIE.
- Technische Realisierbarkeit.
- Berücksichtigung der Erkenntnisse relevanter Wissenschaften.
- Abdeckung sowohl der Mensch-Computer-Schnittstelle als auch der einzelnen
  Anwendungs-Systeme.
- Präzise, detaillierte und möglichst operationalisierte Definition.

Im folgenden wird ein Gestaltungszielmodell dargestellt, mit dem versucht wird, die aufgestellten Anforderungen zu erfüllen. Die Gestaltungsziele werden aus der Arbeitswissenschaft und der kognitiven Psychologie abgeleitet.

Um sowohl die Mensch-Computer-Schnittstelle (MCS) als auch die Anwendungs-Systeme (AS) zu berücksichtigen, wird von folgender Basisarchitektur ausgegangen:

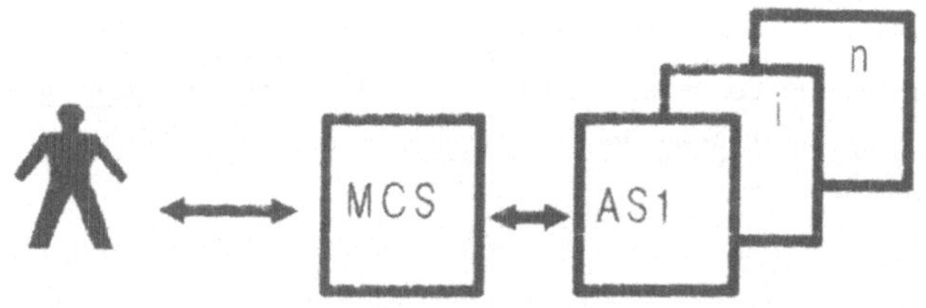

Der Endbenutzer kommuniziert über _eine_ Mensch-Computer-Schnittstelle mit den verschiedenen Anwendungs-Systemen. Die Basisarchitektur verdeutlicht, daß Gestaltungsziele gleichrangig für die Mensch-Computer-Schnittstelle und für die eigentlichen Anwendungs-Systeme, z. B. Textsysteme, notwendig sind. Ist ein Anwendungssystem nicht ergonomisch gestaltet, dann kann auch eine ergonomische Mensch-Computer-Schnittstelle diesen Nachteil nicht aufheben.

Die einzelnen Gestaltungsziele werden im folgenden als Güte-Eigenschaften bezeichnet.

3   Anforderungen der Arbeitswissenschaft

Ein wesentliches Ziel der Arbeitswissenschaft ist es, Arbeit human und effizient zu gestalten. Spinas, Troy, Ulich (83, S. 14) stellen vier Bewertungskriterien bzw. -ziele von Arbeitsgestaltungsmaßnahmen vor:

1. Schädigungsfreiheit,

2. Beeinträchtigungslosigkeit,

3. Zumutbarkeit,

4. Persönlichkeitsförderlichkeit.

Für die Software-Ergonomie sind im wesentlichen die Persönlichkeitsförderlichkeit und die Zumutbarkeit relevant. Voraussetzung ist, daß die Schädigungslosigkeit und Ausführbarkeit durch geeignete Hardware-Gestaltung und physikalisch und organisatorisch optimale Arbeitsgestaltung sichergestellt sind.

"Bei der Zumutbarkeit handelt es sich um ein gruppenspezifisches, von gesellschaftlichen Normen und Werten bestimmtes Kriterium. Seine Anwendung zur Bewertung von Arbeitssituationen erfordert die Berücksichtigung der Qualifikation und des Anspruchsniveaus der Beschäftigten. ...

Das Kriterium der Persönlichkeitsförderlichkeit bezieht sich auf die Möglichkeiten, welche eine Arbeitstätigkeit dem Menschen zur Entfaltung und Weiterentwicklung seiner Persönlichkeit bietet. Es kann nämlich begründet angenommen werden, daß die Persönlichkeitsentwicklung des erwachsenen Menschen sich weitgehend in der Auseinandersetzung mit der Arbeitstätigkeit vollzieht" (Spinas, Troy, Ulich 83, S. 14 f.).

Ähnliche Zielsetzungen für Arbeitsgestaltungsmaßnahmen gibt (Hacker 78, S. 378) an.

Ausgehend von den oben aufgeführten Gestaltungsgesichtspunkten und unter Berücksichtigung weiterer Literatur wurde vom Autor ein Baum von Güte-Eigenschaften aufgestellt (Abb. 1).

Im folgenden werden die einzelnen Güte-Eigenschaften definiert. Die Definitionen sind einheitlich nach folgendem Schema aufgebaut:

Die Güte-Eigenschaft X ist diejenige Eigenschaft eines Anwendungssystems/einer Mensch-Computer-Schnittstelle, die es dem Benutzer gestattet, seine Tätigkeit mit dem Computersystem bezogen auf die Eigenschaft Y in der Weise Z durchzuführen.

Es wird von einem Computersystem ausgegangen, das aus den Komponenten Mensch-Computer-Schnittstelle (MCS) und Anwendungssystemen (AS) besteht.

Alle Güte-Eigenschaften treffen auf beide Komponenten zu.

Gestaltungsziele I
(abgeleitet aus der Arbeitswissenschaft)

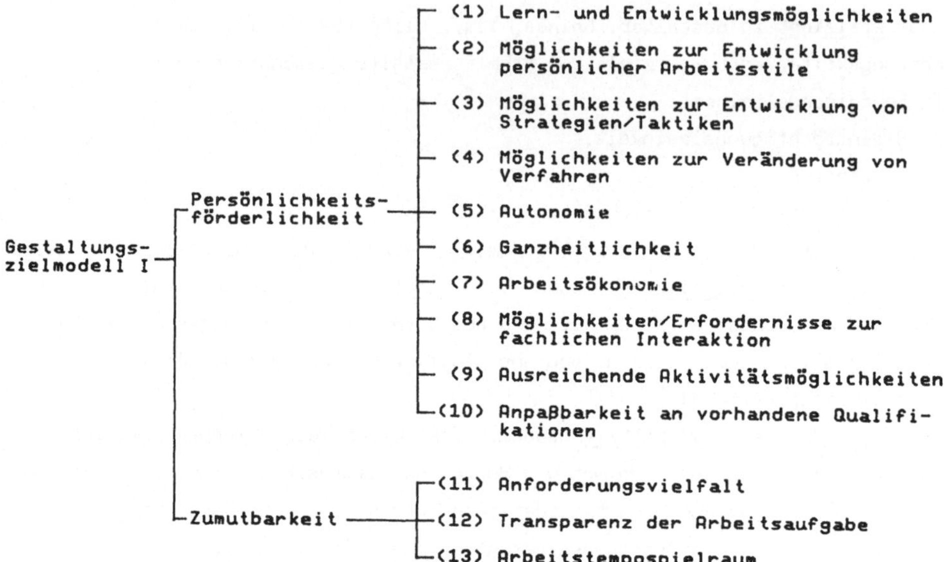

Abb. 1: Baum der Güte-Eigenschaften für eine ergonomische Software-Gestaltung (Teil 1)

<u>Definition der Güte-Eigenschaften</u>

<u>Persönlichkeitsförderlichkeit</u>

Persönlichkeitsförderlichkeit ist diejenige Eigenschaft eines AS/ einer MCS, die dem Benutzer

- Lern- und Entwicklungsmöglichkeiten,

- Möglichkeiten zur Entwicklung persönlicher Arbeitsstile,

- Möglichkeiten zur Veränderung von Verfahren,

- Autonomie,

- Ganzheitlichkeit,

- Arbeitsökonomie,

- Möglichkeiten/Erfordernisse zur fachlichen Interaktion,

- ausreichende Aktivitätsmöglichkeiten und

- Anpaßbarkeit an vorhandene Qualifikationen

eröffnet bzw. erlaubt.

(1) Lern- und Entwicklungsmöglichkeiten

Lern- und Entwicklungsmöglichkeiten sind diejenigen Eigenschaften eines AS/ einer MCS, die es dem Benutzer erlauben, bei seiner AS-/MCS-Benutzung neues hinzuzulernen und seine Fähigkeiten weiter zu entwickeln.

(2) Möglichkeiten zur Entwicklung persönlicher Arbeitsstile

Möglichkeiten zur Entwicklung persönlicher Arbeitsstile sind diejenigen Eigenschaften eines AS/einer MCS, die es dem Benutzer gestatten, seine AS-/ MCS-Benutzung und alle damit direkt oder indirekt zusammenhängenden Aktivitäten individuell zu gestalten und zu erledigen - auch über den vorgesehenen Gestaltungsrahmen hinaus.

(3) Möglichkeiten zur Entwicklung von Strategien/Taktiken

Möglichkeiten zur Entwicklung von Strategien/Taktiken sind diejenigen Eigenschaften eines AS/einer MCS, die es dem Benutzer gestatten, das Verfahren zur Benutzung des AS/der MCS individuell - auch über den vorgegebenen Gestaltungsrahmen hinaus - weiter- oder neuzuentwickeln und anzuwenden.

(4) Möglichkeiten zur Veränderung von Verfahren

Möglichkeiten zur Veränderung von Verfahren sind diejenigen Eigenschaften eines AS/einer MCS, die es dem Benutzer erlauben, das Arbeitsverfahren zur Benutzung des AS/der MCS individuell - innerhalb des vorgegebenen Gestaltungsrahmens - zu modifizieren und zu verbessern.

(5) Autonomie

Autonomie ist diejenige Eigenschaft eines AS/einer MCS, die es dem Benutzer gestattet, innerhalb des von der Arbeitsorganisation vorgegebenen Rahmens seine Anwendung/die Bedienung in weitgehender Eigenverantwortung und Eigenkontrolle in zeitlicher, inhaltlicher und/oder formaler Hinsicht selbständig zu gestalten und ihm einen ausreichenden Umfang der Entscheidungskompetenz einräumt.

Durch die Arbeitsorganisation wird vorgegeben, welche inhaltliche und formale Entscheidungskompetenz der Benutzer besitzt. Dieser Rahmen kann durch das Anwendungssystem nicht verändert werden; jedoch darf das Anwendungssystem keine zusätzlichen Beschränkungen bedingen. Die Autonomie der Bedienung der Mensch-Computer-Schnittstelle wird durch die Arbeitsorganisation i. a. nicht tangiert.

(6) Ganzheitlichkeit

Ganzheitlichkeit ist diejenige Eigenschaft eines AS/einer MCS, die es dem Benutzer ermöglicht, eine Aufgabe mit Hilfe des AS/die Bedienung als Einheit von Planung, Realisierung und Überprüfung auszuführen.

(7) Arbeitsökonomie

Arbeitsökonomie ist diejenige Eigenschaft eines AS/einer MCS, die es dem Be-

nutzer erlaubt, mit dem geringstmöglichen Aufwand an Anwendungs-/Bedienungs-
aktionen ein vorgegebenes Ziel zu erreichen.

(8) Möglichkeiten/Erfordernisse zur fachlichen Interaktion

Möglichkeiten/Erfordernisse zu fachlicher Interaktion sind diejenigen Eigenschaften eines AS/einer MCS, die den Benutzer bei der fachlichen Kommu-
nikation/Kooperation zur Erledigung seiner Anwendung unterstützen bzw. die
Kommunikation mit anderen AS ermöglichen.

(9) Ausreichende Aktivitätsmöglichkeiten

Ausreichende Aktivitätsmöglichkeiten sind diejenigen Eigenschaften eines AS/
einer MCS, die dem Benutzer eigene Aktivitäten und Initiativen bei der Erledigung seiner Anwendung/Bedienung ermöglichen.

(10) Anpaßbarkeit an vorhandene Qualifikationen

Anpaßbarkeit an vorhandene Qualifikationen des Benutzers ist diejenige Eigenschaft eines AS-Kollektivs/einer MCS, ein geeignetes AS/eine geeignete Bedie-
nungspalette zur Verfügung zu stellen oder ein AS/die MCS an den Benutzer anzupassen, so daß er seine Qualifikationen nutzen kann.

Zumutbarkeit ist diejenige Eigenschaft eines AS/einer MCS, die dem
Benutzer ein zumutbares Maß an
- Anforderungsvielfalt,
- Transparenz der Arbeitsaufgabe und
- Arbeitstempospielraum
sicherstellt.

(11) Anforderungsvielfalt

Anforderungsvielfalt ist diejenige Eigenschaft eines AS/der MCS, die dem Benutzer bei seiner Anwendung eine Vielfalt von Anforderungen aus mehreren,
verschiedenen, körperlichen und geistigen Anforderungsbereichen abwechselnd
abverlangt.

Die Anforderungsvielfalt hängt stark von der Arbeitsaufgabe selbst
ab, so daß für die Gestaltung eines Anwendungssystems nur ein beschränkter
Gestaltungsspielraum zur Verfügung steht.

(12) Transparenz der Arbeitsaufgabe/der Bedienungsoberfläche

Transparenz der Arbeitsaufgabe/der MCS ist diejenige Eigenschaft des AS/der
MCS, die es dem Benutzer erlaubt, das AS/die MCS dadurch zu verstehen und zu
durchschauen, daß es/sie einen klar definierten Anfang und Abschluß hat, der
Ablauf und das Endergebnis der AS-Anwendung/MCS-Bedienung gut sichtbar sind,
die Anwendungsobjekte/die Bedienungselemente sich erkennbar verändern und
die AS-Anwendung/die Bedienung in den Arbeitszusammenhang/Bedienungskontext
einordenbar ist.

<u>(13) Arbeitstempospielraum</u>

Arbeitstempospielraum ist diejenige Eigenschaft eines AS/einer MCS,
die es dem Benutzer ermöglicht, innerhalb gewisser Grenzen sein Arbeitstempo
selbst zu bestimmen.

Die Relationen zwischen den Güte-Eigenschaften sind in Abb. 2 dargestellt. Analog (Hacker 78, S. 378) wird die Güte-Eigenschaft <u>Zumutbarkeit</u>
als Voraussetzung für die Güte-Eigenschaft <u>Persönlichkeitsförderlichkeit</u> angesehen.

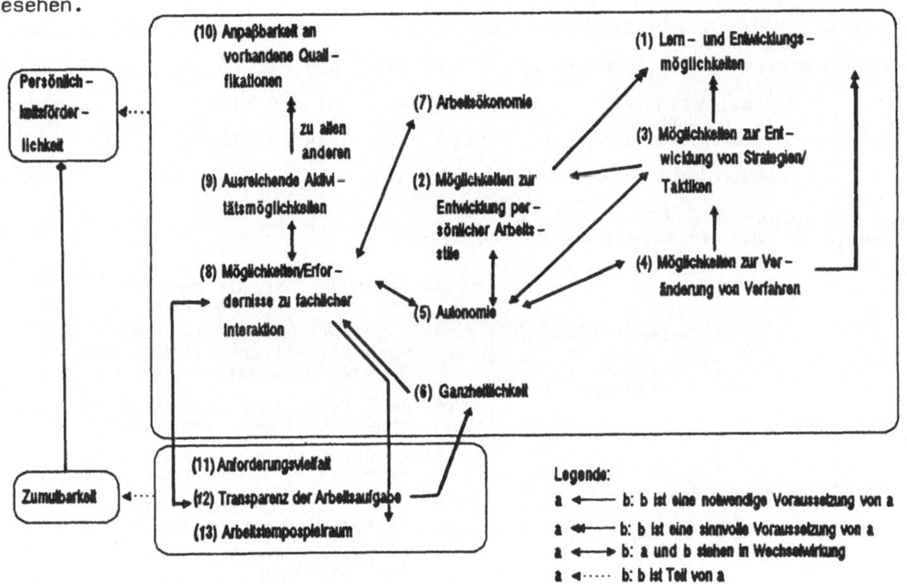

Abb. 2: Intrarelationen der Güte-Eigenschaften (Teil 1)

4   <u>Anforderungen der kognitiven Psychologie</u>

Durch die Charakteristika von Computersystemen ergeben sich Gestaltungsziele, zu denen die kognitive Psychologie wesentliche Beiträge leisten
kann. Diese Gestaltungsziele sind additiv zu den Gestaltungszielen der Arbeitswissenschaft.

Die aus der kognitiven Psychologie abgeleiteten Gestaltungsziele
lassen sich zu zwei Gruppen zusammenfassen (Abb. 3). Die erste Gruppe enthält Ziele, die dazu beitragen, die Kommunikation zwischen Mensch und Computer zu erleichtern. Die zweite Gruppe betrifft nur die Mensch-Computer-
Schnittstelle und behandelt Gestaltungsziele, die die menschliche Informationsverarbeitung unterstützen, insbesondere wenn auf einem Bildschirm dargestellte Informationen vom Menschen aufgenommen und verarbeitet werden

müssen.

Im folgenden werden die einzelnen Güte-Eigenschaften definiert. Es wird das bereits in Abschnitt 3 benutzte Definitionsschema verwendet.

Definition der Güte-Eigenschaften

<u>(14) Ähnlichkeit der Mensch-Computer-Kommunikation mit der Mensch-Mensch-Kommunikation bez. vergleichbarer Kommunikationsfaktoren bzw. vergleichbaren Kommunikationsverhaltens.</u>

Ähnlichkeit der Mensch-Computer-Kommunikation zur Mensch-Mensch-Kommunikation wird begründet durch diejenigen Eigenschaften einer MCS/eines AS, die es dem Benutzer erlauben, davon auszugehen, bei der MCS-/AS-Benutzung der Mensch-Mensch-Kommunikation vergleichbare Kommunikationsfaktoren bzw. vergleichbares Kommunikationsverhalten vorzufinden.

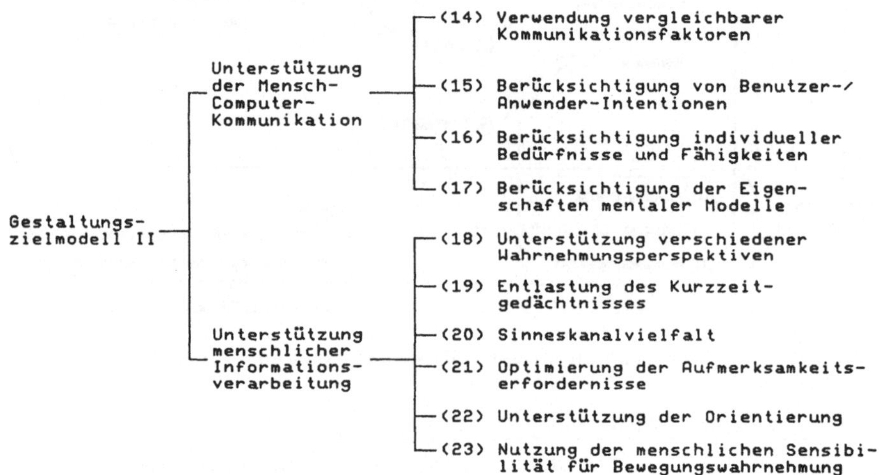

Abb. 3: Baum der Güte-Eigenschaften für eine ergonomische Software-Gestaltung (Teil 2)

<u>(15) Berücksichtigung von Benutzer-Intentionen</u>

Berücksichtigung von Benutzer-Intentionen sind diejenigen Eigenschaften der MCS/AS, die es dem Benutzer erlauben, davon auszugehen, daß seine Ziele und Absichten von der MCS/den AS sowie bei Auskunfts- und Beratungsleistungen berücksichtigt werden.

<u>(16) Explizite Berücksichtigung der individuellen Wünsche, Bedürfnisse und Fähigkeiten bei der MCS-/AS-Benutzung</u>

Die explizite Berücksichtigung individueller Benutzer-Charakteristika sind diejenigen Eigenschaften einer MCS/eines AS, die es dem Benutzer erlauben, davon auszugehen, daß bei der MCS-/ AS-Benutzung seine Wünsche, Bedürfnisse und Fähigkeiten explizit und dynamisch berücksichtigt werden.

(17) Berücksichtigung der Eigenschaften mentaler Modelle
Berücksichtigung der Eigenschaften mentaler Modelle sind diejenigen Eigenschaften einer MCS/eines AS, die dem Benutzer die Bedienung der MCS bzw. die Anwendung eines AS einschließlich des Erlernens der MCS bzw. eines AS durch die Bildung zutreffender Vorstellungen über die Funktionsweise und Struktur der MCS bzw. eines AS erleichtern.

Die Interaktion zwischen Mensch und Computersystem findet heute vorwiegend über Bildschirm, Tastatur, Zeigeinstrument und zukünftig auch verstärkt über Sprache statt. Berücksichtigt man diese Charakteristika des Arbeitsmittels Computersystem, dann spielt die menschliche Informationsverarbeitung eine wesentliche Rolle für die Gestaltung der Mensch-Computer-Schnittstelle. Im folgenden werden die Gestaltungsziele behandelt, die die menschliche Informationsverarbeitung unterstützen. Sie beziehen sich - bis auf das Gestaltungsziel (18) - nur auf die Mensch-Computer-Schnittstelle. Zu konkreten Detailaspekten dieser Gestaltungsziele liegen eine Reihe von Vorschlägen und Untersuchungen vor (siehe z. B. (Benz, Haubner 83), (Luke 83), (Moritz 83), (Spinas, Troy, Ulich 82, S. 49 ff.), (Hacker 78, S. 135 ff.), (Norman 83)). Diese meist isoliert betrachteten Aspekte sind in Abb. 3 in ein umfassendes Gestaltungszielmodell eingeordnet. Die Güte-Eigenschaften wurden auf einem relativ hohen Abstraktionsniveau formuliert.

(18) Unterstützung verschiedener Wahrnehmungsperspektiven
Unterstützung verschiedener Wahrnehmungsperspektiven sind diejenigen Eigenschaften einer MCS, die es dem Benutzer gestatten, Informationen unter verschiedenen Blickwinkeln und in verschiedenen Repräsentationen seiner Wahl zu betrachten.

(19) Entlastung des Kurzzeitgedächtnisses
Entlastung des Kurzzeitgedächtnisses sind diejenigen Eigenschaften einer MCS, die es dem Benutzer gestatten, die (beschänkte) Aufnahmekapazität seines Kurzzeitgedächtnisses sowohl bei der MCS-Benutzung als auch beim Erlernen der MCS und der AS möglichst wenig in Anspruch zu nehmen.

(20) Sinneskanalvielfalt
Sinneskanalvielfalt ist diejenige Eigenschaft einer MCS, die es dem Benutzer gestattet, Informationen mit der MCS visuell, akustisch und - eingeschränkt - taktil auszutauschen.

(21) Optimierung der Aufmerksamkeitserfordernisse

Optimierung der Aufmerksamkeitserfordernisse ist diejenige Eigenschaft einer MCS, die es dem Benutzer ermöglicht, den Informationsaustausch mit der MCS im wesentlichen durch eigene Aktivitäten zu steuern.

Psychische Sättigung (z. B. Reizüberflutung), Monotonie (z. B. Eintönigkeit der Dialogabläufe) und psychische Ermüdung (z. B. andauernde Verfolgung der Bildschirmmeldungen) werden nachhaltig vermieden, wenn der Benutzer weitgehend selbst bestimmt, wann er welche Informationen wie lange erhält.

(22) Unterstützung der Orientierung

Unterstützung der Orientierungsleistungen menschlicher Wahrnehmung sind diejenigen Eigenschaften einer MCS, die es dem Benutzer gestatten, schnell, sicher und orientiert Informationen an inhaltlichen Kriterien zu erkennen und weiterzuverarbeiten.

(23) Nutzung der menschlichen Sensibilität für Bewegungswahrnehmung

Nutzung der menschlichen Sensibilität für Bewegungswahrnehmung sind diejenigen Eigenschaften einer MCS, die es dem Benutzer erlauben, zeitlich und inhaltlich wichtige Meldungen über Bewegungen von Objekten sofort zu erkennen.

Die Intrarelationen zwischen den Güte-Eigenschaften sind in Abb. 4 dargestellt. Im Gegensatz zu den Relationen zwischen den Güte-Eigenschaften, die aus der Arbeitswissenschaft abgeleitet wurden, sind die in Abb. 4 dargestellten Güte-Eigenschaften weitgehend orthogonal.

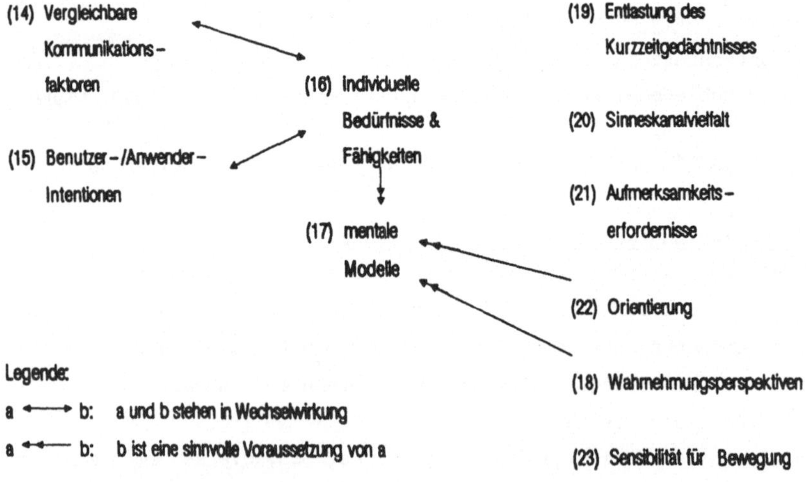

Abb. 4: Intrarelationen der Güte-Eigenschaften (Teil 2)

5   <u>Resümee und Ausblick</u>

Aus den Erkenntnissen der für die Software-Ergonomie relevanten Fachwissenschaften wurden systematisch die Anforderungen an die Gestaltung der Mensch-Computer-Schnittstelle und der Anwendungssysteme abgeleitet. Gegenüber den in der Literatur vorhandenen Ansätzen ist das dargestellte Gestaltungszielmodell umfassender, vollständiger, integrierter und auf eine konstruktive und präventive Arbeitsgestaltung unter Berücksichtigung von Computersystemen als Arbeitsmittel abgestimmt.

Da sich die Software-Ergonomie in einem intensiven Forschungsstadium befindet, können keine absoluten und endgültigen Aussagen getroffen werden. Das hier vorgestellte Gestaltungszielmodell ist daher nur als ein erster Ansatz zu verstehen, auf dessen Grundlage weitere zielgerichtete Forschungen erforderlich sind. Insbesondere sind empirische Untersuchungen über die einzelnen Gestaltungsziele und ihre Intrarelationen notwendig.

Bezogen auf die in Abschnitt 2 aufgestellten Anforderungen an ein Gestaltungszielmodell wurde die Orthogonalität der Gestaltungsziele nur teilweise erreicht, wie die Abb. 2 und 4 zeigen. Das hat sowohl sachimmanente Gründe als auch Gründe, die sich aus der Bewertung von Gestaltungszielen ergeben. Beispielsweise werden durch die Gestaltungsziele (2) bis (4) unterschiedliche Individualitätsspielräume aufgezeigt und gegeneinander abgegrenzt. Diese Eigenschaften eröffnen sozusagen Meta-Ebenen für den Benutzer, die es ihm ermöglichen, seine Computerarbeit individuell zu gestalten. Alternativ könnten diese Ziele auch als Subziele definiert und unter einem Oberbegriff subsummiert werden.

Aus den Gestaltungszielen ergeben sich Auswirkungen auf die Konstruktion und die Architektur von Computersystemen, Mensch-Computer-Schnittstellen und Anwendungs-Systemen. Die technische Realisierbarkeit der beschriebenen Gestaltungsziele wird in (Balzert 87) ausführlich behandelt.

Die hier vorgenommene Definition von Gestaltungszielen ist für praktische Anwendungen nicht ausreichend. Dazu ist eine Präzisierung, Detaillierung und Operationalisierung der Ziele notwendig (siehe auch (Balzert 87)).

Während die hier dargestellten Gestaltungsziele systematisch aus theoretischen Überlegungen der einzelnen, relevanten Fachwissenschaften hergeleitet wurden, wurden die Gestaltungsziele des DIN-Entwurfs 66 234, Teil 8 "Grundsätze der Dialoggestaltung" aus empirischen Untersuchungen abgeleitet (Dzida 85). Der DIN-Entwurf unterscheidet sich von dem hier dargestellten Gestaltungszielmodell in wesentlichen Punkten, die aus Platzgründen hier nicht diskutiert werden können. Ein ausführlicher Vergleich ist in (Balzert 87) enthalten.

Die in diesem Artikel vorgeschlagenen Gestaltungsziele der Software-Ergonomie sollen dazu beitragen, die wissenschaftliche Diskussion auf diesem wichtigen Gebiet weiterzuführen und Anregungen für weitere Forschungen zu geben.

6 Literaturverzeichnis

Balzert, H. (Hrsg.) (83): Software-Ergonomie, Berichte des German Chapter of the ACM, Stuttgart 1983

Balzert, H. (87): Software-Ergonomie und Software Engineering, Berlin-New York 1987, in Vorbereitung

Benz, E., Haubner, P. (83): Codierungswirksamkeit bei Informationsdarstellungen in Bildschirmmasken, in: (Balzert 83), S. 124 - 134

Bullinger, H.-J. (Hrsg.) (85): Software-Ergonomie ´85, Berichte des German Chapter of the ACM, Stuttgart 1985

CHI (85): Human Factors in Computing Systems, CHI ´85 Conference Proceedings, April 14 - 18, San Francisco, Special issue of the ACM SIGCHI Notices Bulletin, 1985

Dzida, W. (85): DIN 66 234, Teil 8 - Zum Stand der Normung des Mensch-Maschine-Dialogs, in: Ergonomie & Informatik, Mitteilungen des GI-Fachausschusses "Ergonomie in der Informatik", Heft 2, Jan. 1985, S. 21 - 23

Gentner, D., Stevens A. L. (83): Mental Models, Hillsdale N. J., London 83

Hacker, W. (78): Allgemeine Arbeits- und Ingenieurpsychologie, Bern-Stuttgart-Wien, 2. Auflage, 1978

Kaster, J., Widdel, H. (83): Grafische Unterstützung zur Selbsterklärungsfähigkeit eines Dialogsystems, in: (Balzert 83), S. 114 - 123

Luke, B. (83): Experimentelle Untersuchungen zum Benutzerverhalten in der Dialog-Finanzbuchhaltung, in: (Balzert 83), S. 288 - 300

Malone, T. W. (85): Designing Organizational Interfaces, in: (CHI 85), April 1985, pp. 66 - 71

Moritz, H. ·(83): Umsetzung wahrnehmungspsychologischer Erkenntnisse für die Informationsgestaltung am Bildschirm (Maskengestaltung), in: (Balzert 83), S. 98 - 113

Norman, D. A. (83): Some Obervations on Mental Models, in: (Gentner, Stevens 83), pp. 7 - 14

Paetau, M., Pieper, M. (85): Differentiell-dynamische Gestaltung der Mensch-Maschine-Kommunikation, in: (Bullinger 85), S. 316 - 324

Rödiger, K.-H., Nullmeier, E. (83): Arbeitswissenschaftliche und psychologische Kriterien für die Software-Gestaltung - Was bleibt von den Ansprüchen und wie könnte man sie erfüllen?, in: (Balzert 83), S. 278 - 287

Shackel, B. (85): Human Factors and Usability - whence and whither?, in: (Bullinger 85), S. 13 - 31

Sorg, S. (83): Analyse von Arbeitsprozessen unter besonderer Berücksichtigung von subjektiven Effizienzkriterien, in: (Balzert 83), S. 411 - 421

Spinas, P., Troy, N., Ulich E. (83): Leitfaden zur Einführung und Gestaltung von Arbeit mit Bildschirmsystemen, München-Zürich 1983

Dr. Helmut Balzert
TA Triumph-Adler AG
Fürther Str. 212
8500 Nürnberg 80

090187ba

GRUNDDIMENSIONEN VON INTERAKTIONSFORMEN

Jürgen E. Ziegler, Stuttgart

Zusammenfassung: Für software-ergonomische Untersuchungen und Gestaltungen ist es wesentlich, die Art der Interaktion, die vom System angeboten wird, möglichst objektiv und eindeutig beschreiben zu können. Rein deskriptive oder eindimensionale Klassifizierungen sind hierfür nicht ausreichend. In diesem Beitrag werden deshalb drei Grunddimensionen von Interaktionsformen aus einem Modell der Mensch-Rechner-Interaktion abgeleitet und unterschiedliche Ausprägungen auf diesen Dimensionen definiert. Die Einordnung von Interaktionsformen in diesen Rahmen wird am Beispiel der "direkten Manipulation" diskutiert.

Einleitung

Seit der Auflistung verschiedener Dialogtechniken durch Martin (1973) und seiner Aufteilung nach benutzer- und computer-initiierten Techniken sind verschiedene Versuche gemacht worden, die Vielfalt verschiedener Interaktionsformen zu erfassen, zu beschreiben und zu strukturieren. Hierbei wurden verschiedenartige Strukturierungsmerkmale verwendet, die sich z. B. am verwendeten Eingabegerät, der Art der Initiierung von Dialogschritten, synchronen oder asynchronen Interaktionen u.a. orientieren. Meist wird jedoch nur eine Aufzählung der als relevant betrachteten Interaktionstechniken mit Beschreibung der jeweiligen typischen Eigenschaften geliefert (vergl. z.B. Shneiderman, 1987).

Unterscheidungen wie computer- versus benutzerinitiiert orientieren sich an einem einzelnen Merkmal, das zur Einordnung herangezogen wird. Moderne, hoch interaktive Benutzerschnittstellen (z.B. graphische, objektorientierte Schnittstellen) machen solche Unterscheidungen fragwürdig, da gleichzeitig sowohl Aspekte der Benutzer- wie der Rechner-Initiierung anzutreffen sind. Darüber hinaus sind die meisten realen Systeme nicht durchgängig nach einem einzigen Interaktionsprinzip aufgebaut, sondern verwenden verschiedenartige Techniken gleichzeitig. Ebenso sind unterschiedlichste Mischformen zu beobachten, die zu einer Überlappung von Techniken führt. Aus diesen Gründen erscheint eine rein deskriptive oder eindimensionale Einordnung von Interaktionstechniken nicht ausreichend.

Die angeführte Vielfalt und Komplexität der Eigenschaften interaktiver Systeme führt zu verschiedenen Problemen bei software-ergonomischen Untersuchungen und Gestaltungen:

- die Verwendung bislang schlecht definierter Begriffe wie etwa "direkte Manipulation" erschwert ein gemeinsames Verständnis der damit bezeichneten Systemeigenschaften;
- die Generalisierbarkeit von Ergebnissen aus Benutzbarkeitsstudien ist eingeschränkt;
- für vergleichende Untersuchungen von Systemen mit unterschiedlichen Interaktionstechniken müssen diese Techniken objektiv erfaßbar sein.

Wesentlich für eine objektive Erfassung von Interaktionsformen ist es, daß diese als Eigenschaft des Systems klar von psychologisch oder ergonomisch ausgerichteten Benutzungseigenschaften getrennt werden können. Der vorliegende Beitrag beschreibt einen Ansatz mit drei Dimensionen, die zur Klassifikation der Eigenschaften eines interaktiven Systems herangezogen werden können. Die Kombination der Ausprägungen auf den drei Achsen bestimmt den jeweiligen Typ einer Interaktionstechnik. Dabei werden die Dimensionen aus einem allgemeinen Modell der Mensch-Rechner-Interaktion abgeleitet.

<u>Ableitung von Grunddimensionen aus einem Modell interaktiver Systeme</u>

In diesem Abschnitt soll dargestellt werden, wie Strukturierungsdimensionen für Interaktionstechniken aus einem Modell des interaktiven Systems abgeleitet werden können. Dazu soll zunächst das Gesamtsystem Benutzer-Rechner betrachtet werden, um anschließend Komponenten und Struktur auf der Rechnerseite als Untermodell hierzu näher beschreiben zu können.

Als Ausgangspunkt dient ein Kommunikationsmodell der Mensch-Rechner Interaktion, bei dem der Kommunikationsprozeß auf unterschiedlichen Abstraktionsebenen abläuft. Solche Schichtenmodelle wurden - allerdings mit unterschiedlicher Anzahl von Ebenen - häufig zur Beschreibung von Benutzerschnittstellen herangezogen (vgl. Moran, 1981; Fähnrich & Ziegler, 1984; Nielsen, 1986). Hier sollen in Anlehnung an Moran (1981) drei Hauptebenen unterschieden werden:

- Konzeptuelle Ebene: beschreibt Aufgaben, die mit dem System durchgeführt werden können, sowie die dabei verwendeten konzeptuellen Objekte und Operationen.
- Dialogebene: beschreibt Dialogstrukturen und -abläufe und den syntaktischen Aufbau von Ein- und Ausgaben.
- Ein-/Ausgabeebene: beschreibt Struktur (z.B. zweidimensionale Anordnung) und Form der Elemente der Ein-/Ausgabe.

Auf eine mögliche weitere Untergliederung dieser Ebenen soll hier nicht eingegangen werden. Da der reale Informationsaustausch nur physikalisch erfolgen kann, ist es sinnvoll, Prozesse anzunehmen, die sowohl auf der Seite des Benutzers wie auch des Rechners in Eingabe- und Ausgaberichtung die erforderlichen Transformationen zwischen den Ebenen durchführen. Damit gelangt man zu einem geschlossenen Interaktionszyklus, wie er in Abb. 1 dargestellt ist. Entsprechend diesem Modell sollen folgende Begriffe definiert werden: Kommunikation bezeichnet den (virtuellen) Informationsfluß auf den unterschiedlichen Ebenen; Interaktion ist die (in sich geschlossene) Abfolge der beteiligten Prozesse. Die Begriffe beschreiben also das gleiche Gesamtphänomen aus verschiedenen Blickwinkeln.

Abb. 1: Interaktionszyklus in einem Modell der Mensch-Rechner-Interaktion

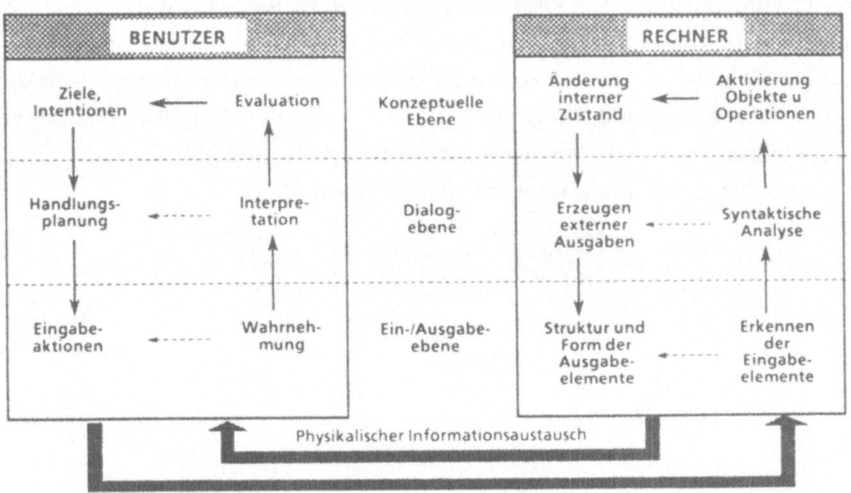

Aus diesem Interaktionsmodell soll nun die rechnerseitige Komponente herausgegriffen und detaillierter beschrieben werden, um damit mögliche Interaktionsformen zu klassifizieren.

Auf der obersten Ebene bestimmt das vom Systemdesigner entworfene konzeptuelle Modell die Objekte und Funktionen für den jeweiligen Anwendungsbereich. Dieses konzeptuelle Modell ist für den Benutzer nicht direkt zugänglich und kann deshalb als internes Modell bezeichnet werden. Das konzeptuelle Modell kann weiter zergliedert werden in Objekte mit Attributwerten, Relationen zwischen Objekten und die anwendbaren Operationen. Um dem Benutzer Informationen über den internen Systemzustand zur Verfügung zu stellen, wird ein Auschnitt des Zustandes des internen Modells an der sichtbaren Oberfläche (Bildschirm) abgebildet. Diese Umsetzung von internem Zustand auf die externe Darstellung soll als <u>Repräsentation</u> bezeichnet werden.

In der Eingaberichtung muß der Benutzer Objekte und Funktionen des internen Modells ansprechen können, um entsprechende Zustandsänderungen zu steuern. Die Abbildung von Eingabeelementen auf interne Objekte soll als Referenzierung bezeichnet werden.

Schließlich muß berücksichtigt werden, daß das Erzeugen von Eingabeobjekten durch den Benutzer nicht unmittelbar zu internen Zustandsänderungen führen muß, sondern in Abhängigkeit von der Syntax mehr oder weniger komplexe Eingaben formuliert werden können, die erst nach einer Terminierung verarbeitet werden. Dieser Aspekt soll als Interpunktion (oder Interaktivität) bezeichnet werden.

Die drei dargestellten Begriffe Repräsentation, Referenzierung und Interpunktion beschreiben grundlegende Eigenschaften interaktiver Systeme und können zu einer Klassifikation von Interaktionsformen herangezogen werden (Ziegler, Hoppe, Eichhorn & Puetz, 1986). Abb. 2 zeigt das Verhältnis der Dimensionen zueinander sowie zu den Ebenen des Interaktionsmodells.

Abb. 2: Grunddimensionen im Interaktionsmodell

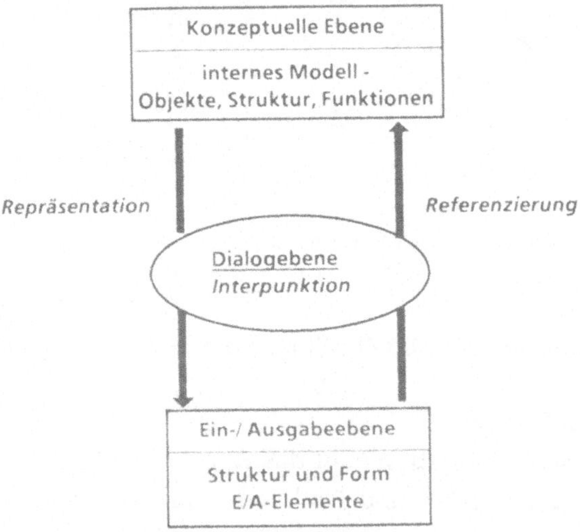

Konzeptuelle Ebene

internes Modell -
Objekte, Struktur, Funktionen

Repräsentation

Referenzierung

Dialogebene
Interpunktion

Ein-/ Ausgabeebene

Struktur und Form
E/A-Elemente

Repräsentation

Ein wesentliches Unterscheidungsmerkmal von Benutzerschnittstellen ist die Art der Abbildung von internem Systemzustand auf die sichtbare Oberfläche. Im allgemeinen Fall ist die externe Darstellung eine Überlagerung mehrerer Komponenten, deren Inhalt abhängig ist vom aktuellen internen Zustand, einer Anzahl vorangegangener Zustände (z.B. Ausgaben von früheren Interaktionsschritten in einem Teletype-Fenster) sowie den aktuellen und früheren Benutzereingaben (als "Echo" dieser Eingabe).

Für die Art der Repräsentationsabbildung können nun zwei Unterscheidungen getroffen werden: Im ersten Fall ist die externe Darstellung nur von vorangegangenen internen Zuständen abhängig, aber nicht vom aktuellen Zustand. Nachdem ein Ausgabeobjekt erzeugt worden ist, gibt es keine Rückverweisungsmöglichkeit von diesem Objekt auf den aktuellen Zustand. Dies bedeutet, daß der Benutzer nicht auf das dargestellte Objekt zugreifen, es aktivieren oder verändern kann. Die einzige Möglichkeit zur Veränderung der Darstellung besteht im Erzeugen neuer Ausgabeobjekte durch das System. Mallgren (1983) nennt diesen Typ von externen Objekten "sequential data type" Er soll hier als sequentielle Repräsentation bezeichnet werden. Beispiele für diesen Typ finden sich bei zeilenorientierten Kommandosprachen für Betriebssysteme, Anfragesprachen u. a..

Im zweiten Fall besitzen die extern dargestellten Objekte einen aktuellen internen Zustand und können deshalb vom Benutzer und vom System angesprochen und verändert werden. Der Benutzer kann in diesem Fall durch Veränderung von externen Objekten der Ausgabe den internen Systemzustand beeinflussen. In diesem Fall können die dargestellten Objekte als "shared data type", der Repräsentationstyp als parallele Repräsentation bezeichnet werden. Beispiele dafür sind etwa das Verändern eines Feldes in einem Formular oder die Manipulation von Ikonen am Bildschirm.

Der zweite Fall (shared data type) kann noch weiter unterschieden werden, indem die verschiedenen Komponenten des internen und externen Modells in Betracht gezogen werden. Im ersten Unterfall liegt eine umkehrbare Repräsentationsabbildung nur für Objektattribute vor, die Struktur der Objekte wird invariabler Form, z.B. als zweidimensionale Anordnung dargestellt. Formulare sind Beispiele für diesen Fall, da eine Änderung von Feldwerten zwar den internen Attributwert ändern kann, die Struktur des Formulars aber fest vorgegeben ist. Im zweiten Fall existiert eine Rückabbildung auch von der Struktur der externen Objekte auf den internen Zustand. Beispiel dafür ist das Bewegen eines Dokumentikons auf ein Ablageikon, wodurch auch intern das Dokument an anderer Stelle in der Ablagehierarchie eingefügt wird.

Mit diesen Unterscheidungen lassen sich drei Repräsentationstypen beschreiben:

1. Sequentielle Repräsentation
2. Parallele Repräsentation von Objekten
3. Parallele Repräsentation von Objekten und Objektstruktur

<u>Referenzierung</u>

In der Eingaberichtung muß der Benutzer Objekte und Operationen des konzeptuellen Modells durch geeignete Eingaben ansprechen können, um die gewünschten (benutzergesteuerten) Veränderungen des internen Zustandes zu bewirken. Dabei werden die vom Benutzer verwendeten Eingabeobjekte auf Objekte des internen Modells abgebildet. Für diese Abbildung soll der Begriff Referenzierung verwendet werden.

Bei der Referenzierung können ebenfalls drei Grundtypen unterschieden werden, die die unterschiedlichen Zugriffsmöglichkeiten des Beutzers auf die internen Objekte beschreiben:

1. Referenz durch eine Zeigeoperation auf ein Objekt der externen Darstellung (deiktische Referenz). Die Selektion eines externen Objekts kann dann vom System auf ein internes Objekt abgebildet werden. Da in diesem Fall Elemente der Ausgabe direkt wieder als Eingaben verwendet werden können, wird auch von interreferentieller Ein- / Ausgabe gesprochen (Draper, 1986). Deiktische Referenz ist nur bei den Repräsentationstypen 2 und 3 möglich, da nur hier eine Rückabbildung von externen auf interne Objekte möglich ist.

2. Referenz durch Namen. Hierbei generiert der Benutzer ein Eingabesymbol, das das entsprechende interne Objekt bzw. die Operation identifiziert. Bei diesem Typ wird kein direkter Bezug auf ein externes Objekt genommen.

3. Referenz durch Beschreibung (deskriptive Referenz): Objekte bzw. Objektmengen können auch dadurch identifiziert werden, daß ihre Attributwerte spezifiziert werden. Meist ist in die Beschreibung der Name der betreffenden Objektklasse eingeschlossen. Ein typisches Beispiel für diesen Fall sind Abfragesprachen (z.B. "zeige die Namen aller Angestellten, deren Gehalt höher als x ist.").

Die dargestellten Referenztypen kennzeichnen unterschiedliche Stufen der Indirektheit, mit der interne Objekte angesprochen werden können. Hier sind unterschiedliche Mischungen von Indirektheit möglich (z.B. Zeigen auf Attributwerte, die ein Objekt bestimmen), wobei die hier dargestellten Fälle als Grundformen angesehen werden können.

Interpunktion

Der Benutzer kann bei unterschiedlichen Schnittstellen syntaktisch mehr oder weniger komplexe Eingaben formulieren, bevor diese vom System interpretiert und in eine interne Zustandsänderung umgesetzt werden. Interpunktion beschreibt die zeitliche Segmentierung des Informationsaustauschs zwischen Benutzer und System. Sie gibt also verschiedene Stufen der Interaktivität an. Auch hier sollen drei Grundtypen unterschieden werden:

1. Funktionseingabe ohne Parameter: Hierbei wird jeweils eine einzelne Funktion eingegeben und sofort vom System interpretiert und entsprechendes Feedback geliefert. Beispiele sind etwa Selektionen mit der Maus oder das Löschen eines bereits aktivierten Objektes.

2. Funktionseingaben mit Spezifikation eines oder mehrerer Parameter: Dies ist typischerweise der Fall bei Kommandosprachen (z.B. "lösche File1.") Eingaben dieses Typs erfordern normalerweise einen Abschluß durch ein geeignetes Terminierungssymbol.

3. Eingaben mit Spezifikation mehrerer Funktionen und mehrerer Parameter: Dieser Fall kennzeichnet die Spannweite von komplexen Kommandosprachen (z.B. Eingabe einer Pipe in UNIX) bis hin zu Programmiersprachen bei Hinzunahme von Kontrollstrukturen.

Interpunktion beschreibt in gewissem Sinne die Mächtigkeit einer Benutzereingabe, die zunächst vollständig formuliert wird, bevor das System die entsprechenden Operationen ausführt.

<u>Bestimmung von Interaktionsformen am Beispiel "Direkte Manipulation"</u>
Direkte Manipulation (DM) ist ein im Bereich der Mensch-Rechner-Interaktion vieldiskutierter, aber nichtsdestotrotz nur vage definierter Begriff. Beispiele finden sich bei Systemen mit Schreibtischoberfläche (Desktop-Metapher), auf der Dokumente, Ordner und andere Objekte als Ikonen manipuliert werden können, bei WYSIWYG-Editoren (What you see is what you get) u.a..
Shneiderman (1982), der den Begriff DM eingeführt hat, charakterisiert die Interaktionsform durch drei Hauptmerkmale: kontinuierliche Objektrepräsentation; physische Interaktion anstelle komplexer Kommandos; schnelle, inkrementelle und reversible Aktionen mit unmittelbarem Feedback. Hutchins, Hollan & Norman (1986) charakterisieren DM über den Begriff der Direktheit und geben an, daß bei DM der semantische Abstand zwischen den Objekten der Aufgabe und den Rechnerobjekten verringert ist.
Beide Definitionen zeigen zwar typische System- oder Benutzungseigenschaften von DM, machen es aber nicht möglich, klar anzugeben, ob eine Schnittstelle bzw. ein Teil der Schnittstelle in diese Klasse fällt.
Im Rahmen der vorgestellten Grunddimensionen läßt sich nun eine genauere Einordnung der Phänomene bei DM vornehmen. Hierbei sollen die Eigenschaften von typischen Systemen dieser Klasse (z.B. Xerox Star oder Apple Macintosh) betrachtet werden
Eine notwendige Eigenschaft von DM-Systemen besteht darin, daß der Benutzer durch Manipulation von Oberflächenobjekten den internen Zustand be-

einflußen kann. Deshalb ist zumindest eine Repräsentation vom Typ 2 (parallele Repräsentation) notwendig. Für Anwendungen, die z.B. mit der Desktop-Metapher operieren, ist Typ 3 erforderlich, da strukturelle Veränderungen an der Oberfläche auch zu internen strukturellen Änderungen führen müssen.

Eine ebenfalls notwendige Anforderung ist die Verfügbarkeit von Zeigeoperationen (z.B. mit der Maus), mit deren Hilfe Objekte und Operationen selektiert werden können (deiktische Referenz). Daneben treten in realen Systemen aber auch Referenzen über Namen auf. Insbesondere bei Funktionen muß berücksichtigt werden, daß diese nicht als Objekte im eigentlichen Sinn dargestellt werden können und deshalb eine Indirektheitsstufe über ein Symbol oder einen Namen erfordern.

Das Konzept des Manipulierens beinhaltet eine unmittelbare Visualisierung der bewirkten Veränderungen. Komplexere Operationen werden in einzelne Schritte von Objektselektion und Funktionsanwendung gegliedert. Dies entspricht dem Interpunktionstyp 1. Auch hier lassen sich bei realen Systemen Bereiche feststellen, in denen der Typ 2 zur Anwendung kommt (z.B. die Auswahl mehrerer Objekteigenschaften in einem Eigenschaftenfenster).

Diese Einordnung von Systemeigenschaften auf den Grunddimensionen zeigt, daß es keine einzelne Konstellation von Ausprägungen gibt, die die realen Systeme vollständig beschreibt. In dem von den Dimensionen aufgespannten Gestaltungsraum belegen die genannten Systeme mehrere Zellen. Eine einzelne Typenkombination kann deshalb nur einem eingegrenzten Interaktionskontext zugeordnet werden. Es kann aber angegeben werden, welche Ausprägungen in einem System notwendigerweise vorhanden sein müssen, damit von Manipulation geprochen werden kann. Dies wären im Fall von DM parallele Repräsentation, deiktische Referenz und eine Interpunktion vom Typ 1. Der Zusatz "direkt" wäre dabei eher dem Bereich der Benutzungseigenschaften zuzuordnen, da er nicht objektiv als Systemeigenschaft, sondern nur indirekt durch ergonomische oder psychologische Untersuchungen erfaßt werden kann.

Schlußbemerkung

Das dargestellte Modell und die daraus abgeleiteten Dimensionen können zum einen dazu dienen, eine klarere Strukturierung und eine einheitlichere Begriffsverwendung in dem komplexen Gebiet der Software-Ergonomie zu unterstützen. Darüberhinaus sind die dargestellten Kategorien als möglicher Ausgangspunkt für empirische Untersuchungen zu betrachten, bei denen für bestimmte Systemeigenschaften entsprechende Benutzungseigenschaften abgeleitet werden.

Schließlich kann der vorgestellte Ansatz für ein systematischeres Vorgehen im Systemgestaltungsprozeß herangezogen werden. Durch die Dimensionen wird ein Gestaltungsraum möglicher Interaktionsformen aufgespannt. Die einzelnen Zellen dieses Gestaltungsraumes können für ein bestimmtes Gestaltungsproblem in systematischer Weise betrachtet und bewertet werden. In einigen Fällen stößt man dabei auf Kombinationen von Ausprägungen, die bislang nicht realisiert wurden. Auf diese Weise kann der vorgestellte Modellrahmen auch dazu dienen, die Kreativität bei der Entwicklung neuer Interaktionsformen zu fördern.

<u>Literaturverzeichnis</u>

Draper, S. (1986): Display managers as the basis for user-machine communication. In: Norman, D. & Draper, S. (Hrsg.): User Centered System Design, Lawrence Erlbaum, Hillsdale N. J.

Fähnrich, K. P. & Ziegler, J. E. (1985):Workstations using direct manipulation as interaction mode. In: Shackel, B. (Hrsg.): Human-Computer Interaction - INTERACT '84, North-Holland, Amsterdam-New York-Oxford, pp. 693 - 698.

Hutchins, E. L.; Hollan, J. D. & Norman, D.A. (1986): Direct manipulation interfaces. In: Norman, D. & Draper, S. (Hrsg.): User Centered System Design, Lawrence Erlbaum, Hillsdale N. J.

Martin, J. (1973): Design of man-computer dialogues, Prentice-Hall, Englewood Cliffs N. J.

Moran, T. P. (1981): The command language grammar - a representation for the user interface of interactive computer systems. Int. Journal Man-Machine Studies (15), pp. 3 - 50.

Nielsen, J. (1986): A virtual protocol model for computer-human interaction. Int. Journal Man-Machine Studies (24), 3.

Shneiderman, B. (1982): The future of interactive systems and the emergence of direct manipulation. Behaviour and Information Technology, 3, pp. 237 - 256.

Shneiderman, B. (1987): Designing the user interface: Strategies for effective human-computer interaction. Addison-Wesley, Reading MA.

Ziegler, J. E.; Eichhorn, R.; Hoppe, H. U. & Puetz, R. (1986): Direct manipulation in a general framework of human-computer interaction. Tech. Rep. ESPRIT Project 385 (HUFIT), Fraunhofer-Inst. IAO, Stuttgart.

Jürgen E. Ziegler
Fraunhofer-Institut IAO
Holzgartenstr. 17
7000 Stuttgart 1

DISKUSSIONSGRUPPEN

STEPS – EINE ORIENTIERUNG DER SOFTWARETECHNIK
AUF SOZIALVERTRÄGLICHE TECHNIKGESTALTUNG

Christiane Floyd, Berlin

STEPS steht für "Softwaretechnik für evolutionäre, partizipative Systementwicklung". STEPS ist ein methodischer Ansatz in der Softwaretechnik, der seit 1978 an der Technischen Universität Berlin entwickelt wurde.

Die wichtigsten Bestandteile von STEPS sind:

- eine <u>prozeßorientierte Sichtweise</u> der Softwareentwicklung, die von uns anhand von praktischen Erfahrungen und im Einklang mit unseren Wertvorstellungen als grundlegendes Paradigma für die Softwaretechnik anstelle der herkömmlichen, produktorientierten Sichtweise gesetzt wurde,

- ein <u>menschenzentrierter Qualitätsbegriff</u>, der sich vorrangig am angestrebten Einsatz von Software, und erst darüber vermittelt an Eigenschaften der Software selbst orientiert,

- ein <u>zyklisches Projektmodell</u>, das auf dieser Sichtweise beruht und das die Softwareentwicklung in Zyklen anordnet, die jeweils die Herstellung und Erprobung einer Version zum Gegenstand haben und anschließend zu einer geplanten Revision führen,

- aufeinander abgestimmte <u>Methodenkomponenten</u> für die Schwerpunkte Anforderungsermittlung, Dialogschnittstellenentwicklung und Softwareentwurf sowie zur systematischen Programmierung,

- gestaltbildende <u>Projekttechniken</u>, die die kreative Zusammenarbeit in Teams und die Kommunikation zwischen Entwicklern und Benutzern fördern.

Zur Entstehung von STEPS haben zwei über Jahre hinweg parallel verfolgte Anliegen geführt. Zum einen befaßte ich mich bereits in meiner industriellen Tätigkeit mit der Weiterentwicklung und Erprobung von Methoden im praktischen Einsatz, was mich frühzeitig für den Problemkreis <u>Tauglichkeit von Methoden</u> und <u>Einlösbarkeit von Ansprüchen</u>, die mit Methoden verbunden werden, sensibilisiert hat. Das andere Anliegen war und ist, daß wir Software so entwickeln können wollten, daß sie sich <u>in ihrer Einsatzumgebung als Arbeitsmittel für ihre Benutzer bewähren</u> würde.

Bei STEPS schwebt uns als <u>Anwendungsbereich</u> die Entwicklung von Softwaresystemen vor, die <u>in menschliches Arbeitshandeln eingebettet werden</u>. Man beachte, daß wir damit eine Klassifikation nach Aspekten des Softwareeinsatzes machen. Zu diesem System gehören u. a. Informationssysteme, Textverarbeitungssysteme, Programmierumgebungen oder CAD-Systeme.

Zur <u>Perspektive</u> von STEPS gehört zum einen der menschenzentrierte Qualitätsbegriff, festgemacht an dem Anliegen, angemessene Arbeitsmittel für die unterstützten Arbeitsprozesse zu entwickeln. Ich möchte das gegenüber dem herkömmlichen Qualitätsbegriff abgrenzen. In der Regel hat man dabei die Korrektheit bzw. die Effizienz des Produktes im Auge, quasi als Lippenbekenntnis kommt dann noch die sogenannte Benutzerfreundlichkeit dazu. Das bloße Wort "Benutzerfreundlichkeit" macht deutlich, daß man dabei von fertig konzipierten Systemen ausgeht, die man an der Oberfläche, wie man sagt, verzuckert. Wir halten das nicht für ausreichend. Will man DV-Systeme als angemessene Arbeitsmittel für ihre Benutzer konzipieren, so müssen sich die Informatiker im Rahmen der Anforderungsanalyse mit den Arbeitsaufgaben genau auseinandersetzen, und zwar in Abweichung von den klassischen Herangehensweisen nicht nur mit deren formalisierbarem Informationsverarbeitungsanteil, sondern auch mit informellen Aspekten. Wenn man diese Fragen ernst nimmt, so führt das zu den Schwerpunkten in der Softwaretechnik, mit denen wir uns beschäftigen. Ein weiterer wesentlicher Aspekt der Perspektive von STEPS ist die darin verankerte prozeßorientierte Sichtweise.

Die <u>prozeßorientierte Sichtweise</u> betrachtet Software im Zusammenhang mit Lern- und Kommunikationsprozessen von Menschen, und zwar gibt es da unterschiedliche Arten. Software ist <u>Gegenstand von Lern- und Kommunikationsprozessen</u> dann, wenn es darum geht herauszufinden, welche Software man überhaupt braucht. Das tritt beileibe nicht nur in den Anfangsphasen der Softwareentwicklung auf, sondern häufig auch erst nach der Installation, wenn man die realen Anforderungen plötzlich besser weiß. Ferner finden wir Software bei der Benutzung als <u>Unterstützung von Arbeitsprozessen</u> und unter Umständen auch als <u>Rahmenbedingung oder Einschränkung</u>

<u>von Kommunikationsprozessen</u>. Das sind die Rollen, die Software einnehmen kann und sie betreffen Arbeits-, Lern- und Kommunikationsprozesse bei <u>Entwicklern</u> und <u>Benutzern</u>. Dabei sind Softwareentwicklung und -einsatz gemeinsam zu betrachten. Die prozeßorientierte Perspektive führt zu einer Schwerpunktverlagerung, die man auf verschiedene Aspekte beziehen kann.

Bei dieser veränderten Vorgehensweise wird ein <u>tiefgreifendes Umdenken bei der Projektgestaltung</u> in mehrerer Hinsicht impliziert. Zum einen müssen die Bereitwilligkeit und auch die Voraussetzungen für eine partnerschaftliche Zusammenarbeit zwischen Entwicklern und Benutzern vorhanden sein. Das erfordert sowohl entsprechende betriebliche Bedingungen und die Unterstützung des zuständigen Managements, als auch wesentliche menschliche Grundhaltungen und Qualifikationen bei den Entwicklern und auch bei den Benutzern, insbesondere die Fähigkeit und Willigkeit, Kritik in einer konstruktiven Form zu äußern und entgegenzunehmen. In der Praxis muß man darauf gefaßt sein, daß man ein Programm erstellt, dessen Qualität sich erst in der Benutzung erweisen kann. Der Benutzer wird dieses Programm in einer für den Entwickler ganz unerwarteten Weise erleben und unter Umständen mit einer Kritik kommen, auf die man als Entwickler nicht vorbereitet ist. Das ist ein Lernprozeß für beide Seiten.

Literaturverzeichnis

Castner, M. & Pasch, J.(1986): Graphitti - ein graphisch orientierter Schnittstelleneditor für Spezifikation und Entwurf. Proc. der 16. Jahrestagung der GI, Berlin, 6.-10. Oktober 1986. Berlin; Heidelberg; New York; Tokyo: Springer.

Floyd, C.(1981): A Process-Oriented Approch to Software Development. In: Systems Architecture. Proc. of the 6th European ACM Regional Conf.; Westbury House, S. 285-294.

Floyd, C.(1983): Grundzüge eines Paradigmenwechsels in der Softwaretechnik. Manuskript eines Vortrags, gehalten an der Humboldt Universität, Berlin im Dezember 1983.

Floyd, C.(1984): A Systematic Look at Prototyping. In: Budde, R., Kuhlenkamp, K., Mathiassen, L., Züllighoven, H.(Hrsg.): Approaches to Prototyping. Berlin; Heidelberg; New York; Tokyo: Springer, S. 1-18.

Floyd, C.(1985): On the Relevance of Formal Methods to Software

Development. In: Ehrig, H., Floyd. C., Nivat, M., Thatcher, J.
(Hrsg.): Proc. of the International Joint Conference on Theory
and Practice of Software Development (TAPSOFT), Vol. 2: Formal
Methods and Software Development. Berlin; Heidelberg; New York;
Tokyo: Springer, S. 1-11.

Floyd, C.(1986): Outline of a Paradigm Change in Software Engineering. Proc. of the International Conference on the Development and Use of Computer-based Systems, Aarhus.

Floyd, C. & Keil, R.(1983): Softwaretechnik und Betroffenenbetei-
ligung. In: Mambrey, P., Oppermann, R.(Hrsg.): Beteiligung von
Betroffenen bei der Entwicklung von Informationssystemen,
Campus, S. 137-164.

Floyd, C. & Keil, R.(1983): Adapting Software Development for
Systems Design with the User. In: Briefs, U., Ciborra, C.,
Schneider, L.(Hrsg.): Systems Design For, With and By the
Users. North-Holland, S. 163-172.

Floyd, C. & Keil, R.(1984): Integrative Systementwicklung - Ein
Ansatz zur Orientierung der Softwaretechnik auf die benutzergerechte Entwicklung rechnergestützter Systeme. BMFT Forschungsbericht DV 84-003.

Floyd, C. & Pasch, J.(1985): Methoden für den Entwurf großer Softwaresysteme. In: Morgenbrod, H., Remmele, W.(Hrsg.): Entwurf
großer Software-Systeme. Berichte des German Chapter of the
ACM 19, Stuttgat: Teubner, S. 12-37.

Floyd, C. u. a. (1986): Arbeitsunterlagen zur Lehrveranstaltung
"Einführung in Software Engineering"; gehalten an der TU Berlin im Sommersemester 1986.

Keil-Slawik, R.(1985): Aufgabenbezogene, dialogorientierte Softwareentwicklung. In: GI Softwaretechnik-Trends, Mitteilungen
der Fachgruppe "Software Engineering", Heft 5-2, Juni 1985,
S. 105-135.

Keil-Slawik, R. & Pasch, J.(1987): Methodisches Vorgehen bei der
Entwicklung von Dialogschnittstellen. Erscheint in: Proc. des
8. Internationalen Kongresses Datenverarbeitung im Europäischen Raum "Quo vadis EDV? - Realität und Vision 1987", Wien,
30.3.-3.4.1987.

Prof. Dr. Christiane Floyd, Technische Universität Berlin,
Institut für Angewandte Informatik, Franklinstraße 28/29, FR 5-6,
1000 Berlin 10

FORMALE MODELLE DES BENUTZERWISSENS ALS MITTEL DER
SPEZIFIKATON UND BEWERTUNG VON BENUTZERSCHNITTSTELLEN:
STAND UND PERSPEKTIVEN

Franz Schiele, Berlin (West)

Zusammenfassung: In den letzten Jahren wurden verschiedene Modellierungsansätze entwickelt, deren Ziel es ist, auf der Basis einer formalen Beschreibung des für die Bedienung von Computersystemen erforderlichen Benutzerwissens und –verhaltens Aussagen über kognitiv–ergonomische Aspekte von Benutzerschnittstellen zu machen. In der Diskussionsgruppe sollen Leistungen und Defizite solcher Modelle diskutiert und eine Einschätzung ihres gegenwärtigen und potentiellen Stellenwerts im Methoden–Inventar der Software–Ergonomie gegeben werden.

Formale Methoden zur Beschreibung der Mensch–Computer Interaktion tauchen in jüngster Zeit häufiger in der Diskussion software–ergonomischer Methoden auf. Sie werden als ein möglicher Weg angesehen, dem Ziel einer praktisch umsetzbaren, prädiktiven Theorie der Mensch–Computer Interaktion, die bereits im DesignStadium wirksam werden kann (s. Newell & Card, 1985), näher zu kommen.

Im Bereich des Software Engineering entwickelte formale Spezifikationsmethoden vermögen zwar präzise Beschreibungen des Ein– und Ausgabeverhaltens von Benutzerschnittstellen zu geben (s. Chi, 1985; Wasserman, 1985) und können über deren Simulation auch zur empirischen Untersuchung von ergonomischen Fragen beitragen; für eine analytische Evaluation kognitiv–ergonomischer Aspekte anhand der Spezifikation selbst mangelt es ihnen jedoch an einer adäquaten Sicht der Benutzerschnittstelle, die nicht nur Benutzereingaben, sondern auch perzeptuelle Komponenten und das erforderliche aufgaben– und systembezogene Wissen des Benutzers berücksichtigt. Ihr Anliegen ist weniger die ergonomische Gestaltung, als vielmehr die Implementierung von Benutzerschnittstellen zu unterstützen.

Eine analytische Bewertung von Benutzerschnittstellen setzt Beschreibungen voraus, die die bei der Aufgabenausführung beteiligten kognitiven Strukturen und Prozesse des Benutzers berücksichtigen. Während dem z.B. im Keystroke–Level Modell (s. Card u.a., 1983) in recht pauschaler Weise Rechnung getragen wird, indem neben den erforderlichen Benutzereingaben auch "mentale Operatoren" in die Analyse von Aufgaben einbezogen werden, modelliert das GOMS–Modell (s. Card u.a., 1983) den gesamten Prozeß der Dekodierung von Aufgaben in hierarchische Ziel–Teilziel–Strukturen und ihrer situationsabhängigen Ausführung durch teilziel–spezifische Sequenzen von motorischen und kognitiven Operationen. Eine Weiterentwicklung hat dieses

Modell in der "Cognitive Complexity Theory" von Kieras & Polson (1985) durch die Repräsentation und Simulation des Benutzerwissens in Produktionssystemen und die Einführung weiterer Modellannahmen erfahren.

Im Unterschied zu den angeführten Performanz-Modellen charakterisieren Green u.a. (im Druck) grammatische Ansätze wie die "Action-Grammar" von Reisner (1981) oder die "Task-Action-Grammar" von Payne & Green (im Druck) als Kompetenz-Modelle. Diese versuchen primär, die Struktur des systemspezifisch erforderlichen Benutzerwissens und weniger die kognitiven Prozesse bei der Aufgabendekodierung und -ausführung zu modellieren. Während die erwähnten Performanzmodelle vor allem eine quantitative Vorhersage von Aufgabenausführungszeiten anstreben, liegt hier die Zielsetzung wesentlich in vergleichenden Aussagen zum Lernaufwand. Durch Assoziation von Zeitwerten mit den terminalen Symbolen der Grammatik sind jedoch auch Aussagen über Ausführungszeiten möglich (Reisner 1984).

An die Entwicklung solcher prädiktiven Modelle wird einerseits die Erwartung geknüpft, den Software-Entwicklern analytische Methoden zur Verfügung stellen zu können, um Systementwürfe noch vor der (Prototypen-) Implementierung zu optimieren und so auch den Aufwand empirischer Tests mit Benutzern zu reduzieren. Andrerseits erscheinen die existierenden Ansätze noch in mancherlei Hinsicht unbefriedigend – sowohl aus theoretischer wie auch aus praktischer Sicht. Dies betrifft z.B. die mangelnde Berücksichtigung der Orientierungsfunktion der Systemausgaben. Auch die den Performanzmodellen zugrundeliegende Annahme fehlerfreier Aufgabenausführung ist wenig praxisnah. Interindividuelle Unterschiede in der kognitiven Repräsentation von Aufgabenstruktur und System (s. Ackermann u.a., 1986) werden nur eingeschränkt erfaßt. Im Gegensatz zu prozeduralem Handlungswissen wird semantisches Wissen des Benutzers noch kaum reflektiert – sieht man vom "Task-Action-Grammar" Modell (Payne & Green) und dem Ansatz von Tauber (im Druck) ab, der der Bedeutung konzeptueller Modelle des Benutzers vom System Rechnung zu tragen versucht. Aus praktischer Sicht setzt die Anwendung formaler Modelle des Benutzerwissens sicherlich voraus, daß sich der Aufwand für die Generierung und Interpretation der jeweiligen Repräsentationen des Benutzerwissens in vertretbaren Grenzen hält. Hieraus könnte man eine Forderung nach "einfachen" Modellen ableiten. Ebenso wäre jedoch daran zu denken, die Anwendung der Modelle durch Software-Werkzeuge zu unterstützen (wie das z.B. bei den eingangs erwähnten, im Software-Engineering verwendeten Beschreibungsmethoden teilweise der Fall ist).

Im Mittelpunkt der Diskussion werden somit Fragen stehen nach dem Erklärungsanspruch und Geltungsbereich existierender Modelle, nach ihrer Absicherung durch psychologische Theorien und Erkenntnisse, nach sinnvollen bzw. notwendigen Erweiterungen der Modelle, nach Voraussetzungen und Möglichkeiten ihrer Anwendung in der Praxis und damit letztlich nach ihrer Bedeutung für die Entwicklung benutzergerechter Software.

<u>Literaturverzeichnis</u>

Ackermann, D., Stelovsky, J. & Greutmann, Th. (1986): Action regulation and the mental operational mapping process in human–computer interaction: Does the interaction reflect dialog grammar? In: Proc. of the 3rd European Conference on Cognitive Ergonomics, Paris, 1986.

Card, S.K., Moran, T.P. & Newell, A. (1983): The Psychology of Human–Computer Interaction. Hillsdale, N.J.: Lawrence Erlbaum Associates.

Chi, U.H. (1985): Formal specification of user interfaces: A comparison and evaluation of four axiomatic approaches. IEEE Transactions on Software Engineering, 11, S. 671–685.

Green, T.R.G., Schiele, F. & Payne, S.J. (im Druck): Formalisable models of user knowledge in human–computer interaction. In: T.R.G. Green, J.M. Hoc, D. Murray & G.C. v.d. Veer (eds.): Working with Computers: Theory and Outcome (Working title), London: Academic Press.

Kieras, D. & Polson, P.G. (1985): An approach to the formal analysis of user complexity. International Journal of Man–Machine Studies, 22, S. 365–394.

Newell, A. & Card, S.K. (1985): The Prospects for Psychological Science in Human–Computer Interaction. Human–Computer Interaction, 1, S. 209–242.

Payne, S.J. & Green, T.R.G. (im Druck): Task–Action Grammars: A model of the mental representation of task languages. Human–Computer Interaction.

Reisner, Ph. (1981): Formal Grammar and Human Factors Design of an Interactive Graphics System. IEEE Transactions on Software Engineering, 7, S. 229–240.

Reisner, Ph. (1984): Formal Grammar as a Tool for Analyzing Ease of Use: Some Fundamental Concepts. In: J.C. Thomas & M.L. Schneider (eds.): Human Factors in Computer Systems. Norwood, N.J.: Ablex Publ. Corp.

Tauber, M. (im Druck): On modelling human–computer interfaces. In: T.R.G. Green, J.M. Hoc, D. Murray & G.C. v.d. Veer (eds.): Working with Computers: Theory and Outcome (Working title), London: Academic Press.

Wasserman, A.I. (1985): Extending State Transition Diagrams for the Specification of Human–Computer Interaction. IEEE Transactions on Software Engineering, 11, S. 699–713.

Franz Schiele
Arbeitswissenschaftliches
Forschungsinstitut GmbH
Bayreuther Str. 3
1000 Berlin 30

Teilnehmer der Diskussionsgruppe:
Dr. David Ackermann
Dr. Heinz Ulrich Hoppe
Dipl.-Math. Reinhard Kofer
Dr. Michael Tauber

SOFTWARE- ERGONOMIE UND "COGNITIVE SCIENCE": DIE BEDEUTUNG VON EXPERIMENTEN UND MODELLEN

Heinz Ulrich Hoppe, Stuttgart
Franz Schmalhofer, Freiburg

Die Praxis der Softwareentwicklung hat gezeigt, dass ergonomisch gute Systeme entwickelt bzw. bestehende Systeme in ihrer ergonomischen Qualität verbessert werden konnten, ohne dass dazu psychologische Experimente durchgeführt oder mentale Modelle von Systembenutzern erforscht wurden. So haben sich beispielsweise die ergonomisch günstigeren bildschirmorientierten Editoren gegenüber den älteren Zeileneditoren am Markt schnell durchgesetzt, nachdem die entsprechenden Hardwarevoraussetzungen (Bildschirmsichtgeräte anstelle von Teletype-Terminals) gegeben waren. Erst viel später wurde die Überlegenheit dieser neuen Editiersysteme durch empirische Untersuchungen nachgewiesen und durch speziell auf diese Fragestellung abgestimmte "keystroke level" - Modelle theoretisch erklärt (vgl. Card, Moran & Newell, 1983).

Die Entscheidung für das bessere Entwurfsprinzip war somit aufgrund darwinistischer Selektionsmechanismen des EDV-Marktes längst gefallen, bevor dazu wissenschaftlich gesicherte Erkenntnisse vorlagen, die die Auswahl am Markt letztlich nur bestätigen konnten. Wirklich entscheidende qualitative Unterschiede zwischen konkurrierenden Systementwürfen sind also auch ohne systematische Experimente feststellbar. Das eigentliche Problem der Softwareentwicklung liegt demnach eher in der Generierung guter neuer Ideen und deren schneller Realisierung als Prototypen ("rapid prototyping"). Die paradigmatische Wirkung konkreter Systementwicklungen wie etwa die des Bürosystems "Xerox Star" hat zur Verbesserung der ergonomischen Qualität von Softwareprodukten wahrscheinlich weit mehr beigetragen als Theorien über mentale Modelle und psychologisch begründete Experimente.

Auch wenn sich neue Produktideen am Markt meist ohne die "höheren Weihen" psychologischer Tests und theoretischer Erklärungsmodelle durchgesetzt haben, spricht das nicht prinzipiell gegen deren Verwendung. Und es trifft natürlich auch nicht zu, dass alle erfolgreich verkauften Produkte besonders benutzer- und aufgabengerecht gestaltet wären. Es gibt durchaus Beispiele von empirischen Untersuchungen, die im Nachhinein schwerwiegende Gestaltungsmängel bei marktgängigen Softwareprodukten aufgezeigt haben (z.B. Reisner, 1983). Es wäre jedoch erstrebenswert, allgemeine Grundsätze und Methoden für die ergonomische Gestaltung von Software aufzustellen, um so möglichst viele Fehler von vorneherein vermeiden zu können. Da die Menge der zukünftigen Benutzerschnittstellen umfangreich und naturgemäss nicht vorhersehbar ist, können solche Leitlinien nur aufgrund eines Verständnisses der menschlichen Informationsverarbeitung bei der Systembenutzung erarbeitet werden (vgl. dazu Newell & Card, 1985).

Mit den Methoden der "Künstlichen Intelligenz" können psychologisch fundierte Annahmen über die Funktion und Struktur menschlicher Denkprozesse in Computermodelle umgesetzt werden. Solche "kognitiven Modelle" können dann durch Vergleich mit realem menschlichen Verhalten - z.B. in Problemlösesituationen - empirisch überprüft werden. Überträgt man diesen als "kognitive Modellierung" (vgl. Schmalhofer & Wetter, 1987) bezeichneten Ansatz auf die Benutzerkognition in der Mensch-Rechner-Interaktion, so wird es möglich, Begriffe wie Erlernbarkeit, Bedienungseffizienz und -konsistenz bezogen auf Systeme präzise zu fassen und empirisch überprüfbare Vorhersagen zu gewinnen.

Nach dem gegenwärtigen Forschungsstand gibt es (noch) keine allgemein verwendbaren Modellierungsansätze - etwa für so verschiedene Bereiche wie visuelle Wahrnehmung oder Problemlösen in komplexen Situationen. Für die Anwendung in der Software-Ergonomie bedeutet das, dass jeweils nur spezielle Aspekte der Mensch-Rechner-Interaktion in einem Modell erfasst werden können. So berichtet Hoppe (1986) von einer Modellierung am Beispiel des "Xerox Star"-Systems auf der Grundlage des "cognitive complexity" - Ansatzes von Kieras & Polson (1985). Dabei ging es speziell um die Frage, ob die einheitliche Verwendung von universellen Kommandos in unterschiedlichen Funktionsbereichen des Systems (Editieren von Text versus Grafik) sich auch in einem hohen Lerntransfer beim Benutzer niederschlägt. Die entsprechenden Vorhersagen aus dem Modell konnten im Experiment gut bestätigt werden.

Kognitive Modelle des Benutzerverhaltens geben dem Designer eines Systems die Möglichkeit, über die Interaktionen zwischen dem zu entwickelnden System und einem zukünftigen Benutzer präzise nachzudenken. Psychologische Experimente dienen in diesen Zusammenhang vor allem dazu, die empirische Angemessenheit der kognitiven Modelle zu überprüfen und nicht so sehr dem Vergleich der Benutzbarkeit zweier oder mehrerer konkreter Anwendungssysteme. Während die Befunde aus experimentellen Untersuchungen zu einzelnen Benutzerschnittstellen wegen der raschen Fortentwicklung sehr schnell an Relevanz verlieren, können modellgeleitete Experimente einen kumulativen Erkenntnisfortschritt über Gestaltungskriterien liefern. Durch die Interpretation der empirischen Ergebnisse im Modell ist es wesentlich leichter zu entscheiden, welche Bedeutung den gefundenen Effekten für die konkrete Anwendungssituation beizumessen ist, weil das Modell auch über die Ursachen dieser Effekte Auskunft gibt. So wird es auch möglich, die praktische Bedeutung statistisch signifikanter Effekte von geringer Grössenordnung einzuschätzen.

Wegen der stark vereinfachenden Annahmen bisheriger Modellierungen scheint deren Einsatz für die Praxis zur Zeit nur in einigen sorgfältig auszuwählenden Gebiete fruchtbar. Dabei sollten auch individuelle Unterschiede zwischen Benutzern oder zumindest Unterschiede zwischen Benutzergruppen berücksichtigt werden (Ackermann & Stelovsky, 1985). Da häufig neue Klassen von Systemen und neue Paradigmen der Benutzung (z.B. direkte

Manipulation) entstehen, sollten kognitive Modellierungen in erster Linie auf psychologische Grundsätze sowie die Strukturierung von Aufgaben abzielen, und nur soweit dazu erforderlich auf die systemspezifischen Details eingehen.

Zusammenfassend lässt sich festhalten, dass kognitive Modelle und psychologisch fundierte Experimente einen kumulativen Erkenntnisfortschritt über Gesetzmässigkeiten der Mensch-Rechner-Interaktion ermöglichen und so dazu beitragen, wissenschaftlich fundierte Prinzipien für die Systementwicklung aufzustellen. Ausserdem können auf der Grundlage kognitiver Modellbildungen Benutzungseigenschaften von Systemen operational definiert werden. Dies ist eine Vorbedingung für die Präzisierung der verschiedenen software-ergonomischen Normungsvorschläge (vgl. Dzida, 1985).

Wir möchten uns an dieser Stelle bei D. Ackermann, H. D. Böker, F. Schiele, N. Streitz und Th. Wetter für deren hilfreiche Stellungnahmen zum Thema bedanken. Wir haben versucht, die teils erfreulich kontroversen Thesen in unserer Darstellung zu berücksichtigen. Die hier geäusserten Einschätzungen sind jedoch nicht zwangsläufig mit den Meinungen der oben genannten Personen identisch.

Literaturverzeichnis:
Ackermann, D. & J. Stelovsky (1986): The Role of Mental Models in Programming: From Experiments to requirements for an Interactive System. Arbeitspapier und Vortrag bei 5th Interdisciplinary Workshop on Informatics and Psychology - "Visual Aids in Programming". Schärding (Osterreich), Mai 1986.
Dzida, W. (1985): Ergonomische Normen für die Dialoggestaltung - Wem nützen die Gestaltungsgrundsätze im Entwurf DIN 66 234, Teil 8? In: Bullinger, H.-J. (Hrsg.): Software-Ergonomie '85 - Mensch-Computer-Interaktion. Stuttgart (Teubner). S. 430-444.
Card, S. K.; Moran, T. P. & Newell, A. (1983): The Psychology of Human-Computer Interaction. Hillsdale NJ (Lawrence Erlbaum).
Hoppe, H. U. (1986): Cognitive Modelling - A New Tool for User Interface Design and Evaluation. In: Proc. of AI Europe. Wiesbaden, Sept. 1986.
Kieras, D. E. & Polson, P. G. (1985): An Approach to the Formal Analysis of User Complexity. Int. J. Man-Machine Studies 22 (1985). S. 365-394.
Newell, A. & Card, S. K. (1985): The Prospects for Psychological Science in Human-Computer Interaction. Human-Computer Interaction, Vol. 1, No. 3 (1985). S. 209-242.
Reisner, Ph. (1983): Analytic Tools for Human Factors of Software. In: Blaser, A. & Zoeppritz, M. (Hrsg.): Enduser Systems and Their Human Factors. Heidelberg (Springer: Informatik-Fachberichte).
Schmalhofer, F. & Wetter, Th. (1987): Kognitive Modellierung - Menschliche Wissensrepräsentation und Verarbeitungsstrategien. In: Richter, M. M. & Christaller, Th. (Hrsg.): Künstliche Intelligenz - Frühjahrsschule Dassel 1986. Heidelberg (Springer: Informatik-Fachberichte).

Dr. H. U. Hoppe
Fraunhofer-Inst. IAO
Silberburgstr. 119A
7000 Stuttgart 1

Dr. F. Schmalhofer
Univ. Freiburg - Psych. Institut
Niemensstr. 10
7800 Freiburg i. Br.

QUALIFIZIERUNG VON SOFTWARE-ANWENDERN

Theresia Sahelijo, München & Rainer Schreinert, Berlin

Zusammenfassung: Die massive Verbreitung von Personal Computern und Standard-Software auf "EDV-Laien" führt zu einer erheblichen Nachfrage nach geeigneten Qualifizierungsmaßnahmen und der Forderung nach ergonomisch gestalteter Software. Mit der Einführung von PCs im Dienstleistungs- und Verwaltungsbereich können eine Veränderung der Arbeitsorganisation sowie ein Strukturwandel bei Berufsfeldern und Qualifikationen einhergehen. In diesem Kontext ist die Frage der Qualifizierung von Software-Anwendern in Funktion, Strategie und Bedeutung zu diskutieren.

Angesichts der feststellbaren, massiven Vergrößerung des Anwenderkreises von Informationssystemen - und hier insbesondere von Personal Computern - auf "EDV-Laien", erweist sich schon die angebotene Standard-Software aufgrund ständig steigender Komplexität und Leistungsfähigkeit als vielfach nicht mehr nutzbar.

Der sichtbar gewordene Gestaltungsbedarf konzentriert sich zum einen auf die ergonomische Software-Gestaltung und -Anpassung, die u. a. gekennzeichnet ist durch
- Vereinfachung der Eingabefunktionen mittels erweiterter Hardware-Unterstützung (Maus etc.);
- Erhöhung der Fehlertoleranz bzw. -resistenz;
- Verbesserung der Benutzerunterstützung durch Menüs und Dialogfunktionen;
- Reduzierung von Routinen (Makrofunktionen);
- Minimierung des Lernaufwandes durch Abbildung der vertrauten Arbeitsumgebung (Schreibtisch-Metapher);
- Hilfen für die Anwendung durch implementierte Helpfunktionen und Tutorials.

Zum anderen äußert sich der Gestaltungsbedarf in der Auseinandersetzung um angemessene (Aus-)Bildungskonzepte im Hinblick auf die konstatierten Veränderungen von Qualifikationsanforderungen und -strukturen.

Insbesondere im Dienstleistungs- und Verwaltungsbereich

muß vom einem sich vollziehenden Strukturwandel der Berufsfelder und Qualifikationen ausgegangen werden, aus dem sich der aktuelle Anpassungsbedarf beruflicher Qualifikationen ergibt (PROGNOS/IAB-Studie, 1985). Dabei macht der Anteil der privaten Wirtschaft bislang mehr als die Hälfte der gesamten Weiterbildungsaufwendungen in der BRD aus (Institut der deutschen Wirtschaft, 1986).

Trotz hochgesteckter Qualifikationsanforderungen, die neben gerätespezifischen Kenntnissen vor allem eine "Rückbesinnung" auf berufliche Fachkenntnisse und soziale Kompetenzen erkennen lassen, mag dieser Tatbestand ausschlaggebend dafür sein, daß eine Vielfalt unterschiedlichster "Qualifizierungstechniken" nebeneinander existiert und Qualifizierungsmaßnahmen letztlich doch vorrangig darauf abzielen, den "... unmittelbaren Bedürfnissen der Funktionalität der Arbeitsbewältigung..." (IAO, 1986) zu entsprechen.

Die Effizienz des Technikeinsatzes ergibt sich erst aus der Nutzung der Technik, d. h. dem Zusammenhang zwischen arbeitsorganisatorischer Gestaltung und Qualifizierung. Der Entwicklung von Anwenderwissen folgt die Entstehung neuer Anwendungs- und Arbeitsformen und vice versa. Dieser Zusammenhang zeigt: Die konkreten Auswirkungen auf die Qualifikationsanforderungen hängen weitgehend von den realisierten arbeitsorganisatorischen Lösungen ab. Als Bestandteil eines ganzheitlichen Technologieeinführungsprozesses umfaßt Qualifizierung schließlich solche Themen wie Sicherstellen von Lerntransfer und Anwendbarkeit, Nach- und Vor-Ort-Betreuung, Ausbildung der Ausbilder und systematische Bedarfsermittlung. Sie berührt damit zwangsläufig auch personalpolitisch relevante Fragestellungen der betrieblichen und beruflichen Verwertbarkeit von Qualifizierungsprozessen und notwendige Konsequenzen für die schulische und berufliche Bildung.

Deutlicher wird aber zusehends auch, daß Qualifizierung, solange sie abgekoppelt von der Softwaregestaltung erfolgt, letztlich über eine "Lückenbüßer"-Funktion der bestmöglichen Anpassung des menschlichen Benutzers an die Unzulänglichkeiten der Maschine nicht hinaus kommt. Diese besteht aber erst recht dann, wenn durch mißverstandene "Benutzerfreundlichkeit" Qualifizierungsmaßnahmen überflüssig zu werden scheinen, weil die Handlungsmöglichkeiten des Benutzers durch Vorgaben und Hilfen weitgehend eingeschränkt ("narrensicher") werden.

Je "selbsterklärender" ergonomisch gestaltete Software wird, umso mehr verändern sich Techniken und Umfang der Qualifizierung. Zu klären wäre demnach, in welchem Wirkungszusammenhang ergonomische Softwaregestaltung und Qualifizierung zueinander stehen und welchen Stellenwert die unterschiedlichen Qualifizierungstechniken - hier insbesondere die computergestützte Selbstunterweisung - und die Hilfsmittel - vor allem die nichtmenschlichen "Auskunftssysteme" wie Handbücher und Helpfunktionen - zukünftig für eine umfassende Techniknutzung haben werden. Während bislang aus den Unzulänglichkeiten der Software die Anforderungen an die Qualifizierung abgeleitet wurden, sollen angesichts des sich abzeichnenden Nebeneinanders verschiedener Technologielinien aus Benutzersicht Anforderungen an eine programmübergreifende, selbsterklärende Softwaregestaltung thematisiert sowie zukünftige Qualifizierungsstrategien diskutiert werden.

<u>Literaturverzeichnis</u>

IAO (Hg.) (1986): Mikroelektronik und berufliche Bildung, Bd. 1: Mikroelektronik in der industriellen Verwaltung / Die Weiterbildung in der kaufm. Sachbearbeitung. Stuttgart, 1986, S. 36.

Institut der deutschen Wirtschaft (IW) (1986): Markt in Zahlen. In: Office Management, 12 (1986), S. 1232f.

Rothkirch, Ch. v. & Weidig, J. (1985): Die Zukunft der Arbeitslandschaft. Zum Arbeitskräftebedarf nach Umfang und Tätigkeiten bis zum Jahr 2000. PROGNOS/IAB-Studie, Nürnberg, 1985.

Theresia Sahelijo
BMW AG
Zentrales Personalwesen
Petuelring 130
8000 München 40

Rainer Schreinert
Gesellschaft für Schulung,
Planung und technische Entwicklung beim TÜV Berlin mbH
Pichelswerder Str. 9-11
1000 Berlin 20

Berichte des German Chapter of the ACM

Fortsetzung

Band 18: Morgenbrod/Sammer, Programmierumgebungen und Compiler
Tagung I/1984 vom 2. bis 4. 4. 1984 in München. 293 Seiten, DM 56,–

Band 19: Morgenbrod/Remmele, Entwurf großer Software-Systeme
Workshop des German Chapter of the ACM vom 8. bis 11. 5. 1984 in Grassau.
464 Seiten, DM 82,–

Band 20: Gorny/Kilian, Computer-Software und Sachmängelhaftung
Workshop des German Chapter of the ACM und der Gesellschaft für Rechts- und
Verwaltungsinformatik e. V. am 29./30. 11. 1984 in Hannover. 208 Seiten, DM 48,–

Band 21: Kölsch/Schmidt/Schweiggert, Wirtschaftsgut Software
Qualitätssicherung und Qualitätsprüfung als Grundlage für die Auswahl und
Beurteilung
Tagung I/1985 des German Chapter of the ACM in Kooperation mit Softwaretest e. V.
am 26./27. 3. 1985 in Ulm 318 Seiten, DM 58,–

**Band 22: Molzberger/Zemanek, Software-Entwicklung:
Kreativer Prozeß oder formales Problem?**
Seminar des German Chapter of the ACM am 20. 3. 1985 in Neubiberg. 176 Seiten, DM 42,–

Band 23: Klopcic/Marty/Rothauser, Arbeitsplatzrechner in der Unternehmung
Aspekte des Arbeitsplatzrechner-Einsatzes in Handel, Industrie und Verwaltung
Tagung II/1985 des German Chapter of the ACM und der Schweizer Informatiker
Gesellschaft am 12./13. 9. 1985 in Zürich. 355 Seiten, DM 66,–

Band 24: Bullinger, Software-Ergonomie '85   Mensch-Computer-Interaktion
Tagung III/1985 des German Chapter of the ACM am 24./25. 9. 1985 in Stuttgart.
482 Seiten, DM 78,–

Band 25: Wedekind/Kratzer, Büroautomation '85
Tagung IV/1985 des German Chapter of the ACM vom 2. bis 4. 10. 1985 in Erlangen.
280 Seiten, DM 56,–

Band 26: Wippermann, Software-Architektur und modulare Programmierung
Tagung I/1986 des German Chapter of the ACM am 24./25. 2. 1986 in Kaiserslautern.
181 Seiten, DM 36,–

Band 27: Remmele/Sommer, Arbeitsplätze morgen
Tagung II/1986 und Tutorial des German Chapter of the ACM vom 11. bis 14. 3. 1986
in Marburg. 431 Seiten, DM 78,–

Band 28: Balzert/Heyer/Lutze, Expertensysteme '87
Tagung I/1987 des German Chapter of the ACM am 7./8. 4. 1987 in Nürnberg.
493 Seiten, DM 82,–

Band 29: Schönpflug/Wittstock, Software-Ergonomie '87
Nützen Expertensysteme dem Benutzer?
Tagung II/1987 des German Chapter of the ACM vom 27. bis 29. April 1987 in Berlin
512 Seiten, DM 82,–

Preisänderungen vorbehalten

 B. G. Teubner Stuttgart